中文版 Dreamweaver CS4 标准教程

朱印宏　编著

中国电力出版社
www.cepp.com.cn

内 容 提 要

本书详细讲解了如何使用 Dreamweaver CS4 进行网页设计的方法和技巧。全书共 18 章，内容包括站点的建立和管理、插入文本和图像等网页元素、建立超链接、使用 CSS 样式表美化网页、库和模板的应用、使用表格和 AP Div 布局网页、建立框架网页、行为的使用、使用表单和数据库建立动态网页等。本书基本涵盖了使用 Dreamweaver CS4 进行网页设计和制作的各方面知识，读者只要参照本书进行学习，即可学会网页设计和网站制作。

全书最大特点是以实例为中心，通过实例逐步讲解 Dreamweaver CS4 的使用方法，以及网站设计的相关知识，由浅入深，实例实用性强，具有很强的代表性，能够大大缩短读者的学习过程。附带光盘包含本书所有范例的模板、设计素材和最终效果文件，另外还提供了 HTML、CSS、ASP、JavaScript 和 VBScript 教程参考手册（CHM 文件）。

本书非常适合网页设计初学者学习，也可作为高等院校、各类职业院校以及电脑培训学校网页设计相关课程的教材使用。

图书在版编目（CIP）数据

中文版 Dreamweaver CS4 标准教程 / 朱印宏编著 .—北京：中国电力出版社，2009
ISBN 978-7-5083-8772-7

Ⅰ. 中…　Ⅱ. 朱…　Ⅲ. 主页制作 – 图形软件，Dreamweaver CS4 – 教材　Ⅳ. TP393.092

中国版本图书馆 CIP 数据核字（2009）第 063546 号

责任编辑：崔素媛
责任校对：王开云
责任印制：郭华清

书　　名：中文版 Dreamweaver CS4 标准教程
编　　著：朱印宏
出版发行：中国电力出版社
　　　　　地址：北京市三里河路 6 号　邮政编码：100044
　　　　　电话：（010）68362602　　传真：（010）68316497
印　　刷：北京市同江印刷厂印刷
开本尺寸：185mm × 260mm　印　张：21.5　彩　页：8　字　数：551 千字
书　　号：ISBN 978-7-5083-8772-7
版　　次：2009 年 7 月北京第 1 版
印　　次：2009 年 7 月第 1 次印刷
印　　数：0001—3000 册
定　　价：36.00 元（含 1DVD）

Preface 前言

Adobe Dreamweaver CS4 是一款专业的 HTML 编辑器，用于网站、网页和 Web 应用程序的设计、编码和开发。无论用户是喜欢直接编写 HTML 代码，还是习惯于可视化编辑操作，Dreamweaver 都会提供良好的支持，丰富用户的 Web 创作体验。利用 Dreamweaver 中的可视化编辑功能，用户可以快速创建页面而无需编写任何代码。不过，如果用户更喜欢直接编码，Dreamweaver 还包含许多与编码相关的工具和功能。Dreamweaver 每次的最新版本都代表了互联网的发展前沿，很多现代设计方法和理念都能较快地在新版本中反映出来。这次发布的最新版本 Dreamweaver CS4 在很多方面都进行了改进和升级。

本书内容由浅入深，每章的内容丰富多彩，力争涵盖 Dreamweaver CS4 中全部的常用知识点。在介绍软件的同时，还运用了多个实例，贯穿于整个讲解过程。详细的介绍过程，手把手地教会读者如何操作，直至取得最终效果。讲、学、用相结合，使读者更快地熟悉和使用 Dreamweaver CS4，进而能够举一反三。全书主要包括 Dreamweaver CS4 概述、创建本地站点、制作简单网页、超级链接、使用表格、常用表格技巧、布局视图排版、制作表单页面、使用 CSS 样式、制作网站首页、使用库和模板、使用其他页面、使用框架、使用行为、使用 AP 元素与时间轴、网站管理以及常用技巧、动态网站开发等内容。

与其他同类书籍不同，本书不是依次讲解软件中有些什么命令，软件操作说明，而是从具体的实例出发，以实例为中心，通过实例学软件，在实例中进行实际操练。实例的讲解简洁明了，往往一两句话就将一个复杂的知识点或者操作步骤表述出来，让读者学习时倍感轻松，使用时迅速上手。具有如下特色：

（1）突出软件应用的价值。因此内容选取有的放矢，尽力帮助读者吃透重点内容，广泛涉猎 Dreamweaver CS4 各种使用技巧，体现讲、练结合，使读者学习知识后能够在实例中尽快消化理解。

（2）根据教学的需要，以网页制作流程划分章节，强调逻辑性和循序渐进，符合读者由浅入深学习的思维习惯。

（3）静态页面设计和动态网站开发相结合，全书涵盖了网站设计和开发的全过程。全方位多视角的知识和技术讲解，避免读者在初次接触 Web 设计和开发时，出现知识断层和残缺，为深入 Web 开发奠定扎实的基础。

Dreamweaver 是网页设计和网站建设的主流工具。本书将会给读者留下 3 个方面的亲身感受。

（1）全面认识和掌握 Dreamweaver CS4 的工具。

对于“全面”的理解不是书越厚越好，很多同类书籍介绍得也很全面，但讲解偏失，到一些难点地方就回避或点到为止。例如，Dreamweaver 构建动态网站部分应该重点介绍，但遗憾的是很多同类书却到此为止，让读者不痛不痒，摸不着头脑。

（2）细致入微地了解 Dreamweaver CS4 的功能。

本着对读者负责的态度，本书力求把所有对话框、面板等功能介绍详细，以使读者能够得到比较全面的认识，避免对 Dreamweaver CS4 功能的了解残缺不全。

（3）操作步骤清晰，能够快速学会 Dreamweaver CS4 的使用。

本书对于每个知识点、每个功能都给出了详细的操作步骤，并佐以实例，力求让读者学会使用 Dreamweaver CS4。

关于光盘的内容

本书赠送光盘，提供了 Dreamweaver CS4 标准教程的视频，以及本书中用到的素材和网页源文件，还有 HTML、CSS 和 ASP 教程的 CHM 文件。

编读互动

读者如果在阅读本书或设计网页时遇到疑难问题，可以登录 www.infopower.com.cn 网站的论坛，然后在“图书论坛”板块与作者和相关编辑进行探讨，也可以访问作者的站点 http://www.css8.cn/获取更多信息。

本书作者

本书由朱印宏编写。同时，参与资料整理及编写的还有袁衍明、常才英、袁祚寿、张敏、袁江、田明学、唐荣华、毛荣辉、卢敬孝、刘玉凤、李坤伟、旷晓军、陈万林、陈锐、钱佩林、苏敬波、冉东林、杨龙贵、张炜、王慧明、涂怀清、卢国才、苏恢定、司成向、胡体清、陈宗亮、徐清银、周秀成、颜昌学、王幼平、冉原洲、李经键、胡厚成等，在此对大家的辛勤工作表示衷心的感谢！

由于时间有限，书中难免会有疏漏和不足之处，恳请广大读者提出宝贵意见。有关本书的任何问题请发电子邮件到 zhuyinhong@263.net，本书支持信息将会及时发布在 http://www.css8.cn 站点上。

作　者

2009 年 2 月于北京

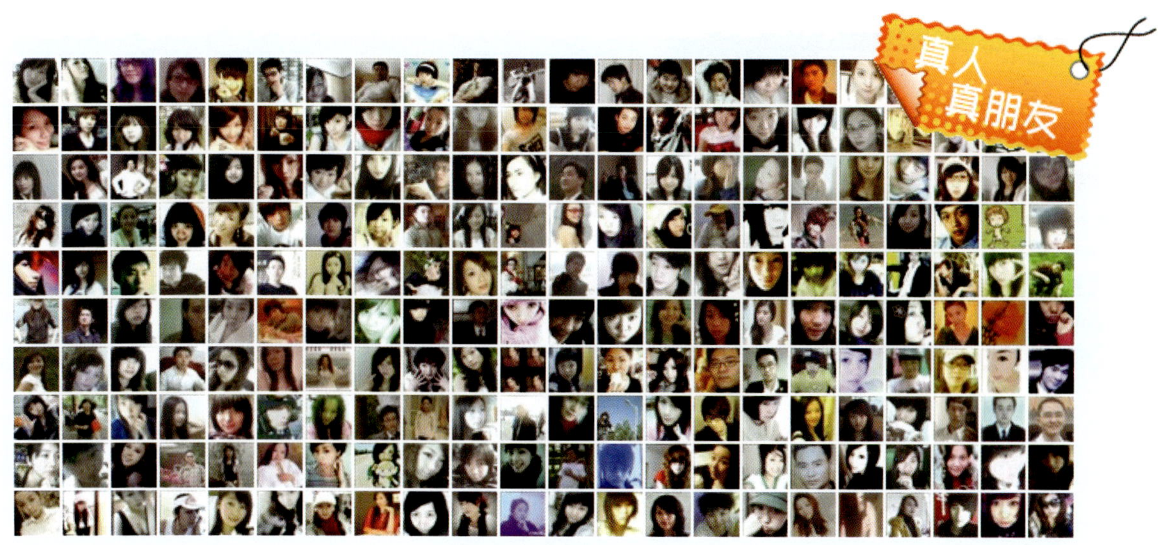

在新窗口中打开图像

插入Flash动画

用户名： 用户名长度不足2个汉字或4个字符
密码： 密码不能为空
确认密码： 密码不能为空
电子邮箱： 请输入你常用的电子邮件，激活后才能注册成功
你的姓名：
性别： ○男 ○女
验证码：
9mk9
我已经阅读并同意蚂蚁网用户使用协议及隐私政策。
填好了

表单自动验证

最热 | 最新 | 原创 | 灌水 | 排行 1 2 3 4 5 6 7 8 9

10 顶一下 收藏
Linux Kernel 2.4.37.1发布
作者：ugmbbc | 推荐：张磊(积分:301756)：
Linux是最受欢迎的自由电脑操作系统内核。它是一个用C语言写成，符合POSIX标准的类Unix操作。。。(看全文)
分类：软件 | 标签：Linux

16 顶一下 收藏
项目如何开始：怎样和客户一起搞定需求技术类
作者：西乔 | 推荐：草根帮主(积分:117449)：
项目刚刚开始的时期，项目经理做的主要事情是搜集客户需求，这是一个项目经理非常头疼的阶段，合作的磨合期。。。(看全文)
分类：互联网 | 标签：项目 项目需求 项目管理

6 顶一下 收藏
值得深思：互联网特性决定网络编辑的弱项
作者：红日 | 推荐：草根帮主(积分:117449)：
网络的特点决定了网络编辑有一些缺陷。网络编辑最大的优点是什么？快速、海量、互动，缺点呢？最大的缺点就。。。(看全文)
分类：互联网 | 标签：网络编辑

JavaScript超链接

FLV视频

网页背景设计

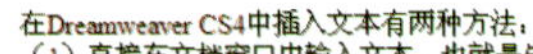

在Dreamweaver CS4中插入文本有两种方法：
（1）直接在文档窗口中输入文本，也就是先选择要插入文本的位置，然后直接输入文本。
（2）复制其他文本编辑器中的文本。方法是：先在其他窗口中复制文本，然后在Dreamweaver CS4编辑窗口中选择【编辑】|【粘贴】命令即可，快捷键为Ctrl+V。

带格式化的文本

第4章 插入文本

4.5 设置字符

4.6 设置段落

4.7 设置列表

1. **创建项目列表**
2. **创建编号列表**
   - type="1"：表示以阿拉伯数字作为编号
   - type="a"：表示以小写字母作为编号
   - type="A"：表示以大写字母作为编号
   - type="i"：表示以小写罗马数字作为编号
   - type="I"：表示以大写罗马数字作为编号

段落文本版式

正常文本

缩进1次文本

缩进2次文本

缩进3次文本

凸出1次缩进3次后的文本

凸出2次缩进3次后的文本

凸出3次缩进3次后的文本

缩进文本

◦ **网页布局**	• **网页布局**	▪ **网页布局**
◦ **网页色彩**	• **网页色彩**	▪ **网页色彩**
◦ **网页特效**	• **网页特效**	▪ **网页特效**
◦ **网页标识**	• **网页标识**	▪ **网页标识**
◦ **网页技巧**	• **网页技巧**	▪ **网页技巧**

项目列表样式

插入鼠标图像1

插入鼠标图像2

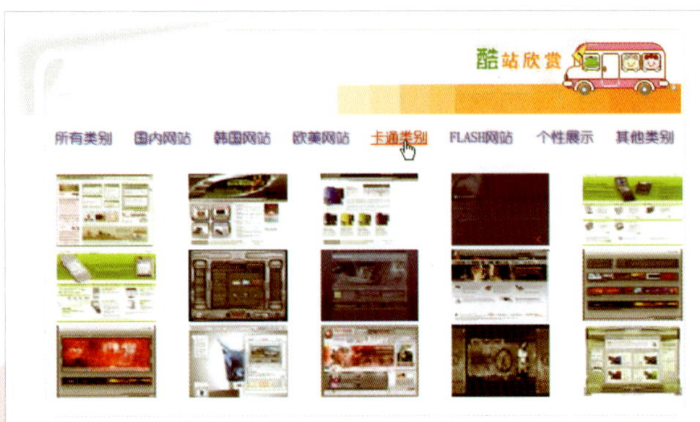

导航条

天 坛

远方

北京,让世人注目的文物可谓叹为观止,而天坛又为皇皇翘楚。

天坛始建于明永乐18年。它坐落于天安门东南方不远的崇文区永定门内，占地达272万平方米，超乎故宫之上，是北京九坛之首、华夏庙坛之冠，其博大与精妙，中外无匹。

当心仪平生的天坛跃然于我们面前时,我们陡然而获意外惊喜。这儿，一扫故宫之类庞大建筑的重院深深、高墙森森的覆压与封闭，我们满眼是灿灿的敞亮、广阔与舒展——高度仅为五米的巨大“圜丘坛”，艳阳下洁白如雪，遥遥安卧；由南北望，与圜丘坛对称的巍峨祈年殿在远方熠熠地闪着宝蓝色辉光；除此之外，似乎全是蔚蓝无垠的天空和静静高泊的白云……

图文混排

服务电话

服务热线：010-64240295
服务时间：365天×24小时
Email：mail@net263.com

使用习惯调查

为了给您提供更好的产品和服务，邀请您参加使用习惯调查！
A.参加　B.不参加

常见问题

精英首选，值得信赖！

绝对稳定
唯一独立邮件门户，最专注邮件运营专家。
唯一专用电信级IDC，真正南北互通、海外转发。

超级安全
唯一国家863计划反垃圾TAP网关，六项国家专利。
唯一顶级邮件杀毒引擎，防御邮件木马侵害。

E-mail链接

图像地图

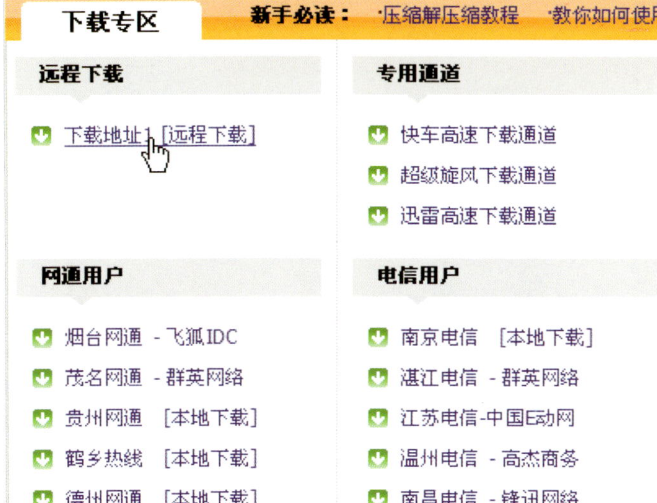

文件下载链接

复制表格行

排名	校名	总得分	人才培养总得分	研究生培养得分	本科生培养得分	科学研究总得分	自然科学研究得分	社会科学研究得分	所属省份	分省排名	学校类型
▽ 一类											
1	清华大学	296.77	128.92	93.83	35.09	167.85	148.47	19.38	京	1	理工
2	北京大学	222.02	102.11	66.08	36.03	119.91	86.78	33.13	京	2	综合
▽ 二类											
3	浙江大学	205.65	94.67	60.32	34.35	110.97	92.32	18.66	浙	1	综合
4	上海交大	150.98	67.08	47.13	19.95	83.89	77.49	6.41	沪	1	综合
5	南京大学	136.49	62.84	40.21	22.63	73.65	53.87	19.78	苏	1	综合
6	复旦大学	136.36	63.57	40.26	23.31	72.78	51.47	21.31	沪	2	综合
7	华中科大	110.08	54.76	30.26	24.50	55.32	47.45	7.87	鄂	1	理工
8	武汉大学	103.82	50.21	29.37	20.84	53.61	36.17	17.44	鄂	2	综合
9	吉林大学	96.44	48.61	25.74	22.87	47.83	38.13	9.70	吉	1	综合
10	西安交大	92.82	47.22	24.54	22.68	45.60	35.47	10.13	陕	1	综合

表格样式1

排名	校名	总得分	人才培养总得分	研究生培养得分	本科生培养得分	科学研究总得分	自然科学研究得分	社会科学研究得分	所属省份	分省排名	学校类型
1	清华大学	296.77	128.92	93.83	35.09	167.85	148.47	19.38	京	1	理工
2	北京大学	222.02	102.11	66.08	36.03	119.91	86.78	33.13	京	2	综合
3	浙江大学	205.65	94.67	60.32	34.35	110.97	92.32	18.66	浙	1	综合
4	上海交大	150.98	67.08	47.13	19.95	83.89	77.49	6.41	沪	1	综合
5	南京大学	136.49	62.84	40.21	22.63	73.65	53.87	19.78	苏	1	综合
6	复旦大学	136.36	63.57	40.26	23.31	72.78	51.47	21.31	沪	2	综合
7	华中科大	110.08	54.76	30.26	24.50	55.32	47.45	7.87	鄂	1	理工
8	武汉大学	103.82	50.21	29.37	20.84	53.61	36.17	17.44	鄂	2	综合
9	吉林大学	96.44	48.61	25.74	22.87	47.83	38.13	9.70	吉	1	综合
10	西安交大	92.82	47.22	24.54	22.68	45.60	35.47	10.13	陕	1	综合

表格样式2

使用CSS定义背景样式1

CSS Zen Garden

CSS设计之美

展示以CSS技术为基础，并提供超强的视觉冲击力。只要选择列表中任意一个样式表，就可以将它加载到本页面中，并呈现不同的设计效果。

下载HTML文档 和 CSS文件。

启蒙之路

不同浏览器随意定义标签，导致无法相互兼容的DOM结构，或者提供缺乏标准支持的CSS等陋习随处可见，如今当使用这些不兼容的标签和样式时，设计之路会一路坎坷。

现在，我们必须清除以前为了兼容不同浏览器而使用的一些过时的小技巧。感谢W3C、WASP等标准组织，以及浏览器厂家和开发师们的不懈努力，我们终于能够进入Web设计的标准时代。

CSS Zen Garden（样式表禅意花园）邀请您发挥自己的想象力，构思一个专业级的网页。让我们用慧眼来审视，充满理想和激情去学习CSS这个不朽的技术，最终使自己能够达到技术和艺术合而为一的最高境界。

使用CSS定义背景样式2

CSS Zen Garden

CSS设计之美

展示以CSS技术为基础，并提供超强的视觉冲击力。只要选择列表中任意一个样式表，就可以将它加载到本页面中，并呈现不同的设计效果。

下载HTML文档 和 CSS文件。

启蒙之路

不同浏览器随意定义标签，导致无法相互兼容的DOM结构，或者提供缺乏标准支持的CSS等陋习随处可见，如今当使用这些不兼容的标签和样式时，设计之路会一路坎坷。

现在，我们必须清除以前为了兼容不同浏览器而使用的一些过时的小技巧。感谢W3C、WASP等标准组织，以及浏览器厂家和开发师们的不懈努力，我们终于能够进入Web设计的标准时代。

CSS Zen Garden（样式表禅意花园）邀请您发挥自己的想象力，构思一个专业级的网页。让我们用慧眼来审视，充满理想和激情去学习CSS这个不朽的技术，最终使自己能够达到技术和艺术合而为一的最高境界。

使用CSS定义边框样式

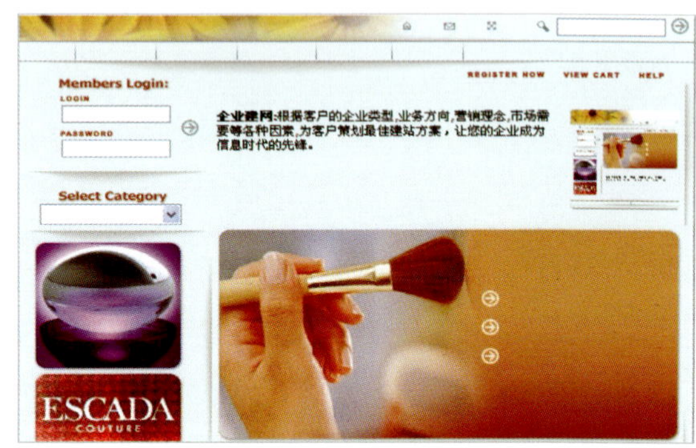

使用CSS定义定位样式

CSS Zen Garden

CSS设计之美

展示以CSS技术为基础，并提供超强的视觉冲击力。只要选择列表中任意一个样式表，就可以将它加载到本页面中，并呈现不同的设计效果。
下载HTML文档 和 CSS文件。

启蒙之路

不同浏览器随意定义标签，导致无法相互兼容的DOM结构，或者提供缺乏标准支持的CSS等陋习随处可见，如今当使用这些不兼容的标签和样式时，设计之路会一路坎坷。
现在，我们必须清除以前为了兼容不同浏览器而使用的一些过时的小技巧。感谢W3C、WASP等标准组织，以及浏览器厂家和开发师们的不懈努力，我们终于能够进入Web设计的标准时代。
CSS Zen Garden（样式表禅意花园）邀请您发挥自己的想象力，构思一个专业级的网页。让我们用慧眼来审视，充满理想和激情去学习CSS这个不朽的技术，最终使自己能够达到技术和艺术合而为一的最高境界。

使用CSS定义方框样式

使用CSS定义列表样式

CSS Zen Garden

CSS设计之美

展示以CSS技术为基础，并提供超强的视觉冲击力。只要选择列表中任意一个样式表，就可以将它加载到本页面中，并呈现不同的设计效果。

下载HTML文档 和 CSS文件。

启蒙之路

不同浏览器随意定义标签，导致无法相互兼容的DOM结构，或者提供缺乏标准支持的CSS等陋习随处可见，如今当使用这些不兼容的标签和样式时，设计之路会一路坎坷。

现在，我们必须清除以前为了兼容不同浏览器而使用的一些过时的小技巧。感谢W3C、WASP等标准组织，以及浏览器厂家和开发师们的不懈努力，我们终于能够进入Web设计的标准时代。

CSS Zen Garden（样式表禅意花园）邀请您发挥自己的想象力，构思一个专业级的网页。让我们用慧眼来审视，充满理想和激情去学习CSS这个不朽的技术，最终使自己能够达到技术和艺术合而为一的最高境界。

使用CSS定义区块样式1

使用CSS定义区块样式2

CSS Zen Garden

CSS设计之美

展示以CSS技术为基础，并提供超强的视觉冲击力。只要选择列表中任意一个样式表，就可以将它加载到本页面中，并呈现不同的设计效果。

下载HTML文档 和 CSS文件。

启蒙之路

不同浏览器随意定义标签，导致无法相互兼容的DOM结构，或者提供缺乏标准支持的CSS等陋习随处可见，如今当使用这些不兼容的标签和样式时，设计之路会一路坎坷。

现在，我们必须清除以前为了兼容不同浏览器而使用的一些过时的小技巧。感谢W3C、WASP等标准组织，以及浏览器厂家和开发师们的不懈努力，我们终于能够进入Web设计的标准时代。

CSS Zen Garden（样式表禅意花园）邀请您发挥自己的想象力，构思一个专业级的网页。让我们用慧眼来审视，充满理想和激情去学习CSS这个不朽的技术，最终使自己能够达到技术和艺术合而为一的最高境界。

使用CSS定义文本样式

把AP元素转换为表格

元素定位

浮动框架1

透明框架背景

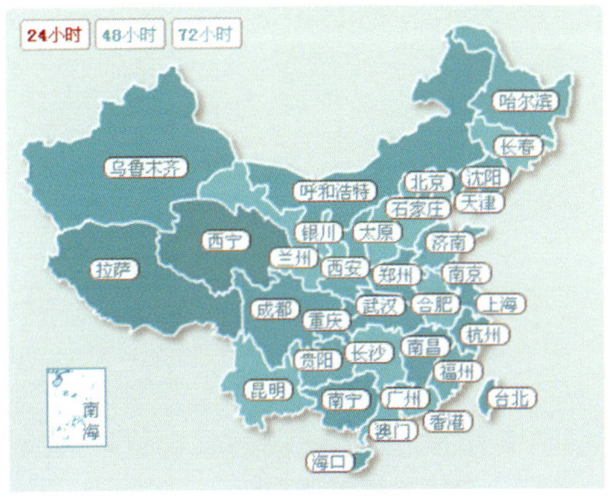

浮动框架2

框架导航菜单1

框架导航菜单2

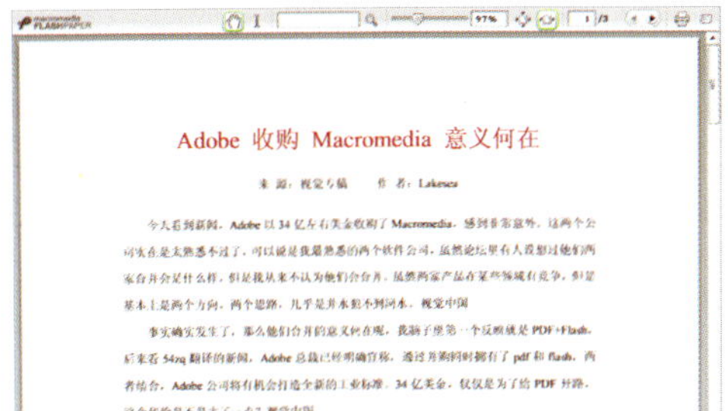

插入FlashPaper

插入Flash动画

插入FLV文件

插入FLV文件

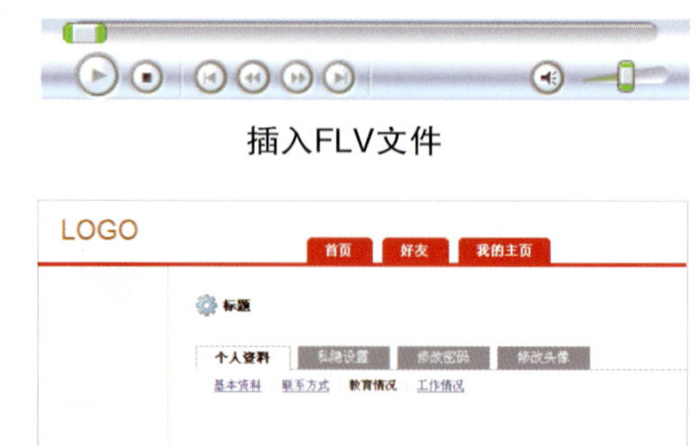

模板

跳转菜单

交换图像和恢复交换图像

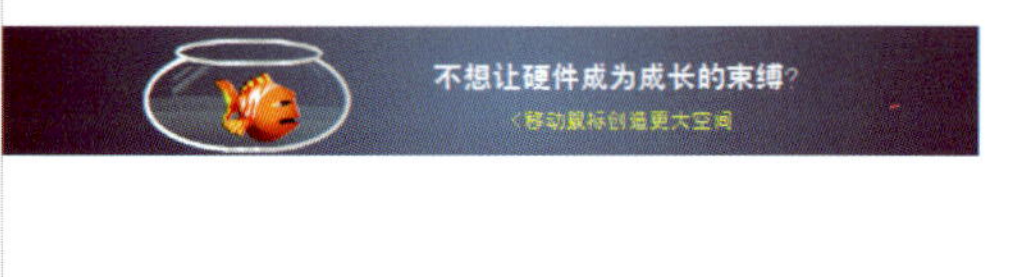

交换图像

设置容器的文本

设置容器的文本

显示—隐藏元素

拖动AP元素

自动弹出信息

打开新浏览器窗口

在新窗口中打开图像

社交形象测试

很多上年轻朋友都想知道自己在朋友面前的形象，这个测验可以满足你的要求。当你发现你的朋友把东西遗忘在你家时，你认为采取以下哪种办法最合适?

- 立即给朋友送去。
- 通过电话或信函，约他到咖啡馆见面，然后把东西交给朋友。
- 托人带给朋友。
- 暂时放在家里，以后再考虑如何办。

插入的按钮组

分类排行：北美电影票房排行

百度网站排行
太极排行榜
华军软件下载排行
硅谷动力软件排行
香港电台中文歌榜
北京音乐台歌曲榜
北美电影票房排行
黄金书屋原创排行
中国人气最旺论坛
中国富翁排行
手机铃声下载排行
汽车每周销售排行

插入跳转菜单

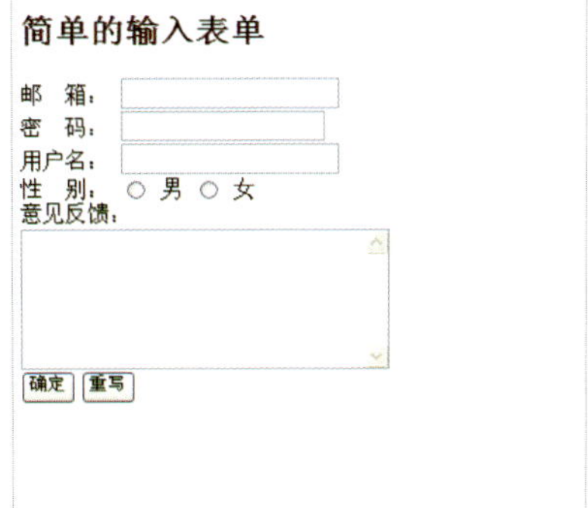

简单的表单

简单的下拉菜单

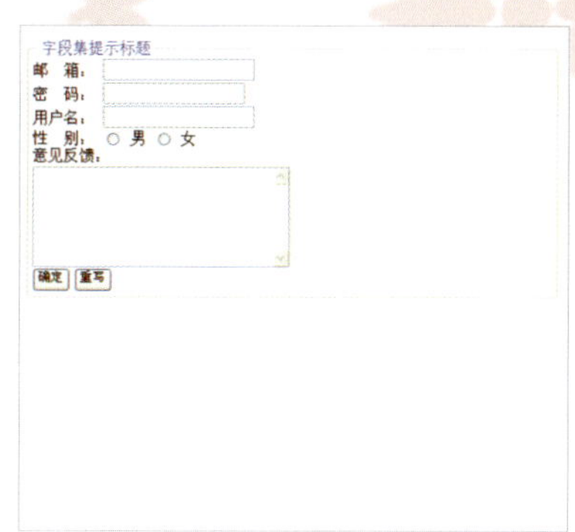
字段集

创建Spry可折叠面板

创建Spry选项卡式面板

创建Spry折叠式

单击渐隐效果

- Dreamweaver 1.0
- Dreamweaver 2.0
- Dreamweaver 3.0
- Dreamweaver UltraDev 1.0
- Dreamweaver 4.0
- Dreamweaver UltraDev 4.0
- Dreamweaver MX
- Dreamweaver MX 2004
- Dreamweaver 8
- Dreamweaver CS4
- Dreamweaver CS4

定义Spry XML数据集

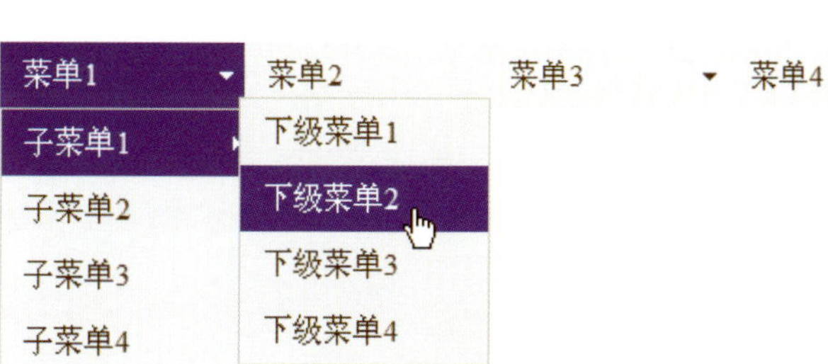

使用Spry菜单栏

E-mail: zhu 格式无效。

使用Spry验证文本域1

E-mail: zhuyinhong@css8.cn

使用Spry验证文本域2

绑定动态文本

产品ID	产品名称	供应商ID	类别ID	单位数量	单价	库存量	订购量	再订购量	中止
8	胡椒粉	3	2	每箱30盒	40.00	6	0	0	False

动态绑定文本

转到详细页面

列表页信息

张颖
王伟
李芳
郑建杰
赵军
孙林
金士鹏
刘英玫
张雪眉
王海燕

转到详细页面——列表页

定义记录集导航条

产品ID	产品名称	供应商ID	类别ID	单位数量	单价	库存量	订购量	再订购量	中止
8	胡椒粉	3	2	每箱30盒	40.00	6	0	0	False
9	鸡	4	6	每袋500克	97.00	29	0	0	True
12	德国奶酪	5	4	每箱12瓶	38.00	86	0	0	False
17	猪肉	7	6	每袋500克	39.00	0	0	0	True
18	墨鱼	9	8	每袋500克	62.50	42	0	0	False
20	桂花糕	8	3	每箱30盒	81.00	40	0	0	False
27	牛肉干	11	3	每箱30包	43.90	49	0	30	False
28	烤肉酱	12	7	每箱12瓶	45.60	26	0	0	True
29	鸭肉	12	6	每袋3公斤	123.79	0	0	0	True
38	绿茶	18	1	每箱24瓶	263.50	17	0	15	False

下一个 最后一页

定义导航条

动态下拉菜单

动态单选按钮

张颖

- ◉ 女士
- ○ 男士
- ○ 博士

动态单选按钮

动态复选框

苹果汁 中止 ☑

动态复选框

动态文本框

颖颖 复兴门 245 号

动态文本框

动态图像

雇员ID	姓氏	名字	职务	尊称	出生日期	家庭电话	城市	地区	照片
1	张	颖	销售代表	女士	1968-12-8	(010) 65559857	北京	华北	

动态图像

转到详细页面

详细页信息

雇员ID	姓氏	名字	职务	尊称	出生日期	雇佣日期	地址	城市	地区	邮政编码	国家	家庭电话	分机	照片	备注	上级
3	李	芳	销售代表	女士	1973-8-30	1992-4-1	芍药园小区78号	北京	华北	198033	中国	(010) 65553412	3355		李芳获北京学院化学学士学位。她同时完成了食品零售管理资格程序。李芳被雇用为销售员并提升为销售代表。	2

转到详细页面——详细页

Contents 目 录

第1章 概 述

内容介绍

Dreamweaver是网页设计、网站开发和管理的工具，它提供了代码编辑和可视化操作两种视图，且能自由切换，是目前公认的Web应用开发最强大的软件。

本章主要介绍Dreamweaver的发展历史，认识Dreamweaver CS4的操作环境，同时了解网页制作的一些基本知识，为学习和使用Dreamweaver工具设计网页奠定扎实的基础。

学习重点

- 网页内容构成
- 网页编辑工具简介
- Dreamweaver发展概述
- Dreamweaver功能简介
- Dreamweaver CS4主界面操作
- 使用辅助工具

Dreamweaver CS4

1.1 网页内容构成

网页如同一张画，画面中主要包括：文本、图像、多媒体等素材。无论是文本、图像、动画，还是音频、视频等，网页设计师应考虑如何以完美的形式把它们放在页面里并进行合理组织。大多数浏览器都可以读取并显示这些素材，但是有些内容需要外部程序或组件支持才行，否则无法显示，如 Flash 动画等。

1.1.1 文本

文本是网页中的信息主体，能准确地表达信息的内容和含义。同时网页中的文本还具有非常多的属性，如字体、字形、字号、字体颜色、文字效果、底纹和边框等，通过不同属性设置，突出显示重要的内容。此外，用户还可以在网页中设计各种各样的文字列表，来清晰表达一系列项目。这些功能都给网页中的文本赋予了新的生命力。

1.1.2 图像和动画

图像具有强大的视觉吸引力，在网页中可以使用 GIF、JPEG（JPG）和 PNG 三种图像文件格式，其中使用最广泛的是 GIF 和 JPEG 两种格式。图像虽然在网页中起着非常重要的作用，但如果网页上加入的图片过多，就会影响下载速度。

动画比图像更容易吸引浏览者的注意力，一般网站广告都以动画形式显示，动画格式主要包括 SWF 和 GIF。它们各自有自己的优势，SWF 动画比较炫目，富有动感且可以交互，但是需要 SWF 插件支持，而 GIF 动画比较小，任何浏览器都支持。

1.1.3 声音和视频

声音是多媒体网页重要组成部分。网页中常用的声音文件格式有 MIDI、WAV、MP3 和 AIF 等。一般来说，使用声音文件作为背景音乐，会影响网页下载速度。建议尽量少用背景音乐。

视频在网上的使用也比较多，用作视频交流或直播。它使网页变得丰富精彩而且真实。常见视频文本格式有 RealPlayer、MPEG、AVI 和 DivX 等。

1.1.4 其他特殊元素

网页中除了以上几种最基本的元素之外，还有一些其他的元素。例如，JavaScript 脚本、Java 特效、ActiveX 等各种特殊素材。它们不仅能修饰网页，使网页更有趣，而且能增强网页功能。在网上娱乐、电子商务等方面有着不可忽视的作用。

Dreamweaver CS4

1.2 网页编辑工具简介

本书虽然主要讲解 Dreamweaver 工具的使用，但是读者应该了解各种网页编辑工具的使用。俗话说得好：工欲善其事，必先利其器。对于制作日益动态丰富的网页页面，有一个高效的工具就等于成功了一半。精通常用网页制作工具，熟悉各种网页制作小软件，是网页设计师必备的基础。

1.2.1 网页编辑工具

制作网页首先应选择适合自己的网页编辑工具，不同水平的用户选择的工具应有区别。虽然直接使用记事本也能编写出网页，但必须具备一定的 HTML 基础，非初学者所能及，用 Word 也能做出网页，但功能非常有限，且垃圾代码太多。

对于初级用户来说，选择 Frontpage 是个不错的选择，操作比较容易上手；对于中级用户来说，选择 Dreamweaver 是最佳选择，目前该工具在中国内地用户最多，且功能强大，用它做出的网页代码比较简洁。对于高级用户来说，GoLive 是首选工具，它具有强大的动态网页编辑和管理功能。

1.2.2 网页浏览器

第一个网页浏览器软件是在 1993 年 4 月推出的。正是这个浏览器的出现，真正开始了 Web 的流行。1994 年 4 月，Netscape 发布了它的浏览器软件 Netscape Navigator（简称 Netscape），使得用户可以方便地访问互联网。

1994 年 10 月，微软也发布了它的浏览器软件 Internet Explorer，但那时的微软公司正忙于 Windows 95 操作系统开发。当时 Netscape 浏览器占据市场份额的主角，曾经一度达到 70%以上。

1995 年 11 月，微软发布了 IE 2。IE 2 虽然没有 Netscape Navigator 好用，但它是一个免费的软件，而在当时 Netscape 是收费的，这就使得微软利用免费战略迅速地在浏览器市场上占据主动。

1997 年 10 月，微软将其浏览器 IE 与 Windows 操作系统进行捆绑出售，推出了 Windows 97 的操作系统升级版本。凭借着这一做法，微软让 IE 浏览器在浏览器市场中所占的份额迅速扩大，并逐渐超过 Netscape Navigator。

1998 年，网景公司成立了 Mozilla 开放原始码浏览器开发小组，并公开了 Mozilla 原始码，2002 年 8 月底，Mozilla 的最新版本 Mozilla 1.1 问世。后来又出现 Opera 等浏览器工具。这些工具构成了当前主流浏览器。我们在设计页面时应该考虑这些浏览器的预览情况，并努力兼容这些主流浏览器。

1.2.3 屏幕色彩抓取工具

网页设计中配色是一项很重要的工作，如果想把自己喜欢的颜色用于网页，一种方法就是在图像软件中用滴管工具移到该颜色处，取得该颜色值，这是比较麻烦的。不过使用 TakeColor，这个小工具可以轻松抓取屏幕上任意位置的颜色。

TakeColor 是一款小巧而功能较全的屏幕取色工具，能通过自定义快捷键来快速捕取屏幕上任意一点（以 3 倍或 9 倍放大）的色彩，并以 HTML、RGB、HEX、HSB/HSV、HSL 输出。支持无限条历史记录，可以免安装直接运行，是个不错的绿色免费软件。读者可以在网上自由下载使用（http://www.flaxie.com/）。

1.2.4 图像截屏工具

在网页设计中，抓图是不可或缺的操作。读者可以选择 HyperSnap-Dx、Capture Professional 或 SnagIt 小工具，其中 SnagIt 以其实用、强大和方便的功能及容易上手的特点成为众多网页设计师的首选。该软件可以在网上自由下载。

SnagIt 可以抓取七种类型的画面和文本、视频并能从图形文件、剪贴板中抓取图像。允许自定义抓图的热键。抓取的图片可以保存为 bmp 等 6 种常见格式，每种格式还提供多个选项并可设置默认选项以便下次调用。抓取的图片可以同时输出到打印机、剪贴板、文件、电子邮件、目录册、网络、预览窗口并支持自动命名保存。

1.2.5 图像处理工具

提及图像处理，读者肯定会想到 Adobe 公司的 Photoshop。Photoshop 功能是非常强大的，彼此独立而又可以交互影响的层，颜色通道与 Alpha 通道的灵活运用，丰富多彩的滤镜，都是其他图像处理软件无法比拟的高精尖技术。但功能的强大往往意味着操作的复杂，这也正应了那句老话“尺有所短，寸有所长”。不过使用 Firework 也是一个不错的选择，它设计的网页图像一般精度比较好。

1.3 Dreamweaver 发展概述

Dreamweaver 于 1997 年由 Macromedia 公司开发，版本经历多次升级，目前为 CS4 版本，即 Dreamweaver 1.0。

2000 年推出的 Dreamweaver UltraDev 版本是第一个专为商业用户设计开发工具。成为当时最受欢迎的 Web 应用开发工具，Dreamweaver 也一举成为专业网站外观设计的先驱。

2002 年 5 月 Macromedia 推出 Dreamweaver MX（相当于 Dreamweaver 6.0），将 UltraDev 和 Dreamweaver 集成在一起，变化幅度比较大，其功能更加强大，特别是提供了对微软 ASP.NET 的支持（C#和 VB.NET），不需要编写任何代码，即可实现动态的网页。并且在编写代码时，提供了智能的提示，便于手工编写代码。从此，Dreamweaver 一跃成为专业级别的开发工具。

2003 年 9 月 Macromedia 推出 Dreamweaver MX 2004（相当于 Dreamweaver 7.0），新增了对 CSS 为基础的设计与开发提供支持的革命性功能，将网页设计提升到新的层次。透过将 CSS 结合在所有用户的工作流程中，促进了网页专业人员对 CSS 的普遍采用。

2005 年 8 月 Macromedia 推出 Dreamweaver 8，它在以前版本的基础上扩充了主要功能，加强对 XML 和 CSS 的技术支持，并简化了工作流程，以帮助用户提高工作效率。

2005 年底，Adobe 公司收购 Macromedia，从此 Dreamweaver 就归 Adobe 公司所有。Dreamweaver 主要版本以及它们的发布时间如表 1.1 所示。

表 1.1 Dreamweaver 主要版本列表

发布年份	版　本	发布年份	版　本
1997	Dreamweaver 1.0	2003	Dreamweaver MX 2004
1998	Dreamweaver 2.0	2005	Dreamweaver 8
1999	Dreamweaver 3.0 Dreamweaver UltraDev 1.0	2007	Dreamweaver CS4
2000	Dreamweaver 4.0 Dreamweaver UltraDev 4.0	2008	Dreamweaver CS4
2002	Dreamweaver MX		

1.4 Dreamweaver 功能简介

Dreamweaver 意译为织梦者，现为美国著名的平面设计、网络应用和多媒体软件开发公司

Adobe 推出的一款“所见即所得”的可视化网站和 Web 应用程序开发工具。它提供了可视布局工具、应用程序开发功能和代码编辑支持的强大组合，使各个技术级别的开发者和设计者都能够快速创建可视化、吸引人的基于标准的站点和应用程序。

从基于 CSS 和 Ajax 核心技术设计的领先支持到手工编写的代码功能，Dreamweaver 提供了在集成的、无缝的环境中所需的各种专业工具。开发者可以将 Dreamweaver 与 Photoshop、Firework 和 Flash，以及与各种服务器技术完美结合来构建强大的 Web 应用程序。

Dreamweaver 的最大优点就是可以帮助初学者迅速成长为网页制作高手，同时又能够给专业设计师和开发工程师提供强大的开发工具和无穷的创作灵感。因此，Dreamweaver 备受业界人士的推崇，在众多专业网站和企业应用中都把它列为首选工具。

在 Macromedia 公司还没有被 Adobe 公司并购之前，Macromedia 把 Dreamweaver 与制作矢量动画的 Flash、处理网页图像的 Fireworks 捆绑在一起，组成了一个强大的网页开发软件包，俗称为“网页三剑客”。Macromedia 公司被 Adobe 公司收购之后，Adobe 利用已有的 CS 开发平台，使 Dreamweaver 变得更加锐不可当。Adobe 公司在 2003 年，也就是在 Photoshop 7.0 版本之后推出了 CS 概念，CS 是英文 Creative Suite 的缩写，中文翻译为创新性开发套件，也就是一个媒体制作的软件工具包，它使设计更加便捷，管理更加专业、高效。当 CS 升级到 CS4 版本时，Adobe 把自己的所有产品分成 4 个成熟的 CS 套件，其中 Web 开发套件包括 Photoshop CS4、Illustrator CS4、Fireworks CS4、Dreamweaver CS4、Flash CS4 Professional 等，完美的集合这些工具，确保用户可以高效的工作。

Dreamweaver CS4

1.5 Dreamweaver CS4 主界面操作

Dreamweaver CS4 在界面方面的变动很大。按照安装向导安装完 Dreamweaver CS4 之后。第一次启动 Dreamweaver CS4 时，会弹出一个对话框（见图 1.1），让用户选择默认编辑器，这样 Adobe Dreamweaver CS4 会自动设置所选文件类型为默认编辑器，当用户双击相应类型的文件时，会自动启动 Dreamweaver CS4 进行编辑。

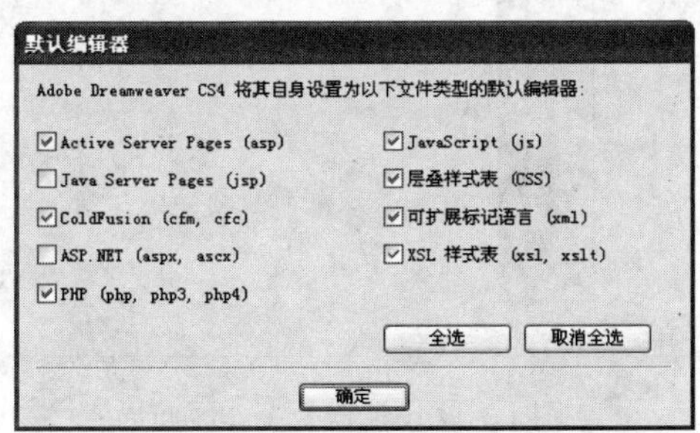

图 1.1 【默认编辑器】对话框

Dreamweaver CS4 包含 8 种工作区布局：应用程序开发人员、应用程序开发人员（高级）、经典、编码器、编码人员（高级）、设计器、设计人员（紧凑）和双重屏幕。这些工作布局环境能够最大化方便不同角色的工作，发挥 Dreamweaver 最大化工作效率。

其中，在【编码器】布局下，重要的面板和编辑窗口集成在一起，缩小了编辑窗口。右边是 Dreamweaver CS4 的代码布局，布局同样是集成工作区，但是将面板组停靠在左侧（见图 1.2），该布局类似于 HomeSite 或 ColdFusion Studio 所用的布局。本书是在【设计器】布局中进行介绍，建议用户选择进入【设计器】工作区布局（见图 1.3）。虽然两者在功能上都相同，但使用习惯分别适合于不同工作内容的开发人员和设计人员。

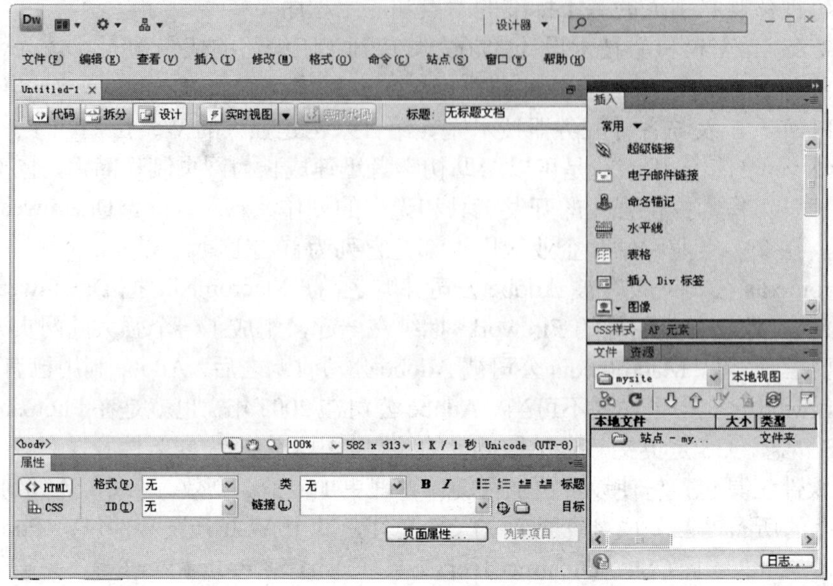

图 1.2 【编码器】工作区布局

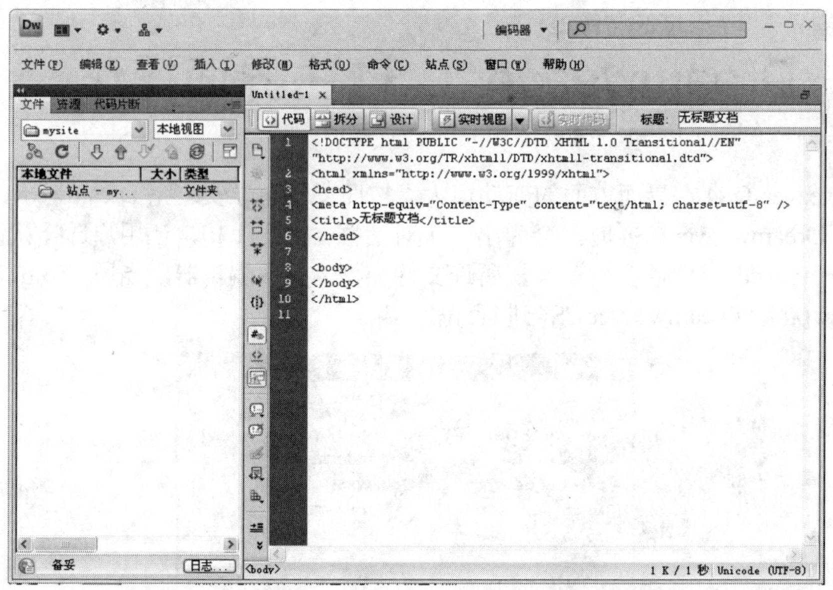

图 1.3 【设计器】工作区布局

如果要切换工作区布局，可以选择【窗口】|【工作区布局】命令，在打开的子菜单中选择相应的布局命令就可以了，如图 1.4 所示。在该菜单中，用户可以选择不同样式的布局。同时也可以保存个人使用布局。由于使用习惯的差异。经常使用时，建议保存符合个人习惯的工作区布局，当工作区布局被改变后，可以快速恢复到以前保存的布局。

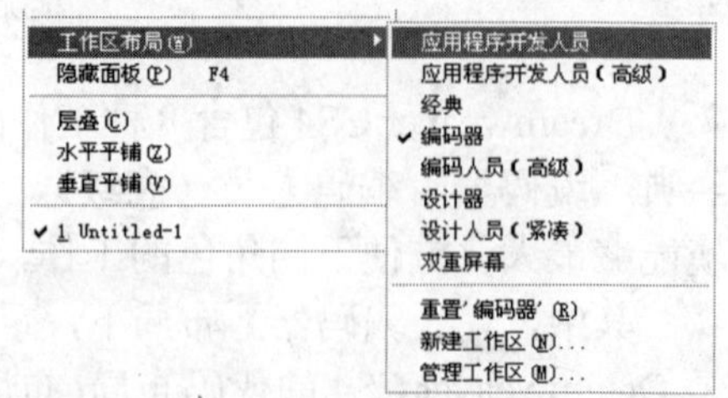

图 1.4 【工作区布局】子菜单

1.5.1　打开编辑窗口

当启动 Dreamweaver CS4 之后，会显示欢迎界面，并要求用户从中选择新建、打开或以其他方式创建文档，然后就可以打开编辑窗口。如果不希望每次启动软件或者关闭所有文档时，总显示欢迎界面，可以在欢迎界面中选择【不再显示】复选框即可，如图 1.5 所示。

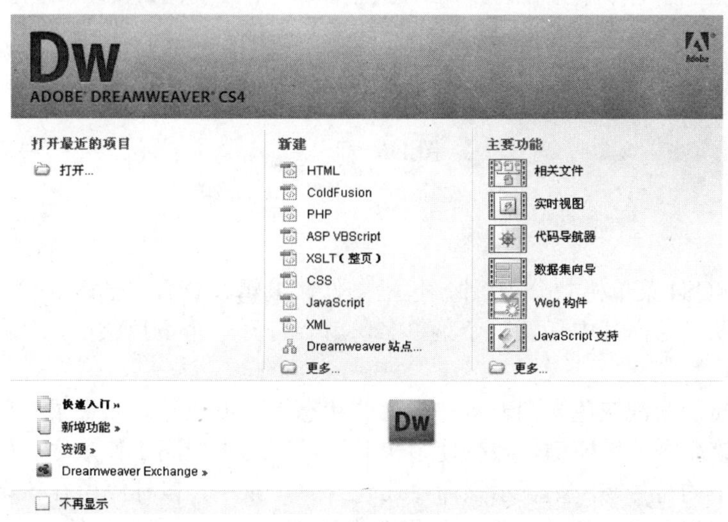

图 1.5　欢迎界面

打开编辑窗口，Dreamweaver CS4 主窗口工作界面分成了标题栏、菜单栏、状态栏、属性面板、浮动面板等，如图 1.6 所示。

图 1.6　Dreamweaver CS4 主窗口操作界面

1.5.2　标题栏

在 Dreamweaver CS4 主窗口的顶部是标题栏，标题栏不再显示以前版本中显示的“Adobe

Dreamweaver CS4”或者如网页标题、所在目录以及文件名称。取而代之的是几个常用的导航图标。例如，布局视图按钮、扩展 Dreamweaver 图标按钮和站点管理图标按钮，单击这些按钮可以打开下拉菜单，从中选择相应的命令即可，这些选项与主菜单中的功能基本相同，不过它们都是简化后的常用命令。

标题栏最右侧显示有 3 个按钮，分别对应主窗口的【最小化】、【最大化】和【关闭】命令，如图 1.7 所示。

图 1.7　标题栏

1.5.3　菜单栏

Dreamweaver CS4 菜单栏共分 10 种，包括文件、编辑、查看、插入、修改、格式、命令、站点、窗口和帮助。单击其中任意一个菜单名，就会打开一个下拉菜单，如图 1.8 所示，打开【修改】下拉菜单。

当菜单选项显示为浅灰色，则表示在当前的状态下不能执行。如果菜单项右侧显示有键盘的代码，则表示该命令的快捷键，熟练使用快捷键可有助于提高工作效率。如果菜单项右侧显示有一个小黑三角的符号 ▸，则表示该命令还包含有子菜单，鼠标停留在该菜单项上片刻即可显示子菜单，也可以单击打开子菜单。如果命令的右边显示有省略号的符号...，则表示该命令能打开一个对话框，需要用户进一步设置才能执行命令。

除了菜单栏菜单外，Dreamweaver CS4 还提供各种快捷菜单，利用这些快捷菜单可以很方便地使用与当前选择区域相关的命令。例如，单击面板右上角的菜单按钮，可以打开面板菜单，如图 1.9 所示。

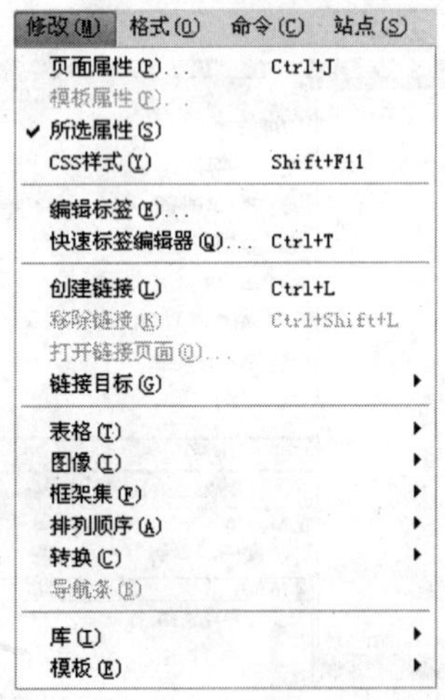

图 1.8　【修改】菜单

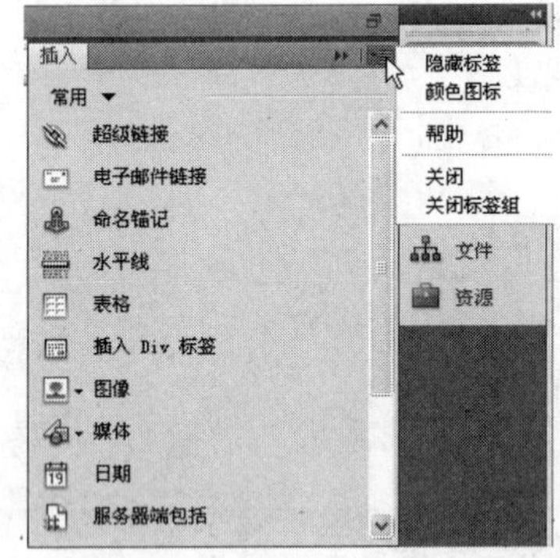

图 1.9　面板菜单

1.5.4　工具栏

工具栏提供了一种快捷操作的方式。选择【查看】|【工具栏】命令，在打开的子菜单中可以选择【样式呈现】、【文档】、【标准】和【编码】4 种类型工具栏，如图 1.10 所示。其中【编码】工具栏只能够在【代码】视图下可以看见和使用。

在默认状态下，Dreamweaver CS4 只显示【文档】和【编码】工具栏。另外，【插入】工具

栏在 CS4 版本中被废除了，转而设计为一个【插入】面板。选择【窗口】|【插入】命令，可以打开或关闭【插入】面板，如图 1.11 所示。

【插入】面板中包含 8 类对象的快捷控制按钮，如常用、布局、表单、数据、Spry、InContext Editing（可编辑内容）、文本和收藏夹。Dreamweaver CS4 删除了 Dreamweaver 8 中的 HTML、应用程序、Flash 元素 3 类工具。系统默认显示为常用工具栏，当然读者可以快速进行切换。如果单击【插入】面板顶部的向下箭头，【插入】工具栏就会显示为菜单样式，如图 1.12 所示。

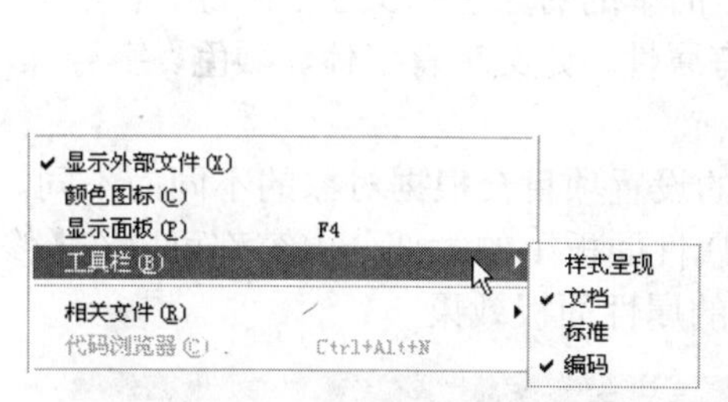

图 1.10 【工具栏】子菜单

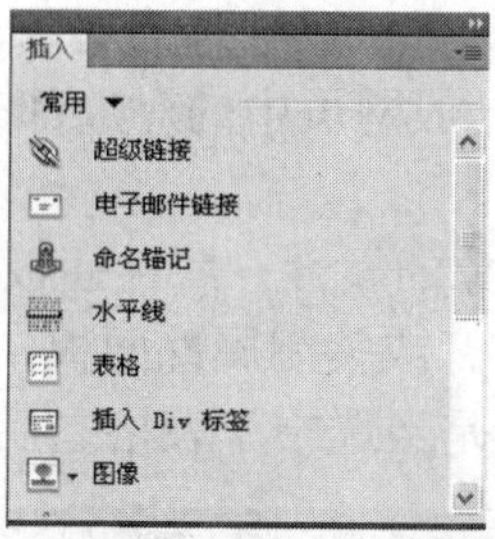

图 1.11 【插入】面板

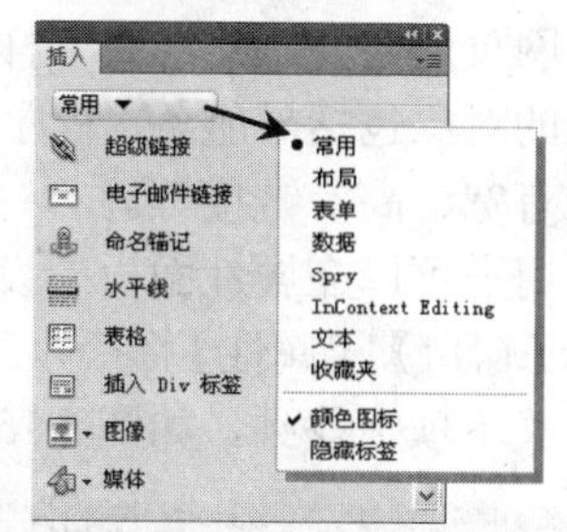

图 1.12 【插入】面板中的下拉选项

【文档】工具栏位于文档窗口的顶部，其左侧显示有 4 个视图按钮：单击 代码 按钮可以切换到代码视图，单击 拆分 按钮可以切换到拆分视图，单击 设计 按钮可以切换到设计视图，单击 实时视图 按钮可以切换到实时视图。在【文档】工具栏的【标题】文本框中可以输入网页标题，该标题将显示在浏览器的标题栏中。【文档】工具栏右侧提供了编辑工作常用功能按钮，用户可以在各个按钮下拉菜单中进行选择，执行相应的命令或功能，如图 1.13 所示。

图 1.13 【文档】工具栏

1.5.5 状态栏

状态栏位于文档窗口的底部，如图 1.14 所示。在状态栏最左侧是【标签选择器】，显示当前选定内容标签的层次结构。单击该层次结构中的任何标签可以选择该标签及其全部内容。例如，单击<body>可以选择整个文档。

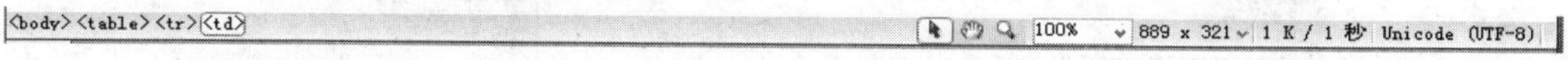

图 1.14 状态栏

状态栏中的【选取工具】按钮、【手形工具】按钮和【缩放工具】按钮分别用来选取对象、移动页面工作区域和缩放页面。按住 Alt 键，可以使用【缩放工具】缩小页面工作区域。只有当页面被放大到超出窗口后，才可使用【手形工具】按钮移动页面。

在上述 3 个工具按钮后面显示当前文档窗口的显示比例 100%。若要使页面看起来效果最好，可以单击该下拉列表右边的小箭头，在弹出的下拉列表中选择一个比例，然后就可以将文档窗口调整到选定预定义窗口的大小。文档窗口的当前显示比例与【缩放工具】按钮功能相同。

在文档窗口的显示比例 100% 右侧显示窗口大小，反映浏览器窗口的内部尺寸（不包括边框），单击 889 x 321 右边的小三角，在弹出的下拉列表中可以选择显示器大小。例如，如果用户的访问者可能按其默认配置在 640×480 像素显示器上使用 Microsoft Internet Explorer 或 Netscape Navigator，则用户应选择【536×196（640×480，默认）】的大小。

工具栏最右边显示的是网页下载速度，即下载文件时的数据传输速率（以 Kb/s 为单位）。页面的下载速度显示在状态栏中。选择【编辑】|【首选参数】命令，在打开的【首选参数】对话框的【分类】列表框中选择【状态栏】选项，然后在右边可以定义【窗口大小】和【连接速度】的值。

1.5.6 属性面板

网页的内容虽然形式多样，但是都可以被称为对象。简单的对象包括文字、图像、表格等，复杂的对象包括导航条、程序等。一般网页中的对象都有属性，如文字有字体、颜色、字号等，图像有宽、高、链接等。

用户可以在属性面板中设置对象的属性。属性面板的设置项目会根据对象的不同而不同。选择【窗口】|【属性】命令，可以打开或关闭属性面板，属性面板上的大部分内容都可以在【修改】菜单项中找到。如图 1.15 所示是当选中了表格之后的属性面板效果。

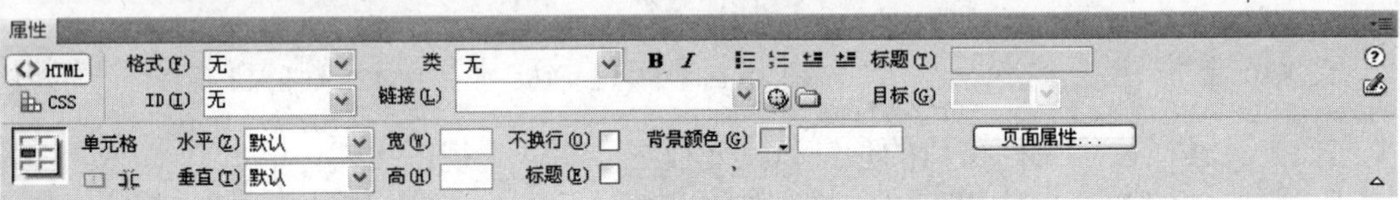

图 1.15 属性面板

1.5.7 浮动面板

浮动面板在 Dreamweaver CS4 操作中使用频率比较高，每个面板都集成了不同类型的功能。读者可根据需要显示不同的浮动面板，拖动面板可以脱离面板组，使其停留在不同的位置。例如，使用鼠标单击左侧浮动面板上面的小三角按钮，可以折叠或展开面板，如图 1.16 所示。

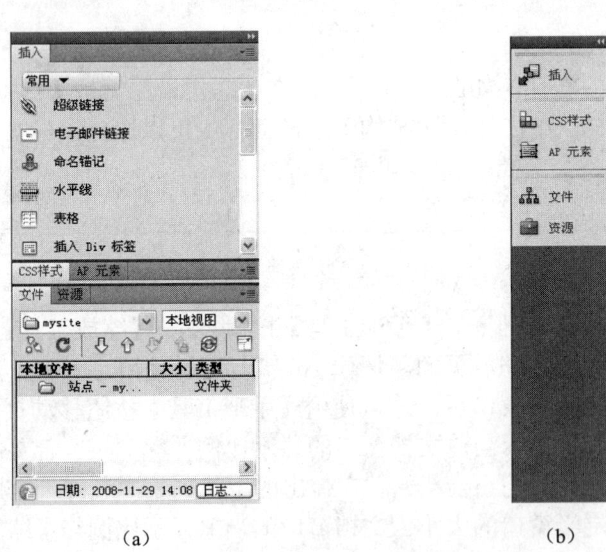

(a) (b)

图 1.16 展开/收缩整个浮动面板

单击浮动面板标题栏的深灰色区域，可以展开或收缩当前面板组，如图 1.17 所示。

使用鼠标拖动面板标题栏，可以把面板从面板组中拖出来，作为单独的窗口放置在 Dreamweaver 工作界面的任意位置上。同样，用相同的方法可以将单独面板拖回默认状态。

（a）

（b）

图 1.17　展开/收缩当前浮动面板组

Dreamweaver　CS4

1.6 使用辅助工具

熟练使用 Dreamweaver CS4 提供的各种辅助工作，能大大提高网页制作效率。辅助工具主要包括标尺、网格、辅助线和【历史记录】面板。

1.6.1　标尺

使用标尺可以精确地计算所编辑网页的宽度和高度，同时可以比较页面中各个对象元素的大小。选择【查看】|【标尺】|【显示】命令，可以在编辑窗口中显示，如图 1.18 所示。标尺原点的默认位置位于 Dreamweaver CS4 编辑窗口的左上角。用鼠标拖动该点，可以设置标尺原点到编辑窗口任意点，如图 1.19 所示。若要将原点恢复到默认左上角顶点位置，选择【查看】|【标尺】|【重设原点】命令即可，或者双击左上角顶点默认位置。

标尺的单位可以是像素、英寸或厘米，默认为像素。选择【查看】|【标尺】命令，可以在子菜单上选择，如图 1.20 所示。若要隐藏标尺，再次选择【查看】|【标尺】|【显示】命令即可。

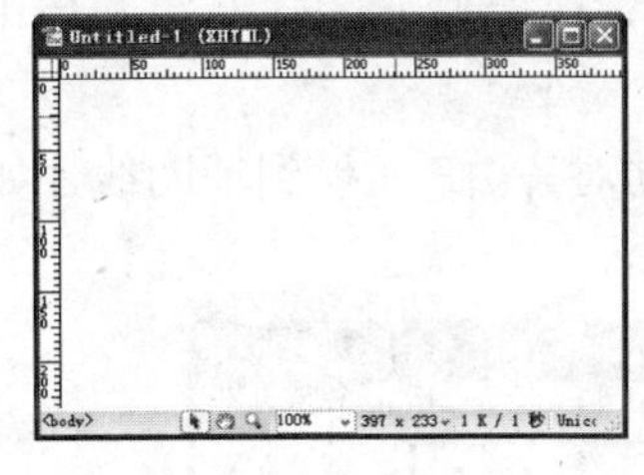

图 1.18　显示标尺

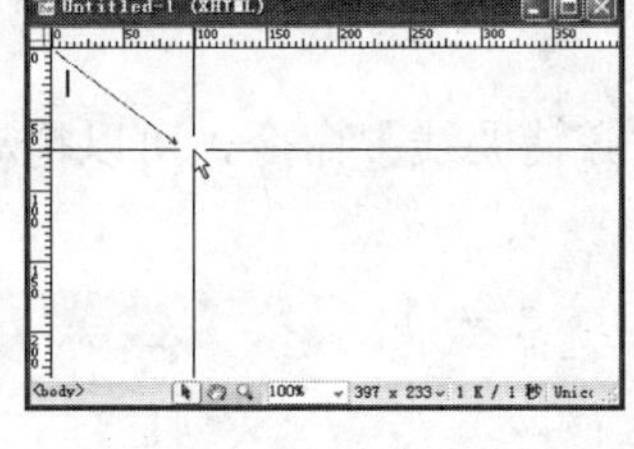

图 1.19　拖动设置标尺原点

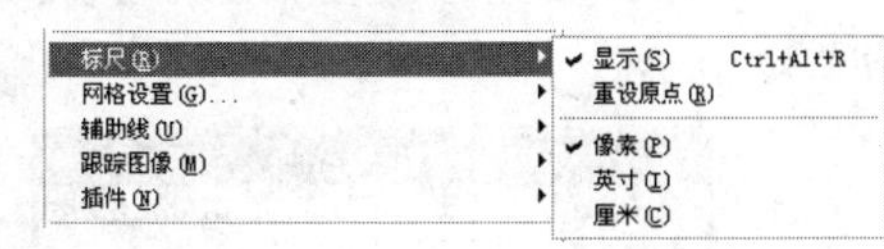

图 1.20　设置标尺单位

1.6.2　网格

网格在 Dreamweaver CS4 设计视图中主要是对 AP 元素（即层）进行绘制、定位或大小调整的可视化操作工具。通过对网格的操作，可以使页面元素在被移动后自动靠齐到网格，并通过指定网格设置来更改网格或控制靠齐行为。只有 AP 元素（选择【插入】|【布局对象】|【AP

Div】命令，即可在当前编辑窗口中插入一个 AP 元素）才能靠齐到网格。

选择【查看】|【网格】|【显示网格】命令，将在编辑窗口中显示网格，如图 1.21 所示。若想使网页中的 AP 元素自动靠齐到网格，方便 AP 元素的定位，就应选择【查看】|【网格】|【靠齐到网格】命令。无论网格是否显示，都可以使用靠齐功能，如图 1.22 所示。

选择【查看】|【网格】|【网格设置】命令，打开【网格设置】对话框，如图 1.23 所示。利用该对话框可以设置网格显示状态。

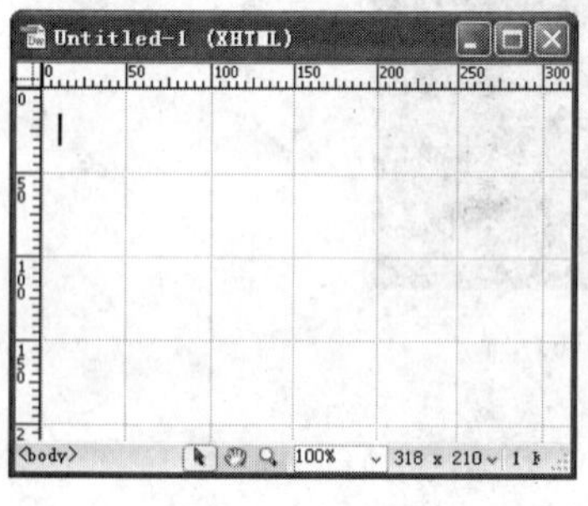

图 1.21　显示网格

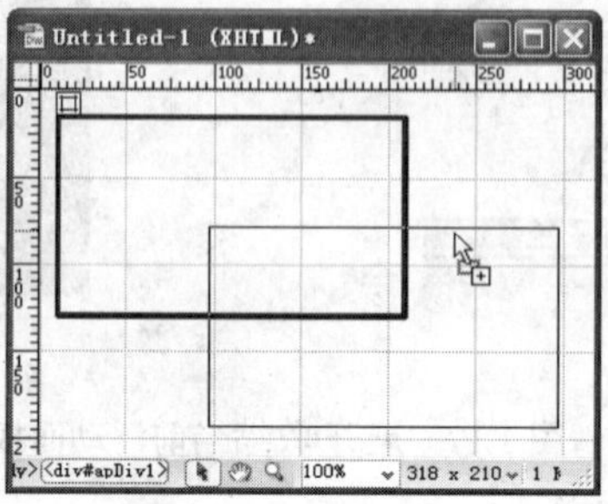

图 1.22　设置对齐网格

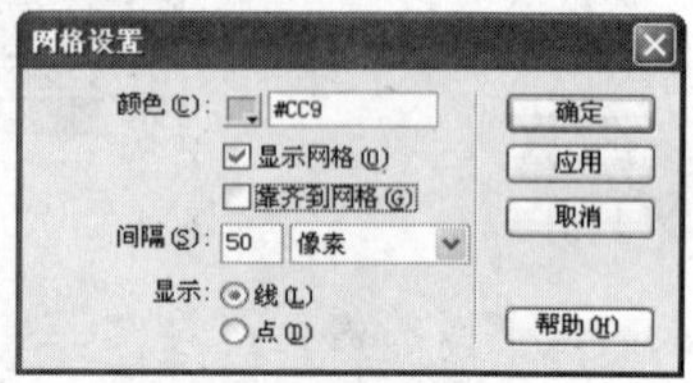

图 1.23　【网格设置】对话框

（1）【颜色】选项：设置网格线的颜色。Dreamweaver CS4 默认网格线颜色为#CC9。

（2）【显示网格】复选框：选择该复选框在编辑窗口中将会显示网格。

（3）【靠齐到网格】复选框：选择该复选框将设置网页中的 AP 元素自动靠齐到网格。

（4）【间隔】文本框：设置网格线的间距，在后面的下拉列表中可以设置间距度量单位，包括像素、英寸和厘米。Dreamweaver CS4 默认的网格间距为 50 像素。

（5）【显示】选项：设置指定网格线是显示为线条还是显示为点。

设置完毕后，单击【应用】按钮可应用更改而不关闭对话框，而单击【确定】按钮可应用更改并关闭对话框。

1.6.3　辅助线

辅助线与网格功能相同，也是用来对齐 AP 元素，不过使用辅助线比网格更加灵活方便。要绘制辅助线，首先应显示标尺，然后在编辑窗口左边或上顶部的标尺栏中拖出一条辅助线到窗口中即可，如图 1.24 所示。

（1）选择【查看】|【辅助线】|【显示辅助线】命令，可以显示或隐藏已绘制好的辅助线。

（2）选择【查看】|【辅助线】|【锁定辅助线】命令，可以锁定已绘制好的辅助线，禁止任何人拖动。

（3）选择【查看】|【辅助线】|【对齐辅助线】命令，可以拖动对齐 AP 元素到辅助线，如图 1.25 所示。

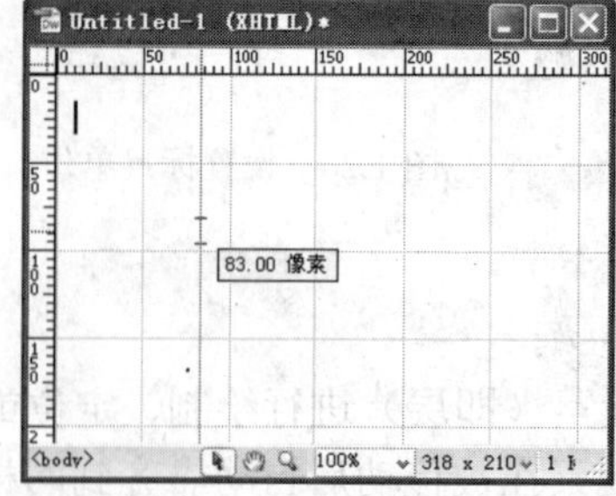

图 1.24　拖绘辅助线

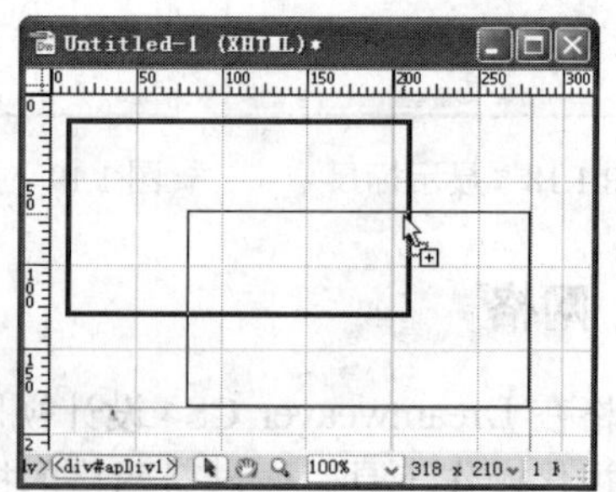

图 1.25　对齐辅助线

（4）选择【查看】|【辅助线】|【清除辅助线】命令，可以清除编辑窗口中所有的辅助线。

（5）选择【查看】|【辅助线】|【编辑辅助线】命令，打开【辅助线】对话框，如图 1.26 所示。利用该对话框可以设置辅助线的显示状态。

1）【辅助线颜色】选项：设置辅助线的颜色。Dreamweaver CS4 默认辅助线颜色为#00FF00。

2）【距离颜色】选项：设置距离的颜色。Dreamweaver CS4 默认距离颜色为#0000FF。

3）【显示辅助线】复选框：选择该复选框将在编辑窗口中显示辅助线。

4）【靠齐辅助线】复选框：选择该复选框将设置网页中的 AP 元素自动靠齐到辅助线。

5）【锁定辅助线】复选框：选择该复选框将锁定网页中的辅助线。

6）【辅助线靠齐元素】复选框：选择该复选框拖动辅助线时自动靠齐附近的对象。

7）【清除全部】按钮：单击该按钮可以清除编辑窗口中所有辅助线。

设置完毕后，单击【确定】按钮可应用并关闭对话框。

在【辅助线】子菜单中还显示几种预制辅助线，如图 1.27 所示。使用这些预制辅助线可以对齐各种默认类型显示器。

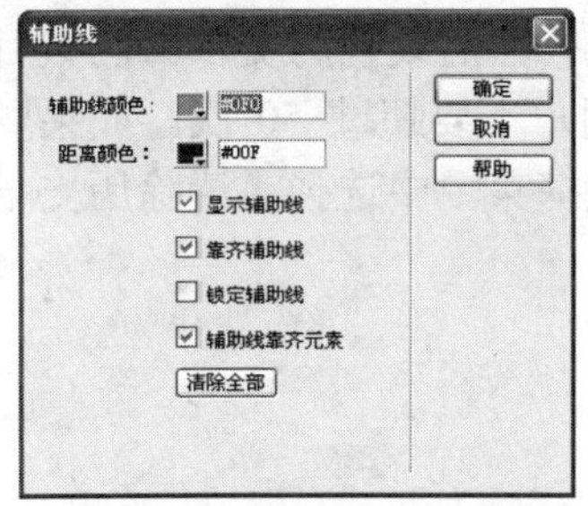

图 1.26 【辅助线】对话框

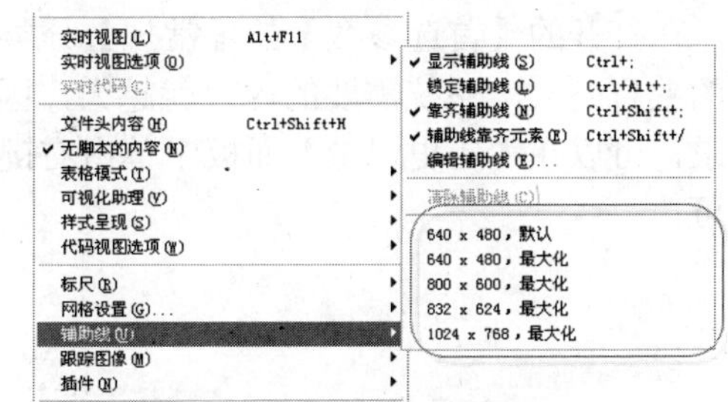

图 1.27 【辅助线】子菜单

1.6.4 【历史记录】面板

使用【历史记录】面板可以恢复上一步或上几步的操作，也可以创建需要重复使用的命令，以便 Dreamweaver CS4 自动执行。选择【窗口】|【历史记录】命令，打开【历史记录】面板，如图 1.28 所示。当制作网页时，【历史记录】面板会自动跟踪录制用户的所有操作。

（1）左侧的滑块指示刚进行完的步骤。要想恢复某一步骤的操作，只需用鼠标向上拖动左侧的滑块，直到指定某步骤即可。

（2）如果想重放已操作步骤，只需选中对象后选择要重放的起始步骤，然后单击【历史记录】面板底部的 重放 按钮即可，系统会自动执行上面的操作，其中显示为图标的历史记录将不被重复播放。

（3）如果想以后能重复操作的步骤，可以把这些步骤存储为命令。

操作步骤如下：

步骤 1 在【历史记录】面板中选中一连串的步骤后。

步骤 2 按住 Shift 键，可以用鼠标重复连续选择。

步骤 3 按住 Ctrl 键，可以用鼠标重复不连续选择。

步骤 4 单击面板底部的【将选定步骤保存为命令】按钮，打开【保存为命令】对话框，如图 1.29 所示。

步骤 5 输入名称，单击【确定】按钮，所保存的命令就会立刻显示在【命令】菜单底部，如图 1.30 所示。被保存的命令可以永久保留使用。这时如果用户选择【命令】|【删除操作】命令，会自动在当前编辑窗口中删除选定的对象。

图 1.28 【历史记录】面板

图 1.29 【保存为命令】对话框

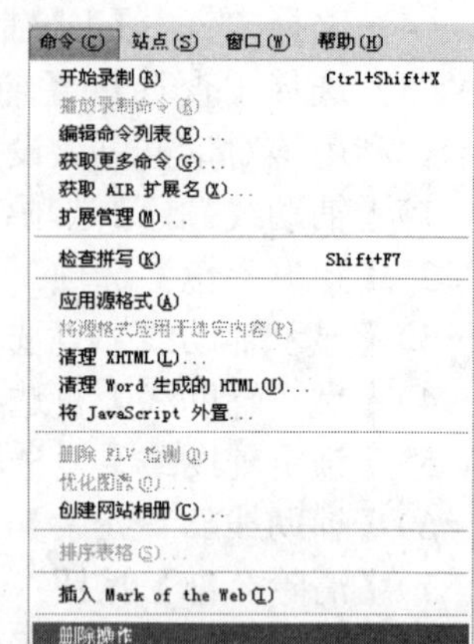

图 1.30 保存为命令的历史记录

【历史记录】面板中显示的操作步骤的数目可以自由设置。选择【编辑】|【首选参数】命令，在打开的【首选参数】的【常规】分类项中进行设置，然后设置历史步骤的数目即可。设置的数目越大，系统需要的内存就越大，因此建议一般用户不要超过 50 次。如果要清除历史记录，可以在【历史记录】面板中单击右键，从弹出的快捷菜单中选择【清除历史记录】命令即可。

第 2 章

创建和管理站点

内容介绍

网页设计之前应先创建站点，这样可以方便网页和素材的管理，避免因移动位置而弄错它们之间的链接关系。站点一般包括首页和若干个子页。它们被分为不同级别，其中首页是一级页面，当访问者访问网站时会首先打开首页。由于网站内网页众多，根据内容可能还需要进行分类，形成二级页面，以此类推，整个网站就这样形成了金字塔状的网链接结构。本章将主要讲解如何使用 Dreamweaver 创建一个静态站点，并利用该工具快速管理站点内的页面和素材。

学习重点

- 站点规划
- 使用站点定义向导创建站点
- 使用高级选项卡定义站点
- 管理站点
- 编辑站点内容
- 使用文件面板

Dreamweaver CS4

2.1 站点规划

网站建设是一个系统工程，涉及多方面的知识。特别是商业网站，由于内容丰富，结构复杂。在创建之初进行规划是必须的，下面简单介绍一般网站的规划和创建流程。

2.1.1 设计规划

除非只设计一两个网页，否则网页制作应从网站的角度来考虑，首先对内容进行规划设计。创建新网站最佳方法是先建立草图，再进行详细设计，最后正式实施。草图开发过程中要解决网站建设的一些基本问题，例如：

（1）网站的结构。

（2）文件的组织与管理。

（3）存储信息的物理方法，采用数据库还是文件系统。

（4）结构的完整性和一致性的维护方法。

详细设计包括页面布局、网站系统的内部结构、实现方法和维护方法等。这些对于以后的系统开发和投资都有着极其重要的意义。进行详细设计时，最重要的是确定网站的运行模式。对于商业网站，必须充分考虑财力、人力、计算机数目、网络连接方式、系统的经济效益、网站验证和用户反馈等诸多问题。从长远角度考虑，必须准确地知道网站的目标和系统的资金投入。

2.1.2 素材筹备

影响网站成功的因素主要包括网站结构的合理性、直观性以及多媒体信息的实效性和开销等。成功网站的最大秘诀就在于让用户感到网站非常有用。因此，网站内容开发对于网站建设至关重要。进行网站内容开发时要注意以下几点。

（1）由于浏览器存在兼容性问题，在网页设计时要充分考虑让所有的浏览器都能够正常浏览。

（2）网站总体结构的层次要分明。应该尽量避免复杂的网状结构。网状结构不仅不利于用户查找感兴趣的内容，而且在信息不断增多后还会使维护工作非常困难。

（3）图像、声音和视频信息比普通文本提供更丰富和更直接的信息，产生更大的吸引力，但文本字符可提供较快的浏览速度。因此，图像和多媒体信息的使用要适中。

（4）网页的文本内容应简明、通俗易懂。

2.1.3 风格设计

简洁明快、独具特色、保持统一的网站风格能让用户产生深刻印象，不断前来访问。优秀的网页画面少不了漂亮的图像，但更主要的是布局效果。网页布局采用的主要技术是 HTML 的表格和框架功能。同时要考虑以下几点。

（1）色调：是活泼还是庄重，是朴素还是艳丽，这些要根据具体的网站内容来确定。

（2）画面：需要考虑画面是写实还是写意，是专业性还是大众化，要根据不同对象进行设计。

（3）简繁：是追求简洁还是花哨，不同性质的网站在这方面会有所不同。如艺术网站，会不厌其烦地用各种手法来展示其创意，而商业网站的设计则应追求简洁。

（4）动静：用 Flash 动画的动和静，体现活泼或严肃、动感或凝固等。但要特别注意，网站中动的元素不要太多，避免杂乱。

2.1.4 结构设计

在规划站点结构时，一般应遵循下面一些规则。

1．用文件夹进行分类存储

用文件夹来合理构建站点的结构。首先为站点创建一个根文件夹（根目录），然后在其中创建多个子文件夹，再将网页文件分门别类存储到相应的文件夹内，可以创建多级子文件夹。

2．文件命名要合理

使用合理的文件名非常重要，特别是在网站的规模很大时。文件名应该简洁易懂，让人看了就能够知道网页表述的内容。如果不考虑那些不支持长文件名的操作系统，那么就可以使用长文件名来命名文件，以充分表述文件的含义和内容。

尽管中文文件名对于中国人来说清晰易懂，但是应该避免使用中文文件名，因为很多 Internet 服务器使用的是 Unix 系统或者其他操作系统，不能对中文文件名提供很好的支持，而且浏览网站的用户也可能使用英文操作系统，中文的文件名称同样可能导致浏览错误或访问失败。如果实在对英文不熟悉，可以用汉语拼音作为文件名。

同时，有些操作系统是区分文件大小写的，例如，Unix 操作系统。因此，建议在构建的站点中，全部使用小写的文件名称。

3．资源分配要合理

网页中不仅仅是文字，还可能包含其他任何类型的资源，这些网页资源通常不能直接存储在 HTML 文档中，考虑它们的存放位置。可以在站点中创建不同门类的文件夹，然后将相应的资源保存到相应的文件夹中。

4．设置本地站点和远端站点为相同的结构

为了便于维护和管理，应该将远端站点的结构设计成同本地站点相同。这样在本地站点上相应文件夹和文件上的操作，都可以同远端站点上的文件夹和文件一一对应。当编辑完本地站点后，利用 Dreamweaver CS4 将本地站点上传到 Internet 服务器上，可以保证远端站点是本地站点的完整复制，避免发生错误。

Dreamweaver CS 4

2.2 使用站点定义向导创建站点

Dreamweaver 提供了强大的站点创建和管理功能。对于初学者来说，使用站点向导能够快速建立本地站点。具体操作步骤如下：

步骤 1 在菜单栏中选择【站点】|【新建站点】命令，打开【站点定义为】对话框，如图 2.1 所示。

步骤 2 选择【基本】选项卡，在【你打算为你的站点起什么名字】的文本框中输入网站的名称，例如，输入“mysite”，如图 2.1 所示。其中在【你的站点的 HTTP 地址（URL）是什么】文本框中设置站点网址，由于刚刚创建站点，可以忽略，等以后站点建设比较完善，并申请了网址之后再填写。

步骤 3 单击【下一步】按钮，可以设置该站点需要用到的服务器技术，因为此时新建的是静态站点，应该选择【否，我不想使用服务器技术】，如图 2.2 所示。

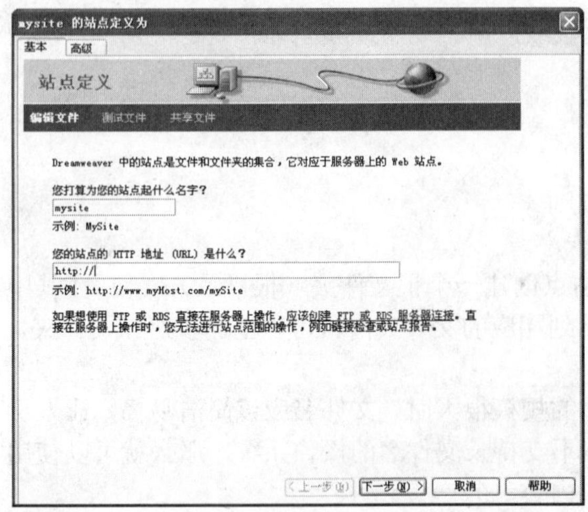

图 2.1 【站点定义为】对话框

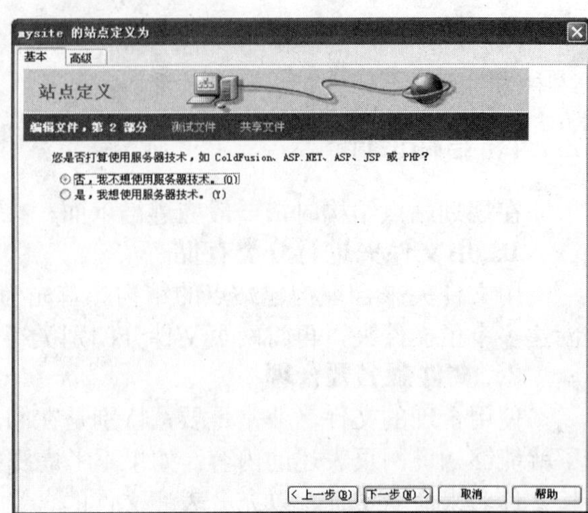

图 2.2 设置站点服务器技术

步骤 4 单击【下一步】按钮，可以设置该站点的编辑方式，如图 2.3 所示。在该对话框中包含 2 个选项。

（1）【编辑我的计算机上的本地副本，完成后再上传到服务器（推荐）】单选按钮：单击该按钮表示在本地站点中编辑网页，再通过 FTP 上传到远程服务器。

（2）【使用本地网络直接在服务器上进行编辑】单选按钮：单击该按钮表示直接用 Dreamweaver CS4 在服务器上编辑网页，使用这种方式需要连线在远程服务器进行操作。

步骤 5 在本例中，选择【编辑我的计算机上的本地副本，完成后再上传到服务器（推荐）】选项。然后在【你将把文件存储在计算机上的什么位置】文本框中设置本地站点文件夹的地址。可以在文本框输入路径，也可以单击后面的【选择文件】按钮，在弹出的【选择站点 mysite 的本地根文件夹】对话框中选择路径，如图 2.4 所示。

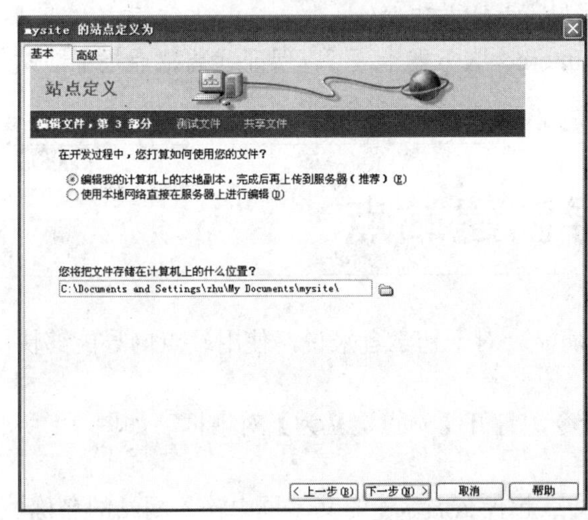

图 2.3 设置该站点的编辑方式

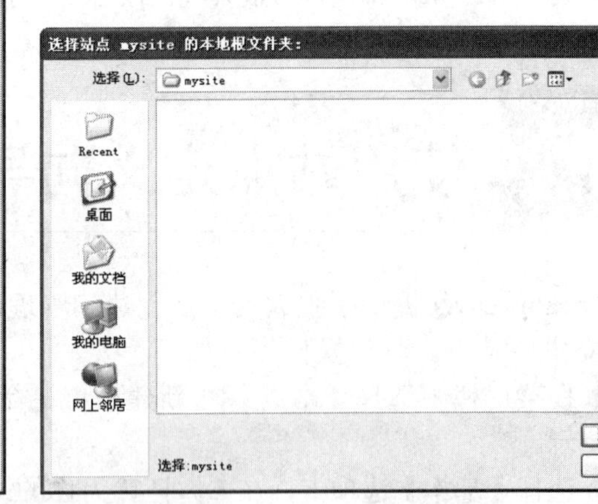

图 2.4 【选择站点 mysite 的本地根文件夹】对话框

步骤 6 单击【下一步】按钮，进入【站点定义为】对话框设置远程站点，如图 2.5 所示。在【你如何连接到远程服务器】下拉列表有 6 个选项：无、FTP、本地/网络、WebDAV、RDS 和 Microsoft Visual SourseSafe。

（1）如果不需要用 Dreamweaver CS4 来管理远程站点，应选择【无】选项。

（2）如果通过 FTP 来连接到远程站点（大多数情况下选该项），应该选择【FTP】，如图 2.6 所示，在下面会出现 4 个文本框，在其中分别填写远程站点的 FTP 地址、远程站点存放在 Web 服务器上的文件夹、FTP 的用户名和 FTP 密码。选中【保存】复选框则保存这些设置，单击【测试连接】按钮可测试 FTP 的连接情况。

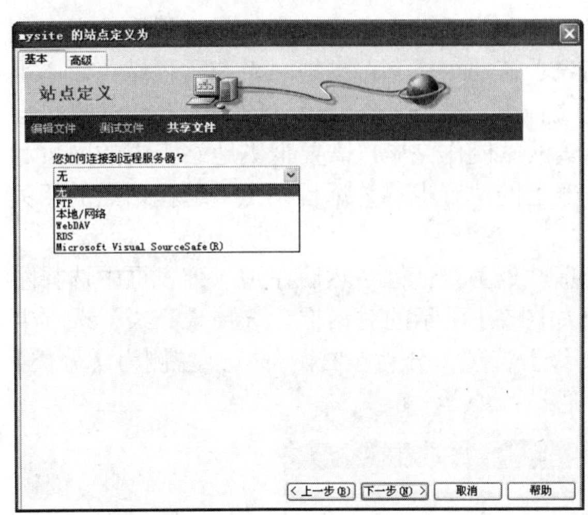

图 2.5　设置远程站点

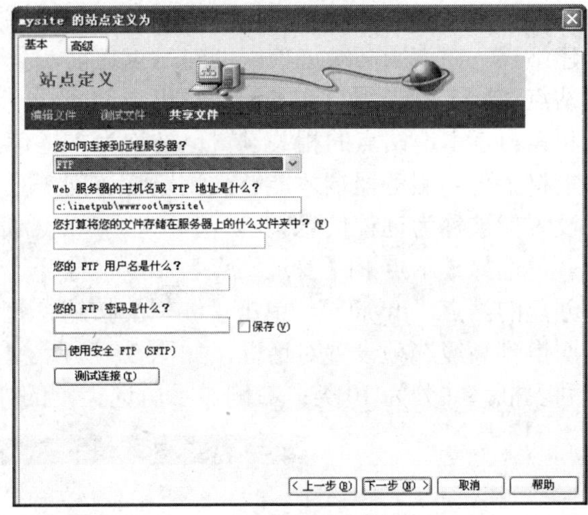

图 2.6　设置 FTP 远程站点

步骤 7　本例中选择【无】，等网站建设完成后再进行设置。单击【下一步】按钮，进入【站点定义为】对话框的总结。【站点定义为】对话框列出了刚才设置的所有主要内容，包括站点的本地信息、远程信息和测试服务器，其中本地信息中又列出了网站名称和本地根文件夹两项信息，而远程信息和测试服务器在目前还没有内容，将在以后完成此设置。用户可以认真核对刚才设置的信息，如果有错误，可以单击【上一步】返回修改，如图 2.7 所示。

步骤 8　最后单击【完成】按钮，结束【站点定义为】对话框的设置。然后在菜单栏中选择【站点】|【管理站点】命令，打开【管理站点】对话框，如图 2.8 所示。至此，在 Dreamweaver CS4 中新建了一个静态站点。但现在仅仅是建立一个站点，后面还有很多工作要做。

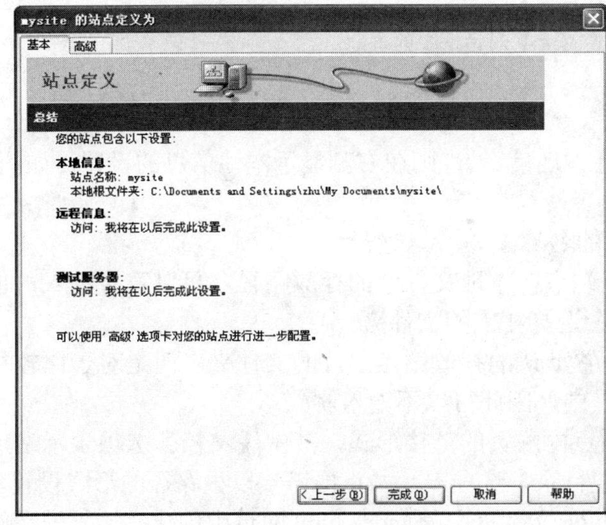

图 2.7　站点设置总结

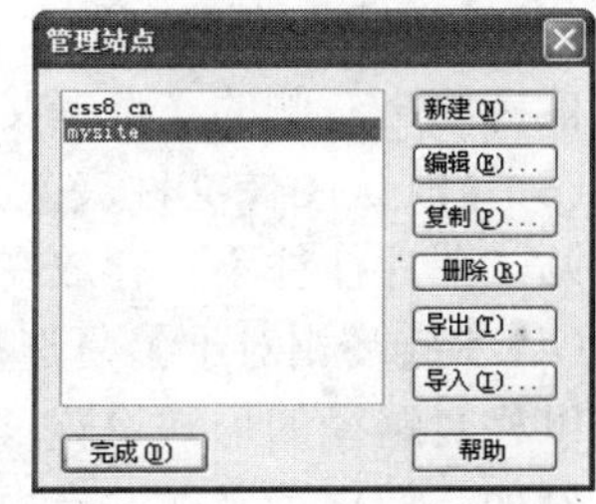

图 2.8 【管理站点】对话框

Dreamweaver CS4

2.3 使用高级选项卡定义站点

使用向导创建站点适用于初学者，当然读者可以利用【站点定义为】的【高级】选项卡创建站点。在使用高级选项卡创建站点之前，我们先了解两个概念：本地站点和远程站点。本地站点实际上就是用户在本地计算机中创建的一个文件夹，作为工作目录专门用来存放站点页面和素材，本地站点的相关设置也被称为本地信息。网站制作完毕，需要把本地站点内的网页和素材上传到服务器端才能够被浏览者访问，服务器上的位置也称为远程站点，远程站点的相关设置就被称为远程信息。

选择【站点】|【管理站点】命令，打开【管理站点】对话框，然后在站点列表框中选择刚创建的站点“mysite”，单击【编辑】按钮，打开如图 2.1 所示的对话框，选择【高级】选项卡切换到高级选项设置对话框，如图 2.9 所示。【高级】选项卡分为左右两部分，左侧为【分类】列表框，共分为 10 类；右侧显示所选类别的详细设置。

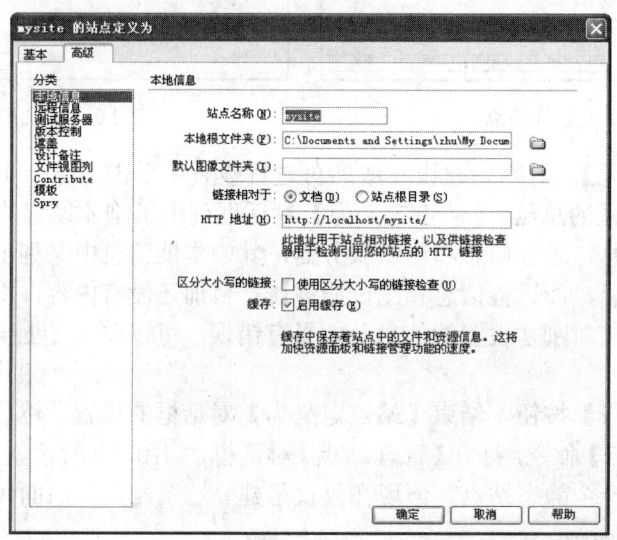

图 2.9 【站点定义为】对话框中的本地信息

2.3.1 本地信息

在【高级】选项卡左侧列表中选择【本地信息】，则在右侧显示本地信息的设置，如图 2.9 所示。

（1）【站点名称】文本框：设置站点的名称。

（2）【本地根文件夹】文本框：设置站点在本地文件中的存放路径，可以直接输入，也可以用鼠标单击右侧的【选择文件】按钮选择相应的文件夹。

（3）【默认图像文件夹】文本框：设置默认的存放站点图片的文件夹。但是对于比较复杂的网站，图片往往不只存放在一个文件夹中，因此可以不输入。

（4）【链接相对于】复选框：设置站点内网页的链接形式，其中【文档】选项表示站点内链接以相对路径的形式设置，而【站点根目录】选项表示站点内链接以根路径的形式设置。

例如，如果读者在站点根目录下的 blog 文件夹中的 index.html 网页中创建链接到同文件夹中的 index1.html 文件，如果选择【文档】选项，则链接路径为 index1.html 即可；如果选择【站点根目录】选项，则链接路径为/blog/index1.html。

（5）【HTTP 地址】文本框：输入网站的网址，该网址能够供链接检查器验证使用绝对地址的链接。在输入网址的时候需要输入完整的网址，例如，http://www.css8.cn/。

（6）【区分大小写的链接】复选框：选中该复选框可以对链接的名称大小写进行区分。

（7）【启用缓存】复选框：选中该复选框可以创建缓存，以加快链接和站点管理任务的速度。

2.3.2 远程信息

在【站点定义为】的【高级】选项卡左侧列表中选择【远程信息】，则在右侧显示远程站点（或称服务器）的相关设置，如图 2.10 所示。该分类中可以设置远程服务器类型包括 6 种：无、FTP、本地/网络、WebDAV、RDS 和 SourseSafe(R)数据库。

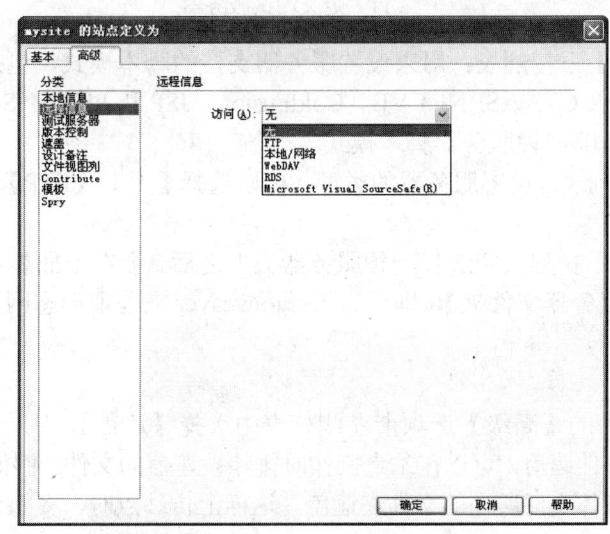

图 2.10 【站点定义为】对话框中的远程信息

（1）无：不将站点上传到服务器。

（2）FTP：使用 FTP 连接到 Web 服务器。该类型在实际网站开发中比较常用，其中涉及很多方法和技巧。

（3）本地/网络：访问网络文件夹，或者在本地计算机上运行网页服务器。

（4）WebDAV：该选项表示基于 Web 的分布式创作和版本控制，它使用 WebDAV 协议连接到网页服务器。对于这种访问方法，必须有支持该协议的服务器，如 Microsoft Internet Information Server（IIS）6.0 和 Apache Web 服务器。

（5）RDS：该选项表示远程开发服务，使用 RDS 连接到网页服务器。对于这种访问方式，远程文件夹必须位于运行 ColdFusion 服务器环境的计算机上。

（6）SourseSafe(R)数据库：使用 SourceSafe 数据库连接到网页服务器。只有 Windows 支持 SourceSafe 数据库。若要在 Windows 中使用 SourceSafe，必须先安装 Microsoft Visual SourceSafe Client 6。

2.3.3 测试服务器

在【站点定义为】高级选项卡对话框左侧列表中选择【测试服务器】，则在右侧显示设置测试服务器的模式，如图 2.11 所示。

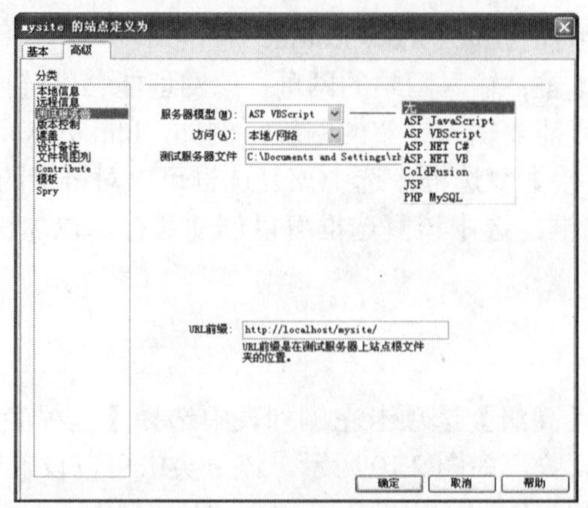

图 2.11　定义测试服务器

(1)【服务器类型】下拉列表：用来设置服务器支持的脚本模式，包括无、ASP JavaScript、ASP VBScript、ASP.NET C#、ASP.NET VB、ColdFusion、JSP 和 PHP MySQL。目前使用比较广泛的有 ASP、JSP 和 PHP 三种服务器脚本模式。

(2)【访问】下拉列表：设置服务器的类型，可以选择【无】、【FTP】和【本地/网络】3 种，默认为【无】。

(3) 当在【访问】下拉列表中选择一种服务器类型之后，会在下面显示相应的服务器设置，其中需要设置【测试服务器文件夹】，即设置 Dreamweaver 来处理动态网页的文件夹。

2.3.4　遮盖

在【站点定义为】的【高级】选项卡左侧列表中选择【遮盖】，则在右侧显示遮盖设置，如图 2.12 所示。使用文件遮盖，可以在站点操作时排除被遮盖的文件。例如，如果不希望上传多媒体文件，可以将多媒体文件所在的文件夹遮盖，这样上传站点时，多媒体文件就不会被上传。

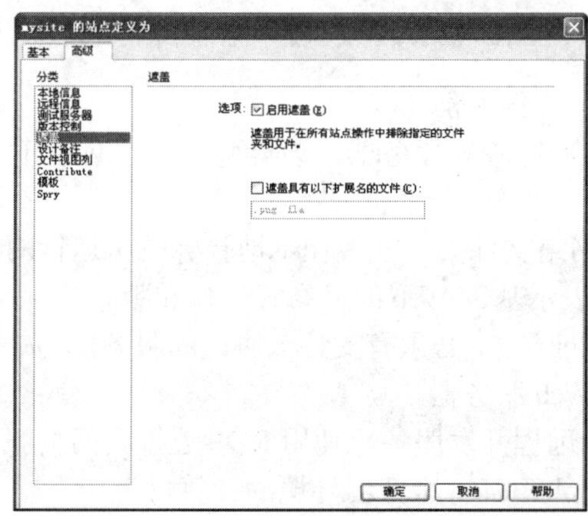

图 2.12　定义遮盖

(1)【启用遮盖】复选项：选中该复选框将激活文件遮盖。遮盖用于在所有站点操作中排除指定的文件夹和文件，过滤网站中特殊的文件，默认为勾选。

(2)【遮盖具有以下扩展名的文件】复选框：选中该复选框，需要在后面的文本框中填入要遮盖文件的后缀名，这样，站点内的操作将不会影响到它们，比如查找替换和全站点链接更新等，默认为不勾选。

2.3.5 设计备注

在【站点定义为】高级选项卡对话框左侧列表中选择【设计备注】，则在右侧显示设置设计备注，如图2.13所示。当在站点开发过程中，可能会需要记录一些开发过程信息，以备查询。然后上传到服务器上，使其他人也能够访问，使开发站点团队共享信息。

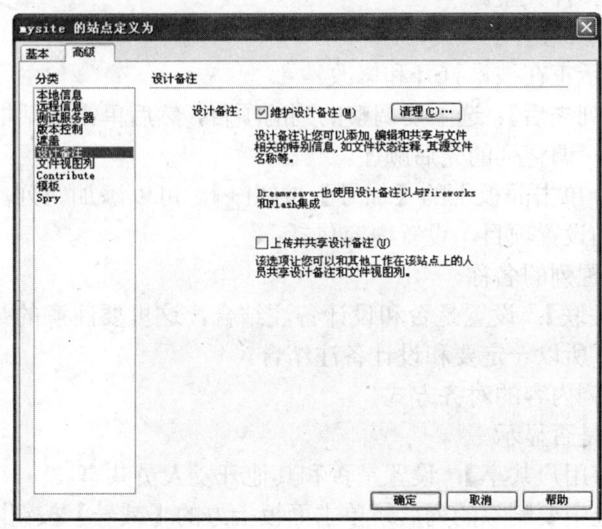

图2.13　定义设计备注

(1)【维护设计备注】复选框：选择该选项可以保存设计备注。

(2)【清理】按钮：单击该按钮可以删除过去保存的设计备注。

(3)【上传并共享设计备注】复选框：选择该选项可以在上传文件的时候，将设计备注上传到远端服务器上。

2.3.6 文件视图列

当在【站点定义为】的【高级】选项卡左侧【分类】列表框中选中【站点地图布局】时，则对话框如图2.14所示。文件视图列主要设置【站点管理器】窗口中浏览文件显示的内容项目。

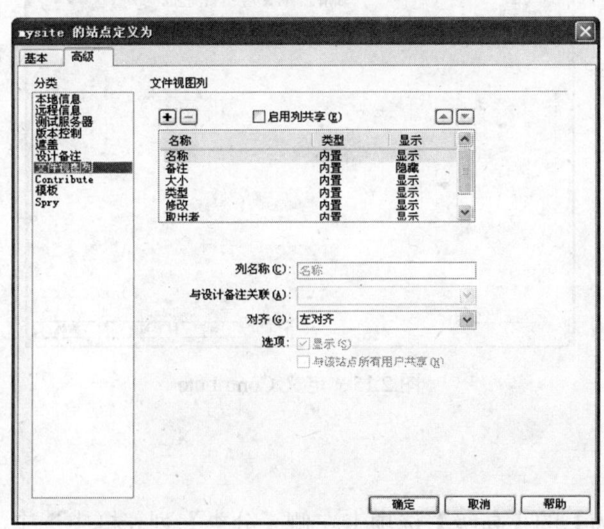

图2.14　定义文件视图列

（1）在文件视图列表中显示文件视图显示的项目，包括 6 项。

1）【名称】：显示文件名。

2）【备注】：显示设计备注。

3）【大小】：显示文件大小。

4）【类型】：显示文件类型。

5）【修改】：显示修改时间。

6）【取出者】：显示正在被谁打开和修改。

（2）【调整列的排列先后】：选中要调整的列的项目，然后单击对话框右上角的【向上】▲或者【向下】▼按钮，调整列的先后顺序。

（3）【添加新列】：单击面板上的【加号】按钮+，可以添加新列。选中新添加的列，下面设置面板出现相应的设置项目，设置内容包括：

1）【列名称】：设置列的名称。

2）【与设计备注关联】：设置是否和设计备注结合，这里要注意的是，新添加列主要显示的是设计备注的内容，所以一定要和设计备注结合。

3）【对齐】：设置列内容的对齐方式。

4）【显示】：设置是否显示。

5）【与该站点所有用户共享】：设置是否和其他开发人员共享。

（4）【删除列】：选中要删除的列后，单击面板上方的【减号】按钮−可以删除该列。

2.3.7 Contribute

当在【站点定义为】的【高级】选项卡左侧【分类】列表框中选中【Contribute】时，则对话框显示如图 2.15 所示。Contribute 使用户易于向此类网站发布内容，可以选择是否【启用 Contribute 兼容性】复选框，选中该复选框可使用户与 Contribute 用户之间的工作更有效率，该选项默认为不勾选。

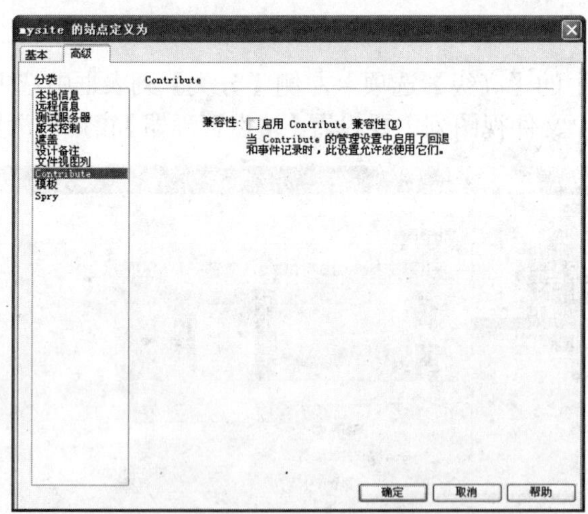

图 2.15 定义 Contribute

2.3.8 模板

当在【站点定义为】的【高级】选项卡左侧【分类】列表框中选中【模板】时，则对话框如图 2.16 所示。【模板】主要设置当网站模板更新时，是否改变文档的相对路径。

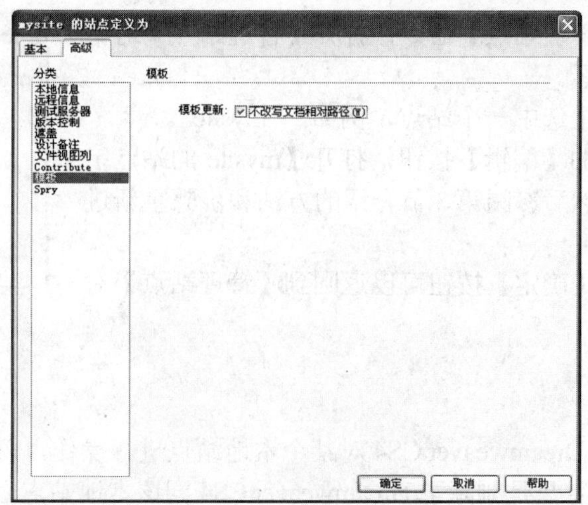

图 2.16　定义模板更新路径

2.3.9　Spry

当在【站点定义为】的【高级】选项卡左侧【分类】列表框中选中【Spry】时，则对话框显示如图 2.17 所示。【Spry】主要设置当网站应用 Spry 框架技术时，所用的资源保存在什么文件夹中，Spry 资源主要包括 JavaScript、CSS、HTML 和图像等。

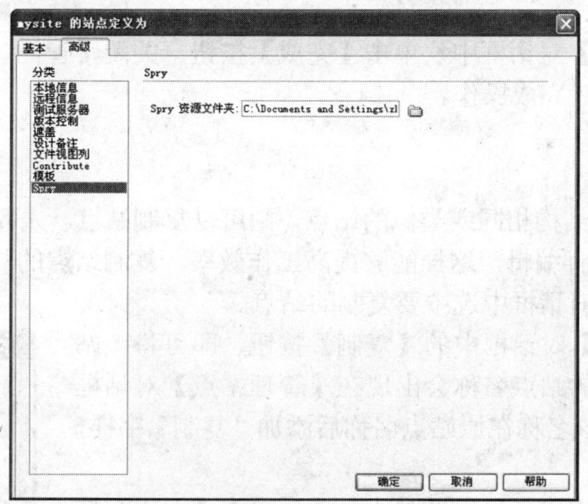

图 2.17　定义 Spry 资源文件夹

Dreamweaver　CS4

2.4　管理站点

创建站点之后，可以使用【管理站点】对话框对所创建的站点进行管理，主要包括站点的增加、删除、编辑、复制和导入导出等操作。

2.4.1　编辑站点

所谓编辑站点主要是修改在创建站点时的详细设置，具体操作如下：

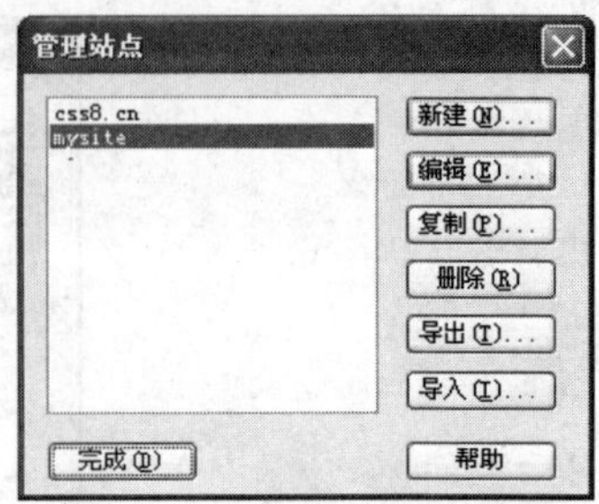

图 2.18 【管理站点】对话框

步骤1 选择【站点】|【管理站点】命令，打开【管理站点】对话框，如图 2.18 所示。

步骤2 在【站点列表】中选中一个站点，例如，“mysite”。

步骤3 单击对话框右侧的【编辑】按钮，打开【mysite 的站点定义为】对话框，然后参阅第 3 节介绍的方法和步骤重新进行设置即可。

步骤4 编辑完毕，单击【确定】按钮可以返回到【管理站点】对话框。

2.4.2 删除站点

如果不再需要使用 Dreamweaver CS4 对某个本地站点进行操作，可以将其从站点列表中删除。删除站点操作实际上只是删除了 Dreamweaver CS4 同该本地站点之间的关系，而本地站点内容，包括文件夹和文件等仍然保存在本地计算机上，用户可以重新创建指向其位置的新站点，重新对其进行管理。具体操作如下：

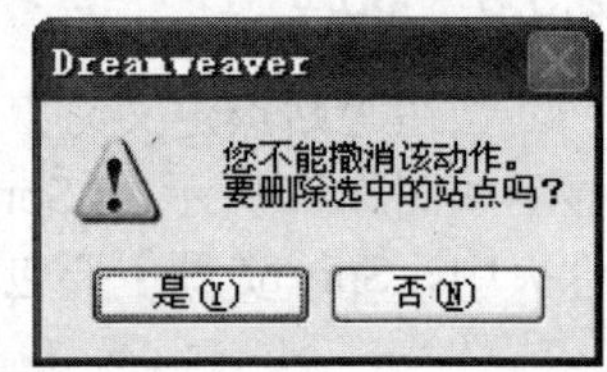

图 2.19 提示对话框

步骤1 选择要删除的本地站点，然后在【管理站点】对话框中单击【删除】按钮。

步骤2 Dreamweaver CS4 会弹出一个提示对话框，询问用户是否要删除本地站点，如图 2.19 所示。单击【是】按钮，即可删除选中的本地站点。

步骤3 返回【管理站点】对话框中，单击【完成】按钮，关闭【管理站点】对话框，完成操作。

2.4.3 复制站点

如果希望创建多个结构相同或类似的站点，则可以复制站点。先复制一个站点，然后根据需要分别对每个站点进行编辑，这样能够提高工作效率。复制站点的具体操作如下：

步骤1 在【管理站点】对话框中选中要复制的站点。

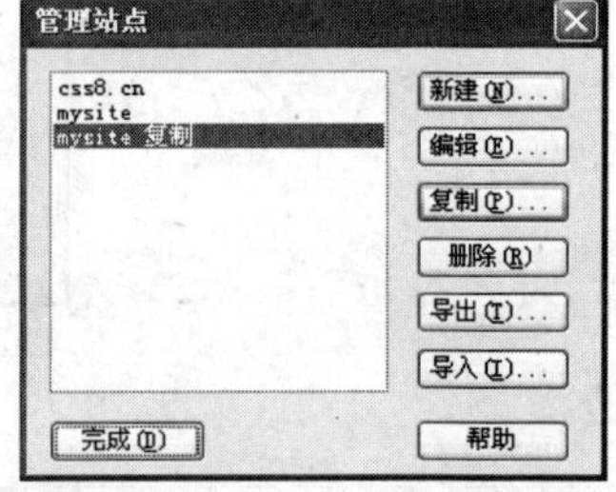

图 2.20 复制站点

步骤2 单击【管理站点】对话框中的【复制】按钮，即可将该站点复制，新复制的站点名称会出现在【管理站点】对话框的站点列表中。该名称在原站点名称后添加“复制”字样，如图 2.20 所示。

步骤3 如有需要，可以选中新复制的站点，然后单击【编辑】按钮，对其进行编辑，例如修改站点名称等。

步骤4 在【管理站点】对话框中单击【完成】按钮，完成站点的复制操作。

2.4.4 导入导出站点

在 Dreamweaver CS4 中可以将站点导出扩展名为.ste 的文件，这样就可以在计算机之间移动站点，或者与其他用户共享。导出站点的具体操作步骤如下：

步骤1 在【管理站点】对话框中选中要导出的站点。

步骤2 在【管理站点】对话框中单击【导出】按钮，打开【导出站点】对话框。浏览并选择保存该站点的位置，单击【保存】按钮即可。

步骤3 Dreamweaver CS4 自动在指定位置将站点保存为 XML 类型的文件。

步骤 4 单击【完成】按钮关闭【管理站点】对话框，完成【导出】操作。

步骤 5 如果要导入站点，可以单击【导入】按钮，在打开的对话框中选择扩展名为.ste 的文件，然后单击【确定】按钮，即可导入。用户可以用记事本打开该文件，查看保存的内容，如图 2.21 所示。

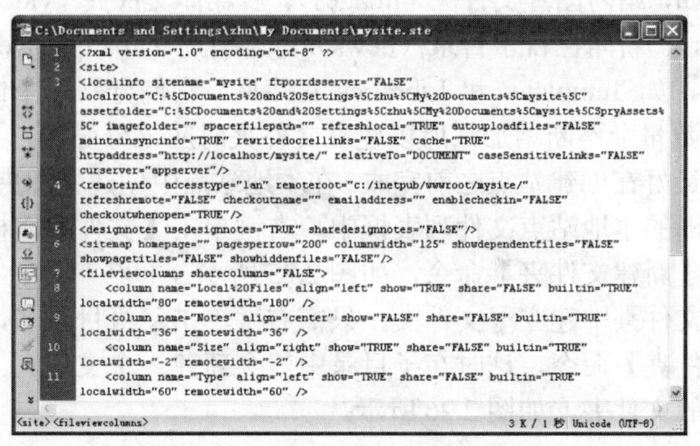

图 2.21 打开的站点管理信息文件

2.5 编辑站点内容

无论是创建空白站点，还是对已有站点内容进行管理，利用【文件】面板可以轻松完成相关站点内容的操作。例如，新建站点页面，编辑、删除、移位、创建文件夹等。在【文件】面板中进行操作时，Dreamweaver CS4 会自动为你完成相关链接的调整和更新服务。

2.5.1 打开和切换站点

完成站点创建工作，用户就可以在站点内构建网站结构和制作网页了，但前提是要先打开该站点。操作步骤如下：

步骤 1 选择【窗口】|【文件】命令（或按 F8 键），打开【文件】面板，如图 2.22 所示。

步骤 2 单击【文件】下拉列表右侧的向下三角按钮，打开一个下拉列表，如图 2.23 所示。

步骤 3 在下拉列表中选择刚建立的“mysite”，这时就可以打开“mysite”站点，如图 2.24 所示。

图 2.22 【文件】面板

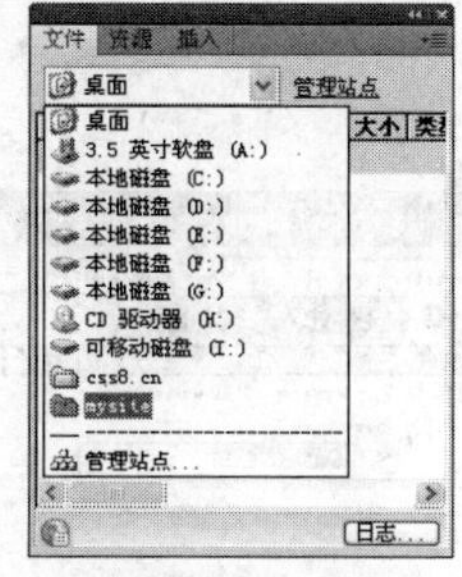

图 2.23 选择站点

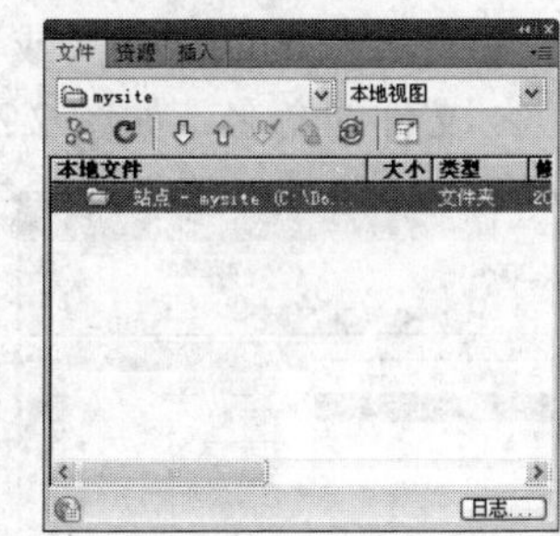

图 2.24 打开站点

当然，用户也可以在文件下拉列表中选择其他站点，进行站点切换。如果想打开另外一个站点，可以单击文件下拉列表，选择一个站点即可打开一个已经定义的站点。当运行 Dreamweaver CS4 之后，系统会自动打开上次退出 Dreamweaver CS4 时正在编辑的站点。

2.5.2 创建文件夹

创建文件夹的目的主要是为了方便站点管理，这个过程实际上也是构思网站结构的过程。如果制作的网站规模比较大，分类又多，或者栏目繁杂，这时更需要进行规划。一般目录代表站内栏目或分类。例如，站内图片文件夹（images）、多媒体文件夹（videos）、脚本文件夹（js）、样式表文件夹（styles）、新闻栏目子目录（news）等。有时 Dreamweaver 会自动创建文件夹用来存放一些特殊文件，如 Templates 和 Libraries 文件夹，它们分别用来保存模板和库。随着站点的扩大，文件夹的数量会不断增加，所以建立文件夹时应该分好类。

构建目录的工作最好在创建站点之前完成。在本地站点中创建文件夹的具体操作步骤如下：

步骤 1 在【文件】面板的本地站点文件列表框中，右键单击【文件】面板的站点根目录，从快捷菜单中选择【新建文件夹】命令，如图 2.25 所示。

步骤 2 如果要在某个文件夹中建立子文件夹，只需右键单击父级目录名，在弹出的快捷菜单中选择【新建文件夹】命令，这时在子目录中就会新建一个文件夹。例如，在根目录下新建一个待命名的文件夹，如图 2.26 所示。

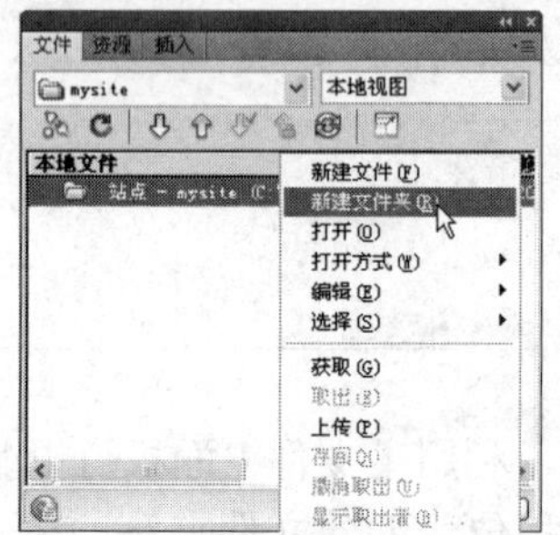

图 2.25 选择【新建文件夹】命令

图 2.26 建立的新文件夹

步骤 3 为文件夹命名，然后就可以在其中新建或保存文件了。

2.5.3 创建文件

文件的创建方法同文件夹的创建方法类似，具体操作步骤如下：

步骤 1 从【文件】面板的本地站点文件列表中，右键单击准备新建文件的文件夹。在弹出的快捷菜单中选择【新建文件】命令，这时在文件夹中会出现一个新建文件，如图 2.27 所示。

步骤 2 文件刚被创建时，其名称区域处于编辑状态（见图 2.28），用户可以编辑其名称。例如，命名为 index.htm（或 index.html），作为栏目首页，单击输入区外任意位置，即可完成对文件的命名，如图 2.29 所示。

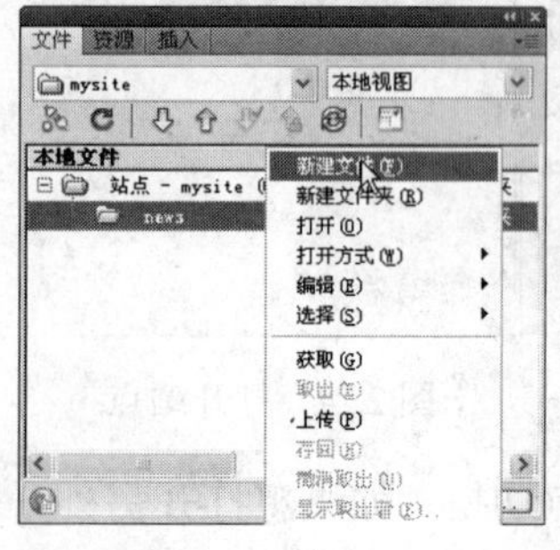

图 2.27 选择命令

图 2.28 新建文件

图 2.29 命名文件

步骤3 如果希望修改文件的名称，可以单击文件的名称（或按F2键），激活其文字编辑状态，然后输入新的名称即可。

2.5.4 移动和复制文件夹或文件

利用【文件】面板可以对新建文件或文件夹进行基本管理操作，如剪切、复制和粘贴等。在【文件】面板的本地站点文件列表中，右键单击要移动或复制的文件（或文件夹），在弹出的快捷菜单中选择【编辑】命令，在子菜单中选择相应的命令即可，如图2.30所示。

如果移动或复制文件，由于文件的位置发生了变化，其中的链接信息（特别是相对链接）可能会发生相应变化。Dreamweaver CS4会弹出【更新文件】提示对话框（见图2.31），提示是否要更新被移动或复制文件中的链接信息。从列表中选中要更新的文件，单击【更新】按钮，则更新文件中的链接信息，单击【不更新】按钮，则不对文件中的链接进行更新。

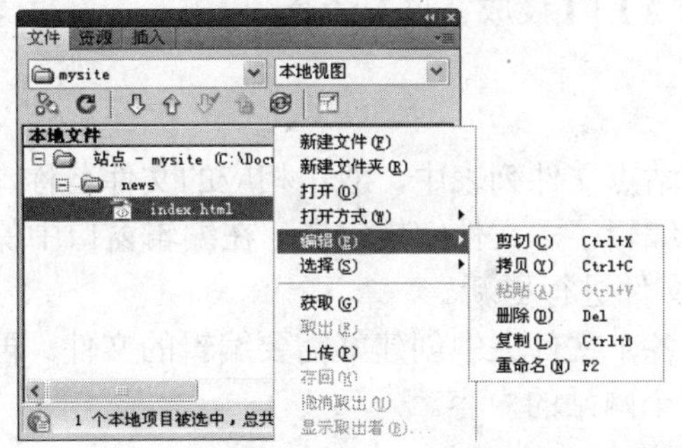

图2.30 移动和复制文件或文件夹

图2.31 【更新文件】对话框

使用鼠标拖动的方法，也可以实现文件或文件夹的移动，方法是从【文件】面板的本地站点文件列表框中，选中要移动的文件（或文件夹），按住鼠标左键拖动选中的文件或文件夹，然后移动到目标文件夹中，释放鼠标左键即可。

2.5.5 重命名文件夹或文件

给文件或文件夹重命名的方法是先选中要重命名的文件或文件夹，再按F2快捷键，文件名变为可修改状态，输入文件名，最后按Enter键确认即可。要注意不要忘记输入扩展名，静态网页文件一般为.htm或.html，动态网页的扩展名应该根据服务器技术类型来确定，如ASP服务器技术则扩展名为.asp。

无论是重命名还是移动，都应该在【文件】面板中进行，因为【文件】面板有动态更新链接的功能。确保站点内部不会出现链接错误。

通过上面的学习，就可以举一反三，创建其他的网页文件和文件夹了。和大多数的文件管理器一样，可以利用剪切、复制和粘贴操作来实现文件或文件夹的移动和复制。

2.5.6 删除文件夹或文件

要从本地文件列表中删除文件或文件夹，可以先选中要删除的文件或文件夹，按Delete键。这时系统会弹出提示对话框，如图2.32所示。询问是否要真正删除文件或文件夹，单击【确定】按钮，确认后即可将文件或文件夹从本地站点中删除。与站点的删除操作不同，这种对文件或文件夹的删除操作，会从磁盘上真正删除相应的文件或文件夹。如果预删除文件还与其他文件存在链接关系，则Dreamweaver CS4会弹出对话框提示该文件与哪些存在链接关系，并询问是否真正删除，如图2.33所示。

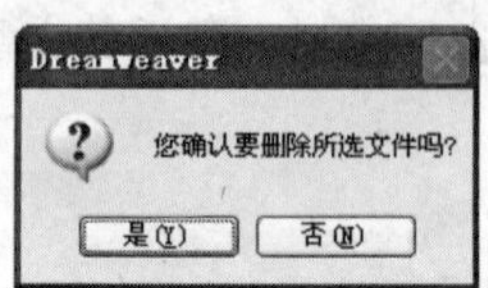

图 2.32　询问对话框

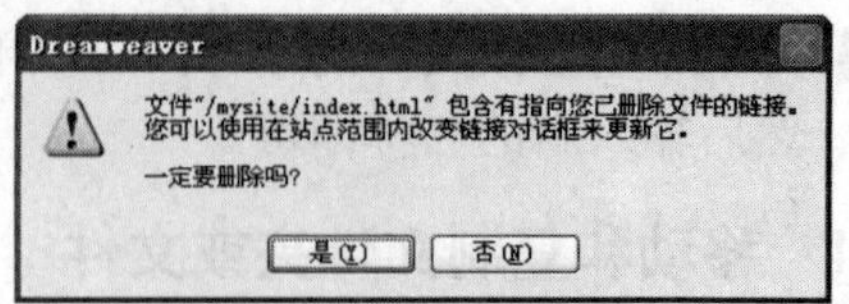

图 2.33　询问对话框

2.5.7　设置首页文件

主页就是站点默认的首页，在浏览网站时，如果在浏览器地址栏中输入网站地址，而不输入任何网页文件名称，则会打开主页。在本地站点文件列表框中，用户可以直接创建作为主页的文件，也可以将某个现有的文件指定为主页。

要创建主页操作方法是右键单击要设为主页的文件，在弹出的快捷菜单中选择【设成首页】命令即可。也可以在【文件】面板菜单中选择【站点】|【设成首页】命令。

2.5.8　编辑文件

要编辑站点文件，可以在【文件】面板的本地站点文件列表中，双击相应的文件名称，即可在编辑窗口中打开相应的文件，这时就可以进行编辑了。文件编辑完毕，在编辑窗口中保存文件，Dreamweaver CS4 即可自动对本地站点中的文件进行更新。

一般操作步骤是先构建整个站点，然后在站点各个文件夹中创建好需要编辑的文件。再在文档窗口中分别对这些文件进行编辑，最终完成整个网站的内容。

2.5.9　刷新文件

如果用户在 Dreamweaver CS4 之外，对站点中的文件夹或文件进行了修改，则需要对本地站点文件列表进行刷新，只有刷新之后才可以看到修改后的结果。刷新的方法是在【文件】面板菜单中选择【查看】|【刷新】命令（快捷键为 F5），即可对本地站点的文件列表进行刷新，如图 2.34 所示。

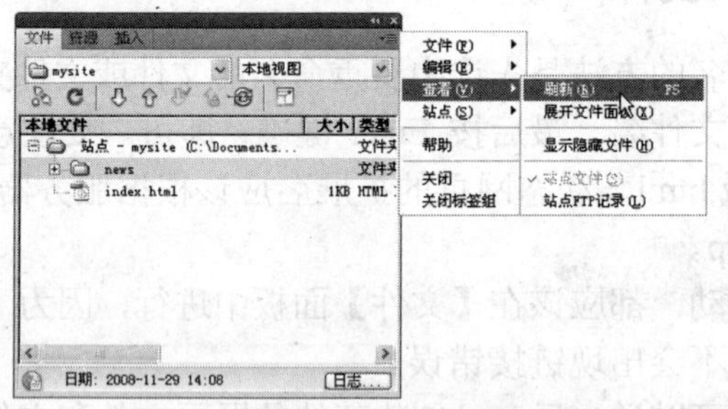

图 2.34　刷新文件

在列表框中单击右键，选择【刷新远程文件】命令可以对远端站点文件列表中的内容进行刷新。如果单击【文件】面板工具栏上的【刷新】按钮，就可以同时刷新本地站点文件列表和远端站点文件列表。

当用户在定义站点时，如果在【远程信息】分类中勾选了【维持同步信息】复选框，如图 2.35 所示，则 Dreamweaver CS4 会自动维持本地站点与远程服务器在信息上的同步更新，避免用户在本地或远程服务器修改文件后，出现信息不一致的现象；如果在【远程信息】分类中勾选了【保存时自动将文件上传到服务器】复选框，则用户在本地站点内保存文件时，Dreamweaver CS4 会自动询问是否上传该文件以及相关文件，如图 2.36 所示。

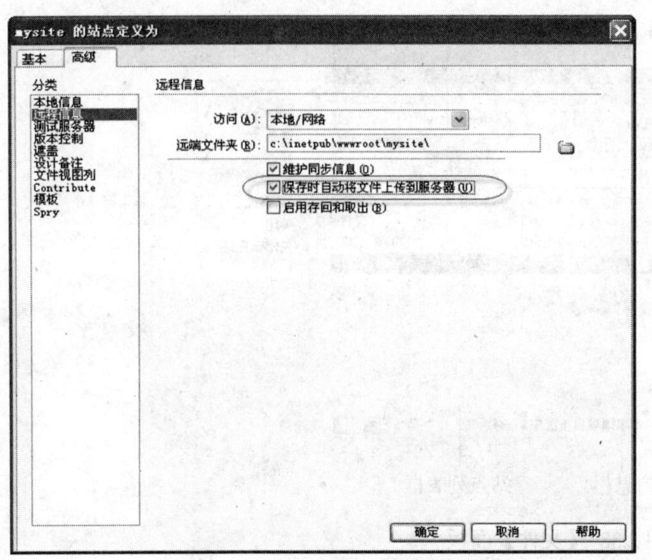

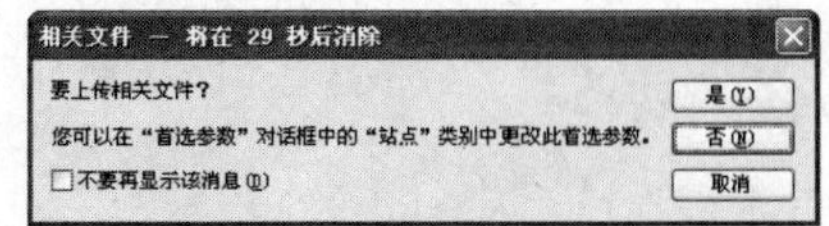

图 2.35　同步和自动上传文件　　　图 2.36　询问是否上传文件

用户可以在【相关文件】对话框中勾选【不再显示该消息】复选框，Dreamweaver CS4 将不再显示该对话框进行提示。用户也可以在【首选参数】中【站点】分类中进行更详细的操作设置，如图 2.37 所示。打开【首选参数】对话框的方法是：选择【编辑】|【首选参数】命令，打开【首选参数】对话框。

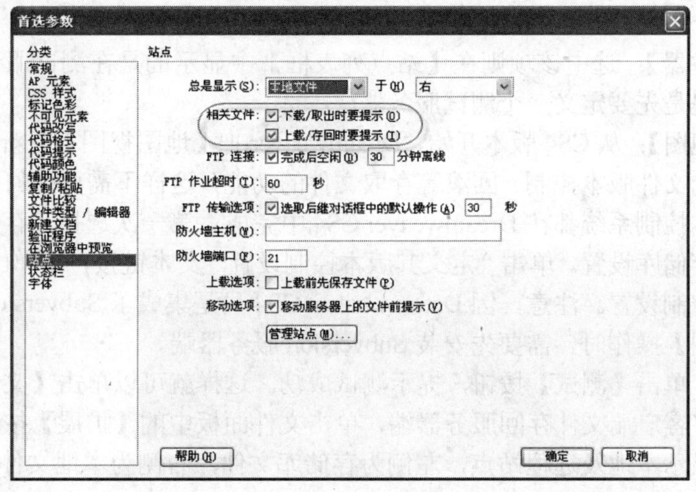

图 2.37　站点操作参数设置

Dreamweaver　CS4

2.6 使用文件面板

【文件】面板可以说是 Dreamweaver CS4 组织和编辑站点的控制中心，在该面板中包含了许多重要功能。选择【窗口】|【文件】命令，打开【文件】面板。【文件】面板由上到下可以分 5 个部分：面板菜单栏、工具栏、站点下拉列表、站点列表框和信息栏，如图 2.38 所示。在【文件】面板菜单中提供了操作站点的全部命令。

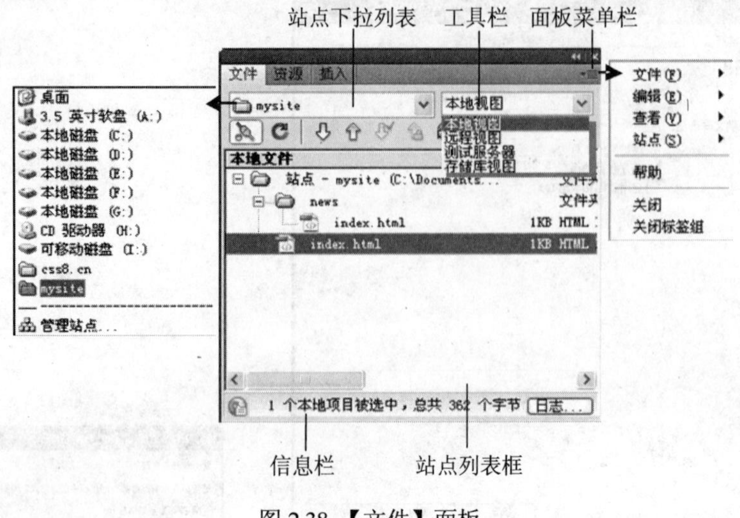

图 2.38 【文件】面板

（1）在【文件】面板左侧的下拉列表列出了本地计算机的所有磁盘分区和所有存在的站点名称，单击下拉列表，在打开的下拉列表中选择不同的站点，可进行站点切换。选择最下面的【管理站点】选项可以打开【管理站点】对话框。

（2）右侧的下拉列表列出了在【站点列表框】中可以显示出的 4 种面板视图方式。

1）【本地视图】：选中该项则在【站点列表框】中显示在本地计算机中存储的网站文件。

2）【远程视图】：选中该项则在【站点列表框】中显示在远程的服务器中存储的网站文件。前提是先要定义一个远程站点。

3）【测试服务器】：选中该项则在【站点列表框】中显示的是在测试服务器的条件下存储的网站文件。前提是先要定义一个测试服务器。

4）【存储库视图】：从 CS4 版本开始，Dreamweaver 把【地图视图】更新为【存储图视图】，从而提供更健壮的文件版本控制、回滚等存取文件的功能，这样不需要任何第三方工具或命令行界面，整个版本控制系统都在 Dreamweaver CS4 中完成。第一次选择【存储库视图】选项，会提示用户进行存储库设置。单击“定义其版本控制设置”文本链接，在弹出的【站点定位为】窗口中进行版本控制设置。注意，因 Dreamweaver CS4 只是集成了 Subversion 客户端，因此在进行【存储库视图】操作时，需要先安装 Subversion 服务器端。

设置完成后，单击【测试】按钮，提示测试成功。这样就可以单击【文件】面板中的【存回文件】按钮，将客户端文件存回服务器端，单击文件面板中的【扩展】按钮，将打开扩展面板，可以展开以显示本地及远程站点，左侧为存储库文件，右侧为本地文件。

（3）工具栏中从左到右排列着 8 个工具按钮：

1）【连接到远端主机】按钮：单击该按钮可以连接到远程服务器，如果连接成功，则显示为状态。

2）【刷新】按钮：刷新当前本地站点和远程服务器上的文件。

3）【下载文件】按钮：把远程服务器上的文件下载到本地站点中，前提是先连接到服务器。

4）【上传文件】按钮：把本地站点中的文件上传到远程服务器，前提是先连接到服务器。

5）【取出文件】按钮：取出和存回是 Dreamweaver 特有的功能，为了避免在一个开发团队中多人同时操作一个文件会出现的错误，取出功能会在用户操作一个文件时，禁止其他人操作该文件，当操作完毕，执行存回功能，则 Dreamweaver 会自动解锁对该文件的禁令，其他人就可以操作该文件了，因此当执行取出操作后，用户不要忘记及时存回。

在使用该按钮前，用户应该在定义站点时，在【远程信息】分类中勾选【启用存回和取出】复选框，然后在显示的选项中按如下设置：

- 勾选【打开文件之前取出】复选框，则每当用户打开一个文件前，要求先执行取出操作；
- 在【取出名称】文本框中输入自己的名称，这样其他人就知道当前是谁在操作该文件；
- 在【电子邮件地址】文本框中输入个人 E-mail 地址，其他人可以及时与当前操作人进行联系，如图 2.39 所示。

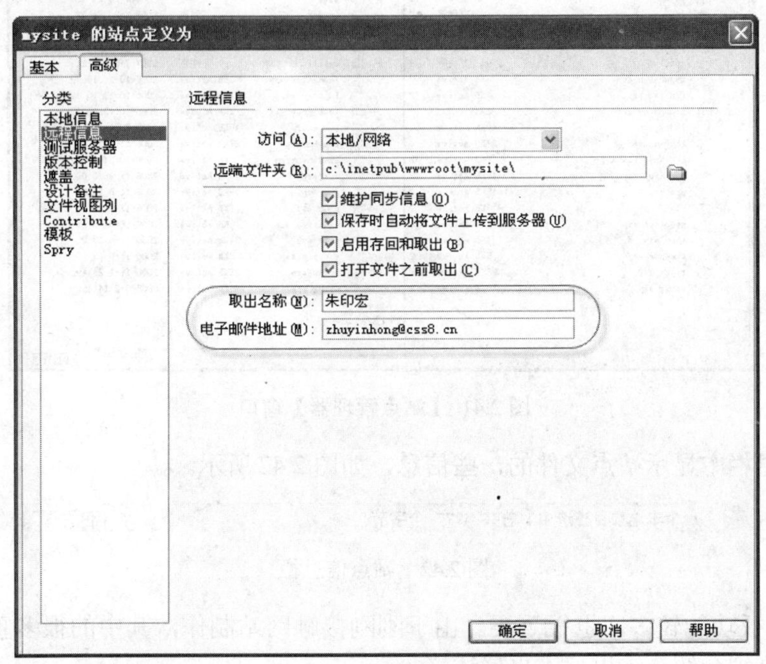

图 2.39 【高级】对话框

6)【存回文件】按钮：把对当前取出操作进行解锁。

7)【同步】按钮：使用该按钮的前提也是在定义站点时启动同步功能。单击该按钮，将会打开【同步文件】对话框，如图 2.40 所示。在该对话框中可以设置同步的方式：

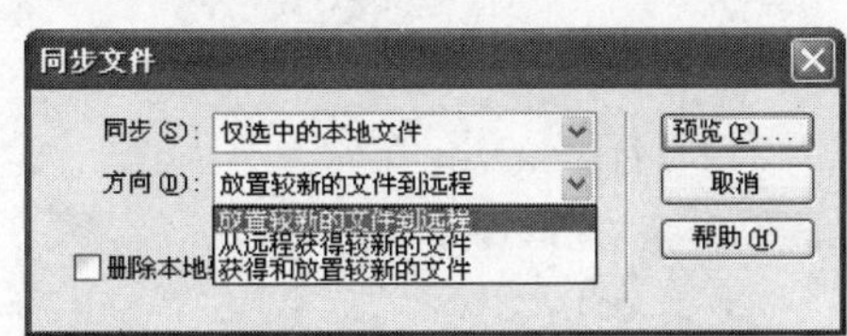

图 2.40 【同步文件】对话框

- 在【同步】下拉列表中可以选择是否同步整个站点，还是仅同步当前选中的文件或文件夹；
- 在【方向】下拉列表中可以选择同步的方向，它包括“放置较新的文件到远程”（把本地最新修改的文件上传到远程服务器）、“从远程获得较新的文件”（把远程最新修改的文件下载到本地站点中）和“获得和放置较新的文件”（将根据本地站点和远程服务器上哪边文件最新进行操作，如果本地最新，则上传；如果远程最新，则下载）。Dreamweaver 是根据文件的修改时间进行同步操作。

8）【扩展/折叠】按钮 ：单击【扩展/折叠】按钮 可以展开【文件】面板，启动【站点管理器】窗口，方便用户对本地站点和远程站点的协调管理，如图 2.41 所示。在该窗口中，管理远程文件如同在本地机中那样随时可见即可得的进行操作，大大方便了站点管理。

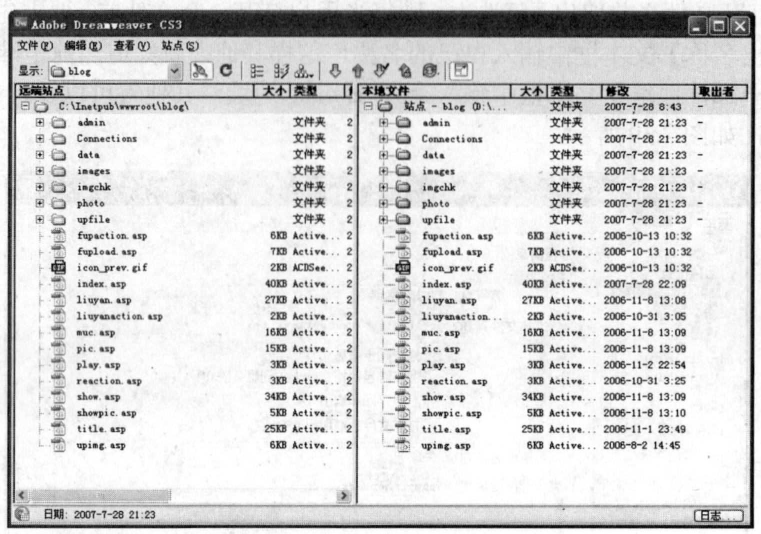

图 2.41 【站点管理器】窗口

（4）在信息栏中显示站点文件的一些信息，如图 2.42 所示。

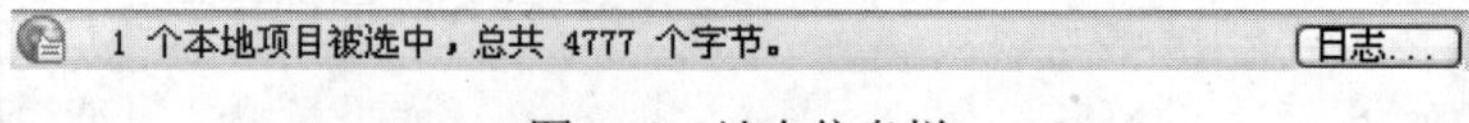

图 2.42 站点信息栏

【文件】面板功能较多，也很重要。由于刚刚接触网站制作，其中的很多重要功能将在后面章节中进行详细介绍，这里就不再赘述。

第3章

创建网页和设置网页属性

内容介绍

上一章讲解了如何使用 Dreamweaver CS4 创建站点，以及使用 Dreamweaver CS4 管理站点的简单方法，并了解了如何在站点内添加文件和目录。创建站点只是构建了网站结构，它仅是网站建设的第一步，这时站内还是一片空白，本章将在上一章基础上帮助用户丰富站点内容，学习创建和设置网页属性的相关技巧。

学习重点

- 创建页面
- 设置页面属性
- 认识网页元信息
- 设置 HTTP-EQUIV 元信息
- 设置 Name 元信息

Dreamweaver CS4

3.1 创建页面

Dreamweaver CS4 提供了多种创建页面的方法。除了直接在【文件】面板中新建各种类型的网页文件外，使用【新建文档】创建网页对于用户来说是个不错的选择。具体操作步骤如下：

步骤1 选择【文件】|【新建】命令，打开【新建文档】对话框，如图 3.1 所示。

步骤2 【新建文档】对话框由【空白页】、【空模板】、【模板中的页】、【示例中的页】和【其他】共 5 个分类选项卡组成（模板是依照已有的文档结构新建一个文档）。

步骤3 在左侧选项卡中选择一种类型，如“示例中的页”，然后在【示例文件夹】列表框中选择子类项，如【CSS 样式表】选项，则右侧列表框将显示【示例页】类别的所有选项，如图 3.2 所示。

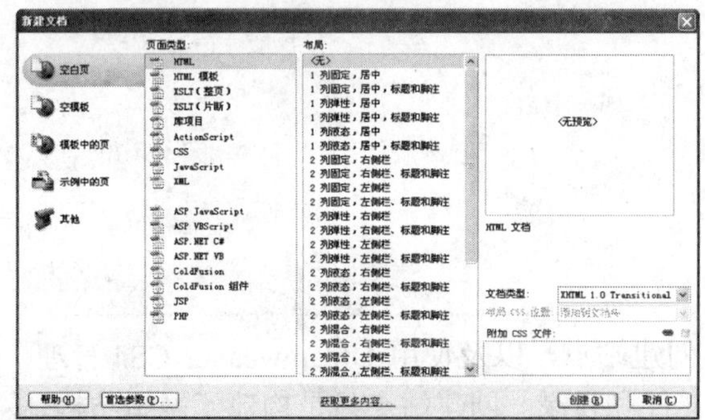

图 3.1 【新建文档】对话框

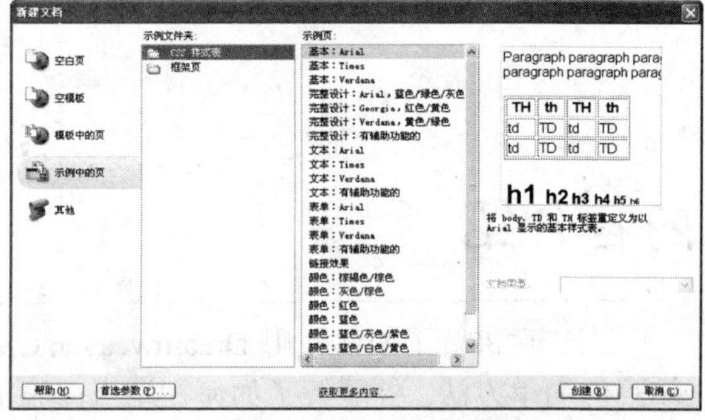

图 3.2 【CSS 样式表】类别项列表

步骤4 在示例列表框中选择一种风格的页面，在右侧的预览区域和描述区域中可以观看效果，并查看该页面的描述文字。例如，选择“颜色：红色”项，对话框的预览区域自动生成红色主题预览图，描述区域自动显示该主题的描述说明，如图 3.3 所示。如果在【示例文件夹】列表中选择“框架页”分类选项，则可以在右侧的框架页列表中选择一种框架类型，并创建一个框架页，如图 3.4 所示。

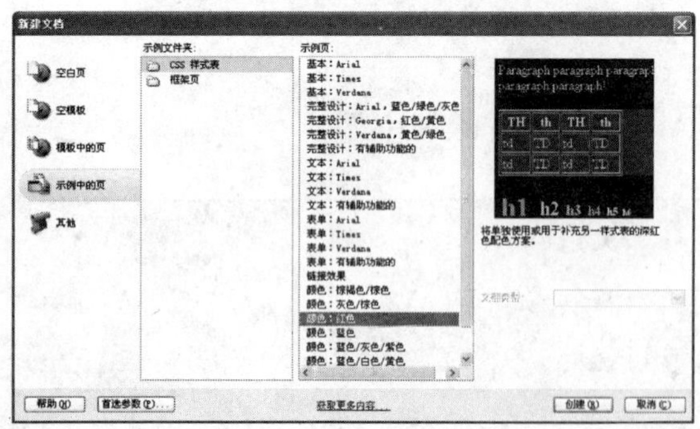

图 3.3 “颜色：红色”项

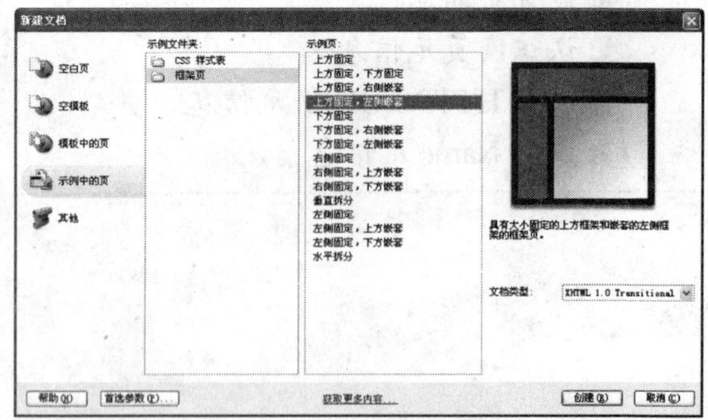

图 3.4 选择框架页模板

步骤5 单击【新建文档】对话框中的【创建】按钮，Dreamweaver CS4 会自动在当前窗口创建一个样式表文件。保存样式表文件，然后就可以在其他页面中引用这个样式表样式了，具体方法将在后面章节讲解。

读者可以根据上面介绍的方法创建其他类型的页面或者创建一个空白页，具体步骤就不再重复了。

3.2 设置页面属性

新建网页之后，读者应该设置页面的显示属性，如页面背景效果、页面字体大小、颜色和页面超链接属性等。在 Dreamweaver CS4 中设置页面显示属性可以通过【页面属性】对话框来实现。

在 Dreamweaver CS4 编辑窗口中，选择【修改】|【页面属性】命令，打开【页面属性】对话框，如图 3.5 所示。在【页面属性】对话框【分类】列表框中共有 5 类：外观、链接、标题、标题/编码和跟踪图像。右侧显示各个分类的具体属性设置。

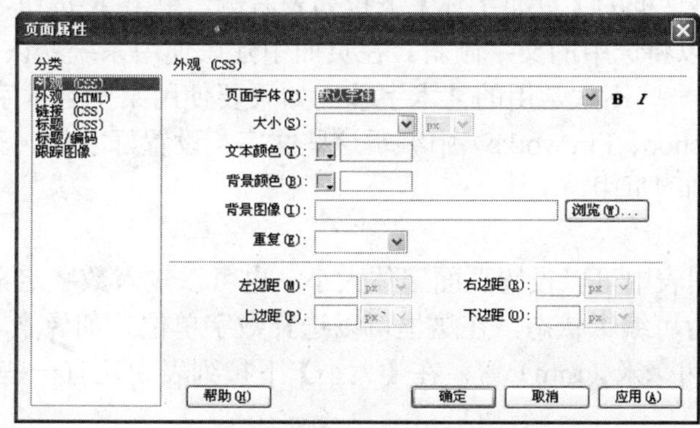

图 3.5 【页面属性】对话框

3.2.1 设置外观

外观主要包括页面的基本属性，如页面字体大小、字体类型、字体颜色、网页背景样式、页边距等。【页面属性】对话框提供了两种设置方式：

- 如果在【页面属性】对话框左侧【分类】列表框中选择“外观（CSS）”选项，则可以使用标准的 CSS 样式来进行设置。
- 如果在【页面属性】对话框左侧【分类】列表框中选择“外观（HTML）”选项，则可以使用传统方式（非标准）来进行设置。

例如，如果使用标准方式设置页面背景色为白色，则 Dreamweaver CS4 会生成如下样式来控制页面字体的大小：

```
body {
        background-color: #FFF;
}
```

反之，如果使用非标准方式设置页面背景色为白色，则 Dreamweaver CS4 会在<body>标签中插入如下属性：

```
<body bgcolor="#000000">
```

下面就来讲解页面外观的详细设置。

1. 页面字体

在【页面字体】下拉列表中选择一种字体。如果字体列表中没有显示用户要使用的字体，可以选择列表最下面的【编辑字体列表】选项，如图 3.6 所示。在打开的【编辑字体列表】对话框中选择【可用字体】列表框中的字体，并单击«按钮将该字体加入到左侧的【选用的字体】列表框中，如图 3.7 所示，这样就可以在 Dreamweaver 中使用了。

图 3.6 【页面属性】对话框中的【外观】选项

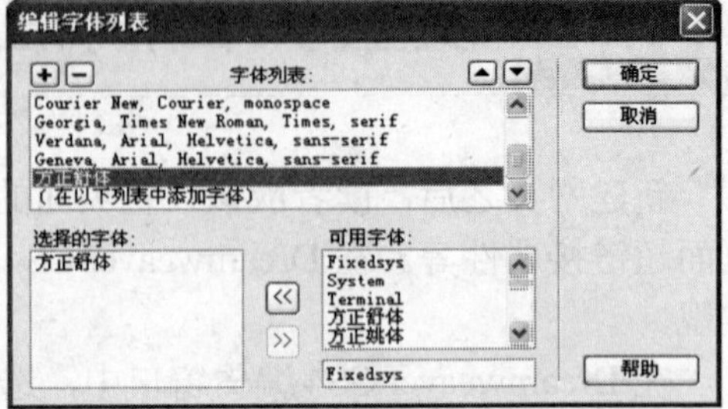

图 3.7 【编辑字体列表】对话框

在【页面属性】对话框的【页面字体】下拉列表右侧，单击 **B** 按钮，可以将选中的文字加粗；单击 *I* 按钮，可以将选中的文字倾斜。在页面中建议使用系统默认字体（如 Windows 自带宋体等），不要使用一些不太常用的艺术字体。如果要使用某些艺术字体，可以先在一些图像处理软件（如 Photoshop、Fireworks）中编辑这些文字，设置好字体、颜色及特效，然后将其保存为图片，再插入到网页中。

2．大小

在【大小】下拉列表中可以设置页面字体大小，也可以输入数字定义字体大小。输入数字后，右侧下拉列表变为可编辑状态，在这里可以选择数字单位，如像素（px）、点数（pt）、英寸（in）、厘米（cm）和毫米（mm）等。在【大小】下拉列表中还有一些特殊的字号，如图 3.8 所示。

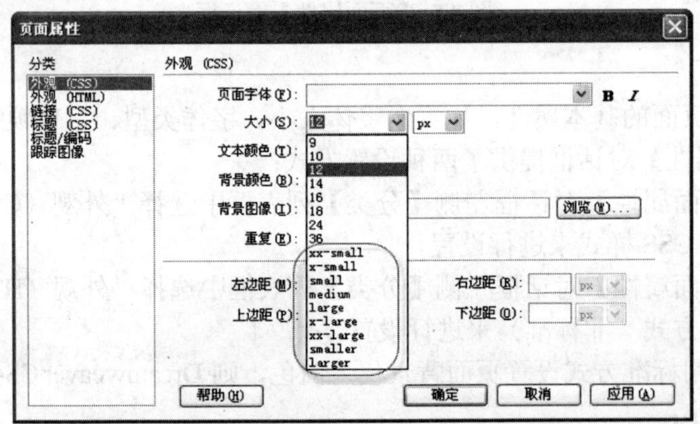

图 3.8 在【页面属性】对话框中选择特殊字号

下面列出这些特定字号所设置的字体大小，如图 3.9 所示，读者可直观进行比较。

字体大小 字体大小 字体大小 字体大小 字体大小

（a）极大 （b）特大 （c）较大 （d）大 （e）中

字体大小 字体大小 字体大小 字体大小 字体大小

（f）小 （g）较小 （h）特小 （i）极小 （j）9pt（网页标准字体）

图 3.9 特殊字号效果比较

3．文本颜色

单击【文本颜色】旁边的矩形框，打开颜色面板，这时鼠标指针变成吸管形状，其中每一个小色块代表一种颜色，鼠标经过任何颜色，色板的上面区域都会显示出该颜色相应的十六进制代码（#号加上6个十六进制的数），选择一个色块单击即可完成颜色的选取，如图3.10所示。

（1）单击颜色面板中的按钮，将会取消提取的任何颜色，按Esc键也可以快速取消提取的任何颜色。

（2）单击颜色面板中的按钮，可以打开【颜色】对话框，获取更加精确的颜色。

（3）单击颜色面板中的按钮，打开一个快捷菜单，该菜单共有5种色板显示方式，分别为【立方色】、【连续色调】、【Windows 系统】、【Mac 系统】和【灰度等级】，读者可以根据使用需要自行选择，如图3.11所示。如果选择【调整到网页安全色】选项，则只显示网上安全的颜色，其他颜色都被扔掉，避免网页无法显示。建议读者不要选择该项，因为选择该项可提取的颜色将会减少。

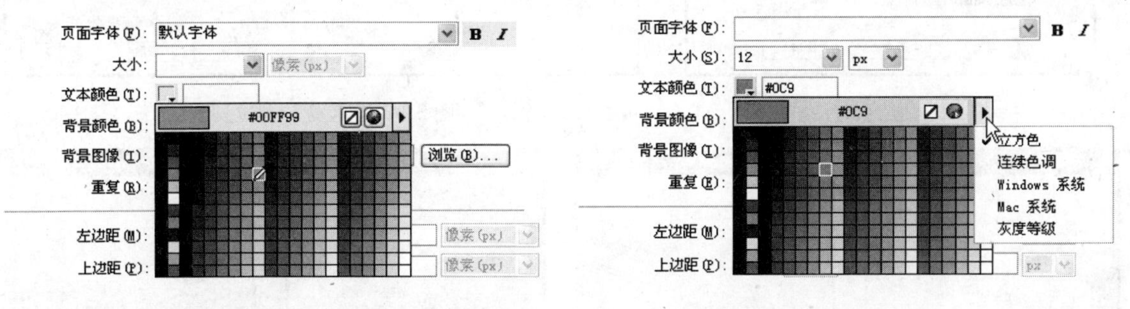

图3.10　颜色面板　　　　图3.11　色板显示方式

返回【页面属性】对话框，在【文本颜色】右侧的文本框中可以通过直接输入十六进制颜色值，在前面添加“#”符号前缀。HTML预设了一些颜色名称，读者也可以在【文本颜色】右侧的文本框中直接输入这个颜色名称。例如，在文本框中输入红色的名称“red”，可设置红颜色，输入蓝色的名称“blue”，可设置蓝颜色，如图3.12所示。

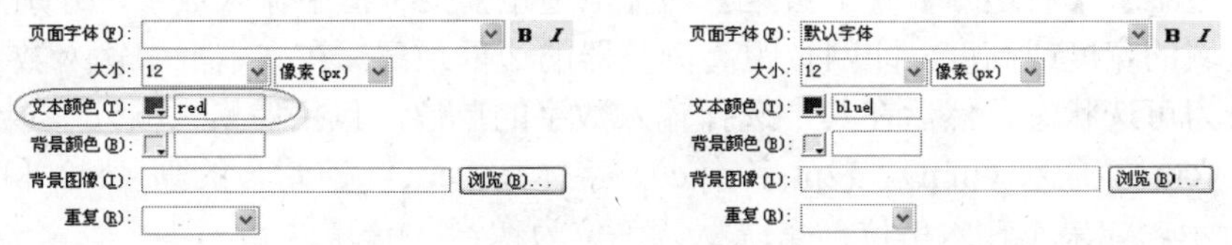

图3.12　输入HTML预设颜色名称

常用的预设颜色名称有：black（黑色）、olive（橄榄色）、teal（靛青色）、red（红色）、blue（蓝色）、maroon（栗色）、navy（藏青色）、gray（灰色）、lime（柠檬色）、fuchsia（紫红色）、white（白色）、green（绿色）、purple（紫色）、yellow（黄色）和aqua（浅绿色）。

4．背景颜色

背景颜色的设置方法与设置文本颜色的方法基本相同。背景色默认为白色，读者也可以在该文本框中输入“#FFFFFF”显式定义网页背景颜色为白色，如果在这里不设置颜色，浏览器会把白色默认为网页背景颜色，早期个别版本的浏览器却以灰色作为默认的背景色。

5．背景图像

在【背景图像】后面的文本框中可以直接输入图像文件的路径，或者直接单击后面【浏览】

按钮，在打开的对话框中选择想用作为背景的图像文件，如果图像文件不在网站本地目录下，会弹出如图 3.13 所示的提示对话框，单击【是】按钮，把图像文件复制到网站根目录中。

在【背景图像】选项下面有一个【重复】下拉列表，如图 3.14 所示，该选项主要用来设置背景图像在页面上的显示方式，主要包括：【不重复】、【重复】、【横向重复】和【纵向重复】，效果如图 3.15 所示。选择的背景图像，要避免用中文命名图像，否则会无法显示。

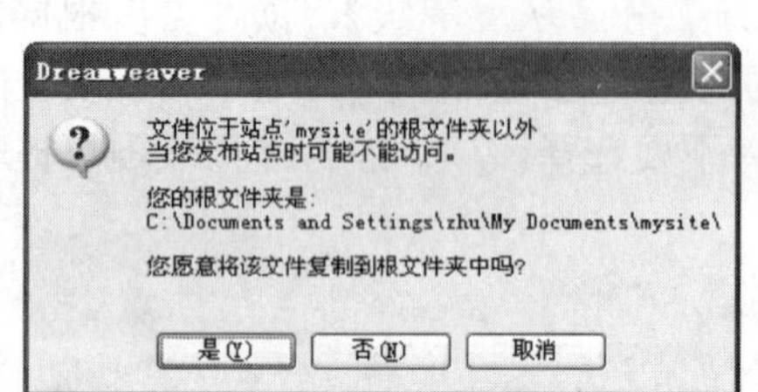

图 3.13　提示对话框

图 3.14 【重复】下拉列表

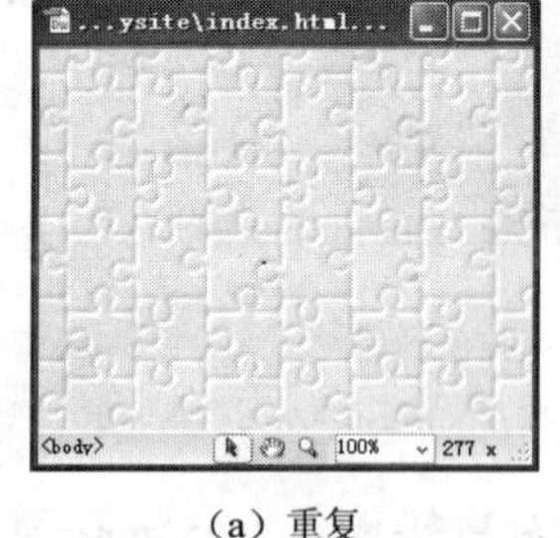

（a）重复

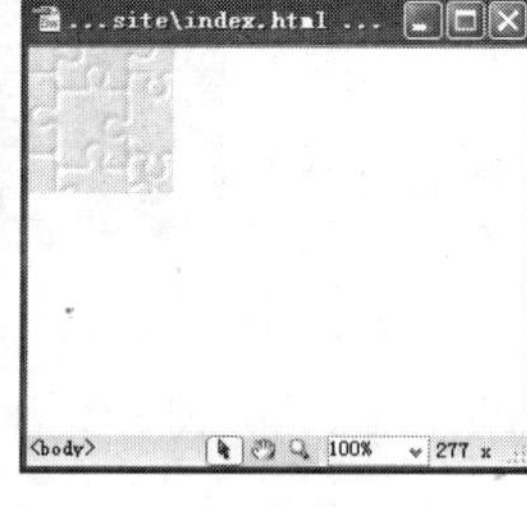

（b）不重复

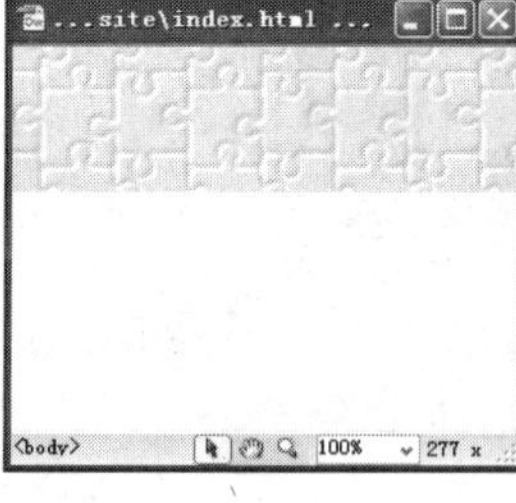

（c）横向重复

（d）纵向重复

图 3.15　不同背景图像显示方式

6. 设置页边距

在【左边距】、【右边距】、【上边距】和【下边距】文本框中输入数字，分别用来设置网页四周空白区域的宽度或高度，即网页距离浏览器的边框距离。在文本框中输入数字，这时右侧的下拉列表为可选状态，然后在其中选择输入数字的单位，包括像素（px）、点数（pt）、英寸（in）、厘米（cm）、毫米（mm）、12pt 字（pc）、字体高（em）、字母 x 的高（ex）和%（百分比），如图 3.16 所示。如果不输入单位，系统默认单位为像素（px）。

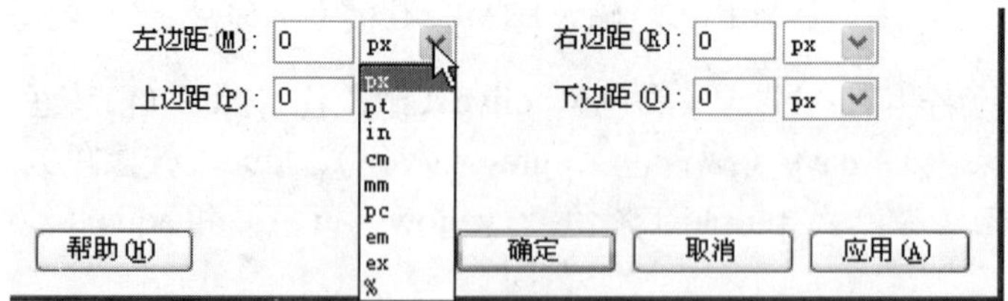

图 3.16　设置页边距

3.2.2　设置链接

在【页面属性】对话框左侧的【分类】列表框中选择【链接】选项，在右侧显示相关链接设置属性，如图 3.17 所示。这些内容主要是针对链接文字字体、大小、颜色和样式属性进行设置，而且只能对链接文字产生作用。

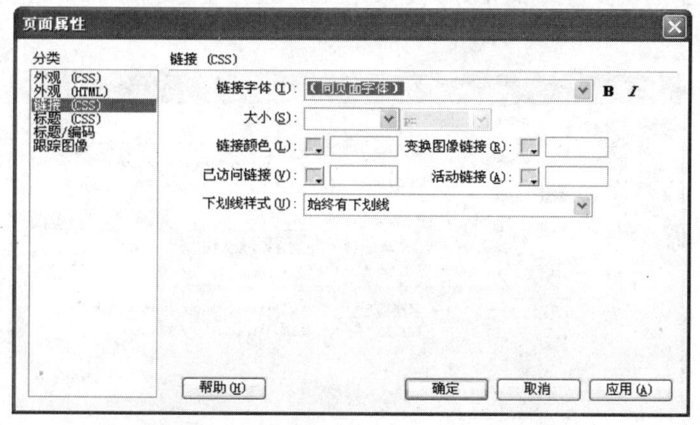

图 3.17 【页面属性】对话框中的【链接】选项

【链接字体】用来设置页面中超链接字体类型。

【大小】设置链接字体的大小。

【链接颜色】、【变换图像链接】、【已访问链接】和【活动链接】这 4 个颜色项可以为文字设置 4 种不同链接状态时的颜色，它们分别对应链接字体在正常时的颜色、鼠标指针经过时的颜色、鼠标单击过的颜色和鼠标单击时的颜色。Dreamweaver CS4 默认链接文字为蓝色，已访问过的链接文字颜色为紫色。

【下划线样式】下拉列表主要设置链接字体的显示样式，共有 4 种下划线样式，分别为【始终有下划线】、【始终无下划线】、【仅在变换图像时显示下划线】和【变换图像时隐藏下划线】。读者可以根据字面意思就知道每个选项的样式效果。

3.2.3　设置标题

在【页面属性】对话框左侧的【分类】列表框中选择【标题】选项，在右侧则显示相关标题设置属性，如图 3.18 所示。

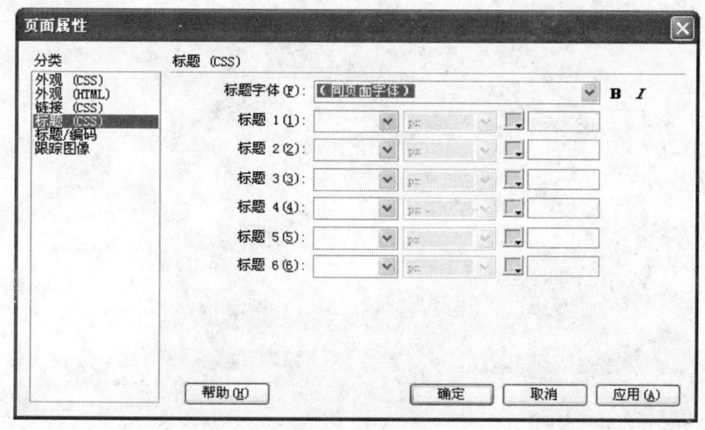

图 3.18 【页面属性】对话框中的【标题】选项

这里的标题主要针对页面内各级不同标题样式，包括字体、粗体、斜体和大小。读者可以定义标题字体及 6 种预定义的标题字体样式。

3.2.4 设置标题/编码

在【页面属性】对话框左侧的【分类】列表框中选择【标题/编码】选项，在右侧则显示相关标题/编码设置属性，如图 3.19 所示。

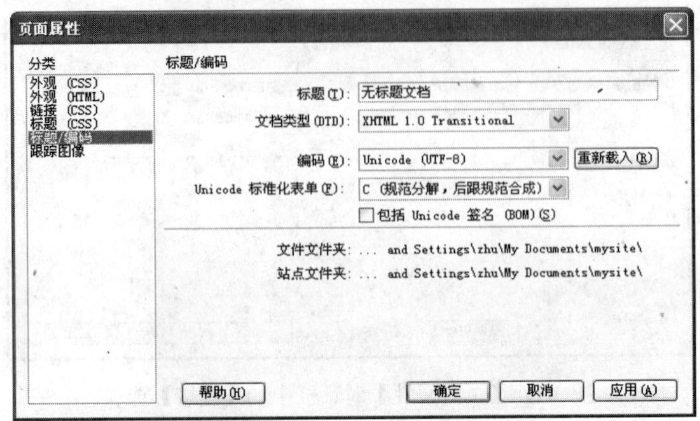

图 3.19 【页面属性】对话框中的【标题/编码】选项

这里主要设置网页标题，该标题将显示在浏览器的标题栏中。同时还可以设置 HTML 源代码中字符编码，中文网页默认设置“简体中文（GB2312）”即可。

3.2.5 设置跟踪图像

在制作网页时，很多设计师习惯于先用绘图工具绘制网页草图（即设计网页草稿），为方便设计师快速参考设计草图，Dreamweaver CS4 可以将设计草图设置成跟踪图像，铺在编辑的网页下面作为背景，用于引导网页的设计，如图 3.20 所示。不过跟踪图像只是起辅助编辑的作用，最终并不会在浏览器中显示，所以它与页面背景图像存在本质区别。设置跟踪图像的操作步骤如下：

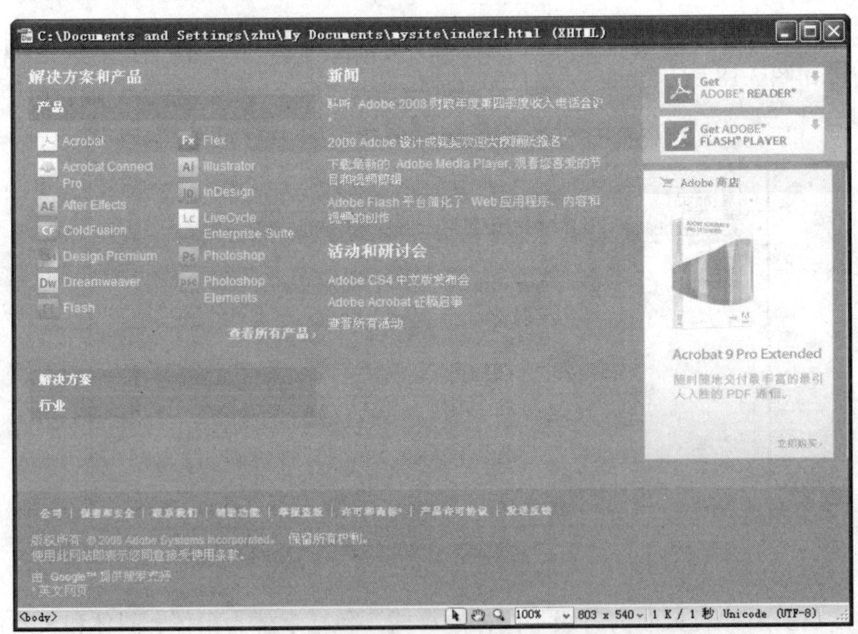

图 3.20 设置跟踪图像效果

步骤 1　在【页面属性】对话框左侧的【分类】列表框中选择【跟踪图像】选项，在右侧则显示相关跟踪图像设置的属性，如图 3.21 所示。

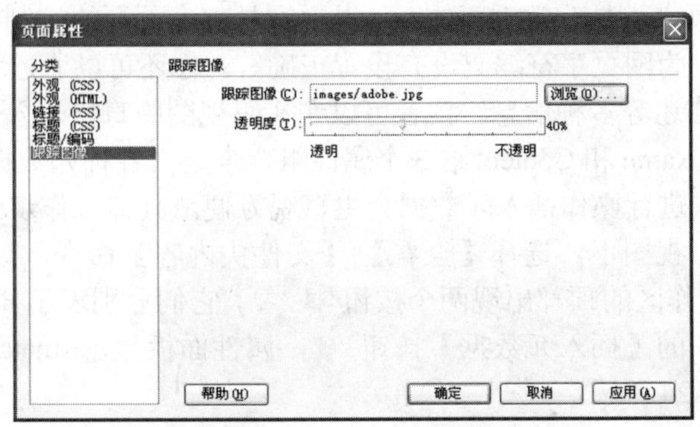

图 3.21　【页面属性】对话框中的【跟踪图像】选项

步骤 2　在【跟踪图像】文本框中可以为当前制作的网页添加跟踪图像。单击文本框后边的【浏览…】按钮，打开【选择图像源文件】对话框，选择参考图像。如果图像文件不在网站本地目录下，会弹出如图 3.13 所示的提示对话框，单击【是】按钮，把图像文件复制到网站根目录中。

步骤 3　拖动【透明度】滑块可以指定图像的透明度，透明度越高，跟踪图像显示得越明显，透明度越低，跟踪图像显示得越不明显，如图 3.21 所示。

步骤 4　若要显示或隐藏跟踪图像，可以选择【查看】|【跟踪图像】|【显示】命令，如图 3.22 所示。

（1）在网页中选定一个页面元素，然后选择【查看】|【跟踪图像】|【对齐所选范围】命令，可以使跟踪图像的左上角与所选页面元素的左上角对齐。

（2）若要更改跟踪图像的位置，则选择【查看】|【跟踪图像】|【调整位置】命令，打开【调整跟踪图像位置】对话框，如图 3.23 所示。在【调整跟踪图像位置】对话框的 X 和 Y 文本框中输入坐标值，单击【确定】按钮就可以调整跟踪图像的位置。例如，在 X 文本框中输入“50”，在 Y 文本框中输入“50”，则跟踪图像的位置被调整到距浏览器左边框 50 个像素，距浏览器上边框 50 个像素。

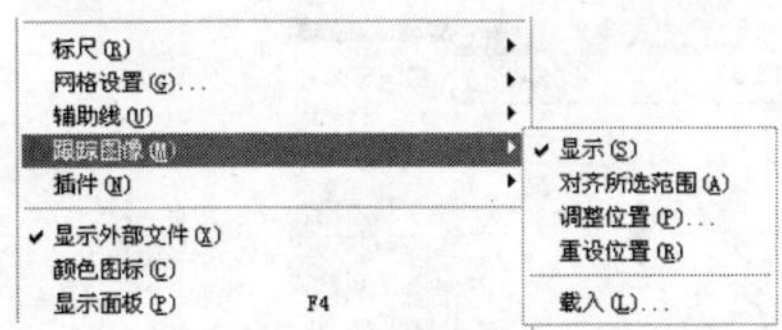

图 3.22　【跟踪图像】子菜单

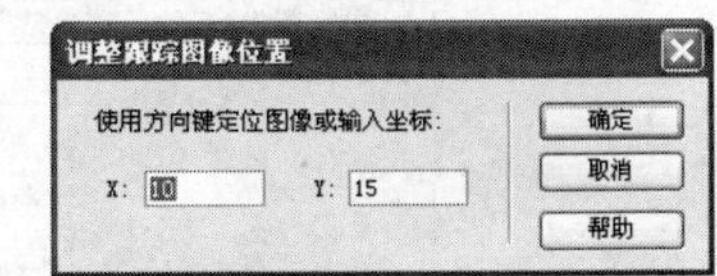

图 3.23　【调整跟踪图像位置】对话框

（3）若要重新指定跟踪图像的位置，选择【查看】|【跟踪图像】|【重设位置】命令，跟踪图像会自动对齐 Dreamweaver CS4 文档编辑窗口的左上角。

Dreamweaver 3.3　认识网页元信息 CS4

网页都由两部分组成：头部信息区和主体可视区。其中头部信息位于<head>和</head>标记之间，不会被显示出来，但可以在源代码中查看，头部信息一般作为网页元信息方便搜索引擎等设备识别，页面可视区域包含在<body>标记中，浏览者所看到的所有网页信息都包含在该区域。

头部信息对于网页来说是非常重要的，可以说它是整个页面的控制中枢，例如，当页面以乱码形式显示，就是因为网页字符编码没有设置正确等。你还可以通过头部元信息设置网页标题、关键词、作者、描述等多种信息。读者可以在代码视图中直接输入<meta>标记及其属性，并通过 HTTP-EQUIV、Name 和 Content 这 3 个属性组合来定义各种元数据。不过在 Dreamweaver CS4 中使用可视化方式进行操作插入元数据会更直观方便。具体操作步骤如下：

步骤 1　确保在【设计】视图下，选择【查看】|【文件头内容】命令，编辑窗口显式如图 3.24 所示效果。在工作区的顶部出现两个按钮，它们分别表示插入元数据和设置标题。

步骤 2　单击工作区顶部的【插入元数据】按钮，属性面板显示<meta>标记的属性、属性值和内容，如图 3.24 所示。

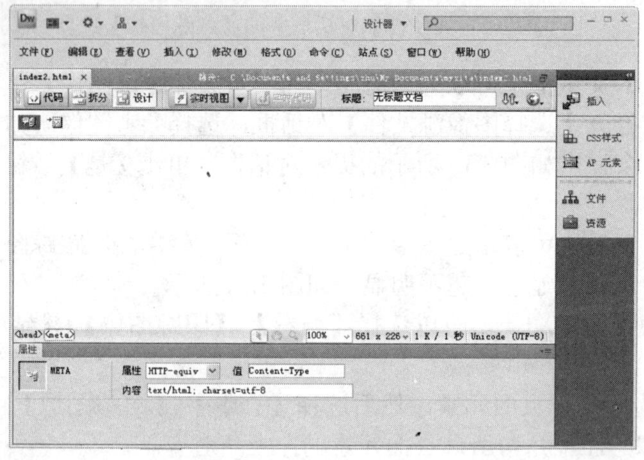

图 3.24　插入元数据

步骤 3　另外，也可以通过【插入】面板插入元数据。在【插入】面板中选择【常用】工具类中的【文件头】按钮图标。在弹出的下拉列表中选择【META】命令项，如图 3.25 所示。

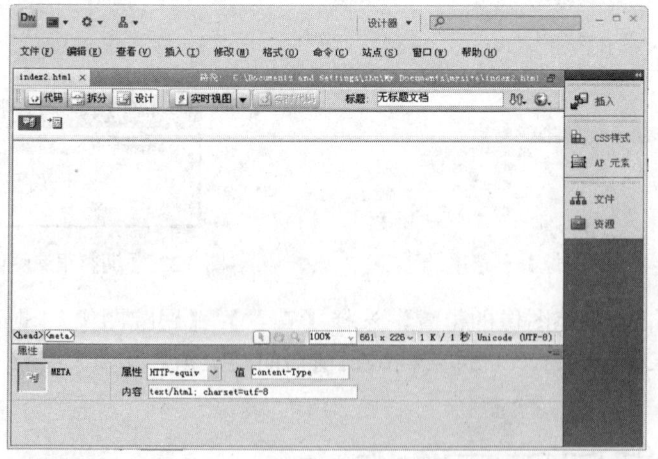

图 3.25　使用【插入】面板插入元数据

步骤 4　此时，会打开【META】对话框，如图 3.26 所示。【META】对话框与如图 3.24 所示的属性面板内容基本相同，下面介绍【META】对话框中各个选项。

（1）【属性】下拉列表：该列表框中有【HTTP-equivalent】和【名称】两个选项，分别对应 HTTP-EQUIV 和 NAME 变量类型。

（2）【值】文本框：输入 HTTP-EQUIV 或 NAME 变量类型的值，用于设置不同类型的元数据。

（3）【内容】文本框：在该文本框中输入 HTTP-EQUIV 或 NAME 变量的内容，即设置元数据项的具体内容。例如，按图 3.27 所示进行设置，设置网页字符编码为 GB2312（中文简体），设置完毕，单击【确定】按钮就可以在头部区域插入相应的字符编码信息，如果切换到【代码】视图，可以看到刚插入的字符编码信息，如图 3.26 所示。

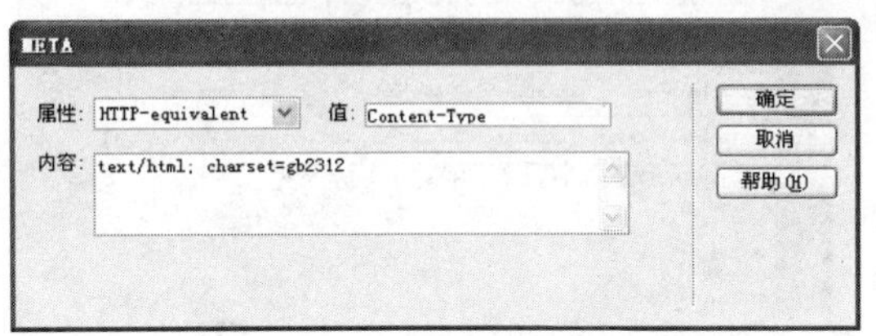

图 3.26 【META】对话框

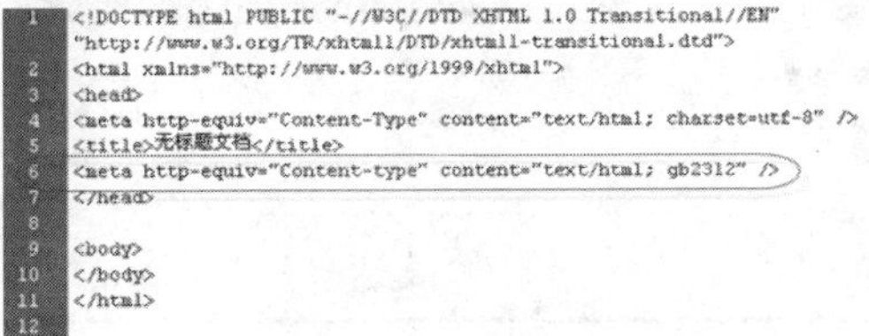

图 3.27　插入的元信息

注意，在插入元信息时，可以重复插入相同类型的信息，虽然在网页中已经设置了字符编码为 UTF-8，但系统依然会再次插入字符编码信息，这与【页面属性】对话框设置不同，它不会修改原来已经设置的信息。

Dreamweaver　CS4

3.4 设置 HTTP-EQUIV 元信息

HTTP-EQUIV 是 HTTP Equivalence 的简写，它表示 HTTP 的头部协议，这些头部协议信息将反馈给浏览器一些有用的信息，以帮助浏览器正确和精确的解析网页内容。在【META】对话框的【属性】下拉列表中选择【HTTP-equivalent】选项，则可以设置下面各种元数据。

3.4.1　设置网页字符编码

网页内容可以设置不同的字符集进行显示，例如，GB2312 简体中文编码、BIG5 繁体中文编码、IS08859-1 英文编码，国际通用字符编码 UTF-8 等。对于不同字符编码页面，如果浏览器不能显示该字符，则会显示为乱码。因此需要首先定义页面的字符编码，告诉浏览器应该使用什么编码来显示页面内容。

在【值】文本框中输入“Content-Type”，在【内容】文本框中输入“text/html;charset=gb2312”，则可以设置网页字符编码为简体中文，如图 3.28 所示。用 HTML 代码在<head>标记中直接书写如图 3.29 所示，默认情况下新建页面设置为 UTF-8 编码（国际通用编码），如果在页面中输入其他国家语言，还需要重新设置相应的字符编码。读者也可以在【首选参数】对话框中的【新建文档】分类中设置默认网页编码。

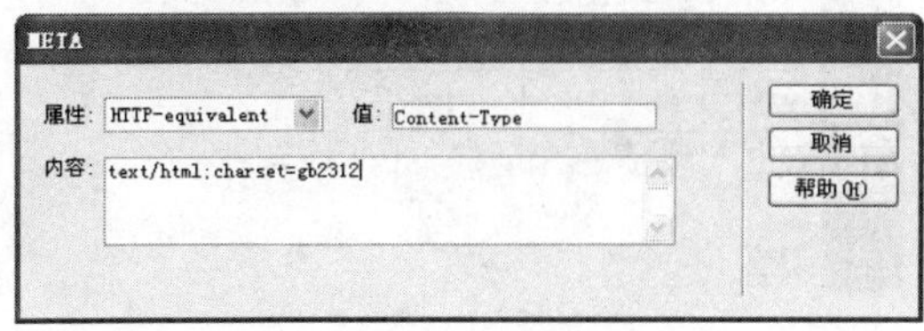

图 3.28　设置简体中文字符

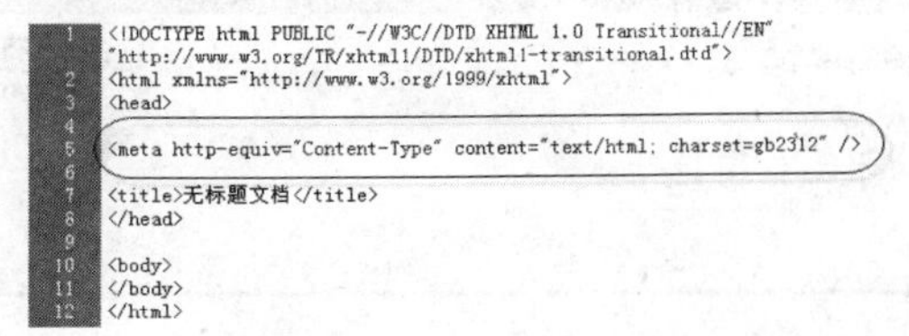

图 3.29　直接输入代码

3.4.2 设置页面有效期

通过设置<meta>标记属性可以控制页面的有效期限。例如，在【值】文本框中输入“expires”，expires 为网页到期，在【内容】文本框中输入“Sun,1 Dec 2008 12:00:00 GMT”，则可以设置网页在 2009 年 12 月 1 日 12 点过期，其格式为“星期，日 月 年 时 分 秒 GML”。过期之后将无法脱机浏览该网页，只有重新登录并连接该网页才可以继续再次浏览，如图 3.30 所示。用 HTML 代码在<head>标记中直接书写如图 3.31 所示。

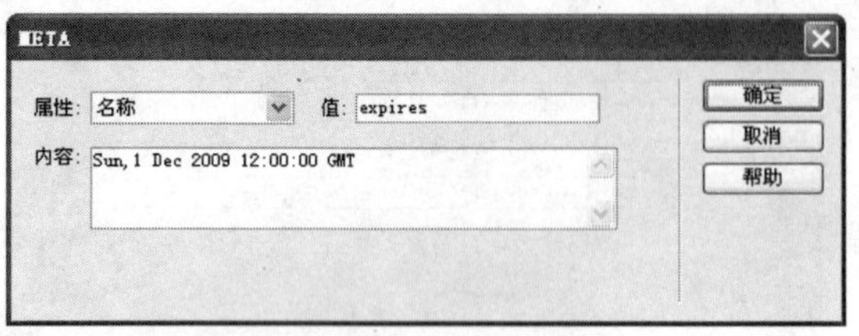

图 3.30　设置网页期限

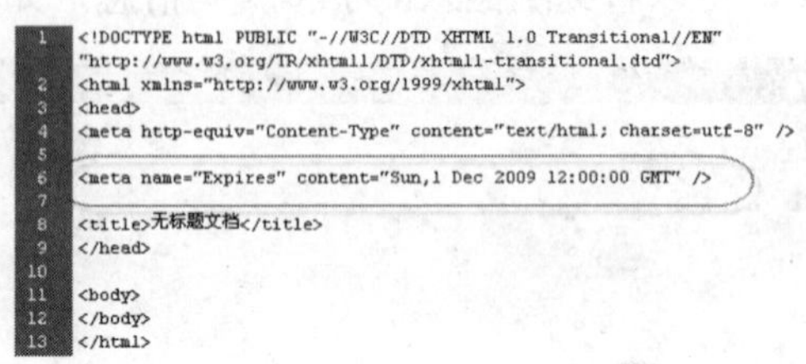

图 3.31　输入网页期限代码

3.4.3 设置网页禁止缓存

使用网页缓存可以加快浏览网页的速度，因为缓存将曾经浏览过的页面暂存在客户端计算机内存中，当下次打开同一个网页内容时，即可直接从内存中调出已浏览的页面，实现快速浏览，避免再次去服务器读取同一网页内容。但是如果网页的内容经常频繁地更新，网页制作者希望随时都能查看到最新的网页内容，则可以通过设置禁止页面缓存。

例如，在【值】文本框中输入“cache-control”，在【内容】文本框中输入“no-cache”，则可以禁止该网页缓存，如图 3.32 所示。其中 cache-control 表示缓冲机制，content 属性或者【内容】文本框中内容 no-cache 定义禁止缓存。用 HTML 代码在<head>标记中直接书写如图 3.33 所示。

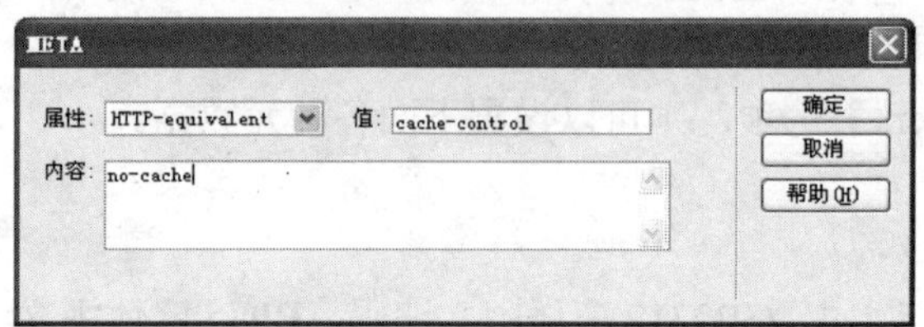

图 3.32　设置网页禁止缓存

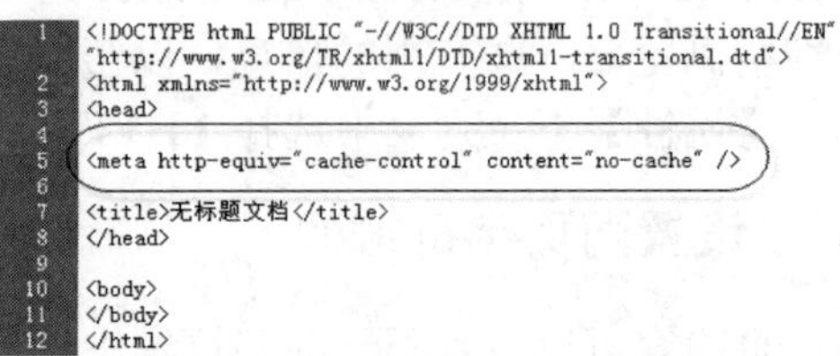

图 3.33　直接输入禁止缓存代码

3.4.4 设置网页自动刷新

使用<meta>标记可以设置网页自动刷新。例如，在直播频道、论坛网站等中就需要设置页面自动刷新，以实现信息的自动实时显示。在【值】文本框中输入“refresh”，在【内容】文本框中输入“5”，则可以每 5 秒钟刷新一次网页，如图 3.34 所示。用 HTML 代码在<head>标记中直接书写如图 3.35 所示。

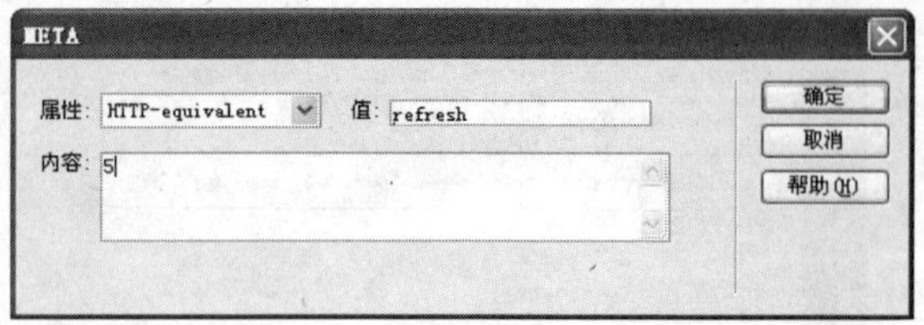

图 3.34　设置网页自动刷新

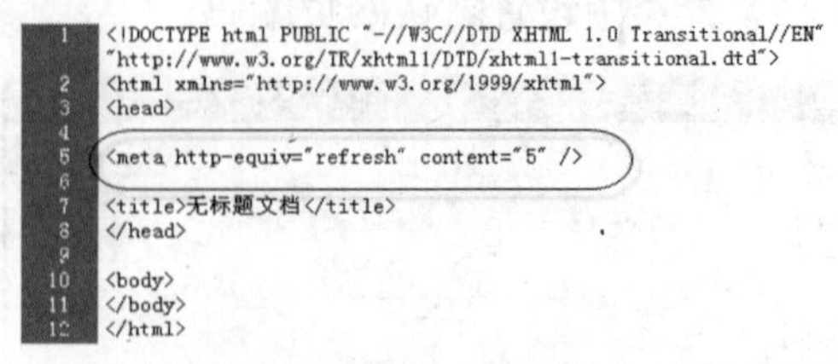

图 3.35　直接输入自动刷新代码

3.4.5 设置网页自动跳转

使用 refresh 属性，不仅能够完成页面自动刷新，也可以实现页面之间相互跳转。如果网站地址有所变化，希望在当前的页面中等待几秒钟之后就自动跳转到新的网站地址，可以通过设置跳转时间和地址来实现。

例如，在【值】文本框中输入“refresh”，在【内容】文本框中输入“5;url= http://www.cepp.com.cn/”，如图 3.36 所示。则 5s 后，网页自动跳转到 http://www.cepp.com.cn/页面。使用 HTML 代码在<head>标记中直接书写如图 3.37 所示。

图 3.36 设置网页自动跳转

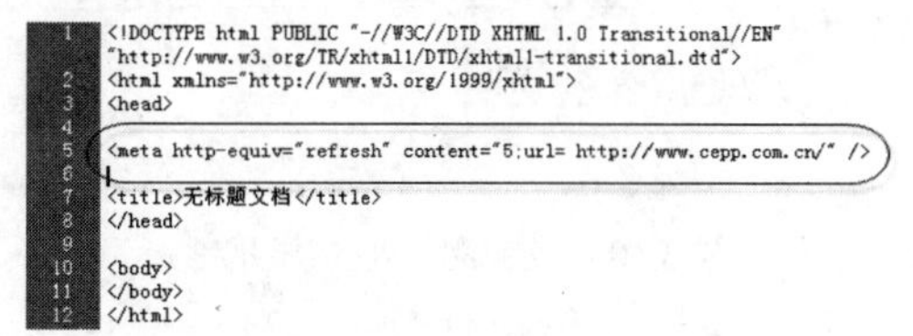

图 3.37 直接输入网页自动跳转代码

3.4.6 设置网页转场效果

转场效果即网页过渡特效，是指当进入或离开网站的某个网页时，页面具有不同的切换效果。添加此功能可以使网页看起来更具有动感。

例如，在【值】文本框中输入“page-enter”，在【内容】文本框中输入“revealtrans(duration=10, transition=1”，则可以设置网页被打开时以盒状展开，如图 3.38 所示。使用 HTML 代码在<head>标记中直接书写如图 3.39 所示。

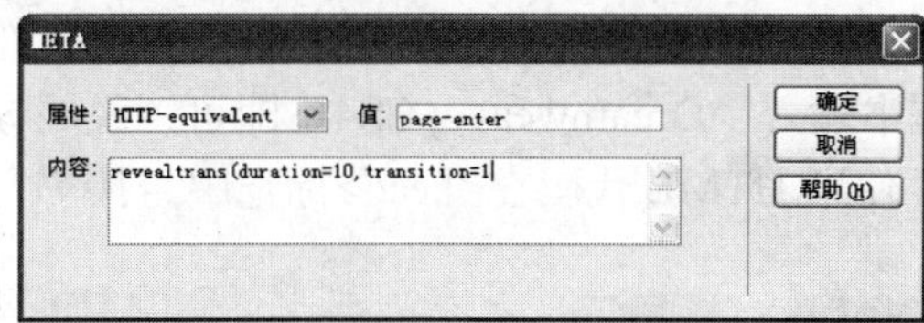

图 3.38 设置网页转场特效

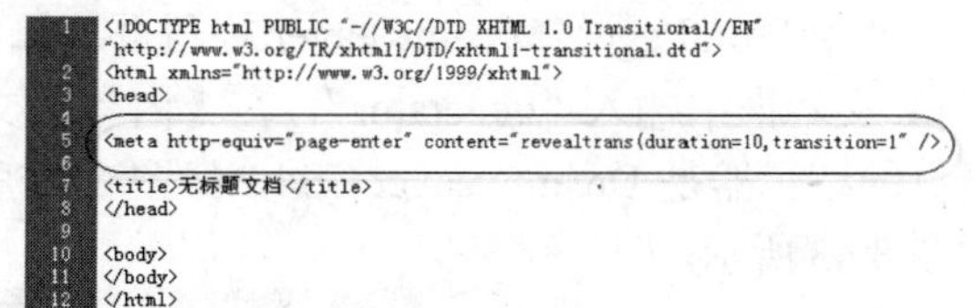

图 3.39 直接输入网页转场特效代码

在【值】文本框中输入“page-enter”，表示打开网页；输入“page-exitr”，表示关闭网页。Duration 表示设置转场时间，transition 表示转场效果，如表 3.1 所示。

表 3.1 转场特效编号

特　效	编　号	特　效	编　号
盒状收缩	0	溶解	12
盒状展开	1	左右向中部收缩	13
圆形收缩	2	中部向左右展开	14
圆形展开	3	上下向中部收缩	15
向上擦除	4	中部向上下层开	16
向下擦除	5	阶梯状向左下展开	17
向左擦除	6	阶梯状向左上展开	18
向右擦除	7	阶梯状向右下展开	19
垂直百叶窗	8	阶梯状向右上展开	20
水平百叶窗	9	随机水平线	21
横向棋盘式	10	随机垂直线	22
纵向棋盘式	11	随机	23

3.4.7 设置网页独立显示

设置页面在当前窗口中以独立的页面显示。在【值】文本框中输入“window-target”，在【内容】文本框中输入“_top”，则可以设置网页被独立打开，避免在其他网页框架结构里显示，如图 3.40 所示。使用 HTML 代码在<head>标记中直接书写如图 3.41 所示。

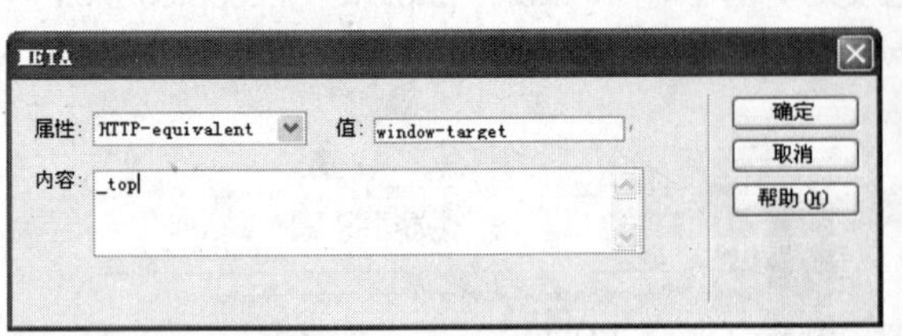

图 3.40 设置网页独立显示

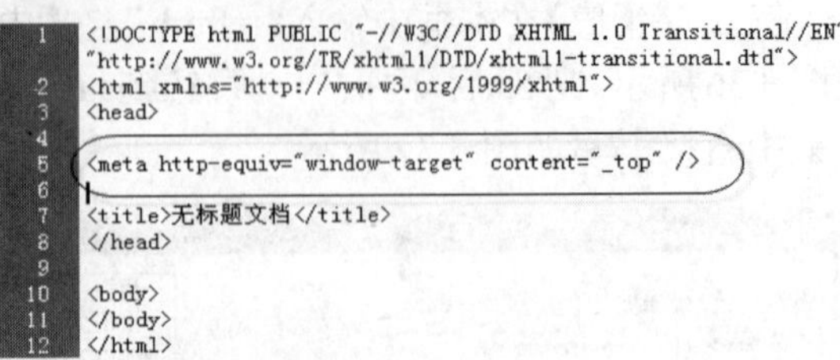

```
<!DOCTYPE html PUBLIC "-//W3C//DTD XHTML 1.0 Transitional//EN"
"http://www.w3.org/TR/xhtml1/DTD/xhtml1-transitional.dtd">
<html xmlns="http://www.w3.org/1999/xhtml">
<head>

<meta http-equiv="window-target" content="_top" />

<title>无标题文档</title>
</head>

<body>
</body>
</html>
```

图 3.41 直接输入网页独立显示代码

3.5 设置 Name 元信息

Name 属性专门用来设置页面基本信息。在【META】对话框的【属性】下拉列表中选择【名称】选项，然后设置【值】和【内容】项的值，则可以设置下面各种元数据。

3.5.1 设置网页编辑器说明

使用 FrontPage、Dreamweaver 等网页编辑器时，可以在源代码中设置使用软件的说明。在【值】文本框中输入“generator”，在【内容】文本框中输入“Dreamweaver CS4”即可，说明该网页的编辑器是 Dreamweaver CS4，如图 3.42 所示。使用 HTML 代码在<head>标记中直接书写如图 3.43 所示。

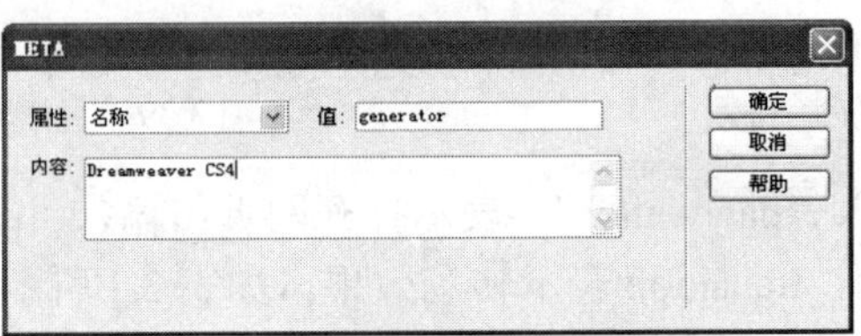

图 3.42 设置网页编辑器说明

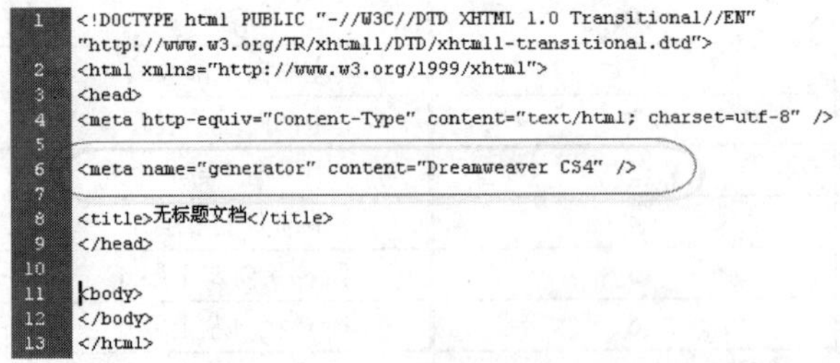

```
<!DOCTYPE html PUBLIC "-//W3C//DTD XHTML 1.0 Transitional//EN"
"http://www.w3.org/TR/xhtml1/DTD/xhtml1-transitional.dtd">
<html xmlns="http://www.w3.org/1999/xhtml">
<head>
<meta http-equiv="Content-Type" content="text/html; charset=utf-8" />

<meta name="generator" content="Dreamweaver CS4" />

<title>无标题文档</title>
</head>

<body>
</body>
</html>
```

图 3.43 直接输入网页编辑器说明代码

3.5.2 设置网页关键词

关键词的设置非常重要，它是为搜索引擎而设置的，也比较讲究，因为网上浏览网页途径主要是通过搜索引擎来实现的。需要注意的是，大多数搜索引擎检索时都会限制关键词的数量，有时关键词过多，该网页会在检索中被忽略。所以关键词的输入不宜过多，应切中要害。

例如，一个网页设计网站为了提高在搜索引擎中被搜索到的几率，可以设置多个与网页主题相关的关键词以便搜索。这些关键词不会在浏览器中显示。输入关键词时各个关键词之间用逗号分隔。在【META】对话框的【值】文本框中输入“keywords”，在【内容】文本框中输入与网站相关的关键词即可。

3.5.3 设置首页搜索限制

通过设置禁止或者允许权限来避免搜索引擎的搜索，保护网站隐私。在【META】对话框的【值】文本框中输入“robots”，定义搜索方式，在【内容】文本框中输入搜索权限，如表 3.2 所示。

表 3.2 搜索权限

值	描 述
All	表示能搜索当前网页与其链接的网页，系统默认设置
Index	表示能搜索当前网页
Nofollow	表示不能搜索与当前网页链接的网页
Noindex	表示不能搜索当前网页
None	表示不能搜索当前网页及与其链接的网页

3.5.4 设置网页说明

在一个网站中，可以在网页源代码中添加说明文字，概括描述网站的主题内容，方便搜索引擎按主题搜索。这个说明文字内容不会显示在浏览器中，主要为搜索引擎寻找主题网页提供方便，这些说明文字还可存储在搜索引擎的服务器中，在浏览者搜索时随时调用，还可以在检索到网页时作为检索结果返给浏览者，例如在用搜索引擎搜索的结果网页中显示的说明文字就是通过这样设置的。搜索引擎同样限制说明文字的字数，所以内容要尽量简明扼要。

在 META 对话框的【值】文本框中输入“description”，在【内容】文本框中输入说明文字即可，如图 3.44 所示。

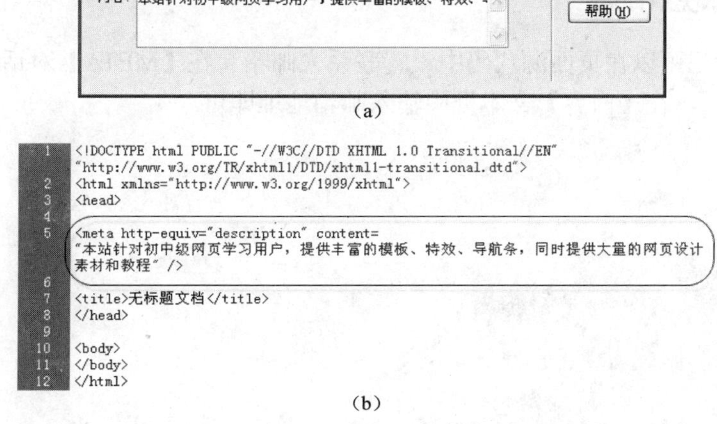

图 3.44 设置搜索说明

3.5.5 设置网页作者信息

用<meta>标记可以在页面源代码中显示页面作者及本人信息。这样就可以在源代码中保留作者希望保留的信息。例如，在【META】对话框的【值】文本框中输入“author”，在【内容】文本框中输入作者名称词即可。用 HTML 代码在<head>标记中直接书写如图 3.45 所示。

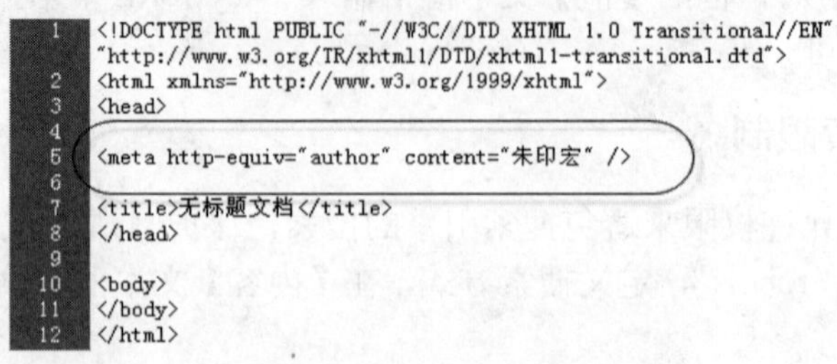

```
<!DOCTYPE html PUBLIC "-//W3C//DTD XHTML 1.0 Transitional//EN"
"http://www.w3.org/TR/xhtml1/DTD/xhtml1-transitional.dtd">
<html xmlns="http://www.w3.org/1999/xhtml">
<head>

<meta http-equiv="author" content="朱印宏" />

<title>无标题文档</title>
</head>

<body>
</body>
</html>
```

图 3.45 输入网页作者源代码

3.5.6 设置网页版权信息

使用<meta>标记可以在页面源代码中设置版权信息。在【META】对话框的【值】文本框中输入“copyright”，在【内容】文本框中输入版权信息即可。用 HTML 代码在<head>标记中直接书写如图 3.46 所示。

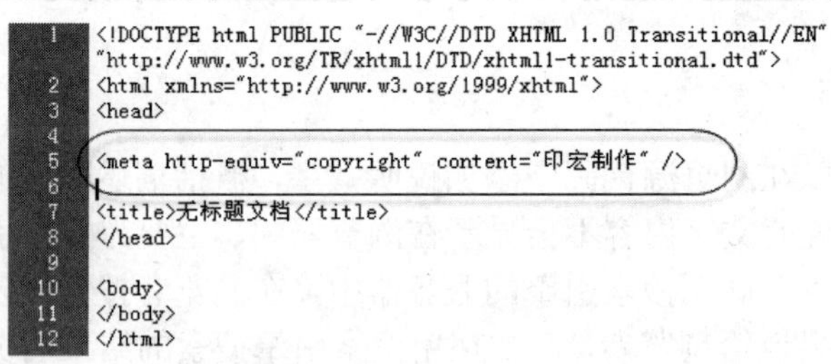

```
<!DOCTYPE html PUBLIC "-//W3C//DTD XHTML 1.0 Transitional//EN"
"http://www.w3.org/TR/xhtml1/DTD/xhtml1-transitional.dtd">
<html xmlns="http://www.w3.org/1999/xhtml">
<head>

<meta http-equiv="copyright" content="印宏制作" />

<title>无标题文档</title>
</head>

<body>
</body>
</html>
```

图 3.46 输入网页版权信息源代码

3.5.7 设置建站日期

使用<meta>标记可以在页面源代码中设置网站建立日期。在【META】对话框的【值】文本框中输入“build”，在【内容】文本框中输入建站日期即可。

3.5.8 设置作者联系邮箱

使用<meta>标记可以在页面源代码中设置联系人邮箱。在【META】对话框的【值】文本框中输入“reply-to”，在【内容】文本框中输入邮箱地址即可。

第 4 章

插入网页文本

内容介绍

在网页中文本是信息传递的主要形式，也是设计师面临的主要操作对象。网页排版的重点工作就是如何更好地编排段落文本格式，体现网页主旨，吸引浏览者的注意力。对于广大初学者来说，在网页中设置字体、段落格式是应该具备的基本技能之一。本章将详细讲解网页字体设置、段落格式编排，以及如何设置列表等基本操作。

学习重点

- 插入文本的一般方法
- 使用属性面板设置文本属性
- 设置文本的格式类型
- 设置文本类样式
- 设置字体属性
- 设置段落版式
- 设置段落信息列表样式
- 设置文本的链接
- 在文本中插入特殊字符
- 插入水平线
- 插入动态日期
- 查找和替换

Dreamweaver CS4

4.1 插入文本的一般方法

在 Dreamweaver CS4 中插入文本有两种方法：

（1）直接在文档窗口中输入文本，也就是先选择要插入文本的位置，然后直接输入文本。

（2）复制其他文本编辑器中的文本。方法是：先在其他窗口中复制文本，然后在 Dreamweaver CS4 编辑窗口中选择【编辑】|【粘贴】命令即可，快捷键为 Ctrl+V。

在 Dreamweaver CS4 编辑窗口中粘贴文本时，读者可以确定是否粘贴文本源格式。方法是：选择【编辑】|【首选参数】命令，打开【首选参数】对话框，在左侧【分类】列表框中选择【复制/粘贴】项，然后在右侧具体设置粘贴的格式，如图 4.1 所示。这时如果用读者在其他文本编辑器中选择带格式的文本。例如，在 Word 中选择一段带格式的文本，然后在 Dreamweaver CS4 编辑窗口中粘贴文本，则效果就如图 4.2 所示。

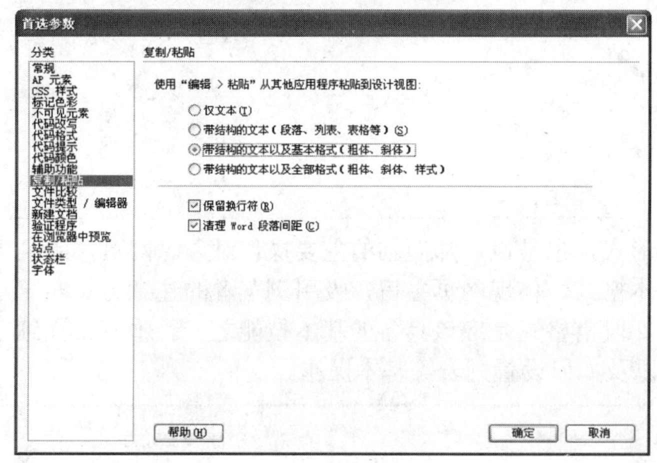

图 4.1　设置粘贴文本的格式

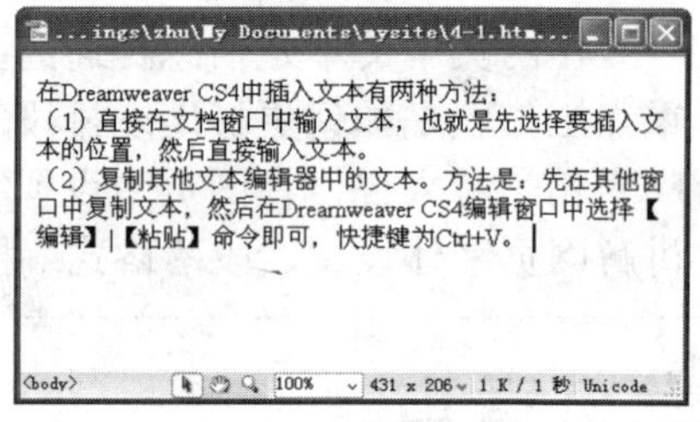

图 4.2　粘贴带格式的文本

在粘贴时，如果选择【编辑】|【选择性粘贴】菜单命令，会打开【选择性粘贴】对话框，在该对话框中可以进行不同的粘贴操作，例如，仅粘贴文本，或仅粘贴基本格式文本，或者完整粘贴文本中所有格式等。

在编辑网页过程中，使用不可见元素可以帮助查看网页编排的细节。方法是：选择【编辑】|【首选参数】命令，打开【首选参数】对话框，在左侧【分类】列表框中选择【不可见元素】，在右侧的具体设置中选择【换行符】复选框，并确认【查看】|【可视化处理】|【不可见元素】命令是被勾选的，则在网页编辑窗口中显示记号，该记号提示当前为换行操作。

Dreamweaver CS4

4.2 使用属性面板设置文本属性

插入文本之后，读者还需要设置文本的属性，如文字的字体、大小和颜色，文本的对齐方式、缩排和列表等。设置这些属性最好的方法就是使用文本属性面板。属性面板一般位于编辑窗口的下方，如图 4.3 所示。

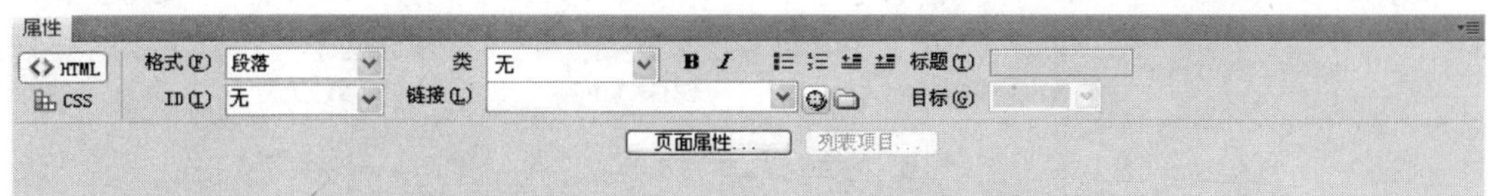

图 4.3　文本属性面板（HTML 选项卡下）

从 Dreamweaver CS4 版本开始，属性面板将根据选中对象的不同把面板分为 CSS 和 HTML 两种类型的面板选项状态。如果在属性面板左上角会显示两个按钮：【HTML】和【CSS】，单击【HTML】按钮可以切换到 HTML 选项卡状态，如图 4.3 所示，在这里可以使用 HTML 属性来定义选中对象的属性。如果单击【CSS】按钮，则可以切换到 CSS 选项卡状态下，如图 4.4 所示，在这里可以使用 CSS 样式来定义选中对象的属性样式。

图 4.4　文本属性面板（CSS 选项卡下）

如果 Dreamweaver CS4 主界面中没有显示属性面板，可以选择【窗口】|【属性】命令打开属性面板，或者按快捷键 Ctrl+F3 快速打开或关闭属性面板。打开 Dreamweaver CS4 窗口后，有时可能以最小化状态显示，此时读者只需要单击面板标题栏中的深灰色区域就可以快速打开属性面板，再次单击也可以收缩属性面板。

要设置文本属性，应先在编辑窗口中选中需要设置属性的文本，然后在属性面板中根据需要设置相应的属性选项即可。

Dreamweaver　CS4

4.3 设置文本的格式类型

设置文本的格式类型实际上就是指定文本所包含的标签是什么，该标签表示文本所代表的语义性。在文本属性面板中单击【格式】下拉列表右侧的向下按钮，打开格式下拉列表，如图 4.5 所示。该下拉列表可以设置文本的段落格式、标题格式和预先格式化的格式。

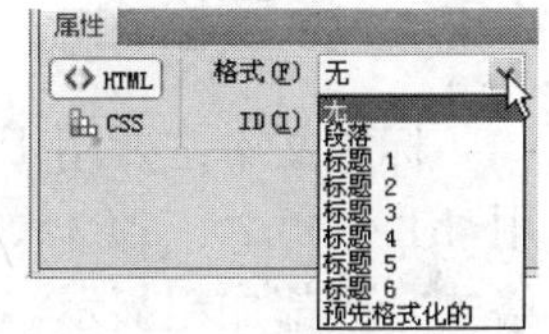

图 4.5　格式下拉列表

读者也可以不设置文本格式类型，实现方法很简单：在【格式】下拉列表中选择【无】即可。当对文本进行格式化操作后，如果取消这些操作，也可以在【格式】下拉列表中选择【无】。

4.3.1　段落格式

段落格式就是设置所选文本为段落。在 HTML 源代码中是使用<p>标记来表示，段落文本默认格式是在段落文本上下边显示 1 行空白间距，其语法格式为：

```
<p>段落文本</p>
```

在【设计】视图下，输入一些文字后，按下回车键，就会自动生成一个段落，这时也会自动应用段落格式，如图 4.6 所示，当输入“段落格式文本”后，按回车键，光标自动换行，同时【格式】下拉列表中显示为“段落”状态。

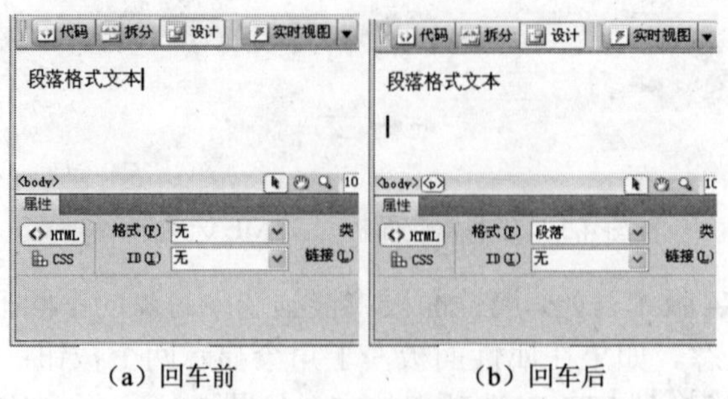

（a）回车前　　（b）回车后

图 4.6　应用段落格式

当然读者也可以不回车，在【格式】下拉列表中选择【段落】选项，同样可以设置所选文本为段落格式。在【代码】视图下，这种变化比较明显。

（1）输入文本回车前：

```
<body>
段落格式文本
</body>
```

（2）输入文本回车后：

```
<body>
<p>段落格式文本</p>
<p>  </p>
</body>
```

（3）输入文本后选择【段落】格式选项：

```
<body>
<p>段落格式文本
</p>
</body>
```

段落格式主要包括：编辑段落、设置段落对齐、段落缩进和段落标记等。

4.3.2　标题格式

标题文本主要用于强调文本信息的重要性。在 HTML 语言中，定义了 6 级标题，它们分别用<h1>、<h2>、<h3>、<h4>、<h5>、<h6>标记来表示，每级标题的字体大小依次递减，标题格式一般都加粗显示。

实际上每级标题的字符大小并没有固定值，它是由浏览器所决定的，为标题定义的级别只决定了标题之间的重要程度，也可以设置各级标题的具体属性。在标题格式中，主要的属性是对齐属性，用于定义标题段落的对齐方式，例如，如果将“标题格式”定义为 2 级标题居中显示，则操作步骤如下：

步骤 1　输入“标题格式”文本，在文本属性面板的【格式】下拉列表中选择【标题 2】选项。

步骤 2　选择【格式】|【对齐】|【居中对齐】菜单命令，则会设置标题文本居中显示，如图 4.7 所示。

在【代码】视图下，用 HTML 代码表示如下：

```
<body>
<h2 align="center">标题格式</h2>
</body>
```

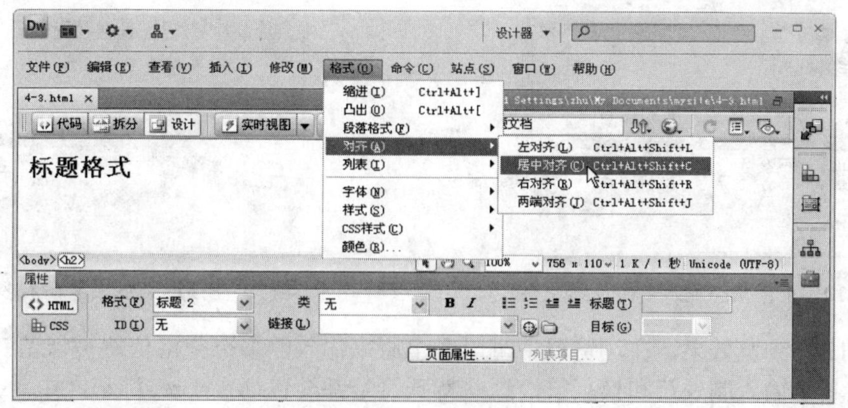

图 4.7 设置标题格式

在上面操作步骤中，没有选中操作文本，这是因为段落格式和标题格式作用文本上光标插入点所在的一段，如果要将多段设置一个标题，可以同时选中。由于标题文本字数少，通常占一行，所以有些资料就用一行来表述标题作用范围，实际上这是错误的，有时按 Shift+Enter 快捷键或者用
标记换行，但上下行依然是一段，因此，标题格式和段落格式同样起作用。

当设置标题格式后，Dreamweaver CS4 会自动在下一段中将文本作为标准段落文本格式，即取消了标题格式的应用，如图 4.8（a）所示。如果更改这个设置，选择【编辑】|【首选参数】命令，在打开的【首选参数】对话框中选择【常规】分类项，然后在右侧取消选择【标题后切换到普通段落】复选框，如图 4.9 所示。这时，如果在标题格式文本后按回车键则依然保持标题格式，如图 4.8（b）所示。

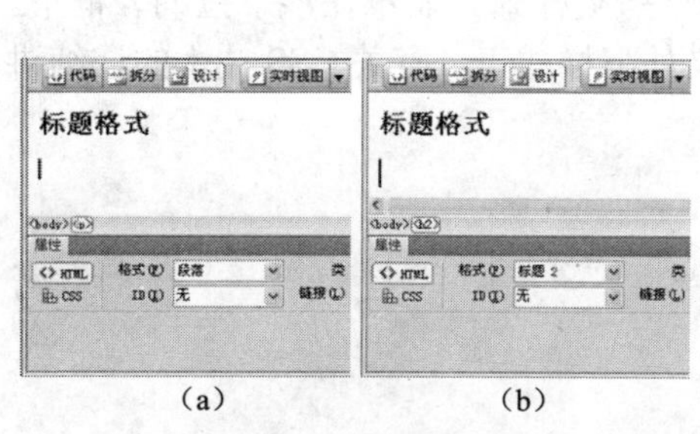

(a) (b)

图 4.8 标题切换对比

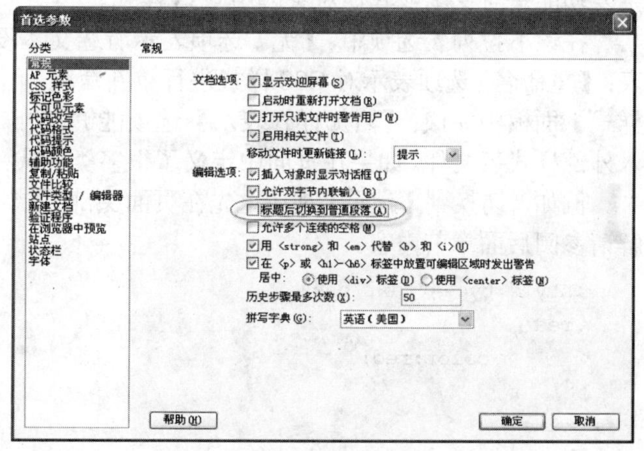

图 4.9【首选参数】对话框

4.3.3 预定义格式

所谓预定义格式就是网页被浏览器显示时能够保留文本间的空格符，如空格、制表符和换行符。如果在正常情况下浏览器会忽略这些空格符。预定义格式的标记为<pre>，在 Dreamweaver CS4 中设置预定义格式的操作步骤如下：

步骤 1 在【设计】视图下，输入“预定义格式”文本，然后在每个字之间添加 4 个空格。这时你会发现输入的 4 个空格无效，在【设计】视图下仅显示有一个空格距离，如图 4.10 所示。

步骤 2 在文本属性面板的【格式】下拉列表中选择【预先格式化的】选项。这时再在每个字之间添加 4 个空格，则显示如图 4.11 所示。

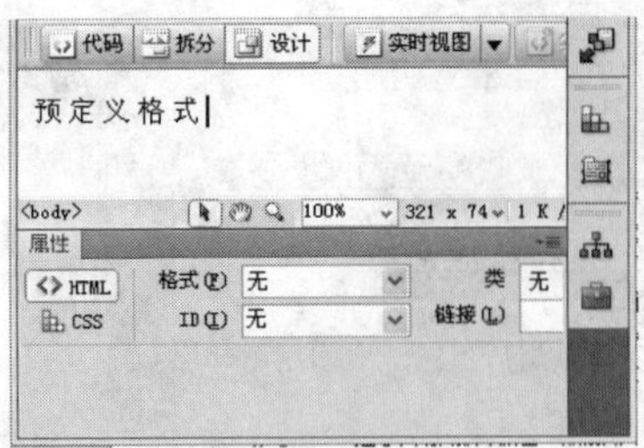

图 4.10　正常状态输入多个连续空格

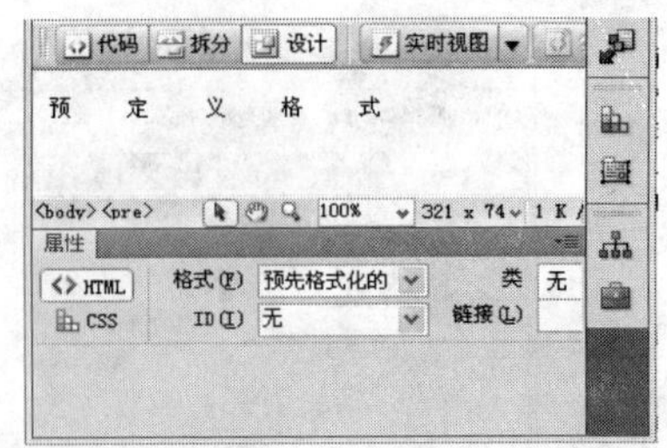

图 4.11　在预定义格式下输入多个空格

步骤3 按 F12 键浏览效果，在浏览器中可以看出原来输入的多个空格依然被保留。当然，也可以在其中输入制表符和换行符，这些特殊符号都会包括在<pre>标记之中。

在【代码】视图下，则显示代码如下：

```
<body>
<pre>预　　定　　义　　格　　式</pre>
</body>
```

4.4 设置文本类样式

文本属性面板中有一个【类】下拉列表。在 Dreamweaver MX 2004 版本以前它属于【CSS 样式】面板的一部分，后来改为属性面板的一部分，名称为【样式】下拉列表。【类】选项的主要功能是对文本或其他对象应用 CSS 样式。

在该下拉列表选项中，【无】选项表示所选文本没有 CSS 样式或者取消已应用的 CSS 样式表；【重命名】选项表示对 CSS 样式进行重新命名，但对于 CSS 样式的具体操作一般应在【CSS 样式】面板中完成；【附加样式表...】选项能够打开【链接外部样式表】对话框，允许用户导入外部样式表文件。如果在页面中定义了很多类样式，则这些类样式会显示在该下拉列表框中。

例如，切换到【代码】视图，先在页面头部区域定义如下样式表。有关 CSS 技术的详细讲解请参阅后面章节内容。

```
<style type="text/css">
.red {
        color:red;
}
.blue {
        color:blue;
}
</style>
```

然后，切换到【设计】视图，输入“应用类样式”文本，在属性面板的【类】下拉列表中可以看到刚才定义的类样式，如图 4.12 所示。你会看到在下拉列表框中可以预览到类样式的效果。从中选择一种类样式，如选择红色类（red），在编辑窗口中会立即看到选中文本显示为红色，如图 4.13 所示。

如果切换到【代码】视图下，Dreamweaver CS4 会为<body>标记应用 red 类样式。

```
<body class="red">
应用类样式
</body>
```

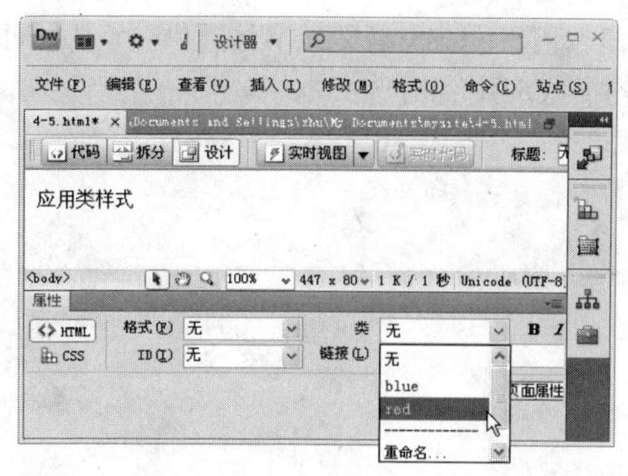

图 4.12 类样式列表

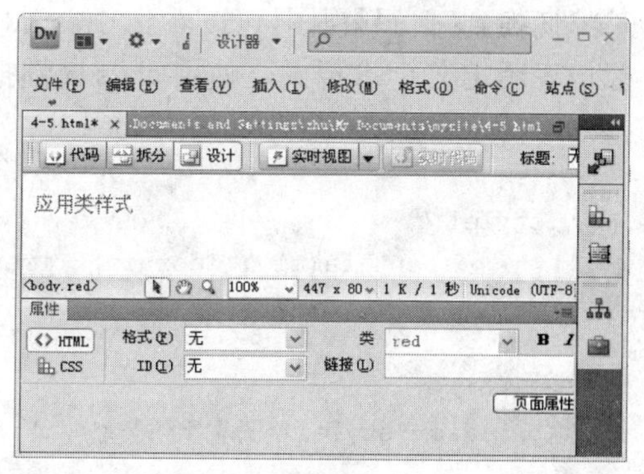

图 4.13 应用类样式

为了避免该类样式会影响到整个页面其他文字的显示颜色，可以先把“应用类样式”设置为段落文本，然后再应用类样式，则 Dreamweaver CS4 就会仅为当前段落文本应用 red 类样式。

```
<p class="red">应用类样式</p>
```

有关 CSS 样式表的详细内容请参阅后面章节讲解，本节就不再重复介绍。

4.5 设置字体属性

文本是网页制作的基础，它包含了很多属性。通过这些属性，用户可以控制网页版式效果。一个网页的设计效果是否精致，很大程度上取决于文本的版式设计。

4.5.1 设置字体类型

选择【格式】|【字体】菜单命令，可以打开字体类型下拉列表，如图 4.14 所示。该子菜单列表可以设置各种字体，只要用户计算机安装有某种字体，都可以进行选择设置。不过建议读者应该为网页字体设置常用字体类型，以确保大部分浏览者都能够正确浏览。

其中，默认选项是指 Dreamweaver CS4 默认字体，一般为宋体。如果用户设置字体之后，Dreamweaver CS4 会提示用户定义一个样式，如图 4.15 所示。有关该对话框的详细内容请参阅后面章节讲解。

图 4.14 字体类型菜单列表

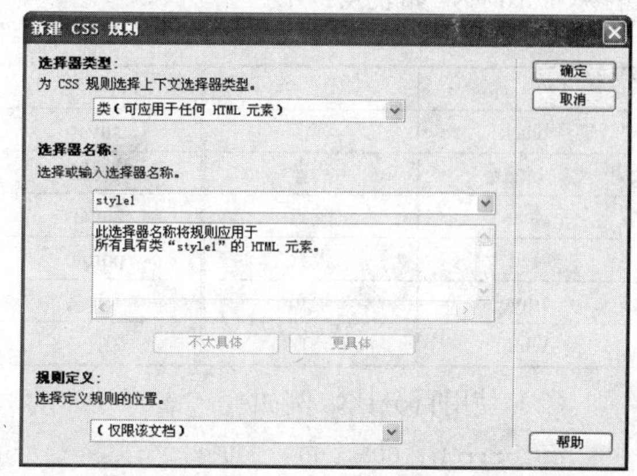

图 4.15 定义类样式

切换到【代码】视图，可以看到 Dreamweaver CS4 自动使用 CSS 定义了字体属性，其中<style>标记表示定义 CSS 样式，使用 class 属性把所定义的样式应用到所选文本中。

```
<style type="text/css">
<!--
.style1 {
        font-family: Georgia, Times New Roman, Times, serif;
}
-->
</style>
<p class="style1">设置字体类型</p>
```

在传统布局中，默认使用<font>标记设置字体类型、字体大小和颜色，在标准设计中就不再建议使用了。

4.5.2 设置字体颜色

选择【格式】|【颜色】菜单命令，打开【颜色】面板，利用该面板可以为字体设置颜色，如图 4.16 所示。然后 Dreamweaver CS4 会打开如图 4.15 所示的对话框提示用户定义或选择样式。实际上，在网页中表示颜色有 3 种方法：颜色名、百分比和数值。

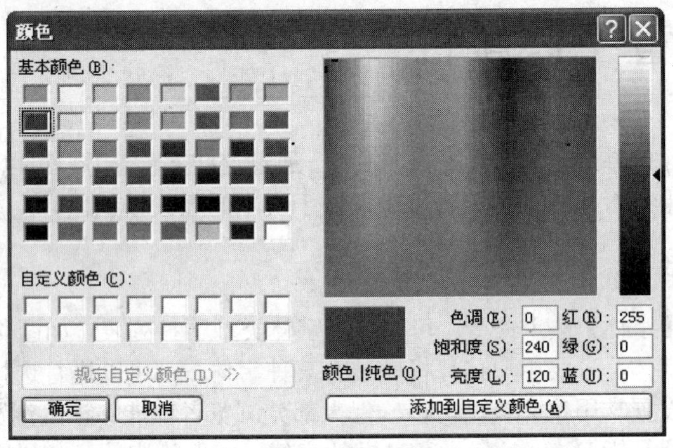

图 4.16　颜色面板

（1）使用颜色名是最简单的方法，目前能够被大多数浏览器接受且符合 W3C 标准的颜色名称有 16 种，如表 4.1 所示。

表 4.1　符合标准的颜色名称

名　称	颜　色	名　称	颜　色	名　称	颜　色
black	纯黑	silver	浅灰	navy	深蓝
blue	浅蓝	green	深绿	lime	浅绿
teal	靛青	aqua	天蓝	maroon	深红
red	大红	purple	深紫	fuchsia	品红
olive	褐黄	yellow	明黄	gray	深灰
white	亮白				

（2）使用百分比，例如：

```
color:rgb(100%,100%,100%);
```

在上面设置中，结果将显示为白色，其中第 1 个数字表示红色的比重值，第 2 个数字表示蓝色比重值，第 3 个数字表示绿色比重值，而 rgb(0%,0%,0%)会显示为黑色，三个百分值相等将显示灰色。

（3）使用数字。数字范围从 0～255，例如：

```
color:rgb(255,255,255);
```

上面这个声明将显示为白色，而 rgb(0,0,0)将显示为黑色。使用十六进制数字来表示颜色（这是最常用的方法），例如：

```
color:#ffffff;
```

其中要在十六进制数字前面加一个#颜色符号。上面这个定义将显示白色，而#000000 将显示为黑色，用 RGB 来描述：

```
color: #RRGGBB;
```

如果切换到【代码】视图，则可以看到下面设置代码，其中 color 表示 CSS 的属性，用来定义颜色：

```
<style type="text/css">
<!--
.red {
        color: #F00;
}
-->
</style>
<p class="red">设置字体颜色</p>
```

4.5.3 设置文本加粗和斜体

单击文本属性面钣中的【粗体】按钮 **B** 或者【斜体】按钮 *I*，就可以加粗或者倾斜选中文本，如图 4.17 所示。应用该样式时，Dreamweaver CS4 也会打开如图 4.15 所示的对话框提示用户定义或选择样式。

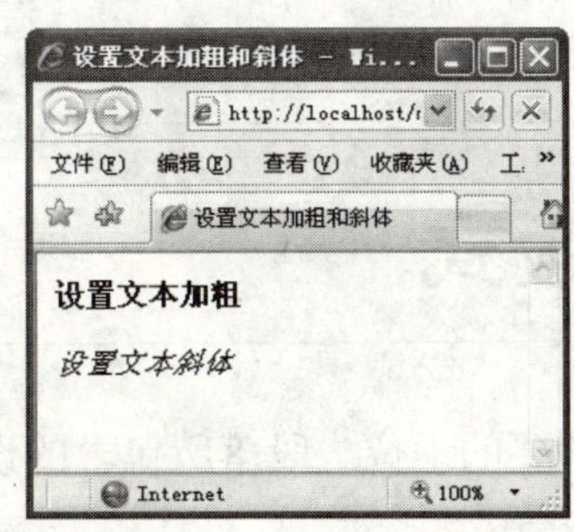

图 4.17 粗体和斜体效果

在【代码】视图下，使用 HTML 源代码则显示如下：

```
<style type="text/css">
<!--
.bold {
        font-weight: bold;
}
.ital {
        font-style: italic;
}
```

```
-->
</style>
<p class="bold">设置文本加粗</p>
<p class="ital">设置文本斜体</p
```

4.5.4 设置文本大小

选中文本，在文本属性面板中切换到【CSS】设置选项下，如图 4.18 所示。在文本属性面板中单击【大小】下拉列表右侧的向下按钮，打开字体下拉列表，然后选择一个选项即可，同样 Dreamweaver CS4 会要求定义一个样式。

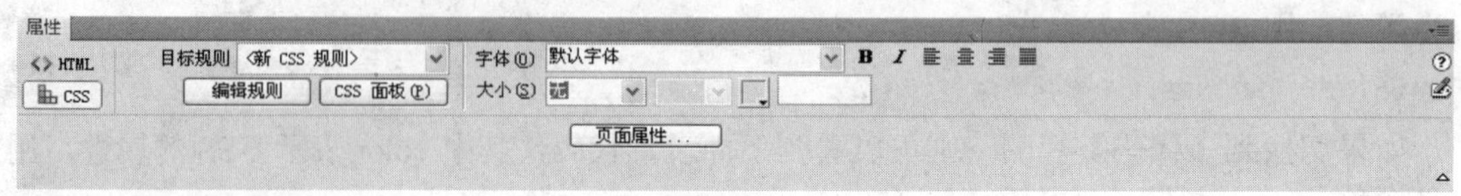

图 4.18 设置字体大小

【大小】下拉列表可以选择设置文字大小。网页常用字体大小一般为 12px，这个大小符合大多数浏览者的阅读习惯，又能最大容量地显示信息。切换到【代码】视图下显示代码如下：

```
<style type="text/css">
<!--
.size14 {
    font-size: 14px;
}
-->
</style>
<p class="size14">设置文本大小</p>
```

用户也可以直接输入数字，然后在后边的单位文本框中显示为可用状态，从中选择一个单位即可。其中，默认选项【无】是指 Dreamweaver CS4 默认字体大小或者继承上级包含框定义的字体，用户可以选择【无】项来恢复默认字体大小。

Dreamweaver CS4

4.6 设置段落版式

段落在页面版式设置中占有重要的地位。段落所包含的设计因素也比较多，例如，文本缩进、行距、段距、首行缩进、列表等。

4.6.1 强制文本换行

Dreamweaver CS4 和其他字处理软件一样，按回车键即可创建一个新的段落，但网页浏览器一般会自动在段落之间增加一行段距，因此网页中的段落间距可能会比较大，有时会影响页面效果，使用强制换行命令可以避免这种问题。

选择【插入】|【HTML】|【特殊字符】|【换行符】命令，或者按 Shift+Enter 快捷键换行文本。不过在使用强制换行时，上下行之间依然是一个段落，同受一个段落格式的影响。如果希望为不同行应用不同样式，这种方式就显得不是很妥当。同时在标准设计中不建议大量使用强制换行。在 HTML 代码中一般使用
标记强制换行，该标记是一个非封闭类型的标记。

4.6.2 设置文本对齐

文本对齐方式是指文本行相对文档窗口或者浏览器窗口在水平位置上的对齐方式，共包括 4 种方式：左对齐、居中对齐、右对齐和两端对齐，效果如图 4.19 所示。

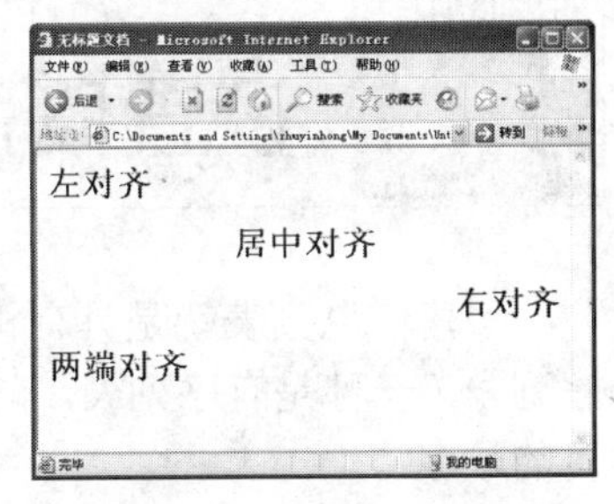

图 4.19 段落对齐方式

在文本属性面板中分别对应【左对齐】按钮、【居中对齐】按钮、【右对齐】按钮和【两端对齐】按钮。在【代码】视图下，用 HTML 代码表示如下：

```
<h1>
    <p align="left">左对齐</p>
    <p align="center">居中对齐</p>
    <p align="right">右对齐</p>
    <p align="justify">两端对齐</p>
</h1>
```

4.6.3 设置段落文本缩进和凸出

根据排版需要，有时为了强调文本或者表示文本引用等特殊用途，会用到段落缩进或者凸出版式。缩进和凸出主要是相对于文档窗口（或浏览器）左端而言，效果如图 4.20 所示。

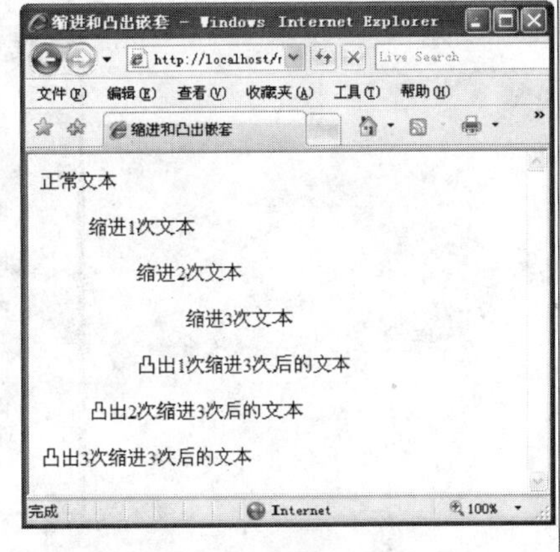

图 4.20 缩进和凸出文本

缩进和凸出可以嵌套，即在文本属性面板中可以连续单击【缩进】按钮或【凸出】按钮应用多次缩进或凸出。当文本无缩进时，【凸出】按钮将不能正常作用，凸出也将无效果。在【代码】视图下，用 HTML 代码表示如下：

```
<p>正常文本</p>
<blockquote>
    <p>缩进1次文本</p>
    <blockquote>
        <p>缩进2次文本 </p>
        <blockquote>
            <p>缩进3次文本 </p>
        </blockquote>
        <p>凸出1次缩进3次后的文本</p>
    </blockquote>
    <p>凸出2次缩进3次后的文本</p>
</blockquote>
<p>凸出3次缩进3次后的文本</p>
```

<blockquote>标记通过 cite 属性来指向一个 URL，用于表明引用出处，代码如下，效果如图 4.21 所示。

```
<p>缩进引用：</p>
<blockquote cite="http://www.adobe.com/">
    <p>Adobe中国</p>
</blockquote>
```

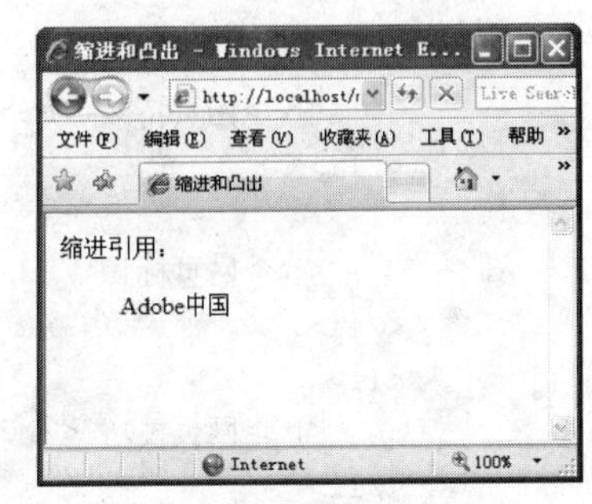

图 4.21 缩进引用

按下 Ctrl+Alt+]快捷键可以快速缩进文本，按几次就会缩进几次。按下 Ctrl+Alt+[快捷键可以快速凸出缩进文本，也就是恢复缩进。

Dreamweaver CS4

4.7 设置段落信息列表样式

段落信息列表就是具有相同类型的信息集合。在 HTML 中，有两种类型的列表，一种是无序列表，一种是有序列表，前者是用项目符号来标记无序的项目，而后者则使用编号来记录项目的顺序。

Dreamweaver CS4 允许设置多种项目列表格式，例如，项目列表、编号列表、定义列表。设置段落信息的项目列表是 Dreamweaver CS4 可视化操作的一个很重要的格式设置内容。

4.7.1 创建项目列表

在项目列表中，各个列表项之间没有顺序级别之分，即使用一个项目符号作为每条列表的前缀。在 HTML 中，有 3 种类型的项目符号：○（圆形）、●（球形）和■（矩形），如图 4.22 所示。

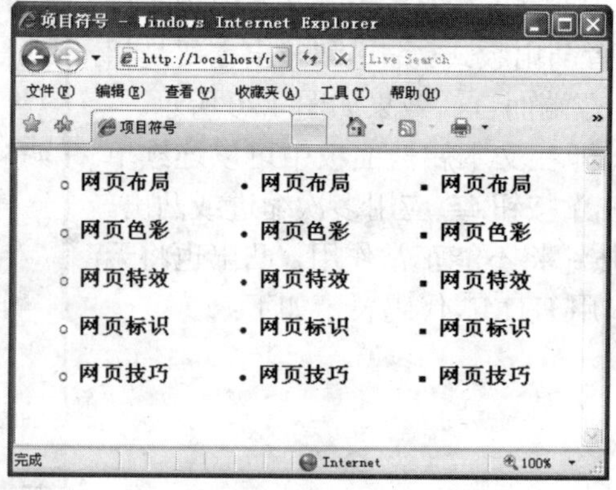

图 4.22 项目列表

在 HTML 中使用下面代码实现项目列表：

```
<ul type="circle">
    <li>
        <h3>网页布局</h3>
    </li>
    <li>
        <h3>网页色彩</h3>
    </li>
    <li>
        <h3>网页特效</h3>
    </li>
    <li>
        <h3>网页标识</h3>
    </li>
    <li>
        <h3>网页技巧 </h3>
    </li>
</ul>
```

其中，<ul>标记的 type 属性用来设置项目列表符号类型，包括：

（1）type="circle"：表示圆形项目符号。

（2）type="disc"：表示球形项目符号。

（3）type="square"：表示矩形项目符号。

<li>标记也带有 type 属性，因此也可以分别为每个项目设置不同的项目符号。

4.7.2 创建编号列表

编号列表同项目列表的区别在于，编号列表使用编号，而不是项目符号来编排项目。对于有序编号，可以指定其编号类型和起始编号，如图 4.23 所示。

图 4.23 编号列表

在 HTML 中使用下面代码实现编号列表：

```
<ol type="a">
    <li>
        <h3>网页布局</h3>
    </li>
    <li>
        <h3>网页色彩</h3>
    </li>
    <li>
        <h3>网页特效</h3>
    </li>
    <li>
        <h3>网页标识</h3>
    </li>
    <li>
        <h3>网页技巧 </h3>
    </li>
</ol>
```

<ol>标记带有 type 和 start 等属性，用于设置编号的类型和起始编号。设置 type 属性，可以指定数字编号的类型，主要包括：

（1）type= "1"：表示以阿拉伯数字作为编号。

（2）type= "a"：表示以小写字母作为编号。

（3）type= "A"：表示以大写字母作为编号。

（4）type= "i"：表示以小写罗马数字作为编号。

（5）type= "I"：表示以大写罗马数字作为编号。

通过<ol>标记的 start 属性，可以决定编号的起始值。对于不同类型的编号，浏览器会自动计算相应的起始值。例如，start="4"，表明对于阿拉伯数字编号从 3 开始，对于小写字母编号从 d 开始等。

默认时使用数字编号，起始值为 1，因此可以省略其中对 type 属性的设置。同样<li>标记也带有 type 和 start 属性，如果为列表中某个<li>标记设置 type 属性，则会从该<li>标记所在行起使用新的编号类型，同样如果为列表中的某个<li>标记设置 start 属性，将会从该<li>标记所在行起使用新的起始编号。

4.7.3 创建定义列表

定义列表也称字典列表，因为它具有与字典相同的版式。在定义列表结构中，每个列表项都带有一个缩进的定义字段，就好像字典对文字进行解释，如图 4.24 所示。

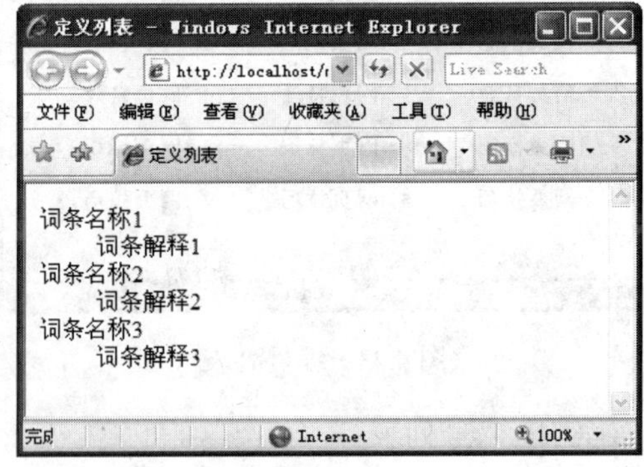

图 4.24　定义列表

在 HTML 中使用下面代码实现定义列表：

```
<dl>
        <dt>词条名称1</dt>
         <dd>词条解释1</dd>
        <dt>词条名称2</dt>
         <dd>词条解释2</dd>
        <dt>词条名称3</dt>
         <dd>词条解释3</dd>
</dl>
```

其中<dl>标记表示定义列表，<dt>标记表示一个标题项，<dd>标记表示一个对应说明项，<dt>标记中可以嵌套多个<dd>标记。

4.7.4 使用属性面板定义列表结构

在文本属性面板中有两个用于设置列表的按钮，它们分别是【项目列表】按钮和【编号列表】按钮，这两个按钮可以快速设置项目列表和编号列表，操作步骤如下：

步骤1 在【设计】视图下，输入多行列表文字，然后全部选中。

步骤2 单击文本属性面板中的【项目列表】按钮或【编号列表】按钮即可设置项目列表或编号列表。

但在属性面板中不能设置列表属性，还需要使用【格式】菜单。

4.7.5　多层列表嵌套

结合使用缩进和列表功能可以实现多层列表嵌套，制作复杂的列表，如图 4.25 所示。具体操作步骤如下：

步骤 1　首先输入文本，要注意段落分明，如图 4.26 所示。

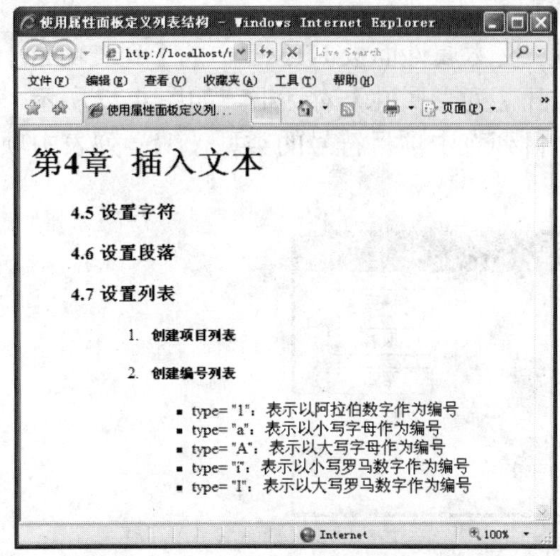

图 4.25　多层列表嵌套效果

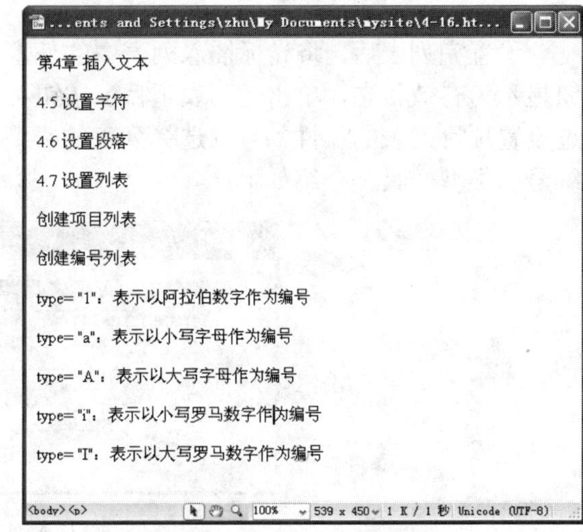

图 4.26　多层列表嵌套原文本

步骤 2　然后选择第 1 行，在文本属性面板的【格式】下拉列表中选择【标题 1】选项。

步骤 3　选择第 2、第 3 和第 4 行文本，设置格式为 3 级标题，然后单击【文本缩进】按钮。

步骤 4　选择第 5 和第 6 行文本，设置格式为 5 级标题，然后单击【编号列表】按钮，再连续单击 2 次【文本缩进】按钮。

步骤 5　选择最后 5 行文本，然后单击【项目列表】按钮，再连续单击 3 次【文本缩进】按钮即可。

在 HTML 中使用代码可以自由快速的实现多层列表嵌套：

```
<h1>第4章　插入文本</h1>
<blockquote>
    <h3>4.5 设置字符</h3>
    <h3> 4.6 设置段落 </h3>
    <h3> 4.7 设置列表 </h3>
    <ol>
        <ol>
            <li>
                <h5> 创建项目列表</h5>
            </li>
            <li>
                <h5> 创建编号列表</h5>
                <ul>
                    <li> type= &quot;1&quot;：表示以阿拉伯数字作为编号</li>
                    <li> type= &quot;a&quot;：表示以小写字母作为编号</li>
                    <li> type= &quot;A&quot;：表示以大写字母作为编号</li>
                    <li> type= &quot;i&quot;：表示以小写罗马数字作为编号</li>
                    <li> type= &quot;I&quot;：表示以大写罗马数字作为编号</li>
                </ul>
```

```
            </li>
        </ol>
    </ol>
</blockquote>
```

4.7.6 设置列表属性

设置完列表后，将光标插入列表中的任意位置。文本属性面板 HTML 中的【列表项目】按钮显示为有效状态，单击【列表项目】按钮可以打开【列表属性】对话框，如图 4.27 所示。通过设置项目列表的属性，可以选择列表的类型、项目列表中项目符号的类型，编号列表中项目编号的类型。具体介绍如下：

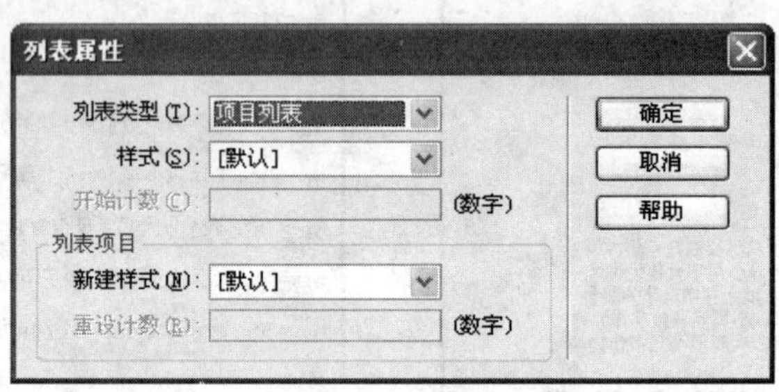

图 4.27 【列表属性】对话框

（1）【列表类型】下拉列表：可以选择列表类型。该选择将影响插入点所在位置的整个项目列表的类型，主要包括：

1）项目列表：生成的是带有项目符号式样的无序列表。

2）编号列表：生成的是有序列表。

3）目录列表：生成目录列表，用于编排目录。

4）菜单列表：生成菜单列表，用于编排菜单。

（2）【样式】下拉列表：可以选择相应的项目列表样式。该选择将影响插入点所在位置的整个项目列表的样式。

1）默认：默认类型。默认为球形。

2）项目符号：项目符号列表的样式。默认为球形。

3）正方形：正方形列表的样式。默认为正方形。

（3）【开始计数】文本框：如果前面选择的是编号列表，则在【开始计数】文本框中，可以选择有序编号的起始数字。该选择将使插入点所在位置的整个项目列表的第一行开始重新编号。

（4）【新建样式】下拉列表：允许为项目列表中的列表项指定新的样式，这时从插入点所在行及其后的行都会使用新的项目列表样式。

（5）【重设计数】文本框：如果前面选择的是编号列表，在【重设计数】文本框中，可以输入新的编号起始数字。这时从插入点所在行开始以后的各行，会从新数字开始编号。

Dreamweaver CS4

4.8 设置文本的链接

在文本属性面板的 HTML 选项卡中，可以为文本设置超链接，具体操作步骤如下：

步骤1 选中要链接的文本。

步骤2 在文本属性面板的【链接】文本框中输入要链接的网页地址。链接地址可以是外部网页，即直接输入其他网站的网址，也可以是内部页面，即站内的其他页面。在【链接】文本框后面还有【指向文件】和【选择文件】两个按钮，其主要用途都是为了方便制作内部链接的。【指向文件】按钮的用法是直接拖住该按钮到【文件】面板中想要链接的文件，此时链接文件的地址将出现在【链接】文本框中，或者单击【选择文件】，打开【选择文件】对话框，从中选择想要链接的文件即可。

步骤3 输入链接地址后，在【链接】文本框下面的【目标】下拉列表呈现可用状态，在【目标】下拉列表中选择链接页面在哪个框架集中打开（有关框架的内容参见后面章节），主要包括：

（1）_blank：同“空白（_B）”，表示在新窗口中打开。

（2）_parent：同“父（_P）”，表示在当前文档的父级框架集中打开。

（3）_self：同“自身（_S）”，表示在当前文档的框架中打开。

（4）_top：同“顶部（_T）”，表示在链接所在的最高级窗口中打开。

Dreamweaver CS4

4.9 在文本中插入特殊字符

特殊字符就是无法通过输入法插入的字符，在网页设计中设计师经常需要插入很多特殊的字符，下面介绍如何插入特殊字符的各种方法。

4.9.1 快速可视化插入特殊字符

选择【插入】|【HTML】|【特殊字符】命令，可以在网页中插入许多特殊字符，如图 4.28 所示。如果在该子菜单中没有需要的字符，可以选择【其他字符】命令，打开【插入其他字符】对话框（见图 4.29），可以在其中选择要插入的对象。

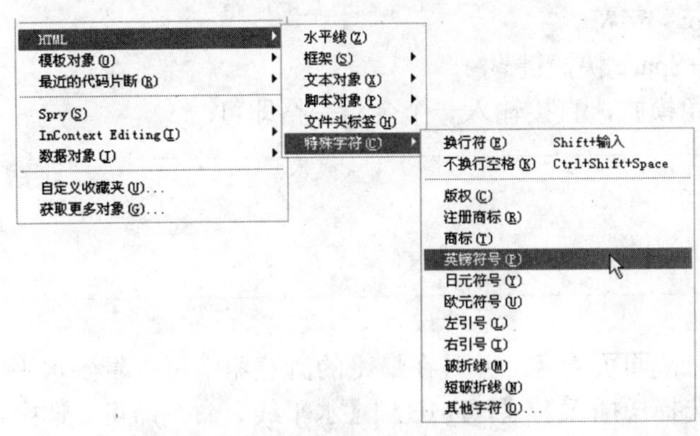

图 4.28 【特殊字符】子菜单

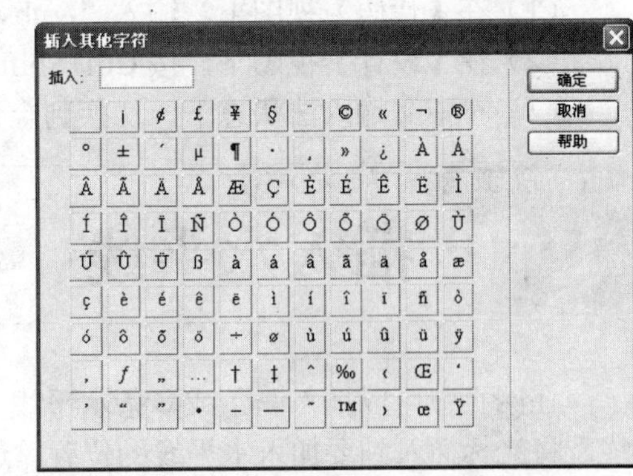

图 4.29 【插入其他字符】对话框

在【插入】面板的下拉列表中选择【文本】选项，【插入】面板显示【文本】按钮列表，利用该列表中的按钮也可以快速插入特殊字符，如图 4.30 所示。

用户也可以利用【文本】工具面板快速设置文本的各种属性，如字符格式、段落格式、标题格式、列表设置等。上面是常用特殊字符插入方法，还可以使用下面方法快速插入特殊字符。

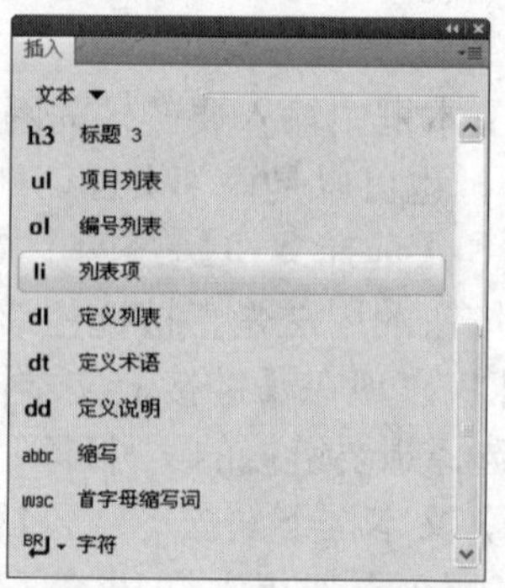

图 4.30　用工具面板插入特殊字符

4.9.2　通过代码方式输入特殊字符

切换到【代码】视图，输入“&”字符，Dreamweaver CS4 会自动以下拉列表的方式显示全部特殊字符，如图 4.31 所示，从中选择一个特殊字符即可。

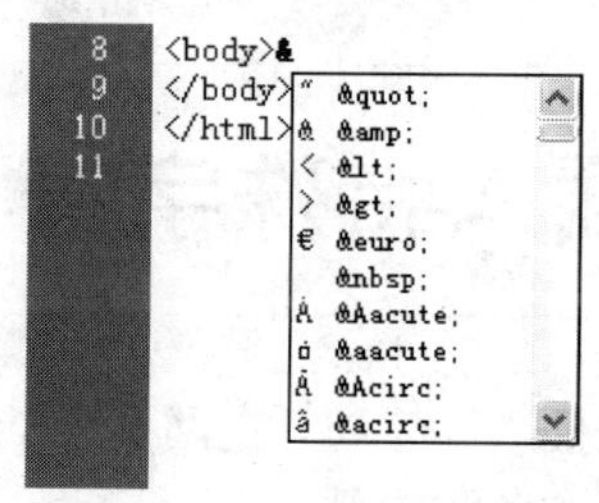

图 4.31　代码快速输入特殊字符

4.9.3　快速输入空格 3 法

空格是最常用的特殊字符，前面介绍过输入空格的方法，实际上输入空格的方法很多，这里介绍 3 种比较快捷的方法：

（1）在【代码】视图下，输入“ ”字符。

（2）在【设计】视图下，按 Ctrl+Shift+Space 快捷键。

（3）在中文输入法状态下，切换到全角模式，直接输入一个全角空格即可。

Dreamweaver CS4

4.10 插入水平线

在网页中可以插入一条或多条水平线分隔页面对象，并且在最终的浏览器中可以看到水平线。将光标插入到要加入水平线的位置，选择【插入】|【HTML】|【水平线】命令即可。选中插入的水平线，则属性面板会变成如图 4.32 所示的模样，在这里可以设置水平线的属性。

图 4.32　水平线属性面板

(1)【水平线】文本框：可以为“水平线”起一个名字。

(2)【宽】：用来设置水平线的宽度，用户可以选择以“像素”为单位，水平线的宽度设为绝对的数值；也可以选择以“%”为单位，水平线的宽度设为相对于插入水平线的网页、表格或层的宽度。

(3)【高】文本框：以“像素”为单位设置水平线的高度。

(4)【对齐】下拉列表：可以设置水平线的左对齐、居中对齐或右对齐。

(5)【类】下拉列表：可以使用样式来格式化水平线。

(6)【阴影】复选框：勾选这个复选框可以为水平线加上阴影效果，使其更有立体感。

使用 HTML 代码表示：

```
<hr align="center" width="100%" size="2" noshade="noshade" id="line" />
```

其中<hr>标记表示水平线，noshade 属性用来设置阴影效果。

Dreamweaver CS4

4.11 插入动态日期

选择【插入】|【日期】命令，打开【插入日期】对话框，如图 4.33 所示。在【插入】工具栏中选择【常用】选项，从中单击【日期】按钮也可以打开【插入日期】对话框插入日期。

在【插入日期】对话框中，可以选择星期格式、日期格式和时间格式。如果希望在每次保存文档时都更新插入的日期，可以选择下面的【储存时自动更新】复选框，否则插入的日期将变成纯文本永远不会更新。单击【确定】按钮可插入日期至光标所在的位置。

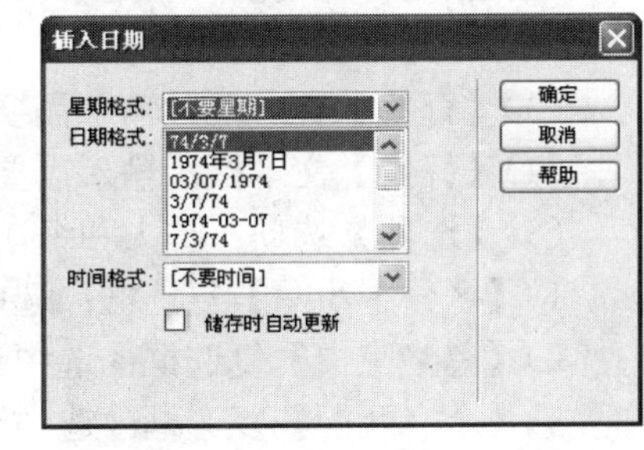

图 4.33 【插入日期】对话框

Dreamweaver CS4

4.12 查找和替换

使用 Dreamweaver CS4 提供的【查找和替换】命令，可以快速修改网站、文件夹、选定文件、打开的文档、当前文档或选定文字。具体操作步骤如下：

步骤 1 选择【编辑】|【查找和替换】命令，打开【查找和替换】对话框，如图 4.34 所示。

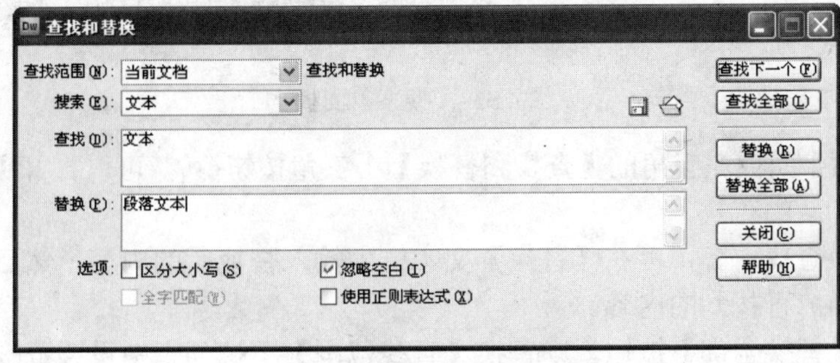

图 4.34 【查找和替换】对话框

(1)【查找范围】下拉列表：设置查找的范围。主要包括下面几个选项。

1)【所选文字】：在选中文本中进行查找和替换。

2)【当前文档】：在当前文档中进行查找和替换。

3)【打开的文档】：在打开的文档中进行查找和替换。

4)【文件夹】：设置要进行查找和替换的文件夹。选择该项后，在后面出现的文本框中输入文件夹路径和名称，也可以单击【选择文件】按钮进行选择。

5)【站点中选定的文件】：设置在【文件】面板中选择的文件或文件夹。当【文件】面板处于活动状态时，可以使用该选项。

6)【整个当前本地站点】：设置当前站点中所有的 HTML 文档、库文件和文本文件。当选择该选项时，当前站点的名称将显示在下拉列表之后。

(2)【搜索】下拉列表：设置查找和替换的种类，包括下面几个选项。

1)【源代码】：设置在 HTML 源代码中查找特定的文本字符。

2)【文本】：设置在【设计】视图中查找特定的文本字符。文本查找将忽略任何 HTML 标记中的字符。

3)【文本(高级)】：设置只可以在 HTML 标记里面或者只在标记外面查找特定的文本字符，以及查找指定标记内或外特定字符。

4)【指定标签】：设置可查找指定的标记、属性和属性值。

(3)【查找】文本框：输入需要查找的文本内容。

(4)【替换】文本框：输入需要替换的文本内容。

(5)【选项】选项：扩大和缩小查找范围，主要包括下面选项。

1)【区分大小写】复选框：选中该复选框可以设置查找时严格匹配大小写。

2)【忽略空白】复选框：选中该复选框可以设置所有的空格作为一个间隔被忽略。

3)【全字匹配】复选框：选中该复选框可以设置查找时按照整个单词来进行查找。

4)【使用正则表达式】复选框：选中该复选框可以使用正则表达式来匹配指定内容，这是一个功能极为强大的查询方式，在下一节中，我们将详细介绍正则表达式的匹配方法。

步骤2 如果仅仅是查找内容，在【查找】文本框中输入要查找的内容，单击【查找下一个】按钮则可以查找下一个匹配的内容。

步骤3 单击【查找全部】按钮，Dreamweaver CS4 会打开【搜索】面板，显示所有搜索结果，如图 4.35 所示。

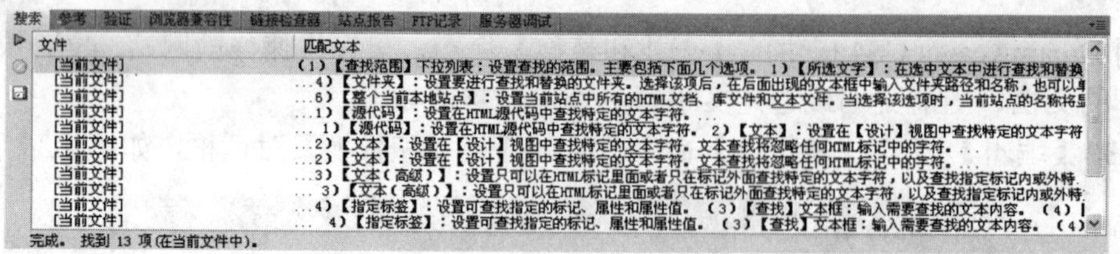

图 4.35 【搜索】面板

步骤4 单击【搜索】面板左上角的【查找和替换】小三角按钮，可以打开【查找和替换】对话框，开始新的查找。

步骤5 如果要替换查找内容，可在【替换】文本框中输入替换后的内容，然后单击【替换】按钮，替换当前查找到的内容。

步骤6 如果单击【替换全部】按钮，则替换【查找范围】下拉列表中设置范围内所有与查找内容相匹配的内容。

第 5 章

应用网页图像

内容介绍

在网页设计中，图像与文本一样都是重要的元素，适当插入图像可以避免段落文本给人单调的效果，从而丰富页面信息，增强网页的观赏性，图像本身就具有强大的视觉冲击力，可以吸引浏览者的眼球，制作精巧、设计合理的图像能加深浏览者浏览网页的兴趣和动力。本章将详细介绍图像在网页中的应用，学习如何插入图像、创建鼠标经过图像、插入图像占位符、导航条和 Fireworks HTML，设置网页图像的属性、图文混排，以及与 Photoshop CS4 和 Fireworks CS4 的集成化操作等。

学习重点

- 认识网页图像
- 在网页中插入图像
- 设置图像的显示属性
- 编辑网页图像
- 使用外部图像编辑器
- 图文混排

Dreamweaver CS4

5.1 认识网页图像

图像格式众多，但能在网上使用的格式只有 3 种：GIF、JPEG 和 PNG。其中 GIF 和 JPEG 图像格式在网上使用最广，能够支持所有浏览器。下面简单比较这三种图像格式的特点。

GIF 图像格式最早于 1987 年开发，经过多年改进，它的具体特性如下：

（1）GIF 格式具有跨平台能力，并获得所有图像浏览器的支持，用户不用担心兼容性问题。

（2）GIF 格式具有一种减少颜色显示数目而极度压缩文件的能力。它压缩的原理是不降低图像的品质，而是减少显示色，最多可以显示的颜色是 256 色，所以它是一种无损压缩。

（3）GIF 格式图像支持背景透明的功能，便于图像更好地融合到其他背景色中。

（4）GIF 格式图像可以存储多张图像，并能动态显示这些图像，GIF 动画目前在网上广泛运用。

JPEG 图像格式可以使用全彩模式来表现图像，具体特性如下：

（1）与 GIF 格式不同，JPEG 格式的压缩是一种有损压缩，即在压缩处理过程中，图像的某些细节将被忽略，因此，图像将有可能会变得模糊一些，但一般的浏览者是看不出来的。

（2）与 GIF 格式相同，它也具有跨平台的能力。

（3）JPEG 格式支持 1670 万种颜色，可以很好地再现摄影图像，尤其是色彩丰富的大自然。

（4）它不支持 GIF 格式的背景透明和交错显示功能。

PNG 图像格式于 1995 年开发，是一种网络专用图像，它具有 GIF 格式图像和 JPEG 格式图像的双重优点。一方面它是一种新的无损压缩文件格式，压缩技术比 GIF 好；另一方面它支持的颜色数量达到了 1670 万种，同时还包括对索引色、灰度、真彩色图像以及 Alpha 通道透明的支持。PNG 是 Adobe Fireworks 固有的文件格式。

在网页设计中，如果图像颜色少于 256 色时，建议使用 GIF 格式，如 Logo 等；而颜色较丰富时，应使用 JPEG 格式，如在网页中显示的自然画面的图像。

Dreamweaver CS4

5.2 在网页中插入图像

图像在网页中可以以多种方式存在，同时 Dreamweaver CS4 也提供了多种插入图像的方法。下面详细讲解这些图像插入的方法。

5.2.1 插入普通图像

如果想要把一幅图像插入到网页中，可以使用如下操作步骤来实现：

步骤1 将光标设在要插入图像的位置，然后选择【插入】|【图像】命令，或单击【插入】面板中【常用】选项下的【图像】按钮图标，从弹出的下拉选项中选择【图像】命令，如图 5.1 所示。

步骤2 打开【选择图像源文件】对话框，如图 5.2 所示，从中选择图像文件，单击【确定】按钮，图像即被插入页面中。

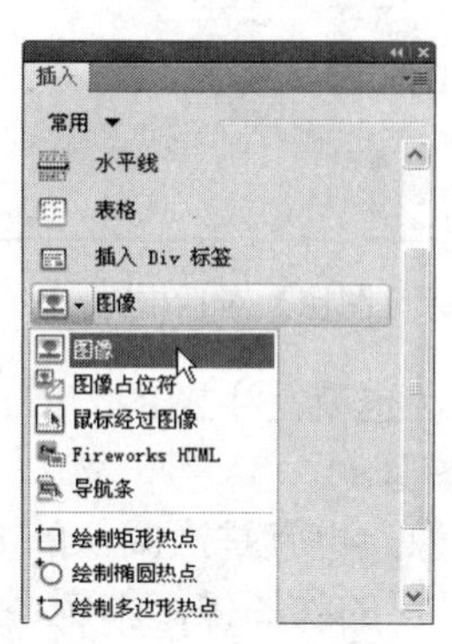

图 5.1 【插入】面板

图 5.2 【选择图像源文件】对话框

插入普通图像还有其他方法：

（1）从【插入】面板中把【图像】按钮拖到编辑窗口中要插入图像的位置，打开【选择图像源文件】对话框，选择图像即可。

（2）从桌面上把一幅图像拖到编辑窗口中要插入图像的位置。

（3）从【资源】面板中插入图像：选择【窗口】|【资源】命令（或按 F11 键）打开【资源】面板（如果没有建立站点，【资源】面板无法使用），单击 按钮，然后在图像列表框内选择一幅图像，并将其拖到需要插入该图像的位置即可。

在 Dreamweaver CS4 编辑窗口中插入图像时，在 HTML 源代码中会自动产生对该图像文件的引用。为确保正确引用，必须要保存图像到当前站点内。如果不存在，Dreamweaver 会询问用户是否要把该图像复制到当前站点内，单击【确定】按钮即可。

在 HTML 中使用<img src= "图像地址（可以是相对地址和绝对地址）">标记可以实现插入图像。<img>标记主要有 7 个属性：width（设置图像宽）、height（设置图像高）、hspace（设置图像水平间距）、vspace（设置图像垂直间距）、border（设置图像边框）、align（设置图像对齐方式）和 alt（设置图像指示文字）。具体代码如下：

```
<img src="images/6.JPG" width="3072" height="2461" alt="插入图像" />
```

5.2.2 插入鼠标经过图像

所谓鼠标经过图像就是当鼠标移动到图像上时，图像会变成另一幅图，而当鼠标移开时，又恢复成原来的图像，也称为图像轮换。鼠标经过图像由两个图像组成：一个是主图像，就是首次载入页面时显示的图像；另一个是次图像，就是当鼠标指针移过主图像时显示的图像。这两个图像应该大小相等，如果这两个图像的大小不同，Dreamweaver CS4 会自动调整第 2 幅图像，使之与第 1 幅图像相匹配。

插入鼠标经过图像的步骤如下：

步骤 1 在编辑窗口中，将光标定位在要插入鼠标经过图像的位置。

步骤 2 选择【插入】|【图像对象】|【鼠标经过图像】命令，或者单击【插入】面板内【常用】选项中【图像】下拉菜单中的【鼠标经过图像】选项，如图 5.3 所示，打开【插入鼠标经过图像】对话框，如图 5.4 所示。

（1）【图像名称】文本框：为鼠标经过图像命名，如 imagel。

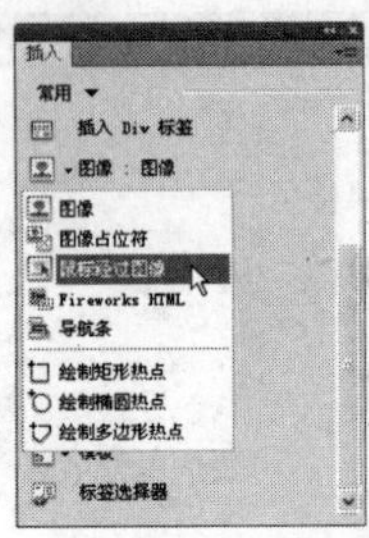

图 5.3 【插入】面板

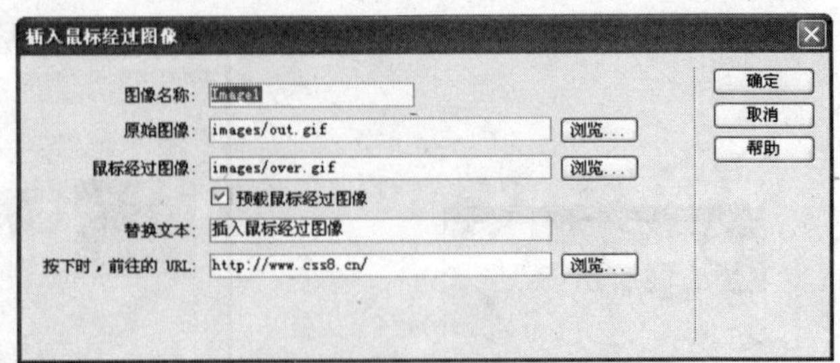

图 5.4 【插入鼠标经过图像】对话框

（2）【原始图像】文本框：可以输入页面被打开时显示的图形，也就是主图的 URL 地址，或者单击后面的【浏览】按钮，选择一个图像文件作为原始的主图像。

（3）【鼠标经过图像】文本框：可以输入鼠标经过时显示的图像，也就是次图像的 URL 地址，或者单击后面的【浏览】按钮，选择一个图像文件作为交换显示的次图像。本例中使用的主图像和次图像如图 5.5 所示。

（a）主图像

（b）次图像

图 5.5 鼠标经过图像原图

（4）【预载鼠标经过图像】复选框：选中该复选框会使鼠标还未经过图像，浏览器也会预先载入次图像到本地缓存中。这样当鼠标经过鼠标经过图像时，次图像会立即显示在浏览器中，而不会出现停顿的现象，加快网页浏览的速度。

（5）【替换文本】文本框：可以输入鼠标经过图像时的说明文字，即在浏览器中，当鼠标停留在鼠标经过图像上时，在鼠标位置旁显示该文本框中输入的说明文字。

（6）【按下时，前往的 URL】文本框：输入单击图像时跳转到的链接地址。

步骤 3 设置完毕各项内容，单击【确定】按钮，即可完成插入鼠标经过图像的操作，效果如图 5.6 所示。

（a）正常状态

（b）鼠标经过状态

图 5.6 鼠标经过图像效果

5.2.3　插入图像占位符

图像占位符是指没有设置 src 属性的<img>标签。在编辑窗口中默认显示为灰色空白，在浏览器中浏览时显示为一个红叉，如果为其指定了 src 属性，则该图像占位符就会立即显示该图像，在属性面板中还可设置它的宽、高、颜色等属性。

利用图像占位符，用户可先不用关注所插入图像内容是否合适，或者把工作交给专业设计师独立完成，这样极大提高了网页制作效率。插入图像占位符的操作步骤如下：

步骤 1　在编辑窗口中，将光标定位在要插入图像占位符的位置。

步骤 2　选择【插入】|【图像对象】|【图像占位符】命令，或者单击【插入】面板【常用】选项【图像】下拉菜单中【图像占位符】选项，打开【图像占位符】对话框，如图 5.7 所示。

（1）【名称】文本框：为了方便引用和记忆，为图像占位符起一个名称。

（2）【宽度】和【高度】文本框：可设置图像占位符的宽度和高度，默认大小都是 32 像素，在编辑窗口中，图像占位符上将显示宽度和高度的值，如图 5.8 所示。

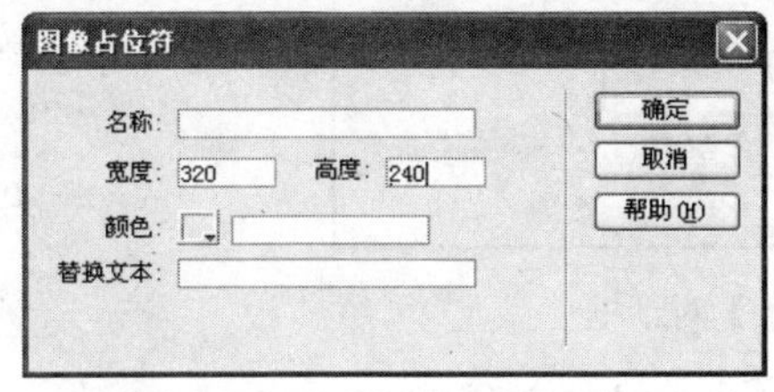

图 5.7 【图像占位符】对话框

图 5.8　图像占位符

（3）【颜色】：可为图像占位符定义一个颜色，以方便显示和区分。

（4）【替换文本】文本框：在该文本框中可以输入图像占位符的说明文字。在浏览器中，当鼠标停留在图像占位符上时，在鼠标位置旁将弹出该文本框中的说明文字。

步骤 3　输入完毕后，单击【确定】按钮，即可插入图像占位符。

选中图像占位符，读者可以在属性面板进行详细地设置，如图 5.9 所示，该属性面板和图像属性面板内容相似，下面介绍几个重要的属性。

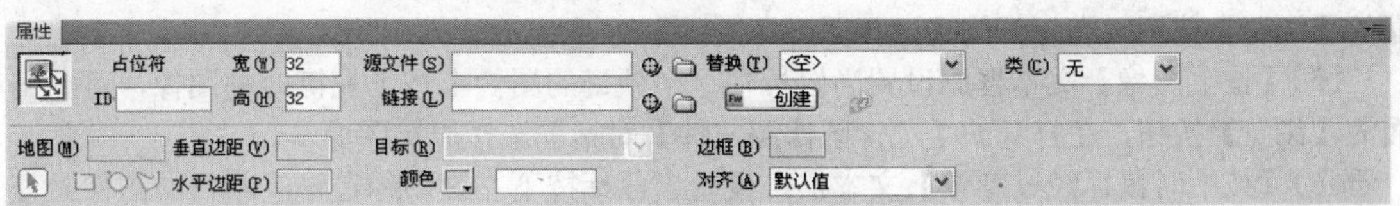

图 5.9　图像占位符属性面板

（1）【源文件】文本框：设置图像占位符的源文件，选择一幅图像后，图像占位符就失去了存在的意义，相当于直接插入一幅图片。

（2）【链接】文本框：为图像占位符设置链接，这与真实的图像没有区别，链接包括内部链接和外部链接，直接输入网址或者从文件中选择页面即可。

（3）【目标】文本框：设置网页打开的方式。

（4）【类】下拉列表：为图像占位符设置一种 CSS 类样式。

（5）【创建】按钮：单击【创建】按钮可以启动 Adobe Fireworks 生成 PNG 图像。

5.2.4　插入导航条

导航条与鼠标经过图像的效果非常相似，操作上也大致相同。导航条一般由系列的栏目按钮组成，并且一个网页中只有一个导航条。鼠标经过图像只有 2 种状态（分别为鼠标离开时和鼠标经过时），而导航条有 4 种状态，除了鼠标经过图像的两种状态外，还有鼠标单击后状态和鼠标经过单击后状态。插入导航条的操作步骤如下：

步骤 1 在编辑窗口中，将光标定位在要插入导航条的位置。

步骤 2 选择【插入】|【图像对象】|【导航条】命令，或者单击【插入】面板【常用】选项中【图像】下拉菜单的【导航条】选项，打开【插入导航条】对话框，如图 5.10 所示。

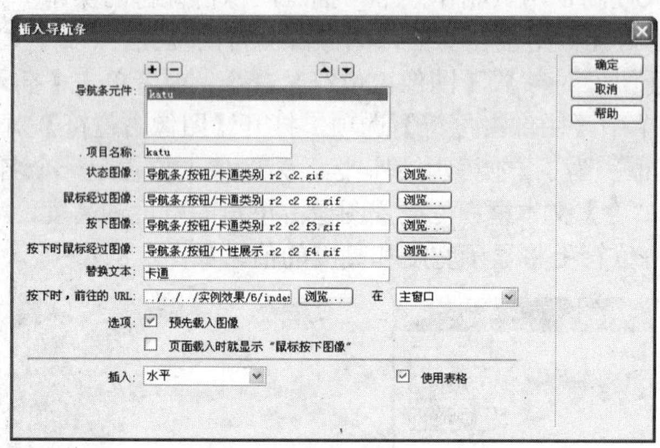

图 5.10 【插入导航条】对话框

（1）在导航条里，每个链接图像即为 1 个项目，全部导航条项目都显示在【导航条元件】列表框中。单击 + 按钮，将增加 1 个项目，在【导航条元件】列表框中选中 1 个项目，单击 − 按钮，将删除选中项目。在【导航条元件】列表框中选中 1 个项目，单击向上▲或向下▼箭头按钮，可以调整这个项目在导航条里的排列位置。

（2）【项目名称】文本框：为项目起一个名称。

（3）【状态图像】文本框：设置这个项目原始图像，可单击后面的【浏览】按钮，在打开的【选择图像源文件】对话框选择原始图像。

（4）【鼠标经过图像】文本框：设置当鼠标经过这个项目的原始图像时的图像，可单击后面的【浏览】按钮，在打开的【选择图像源文件】对话框选择原始图像。

（5）【按下图像】文本框：设置当鼠标在这个项目的图像上按下左键时的图像，可单击后面的【浏览】按钮，在打开的【选择图像源文件】对话框选择原始图像。

（6）【按下时鼠标经过图像】文本框：设置当鼠标按下左键后经过这个项目的图像时变为的图像，可单击后面的【浏览】按钮，在打开的【选择图像源文件】对话框选择原始图像。

（7）【替换文本】文本框：设置当图像无法在浏览器中显示时显示的文本说明。

（8）【按下时，前往的 URL】文本框：设置当单击这个图像时打开的网页地址，可单击后面的【浏览】按钮，在打开的【选择图像源文件】对话框选择原始图像。

（9）【在】下拉列表：设置打开网页的目标浏览器窗口。

（10）【预先载入图像】复选框：选中该复选框，当访问者浏览这个网页时，上面设置的所有图像将在页面下载的同时全部下载。否则页面下载时只下载原始图像，在交换发生时才开始下载交换图像，建议选中该复选框。

（11）【页面载入时就显示"鼠标按下图像"】复选框：选中该复选框，当访问者浏览这个网页时先显示在【按下图像】文本框中所设置的图像。

（12）【插入】下拉列表：设置导航条的排列方式，如果选择【水平】，则导航条将水平排列，如果选择【垂直】，则导航条将垂直显示。

（13）【使用表格】复选框：选中该复选框，导航条将用表格排版，每个链接图像位于 1 个单元格内。

步骤 3　在【插入导航条】对话框中分别插入导航条各项目，并设置各项目属性，如图 5.10 所示。

步骤 4　单击【确定】按钮，即可在网页中插入一个导航条，效果如图 5.11 所示（本例使用的文字图片是在 Fireworks 中制作的）。

图 5.11　插入导航条效果

5.2.5　插入 Fireworks HTML

Dreamweaver 和 Fireworks 结合比较紧密，在学习 Dreamweaver 时应该了解 Fireworks 的操作和使用，这对于网页制作会有很大帮助。

选择【插入】|【图像对象】|【Fireworks HTML】命令，打开【插入 Fireworks HTML】对话框，如图 5.12 所示。用户可以轻松插入 Fireworks 制作的 HTML 文档。

图 5.12　【插入 Fireworks HTML】对话框

在【Fireworks HTML 文件】文本框中可以输入要插入的 Fireworks HTML 文件地址，或者单击后面的【浏览】按钮，直接选择一个 Fireworks HTML 文档。如果选择【插入后删除文件】复选框，则操作完毕后会将原始的 Fireworks HTML 文件删除。单击【确定】按钮，即可在 Dreamweaver 中插入 Fireworks HTML 文件。

Dreamweaver　CS4

5.3　设置图像的显示属性

在 Dreamweaver CS4 编辑窗口中插入图像之后，选中该图像，就可以在属性面板中查看和编辑图像的显示属性，如图 5.13 所示。

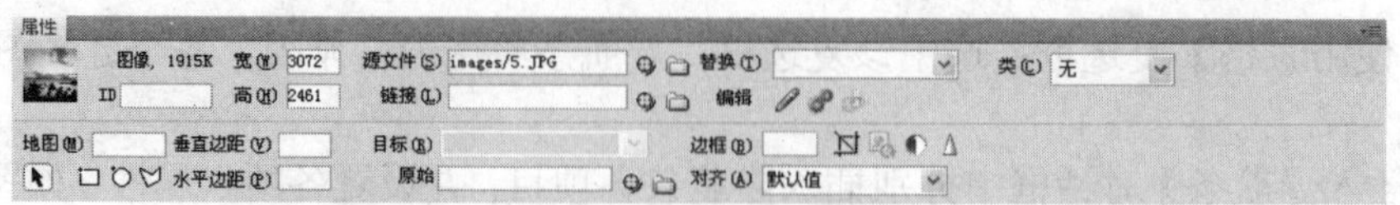

图 5.13 图像属性面板

（1）【ID】文本框：设置图像的 ID 名称，以方便在 CSS 或 JavaScript 等脚本中控制图像。在文本框的上方显示一些文件信息，如“图像”文件类型，图像大小为 1915K。如果插入占位符，则会显示“占位符”字符信息。

（2）【宽】和【高】文本框：设置选定图像的宽度和高度，默认以像素为单位。也可以设置为：pc（十二点活字）、pt（磅）、in（英寸）、mm（毫米）、cm（厘米）和这些单位的组合（如 2in+4mm），在 HTML 源代码中，Dreamweaver CS4 将这些值转换为像素。当用户插入图像时，图像自动按原始尺寸显示，同时在该文本框中显示原始宽和高。如果设置的宽度和高度与图像的实际宽度和高度不符，在浏览器中图像可能不能正确显示。可以改变这些值来缩放图像实际的显示大小，但不能减少下载时间。要减少下载时间，并确保图像的所有实例以同样大小显示，请使用图像编辑程序来缩放图像。

（3）【重设图像大小】按钮：当在编辑窗口中调整图像大小后，在【宽】和【高】文本框右侧显示一个【重设图像大小】按钮，单击该按钮可以恢复图像原始大小。

（4）【源文件】文本框：指定图像的源文件。在文本框中直接输入文件的路径，或者单击【选择文件】图标，在打开的【选择图像源文件】对话框中找到想要的源文件。

（5）【链接】文本框：为图像指定超链接。拖住【指向文件】图标到文件浮动面板站点内的一个文件上面，或者单击【选择文件】图标，在当前站点中浏览并选择一个文档，也可以在文本框中直接输入 URL，都可以为图像创建超链接。

（6）【替代】下拉文本框：指定在图像位置上显示的可选文字。当浏览器无法显示图像时显示这些文字，同时当鼠标移动到图像上面时，也会显示这些文字。

（7）【类】下拉列表：设置图像的 CSS 类样式。

（8）【编辑】按钮：单击该按钮启动外部编辑器打开选定的图像。在【首选参数】对话框中可以指定外部图像编辑器，也可以单击【图像编辑设置】按钮，打开【图像预览】对话框，如图 5.14 所示，在这里可以快速编辑图像、优化图像、转换图像格式等基本操作。该功能适合没有安装外部图像编辑的用户使用。

图 5.14 图像快速编辑

(9)【优化】按钮：单击该按钮可打开【图像预览】对话框优化图像。

(10)【裁剪】按钮：单击该按钮可修剪图像的大小，从所选图像中删除不需要的区域。

(11)【重新取样】按钮：重新取样已调整大小的图像，提高图片在新的大小和形状下的品质。

(12)【亮度和对比度】按钮：单击该按钮可打开【亮度/对比度】对话框调整图像的亮度和对比度。

(13)【锐化】按钮：单击该按钮可打开【锐化】对话框调整图像的清晰度。

(14)【地图】文本框和【热点工具】按钮：用来标注和创建客户端图像地图。

(15)【垂直边距】和【水平边距】文本框：可以设置沿图像的边缘添加边距（以像素为单位）。垂直边距沿图像的顶部和底部添加边距，水平边距沿图像左侧和右侧添加边距。

(16)【目标】下拉列表：指定链接页面应该载入的目标框架或窗口。如果图像上没有链接则本选项无效。当前文档内的所有框架名都显示在列表中供选择，也可以选择保留目标名：_blank、_parent、_self 和_top。如果当前文档在浏览器中打开时指定的框架不存在，则链接页面被载入新窗口中。

(17)【原图】文本框：指定在载入主图像之前应该载入的图像。许多设计人员使用主图像的 2 位（黑和白）版本，因为它可以迅速载入并使访问者对他们等待看到的内容有所了解。

(18)【边框】文本框：设置图像边框的宽度。以像素为单位，默认为无边框。

(19)【对齐】下拉列表：对齐同一行上的图像和文本。

Dreamweaver CS4

5.4 编辑网页图像

Dreamweaver CS4 虽然不是专业的图像编辑工具，但是它也提供了图像大小调整、图像裁切、图像色彩调整以及图像对齐等基本操作，利用现有的图像编辑功能，用户可以轻松完成一些常用图像的编辑工作，同时还可以无缝切换到 Photoshop 和 Fireworks 等专业图像编辑器中。

5.4.1 调整图像大小

在 Dreamweaver CS4 编辑窗口中，能够可视化拖动来调整图像大小，也可以在图像属性面板的【宽】和【高】文本框中精确调整图像大小。可视化调整图像最小可达 6×6 像素。要将对象的高度和宽度调整到更小（如 1×1 像素），只能使用【宽】和【高】文本框。如果在调整大小后不满意，单击属性面板中【重设图像大小】按钮，或者单击【宽】和【高】文字标签，可以分别恢复图像的宽度值和高度值。

可视化调整图像大小时，在编辑窗口中选择要调整的图像。在图像的底边、右边以及右下角出现调整手柄。如果没有出现调整手柄，可重新选取它，或者单击【标签选择器】中的图像标记<img>，选定该元素，如图 5.15 所示。

图 5.15 可视化调整图像大小

如果调整元素大小，可执行如下任一操作：

1 2 3 4 5 6 7 8 9 10 11 12 13 14 15 16 17 18

（1）拖动右边的手柄，调整元素的宽度。

（2）拖动底边的手柄，调整元素的高度。

（3）拖动右下角的手柄，可同时调整元素的宽度和高度。如果按住 Shift 键拖动右下角的手柄，可保持元素的宽高比不变。

5.4.2 重新优化图像

在 Dreamweaver 中重新调整图像的大小时，可以对图像进行重新取样，以便根据新尺寸来优化图像品质。重新取样图像时，会在图像中添加或删除像素，以使其变大或变小。重新取样图像以取得更高的分辨率而不会导致品质下降，但重新取样以取得较低的分辨率总会导致数据丢失，降低图像的品质。

单击图像属性面板中的【重新取样】按钮可以添加或减少已调整大小的 JPEG 和 GIF 图像文件中的像素，并与原始图像的外观尽可能地匹配。对图像进行重新取样会减小图像文件的大小，但可以提高图像的下载性能。

5.4.3 裁剪图像的显示区域

单击图像属性面板中的【裁剪】按钮可以减小图像区域。通过裁剪图像以强调图像的主题，并删除图像中的多余部分。裁剪图像的具体操作步骤如下：

步骤1 选中要裁切的图像，单击图像属性面板中的【裁剪】按钮，弹出一个对话框，如图 5.16 所示。

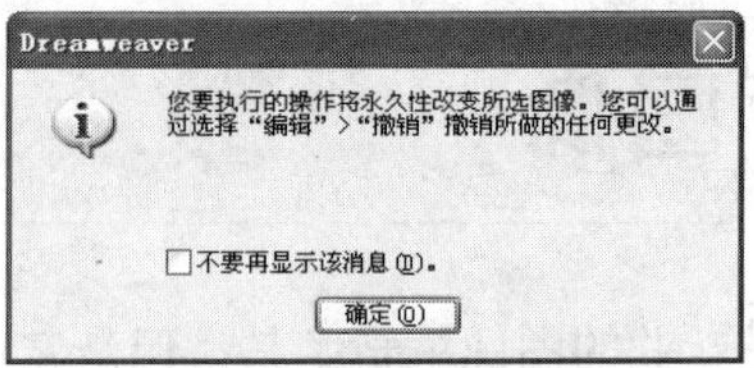

图 5.16　提示对话框

步骤2 单击【确定】按钮，在所选图像周围出现裁切控制点，如图 5.17 所示。

步骤3 拖曳控制点可以调整裁切大小，直到满意为止，如图 5.18 所示。

图 5.17　裁切图像区域

图 5.18　调整裁切区域

步骤 4 在边界框内部或者直接按回车键就可以裁切所选区域。所选区域以外的所有像素都被删除，但将保留图像中其他对象，如图 5.19 所示。

图 5.19 裁切效果图

5.4.4 调整图像的亮度和对比度

单击图像属性面板中的【亮度和对比度】按钮，可修改图像中像素的亮度或对比度。利用该按钮可调整图像的高亮显示、阴影和中间色调，修正过暗或过亮的图像。调整图像亮度和对比度具体操作步骤如下：

步骤 1 选中要调整亮度和对比度的图像，单击【亮度和对比度】按钮，会弹出如图 5.20 所示的提示对话框。

步骤 2 单击【确定】按钮，打开【亮度/对比度】对话框，如图 5.20 所示。

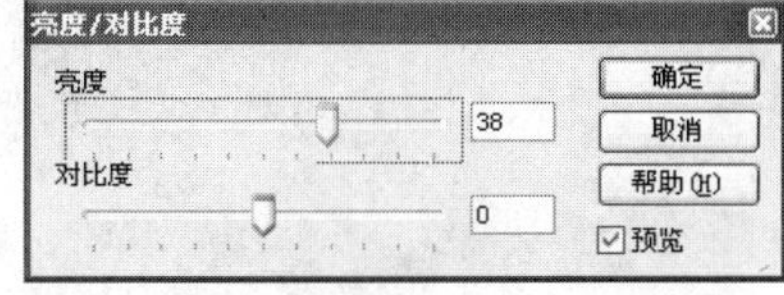

图 5.20 【亮度/对比度】对话框

步骤 3 拖动亮度和对比度的滑动块进行调整设置，取值范围是−100～100。

步骤 4 单击【确定】按钮即可，如图 5.21 所示。

(a) 调整前

(b) 调整后（亮度=38，对比度=0）

图 5.21 亮度和对比度调整前后对比效果

5.4.5 锐化图像

锐化的原理就是通过增加图像边缘的对比度来调整图像的焦点。一般扫描的图像或数码照片边缘都比较柔化模糊，为了防止特别精细的细节丢失，必须进行适当的锐化，从而提高边缘的对比度，使图像更清晰。锐化图像的操作步骤如下：

步骤1 选中要锐化的图像，单击图像属性面板中的【锐化】按钮 可锐化图像，弹出提示对话框。

步骤2 单击【确定】按钮，打开【锐化】对话框，如图 5.22 所示。

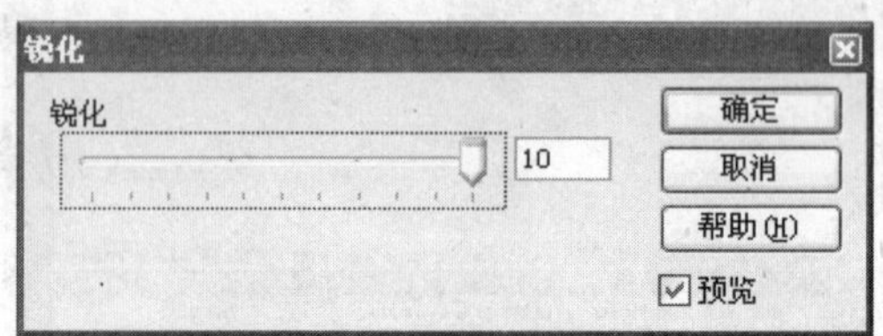

图 5.22 【锐化】对话框

步骤3 拖动锐化滑动块进行调整设置。取值范围是 1～10。选中【预览】复选框，在调整图像时，可以预览对图像所做的更改。

步骤4 单击【确定】按钮即可，如图 5.23 所示。

(a) 调整前

(b) 调整后（锐化=10）

图 5.23 锐化前后对比效果

Dreamweaver CS4

5.5 使用外部图像编辑器

使用外部图像编辑器可以编辑 Dreamweaver CS4 编辑窗口中的图像。这样可以充分利用外部各种编辑软件来扩展 Dreamweaver CS4 的功能，为用户提供更为强大和方便的操作。在外部图像编辑器中编辑图像后，Dreamweaver 编辑窗口中的图像也会被编辑。

5.5.1 设置外部图像编辑器

选择【编辑】|【首选参数】命令，打开【首选参数】对话框中，单击左侧【分类】列表中的【文件类型/编辑器】选项，右侧显示该分类中可设置的选项，如图 5.24 所示。

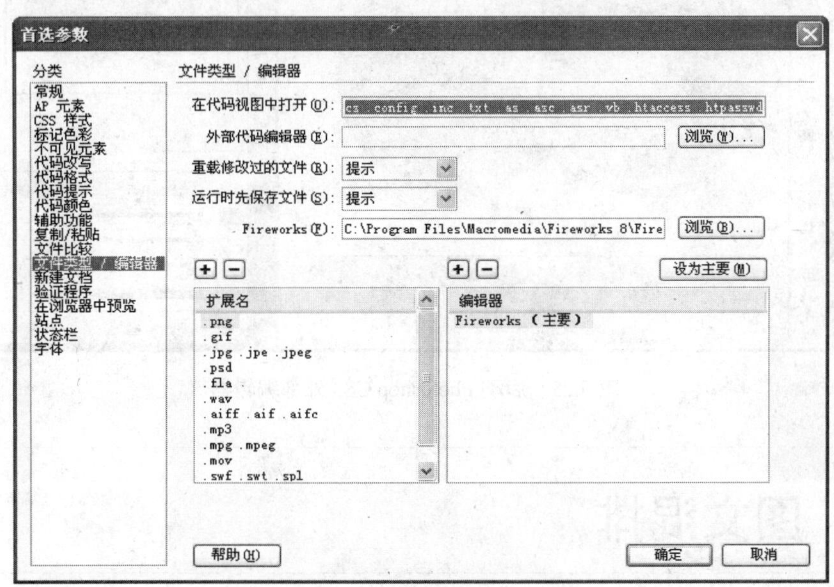

图 5.24 【首选参数】对话框

在该对话框中可以根据个人使用习惯，为不同类型的图像设置不同的外部图像编辑器。例如，在编辑.PNG 图像时使用 Fireworks，编辑 JPG 文件时使用 Photoshop 等。设置外部图像编辑器的步骤如下：

步骤 1 在对话框右下方的【扩展名】列表中选择需要设置其外部编辑器的文件扩展名。

步骤 2 在【编辑器】列表中，单击 + 按钮，打开【选择外部编辑器】对话框，选择作为编辑器的应用程序，然后单击【打开】按钮，将其添加到【编辑器】列表中。

步骤 3 选中【编辑器】列表中的编辑器名称，然后单击【设为主要】按钮，将该编器设置为主编辑器。同样也可以为其他扩展名的图像文件设置更多的编辑器。

步骤 4 在【扩展名】列表中要添加列表中没有的文件类型，可单击上面的 + 按钮，然后在【扩展名】列表中输入该类文件的扩展名。当然通过单击 − 按钮删除不用的扩展名和编辑器应用程序。

步骤 5 最后，单击【确定】按钮即可完成外部图像编辑器的设置。

5.5.2 使用外部图像编辑器

设置完外部图像编辑器，选中一幅图像，然后单击图像属性面板中的【编辑】按钮 Ps，可启动外部图像编辑器编辑图像了，如图 5.25 所示，启动了 Photoshop CS3。

编辑完成后，关闭 Photoshop CS3 窗口，在 Dreamweaver CS3 编辑窗口中立即显示被编辑的结果。右键单击图像窗口，在打开的快捷菜单中可以选择没有指定的外部编辑器编辑，如果指定的外部编辑器编辑不存在则会打开默认编辑器类型。

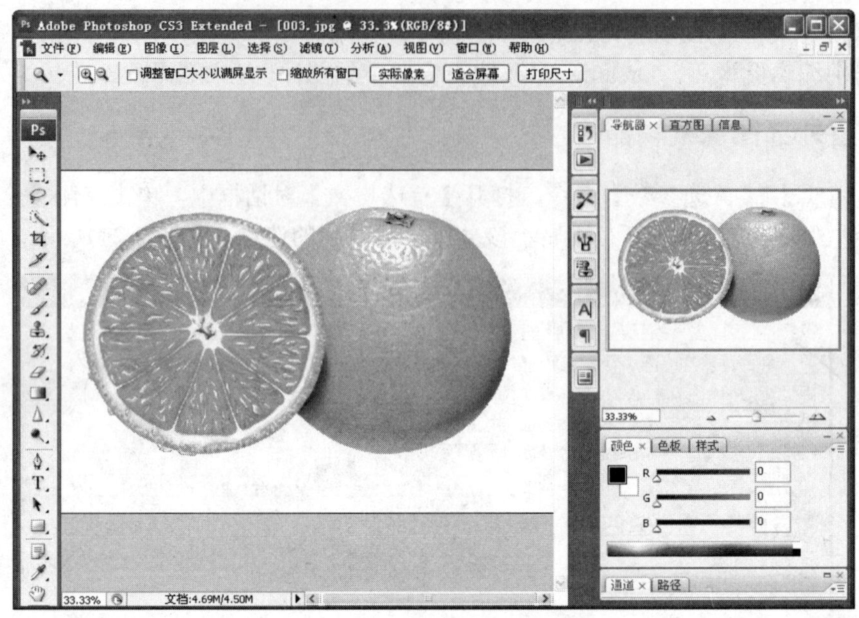

图 5.25 启动 Photoshop CS3 外部编辑器

Dreamweaver CS4

5.6 图文混排

图文混排就是通过将适当的图像与文字有效的排列组合在一起，以丰富版面内容，提高网页的审美性。Dreamweaver CS4 提供了强大的图文混排功能，为网页设计注入活力。在标准网页中一般设计师都使用 CSS 技术来实现图文混排，现在我们先用可视化工具来实现常见的图文混排样式，在后面章节中我们将详细介绍 CSS 设计图文混排的方法。

5.6.1 图文对齐

单击图像属性面板中的【对齐】下拉列表，弹出一个下拉列表，如图 5.26 所示，利用该列表可以实现图文多种对齐方式。下面将分别进行介绍。

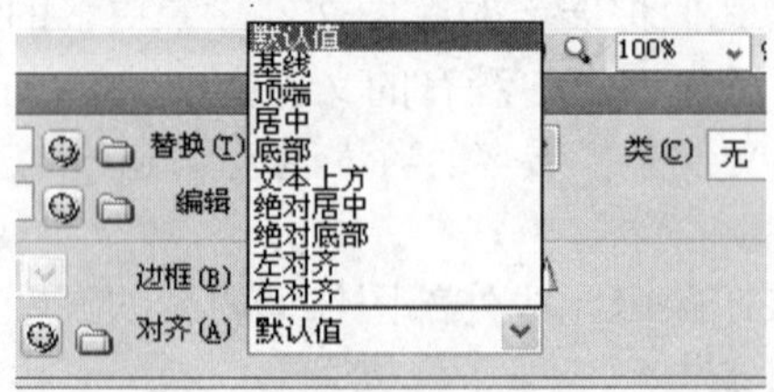

图 5.26 【对齐】下拉列表

这里的对齐和前边介绍的对齐不同，前面介绍的对齐都是针对窗口或容器的水平对齐，而这里的对齐是图像和文字在垂直方向上的对齐方式，共有 10 种对齐方式。

（1）【默认值】：一般指基线对齐，即文本行沿图片底边排列，默认对齐方式可能会因浏览器不同而不同，如图 5.27 所示。

（2）【基线】：将文本行的基线（或其他元素）与选定对象（这里指图像）底部对齐，其效果和【默认值】基本相似。

（3）【顶端】：将文本行中最高字符的上部与选定对象的上部对齐，如图 5.28 所示。

图 5.27 【默认值】对齐方式

图 5.28 【顶端】对齐方式

（4）【居中】：将文本行的基线与选定对象的中部对齐，如图 5.29 所示。

（5）【底部】：将文本行的基线与选定对象的底部对齐，其效果和【默认值】相似。

（6）【文本上方】：将选定对象的顶端与文本行中最高字符的顶端对齐，其效果和【顶端】相似。

（7）【绝对居中】：将选定对象的中部与文本行的中部对齐，与【居中】的效果有点类似。

（8）【绝对底部】：将文本的绝对底部（包括下行字母，如字母“g”）与选定对象的底部对齐。

（9）【左对齐】：将选定对象置于左边缘，其旁边的文本绕排到右边。如果一行中左对齐文本先于选定对象，则左对齐文本通常会迫使左对齐对象绕排到新的行中，如图 5.30 所示。

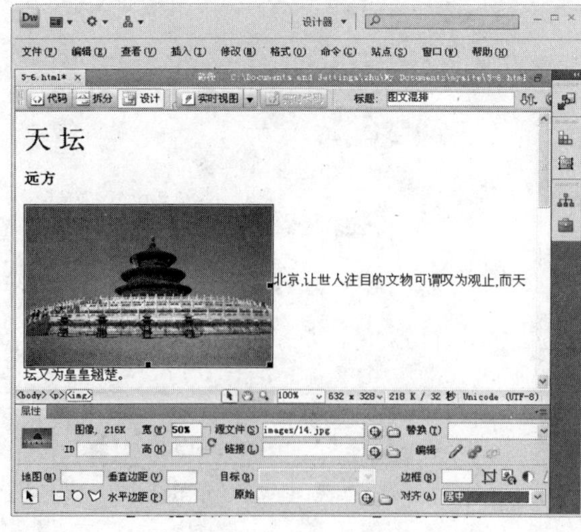

图 5.29 【居中】对齐方式

图 5.30 【左对齐】方式

（10）【右对齐】：将选定对象置于右边缘，其旁边的文本绕排到左边。如果一行中右对齐文本先于选定对象，则右对齐文本通常会迫使右对齐对象绕排到新的行中。

5.6.2 设置图文间距

图文混排时，还可以利用控制图像和文本的间距。选中图像，在图像属性面板中的【垂直边距】和【水平边距】文本框中输入数字，其中【垂直边距】沿图像的顶部和底部添加边距，【水平边距】沿图像左侧和右侧添加边距，例如，分别在【垂直边距】和【水平边距】文本框中输入“60”，则效果如图 5.31 所示。

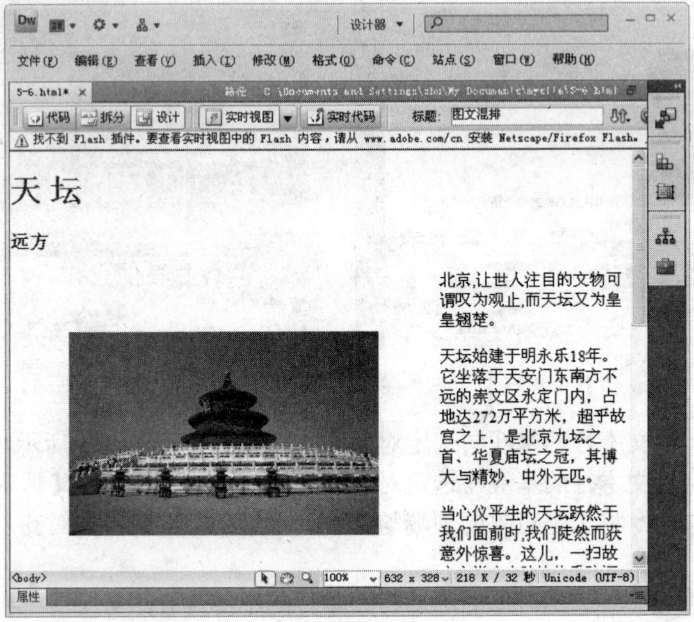

图 5.31 设置图文间距

第 6 章

设置超链接

内容介绍

超链接是互联网的桥梁，网站与网站之间、网页与网页之间都是通过超链接建立联系。如果没有超链接，那么整个互联网将成为无数个数字孤岛，失去应有的价值和活力。本章将详细讲解如何使用 Dreamweaver CS4 来设置各种类型的超链接，并利用这些超链接把整个网站融合在一起，形成一个统一的有机体。

学习重点

- 超链接基础
- 设置超链接的基本方法
- 操作不同类型的超链接
- 图像地图

Dreamweaver CS4

6.1 超链接基础

超链接（Hyperlink），也称为网页链接，你可以把它看作是文件指针，利用相关联文件的路径，以指向本地、网络驱动器或互联网上存储的文件，并可跳转到相应的文件，也可以在超链接中指定跳转到文件中的一个具体位置。

超链接与路径紧密相连，很多用户设置超链接时，在本地能够正确执行，但是上传到远程服务器上就无法正常使用了，出现这种情况的根本原因就是由于在设置超链接时使用错误的路径所造成的。

6.1.1 认识 URL

URL（Uniform Resource Locator，统一资源定位器）是对文件名的扩展，主要用于指定网上资源的位置和方式。在本地计算机中，定位一个文件需要路径和文件名，对于遍布全球的互联网，显然还需要知道文件存放在哪个网络的哪台主机中才行。

在本地计算机中，所有的文件都由统一的操作系统管理，因而不必给出访问该文件的方法，但在互联网上，各个网络、各台主机的操作系统可能不一样，因此必须指定访问该文件的方法，这个方法就是使用 URL 定位技术。一个 URL 一般由下列 3 部分组成：

（1）第 1 部分：协议（或服务方式）。

（2）第 2 部分：存有该资源的主机 IP 地址（有时也包括端口号）。

（3）第 3 部分：主机资源的具体地址，如目录和文件名等。

例如，protocol://machinename[:port]/directory/filename，其中 protocol 是访问该资源所采用的协议，即访问该资源的方法，它可以是：

（1）http:// 超文本传输协议，表示该资源是 HTML 文件。

（2）ftp:// 文件传输协议，表示用 FTP 传输方式访问该资源。

（3）gopher:// 表示该资源是 Gopher 文件。

（4）news: 表示该资源是网络新闻（不需要两条斜杠）。

（5）mailto: 表示该资源是电子邮件（不需要两条斜杠）。

（6）telnet: 使用 Telnet 协议的互动会话（不需要两条斜杠）。

（7）file:// 表示本地文件。

Machinename 表示存放该资源的主机的 IP 地址，通常以字符形式出现，例如，www.china.com.port。其中 port 是服务器在该主机所使用的端口号，一般情况下不需要指定，只有当服务器所使用的不是默认的端口号时才指定。directory 和 filename 是该资源的路径和文件名。一个典型的 URL 为：http://news.sohu.com/s2005/hujintaochufang.shtml。它表示搜狐 www 服务器上的起始 shtml 文件（文件具体存放的路径及文件名取决于该 www 服务器的配置情况）。

6.1.2 绝对路径

要正确设置超链接，必须先了解网页之间的路径。路径包括 3 种基本类型：绝对路径、相对路径和根路径。下面就来详细讲解，首先来看看绝对路径。

绝对路径就是被链接文件的完整 URL，包括所使用的传输协议（对于网页通常是 http://）。例如，http://news.sohu.com/main.html 就是一个绝对路径。在设置外部链接（从一个网站的网页链接到另一个网站的网页）必须使用绝对路径。这与本地计算机中绝对路径、相对路径概念类似。

6.1.3 相对路径

当设置网站内部链接（同一站点内一个文件与另一个文件之间的链接）时，一般可以不用指定被链接文件的完整 URL，而是指定一个相对于当前文件或站点根文件夹的相对路径。

相对路径是指以当前文件所在位置为起点到被链接文件经由的路径。例如，dreamweaver/main.html 就是一个文件相对路径。在把当前文件与处在同一文件夹中的另一文件链接，或者把同一网站下不同文件夹中的文件相互链接时，就可使用相对路径。

（1）若要把当前文件与同一文件夹中的另一文件链接，只要提供被链接文件的文件名即可，例如，filename。

（2）若要把当前文件与一个位于当前文件所在文件夹中的子文件夹里的文件链接，就需要提供子文件夹名、斜杠和文件名，例如，subfolder/ filename。

（3）若要把当前文件与一个位于当前文件所在文件夹的父文件夹里的文件链接，则要在文件名前加上.. / （..表示上一级文件夹），例如，../filename。

如果在没有保存的网页上插入图片或增加链接，Dreamweaver CS4 会暂时使用绝对路径。网页保存后，Dreamweaver CS4 会自动将绝对路径转化为相对路径。当使用相对路径时，如果在 Dreamweaver CS4 中改变了某个文件的存放位置，不需要手动修改链接路径，Dreamweaver CS4 会自动更新链接的路径。

6.1.4 根路径

根路径是指从站点根文件夹到被链接文件经由的路径。根路径由前斜杠开头，它代表站点根文件夹。例如，/news/beijing2006.html 就是站点根文件夹下的 news 子文件夹中的一个文件（beijing2006.html）的根相对路径。在网站内链接文件时一般使用根路径的方法，因为在移动一个包含根相对链接的文件时，无需对原有的链接进行修改。

但是这样使用对于初学者来说是具有风险性的，因为要知道这里所指的根文件夹并不是你的网站的根文件夹，而是你的网站所在的服务器的根文件夹，因此当网站的根文件夹与服务器根文件夹不同时，就会发生错误。

根路径只能由服务器来解释，当客户在客户端打开一个带有根路径的网页，上面的所有链接都将是无效的，如果在 Dreamweaver CS4 中预览，Dreamweaver CS4 会将预览网页的路径暂时转换为绝对路径形式，可以访问链接的网页，但这些网页的链接将是无效的。

6.1.5 设置超链接应注意的问题

互联网上的每个网页都被超链接技术互相链接在一起，单击包含超链接的文本或图像就可以跳转到其他页面（该页面可以是站内，或站外页面）。在默认状态下，超链接文本一般带有下划线并显示为蓝色，而超链接图像也会带有蓝色线框。

在实际网页制作中，如何设计网页超链接，采用什么样的链接结构会直接影响网页布局和网站运行效率。例如，导航条的结构、导航条的布局、网页链接层次、链接的效果和形式等。设置超链接的形式多种多样，方法也比较灵活，但下面问题需要注意：

（1）链接层次不要太深，最多不要超过 3 层。在完善网页结构时，除了特殊情况，如转链接、分项链接或链接内容的细化。一般较合理的设计是 3 层，即导航链接→列表链接→链接内容。

（2）完善链接，避免出现单向链接。每设计一个链接时，都要考虑如何让用户能够快速返回，避免出现迷路现象。对于详细内容页面不希望返回时，应设计在新窗口中被打开，这样保证用户关闭该浏览器窗口后，还可以找到原来的网页位置，并能够快速返回首页或频道页。

（3）避免出现孤文件。在网站设计时，要思路清晰、考虑完善，避免出现孤文件（孤文件就是没有被任何页面链接的网页），这些文件用户一般很难找到，同时对于网站维护也构成潜在影响。

（4）页面链接不要太多。过多链接可能会影响页面浏览，使文件过大而影响下载速度等不利因素。对于过多的链接可以使用下拉表单或动态菜单等方式间接实现。

（5）页面不要太长。一般网页页面长度不要超过 3 个屏幕，如果页面较长可以通过定义锚点，让用户能方便、快速地找到页面内具体信息。

Dreamweaver 6.2 设置超链接的基本方法 CS4

使用 Dreamweaver CS4 设置超链接非常方便快捷，只要选中要设置成链接的文字或图像，然后在属性面板的【链接】文本框中输入相应的 URL 路径即可。当然 Dreamweaver CS4 还提供了更多方法，具体说明如下。

6.2.1 使用属性面板设置超链接

使用属性面板设置超链接的方法如下：

步骤1 选择编辑窗口中的文本或图像。

步骤2 选择【窗口】|【属性】命令，打开属性面板，然后执行如下任一操作：

（1）单击【链接】文本框右边的【选择文件】图标按钮，在打开的【选择文件】对话框中浏览并选择一个文件，如图 6.1 所示。在 URL 文本框中显示被链接文件的路径，在【相对于】下拉列表中可以选择【文件】选项（设置相对路径）或【站点根目录】选项（设置根路径），然后单击【确定】按钮。

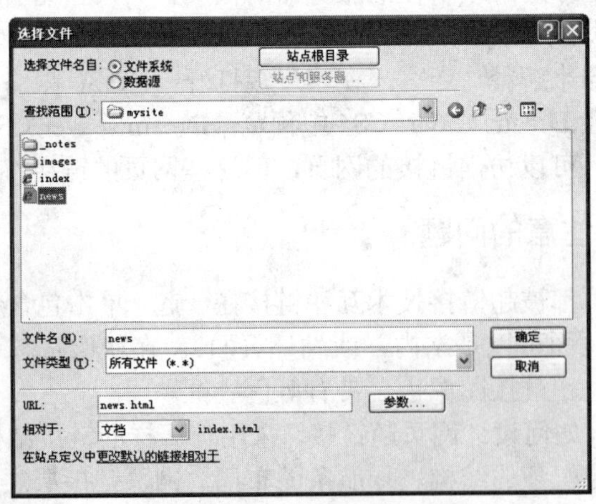

图 6.1 【选择文件】对话框

当设置【相对于】下拉列表中的选项后，Dreamweaver CS4 把该选项设置为以后设置超链接的默认路径类型，直至改变该项选择为止。

（2）在属性面板的【链接】文本框中，输入要链接文件的路径和文件名，如图 6.2 所示。

图 6.2　在属性面板中设置超链接

步骤3 选择被链接文件的载入目标。在默认情况下，被链接文件打开在当前窗口或框架中。要使被链接的文件显示在其他地方，需要从属性面板的【目标】下拉列表中选择一个选项，如图 6.3 所示。

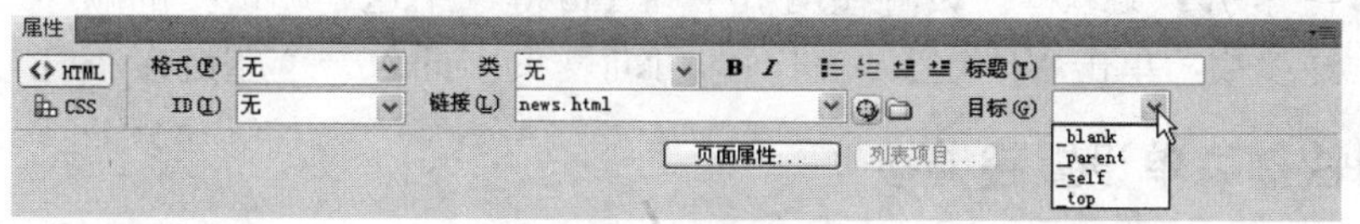

图 6.3　设置超链接的目标

（1）_blank：将被链接文件载入到新的未命名浏览器窗口中。

（2）_parent：将被链接文件载入到父框架集或包含该链接的框架窗口中。

（3）_self：将被链接文件载入到与该链接相同的框架或窗口中。

（4）_top：将被链接文件载入到整个浏览器窗口并删除所有框架。

6.2.2　使用指向文件图标设置超链接

在属性面板中拖动【链接】文本框右边的【指向文件】图标可以快速设置超链接。拖动鼠标时会出现一条带箭头的细线，指示要拖动的位置，指向文件后只需释放鼠标，即会自动生成链接。使用【指向文件】图标可以方便快捷地创建指向站点文件面板中的一个文件或者图像文件，如图 6.4 所示。

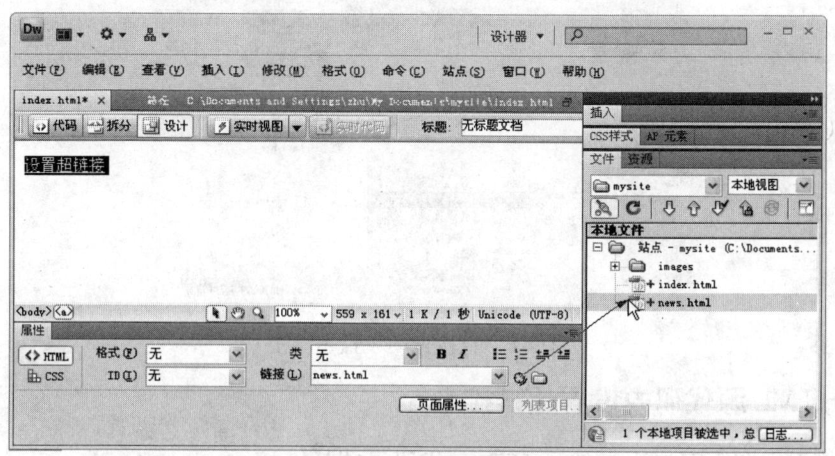

图 6.4　拖动【指向文件】图标创建文件链接

6.2.3　使用【超级链接】对话框设置超链接

选择要设置超链接的文本和图像，然后选择【插入】|【超级链接】命令，打开【超级链接】对话框，如图 6.5 所示。或者单击【插入】面板中【常用】选项下的【超级链接】选项，也会

打开【超级链接】对话框。

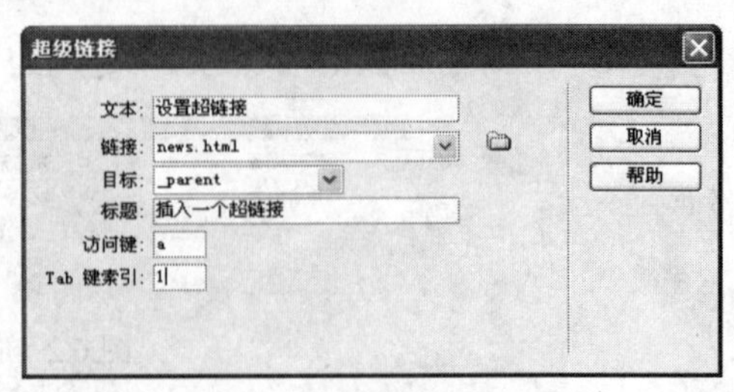

图 6.5　设置【超级链接】对话框

（1）【文本】文本框：设置超链接显示的文本。

（2）【链接】文本框：设置超链接链接到的路径，最好输入相对路径而不是绝对路径。

（3）【目标】下拉列表：设置超链接的打开方式，包括 4 个选项，可参见本章第 6.2.1 小节的介绍。

（4）【标题】文本框：设置超链接的标题。

（5）【访问键】文本框：设置键盘快捷键，单击键盘上的快捷键将选中这个超链接。

（6）【Tab 键索引】文本框：设置在网页中用 Tab 键选中这个超链接的顺序。

（7）设置好参数，单击【确定】按钮，即可向网页中插入一个超链接。

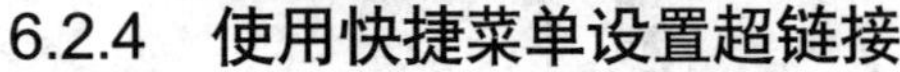

6.2.4　使用快捷菜单设置超链接

在编辑窗口中，选择要设置超链接的文本或图像，然后单击右键，在打开的快捷菜单中选择【创建链接】命令，也会打开【选择文件】对话框，即可设置超链接。

选择设置超链接的文本或图像后，选择【修改】|【创建链接】命令，同样可以打开【选择文件】对话框进行设置（快捷键为 Ctrl+L）。

6.2.5　直接拖动设置超链接

在编辑窗口中，选择要设置超链接的文本，按住 Shift 键，在选定的文本上拖动鼠标指针，要注意在拖动时会出现指向文件图标。拖动鼠标到文件中的锚点或者【文件】面板中另一个文件，最后释放鼠标即可，如图 6.6 所示。

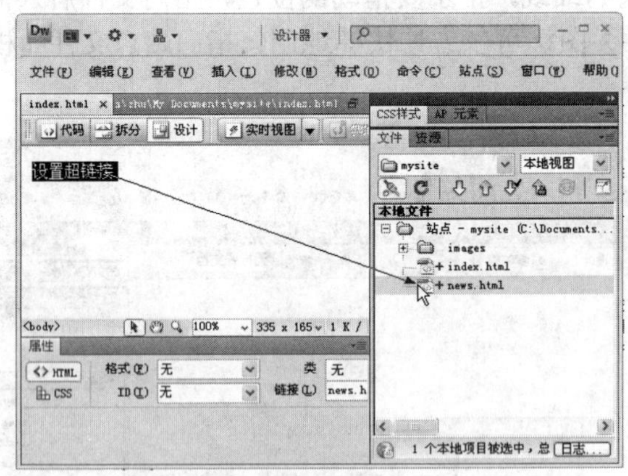

图 6.6　直接拖动设置超链接

6.2.6　在 HTML 源代码中设置超链接

在【代码】视图下可以直接输入 HTML 代码设置超链接。

1．文本链接

主要使用<a>标记，结合 href 属性创建文本链接，例如：

```
<a href="http://www.sohu.com/" target="_blank">文本链接</a>
```

其中，href 属性用来设置目标文件的地址，target 属性相当于 Dreamweaver 属性面板中的【目标】选项设置，当属性值等于_blank，表示在新窗口中打开。除此之外还包括其他 3 种：_parent、 _self 和_top。

2．图像链接

图像链接与文本链接基本相同，都是用<a>标记实现，唯一的差别就在于<a>属性设置。例如：

```
<a href="http://www.sohu.com/" target="_blank">
<img src="icon.gif" alt="图像链接" width="40" height="48" border="1" />
</a>
```

从实例代码中可以看出，图像链接在<a>标记中多了<img>标记，该标记设置链接图像的属性，具体介绍可参见第 5.2 节插入图像。

Dreamweaver CS4

6.3 操作不同类型的超链接

超链接存在有多种类型，这主要根据链接的对象和位置来划分的，具体介绍如下。

6.3.1 锚点链接

锚点链接是指链接到同一页面中的不同位置的链接。例如，在一个很长的页面，在页面的底部设置一个锚点，单击后可以跳转到页面顶部，这样避免了上下滚动的麻烦。另外，在页面内容的标题上设置锚点，然后在页面顶部设置锚点的链接，这样就可以通过链接快速地浏览具体内容。

要创建锚点链接，首先要创建用于链接的锚点。创建锚点的步骤如下：

步骤 1 在编辑窗口中，把光标设置在要创建锚点的位置，或者选中要链接到锚点的文字、图像等对象。

步骤 2 选择【插入】|【命名锚记】命令，或者单击【插入】面板【常用】选项卡下的【命名锚记】选项，打开【命名锚记】对话框，如图 6.7 所示。

步骤 3 在【命名锚记】对话框中输入锚点名称，该名称相当于一个 ID 编号，以便超链接引用。给锚点命名时不要含有空格，同时不要置于 AP 元素内。

步骤 4 最后，单击【确定】按钮即可，则在选中对象或者光标位置插入一个锚点符号，如图 6.8 所示。如果创建锚点后，看不见锚点标记，可选择【编辑】|【首选参数】命令，打开【首选参数】对话框，在【不可见元素】分类选项中选择【命名锚记】复选框。同时要确定【查看】|【可视化助理】|【不可见元素】菜单项是否被勾选。

图 6.7 【命名锚记】对话框

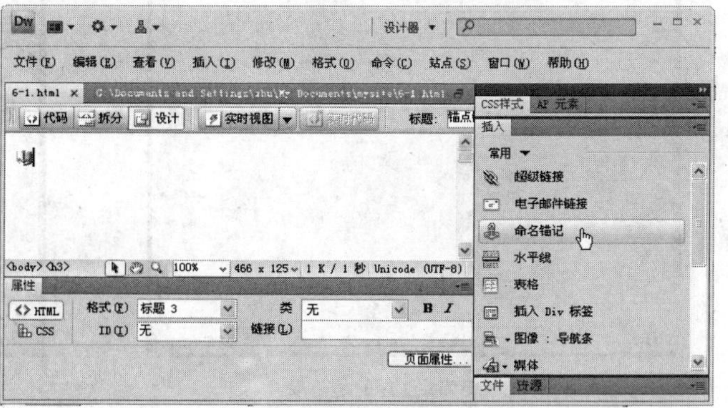

图 6.8 定义锚点标记

步骤5 创建锚点后，选择锚点标记，在属性面板中可以重新设置锚点的名称和类，如图 6.11 所示。

定义锚点标记之后，你就可以设置指向该位置点的锚点链接了。这样当单击超链接时，浏览器会自动定位到页面中锚点指定的位置，这对于一个页面包含很多屏时，特别有用。链接锚点的步骤如下：

步骤1 在编辑窗口中选中或插入并选中要链接到锚点的文字、图像等对象。

步骤2 在属性面板的【链接】文本框中输入“#+锚点名称”，如输入“#top”，如图 6.9 所示。如果要链接到同一文件夹内其他文件中，如 test.html，则输入“test.html#a”，可以使用绝对路径，也可以使用相对路径。要注意锚点名称是区分大小写的。

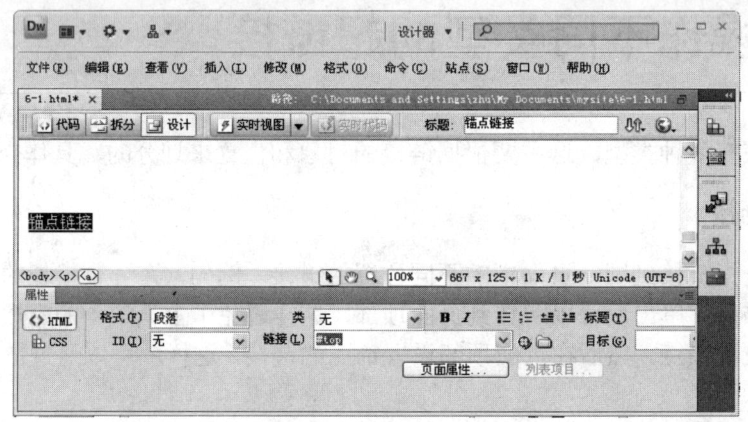

图 6.9　设置锚点链接

步骤3 保存网页，按 F12 键可以预览效果，如果单击超链接，则页面会自动跳转到顶部，如图 6.10 所示。在 HTML 中可以使用<a>标记定义锚点并设置锚点类型的超链接，代码如下：

```
<h1>定义锚点并设置锚点链接<a name="top" id="top"></a></h1>
...
<p><a href="#top">锚点链接</a></p>
```

其中第一行代码表示创建一个锚点，最后一行代码表示链接到锚点。

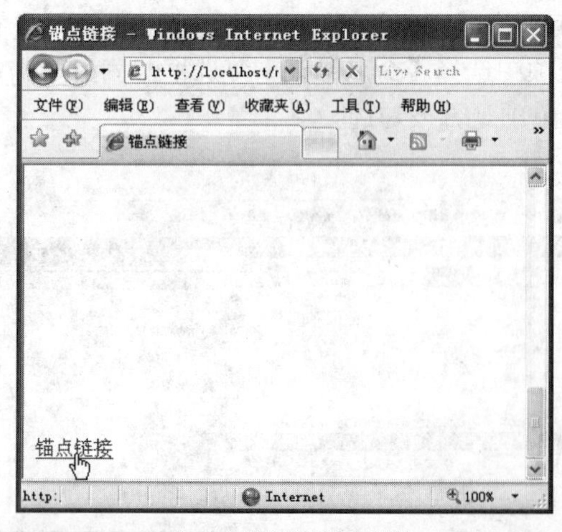

（a）单击锚点类型的超链接

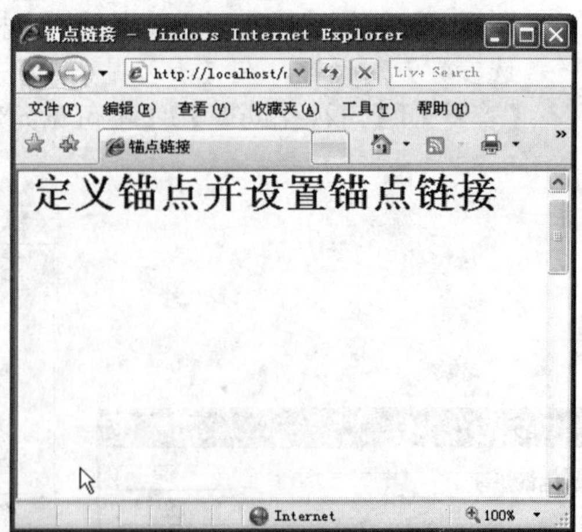

（b）跳转到锚点指向的位置

图 6.10　锚点链接应用效果

6.3.2　E-mail 链接

E-mail 就是邮箱地址的英文简称，设置超链接地址为邮箱地址即为 E-mail 链接。通过 E-mail 链接可以为用户提供方便的反馈与交流机会。当浏览者单击邮件链接时，会自动打开客户端浏览器默认的电子邮件处理程序（如 Outlook Express，当然在使用该软件前应该设置好邮件账户），收件人邮件地址被电子邮件链接中指定的地址自动更新，浏览者不用手工输入。

使用插入电子邮件链接创建 E-mail 链接的步骤如下：

步骤 1　将光标置于编辑窗口中希望显示电子邮件链接的地方。

步骤 2　选择【插入】|【电子邮件链接】命令，或者在【插入】面板【常用】选项卡中单击【电子邮件链接】选项。

步骤 3　在打开的【电子邮件链接】对话框的【文本】文本框中输入或编辑作为电子邮件链接显示在文件中的文本，中英文均可。在 E-mail 文本框中输入邮件应该送达的 E-mail 地址，如图 6.11 所示。

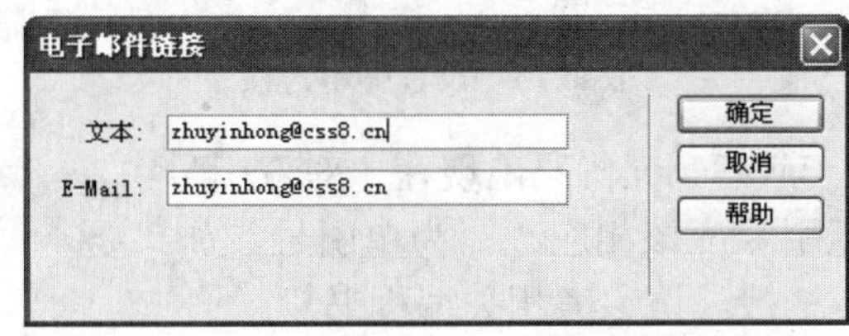

图 6.11　设置【电子邮件链接】对话框

步骤 4　单击【确定】按钮即可，则就会插入一个超链接地址，如图 6.12 所示。单击 E-mail 链接的文字，即可打开系统默认的电子邮件处理程序，如 Outlook Express，如图 6.13 所示。

图 6.12　电子邮件链接效果图

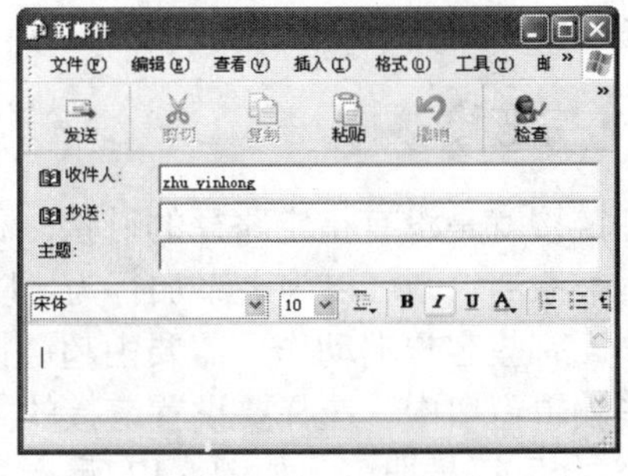

图 6.13　自动打开【新邮件】对话框

实际上，你也可以在属性面板中直接设置 E-mail 链接。选中文本或其他对象，在属性面板的【链接】文本框中输入“mailto:+电子邮件地址”，如图 6.14 所示。

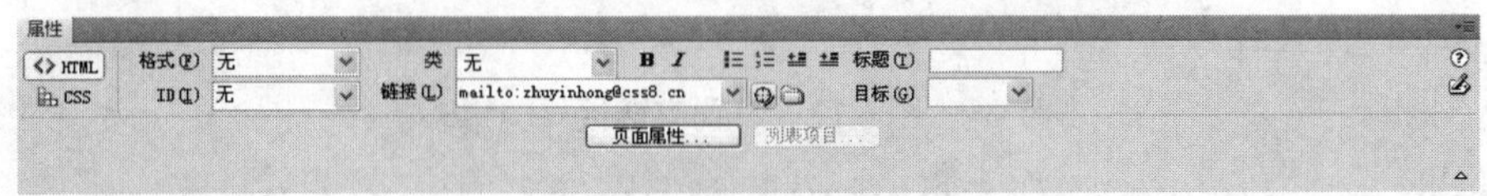

图 6.14　在面板中直接设置 E-Mail 链接

你也可以在属性面板的【链接】文本框中输入“mailto:+电子邮件地址+?+subject=+邮件主题”，这样就可以快速输入邮件主题，例如，mailto:zhuyinhong@63.net?subject=意见和建议。在 HTML 中可以使用<a>标记创建电子邮件链接，代码如下：

```
<a href="mailto:zhuyinhong@63.net?subject=意见和建议">zhuyinhong@63.net</a>
```

在该链接中多了mailto:字符，表示电子邮件，?subject 表示邮件主题，其他基本相同。

6.3.3 脚本链接

脚本链接是一种特殊类型的链接，通过单击带有脚本链接的文本或对象，可以执行脚本代码（如 JavaScript 或 VBScript 脚本代码等），利用这种特殊的方法可以实现各种特殊的功能，如使用脚本链接进行确认或验证表单等。设置脚本链接的步骤如下：

步骤 1 在编辑窗口中，选择要设置超链接的文本或其他对象。

步骤 2 在属性面板的【链接】文本框中输入“javascript”，接着输入相应的 JavaScript 代码或函数，如 javascript:alert("Hello World");，如图 6.15 所示。

图 6.15　设置脚本链接

步骤 3 在脚本链接中，由于 JavaScript 代码出现在一对双引号中，所以代码中原先的双引号应该相应改写为单引号。如果要创建更为复杂的脚本链接，请参考相关编程书籍。

步骤 4 按 F12 键浏览网页，单击脚本链接时，会弹出如图 6.16 所示的对话框。在 HTML 中可以使用<a>标记创建脚本链接，代码如下：

```
<a href="javascript:alert(&quot;Hello World&quot;);">脚本链接</a>
```

图 6.16　脚本链接演示效果

6.3.4 空链接

空链接就是没有指定路径的链接。利用空链接可以激活文档中链接文本或对象。一旦对象或文本被激活，则可以为之添加行为，以实现当鼠标移动到链接上时进行切换图像或显示分层等动作。有些客户端动作，需要由超链接来调用，这时就需要用到空链接。

在编辑窗口中，选择要设置链接的文本或其他对象，在属性面板的【链接】文本框中只输入一个“#”符号即可，如图 6.17 所示。

图 6.17　设置空链接

在 HTML 中可以使用<a>标记创建空链接，代码如下：

```
<a href="#">空链接</a>
```

6.3.5 下载链接

当被链接的文件不被浏览器解析时，如二进制文件、压缩文件等，便被浏览器直接下载到本地计算机中。定义下载链接的步骤如下：

步骤 1 首先使用压缩工具把准备下载的文件压缩打包。

步骤 2 在编辑窗口中，选择要设置超链接的文本或其他对象。在属性面板中，直接在【链接】文本框中输入文件名和后缀名，如 filename.rar，如图 6.18 所示，如果不在同一个文件夹还要指明路径。

步骤 3 保存网页，按下 F12 键预览，单击这个链接，则会打开【文件下载】对话框，如图 6.19 所示，单击【保存】按钮，打开【另存为】对话框，选择要保存的路径和文件名，单击【保存】按钮即可下载。在 HTML 中可以使用<a>标记创建文件下载链接，代码如下：

```
<a href="filename.rar">下载链接</a>
```

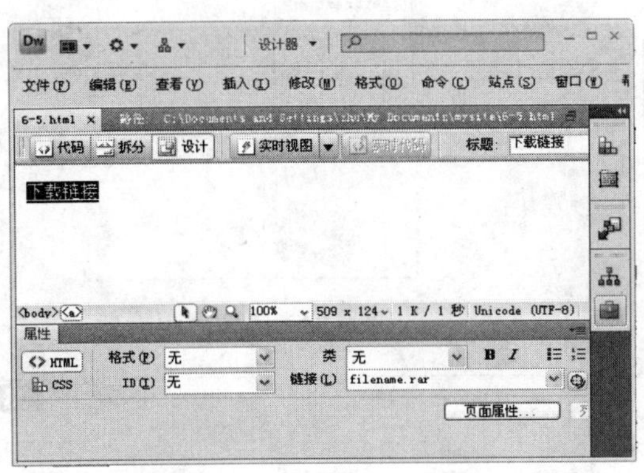

图 6.18　设置文件下载链接

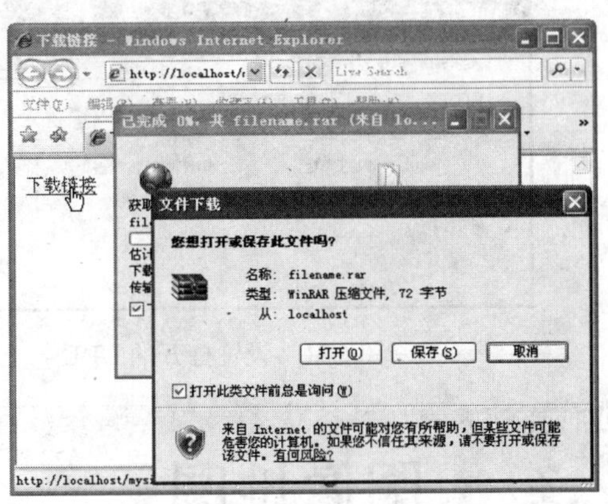

图 6.19　下载文件演示

6.3.6　双链接或多重链接

双链接就是在一个超链接中包含两个指定路径，同理多重链接是在一个超链接中包含多个指定路径。双链接和多重链接在某些时候有特殊的用处。双链接常用来实现链接时两个框架页面内的内容都改变，多重链接并不常用，它使一个链接元素链接多个文档。

设置双链接或多重链接的步骤如下：

步骤 1 在编辑窗口中选中要设置超链接的文本，在属性面板中的【链接】文本框中直接输入空链接符号“#”。

步骤 2 选择【窗口】|【行为】命令，打开【行为】面板。然后单击【行为】面板中的“+”按钮，在弹出的下拉菜单中选择【打开浏览器窗口】动作，如图 6.20 所示。

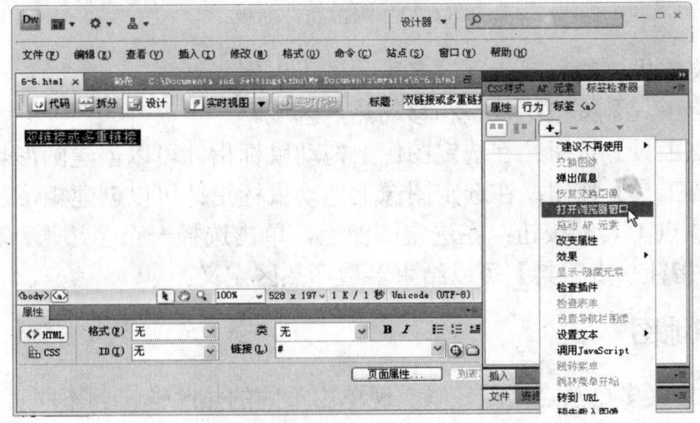

图 6.20　为超链接定义行为

步骤3 在打开的对话框的【要打开的 URL】文本框中输入一个有效的 URL，如图 6.21 所示。注意：在最后一定要设置增加的行为事件为 onclick，如图 6.22 所示。

步骤4 重复上面步骤，只需把【要打开的 URL】中的 URL 改为其它 URL，即可实现在一个对象上创建多个超链接。当用户单击这个链接时，会同时打开多个网页。

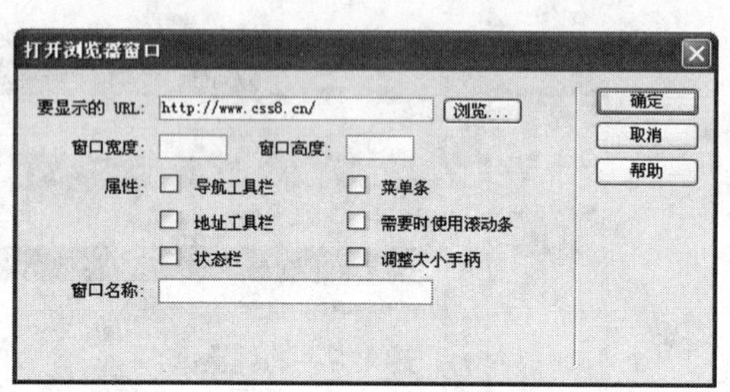

图 6.21　设置打开的 URL

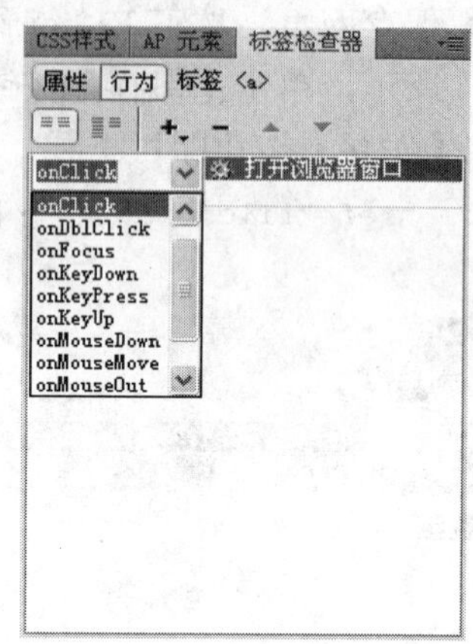

图 6.22　设置单击事件

Dreamweaver CS4

6.4 图像地图

图像地图也称为图像热点区域，即指定图像内部某个区域为热点，当单击该热点区域时，会触发超链接，并跳转到其他网页或网页的某个位置。图像地图是一种特殊的超链接形式，常用来在图像中设置局部区域导航。

选中一幅图像，在图像属性面板中用【指针热点工具】、【矩形热点工具】、【椭圆热点工具】和【多边形热点工具】可以调整和创建热点区域，如图 6.23 所示。

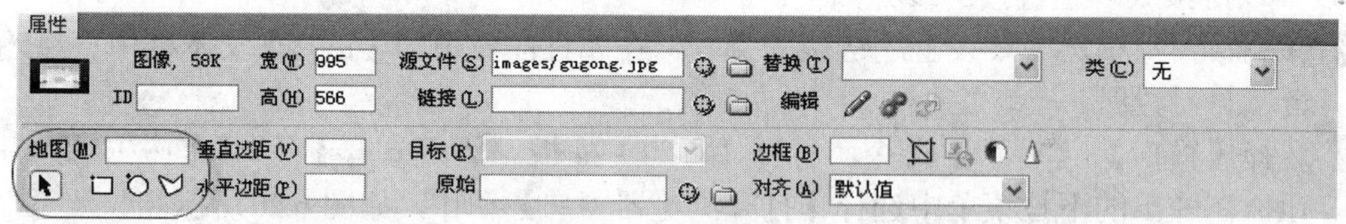

图 6.23　图像属性面板

（1）【地图】文本框：输入热点区域名称，便于引用。

（2）【指针热点工具】按钮：调整和移动热点区域。

（3）【椭圆热点工具】按钮：在选定图像上拖动鼠标指针可以创建圆形热区。

（4）【矩形热点工具】按钮：在选定图像上拖动鼠标指针可以创建矩形热区。

（5）【多边形热点工具】按钮：在选定图像上，单击选择一个多边形，定义一个不规则形状的热区。单击【指针热点工具】可以结束多边形热区定义。

6.4.1 定义图像地图

当在一幅图上定义多个热点区域，以实现单击不同的热区链接到不同页面，这时就可以使用图像地图。定义图像地图的一般步骤如下：

步骤 1 插入图像，然后选中图像，打开属性面板，并单击属性面板右下角的展开箭头▽，显示图像地图制作工具。

步骤 2 在属性面板的【地图】文本域中输入热点区域名称。如果一个网页的图像中有多个热点区域，必须为每个图像热点区域起一个唯一的名称。

步骤 3 然后选择一个工具，根据不同部位的形状可以选择不同的热区工具，这里选择【矩形热点工具】按钮，在选定的图像上拖动鼠标指针，便可创建出图像热区。

步骤 4 热点区域创建完成后，选中热区，属性面板变成如图 6.24 所示。

（1）【链接】文本框：可输入一个被链接的文件名或页面，单击【选择文件】按钮可选择一个文件名或页面。如果【链接】文本框输入“#”，表示空链接。

（2）【目标】文本框：要使被链接的文档显示在其他地方而不是在当前窗口或框架，可在【目标】下拉文本框中输入窗口名或从【目标】下拉列表中选择一个框架名。

（3）【替代】文本框：在该文本框中输入所定义热区的提示文字。在浏览器中，当鼠标移到该热点区域中将显示提示文字。可设置不同部位的热区显示不同的文本。

步骤 5 用矩形热点工具创建一个热区，在【替代】文本框中输入提示文字，并设置好链接和目标窗口，如图 6.24 所示。

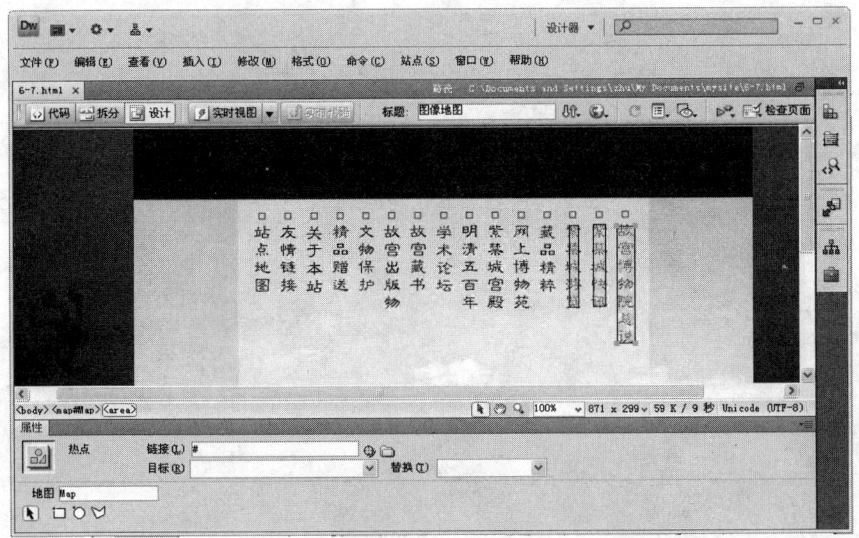

图 6.24 热点属性面板

步骤 6 以相同的方法分别为各个部位创建热区，并输入不同的链接和提示文字，保存并预览，这时候单击不同的热区就会跳转到对应的页面中。

在 HTML 中使用下面代码可以实现图像地图功能：

```
<img src="images/gugong.jpg" width="995" height="566" border="0" usemap="#Map" />
<map name="Map" id="Map">
    <area shape="rect" coords="688,110,708,238" href="#" />
    <area shape="rect" coords="663,108,677,198" href="#" />
    <area shape="rect" coords="637,109,648,199" href="#" />
</map>
```

其中<map>标记表示图像地图，name 属性作为<img>标记中 usermap 属性要引用的对象。然后用<area>标记确定热点区域，shape 属性设置形状类型，coords 属性设置热点区域各个顶点坐标，href 属性表示链接地址，target 属性表示目标，alt 属性表示替代提示文字。

6.4.2 修改图像地图

对于图像地图创建的热区，用户可以很容易地进行修改，如移动热区、调整热区大小、在层之间移动热区，还可以将热区从一个页面复制到另一个页面等。

使用【指针热点工具】可以方便地选择一个热区。如果选择多个热区，只需要按住 Shift 键，单击要选择的其他热区，就可以实现选择多个热区的目的。

使用【指针热点工具】选择要移动的热区，拖动鼠标至合适位置即可移动热区。或者使用键盘操作，按下 1 次键盘上的箭头键，热区将向选定的方向移动 1 个像素，如果按下 Shift+箭头键，热区将向选定的方向移动 10 个像素。

首先用【指针热点工具】选择要调整大小的热区，然后拖动【热点选择器手柄】到合适的位置，即可改变热区的大小或形状。

第 7 章

使用表格

内容介绍

表格具有强大的数据组织和管理功能，同时在网页设计中还是页面布局的工具，在传统网页设计中，表格布局比较流行，因此很多人把传统布局视为表格布局，不过在标准网页设计中就不再建议使用表格来进行布局了。熟练掌握表格的使用和技巧就可以设计出很多富有创意、风格独特的网页。本章将重点介绍表格的一般使用技巧，例如，在表格中插入内容，增加、删除、分割、合并行与列，修改表格、行、单元格属性，实现表格的多层嵌套等操作。

学习重点

- 插入表格
- 选择表格
- 设置表格的属性
- 设置行、列和单元格的属性
- 表格基本操作
- 操作数据表格
- 表格特殊属性

7.1 插入表格

Dreamweaver CS4 提供了强大而完善的表格可视化操作功能，利用这些功能可以快捷插入表格、格式化表格等操作，使开发网页的周期大大缩短。插入表格的一般操作步骤如下：

步骤 1 将光标置于页面中要插入表格的位置。

步骤 2 选择【插入】|【表格】命令（组合键为 Ctrl+Alt+T），或者单击【插入】面板【常用】选项卡中【表格】选项，打开【表格】对话框，如图 7.1 所示。

如果插入表格等对象时，不需要显示对话框，可选择【编辑】|【首选参数】命令，打开【首选参数】对话框，在【常用】分类选项中取消【插入对象时显示对话框】复选框，如图 7.2 所示。

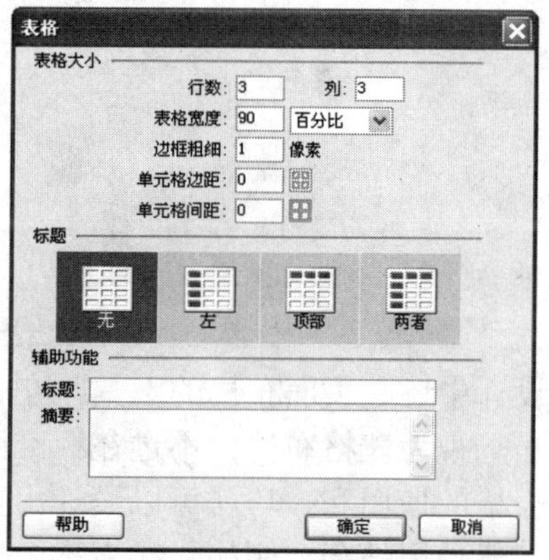

图 7.1 【表格】对话框

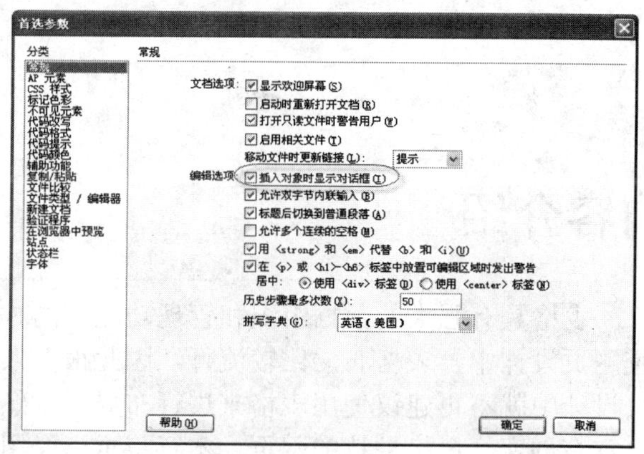

图 7.2 【首选参数】对话框

（1）【行数】和【列数】文本框：设置表格行数和列数。

（2）【表格宽度】文本框：设置表格的宽度，其后面的下拉列表可选择表格宽度的单位。可以选择【像素】选项设置表格固定宽度，或者选择【百分比】选项设置表格相对宽度（以浏览器窗口或者表格所在的对象作为参照物）。

（3）【边框粗细】文本框：设置表格边框的宽度，单位为像素。

（4）【单元格边距】文本框：设置单元格边框和单元格内容之间距离，单位为像素。

（5）【单元格间距】文本框：设置相邻单元格之间的距离，单位为像素。

（6）【页眉】选项区域：选择设置表格标题拥有的行或列。

1）【无】单选项：不设置表格行或列标题。

2）【左】单选项：设置表格的第 1 列作为标题列，以便为表格中的每一行输入一个标题。

3）【顶部】单选项：设置表格的第 1 行作为标题列，以便为表格中的每一列输入一个标题。

4）【两者】单选项：设置在表格中输入行标题和列标题。

（7）【标题】文本框：设置一个显示在表格外的表格标题。

（8）【对齐标题】：设置表格标题相对于表格的显示位置，包括 5 项：

1）【默认】：与“顶部”相同。

2）【顶部】：标题在表格的顶部且水平居中的位置显示。

3）【底部】：标题在表格的底部且水平居中的位置显示。

4)【左】：标题在表格的顶部且水平居左的位置显示。

5)【右】：标题在表格的顶部且水平居右的位置显示。

(9)【摘要】文本框：设置表格的说明文本，屏幕阅读器可以读取摘要文本，但是该文本不会显示在用户的浏览器中。

步骤 3 在【表格】对话框中设置表格 3 行 3 列，宽度为 90 percent（90%），边框为 1 像素，则插入表格效果如图 7.3 所示。

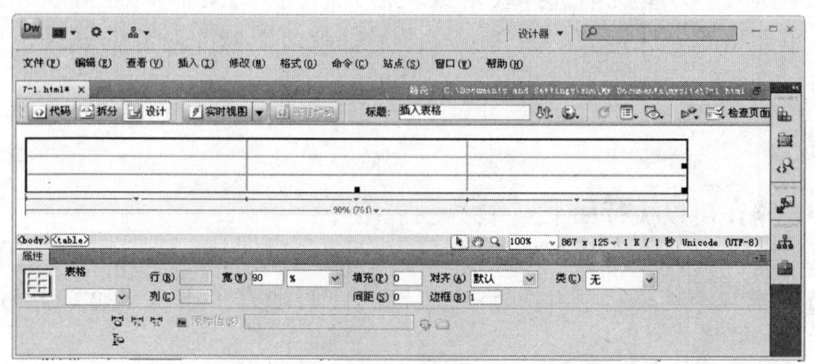

图 7.3 插入的表格

一般在插入表格的下面或上面显示表格宽度菜单，显示表格的宽度和宽度分布，它可以方便设计者排版操作，不会在浏览器中显示。选择【查看】|【可视化助理】|【表格宽度】命令可以显示或隐藏表格宽度菜单。单击表格宽度菜单中的小三角图标▾，会打开一个下拉菜单，如图 7.4 所示，可以利用该菜单完成一些基本操作。

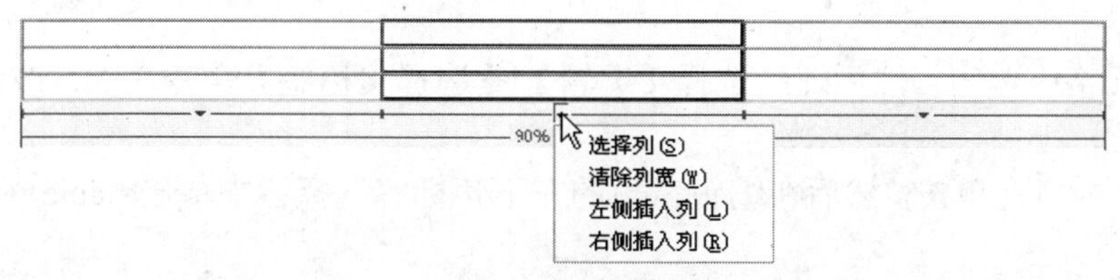

图 7.4 表格宽度菜单

在没有明确指定边框粗细、单元格边距和单元格间距情况下，大多数浏览器默认边框粗细和单元格边距为 1 像素、单元格间距为 2 像素。如果要利用表格进行版面布局，不希望看见表格边框，可设置边框粗细、单元格边距和单元格间距为 0。【表格】对话框将保留最后一次插入表格所输入的值，作为以后插入表格的默认值。

在 HTML 代码中可以使用<table>标记来创建表格。例如，在【代码】视图中输入下面代码：

```
<table>
    <tr>
        <td> </td>
        <td> </td>
    </tr>
</table>
```

上面代码可以插入一个 1 行 2 列的表格，其中<table>标记表示表格框架，<tr>标记表示行，<tr>标记表示单元格。当用户插入并设置表格后，切换到【代码】视图，可以查看表格的源代码。在【代码】视图下，用户能够精确的编辑和修改表格的各种显示属性，例如，宽、高、对齐、边框等。

Dreamweaver CS4

7.2 选择表格

要操作表格，需要先选中表格或表格元素（表格单元格、行、列或多行、多列等），Dreamweaver CS4 提供了多种灵活选择表格或表格元素的方法，同时还可以选择表格中的连续或不连续的多个单元格等。选定表格或单元格之后，就可以修改对象的属性，也可以复制或粘贴连续单元格。

7.2.1 选择表格

要选择整个表格，可以执行如下操作之一：

（1）移动鼠标指针到表格的左上角，当鼠标指针右下角附带一表格图形时，单击即可，或者在表格的右边缘及下边缘或者单元格内边框的任何地方单击（平行线光标），如图 7.5 所示。

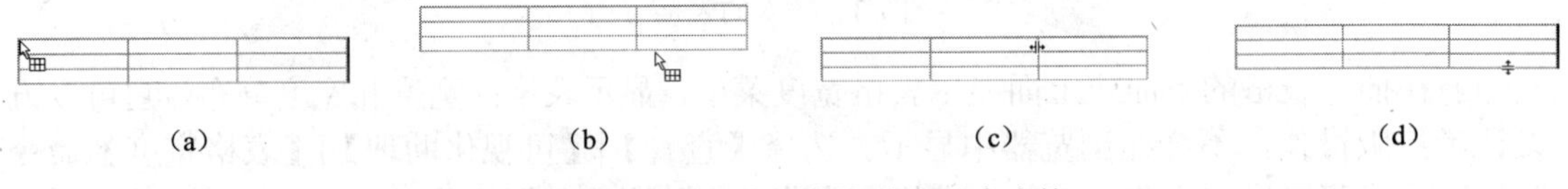

图 7.5 不同状态下单击选中整个表格

（2）在单元格中单击，然后选择【修改】|【表格】|【选择表格】命令，或者连续按 2 次 Ctrl+A 组合键。

（3）在单元格中单击，然后连续选择【编辑】|【选择父标签】命令 3 次，或者连续按 3 次 Ctrl+[组合键。

（4）在表格内任意单击，然后在编辑窗口的左下角标签选择栏中单击<table>标签，如图 7.6 所示。

（5）单击表格宽度菜单中的小三角图标，在打开的下拉菜单中选择【选择表格】命令，如图 7.7 所示。

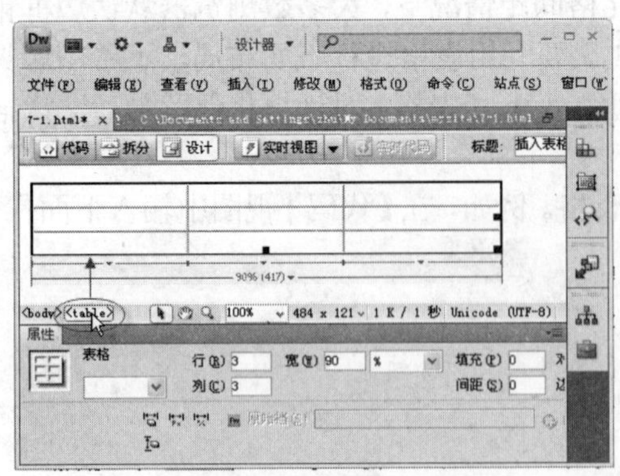

图 7.6 用标签选择器选中整个表格

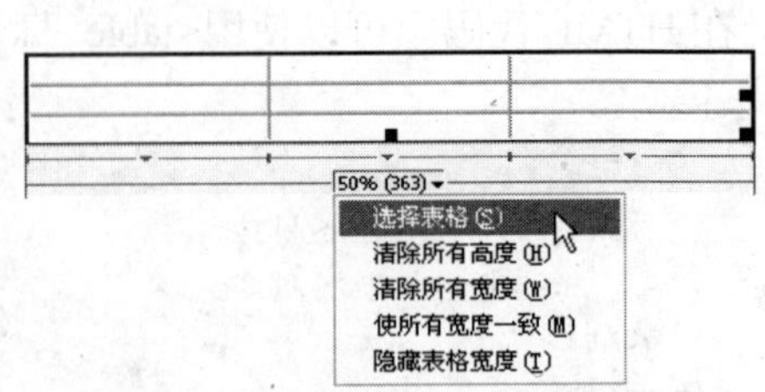

图 7.7 用表格宽度菜单选中整个表格

（6）在【代码】视图下，找到表格代码区域，用鼠标拖选整个表格代码区域（<table>和</table>标记之间代码区域），如图 7.8 所示。或者将光标定位到<td>和</td>标记内，连续单击左侧工具条中的【选择父标签】按钮 3 次，或者连续按 3 次 Ctrl+[组合键。

```
<!DOCTYPE html PUBLIC "-//W3C//DTD XHTML 1.0 Transitional//EN"
"http://www.w3.org/TR/xhtml1/DTD/xhtml1-transitional.dtd">
<html xmlns="http://www.w3.org/1999/xhtml">
<head>
<meta http-equiv="Content-Type" content="text/html; charset=gb2312" />
<title>无标题文档</title>
</head>

<body>
<table width="50%" border="1" cellspacing="0" cellpadding="0">
  <tr>
    <td> </td>
    <td> </td>
    <td> </td>
  </tr>
  <tr>
    <td> </td>
    <td> </td>
    <td> </td>
  </tr>
  <tr>
    <td> </td>
    <td> </td>
    <td> </td>
  </tr>
</table>
</body>
</html>
```

图 7.8　在【代码】视图下选中整个表格

7.2.2　选择表格的行或列

要选择表格的行或列，可执行如下操作之一：

（1）将光标置于行的左边缘或列的顶端，出现选择箭头时单击，如图 7.9 所示，单击即可选择该行或列。如果单击并拖动可选择多行或多列，如图 7.10 所示。

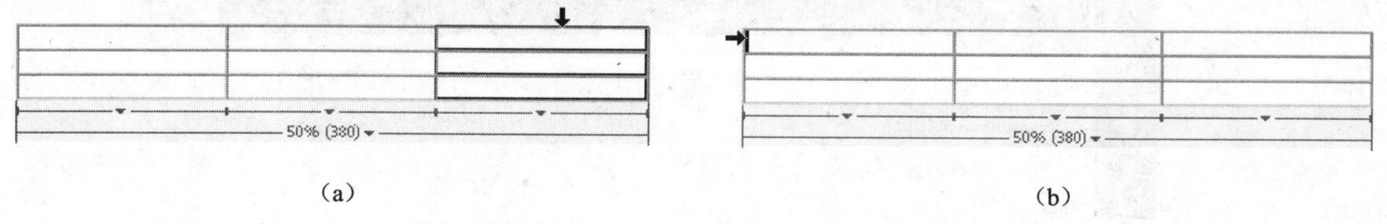

图 7.9　单击选择表格行或列

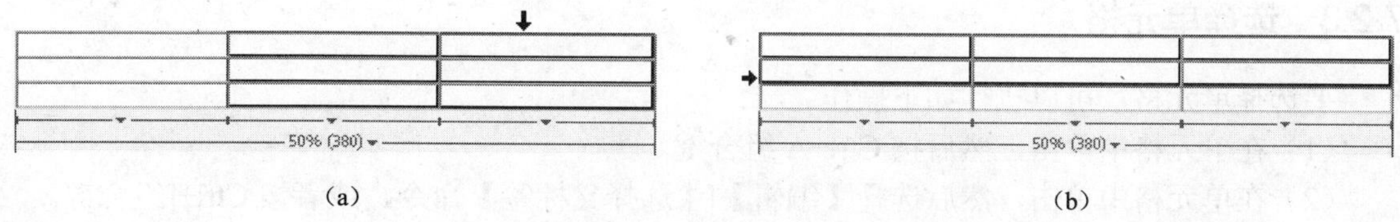

图 7.10　单击并拖动选择表格多行或多列

（2）将鼠标光标置于表格的任意单元格，平行或向下拖曳鼠标可以选择多行或者多列，如图 7.11 所示。

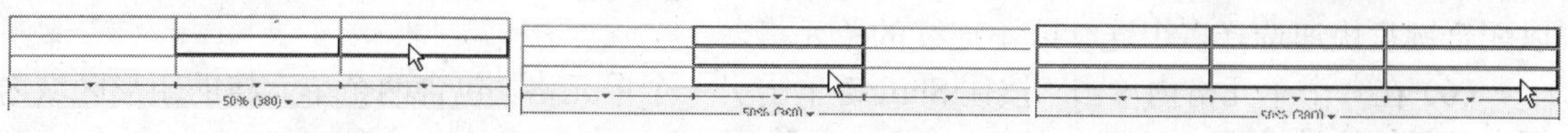

图 7.11　拖选表格多行或多列

（3）在单元格中单击，然后连续选择【编辑】|【选择父标签】命令 2 次，或者连续按 2 次 Ctrl+[组合键，可以选择光标所在行，但不能选择列。

（4）在表格内任意单击，然后在编辑窗口的左下角标签选择栏中选择<tr>标签，如图 7.12 所示，可以选择光标所在行，但不能选择列。

（5）单击表格列宽度菜单中的小三角图标▼，在打开的下拉菜单中选择【选择列】命令，如图 7.13 所示，该命令可以选择所在列，但不能选择行。

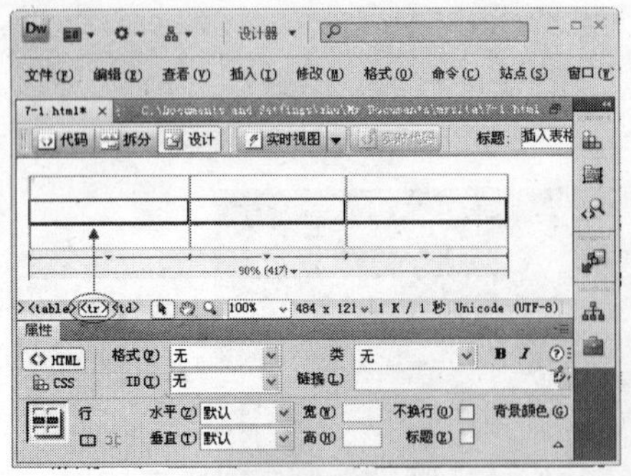

图 7.12　用标签选择器选中表格行

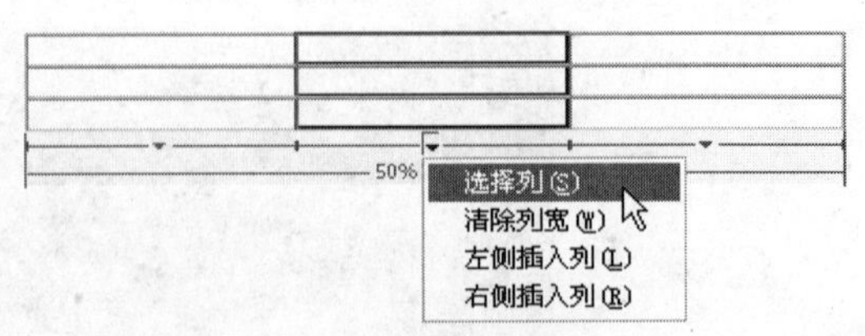

图 7.13　用表格列宽度菜单选中表格列

（6）在【代码】视图下，找到表格代码区域，用鼠标拖选表格内<tr>和</tr>行代码区域，如图 7.14 所示。或者将光标定位到<td>和</td>标记内，连续单击左侧工具条中的【选择父标签】按钮 2 次，或者按 2 次 Ctrl+[组合键。这种方式可以选择行，但不能选择列。

```
<body>
<table width="50%" border="1" cellspacing="0" cellpadding="0">
  <tr>
    <td> </td>
    <td> </td>
    <td> </td>
  </tr>
  <tr>
    <td> </td>
    <td> </td>
    <td> </td>
  </tr>
  <tr>
    <td> </td>
    <td> </td>
    <td> </td>
  </tr>
</table>
</body>
</html>
```

图 7.14　在【代码】视图下选中表格行

7.2.3　选择单元格

要选择单元格，可以执行如下操作之一：

（1）在单元格中单击，然后按 Ctrl+A 组合键。

（2）在单元格中单击，然后选择【编辑】|【选择父标签】命令，或者按 Ctrl+[组合键。

（3）在单元格中单击，然后在编辑窗口的左下角标签选择栏中选择<td>标签。

（4）在【代码】视图下，找到表格代码区域，用鼠标拖选<td>和</td>标记区域代码，单击左侧工具条中的【选择父标签】按钮。

（5）要选择多个单元格，可使用选择行或列中拖选方式快速选择多个连续的单元格。也可以配合键盘快速选择多个连续或不连续的单元格。

（6）在一个单元格内单击，按住 Shift 键单击另一个单元格。包含两个单元格的矩形区域内所有单元格均被选中。

（7）按 Ctrl 键的同时单击需要选择的单元格（两次单击则取消选定），可以选择多个连续或不连续的单元格，如图 7.15 所示。

图 7.15　选择多个不连续的单元格

Dreamweaver　CS 4

7.3 设置表格的属性

选中整个表格之后，就可以利用表格属性面板来设置或修改表格的属性，表格属性面板如图 7.16 所示。

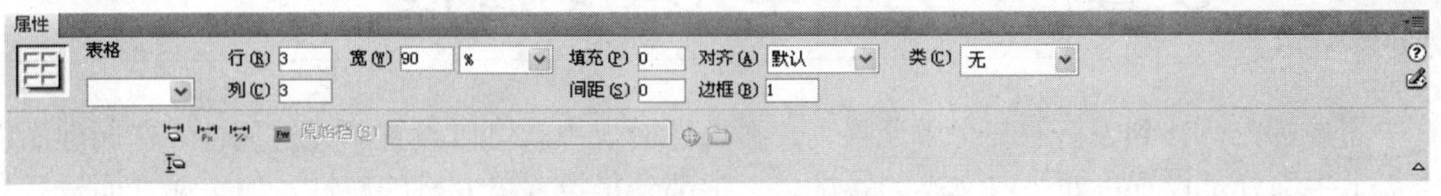

图 7.16　表格属性面板

（1）【表格】文本框：设置表格的 ID 编号，便于用脚本对表格进行控制，相当于编程语言中的句柄，一般可不填。

（2）【行】和【列】文本框：设置表格的行数和列数。

（3）【宽】文本框：设置表格的宽度，可填入数值。可在其后的下拉列表中选择宽度的单位，包括 2 个选项：%（百分比）和像素。

（4）【填充】文本框：也称单元格边距，设置单元格内部和单元格边框之间的距离，单位是像素，设置不同的表格填充效果如图 7.17 所示。

（5）【间距】文本框：设置单元格之间的距离，单位是像素，设置不同的表格间距如图 7.18 所示。

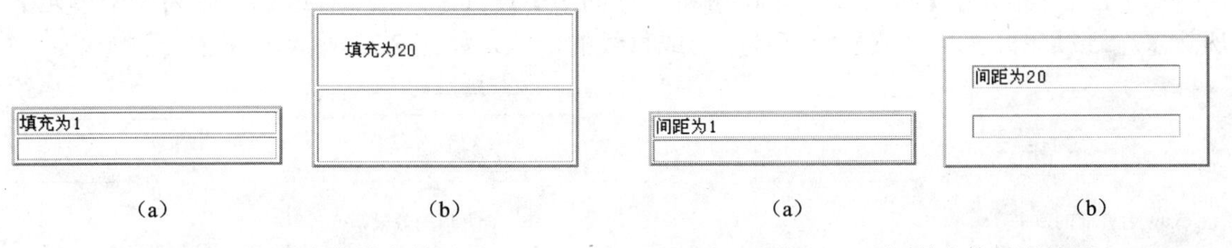

（a）　（b）

图 7.17　不同的表格填充效果

（a）　（b）

图 7.18　不同的表格间距效果

（6）【对齐】下拉列表：设置表格的对齐方式，包括 4 个选项：默认、左对齐、居中对齐和右对齐。

（7）【边框】文本框：设置表格边框的宽度，单位是像素，设置不同的表格边框如图 7.19 所示。

（a）　（b）

图 7.19　不同的表格边框效果

（8）【类】文本框：设置表格的 CSS 样式表的类样式。

（9）【清除列宽】按钮和【清除行高】按钮：单击该按钮可以清除表格的宽度和高度，使表格宽和高度恢复到最小状态。

（10）【将表格宽度转换成像素】按钮：单击该按钮可以将表格宽度单位转换为像素。

（11）【将表格宽度转换成百分比】按钮：单击该按钮可以将表格宽度单位转换为百分比。

如果使用表格进行页面布局，应设置表格边框为 0，这时要查看单元格和边框，可选择【查看】|【可视化处理】|【表格边框】菜单项。

7.4 设置行、列和单元格的属性

将鼠标光标移到表格的某个单元格内，在属性面板中就可以设置单元格属性。在属性面板中，上半部分是设置单元格内文本的属性，下半部分是设置单元格的属性，如果属性面板只显示文本属性的上半部分，可单击属性面板右下角的▽图标按钮，可以展开属性面板，如图 7.20 所示。

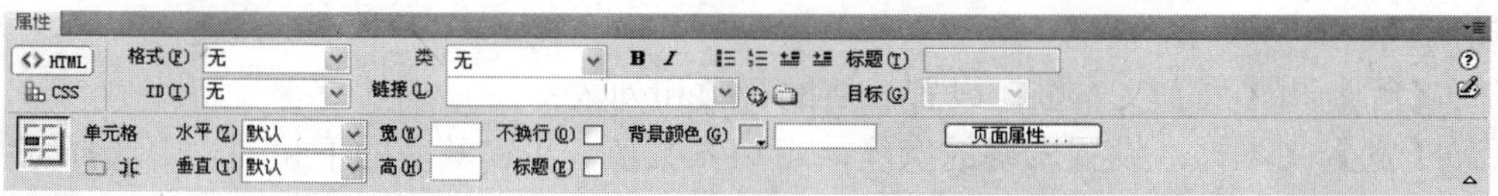

图 7.20 单元格属性面板

当表格整体属性和单元格属性设置冲突时，将优先使用单元格中设置的属性。行、列和元格的属性面板设置相同，只不过是选中行、列和元格时，属性面板下半部分的左上角显示不同的名称。

（1）【合并单元格】按钮：单击可将所选的多个连续单元格、行或列合并为一个单元格。所选多个连续单元格、行或列应该是矩形或直线的形状，如图 7.22 所示。

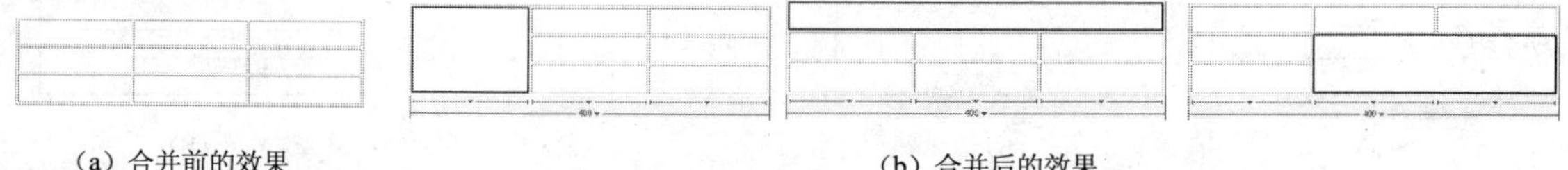

（a）合并前的效果 （b）合并后的效果

图 7.21 合并单元格

在 HTML 源代码中，可以使用下面代码表示（本示例为两行两列的表格）：

1）合并同行单元格

```
<table width="90%" height="150" border="0" cellpadding="0" cellspacing="0">
    <tr>
        <td colspan="2"> </td>
    </tr>
    <tr>
        <td> </td>
        <td> </td>
    </tr>
</table>
```

2）合并同列单元格

```
<table width="90%" height="150" border="0" cellpadding="0" cellspacing="0">
    <tr>
```

```
        <td rowspan="2"> </td>
        <td> </td>
    </tr>
    <tr>
        <td> </td>
    </tr>
</table>
```

(2)【拆分单元格】按钮：单击可将一个单元格分成两个或者更多的单元格。单击该按钮后会打开【拆分单元格】对话框，如图 7.22 所示，在该对话框中可以选择将选中的单元格拆分成【行】或【列】以及拆分后的【行数】或【列数】。拆分单元格效果如图 7.23 所示。

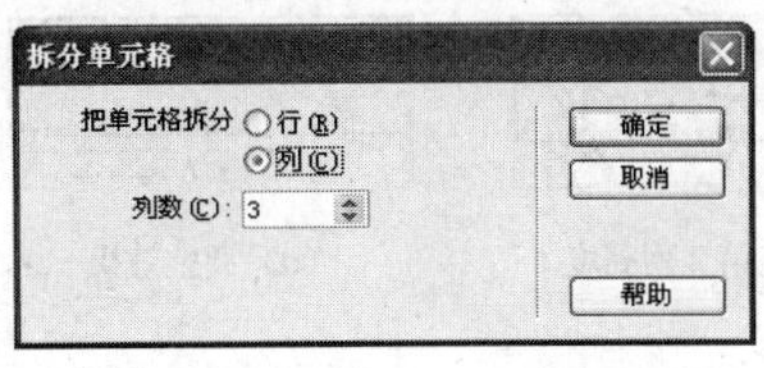

图 7.22 【拆分单元格】对话框

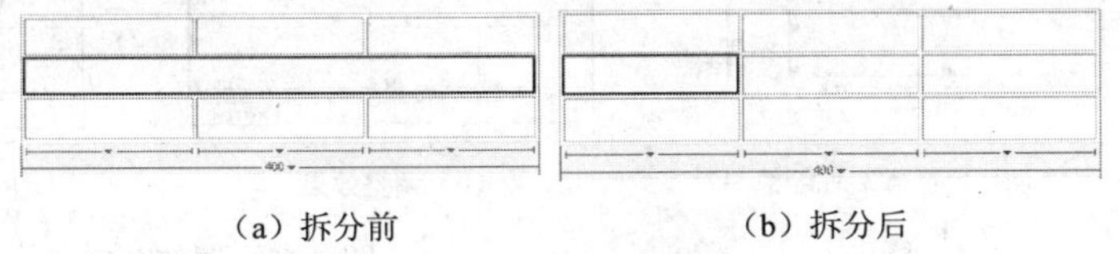

(a) 拆分前 (b) 拆分后

图 7.23 拆分单元格

(3)【水平】文本框：设置单元格内对象的水平对齐方式，包括：默认、左对齐、右对齐和居中对齐等对齐方式（单元格默认为左对齐，标题单元格则为居中对齐）。用 HTML 源代码表示为 align="left"或者其他值。

(4)【垂直】文本框：设置单元格内对象的垂直对齐方式，包括：默认、顶端、居中、底部和基线等对齐方式（默认为居中对齐），如图 7.24 所示。用 HTML 源代码表示为 valign="top"或者其他值。

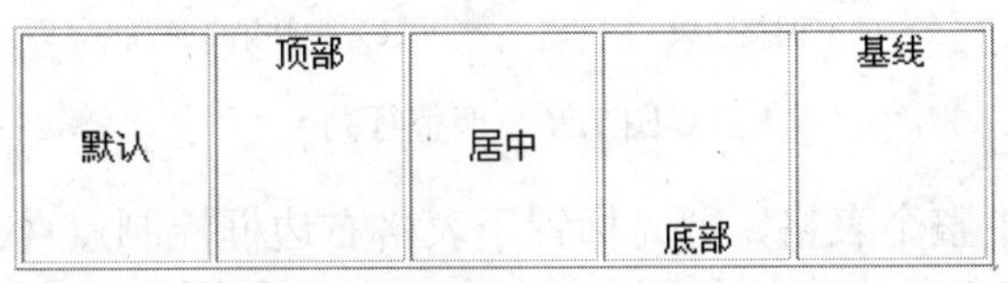

图 7.24 单元格垂直对齐方式

(5)【宽】和【高】文本框：设置单元格的宽度和高度，可以以像素或百分比来表示，在文本框中可以直接合并输入，如 45%、45（像素单位可以不输入）。

(6)【不换行】复选框：设置单元格文本是否换行。如果选择该复选框，则当输入的数据超出单元格宽度时，单元格会调整宽度来容纳数据。用 HTML 源代码表示为 nowrap="nowrap"。

(7)【标题】复选框：选中该复选框，可以将所选单元格的格式设置为表格标题单元格。默认情况下，表格标题单元格的内容为粗体并且居中对齐。用 HTML 源代码表示为<th>标记，而不是<td>标记。

(8)【背景颜色】文本框：设置表格的背景颜色。

Dreamweaver CS4

7.5 表格基本操作

除了用属性面板设置表格及其元素的各种属性外，使用鼠标可以徒手调整表格，也可以使用各种命令精确编辑表格。

7.5.1 调整表格大小

用属性面板中的【宽】和【高】文本框能精确调整表格及其元素的大小，而用鼠标拖动调整则显得更为方便快捷，如果配合表格宽度菜单中显示的数值也能比较精确调整列宽。调整表格的大小的操作如下：

（1）调整列宽：把光标置于表格右边框上，当光标变成时，拖动即可调整最后一列单元格的宽度，同时也调整表格的宽度，对于其他行不影响；把光标置于表格中间列边框上，当光标变成时，拖动可调整中间列边框两边列单元格的宽度，对于其他列单元格不影响，表格整体宽度不变，如图 7.25 所示。

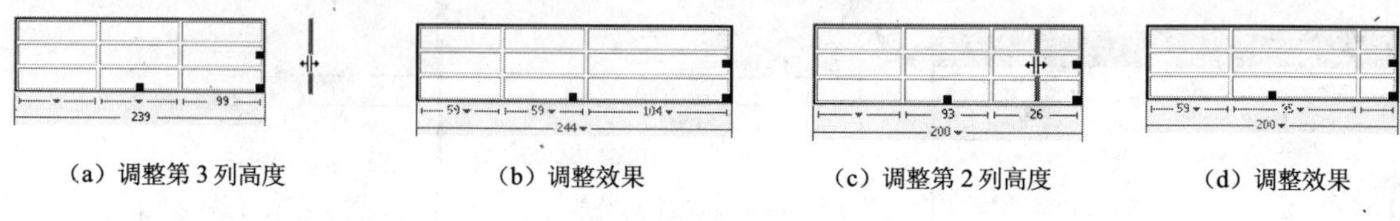

（a）调整第 3 列高度　（b）调整效果　（c）调整第 2 列高度　（d）调整效果

图 7.25　调整列宽

（2）调整行高：把光标置于表格底部边框或者中间行线上，当光标变成时，拖动即可调整该边框上面一行单元格的高度，对于其他行不影响，如图 7.26 所示。

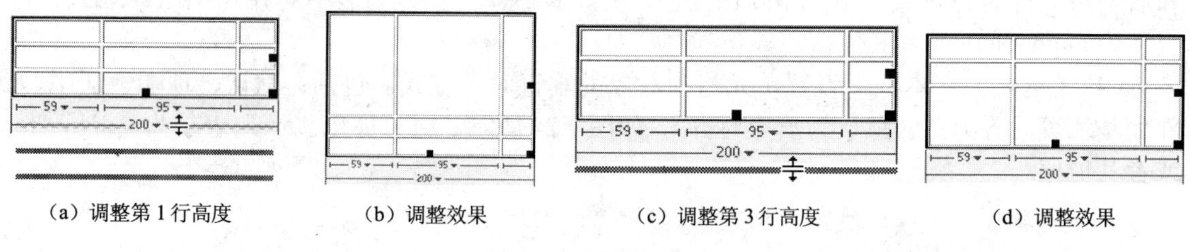

（a）调整第 1 行高度　（b）调整效果　（c）调整第 3 行高度　（d）调整效果

图 7.26　调整行高

（3）调整表宽：选中整个表格，把光标置于表格右边框控制点上，当光标变成双箭头时，拖动即可调整表格整体宽度，各列会被均匀调整，如图 7.27 所示。

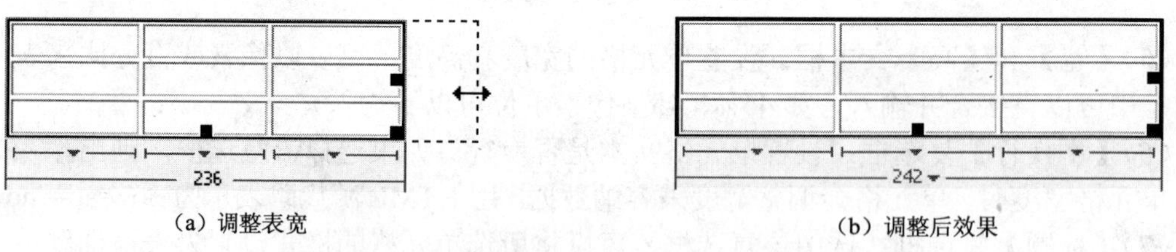

（a）调整表宽　（b）调整后效果

图 7.27　调整表宽

（4）调整表高：选中整个表格，把光标置于表格底边框控制点上，当光标变成双箭头时，拖动即可调整表格整体高度，各行会被均匀调整，如图 7.28 所示。

（a）调整表高　（b）调整后效果

图 7.28　调整表高

（5）同时调整表宽和高：选中整个表格，把光标置于表格右下角控制点上，当光标变成双箭头时，拖动即可同时调整表格整体高度和高度，各行和列会被均匀调整，如图 7.29 所示。按住 Shift 键，可以按原比例调整表格的宽和高。

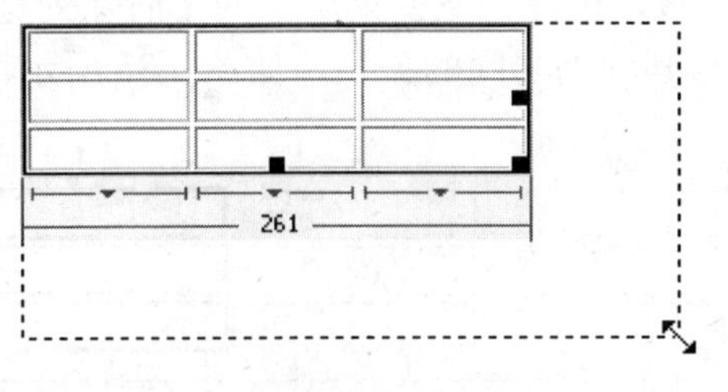

（a）调整表宽和高

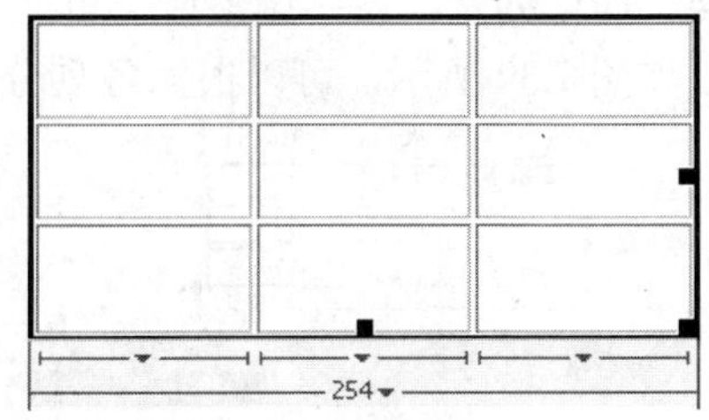

（b）调整后效果

图 7.29　调整表宽和高

7.5.2　清除和均化表格大小

表格及其元素被调整后，可以清除表格大小或者均化宽度，详细操作如下：

（1）清除所有高度：选择整个表格，在表格宽度菜单中选择【清除所有高度】菜单项，如图 7.30 所示，将表格的高度值清除，收缩表格高度范围至最小状态，如图 7.31 所示。也可以选择【修改】|【表格】|【清除单元格高度】命令实现相同的功能。

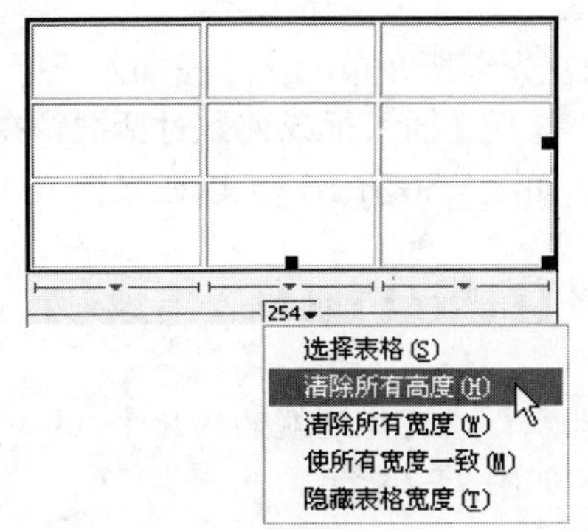

图 7.30　选择【清除所有高度】菜单项

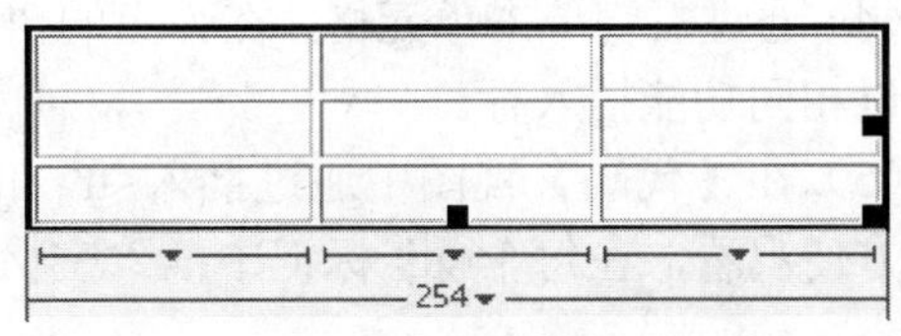

图 7.31　清除所有高度

（2）清除所有宽度：选择整个表格，在表格宽度菜单中选择【清除所有宽度】菜单项，如图 7.32 所示，将表格的宽度值清除，收缩表格高度范围至最小状态，如图 7.33 所示。也可以选择【修改】|【表格】|【清除单元格宽度】命令实现相同的功能。

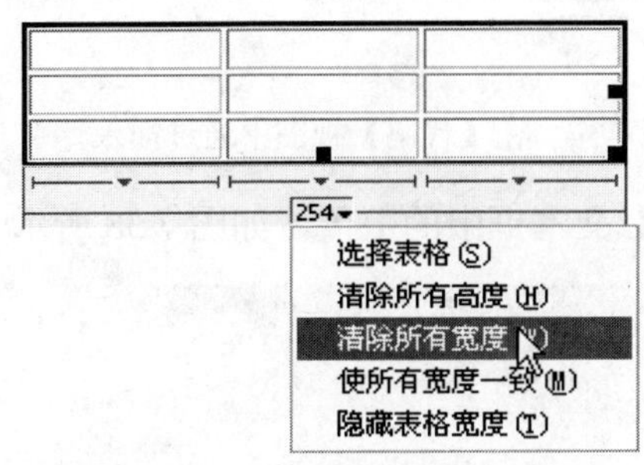

图 7.32　选择【清除所有宽度】菜单项

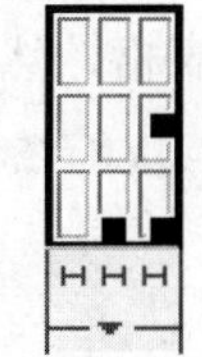

图 7.33　清除所有宽度

（3）均化所有宽度：选择整个表格，如果表格中一个列的宽度有两个数字，说明 HTML 代码中设置的列宽度与这些列在可视化编辑窗口中显示的宽度不匹配，在表格宽度菜单中选择【使所有宽度一致】菜单项，可以将代码中指定的宽度和可视化宽度相匹配。

（4）均化列宽：表格调整后，可能各列宽度不一致，选择列宽度菜单中的【清除列宽】菜单项，如图 7.34 所示，可以根据各列分布均化该列与其他列之间的关系，如图 7.35 所示。

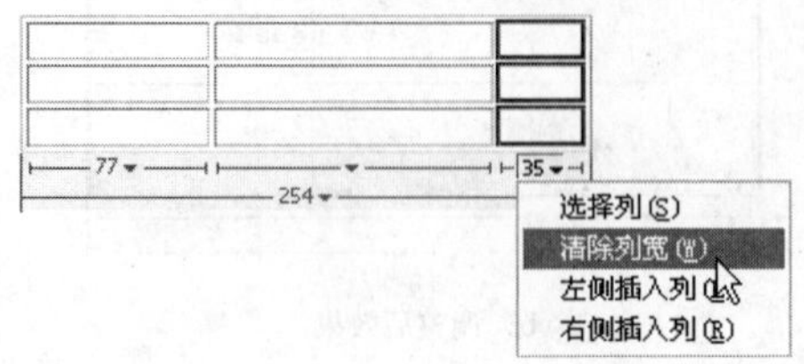

图 7.34 清除列宽

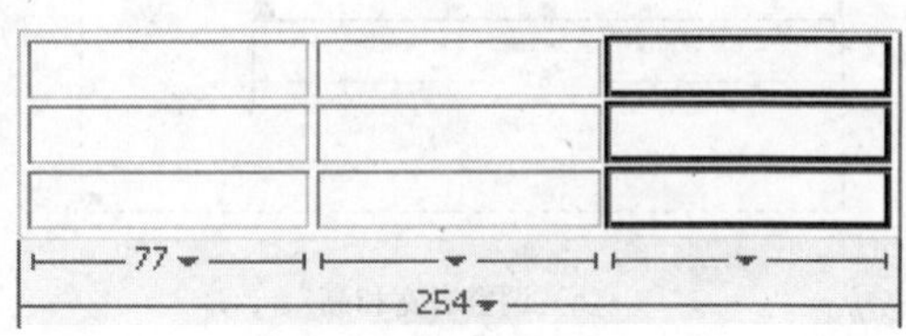

图 7.35 清除列宽效果

7.5.3 增加行和列

插入表格后，可以根据需要再增加表格行和列。

1．增加行

首先把光标置于要插入行的单元格，然后执行下面任意操作之一：

（1）选择【插入】|【表格对象】|【在上面插入行】或者【在下面插入行】命令，可以在光标所在单元格上面或者下面插入一行。

（2）选择【修改】|【表格】|【插入行】命令，可以在光标所在单元格上面插入一行。

（3）选择【修改】|【表格】|【插入行或列】命令，打开【插入行或列】对话框，在【插入】选项中选择【行】单选按钮，然后设置插入的行数，如图 7.36 所示，可以在光标所在单元格下面或者上面插入行。

（4）通过右键单击单元格，在弹出的快捷菜单中选择【插入行】（或【插入行或列】）命令，可以以相同功能插入行。

（5）在【代码】视图中通过插入<tr>和<td>标记来插入行，有几列就插入几个<td>标记，为了方便观看，在每个<td>标记中插入空格代码 ，如图 7.37 所示。

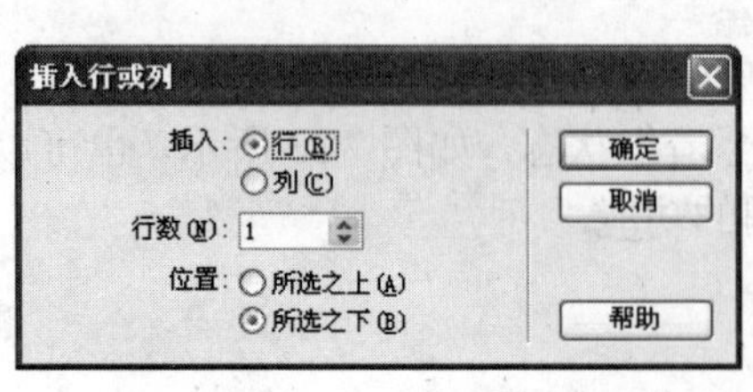

图 7.36 【插入行或列】对话框

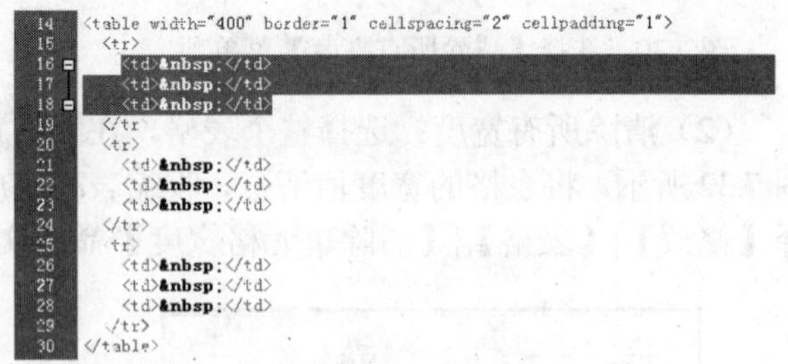
```
<table width="400" border="1" cellspacing="2" cellpadding="1">
  <tr>
    <td> </td>
    <td> </td>
    <td> </td>
  </tr>
  <tr>
    <td> </td>
    <td> </td>
    <td> </td>
  </tr>
  <tr>
    <td> </td>
    <td> </td>
    <td> </td>
  </tr>
</table>
```

图 7.37 在【代码】视图中通过插入行

（6）选中整个表格，然后在属性面板中增加【行】文本框中的数值，如图 7.38 所示。

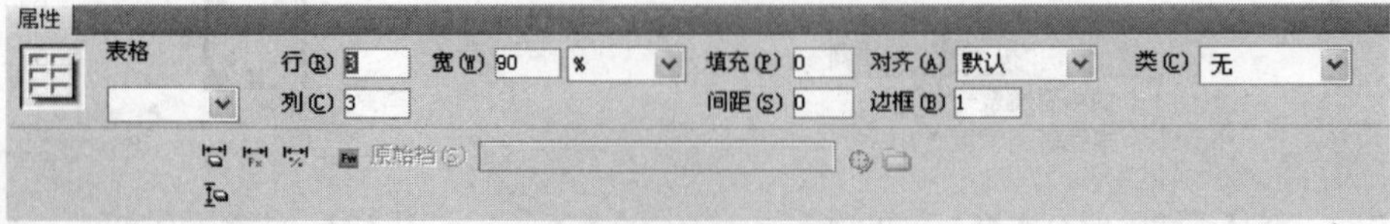

图 7.38 用属性面板插入行

2．增加列

首先把光标置于要插入列的单元格，然后执行下面任意操作之一：

（1）选择【插入】|【表格对象】|【在上面插入列】（或【在下面插入列】）命令，可以在光标所在单元格左面或者右面插入一列。

（2）选择【修改】|【表格】|【插入列】命令，可以在光标所在单元格左面插入一列。

（3）选择【修改】|【表格】|【插入行或列】命令，打开【插入行或列】对话框，可以自由插入多列。

（4）通过右键单击单元格，在弹出的快捷菜单中选择【插入列】（或【插入行或列】）命令，可以以相同功能插入列。

（5）在列宽度菜单中选择【左侧插入列】（或【右侧插入列】）菜单项，如图7.39所示。

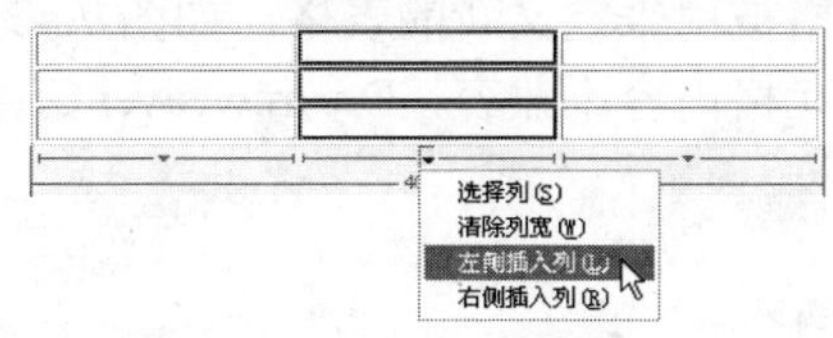

图7.39 用列宽度菜单插入列

（6）选中整个表格，然后在属性面板中增加【列】文本框中的数值。

7.5.4 删除表格元素

插入的表格可以删除其中的行、列，也可以删除单元格内对象。、

1．删除单元格

选择一个或多个不连续的单元格，然后按下Delete键，可删除单元格内的内容。也可以选择【编辑】|【清除】命令清除单元格内的内容。

2．删除行或列

要删除一行，可以执行下面操作之一：

（1）选择【修改】|【表格】|【删除行】命令。

（2）选择要删除的行，然后在右键菜单中选择【删除行】命令。

（3）选择整个表格，然后在属性面板中减少【行】文本框中的数值，减少多少就会从表格底部往上删除多少行。

要删除一列，方法与删除行基本操作相同。执行下面操作之一：

（1）选择【修改】|【表格】|【删除列】命令。

（2）选择要删除的行，然后在右键菜单中选择【删除列】命令。

（3）选择整个表格，然后在属性面板中减少【列】文本框中的数值，减少多少就会从表格右边往左删除多少列。

7.5.5 剪切、复制和粘贴单元格

可以一次复制、剪切和粘贴多个表格单元格并且保留单元格的格式，也可以只复制和粘贴单元格的内容。单元格可以在插入位置被粘贴，也可替换单元格中被选中的内容。要粘贴多个单元格，剪贴板中的内容必须和表格的格式一致。

1．剪切单元格

选择表格中的一个或多个单元格，要注意选定的单元格必须成矩形才能被剪切或复制。然后选择【编辑】|【剪切】命令之后，被选择单元格中的一个或多个单元格将从表格中删除。

如果被选择的单元格组成了表格的某些行或列，选择【编辑】|【剪切】命令会把选中的行或列也删除，否则仅删除单元格中的内容和格式。

2．粘贴单元格

操作步骤如下：

步骤 1 选择要粘贴的位置。

步骤 2 如果要在某个单元格内粘贴单元格内容，在该单元格内单击；如果要以粘贴单元格来创建新的表格，单击要插入表格的位置。

步骤 3 选择【编辑】|【粘贴】命令，如果把整行或整列粘贴到现有的表格中，所粘贴的行或列被添加到该表格中，如图 7.40 所示；如果粘贴某个（些）单元格，只要剪贴板中的内容与选定单元格兼容，选定单元格的内容将被替换，如图 7.41 所示；如果在表格外粘贴，所粘贴的行、列或单元格被用来定义新的表格，如图 7.42 所示。如果在粘贴过程，剪贴板中的单元格与选定单元格内容不兼容，Dreamweaver CS4 会弹出提示对话框提示用户。

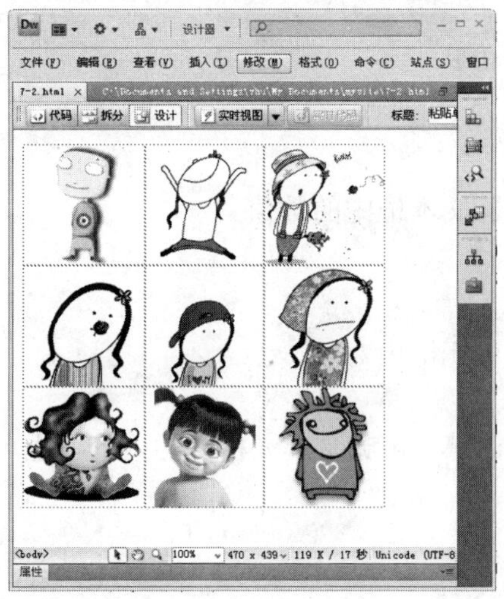

(a) 原表

(b) 粘贴表

图 7.40 粘贴整列

图 7.41 粘贴单元格

图 7.42 粘贴为新表格

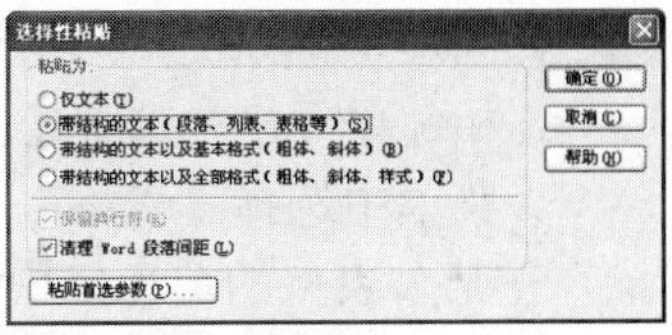

步骤4 选择【编辑】|【选择性粘贴】命令，会打开【选择性粘贴】对话框，如图 7.43 所示，在该对话框中可以设置粘贴内容、格式还是全部标记。

图 7.43　【选择性粘贴】对话框

7.5.6　合并和拆分单元格

在设置行、列和单元格属性节中，我们介绍了用属性面板合并和拆分单元格，下面通过一个实例来学习使用命令实现单元格的合并和拆分。

在如图 7.50 所示的网站导航栏中，所有导航栏目同在一个单元格中，现在要把这个单元格拆分为 5 个，并把各栏目分别放入不同的单元格中，操作步骤如下：

步骤1 选中该单元格，如图 7.44 所示。

步骤2 选择【修改】|【表格】|【拆分单元格】命令（或者右键单击，在打开的快捷菜单中选择【表格】|【拆分单元格】命令），打开【拆分单元格】对话框，如图 7.45 所示。

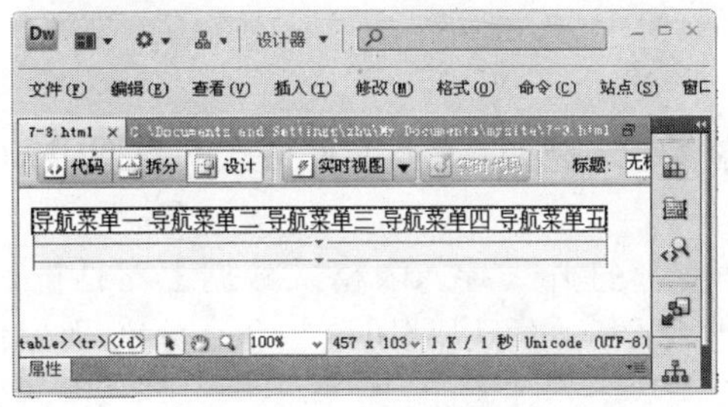

图 7.44　网站导航栏

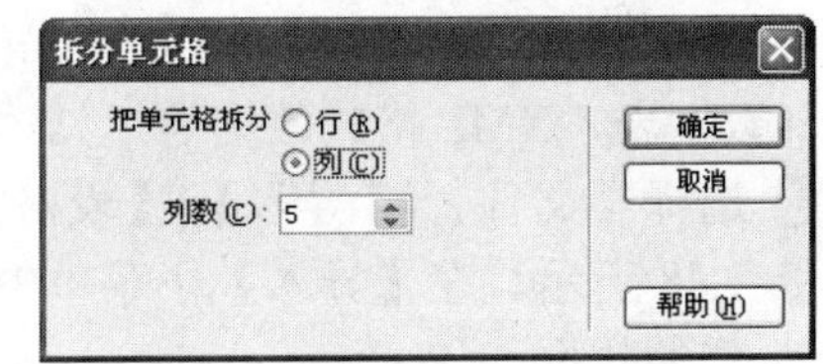

图 7.45　【拆分单元格】对话框

步骤3 选择【列】单元按钮，并设置【列】下拉文本框为 5，单击【确定】按钮，即可把当前单元格拆分为 5 个，如图 7.46 所示。

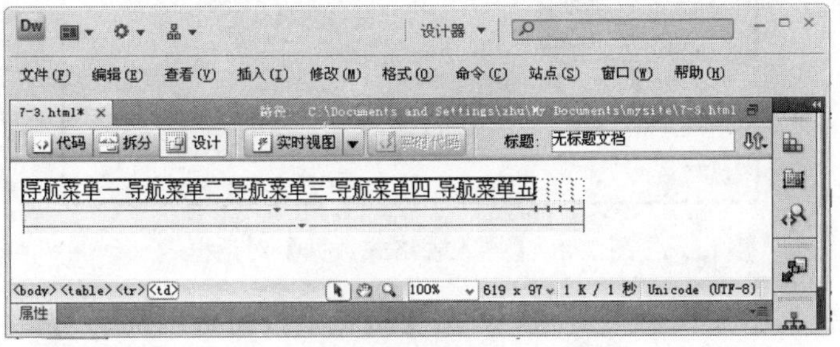

图 7.46　拆分单元格

步骤4 然后移动各栏目到各个单元格中，如果要更好移动，建议到【代码】视图中移动代码会更准确，移动之后的导航条效果如图 7.47 所示。

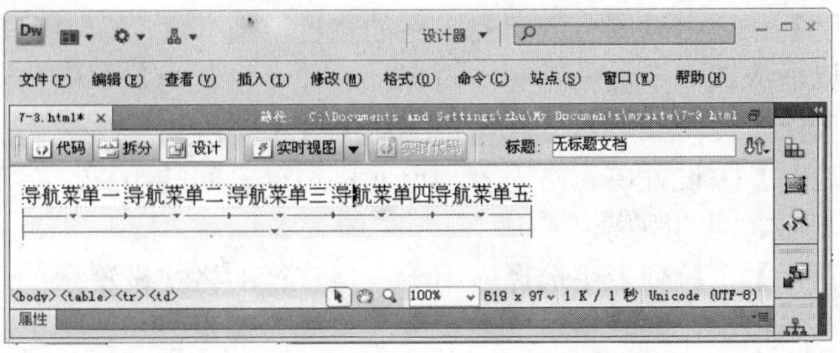

图 7.47　移动各个栏目

步骤5 同理，如果用户想把这些拆分的单元格合并成一个单元格，方法就比较简单，选中多个相邻单元格，选择【修改】|【表格】|【合并单元格】命令或者右键单击，在打开的快捷菜单中选择【表格】|【合并单元格】命令即可。

在某个表格的单元格中，选择【修改】|【表格】子菜单中的【增加行宽】(或【增加列宽】)命令，可以合并下面行或者列单元格。同样利用【减少行宽】或者【减少列宽】命令，可以拆分合并的单元格。

Dreamweaver CS4

7.6 操作数据表格

Dreamweaver CS4 能够与外部软件交换数据，以方便用户快速导入和导出数据，同时还可以对数据表格进行排序。

7.6.1 导入表格数据

在 Dreamweaver CS4 中可以直接导入外部表格数据。例如，文本文件格式的数据、Microsoft Excel 数据表、XML 格式数据等。具体操作如下：

步骤1 选择【文件】|【导入】|【表格式数据】命令，打开【导入表格式数据】对话框，如图 7.48 所示。在【导入】子菜单中还包含其他命令，你可以利用这些命令分别导入不同格式的数据。

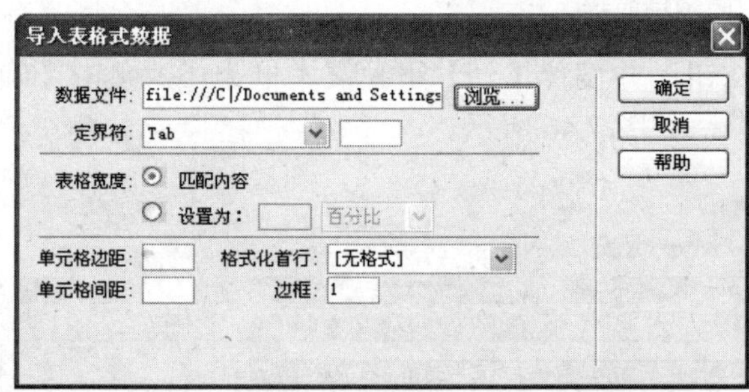

图 7.48 【导入表格式数据】对话框

步骤2 在【数据文件】中输入导入文件，单击【浏览】按钮可以快速选择一个要导入的文件。

步骤3 在【定界符】下拉列表中选择导入文件中所使用的分隔符，包括 Tab、逗点、分点、引号和其他选项。如果选择【其他】选项，则列表右侧会出现一个文本框，可以输入文件中使用的分隔符。要设置文件使用的分隔符，如果未能设置分隔符，则无法正确导入文件，也无法在表格中对数据进行正确的格式设置。

步骤4 在【表格宽度】选项中设置要创建的表格的宽度，选择【匹配内容】单选按钮可以使每个列足够宽以适应该列中最长的文本内容；选择【设置为】单选按钮可以以像素为单位指定绝对的表格宽度，或按百分比指定相对的表格宽度。

步骤5 在【单元格边距】中设置单元格内容和单元格边框之间的距离，在【单元格间距】中设置相邻的单元格之间的距离。

步骤6 在【格式化首行】下拉列表中选择应用于表格首行的格式设置。

步骤7 在【边框】文本框中设置表格边框的宽度，单位为像素。

步骤8 最后单击【确定】按钮，完成表格数据的导入，如图 7.49 所示。

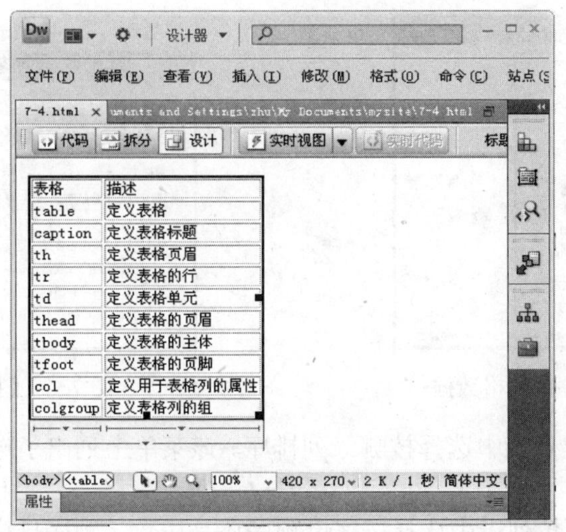

图 7.49 导入的表格数据

7.6.2 导出表格数据

在 Dreamweaver CS4 中导出数据比较简单。具体操作如下：

步骤1 将光标置于表格中，选择主菜单【文件】|【导出】|【表格】命令，打开【导出表格】对话框，如图 7.50 所示。

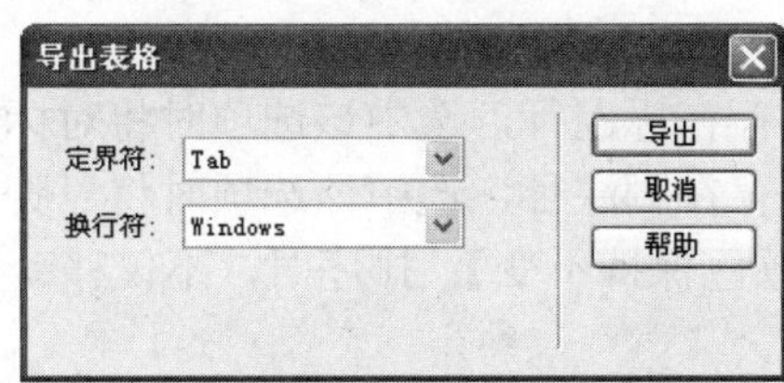

图 7.50 【导出表格】对话框

步骤2 在【定界符】下拉列表中选择要在导出的文件中使用的分隔符类型，包括 Tab、空白键、逗号、分号和冒号。如果选择【Tab】选项，则分隔符为多个空格；如果选择【空白键】选项，则分隔符为单个空格；如果选择【逗号】选项，则分隔符为逗号；如果选择【分号】选项，则分隔符为分号；如果选择【冒号】选项，则分隔符为冒号。

步骤3 在【换行符】下拉列表中选择打开导出文件的操作系统，包括 Windows、Mac 和 UNIX。如果选择 Windows 选项，则将导出表格数据至 Windows 操作系统；如果选择 Mac 选项，则将导出表格数据到苹果机操作系统；如果选择 UNIX 选项，则将导出表格数据到 UNIX 操作系统，不同的操作系统具有不同的指示文本行结尾的方式。

步骤4 单击【导出】按钮，会打开【表格导出为】对话框，然后选择保存位置和文件名，最后单击【确定】按钮即可。

7.6.3 排序表格数据

利用 Dreamweaver CS4 的【表格排序】命令可以对表格指定列的内容进行排序。具体操作步骤如下：

步骤1 选择要排序的表格，如图 7.51 所示。

步骤2 选择【命令】|【排序表格】命令，打开【排序表格】对话框，如图 7.52 所示。

图 7.51 排序的表格数据

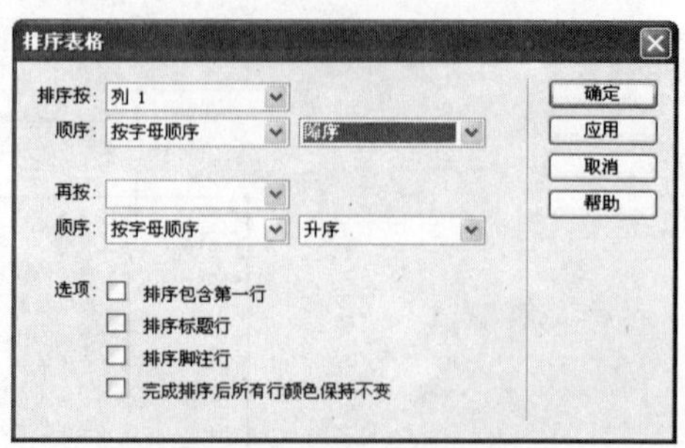

图 7.52 【排序表格】对话框

步骤 3 在【排序按】下拉列表中选择按哪一列排序。该菜单上列出了选定表格的所有列，例如，列 1、列 2 等。

步骤 4 在【顺序】左侧下拉列表中选择按字母顺序还是按数字顺序排序。当列的内容是数字时，选择按字母顺序或数字顺序得到的排序结果是不同的。

步骤 5 然后在【顺序】右侧下拉列表中选择升序还是降序，即排序的方向。

步骤 6 如果还要求按另外的列进行次一级排序，在【再按】下拉列表中选择按哪一列进行次级排序。

步骤 7 在【选项】区域内设置各个选项：

（1）【包含第一行排序选项】：排序时将包括第一行。如果第一行是表头，就不应该包括在内，不要选择该选项。

（2）【排序标题行】：如果存在标题行，选中该选项时将对标题行排序。

（3）【排序脚注行】：如果存在脚注行，选中该选项时将对脚注行排序。

（4）【完成排序后所有行颜色保持不变】：排序时，不仅移动行中的数据，行的属性也会随之移动。

步骤 8 单击【应用】或【确定】按钮，便完成对表格的排序，最后排序结果如图 7.53 所示。

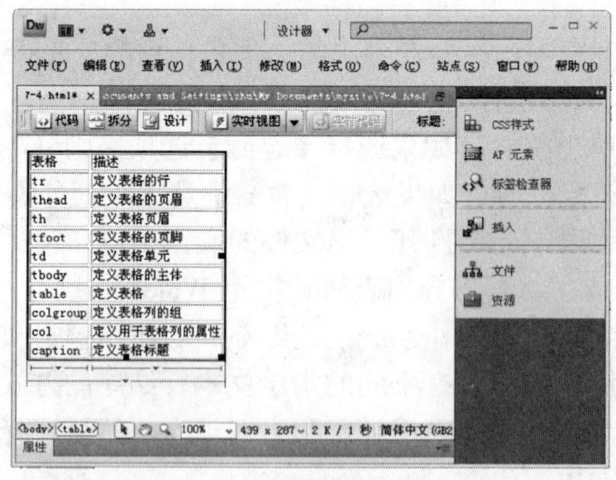

图 7.53 表格数据排序结果

Dreamweaver CS4

7.7 表格特殊属性

在 Dreamweaver CS4 中可以利用<table>标记的特殊属性以实现表格的特殊表现样式。但该属性只被 IE 浏览器支持，其他标准浏览器不支持该属性，使用时应慎重，建议使用 CSS 技术实现。

7.7.1 隐藏和显示单元格分隔线

实现单元格分隔线的显示和隐藏主要通过 rules 属性值来控制。

（1）当 rules 的属性值为 rows 时：隐藏表格的纵向分隔线，只能看到表格的列。

（2）当 rules 的属性值 cols 时：隐藏表格的横向分隔线，只能看到表格的行。

（3）当 rules 的属性值 none 时：纵向分隔线和横向分隔线将全部被隐藏。

例如，输入下面代码，则隐藏单元格行分割线，在浏览器中的效果如图 7.54 所示。

第1行第1列	第1行第2列
第2行第1列	第2行第2列

图 7.54 隐藏单元格行分割线

```
<table width="400" border="2" cellspacing="5" cellpadding="5" rules="cols">
  <tr>
    <td bgcolor="#CCFFFF">第1行第1列</td>
    <td>第1行第2列</td>
  </tr>
  <tr>
    <td>第2行第1列</td>
    <td bgcolor="#99FF00">第2行第2列</td>
  </tr>
</table>
```

输入下面代码，则隐藏单元格列分割线，在浏览器中的效果如图 7.55 所示。

第1行第1列	第1行第2列
第2行第1列	第2行第2列

图 7.55 隐藏单元格列分割线

```
<table width="400" border="2" cellspacing="5" cellpadding="5" rules="cols">
  <tr>
    <td bgcolor="#CCFFFF">第1行第1列</td>
    <td>第1行第2列</td>
  </tr>
  <tr>
    <td>第2行第1列</td>
    <td bgcolor="#99FF00">第2行第2列</td>
  </tr>
</table>
```

7.7.2 隐藏和显示表格边框

实现表格边框的显示和隐藏主要通过 frame 属性值来控制。

（1）当 frame 属性值为 vsides 时可以显示表格的左右边框。

（2）当 frame 属性值为 hsides 时可以显示表格的上下边框。

（3）当 frame 属性值为 above 时可以显示表格的上边框。

（4）当 frame 属性值为 below 时可以显示表格的下边框。

（5）当 frame 属性值为 rhs 时可以显示表格的右边框。

（6）当 frame 属性值为 lhs 时可以显示表格的左边框。

（7）当 frame 属性值为 void 时将不能显示表格的边框。

例如，当在<table>标记中输入“frame="hsides"”时，在浏览器中的效果如图 7.56 所示。

第1行第1列	第1行第2列
第2行第1列	第2行第2列

图 7.56　隐藏表格左右边框

第 8 章

设置 CSS 样式

内容介绍

CSS 是 Cascading Style Sheets 的首字母缩写，中文翻译为层叠样式表，简称为网页样式。它是 W3C 组织制订的一套网页样式设计标准。HTML 语言具有强大的标识功能，利用其丰富的标记可以轻松构建网页的结构和内容，但在网页布局以及样式显示等方面，功能就显得比较弱小。CSS 语言填补了 HTML 语言缺陷，为用户提供了强大功能的页面样式美化工具。本章将讲解 CSS 语言的基本语法和用法，同时学习 Dreamweaver CS4 所提供的强大 CSS 样式支持功能，掌握可视化定义 CSS 样式的基本方法。

学习重点

- CSS 技术概述
- CSS 基本语法
- CSS 应用
- CSS 样式优先级
- CSS 设备类型
- CSS 单位和属性
- 使用 Dreamweaver CS4 定义样式

Dreamweaver CS4

8.1 CSS 技术概述

W3C 标准化组织于 1996 年 12 月推出了 CSS 1.0 版本规范，并得到了微软与网景公司的支持。1998 年 5 月，W3C 组织又推出了 CSS 2.0 版本，从此该项技术在世界范围内得到推广和使用。现在大部分网页中使用的 CSS 样式表都遵循 CSS 2.1 版本标准。最新的 CSS 3 标准虽然早已经定义完毕，但由于支持的浏览器和使用者都比较少，因此还没有大规模普及使用。

CSS 语言是在 HTML 语言基础上发展而来的，是为了克服 HTML 网页布局所带来的弊端。在 HTML 语言中，各种功能的实现都是通过标签元素来实现，然后通过标签的各种属性来定义标签的个性化显示。这也造成了各大浏览器厂商为了实现不同的显示效果而创建各种自定义标签。同时为了设计出不同的效果，经常会把各种标签互相嵌套，造成了网页代码的臃肿杂乱。

CSS 比较简单易学，通过 CSS 样式表，你可快速控制 HTML 中各标记的显示属性。对页面布局、字体、颜色、背景和其他图文效果实现更加精确的控制。用户只修改一个 CSS 样式表文件就可以实现改变一批网页的外观和格式，保证在所有浏览器和平台之间的兼容性，拥有更少的编码、更少的页数和更快的下载速度。具体说，CSS 样式具有如下特点：

（1）可以将网页样式和内容分离。HTML 定义了网页的结构和各要素功能，而让浏览器自己决定应该让各要素以何种模样显示。CSS 样式表解决了这个问题，它通过将结构定义和样式定义分离，能够对页面的布局格式施加更多的控制，这样，可以保持代码的简明。也就是把 CSS 代码独立出来，从另一角度控制页面外观。样式和内容的分离简化了维护，因为在样式表中更改某些内容，就意味着在任何地方也更改了这些内容。

（2）能以前所未有的能力控制页面的布局。HTML 总体上的控制能力很有限，如不能精确地设置高度、行间距和字间距，不能在屏幕上精确定位图像的位置。但是 CSS 样式表能够实现所有页面控制功能。

（3）可以制作出体积更小、下载更快的网页。CSS 样式表只是简单的文本，就像 HTML 那样。它不需要图像，不需要执行程序，不需要插件。就像 HTML 指令那样快，使用 CSS 样式表可以减少表格标签及其他加大 HTML 体积的代码，减少图像用量从而减少文件尺寸。

（4）可以更快、更容易地维护及更新大量的网页。没有样式表时，如果想更新整个站点中所有主体文本的字体，必须一页一页地修改每张网页。即便站点用数据库提供服务，仍然需要更新所有的模板。样式表的主要目的就是将格式和结构分离。利用样式表，可以将站点上所有的网页都指向单一的一个 CSS 文件，只要修改 CSS 样式表文件中的某一行，那么整个站点都会随之发生变动。

（5）浏览器成为更友好的界面。CSS 样式表代码具有很好的兼容性，不像其他的网络技术，如果用户丢失了某个插件时就会发生中断；或者使用老版本的浏览器时代码不会出现杂乱无章的情况。只要是可以识别 CSS 样式表的浏览器就可以应用它。

Dreamweaver CS4

8.2 CSS 基本语法

CSS 和 HTML 语言一样都是一种简单的标识语言，通俗说，CSS 源代码就是一个样式集合。

CSS 语法比较简单，例如，下面就是一个简单的 HTML 文档。

```
<html>
<body>
    <p>文本信息<p>
</body>
</html>
```

在上面 HTML 文档中增加 CSS 样式，则代码如下。

```
<html>
<style>
<!--
p{
    color:blue;
    font-size:12px;
}
-->
</style>
<body>
    <p>文本信息</p>
</bdoy>
</html>
```

可以看到，在这个文档里多出了一个<style>标记，它就用来定义文档内段落的样式，其中“<!--”和“-->”符号表示 HTML 注释，用来防止 CSS 源代码不能被老版本浏览器识别而显示在页面中。

```
p{
    color:blue;
    font-size:12px;
}
```

这几行被称为一个样式，样式中首先要指明样式的选择符，即样式要作用的对象是谁，本例代码中为 p 标签。一个样式中可以列举多个属性及其值，一个属性及其对应值被称为一个规则。CSS 基本语法如下所示：

```
选择符{
    属性:属性值;
    ...
}
```

上面基本语法表示一个样式，样式中可以包含多个规则，规则由属性和属性值组成，每个规则后面要加分号表示该规则结束，样式中的规则都放在大括号中。

选择符不只是文档中的元素标签，它还可以是类（Class，这不同于 Java 或 C 中的类，表示一类样式，可以在多个标签反复调用）、ID（每个标签的身份编号，ID 样式只能够应用到它所定义的标签中）或是元素的某种状态（如 a:link 等），当然还有更多特殊选择符，我们将在后面实例中不断介绍。例如：

```
<html>
<style>
<!--
p{
    font-size:14px;
```

```
    line-height:1.6em;
}
.color_font{
    font-weight:bold;
}
#big_font{
    color:red;
}
-->
</style>
<body>
<p><span id="big_font">选择符</span>{ <span class="color_font">属性</span>:<span
class="color_font">属性值</span>; }</p>
</body>
</html>
```

上面代码中，.color_font 代表一个类，#big_font 代表一个标签编号（ID）。类和 ID 也可以和标签组合使用，例如：

```
p.color_font {
    color:red;
}
```

上面选择符表示该样式必须应用到 P 标签中类名为.color_font 中标记，同样的也适合于 ID。为了简化声明某些重复属性，可以用“,”把不同的选择符隔开，表示它们都具有相同的属性，例如：

```
.color_font,#big_font {
    color:red;
}
```

有时用户还希望能够在特定的范围内应用样式，例如：

```
p em {
    color:red;
}
```

前后选择符之间要用空格隔开，上面组合选择符表示在<p>标记所包含的<em>标记内定义字体显示为红色。

在 CSS 样式表中，属性值的单位多为长度单位，包括 px（像素）、pt（磅）、em（相当于当前字体高度）、mm（毫米）、cm（厘米）、in（英寸）等。要注意，CSS 样式表是区分大小写的，所以要注意拼写，另外对于 CSS 中未声明的属性和方法，样式表分析器会忽略它的存在，例如：

```
<style>
<!--
h1,h2 {
    color:green;
}
h3 & h4{
    color:red;
}
p {
    color:blue;
    fontvariant:small-caps;
```

```
}
-->
</style>
```

其中第 8 行代码中“&”是样式表中没有的符号，则第 2 个样式被浏览器忽略掉。第 3 个样式中的 fontvariant 不是一个合法属性，该样式也被忽略掉，只有第 1 个样式"color:blue"有效。

Dreamweaver CS4

8.3 CSS 应用

在上面介绍的示例中，CSS 代码都是放置在 HTML 文档内。当然，用户也可以使用文本编辑器来编写独立的 CSS 文档，例如，Windows 的记事本和写字板也可以使用专门的网页编辑工具（如 Frontpage、Dreamweaver 等）来编辑 CSS 文档，这样可以提高 CSS 代码编写的速度和质量。最后把编辑好的 CSS 文档导入 HTML 文档中即可（CSS 文档的扩展名为.css）。

有四种方式可以把 CSS 样式应用到网页中：

（1）在 HTML 标签中，把样式作为属性值直接定义在 style 属性中。

（2）在<style>标记中集中定义样式。

（3）通过<link>标记导入外部 CSS 文件。

（4）通过@import 命令导入外部 CSS 文件。

1．在标签内部定义样式属性

在 HTML 标签内部设计样式属性（有时也称为内联样式）是 CSS 应用最简单最直接的一种方法，其语法格式如下：

```
<tag_name style="property1:value1;property2:value1;...">></tag_name>
```

其中，tag_name 是标签对象的名称，property 是样式的名称，而 value 则是对应该样式的属性值，例如：

```
<div style="font-size:12px; color:red;">欢迎你来学习CSS样式表</div>
```

这种应用方式的优点是比较自由，可以任意指定个别标签的属性，定义起来弹性非常大，但与直接使用 HTML 标签属性来定义标签内容没有什么区别。当网页数量多时，设置与维护的工作将非常繁复。一般不赞成这种方式，仅适用于个别标签内样式的定义，且这些样式一般都比较固定，不需要反复调试、修改。

2．使用<style>标记定义

如果当定义的样式仅应用于 HTML 文档内部时，一般都使用这种方式。该种方式的语法格式如下：

```
<style type="text/css">
<!--
selector1-name {
    property1:value1;
    property2:value2;
    ...
}
...
-->
</style>
```

<style>标记专门用来定义样式，其中“type="text/css"”属性用来指定<style>标记包含的代

码类型为 CSS 源代码。“<!--”与“-->”是 HTML 注释符号，把它放在标签内，是防止客户端浏览器不支持这些 CSS 样式时，不会将这段 CSS 代码当成一般文字显示在网页中。在一个<style>标记中可以添加很多个样式，同时一个文档内可以使用多个<style>标签包含很多样式。<style>标记定义的样式只能够在单个网页内使用，不能够在多个网页之间引用。

一般都会把这种内部样式的 CSS 代码放在 HTML 文档头部区域，当然用户也可以把它放在页面任何位置。因为网页内容都是从上到下的顺序被下载，放在头部区域可以避免网页内容先下载后，由于 CSS 样式代码还没有被下载完毕而无法正常显示。

3．使用<link>标记导入外部 CSS 文件

一般网站都会采用这种方式，即把所有样式都定义在一个 CSS 样式表文件中，文件后缀名为.css。然后使用<link>标签导入外部 CSS 文件。其语法格式如下：

```
<link href="CSS文件" rel="stylesheet" type="text/css" media="all">
```

其中 href 属性定义 CSS 文件的路径，可以是绝对路径，例如：

```
href="http://www.adobe.com/cn/css/master_import/screen.css"
```

也可以是相对路径，例如：

```
href="css/master_import/screen.css"
```

<link>标签一般放在<head>区域，以便在下载完网页内容之前先下载 CSS 文件。CSS 文件只是简单的文本，可以使用任何文本编辑器打开并编辑，内部代码都是一个个样式列表，与上面显示的 CSS 代码类似，语法相同。

在 CSS 源代码中，可以使用“/*”和“*/”符号为 CSS 源代码加上注释。它可以放置在代码的任何位置，例如：

```
/* 首页样式表 */
body { /* 文档属性 */
    padding: 0px; /* 定义页边补白 */
margin:0px; /* 定义页边距 */
font-family: verdana, sans-serif; /* 定义页面字体 */
}
```

4．使用@import 命令导入外部 CSS 文件

@import 命令与<link>标记功能相同，都是导入一个外部 CSS 文件。不过该命令不是一个独立的 HTML 标签，它必须放在<style>标记内才可以使用。其语法格式如下：

```
<style type="text/css" media="all">
<!--
@import url("CSS文件");
-->
</style>
```

@import 命令在用法上除了必须放在<style>标记内外，它的参数格式和结尾分号都是容易出错的地方，参数 URL 要以 url()函数的方式导入外部样式表文件，其中 URL 要以字符串形式书写，即加上引号。至于结尾的分号更是该格式的必须符号，不能够遗忘。

Dreamweaver CS4

8.4 CSS 样式优先级

Cascading Style Sheet 中的 Cascading 是“层叠”的意思，也就是说在同一个网页文档中可以为同一个对象定义多个样式，这些样式表根据所在的位置，拥有不同的优先级，优先级越高，就会被优先采用。一般遵循越靠近标记的样式优先级就越大。

具体判断 CSS 样式优先级可以从下面 3 个方面来判断，这 3 个方面包括：环境、应用方式和选择符。

（1）环境方面

优先级别如下（排在前面的优先）。

1）网页设计者定义的样式。

2）浏览者在浏览器中设置的样式。

3）浏览器自带的默认样式。

（2）应用方式方面

1）在标签内部添加样式属性。

2）使用<style>标签定义样式。

3）导入的外部样式文件。

在这个顺序中，第 2 位与第 3 位有时也存在变化，如果导入的外部样式文件放在<style>标签后面，则它就具有更大优先权。例如：

```
<style type="text/css" media="all">
body {
    font-size:12px;
    color:black;   }
@import url("css1.css");
</style>
<link href="css2.css" rel="stylesheet" type="text/css" media="all">
```

在上面文档中同时应用了 3 种方式定义样式，如果在 css1.css 文件中定义为：

```
body { /* css1.css样式表文档 */
    color:red;
}
```

在 css2.css 文件中定义为：

```
body { /* css2.css样式表文档 */
    color:blue;
}
```

则网页最终显示效果为网页文字颜色为蓝色。

（3）选择符方面

1）ID 选择符（默认权值为 100）。

2）类选择符（默认权值为 10）。

3）标签选择符（默认权值为 1）。

如果选择符是复合选择符，即由多个独立的选择符组合在一起，则根据它们的权值之和进行比较。例如：

```
<style type="text/css">
div#div1 {
    color:red;
}
div.class1 {
    color:blue;
}
```

```
#div1 {
    color:black;
}
.class1 {
    color:green;
}
div {
    color:yellow;
}
</style>
<div id="div1" class="class1">CSS选择符优先权</div>
```

根据选择符优先权，第 1 个样式的优先权值为 101，第 2 个样式的优先权值为 11，第 3 个样式的优先权值为 100，第 4 个样式的优先权值为 10，第 5 个样式的优先权值为 1，则最终<div>标记中的文本显示为红色。

8.5 CSS 设备类型

样式表的一个最重要特征就是它可以使网页在不同设备中正常显示，例如，电脑屏幕、手机屏幕、触摸屏、家用电器屏幕、电子合成器等。特定的属性只能作用于特定的设备。在应用 CSS 样式表文件之前，应先用@import 或@media 命令声明设备的类型，语法格式如下：

```
@import url(loudvoice.css) speech;
@media print {
    /* 在这里可以导入打印机专用样式表 */
}
```

@import 和@media 的区别在于，前者引入外部的样式表用于设备类型，后者直接引入设备属性。

（1）@import 的使用方法：

@import 命令 + 样式表文件的 URL 地址 + 设备类型

可以多个设备共用一个样式表，设备类型之间用","分割符分开。

（2）@media 的使用方法：

把设备类型放在前面，后面跟该设备专用的样式，CSS 基本语法一样。

也可以在<link>标记中声明一个设备类型，语法格式如下：

```
<link rel="stylesheet" type="text/css" media="print" href="style.css">
```

下面列出各种设备类型：

1）screen：指计算机屏幕。

2）print：指用于打印机的不透明介质。

3）projection：指用于显示的项目。

4）braille 和 embossed：指用于盲文系统，如有触觉效果的印刷品。

5）aural：指语音电子合成器。

6）tv：指电视类型的媒体。

7）handheld：指手持式显示设备（小屏幕，单色）。

8）all：适合于所有媒体。

Dreamweaver CS4

8.6 CSS 单位和属性

了解 CSS 基本语法并不等于就能够编写 CSS 样式。用户还应熟练掌握 CSS 属性及其属性取值范围和取值单位。从 CSS 的基本语句就可以看出，属性是 CSS 非常重要的部分。熟练掌握了 CSS 的各种属性将会使你编辑页面更加得心应手。

8.6.1 CSS 单位

CSS 单位主要包括长度、颜色和 URL。

1．长度单位

长度单位是网页设计中最常用的一种单位。在 CSS 中，长度主要用于定义对象宽度、高度、字号、字间距、文本缩排、行高、边距、间距、边框宽度等各种属性。长度单位包括绝对单位和相对单位。

（1）绝对长度

在网页中常使用的绝对长度包括：厘米（cm），毫米（mm），英寸（in），点（pt），派卡（pc）。

绝对长度值的使用范围比较有限，只有在完全知道外部输出设备的情况下，才使用绝对长度值。也就是说，绝对长度值最好用于打印机输出设备，而在仅仅作为屏幕显示时，使用绝对长度值意义不大，应该尽量使用相对长度。

（2）相对长度

每一个浏览器都有默认的通用尺寸标准，这个标准可以由系统决定，也可以由用户按照自己的习惯进行设置。因此，这个默认值尺寸往往是用户觉得最适合的尺寸。于是使用相对长度值，就是需要定义尺寸的元素按照默认大小为标准，相应的进行缩放，这样就不可能产生难以辨认的情况，因此它能更好地适应不同的媒体。有效相对单位包括：

1）em（em，元素的字体的高度）。

2）ex（x-height，字母“x”的高度）。

3）px（像素，相对于屏幕的分辨率）。

使用 em 和 ex 单位的目的就是为了根据字体设置来决定合适的宽度，而没有必要知道字体有多大，在显示时，可通过比较当前字体大小来确定。字体越大，所对应的 em 和 ex 单位取值也就越大。

以像素为单位的长度是相对于显示器上的像素的高度和宽度来决定的。图像的宽度和高度经常是以像素给出的，像素的大小依屏幕分辨率变化而不同，这也是最常用的取值单位。

2．百分比单位

百分比总是相对于另一个值来说的，一般这个值可以根据父元素（或者上级元素）的相同属性值作为参照值。使用百分比，首先应写符号部分，这个符号可以是“+”（正号），表示正长度值，也可以是“-”（负号），表示负长度值。如果不写符号，那么默认值是“+”。在符号后紧接着是一个数值，符号后面可以输入任意值，但是由于在某些情况下，浏览器不能处理带小数点的百分比，因此最好不用带小数的百分比，最后在数值后面增加“%”符号表示百分比单位，例如，45%。

3．颜色单位

定义颜色可以有 4 种形式：

1）#rrggbb，如#00cc00。

2）#rgb，如#0c0。

3）rgb(x,x,x)，其中 x 是一个 0～255 之间的整数，如 rgb(0,204,0)。

4）rgb(y%,y%,y%)，其中 y 是一个 0.0～100.0 之间的整数，如 rgb(0%,80%,0%)。

还可以指定颜色的名称。例如，下面是各种浏览器都支持的颜色名称。

black	纯黑 000000	silver	浅灰	C0C0C0
navy	深蓝 000080	blue	浅蓝	0000FF
green	深绿 008000	lime	浅绿	00FF00
teal	靛青 008080	aqua	天蓝	00FFFF
maroon	深红 800000	red	大红	FF0000
purple	深紫 800080	fuchsia	品红	FF00FF
olive	褐黄 808000	yellow	明黄	FFFF00
gray	深灰 808080	white	亮白	FFFFFF

4．URL 单位

URL（Uniform Resource Locator，统一资源定位）单位与链接的地址有关，在创建链接时，路径是非常重要的，主要包括绝对路径和相对路径。其中相对路径又可以分为相对根目录的路径及和相对文档的路径。

绝对路径包含的是精确位置，一般创建站外超链接时必须使用绝对路径，这样不管当前文件的位置如何变化，该链接都是有效的。

相对于根目录的路径总是从当前站点的根目录开始，一般使用斜杠告诉服务器从根目录开始。例如，/dreamweaver/index.html 将链接到站点根目录 dreamweaver 文件夹的 index.html 文件。

相对于文档的路径是指和当前文档所在的文件夹相对的路径。例如：

1）文档 test.swf 在文件夹 flash 中，它指定的就是当前文件夹内的文档。

2）…/test.swf 指定的则是当前文件夹上级目录中的文档。

3）/test/test.swf 指定是 flash 文件夹下 test 文件夹中的 test.swf 文档。

相对于文档的路径是最简单的路径，在创建与文档相对的路径之前必须保存文件，因为在没有定义起始点的情况下，与文档相对的路径是无效的。

8.6.2 CSS 属性

CSS 2.0 共定义了一百多个属性，并根据功能分成十几个大类，这么多属性如果同时让初学者掌握有点困难，不过用户可以循序渐进的一步步了解并不断掌握它们。下面就 CSS 布局中常用属性进行介绍。

1．CSS 盒模型

CSS 定义网页文档中所有元素（即标签）都会自动显示为一个矩形框（也称为元素框），这个框描述了元素及其属性在网页布局中所占用的空间大小，因此，把这个框称为 CSS 盒模型。一个完整的盒模型如图 8.1 所示。

一个完整的 CSS 盒模型拥有 5 类属性：边界（margin）、边框（border）、补白（padding，也有人称之为内边界、填充）、大小（height、width）和背景（background）。

边界包含 margin-top、margin-right、margin-bottom、margin-left 和 margin 共 5 个属性，分别表示盒模型里内容离外边框的距离，它的属性值是数值单位，可以是长度、百分比或 auto，margin 甚至可以设为负值，造成盒模型与另外的盒模型之间的重叠显示。

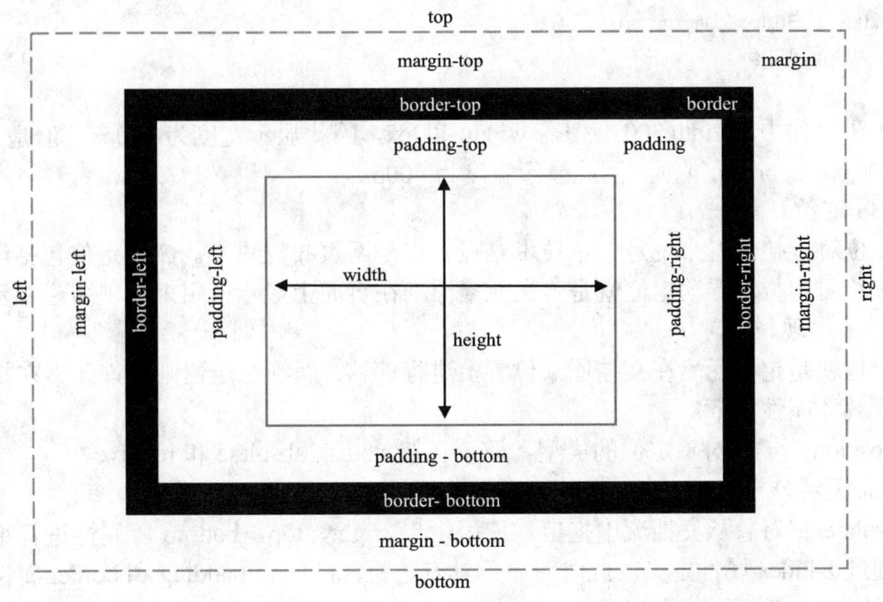

图 8.1　CSS 盒模型

补白用来描述盒模型的边框与内容之间的填充空间，与边界类似，它也包含 padding-top、padding-right、padding-bottom、padding-left 和 padding 共 5 个属性。

平时我们在浏览 HTML 文档时，看到一段文字，并不会把它当作一个盒模型，实际上网页中任何一个元素都是一个盒模型，而且相互嵌套。本来盒模型是有边框的，由于浏览器默认文本边框不显示出来，所以用户会感觉不到它是盒模型。边框包含 border-width、border-color 和 border-style 共 3 类属性，这些属性又可以包含很多属性，例如，border-width 属性又分为：border-top-width、border-right-width、border-bottom-width、border-left-width 和 border-width 属性。

需要说明的是，IE 5.x 及以下版本浏览器与其他标准浏览器对盒模型的解释不一致，给布局带来一定的麻烦，主要区别是：

IE 5.x 在计算盒模型宽度时，错误的认为盒模型宽度和高度包括 border 和 padding 值，而符合标准的浏览器是严格根据图 8.1 所示计算盒模型的宽度和高度的。例如：

```
div.boxtest{
    border:20px solid #60A179;
    padding: 30px;
    background : #ffc;
    width : 300px;
}
```

在标准情况下，这个盒模型的总宽度是：20+30+300+30+20=400px。但是在 IE 5.x 浏览器中，盒模型的总宽度是：20+300+20=340px。这样就会造成网页布局在不同浏览器显示为不同的效果，为了解决此类问题，用户需要打一个补丁，例如，由于在 CSS 中!important 命令具有最大优先权，但是在 IE 5.x 中不能够识别这个命令，所以使用!important 命令修补这个 Bug，代码如下：

```
div.boxtest{
    border:20px solid #60A179;
    padding: 30px;
    background : #ffc;
```

```
    width : 300px!important;
    width : 400px;
}
```

在标准浏览器中，width:300 会覆盖 width: 400px，因此显示宽度为 300px；但是 IE 5.x 会忽略 width: 300px!important;规则，因此显示宽度为 400px。

2．CSS 定位

CSS 定位对于初学者来说是一个技术难点，也是网页布局重点。CSS 定位包括浮动定位、相对定位和绝对定位。浮动定位就是定义元素浮动在页面上显示，用来实现多栏显示，一般通过 float 属性来实现。

相对定位就是定义元素在文档原来位置上进行偏移，而绝对定位则允许元素在指定容器内任意定位。具体属性如下：

（1）position：定义对象定位的类型，取值包括 static、absolute 和 relative。

1）static 无特殊定位，对象遵循 html 定位规则。

2）absolute 将对象从文档流中拖出，使用 left、right、top、bottom 等属性进行绝对定位。而其层叠通过 z-index 属性定义。此时对象不具有边距，但仍有 padding 和 border 属性，我们用绝对定位的时候一般都用这个属性。

3）relative 定义对象不可层叠，但将依据 left、right、top、bottom 等属性在正常文档中偏移位置。

（2）float 和 clear：在 html 中图片可以选择飘浮的位置，盒模型对象通过 CSS 也可以定义对象为飘浮显示。改变 float 属性，盒模型对象将飘浮在其他元素的左或右方。相反的，使用 clear 属性将禁止元素在盒模型对象的左方或右方飘浮。

（3）top、right、bottom 和 left：这 4 个属性可以精确定义元素在具有定位属性的容器中的位置。

（4）z-index：在 CSS 中允许元素重叠显示，这样就有一个显示顺序的问题，z-index 属性描述了元素的前后位置，z-index 使用整数表示元素的前后位置，数值越大，就会显示在相对靠前的位置，也可以使用负数。

（5）width 和 height：定义盒模型对象的宽度高度。

（6）min-height 和 max-height：这两个属性定义盒模型对象的高度在最小高度和最大高度之间。但目前并不是所有浏览器都支持该属性，所以使用不是很普及。同理还有 min- width 和 max-width 两个属性，其用法相同。

（7）overflow：在定义元素的宽度和高度时，如果元素的面积不足以显示全部内容的话就要用到 overflow 属性。取值包括：

1）visible：扩大面积以显示所有内容。

2）hidden：隐藏超出范围的内容。

3）scroll：在元素的右边显示一个滚动条。

4）auto：当内容超出元素面积时，显示滚动条。

（8）clip：css 还提供了一种 clip 属性，可以把元素区域剪切成各种形状，但目前提供的只有方形一种。

（9）line-height 和 vertical-align：line-height 属性可以规定元素内部的行间距，使用长度单位或百分比。vertical-align 属性决定元素在垂直位置的显示，但浏览器对其支持不是太好。

（10）visibility:：该属性用于控制元素的显示或隐藏，取值包括 inherit、visible 和 hidden。

Dreamweaver CS4

8.7 使用 Dreamweaver CS4 定义样式

Dreamweaver CS4 具有强大的 CSS 样式编辑和管理功能。在 Dreamweaver CS4 中利用【CSS 样式】面板可以可视化定义页面元素的 CSS 样式。如果再结合 Dreamweaver 提供的各种代码编写和测试服务，用户在 Dreamweaver 环境中可以轻松开发符合标准的网页。

8.7.1 新建样式的一般方法

要使用 CSS 样式美化页面，首先应建立一个样式。样式就是 CSS 样式表中最小单元，定义一个样式之后，就可以在网页中不同标记之间应用，它犹如一个小巧的样式模板，能够被不同元素调用。新建样式的步骤如下：

步骤 1 打开一个基本制作好的网页素材。选择【窗口】|【CSS 样式】命令，打开【CSS 样式】面板，如图 8.2 所示。

步骤 2 在【CSS 样式】面板底部，单击【新建 CSS 规则】按钮，打开【新建 CSS 规则】对话框，如图 8.3 所示。

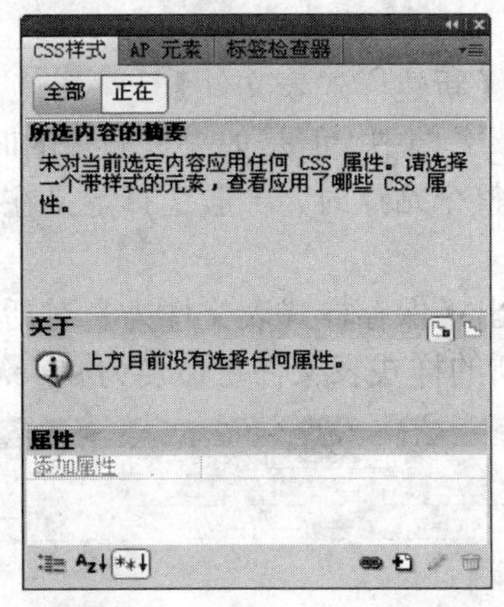

图 8.2 【CSS 样式】面板

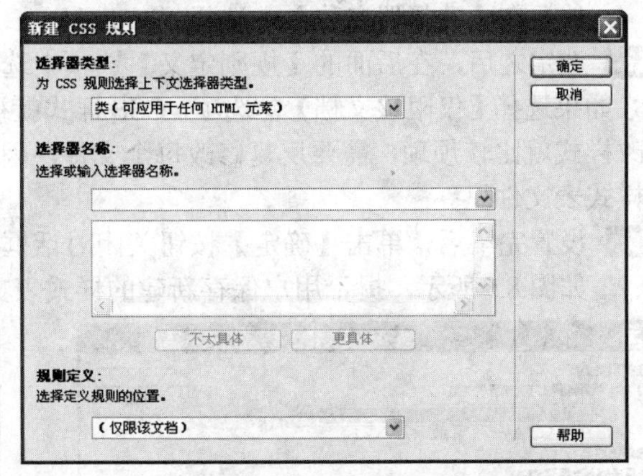

图 8.3 【新建 CSS 规则】对话框

（1）【选择器类型】下拉列表框：为 CSS 样式选择一种类型。主要包括：

1）【类（可应用于任何 HTML 标签）】选项：选择该项将定义一类新的样式，类样式可以供任何元素引用，也就是说任何标记都可以应用类样式。类的名称需要在【选择器名称】文本框中输入。

当类样式设置完毕后，就可以在【CSS 样式】面板中看到制作完成的样式。在应用的时候，首先在页面中选中一个标记，然后在属性面板中通过【类样式】来选择要应用的类样式名称，也可以在标记中通过 class 属性直接引用类样式即可。

类样式必须以点开头，如果没有输入点，则 Dreamweaver 将自动添加。类样式是可以被应用于页面中任何标记的样式类型。

2）【标签（重新定义 HTML 元素）】选项：选择该项将现有的 HTML 标签重新定义显示样式。因此定义完毕标签样式以后就不需要在网页中指定要应用样式的元素对象，网页中所有该标签都将自动显示这个样式。

3）【ID（仅应用于一个 HTML 元素）】选项：选择该项，可以为网页中特定的标记定义样式，即通过标记的 ID 编号来实现，当选择该项时，然后在【选择器名称】文本框中输入网页中一个标记的 ID 值。ID 样式必须以#开头，如果没有输入#，则 Dreamweaver 将自动添加。ID 样式原则上只供一个标记使用，其他标记不能使用，即使是相同名称的标签也不能够重复使用 ID 样式。

4）【复合内容（基于选择的内容）】选项：选择该项，可以自定义复杂的选择器，如伪选择器、复合选择器等。

（2）【选择器名称】文本框：设置新建样式的名称。当在【选择器类型】选项组中选择不同的选项时，可以在该文本框中设置选择器的名称。

（3）【规则定义】下拉列表框：指定该样式保存在什么地方，包括定义一个外部链接的 CSS 样式表文件，还是定义一个仅应用于当前页面的 CSS 样式。

1）【新建样式表文件】选项：定义一个外部链接的 CSS 样式表文件，也就是说把当前定义的样式保存在外部样式表文件中，然后通过链接形式导入网页内部使用。使用样式表文件的好处就是其他网页也可以应用该样式。

2）【仅限该文档】选项：仅仅在该文档中应用 CSS 样式，也就是说当前定义的样式保存在网页内部，只能够被该文档使用，其他网页无法使用。

步骤3 首先定义该页面的普通文本的样式。可在【选择器类型】选项中，选择 CSS 样式的类型。由于本例要定义的是整个页面的文本，因此选择【标签（重新定义 HTML 元素）】选项。然后在【选择器名称】中选择“body”。

步骤4 选定之后，在后面的【规则定义】选项中选择默认的【新建样式表文件】。

如果选择【仅限该文档】单选项，CSS 样式就被定义在该文档中。但是如果页面多的时候，修改样式就比较烦琐，需要反复修改每个文件，因此在定义整个站点时，一般选择定义在新建的样式表文件里。

步骤5 设置完毕后，单击【确定】按钮关闭对话框，同时弹出【保存样式表文件为】对话框，如图 8.5 所示，提示用户保存新建的样式表文件。将新的样式表文件重命名为 style.css。

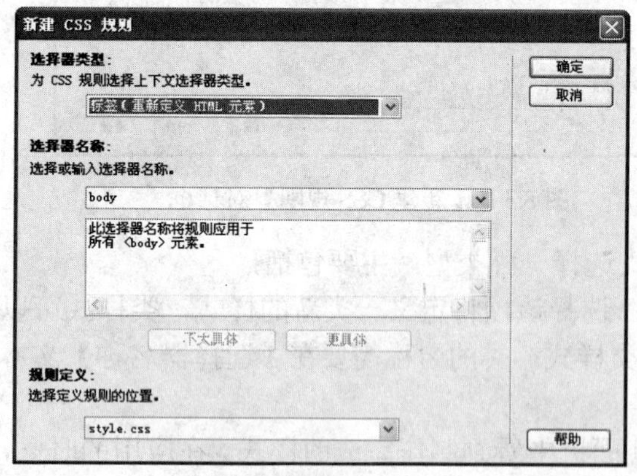

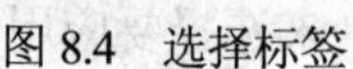
图 8.4　选择标签

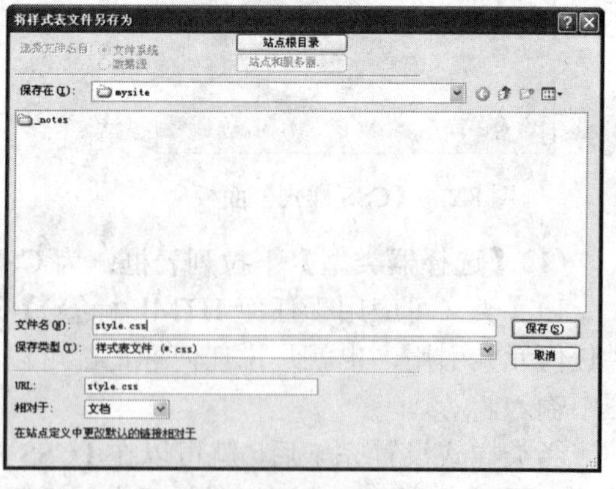

图 8.5　【保存样式表文件为】对话框

步骤6 单击【保存】按钮，保存样式表文件，一个新的样式表文件就创建完成了。这时就会打开样式表编辑器，进入样式表编辑状态。

CSS 规则就是 CSS 样式中的一对属性/属性值，相当于为 CSS 属性取值，用分号结束一条规则，一个样式中最后一条规则可以省略分号。例如，在下面 CSS 源代码中就是一个样式，样式选择器为 body 标签，该样式定义了两条规则，第一条规则定义网页的字体，结尾用分号隔开，第二条规则定义网页的行高，结尾省略了分号，不过一般建议每条规则后都要加分号。

```
body {
    font-size: 9pt;
    line-height: 140%
}
```

8.7.2　定义文本样式

文本样式是 CSS 样式中最主要的内容，它包括字体、大小、颜色等。在【CSS 规则定义】对话框中，选择左侧的分类列表中的【类型】分类项，可以打开如图 8.6 所示的文本样式选项。

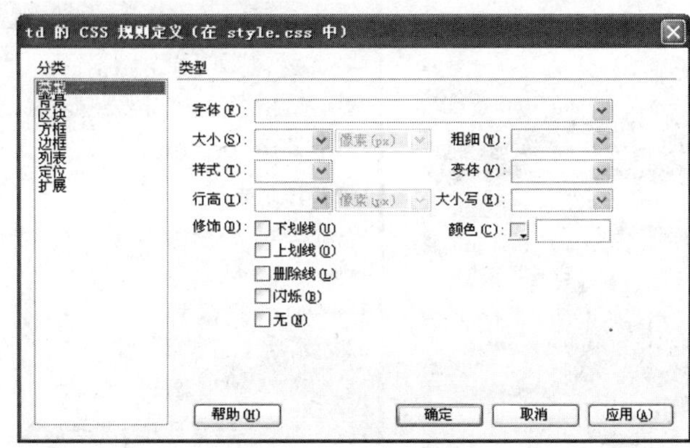

图 8.6　【类型】选项

（1）【字体】下拉列表：设置当前样式所用的字体。

（2）【大小】列表框：设置字体的字号。可设置相对大小或者绝对大小，设置绝对大小时还可以在其右边的下拉列表中选择单位。常使用“点数（pt）”为单位。“点数”是计算机字体的标准单位，这一单位的优点是设置字号会随着显示器分辨率的变化而自动调整，防止不同分辨率显示器中字体大小不一致。如果使用点数作为单位，建议设置正文字体大小为 9 pt，该字号的文字和软件界面上的文字字号是相同的。另外，10.5pt、12pt 也是常用的正文文字字号。

（3）【样式】下拉列表：设置字体的特殊格式，包括正常、斜体和偏斜体。

（4）【行高】下拉列表：设置文本的行高。选择【正常】项，则由系统自动计算行高和字体大小，也可以直接在其中输入具体的行高数值，然后在右边的下拉列表中选择单位。注意行高的单位应该和文字的单位一致，行高的数值是包括字号数值在内的，如设置文字为 9pt 高，如果要创建一倍行距，则行高应该为 18pt。

（5）【修饰】选项区域：设置字体的一些修饰格式，包括下划线、上划线、删除线和闪烁线（闪烁效果只有在 Netscape 浏览器下才能显示出）等格式。选中相应的复选框，则激活相应的修饰格式。如果不希望使用格式，可以清除相应复选框；如果选择无，则不设置任何格式。在默认状态下，对于普通的文本，其修饰格式为无；对于超级链接，其修饰格式为下划线。

（6）【粗细】下拉列表：设置字体的粗细。选择粗细数值，可以指定字体的绝对粗细程度，选择粗体、特粗和细体则可以指定字体相对的粗细程度。

（7）【变体】下拉列表：设置字体的变体形式，主要针对英文字符设置的，该设置只能在浏览器中才可以看到效果。

（8）【大小写】下拉列表：设置字体的大小写方式。如果选择首字母大写，则可以指定将每个单词的第 1 个字符大写；如果选择大写或小写，则可以分别将所有被选择的文本都设置为大写或小写；如果选择无，则保持字符本身原有的大小写格式。

（9）【颜色】：设置 CSS 样式的字体颜色。

例如，设置字体为“幼圆”、大小为 9pt、颜色为浅红色（#FF6666）、粗细为“细体”，其他选项均保持默认设置。单击【确定】按钮关闭对话框，回到编辑窗口，可以看到 style.css 文件也被打开，处于编辑状态，如图 8.7 所示。保存文件后，按 F12 键在浏览器中预览网页，效果如图 8.8 所示。

如果查看网页源代码，可以在头部区域看到新增加的代码：

```
<link href="images/style.css" rel="stylesheet" type="text/css">
```

该行代码就是在网页中导入刚定义的外部样式表文件 style.css。

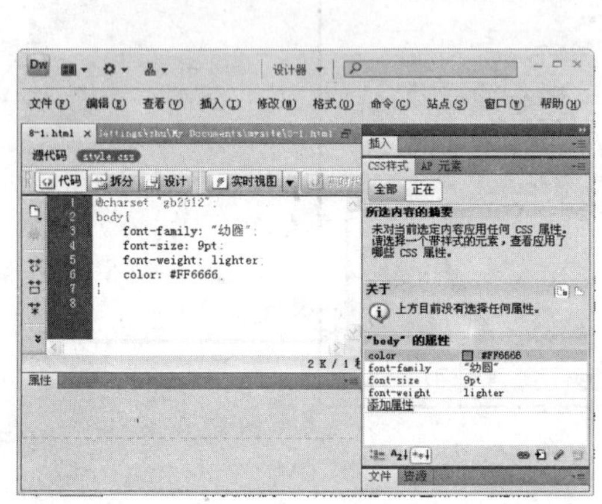

图 8.7　打开 style.css 文件

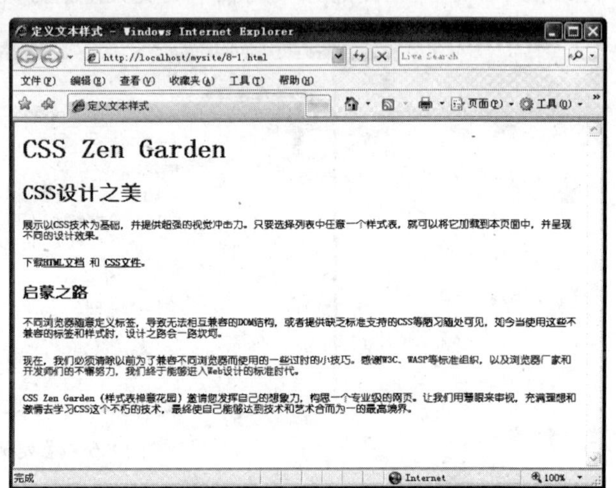

图 8.8　在浏览器中的显示效果

8.7.3　定义背景样式

在前面章节中曾经介绍过使用【页面属性】对话框定义网页背景颜色和背景图像的方法，实际上它就是利用 CSS 为 body 标签定义的背景样式。

打开预定义背景样式的网页，然后模仿前面小节方法建立一个样式，样式的选择器类型为“标签（重新定义特定标签的外观）”，在【标签】下拉列表中选择“body”选项，并把样式保存在外部样式表文件 style.css 中。

在【CSS 规则定义】对话框的左侧分类列表中选择【背景】项，然后在右侧选项区域设置背景 CSS 样式，如图 8.9 所示。

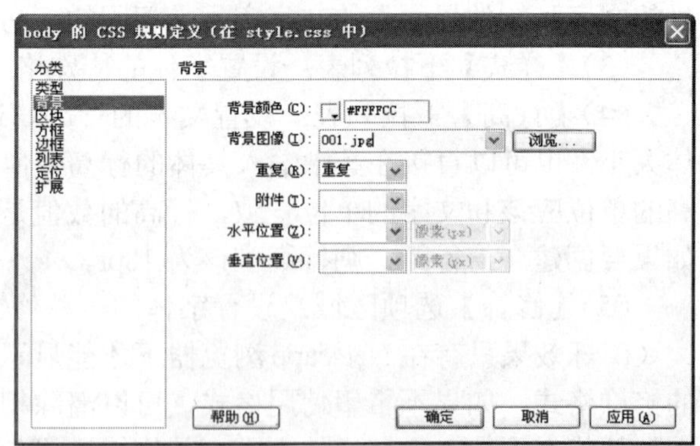

图 8.9　【背景】选项

（1）【背景颜色】项：设置指定页面元素的背景色。

（2）【背景图像】项：设置指定页面元素的背景图像。单击【浏览】按钮可以方便选择图像。如果同时定义背景颜色和背景图像，则只显示背景图像效果；如果没有发现背景图像，才会显示背景颜色。

（3）【重复】下列列表：设置当使用图像作为背景时是否需要重复显示，它包括以下 4 个选项。

1）【不重复】：表示只在应用样式的元素中显示一次该图像。

2）【重复】：表示在应用样式的元素背景上的水平方向和垂直方向上重复显示该图像。

3）【横向重复】：表示在应用样式的元素背景上的水平方向上重复显示该图像。

4）【纵向重复】：表示在应用样式的元素背景上的垂直方向上重复显示该图像。

（4）【附件】下拉列表：包括【固定】与【滚动】两个选项，用来设置元素的背景图是随对象内容滚动的还是固定的。【固定】选项为固定，【滚动】选项为滚动。注意一些浏览器会将固定方式始终作为滚动方式处理，如 Netscape。

（5）【水平位置】下拉列表：设置背景图像相对于应用样式的元素的水平位置。包括【左对齐】、【右对齐】和【居中对齐】，也可以直接输入数值。如果输入数值，还可以在右边的下拉列表中选择数值单位，常用像素为单位。如果前面的【附件】设置为【固定】选项，则元素的位置是相对于文档窗口，而不是元素本身的。

（6）【垂直位置】下拉列表：设置背景图像相对于应用样式的元素的垂直位置。包括【顶部】、【底部】和【居中】，也可以直接输入数值，并在右边的下拉列表中选择数值单位。如果前面的【附件】选项设置为【固定】，则元素的位置是相对于文档窗口，而不是元素本身的。

例如，在【背景图像】选项中选择一张背景图像，设置【重复】为【重复】（见图 8.9）。此时，页面背景图的样式就已经定义完毕了。单击【确定】按钮关闭对话框，回到文档编辑状态，保存文件，按 F12 键在浏览器中预览网页，其效果如图 8.10 所示。

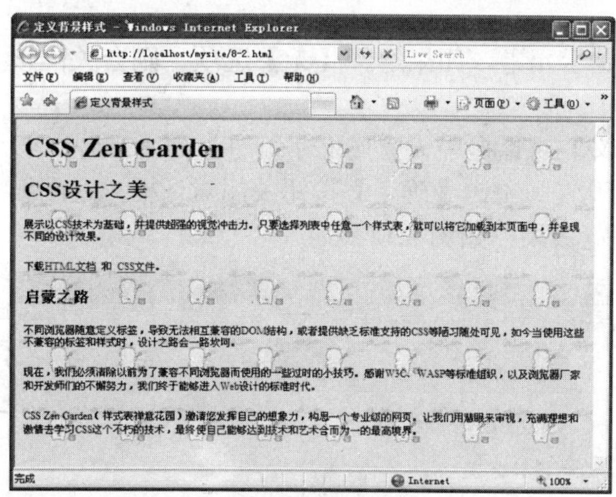

（a）设置背景图像效果 1

（b）设置背景图像效果 2

图 8.10　设置背景样式前后效果比较

8.7.4　定义区块样式

区块样式主要定义段落中文本的字距、对齐方式等样式。在【CSS 规则定义】对话框左侧选择【区块】选项，然后在右边选项区域详细设置区块样式，如图 8.11 所示。

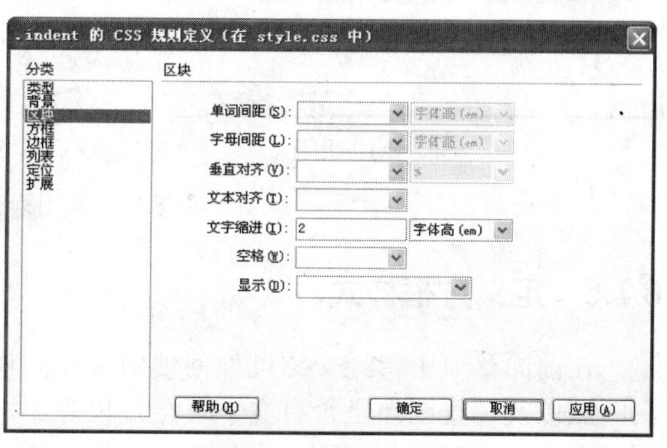

图 8.11　【区块】选项

（1）【单词间距】下拉文本框：定义文字之间的间距。单词间距选项会受到页边距调整的影响。可以指定负值，但是其显示取决于浏览器。Dreamweaver 的文档窗口中不会显示该属性。

（2）【字母间距】下拉文本框：定义字符

之间的间距。可以指定负值，但是其显示取决于浏览器。与字间距不同的是，字母间距可以覆盖由页边调整产生的字母之间的多余空格。Dreamweaver 的文档窗口中也不会显示该属性。

（3）【垂直对齐】下拉列表：设置元素包含内容的纵向对齐方式。只有当元素显示为单元格时，该样式才有效果，但 IE6 及更低版本浏览器不支持这个属性。

（4）【文本对齐】下拉列表：设置文本如何在元素内对齐，包括【居左】、【居右】、【居中】和【两端对齐】4 个选项。

（5）【文字缩进】文本框：设置首行缩进的距离。指定为负值时则等于创建文本凸出显示，但是其显示则取决于浏览器。只有当标签应用于文本块元素时，Dreamweaver 的文档窗口中才会显示该属性。

（6）【空格】下拉列表：决定如何处理元素内的空格键、Tab 键和换行符。有 3 个选项，包括：

1）【正常】：按正常的方法处理其中的空格键、Tab 键和换行符，即忽略这些特殊的字符，并将多个空格折叠成一个。

2）【保留】：将所有的空格键、Tab 键和换行符都作为文本用<pre>标记进行标识，保留应用样式元素内源代码的版式效果。

3）【不换行】：设置文本只有在遇到
标记时才换行。在 Dreamweaver 文档窗口中不会显示该属性。

（7）【显示】下拉列表：设置是否以及如何显示元素。如果选择【无】选项，则会关闭该样式被指定给的元素的显示。

例如，为标记 p 定义样式。在【CSS 规则定义】对话框中设置【文字缩进】为“2em”，该值表示缩进 2 个字体大小，其他各项均使用默认设置。单击【确定】按钮关闭对话框，返回编辑窗口。保存文件，然后按 F12 键在浏览器中预览效果，如图 8.12 所示。

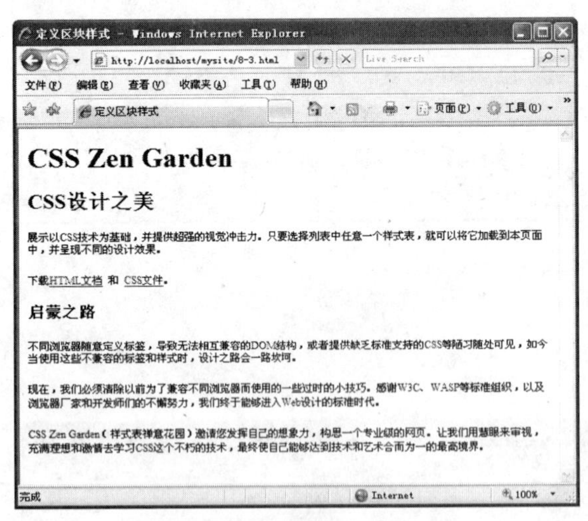

（a）应用前

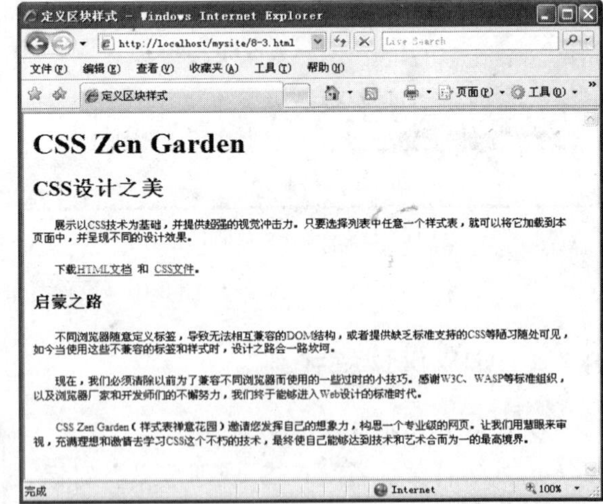

（b）应用后

图 8.12　应用样式前后比较效果

8.7.5　定义方框样式

在前面章节中曾经介绍过如何使用属性面板设置图像的大小、图像水平和垂直方向上的空白区域以及设置图像是否有文字环绕效果等。方框样式完善并丰富了这些属性设置，它定义特定元素的大小及其与周围元素间距等属性。在【CSS 规则定义】对话框的左边选择【方框】，然后在右侧详细设置方框样式，如图 8.13 所示。

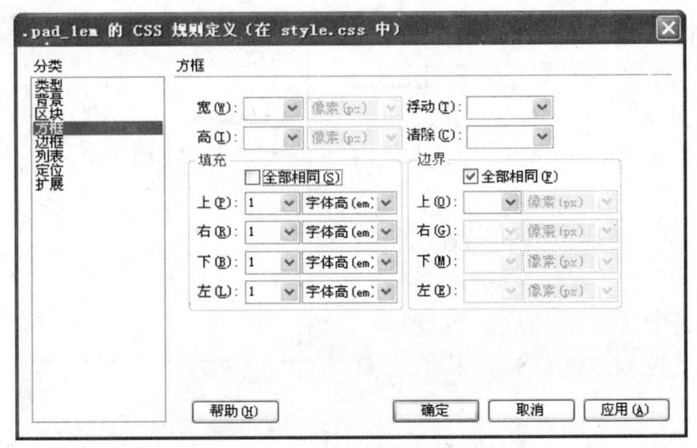

图 8.13　【方框】选项

（1）【宽】和【高】文本框：设置元素的大小，只有在被应用于块状元素时，Dreamweaver 的编辑窗口中才会显示该属性。

（2）【填充】选项区域：设置元素内容和边框（如果没有边框则为边缘）之间的空间大小。可以在下面对应【上】、【下】、【左】、【右】各项中设置具体的值和单位。填充属性在编辑窗口中不显示效果。

（3）【浮动】下拉列表：设置应用样式的元素浮动位置。利用该选项，可以实现元素的并列显示，如果选择【左对齐】或者【右对齐】选项，则将元素浮动到靠左或靠右的位置。其他环绕移动元素则保持正常。

（4）【清除】下拉列表：设置浮动元素的哪一边不允许有其他浮动元素。如果在被清除的那一边有其他浮动元素，则当前浮动元素会自动将移动到下面显示。

（5）【边界】选项区域：设置元素边框和其他元素之间的空间大小。只有在被应用于块状元素时（如段落、标题、列表等）时，Dreamweaver 的文档窗口中才会显示该属性。

例如，定义标记 p 的【边界】为 0，单击【确定】按钮关闭对话框，保存文件，然后按 F12 键在浏览器中预览效果，如图 8.14 所示。

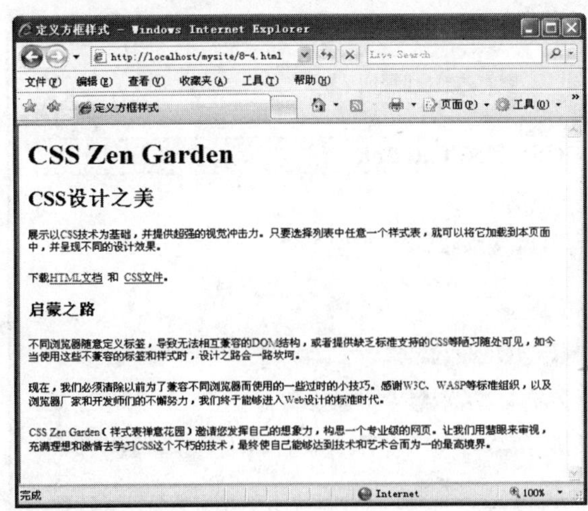

（a）应用前

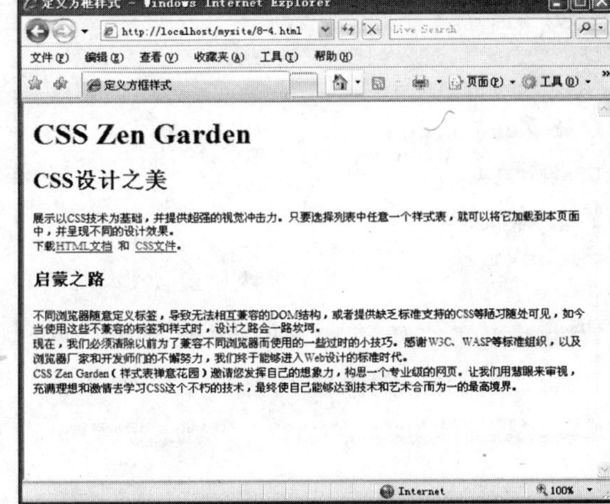

（b）应用后

图 8.14　应用方框样式文本块效果

8.7.6 定义边框样式

边框样式可以设置元素对象的边框，如边框的颜色、粗细、样式等。在【CSS 规则定义】对话框的左侧分类列表中选择【边框】选项，右侧区域显示边框样式的各种属性，如图 8.15 所示。

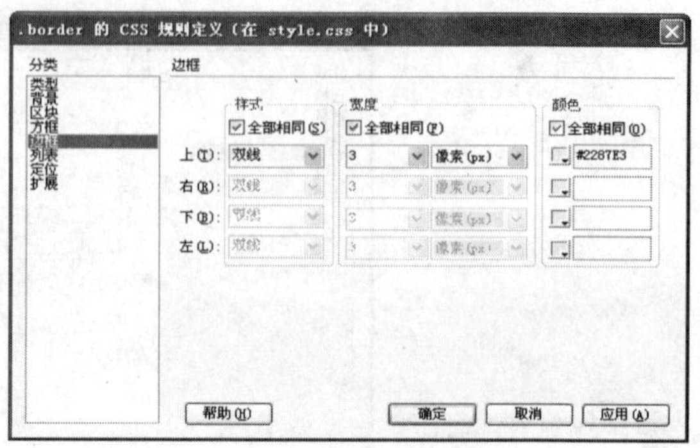

图 8.15 【边框】选项

（1）【样式】选项：设置边框的样式，包括无、点划线、虚线、实线、双线、槽状、脊状、凹陷和凸出。如果选中【全部相同】复选框，则只需设置【上】下拉列表的样式，其他方向样式与【上】相同。

1）【无】：设置边框线为无，无论设置边框宽度多宽，都不会显示边框。

2）【点划线】：设置边框线为点线组成。

3）【虚线】：设置边框线为虚线组成。

4）【实线】：设置边框线为实线。

5）【双线】：设置边框线为双实线。

6）【槽状】：设置边框线为立体感的沟槽。

7）【脊状】：设置边框线为脊形。

8）【凹陷】：设置边框线为内嵌一个立体边框。

9）【凸出】：设置边框线为外嵌一个立体边框。

（2）【宽度】选项：设置边框的粗细，包括细、中、粗和值，也可以设置边框的宽度值和单位。如果选中【全部相同】复选框，其他方向的设置与【上】相同。

（3）【颜色】选项：设置边框的颜色，其显示取决于浏览器，在 Dreamweaver CS4 编辑窗口中不会显示该属性。如果选中【全部相同】复选框，则其他方向的设置都与【上】相同。

例如，为标记 h1 设置【样式】为【双线】，【宽度】为 3 像素，【颜色】为红色，选中【全部相同】复选框，设置各边样式设置相同。单击【确定】按钮关闭对话框，保存文件，然后按 F12 键在浏览器中预览效果，如图 8.16 所示。

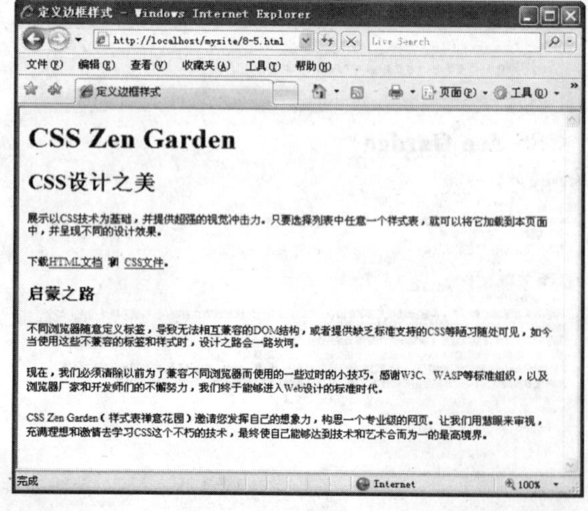

（a）应用前

（b）应用后

图 8.16 应用边框样式效果

8.7.7　定义列表样式

使用 CSS 列表样式可以定义列表的显示效果以及缩进方式。从【CSS 规则定义】对话框的左侧分类列表中选择【列表】项，右侧区域显示列表设置的相关属性，如图 8.17 所示。

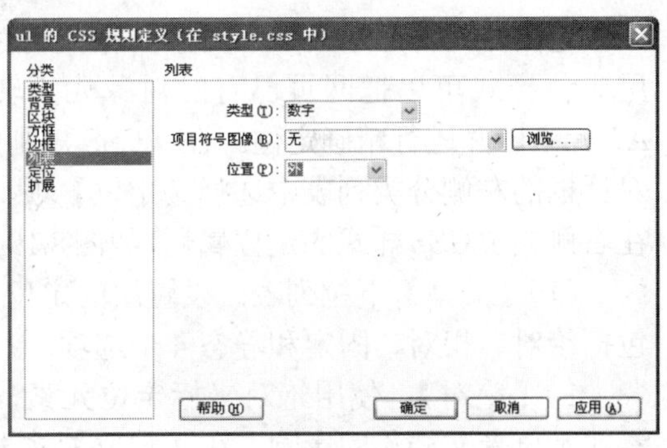

图 8.17　【列表】选项

（1）【类型】下拉列表：设置列表项目的符号类型。包括圆点、圆圈、方块、数字、小写罗马数字、大写罗马数字、小写字母、大写字母和无，共有 9 种类型，分别代表不同符号或编号。

1）【圆点】：设置在文本行前面加实心圆。

2）【圆圈】：设置在文本行前面加空心圆。

3）【方块】：设置在文本行前面加实心方块。

4）【数字】：设置在文本行前面加阿拉伯数字。

5）【小写罗马数字】：设置在文本行前面加小写罗马数字。

6）【大写罗马数字】：设置在文本行前面加大写罗马数字。

7）【小写字母】：设置在文本行前面加小写英文字母。

8）【大写字母】：设置在文本行前面加大写英文字母。

9）【无】：设置在文本行前面什么都不加。

（2）【项目符号图像】下拉文本框：设置图像作为列表项目的符号，单击右侧的【浏览】按钮，可以快速选择图像文件。

（3）【位置】下拉列表：设置列表项符号的显示位置。

1）【外】：设置列表项符号显示在列表项的外面，这样列表项符号与列表项之间会产生一段空隙。

2）【内】：设置列表项符号显示在列表项的内部，这样列表项符号与列表项之间会紧紧贴在一起。

例如，为标签 ul 定义如下样式，设置【类型】为“数字”，【项目符号图像】为“无”，【位置】为“外”。单击【确定】按钮关闭对话框，保存文件，然后按 F12 键在浏览器中预览效果，如图 8.18 所示。

（a）应用前

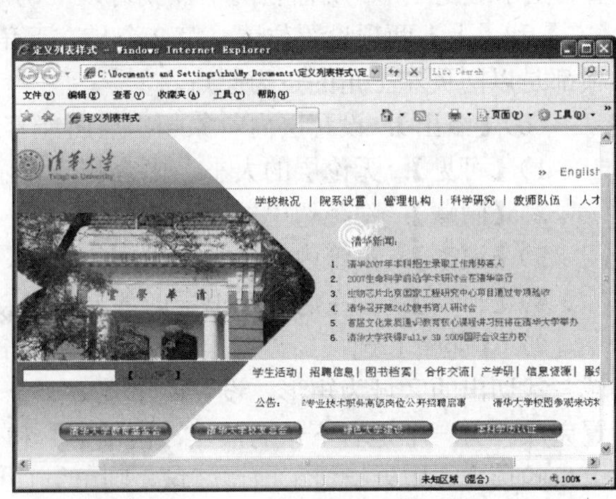

（b）应用后

图 8.18　应用列表样式效果

8.7.8 定义定位样式

定位样式就是定义 AP 元素的相关属性。使用定位样式可以把网页已有的对象元素转化为 AP 元素，并进行精确定位。在【CSS 规则定义】对话框的左侧分类列表中选择【定位】项，然后在右侧显示CSS样式的定位属性，如图8.19所示。

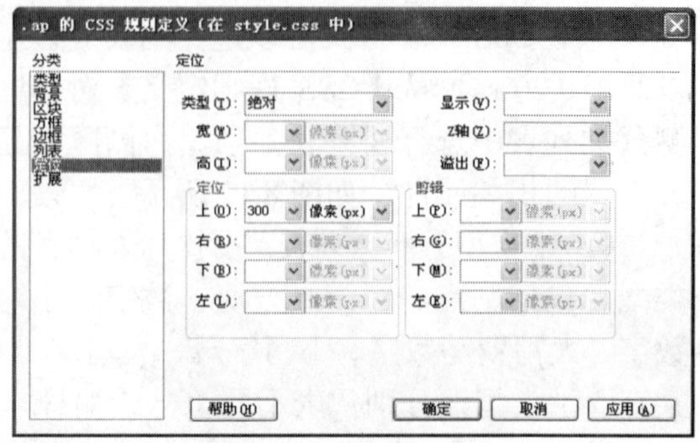

图 8.19 【定位】选项

（1）【类型】下拉列表：设置层的定位方式，包括绝对、相对、固定和静态 4 个选项。

1）【绝对】：使用绝对坐标定位元素，则元素就不再受文档流的影响，在【定位】文本框中输入相对于最近上级包含块坐标值。

2）【相对】：使用相对坐标定位元素的位置，在【定位】输入相对于元素本身在网页中的位置设置值，相对定位的元素还需要受文档流的影响，同时，它还占据定位前的位置。

3）【固定】：使用固定位置来定义元素的显示，固定定位的元素不会随浏览器滚动条的拖动而变化，也就是说它的定位坐标是根据当前浏览器窗口来定位的。

4）【静态】：恢复元素的默认状态，不再进行定位处理。

（2）【显示】下拉列表：设置层的初始化显示位置。如果没有设置该属性，大多数浏览器会以分层的父级属性作为其可视化属性。

1）【继承】：针对嵌套层（就是插入在其他层中的层，分为嵌套的子层和被嵌套的父层）进行设置，设置子层继承父层的可见性。父层可见，子层也可见；父层不可见，子层也不可见。

2）【可见】：设置无论在什么情况下，层都将是可见的。

3）【隐藏】：设置无论在什么情况下，层都是隐藏的。

（3）【宽】和【高】下拉文本框：设置层的大小，选择【自动】选项，层会根据内容的大小自动调整。也可以输入具体的值来设置层的大小，然后在右侧选择单位，默认单位是像素。

（4）【Z 轴】下拉文本框：设置层的先后顺序和覆盖关系。可以选择【自动】，或者输入相应的层索引值。可以输入正值或负值，值越大，所在层就会位于较低值所在层的上端。

（5）【定位】选项：设置层的位置和大小。具体含义主要根据在【类型】下拉列表中的设置。由于层是矩形的，需要两个点就可以准确地描绘层的位置和形状。第 1 个是左上角的顶点，【左】和【上】两项设置位置；第 2 个是右下角的顶点，用【下】和【右】两项进行设置。这 4 项都是以网页左上角的点为原点。

（6）【溢出】：设置层内对象超出层所能容纳的范围时的处理方式。

1）【可见】：无论层的大小，内容都会显示出来。

2）【隐藏】：隐藏超出层大小的内容。

3）【滚动】：不管内容是否超出层的范围，选中此项都会为层添加滚动条。

4）【自动】：只在内容超出层时才显示滚动条。

（7）【剪辑】选项：设置限定可视层的局部区域的位置和大小。限定只显示裁切出来的区域，裁切出的区域为矩形。设置两个点，一个是矩形左上角的顶点，由【上】和【左】两项设置完成；另一个是右下角的顶点，由【下】和【右】两项设置完成。坐标相对的原点是层的左上角的顶点。如果指定了剪切区域，则可以使用脚本语言（如 JavaScript）读取该区域并操作其属性以创建特殊效果。

例如，设置【类型】为【绝对】，在【定位】选项中设置【上】为 300 像素。单击【确定】

按钮关闭对话框，返回编辑窗口，选中要应用样式的图片所在单元格，然后在属性面板的【样式】下拉列表中选择类样式 ap（定义的样式），保存文件，然后按 F12 键在浏览器中预览效果，如图 8.20 所示。

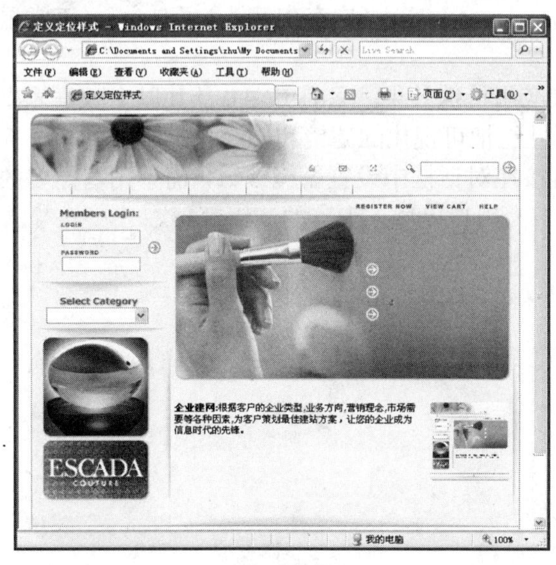

（a）应用前　　　　（b）应用后

图 8.20　应用定位样式效果

8.7.9　定义扩展样式

CSS 样式还可以实现一些扩展功能，这些功能主要集中在扩展样式中，包括分页、光标和过滤器，扩展功能更多地对自定义功能进行扩展，不过目前大多数浏览器还不完善支持该项功能，建议用户要谨慎使用。

在【CSS 规则定义】对话框的左侧分类列表中选择【扩展】选项，在右侧显示所有的 CSS 样式扩展属性，如图 8.21 所示。

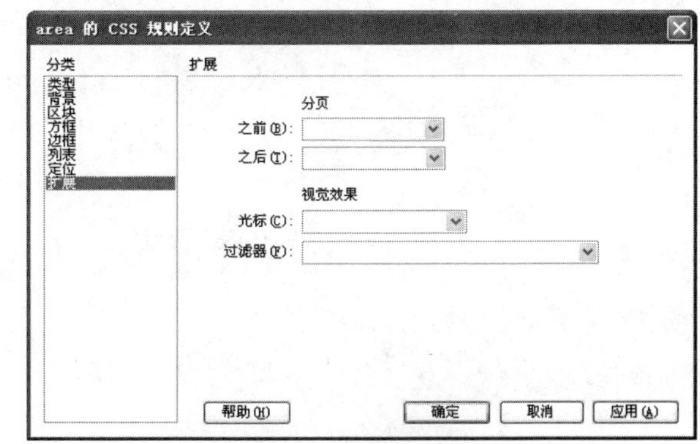

图 8.21　【扩展】选项

（1）【分页】选项：设置为网页添加分页符号，通过指定在某元素前或后进行分页。当打印网页中的内容时在某指定的位置停止并强行换页。IE 4.0 以上的版本浏览器才支持。可以在【之前】和【之后】下拉列表中进行设置。在【之前】下拉列表中包括 4 个选项。【之后】下拉列表各个选项与【之前】下拉列表 4 个选项意思基本相同。

1）【自动】：自动在某一个元素的前面插入一个分页符，当页面中没有空间时，就会自动产生分页符。

2）【总是】：在某一元素的前面插入一个分页符，而不管页面中是否有空间。

3）【左对齐】：在一个元素的前面插入一个或两个分页符，直至达到一个空白的左页。

4）【右对齐】：达到一个空白的右页。左页和右页实际上就是单页和双页，只有在文档进行双面打印时用到。

（2）【光标】：当鼠标指针停留在由扩展样式所控制的对象元素上时，改变指针的图形。主要包括：hand（手）、crosshair（交叉十字）、text（文本选择符号）、wait（Windows 的沙漏形状）、default（默认的鼠标形状）、help（带问号的鼠标）、e-resize（向东的箭头）、ne-resize（指向东北方的箭头）、n-resize（向北的箭头）、nw-resize（指向西北的箭头）、w- resize（向西的箭头）、sw-resize（向西南的箭头）和 s-resize（向南的箭头）、se-resize（向东南箭头）和 auto（正常鼠标）。

（3）【过滤器】：设置由样式控制的对象元素应用特殊效果。只有 IE 4.0 及其以上版本才支持该属性。作为 CSS 样式的新扩展，CSS 滤镜属性能把可视化的滤镜和转换效果添加到一个标准的 HTML 元素上。在 Dreamweaver 中，可以直接在对话框中设置滤镜参数，而不用写更多的代码。Dreamweaver CS4 在【过滤器】下拉列表中为用户提供了丰富的滤镜效果。

1）Alpha：设置透明效果。

2）BlendTrans：设置混合过渡的效果。

3）Blur：设置模糊效果。

4）Chroma：将指定的颜色设置成透明。

5）DropShadow：设置投影阴影。

6）FlipH：进行水平翻转。

7）FlipV：进行垂直翻转。

8）Glow：设置发光效果。

9）Grayscale：设置图像灰阶。

10）Invert：设置反转底片效果。

11）Light：设置灯光投影效果。

12）Mask：设置遮罩效果。

13）RevealTrans：设置显示过渡效果。

14）Shadow：设置阴影效果。

15）Wave：设置水平与垂直波动效果。

16）Xray：设置 X 光照效果。

第 9 章

使用 AP Div 元素

内容介绍

AP Div 元素表示定位元素的意思，利用此类元素可以实现精确定位，同时 AP Div 元素还拥有其他特性，如重叠、拖动等，这些特征对于网页设计者来说非常有用，利用它可以设计更复杂的布局。本章主要讲解 Dreamweaver CS4 中 AP Div 元素的基本用法和排版功能，掌握 Dreamweaver CS4 所提供的可视化定义和操作 AP Div 元素的方法。

学习重点

- AP Div 元素简介
- 定义 AP Div 元素
- AP Div 元素嵌套
- 选择 AP Div 元素
- 设置 AP Div 元素的属性
- 使用 AP Div 元素面板
- 操作 AP Div 元素

Dreamweaver CS4

9.1 AP Div 元素简介

AP 是 Absolutely Positioned 短语的缩写，中文翻译为绝对定位。在其他软件或场合中，人们更习惯于用“层（Layers）”来称呼，在 Dreamweaver 8 以及更低版本中也用层来表示。在 Dreamweaver CS3 版式中开始用 AP Div 元素来代替使用已久的层概念。由于层常使用<div>标记来实现，所以在 Dreamweaver CS4 中使用 AP Div 元素来表示绝对定位的<div>标记。

层技术最早是在图形图像处理中使用，由于层的应用使得传统平面设计师在处理图像时可以使用多层元素来进行图像合成，实现图像的任意组合，从而大大提高了工作效率，也使创意效果有了很大提高。Dreamweaver CS4 中的 AP Div 元素与图像处理中层的概念略有不同，但它们在本质上都是相同的，都可以进行绝对定位，并可以进行重叠和任意组合。

Dreamweaver CS4 中的 AP Div 元素可以理解为浮动在网页上的一层透明纸，它可以被准确地定位于网页的任意位置，并且可以设置大小。作为一种网页元素定位技术，使用 AP Div 元素可以以像素为单位精确定位页面元素。在 AP Div 元素里面放置文本、图像等对象。AP Div 元素对于制作网页的部分重叠更具有特殊的作用。把页面元素放入 AP Div 元素中，可以控制元素的显示顺序，也能控制页面元素的显示和隐藏，如果配合时间轴的使用，可同时移动一个或多个 AP Div 元素，这样就可以轻松制作出动态效果。

AP Div 元素还可以相互嵌套 AP Div 元素，子 AP Div 元素会继承父 AP Div 元素的特征，如可见性、移动等。AP Div 元素在 Dreamweaver 中被认为是一个对象，这样就具有更多的特性，如制作动画、触发动作。如果要构建一个十分酷的网页，AP Div 元素的作用不能忽视。

Dreamweaver 中的 AP Div 元素实际上是来自 CSS 中的定位技术，只不过 Dreamweaver 将其进行了可视化操作。AP Div 元素体现了网页技术从二维空间向三维空间的一种延伸，也是一种新的发展方向。有了 AP Div 元素就可以在网页中实现诸如下拉菜单、图片和文本的各种运动效果等。另外，使用 AP Div 元素也可以实现页面的复杂排版。

对于元素定位来说，有两种格式的 AP Div 元素：

（1）CSS 层（层叠样式表层）：使用<div>和<span>标记定位页面元素的位置。CSS 的层属性由 W3C 制定的 CSS 技术来定位 HTML 元素。

（2）Netscape 层：使用 Netscape 的<layer>和<ilayer>标记定位页面元素的位置。Netscape 层的属性由 Netscape 的专有层格式定义。该种方法已经不再建议使用。

由于 Internet Explorer 4.0 和 Netscape Navigator 4.0 及以上版本均支持使用<div>和<span>标记建立的层，而 Navigator 还支持用<layer>和<ilayer>标记建立的层。建议用户用<div>和<span>标记建立的层，避免浏览器的兼容问题。

针对层的特性，目前比较合理的做法是同时使用表格和层，以表格为主要布局工具、层作为辅助布局工具，搭配使用这两种设计工具，将会同时获得表格的稳定性与层的精确性，有助于设计出更精彩的页面。

Dreamweaver CS4

9.2 定义 AP Div 元素

使用 CSS 直接来定义 AP Div 元素相对要复杂一些，但是借助 Dreamweaver CS4 提供的可视化操作可以简单定义 AP Div 元素。

9.2.1 可视化定义 AP Div 元素

选择【插入】|【布局对象】|【AP Div】菜单命令，即可在页面中插入一个 AP Div 元素，插入后的效果如图 9.1 所示。如果在【插入】面板中选择【布局】选项卡，单击其中的【绘制 AP Div】选项可以在页面中绘制 AP Div 元素（见图 9.2）。

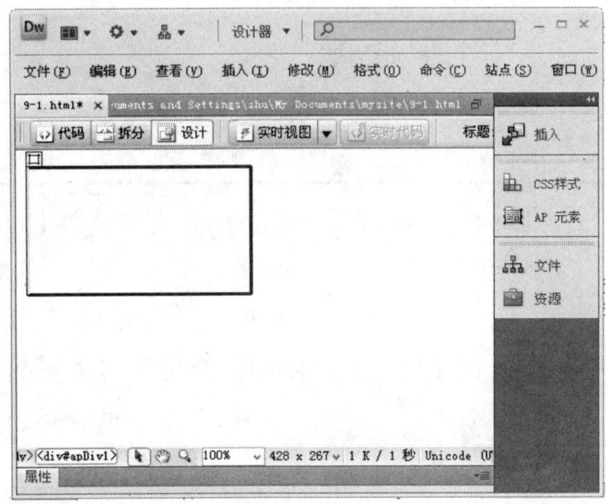

图 9.1 插入 AP Div 元素效果

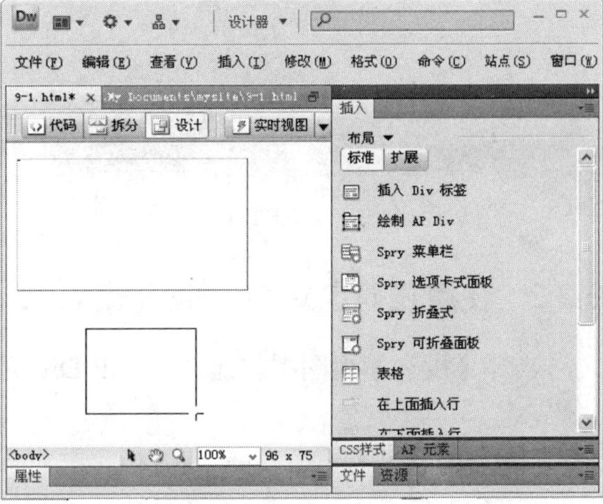

图 9.2 选择【绘制 AP Div】按钮

在编辑窗口中可以使用鼠标拖曳 AP Div 元素，如图 9.3 所示。如果在【插入】面板中选择绘制 AP Div 元素的命令，在编辑窗口中按住 Ctrl 键，则可以连续绘制多个 AP Div 元素，如图 9.4 所示。

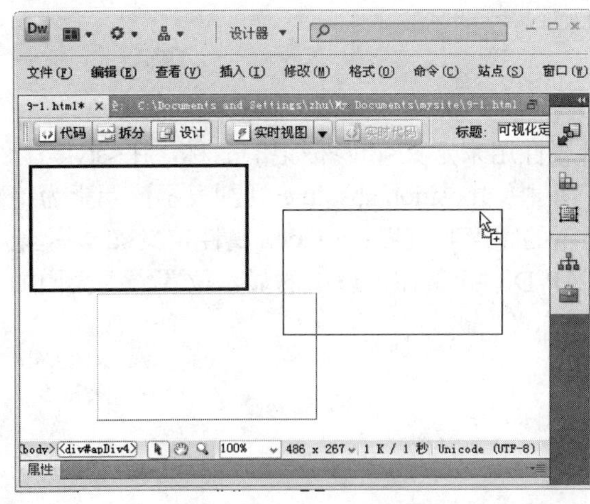

图 9.3 绘制 AP Div 元素

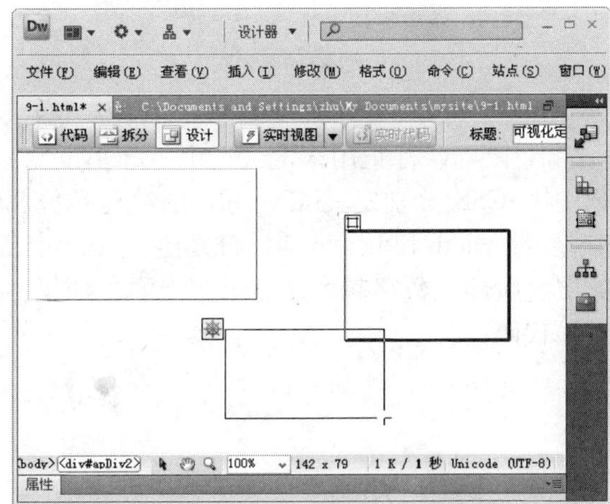

图 9.4 绘制多个 AP Div 元素

在【插入】面板的【布局】选项卡中，使用鼠标拖动【绘制 AP Div】选项按钮到编辑窗口中指定位置，然后释放鼠标（见图 9.5），在页面上自动创建一个 AP Div 元素，AP Div 元素的大小是固定，这个大小可以在【首选参数】中进行设置。方法是选择【编辑】|【首选参数】命令，在打开的【首选参数】对话框左侧【分类】列表中选择【AP Div】，然后在右侧设置【宽】和【高】文本框，如图 9.6 所示。

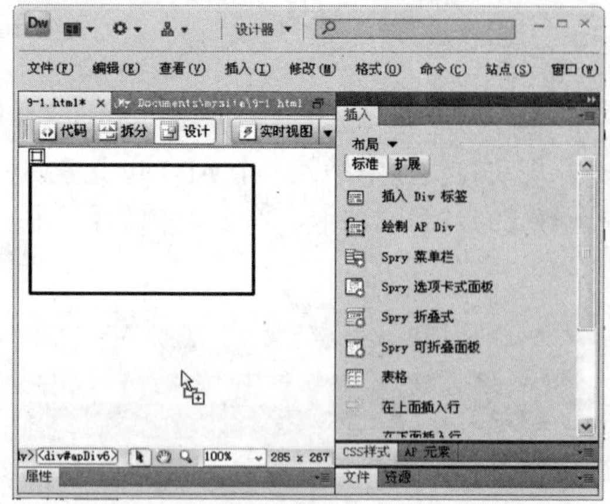

图 9.5　拖放定义 AP Div 元素

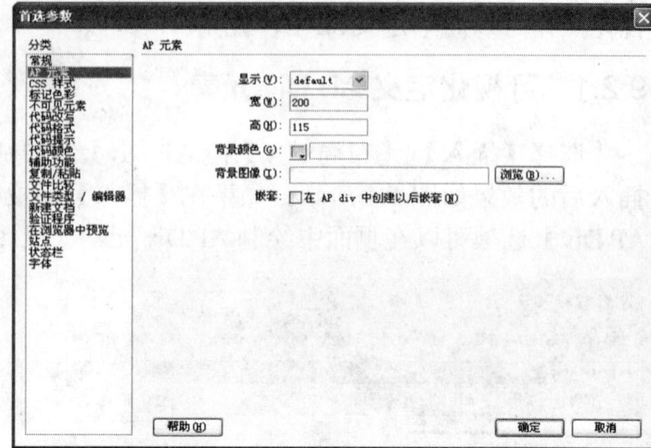

图 9.6　设置 AP Div 元素的默认大小

9.2.2　使用代码定义 AP Div 元素

当在【设计】视图中创建一个 AP Div 元素后，切换到【代码】视图中，会发现多了下面代码：

```
<style type="text/css">
<!--
#apDiv1 {
    position:absolute;
    width:200px;
    height:115px;
    z-index:1;
}
-->
</style>
<div id="apDiv1"></div>
```

其中<div>标记用来定义一个 AP Div 元素。id 属性用来定义<div>标记的名称，在<style>标记中用 CSS 分别定义<div>标记的绝对定位属性，其中，position:absolute;规则表示该元素为绝对显示；width 和 height 属性分别定义<div>标记显示的宽度和高度；z-index 属性定义<div>标记的层叠顺序，数字越大越显示在上面。如果移动 AP Div 元素在窗口中的显示位置，还会增加下面代码：

```
<style type="text/css">
<!--
#apDiv1 {
    left: 178px;
    top: 111px;
}
-->
</style>
```

其中 left 属性定义 AP Div 元素距离最近上级包含块（包含块就是拥有定位属性的元素）左侧边框的距离，top 属性定义 AP Div 元素距离上级包含块顶部边框的距离。读者可以在【代码】视图中输入上面代码定义 AP Div 元素。创建一个 AP Div 元素后，可以用各种属性控制 AP Div 元素的显示。

Dreamweaver CS4

9.3 AP Div 元素嵌套

AP Div 元素嵌套就是 AP Div 元素之间相互包含。使用 AP Div 元素嵌套的最大优点就是该 AP Div 元素能够和父 AP Div 元素紧密结合，并继承父 AP Div 元素的一些属性。

9.3.1 识别嵌套的 AP Div 元素

嵌套 AP Div 元素不像嵌套表格那样方便简单，由于 AP Div 元素是可以重叠的，灵活性比较大，不如表格那样固定，有时虽然把光标置入到目标 AP Div 元素中了，而且那个 AP Div 元素确实已经显示在目标 AP Div 元素的上面了，但是实际上它并不一定是嵌套在那个 AP Div 元素的里面，有可能还在同一级，如图 9.7 所示。

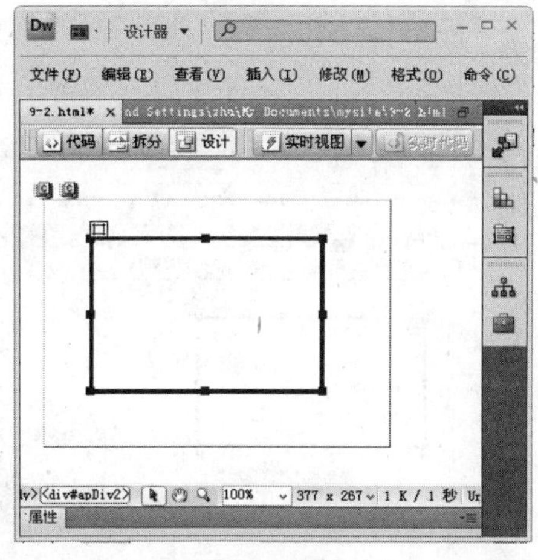

(a) 同一级 AP Div 元素

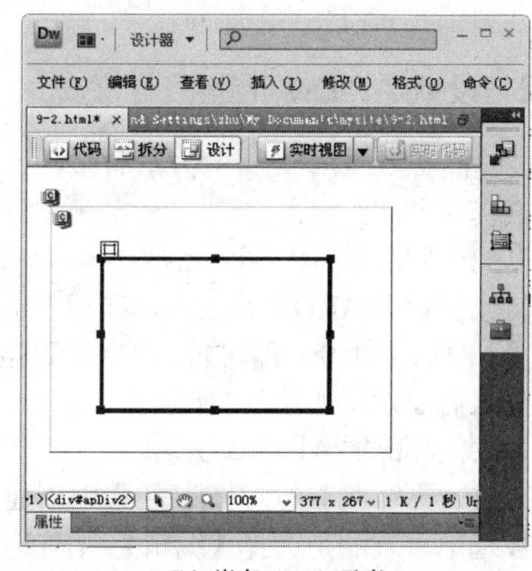

(b) 嵌套 AP Div 元素

图 9.7 识别嵌套 AP Div 元素

如果不借助 AP Div 元素标记，即位于窗口左上角或者 AP Div 元素左上角的带“C”标记的符号，用户很难分辨当前两个 AP Div 元素之间的包含关系。

默认状态 AP Div 元素标记被隐藏而无法看见，如果编辑窗口中没有显示 AP Div 元素标记，可以选择【编辑】|【首选参数】命令，在打开的【首选参数】对话框左侧【分类】列表中选择【不可见元素】，然后在右边勾选【AP Div 元素的锚记】复选框即可显示 AP Div 元素标记。

实际上用户切换到【代码】视图可以更直观地观察 AP Div 元素之间的关系，例如，图 9.7 中同一级 AP Div 元素的代码如下：

```
<div id="apDiv1"></div>
<div id="apDiv2"></div>
```

而包含关系的 AP Div 元素的代码如下：

```
<div id="apDiv1">
   <div id="apDiv2"></div>
</div>
```

比较发现，嵌套 AP Div 元素的 AP Div 元素标记位于父 AP Div 元素内。同样的道理，在如图 9.8 所示的 AP Div 元素中，虽然右边的 AP Div 元素不在左边 AP Div 元素内，且比左侧的 AP

Div 元素大，但是它是属于左边 AP Div 元素的嵌套 AP Div 元素。当用鼠标拖动左边的 AP Div 元素移动时，右边的 AP Div 元素也会跟随移动。

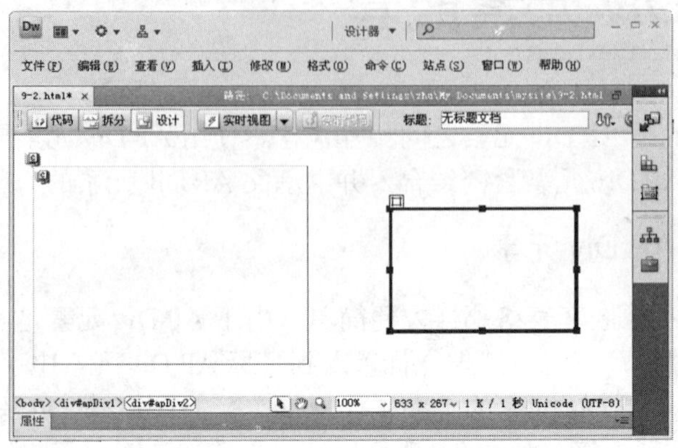

图 9.8　嵌套 AP Div 元素的显示形式

9.3.2　设置 AP Div 元素相互嵌套

创建嵌套 AP Div 元素的方法有多种，下面介绍一些常用嵌套的方法。

1．插入嵌套 AP Div 元素

将光标置于 AP Div 元素内，选择【插入】|【布局对象】|【AP Div】命令，即可将 AP Div 元素插入到页面当中，插入后的效果如图 9.9 所示。

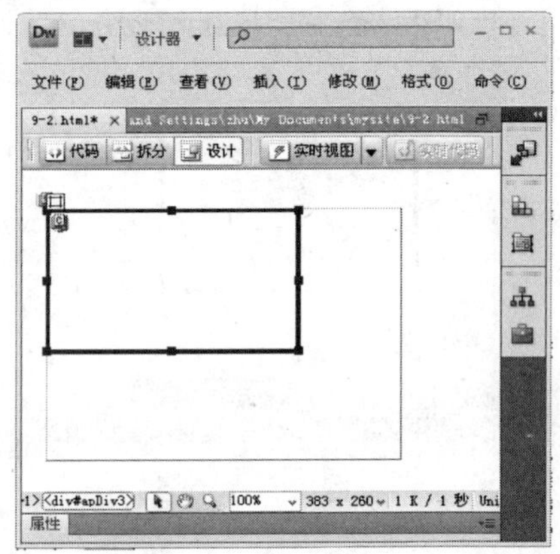

图 9.9　插入嵌套层

2．绘画嵌套 AP Div 元素

首先，要确保【在 AP Div 元素中创建以后嵌套】复选框被选中。方法是选择【编辑】|【首选参数】命令，在打开的【首选参数】对话框左侧【分类】列表中选择【AP Div】，然后在右边选中【在 AP Div 元素中创建以后嵌套】复选框，如图 9.10 所示。

在【插入】面板【布局】选项卡中单击【绘制 AP Div】选项按钮，移动鼠标到编辑窗口中一个 AP Div 元素上面拖动绘制 AP Div 元素，如图 9.10 所示。如果按住 Ctrl 键，可以连续绘制多个 AP Div 元素，如图 9.11 所示。

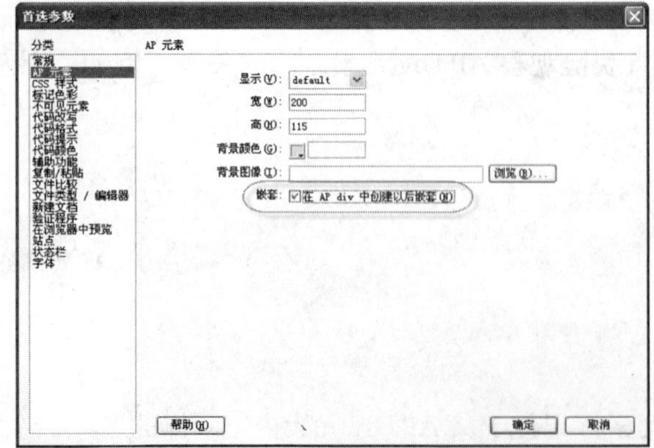

图 9.10　【首选参数】对话框

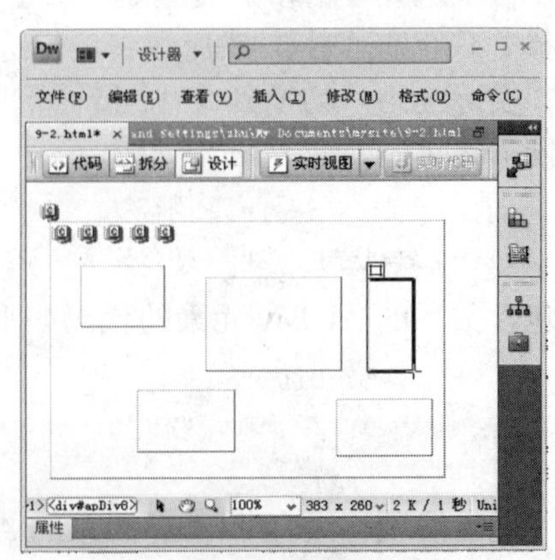

图 9.11　绘制嵌套 AP Div 元素

如果没有勾选【在 AP Div 元素中创建以后嵌套】复选框，按住 Alt 键，在【插入】面板【布局】选项卡中单击【绘制 AP Div】选项按钮，移动鼠标到编辑窗口中一个 AP Div 元素上面拖动 AP Div 元素同样可以创建嵌套 AP Div 元素。

3．拖放嵌套 AP Div 元素

在【插入】面板【布局】选项卡中单击【绘制 AP Div】选项按钮到 AP Div 元素内，即可创建一个嵌套 AP Div 元素。注意要确保拖动时，光标已经进入父 AP Div 元素内，才能释放鼠标，如图 9.12 所示。

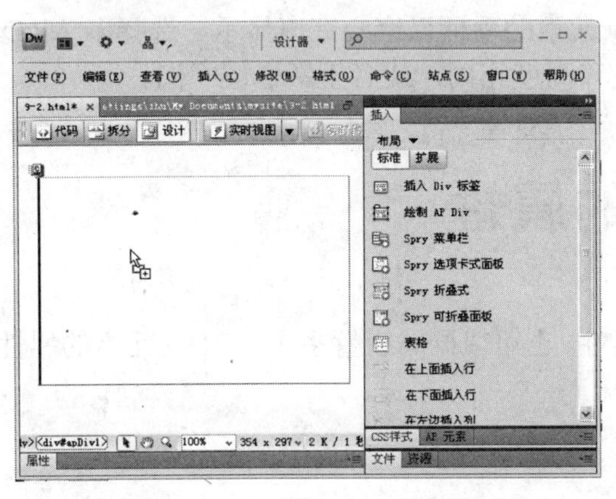

(a)

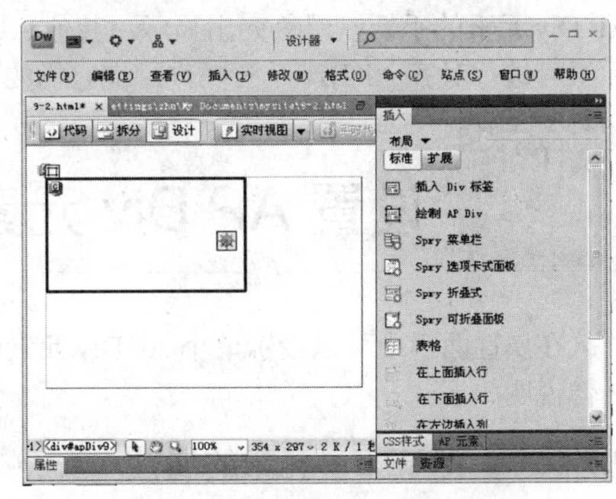

(b)

图 9.12　拖放嵌套 AP Div 元素

关于 AP Div 元素和嵌套 AP Div 元素，使用中需要注意：嵌套 AP Div 元素并不一定是页面上一个 AP Div 元素位于另一个 AP Div 元素内。嵌套 AP Div 元素的本质应该是一个 AP Div 元素的 HTML 代码嵌套在另一个 AP Div 元素的 HTML 代码之内。一个嵌套 AP Div 元素随它的父 AP Div 元素移动而移动，并继承父 AP Div 元素的可见性。AP Div 元素在制作网页中是经常使用的技巧，恰当地使用这些技巧，会为网页增辉添色，但不要滥用，否则会带来严重性后果，不同浏览器对 AP Div 元素的支持和标准不是太统一。

如果要把嵌套的 AP Div 元素分离出来，可以拖动 AP Div 元素标记到父 AP Div 元素外释放鼠标即可。

Dreamweaver　CS4

9.4 选择 AP Div 元素

定义 AP Div 元素之后，就可以编辑和操作 AP Div 元素了。对 AP Div 元素进行操作之前，首先应该选中 AP Div 元素。选择 AP Div 元素有多种方法：

（1）单击边框选中 AP Div 元素。将鼠标移动到 AP Div 元素边框上，鼠标光标变成“十”字状，单击鼠标选择该 AP Div 元素。选择后，AP Div 元素的左上角显示一个小方框，并且在 AP Div 元素边框上有 8 个控制点出现。

（2）快捷键选中 AP Div 元素，按住 Shift 键，然后单击 AP Div 元素内任意区域，可以快速将该 AP Div 元素选中。

（3）用【AP 元素】面板选中 AP Div 元素，在【AP 元素】面板直接单击 AP Div 元素的名称，可以准确快速的选择 AP Div 元素。使用【AP 元素】面板选中 AP Div 元素是一种简便的方

法，当 AP Div 元素非常多，且关系比较复杂时，这时可以快速选中某个名称的 AP Div 元素。关于这个话题请参阅 9.6 节详细讲解。

（4）单击 AP Div 元素标记选中 AP Div 元素。用鼠标单击位于窗口或 AP Div 元素内左上角的 AP Div 元素标记，可以将 AP Div 元素选中。不过使用这种方法的局限性比较大，当 AP Div 元素比较多时，用户无法确定 AP Div 元素。

（5）选择多 AP Div 元素。按住 Shift 键在多 AP Div 元素内或边框上单击，或者在【AP 元素】面板上按住 Shift 键单击多 AP Div 元素的名称。当多 AP Div 元素被选择时，最后选择的 AP Div 元素的手柄以黑色突出显示，其他 AP Div 元素的手柄以空心突出显示。选择多 AP Div 元素可进行对齐 AP Div 元素操作，使它们的宽度和高度相同，或者重新定位它们。

9.5 设置 AP Div 元素的属性

在属性面板中可以设置单个 AP Div 元素的属性，也可以同时设置多个 AP Div 元素的属性，具体说明如下。

9.5.1 单个 AP Div 元素的属性

选中绘制的单个 AP Div 元素后，可以在属性面板中设置该 AP Div 元素的属性。单个 AP Div 元素属性面板如图 9.13 所示。

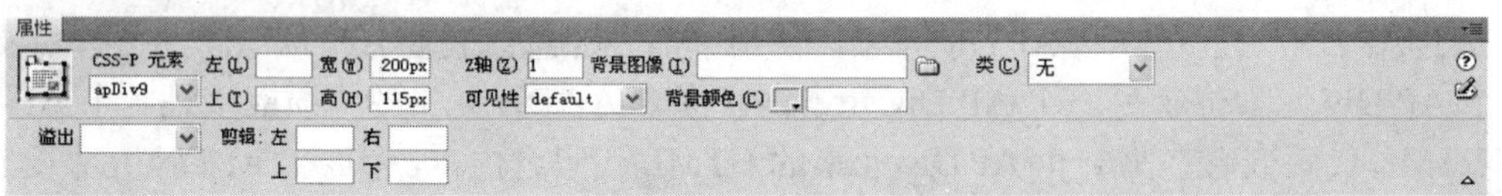

图 9.13　单个 AP Div 元素属性

（1）【CSS-P 元素编号】下拉文本框：用于指定一个名称，以便在【AP 元素】面板和 JavaScript 代码中标识和引用该 AP Div 元素。AP Div 元素编号只能使用标准的字母数字字符，而不要使用空格、连字符、斜杠或句号等特殊字符。每个 AP Div 元素都必须有唯一的编号。

（2）【左】和【上】文本框：设置 AP Div 元素的左上角相对于最近上级包含块的左上角距离，如果 AP Div 元素嵌套，则将根据父 AP Div 元素左上角的位置，默认单位为像素。也可以指定以下单位：pc（pica）、pt（点）、in（英寸）、mm（毫米）、cm（厘米）或%（父 AP Div 元素相应值的百分比）。缩写必须紧跟在值之后，中间不留空格，例如，2mm 表示 2 毫米。

（3）【宽】和【高】文本框：设置 AP Div 元素的宽度和高度，单位为像素。

（4）【Z 轴】文本框：当 AP Div 元素重叠时，用以设置 AP Div 元素之间的前后排列顺序。值越大，显示越在上面。值可以为正，也可以为负，也可以是 0。叠放顺序根据数值顺序排列，当更改 AP Div 元素的堆叠顺序时，使用【AP 元素】面板可以快速设置 Z 轴值，如图 9.14 所示。

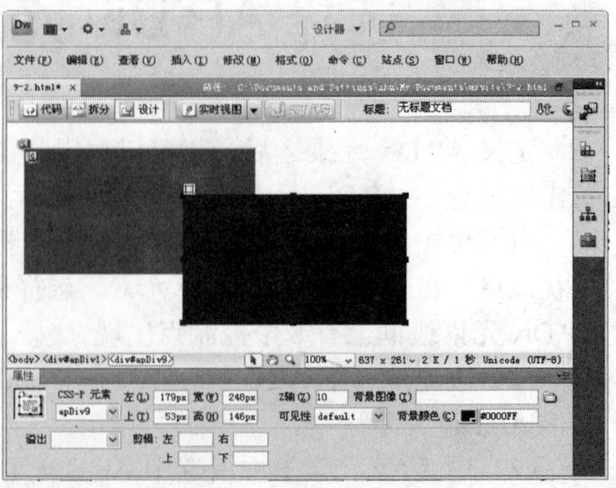

图 9.14　AP Div 元素之间的 Z 轴位置关系

（5）【可见性】下拉列表：设置 AP Div 元素是否可见的，使用脚本语言（如 JavaScript）可以控制 AP Div 元素的可见性和动态显示 AP Div 元素的内容。它包括 4 个选项。

1）default（默认）：表示不指定可见性属性，当未指定可见性时，多数浏览器都会默认为继承。

2）inherit（继承）：表示使用该 AP Div 元素最近上级包含块元素的可见性属性。

3）visible（可见）：表示显示该 AP Div 元素的内容，而最近上级包含块元素的可见性属性。

4）hidden（隐藏）：隐藏 AP Div 元素的内容，而不管最近上级包含块元素的可见性属性。

（6）【背景图像】文本框：可以为 AP Div 元素指定一个背景图像。单击右边【选择文件】图标，浏览并选择一个图像文件，或者在文本域中输入图像文件的路径。

（7）【背景颜色】选项：可以为 AP Div 元素指定一个背景颜色。如果将此选项留为空白，则可以指定透明的背景。

（8）【类】下拉列表：设置 AP Div 元素的 CSS 类样式表。

（9）【溢出】下拉列表：当 AP Div 元素的内容超过 AP Div 元素指定大小时，设置在浏览器中的显示效果，只有在浏览器中才能预览此效果。主要包括 4 个选项。

1）visible（可见）：指定在 AP Div 元素中显示额外的内容，该 AP Div 元素会通过延伸来容纳额外的内容。

2）hidden（隐藏）：指定不在浏览器中显示额外内容。

3）scroll（滚动）：指定浏览器在 AP Div 元素上添加滚动条，而不管是否需要滚动条。

4）auto（自动）：设置仅在需要时（即当 AP Div 元素的内容超出其边界时），浏览器才显示 AP Div 元素的滚动条。

（10）【剪辑】选项组：定义 AP Div 元素的可见区域，AP Div 元素经过剪辑后，只有指定的矩形区域才是可见的。共有【左】、【右】、【上】和【下】4 个选项。

1）【左】文本框：设置这个可见区域的左边界距 AP Div 元素左边界的距离。

2）【右】文本框：设置这个可见区域的右边界距 AP Div 元素右边界的距离。

3）【上】文本框：设置这个可见区域的上边界距 AP Div 元素上边界的距离。

4）【下】文本框：设置这个可见区域的下边界距 AP Div 元素下边界的距离。

如果用<layer>或<ilayer>标记创建的 AP Div 元素，即是 Netscape AP Div 元素时，用 HTML 代码表示：

```
<style type="text/css">
<!--
#apDiv1 {
    position:absolute;
    width:200px;
    height:115px;
    z-index:1;
}
-->
</style>
<layer id="apDiv1"></layer>
```

属性面板还会增加显示仅适用于这种 AP Div 元素的以下属性选项，如图 9.15 所示。

（11）【左、上】或【页 X、页 Y】单选按钮：设置是相对于 AP Div 元素的父级还是相对于页来定位 AP Div 元素。【左、上】选项相对于 AP Div 元素父级的左上角来放置 AP Div 元素。【页 X、页 Y】选项相对于页面左上角将 AP Div 元素放置于某一绝对位置，而不考虑父 AP Div 元素的位置。

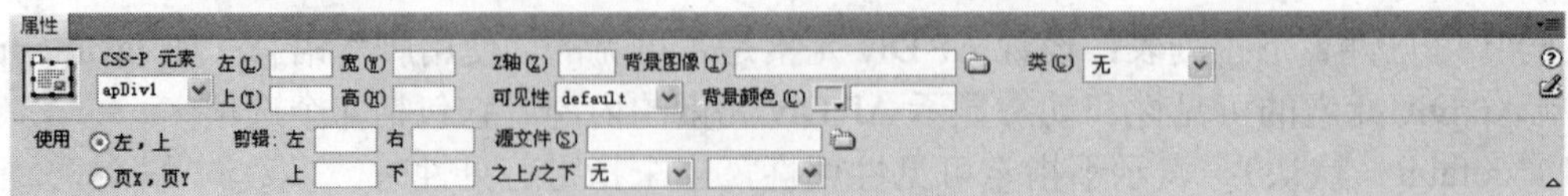

图 9.15 Netscape AP Div 元素属性

(12)【源文件】文本框：用于在 AP Div 元素中显示另一个 HTML 文档。单击右边【选择文件】图标，浏览并选择一个图像文件，或在文本域中输入图像文件的路径。当处理页面布局时，可以对 AP Div 元素进行选择、移动、大小调整和对齐。

9.5.2 多个 AP Div 元素的属性

按住 Shift 键选中多个 AP Div 元素。这时可以在属性面板中设置多个 AP Div 元素的属性。多个 AP Div 元素属性面板如图 9.16 所示。

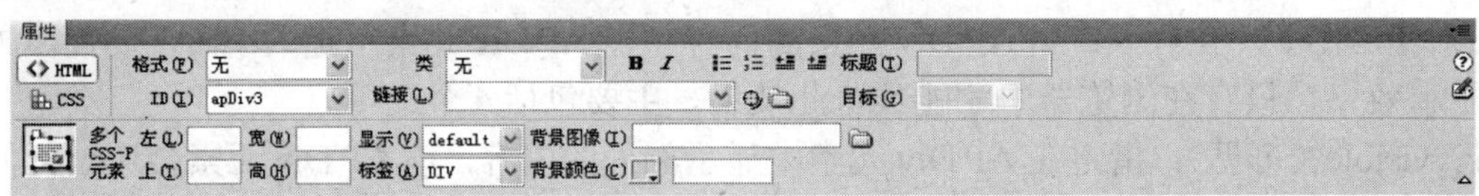

图 9.16 多个 AP Div 元素属性面板

多个 AP Div 元素属性面板上半部分用来设置 AP Div 元素中的文本。下半部分用来设置多 AP Div 元素的共同属性，其中大部分属性和单 AP Div 元素属性面板中相同，这里就不再重复了，下面列出一个前面没有的选项。

【标签】下拉列表：定义多个 AP Div 元素的 HTML 标记，包括 DIV 和 SPAN 两个选项。

Dreamweaver CS4

9.6 使用 AP Div 元素面板

为了方便操作和管理 AP Div 元素，Dreamweaver CS4 还提供了【AP 元素】面板，使用该面板可以轻松选择 AP Div 元素，调整 AP Div 元素顺序，设置 AP Div 元素可见性，设置 AP Div 元素关系，命名 AP Div 元素等。这些属性设置或操作如果直接在编辑窗口中操作就比较困难，特别是 AP Div 元素使用较多时，尤其如此。

选择【窗口】|【AP 元素】命令，打开【AP 元素】面板如图 9.17 所示。在【AP 元素】面板中可进行以下操作。

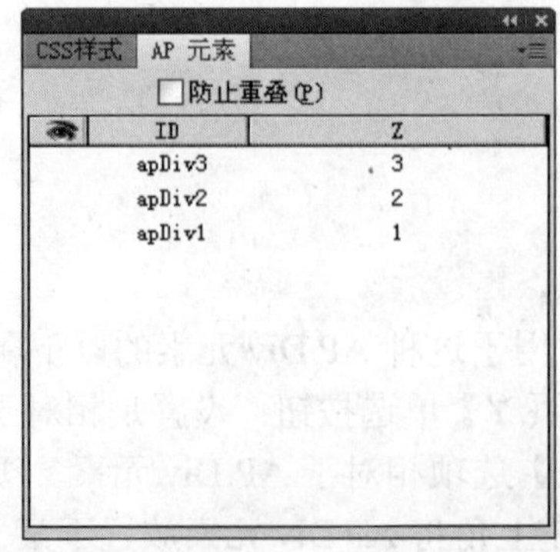

图 9.17 【AP 元素】面板

9.6.1 显示/隐藏 AP Div 元素

在【AP 元素】面板左侧眼睛图标列内单击可以更改 AP Div 元素的可见性。眼睛闭合表示该 AP Div 元素为隐藏；眼睛睁开表示该 AP Div 元素为显示；如果未指定 AP Div 元素的可见性，则眼睛图标列内不会显示眼睛图标，即该 AP Div 元素在属性面板的【可见性】选项中设置为【默认】，这种不显示眼睛图标的 AP Div 元素通常会继承其父可见性。

9.6.2 防止 AP Div 元素重叠

如果在【AP 元素】面板顶部选择【防止重叠】复选框，则 AP Div 元素之间将不能重叠，而只能并行排列，如要将 AP Div 元素转换为表格的话，建议选择【防止重叠】复选框。

9.6.3 更改 AP Div 元素名称

双击【AP 元素】面板中的【名称】列的名称，可以更变该 AP Div 元素的名称，如图 9.18 所示。

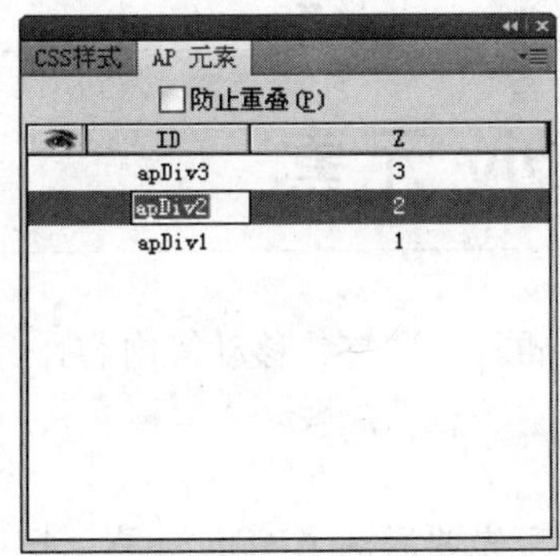

图 9.18 更改 AP Div 元素名称

9.6.4 改变 AP Div 元素顺序

在【AP 元素】面板的【Z】列中，单击【Z】列中的数值，更改数值来调整 AP Div 元素的顺序，如图 9.19 所示。数值越大，显示越在上面。

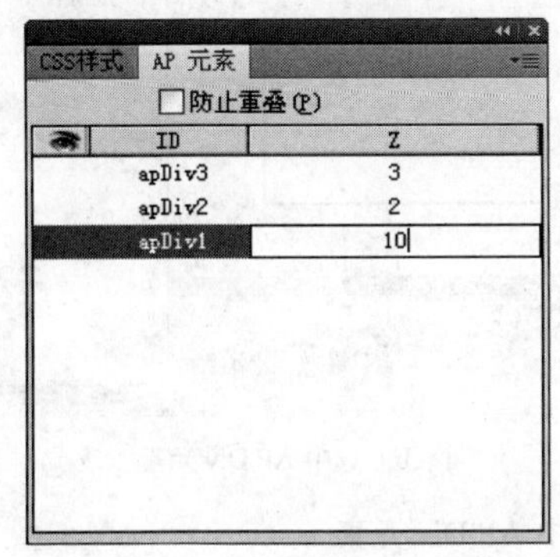

(a) 更改数值

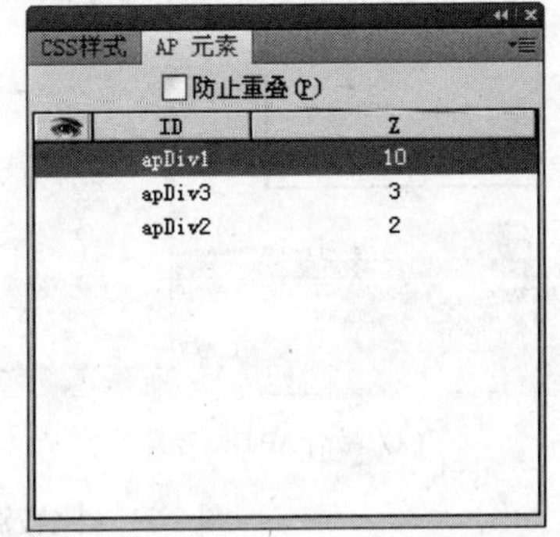

(b) 顺序自动变换

图 9.19 利用更改【Z】列值来改变 AP Div 元素顺序

用鼠标在【AP 元素】面板中将 AP Div 元素向上或向下拖动来改排列的顺序。当移动 AP Div 元素时会出现一条线，它指示该 AP Div 元素将出现的位置。当线出现在排列顺序中需要的位置时，释放鼠标，【Z】列中的数值自动发生变化，如图 9.20 所示。

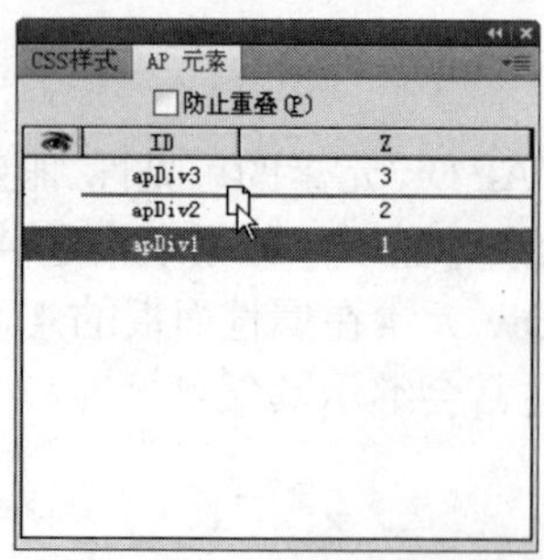

(a) 拖动 AP Div 元素

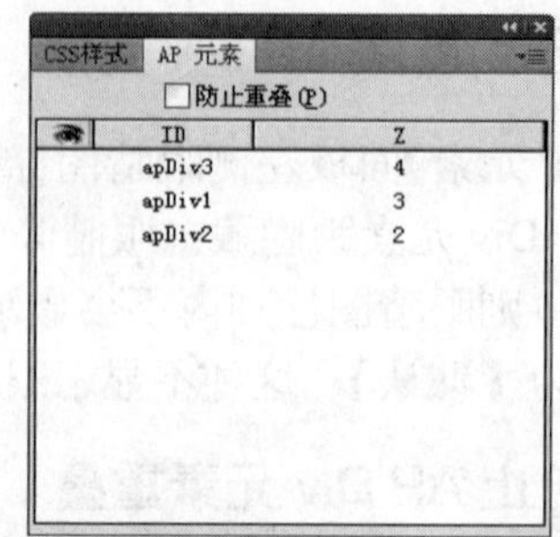

(b) 【Z】列数值自动变换

图 9.20 利用拖动改变 AP Div 元素顺序

9.6.5 设置 AP Div 元素嵌套

按住 Ctrl 键，用鼠标拖动 AP Div 元素到另一个 AP Div 元素上面，可以创建嵌套 AP Div 元素（可参见本章第 9.3 节的详细介绍）。

Dreamweaver CS4

9.7 操作 AP Div 元素

AP Div 元素操作包括激活、插入、调整、移动等内容，具体介绍如下。

9.7.1 激活 AP Div 元素

在 AP Div 元素中插入内容，应先要激活 AP Div 元素。把鼠标光标移至 AP Div 元素内的任何地方单击，即可激活 AP Div 元素。此时，插入点被置于 AP Div 元素内，如图 9.21 所示。被激活 AP Div 元素的边界突出显示，选择手柄也同时显示出来。

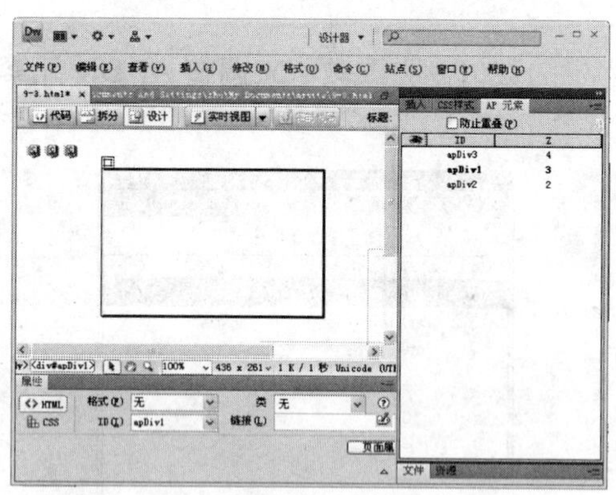

(a) 激活 AP Div 元素

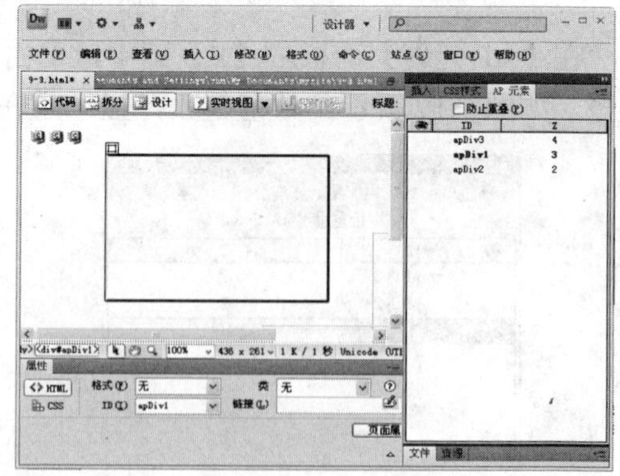

(b) 选中 AP Div 元素

图 9.21 比较激活 AP Div 元素和选中 AP Div 元素

9.7.2 在 AP Div 元素中插入对象

激活 AP Div 元素后，当光标移动到 AP Div 元素内时，就可以在 AP Div 元素中插入对象元素。无论是文本、图像、Flash 或者视频，甚至包括表格等一切在网页中可以插入的对象，在 AP Div 元素中同样都可以插入。插入的方法也基本相同。

9.7.3 调整 AP Div 元素的大小

定义 AP Div 元素完毕，还可以再次调整它的大小，可以单独调整一个 AP Div 元素的大小，也可以同时调整多个 AP Div 元素的大小使它们具有相同的宽度和高度。需要注意的是，如果在【AP 元素】面板中勾选了【防止重叠】复选框，在调整某 AP Div 元素大小时不能使它与另一个 AP Div 元素重叠。调整 AP Div 元素的大小会改变 AP Div 元素的宽度和高度，但不会影响 AP Div 元素的可见区。

调整单个 AP Div 元素的大小，可执行下面任一操作：

（1）用拖动的方法调整大小：选择 AP Div 元素，拖曳控制点以改变它的大小。

（2）每次调整 1 个像素：选择 AP Div 元素，然后按住 Ctrl 键，同时按方向键。

（3）按网格吸附增量来调整大小：按住 Ctrl+Shift 快捷键，同时按方向键。

（4）用属性面板：在属性面板的【宽】和【高】文本框中输入宽度和高度值。

（5）在 AP Div 元素属性面板的【宽】和【高】文本框选项中分别输入宽度和高度。输入的值被应用于所有选定的 AP Div 元素。

9.7.4 移动 AP Div 元素

在编辑窗口中移动 AP Div 元素，可移动一个 AP Div 元素，也可以同时移动多 AP Div 元素。操作方法方法如下：

（1）拖动选择 AP Div 元素，把选择的 AP Div 元素拖到想放置的位置。如果同时选择了多 AP Div 元素，拖曳最后选定 AP Div 元素的控制柄。

（2）选择 AP Div 元素，使用方向键移动，每次可以移动一个像素。同时按住 Shift 键和方向键，可以按当前网格吸附增量移动 AP Div 元素。

如果在【AP 元素】面板中选取了【防止重叠】复选框，在移动 AP Div 元素时不能使它与另一个 AP Div 元素重叠。

9.7.5 对齐 AP Div 元素

当页面上有多 AP Div 元素时，可以使用 AP Div 元素对齐命令对齐 AP Div 元素。操作步骤如下：

步骤 1 选择要对齐的 AP Div 元素。

步骤 2 选择【修改】|【排列顺序】命令，在子菜单中分别选择对齐选项，包括 4 种对齐方式，左对齐、右对齐、对齐上缘和对齐下缘。例如，如果选择【对齐下缘】选项，所有选定的 AP Div 元素的下缘与最后选定 AP Div 元素顶边对齐，如图 9.22 所示。

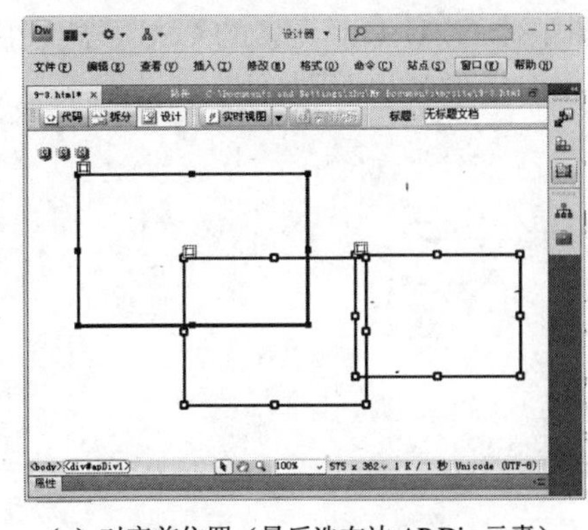

（a）对齐前位置（最后选右边 AP Div 元素）

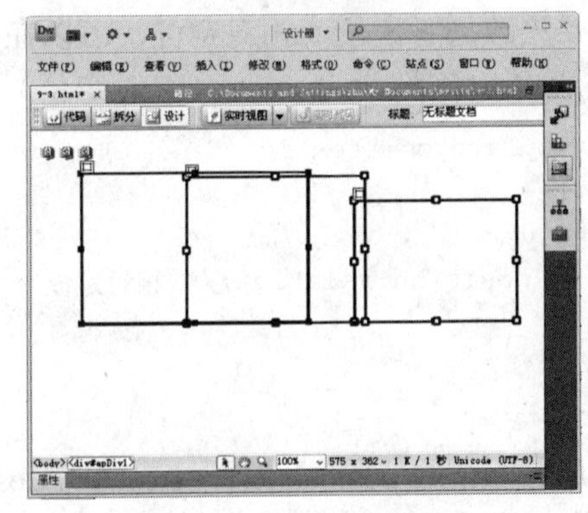

（b）对齐后效果

图 9.22 对齐多 AP Div 元素

在对齐 AP Div 元素时，嵌套 AP Div 元素会因父 AP Div 元素对齐而相应地移动位置。要防止嵌套 AP Div 元素被移动，要分离嵌套 AP Div 元素。

9.7.6 对齐 AP Div 元素到网格

在编辑窗口中，显示网格可以精确定位 AP Div 元素和调整 AP Div 元素的大小。如果对齐网格功能被启用，在移动或调整 AP Div 元素大小时，该 AP Div 元素被自动定位到最近的网格位置并对齐，无需考虑网格是否可见。将对齐 AP Div 元素到网格的操作步骤如下：

步骤 1 选择【查看】|【网格】|【显示网格】命令，或者选择【查看】|【网格】|【网格设置】命令，打开【网格设置】对话框，如图 9.23 所示。在对话框中对网格进行设置，然后选择【显示网格】复选框。

步骤 2 选择【查看】|【网格】|【靠齐到网格】命令，启动对齐网格功能选项。

步骤 3 在编辑窗口中，选中 AP Div 元素并拖动它。释放时，AP Div 元素将跳转到最近的对齐位置，如图 9.24 所示。

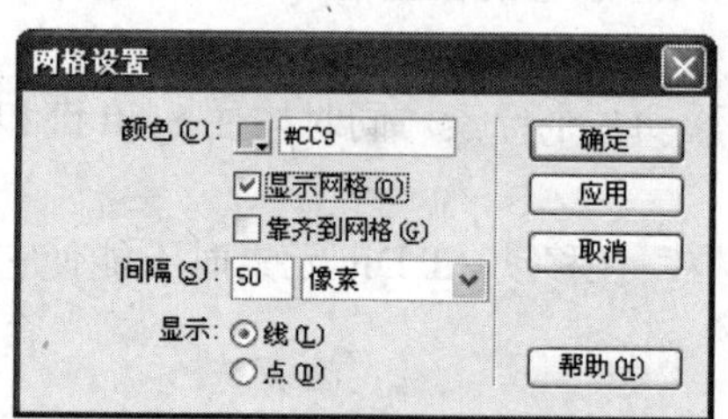

图 9.23 【网格设置】对话框

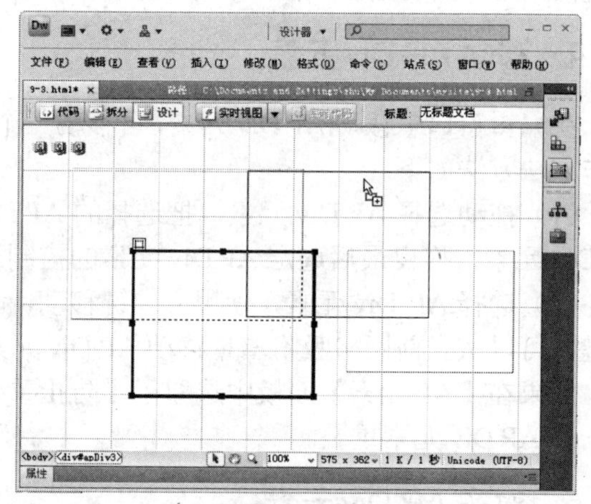

图 9.24 对齐 AP Div 元素到网格

9.7.7 AP Div 元素的定位方式

定位 AP Div 元素包括两种类型：绝对定位和相对定位。绝对定位就是指定 AP Div 元素以最近上级包含块的左上角点为参考点进行定位，相对定位就是指定 AP Div 元素以相对于自身位置的左上角为参考点进行定位。

要更改绝对定位或相对定位，可以在【代码】视图中修改 AP Div 元素的 CSS 样式表属性，设置 position 属性为 absolute（绝对定位）或 relative（相对定位），代码如下：

```
<style type="text/css">
<!--
#Layer1 {
    position:relative;/* 相对定位 */
}
-->
</style>
```

凡是标记的 position 属性被定义为 absolute（绝对定位）或 relative（相对定位），该标记就是一个包含块，它包含的 AP Div 元素将根据它进行定位。

Dreamweaver CS4 默认创建的 AP Div 元素为绝对定位，有时可以根据需要在【代码】视图中进行更改。当 AP Div 元素为绝对定位时，AP Div 元素的左上角显示有个凸出的小方框，用户可以随意在窗口中拖动 AP Div 元素的位置。而当元素设置为相对定位时，元素的左上角没有凸出的小方框，用户不能拖动 AP Div 元素的位置，如图 9.25 所示。

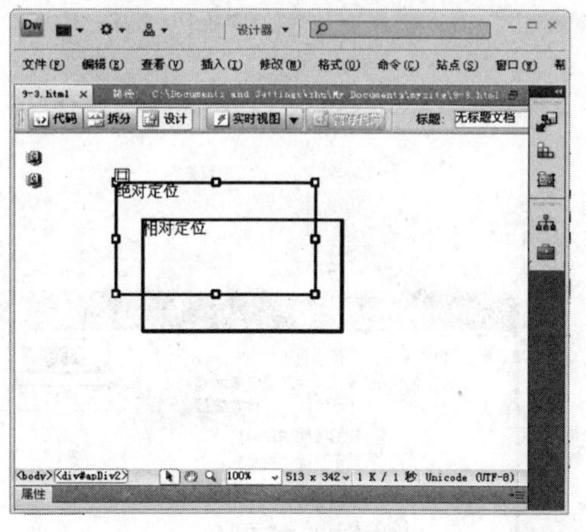

(a) 定位方式比较

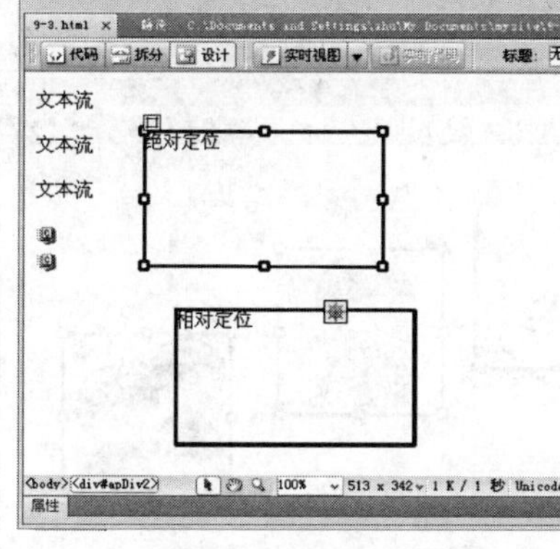

(b) 增加文本流之后比较定位方式

图 9.25 元素定位方式

则上面图示的定位元素源代码比较如下。绝对定位的元素代码如下：

```
#apDiv1 {
    position:absolute;
    width:200px;
    height:115px;
    z-index:1;
    left:100px;
    top: 50px;
}
```

相对定位的元素代码如下：

```
#apDiv2 {
    position:relative;
    width:200px;
    height:115px;
    z-index:1;
    left:100px;
    top: 50px;
}
```

由于相对定位元素位置不是固定的，它会随着文档内容的变化而不断上下流动，但它可以形成一个包含块。利用这个特点，可以把包含元素定义为包含块，内部嵌入 AP Div 元素，则会实现元素布局的灵活性和精确性相统一。

9.7.8 把 AP Div 元素转换为表格

用 AP Div 定位网页对象比较灵活、方便，这是它的优点；但在浏览器中显示时，会受到浏览器窗口大小变化的影响，定位不固定，很容易跑位，影响布局。所以，在设计时不妨先用 AP Div 来制作表格，利用 AP Div 的易操作性先将各个对象进行定位，然后将 AP Div 转化为表格，从而保证低版本浏览器能够正常浏览页面。在页面中把 AP Div 转换为表格的具体操作步骤如下：

步骤1 用 AP Div 定位好网页对象元素，然后选中所有要转换为表格的 AP Div，如图 9.26 所示。

步骤2 选择【修改】|【转换】|【AP Div 到表格】命令，打开【将 AP Div 转换为表格】对话框，如图 9.27 所示。

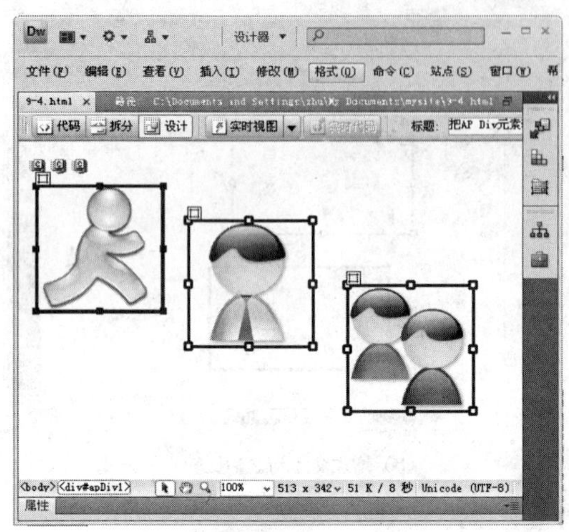
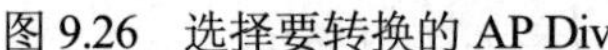

图 9.26 选择要转换的 AP Div

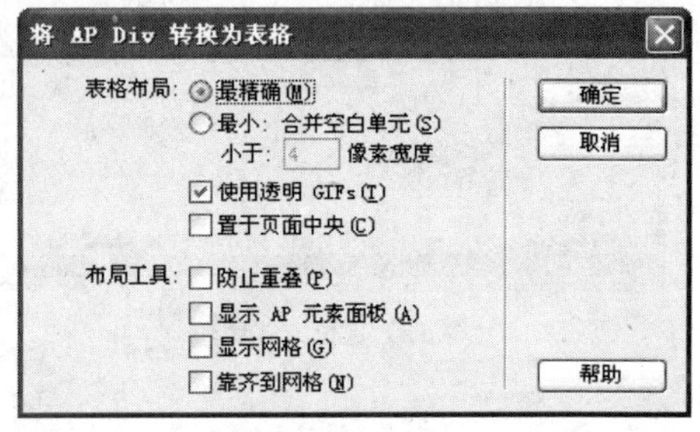

图 9.27 【将 AP Div 转换为表格】对话框

（1）【最精确】单选按钮：选中该单选按钮会严格按照 AP Div 的排版布局生成表格，但表格的结构会非常复杂。一般会为每个 AP Div 创建一个单元格，同时为空白区域创建任何单元格，以保证布局固定为原状态。

（2）【最小：合并空白单元】单选按钮：选中该单选按钮将设置如果 AP Div 定位在指定数目的像素内，则 AP Div 的边缘应对齐。如果选择该选项，结果表将包含较少的空行和空列，但可能不与页面的布局精确匹配。

（3）【使用透明 GIFs】复选框：选中该复选框，会在转化的空白单元格中插入透明的 GIF 格式图像，包括表格的最后一行，支撑表格的长宽，避免表格因无内容而缩小为最小状态。这将确保该表在所有浏览器中以相同的列宽显示。当启用此选项后，不能通过拖动表列来编辑结果表。当禁用此选项后，结果表将不包含透明 GIF 格式图像，但在不同的浏览器中可能会具有不同的列宽。

（4）【置于页面中央】复选框：选中该复选框将结果表放置在页面的中央。如果禁用此选项，表将在页面的左边缘开始。

（5）【布局工具】包括如下 4 个选项。

1）【防止重叠】：选择本项可防止 AP Div 重叠。

2）【显示 AP 元素面板】：选择本项，转换完成后显示【AP 元素】面板。

3）【显示网格】：选择本项，在转换完成后显示网格。

4）【靠齐到网格】：选择本项，启用靠齐到网格功能。

步骤3 在【AP Div 到表格】对话框中选择想要的表格布局选项。

步骤4 单击【确定】按钮，布局页面中的 AP Div 就被转换为表格形式的布局页面，如图 9.28 所示。

在进行 AP Div 元素转换为表格之前，有一个重要的前提，就是 AP Div 元素与 AP Div 元素之间不能重叠。用户可以在【AP 元素】面板中选择【防止重叠】复选框。在选择该选项后，就不能在已经存在的 AP Div 元素上面创建新 AP Div 元素，不能在现有 AP Div 元素上移动 AP

Div 元素或调整 AP Div 元素的大小，也不能将某个 AP Div 元素嵌套在另一个 AP Div 元素中。如果用户在创建嵌套 AP Div 元素后，再选择【防止重叠】复选框，则要分离嵌套 AP Div 元素，Dreamweaver CS4 并不会自动修正页面上存在的嵌套 AP Div 元素。如果页面上存在嵌套 AP Div 元素，而又进行了转换操作，Dreamweaver CS4 将弹出一个提示框，提示不能进行转换，如图 9.29 所示。

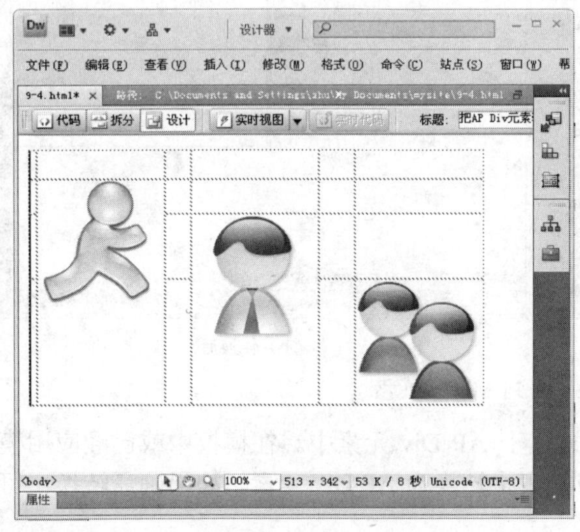

图 9.28 转换 AP Div 到表格后的效果

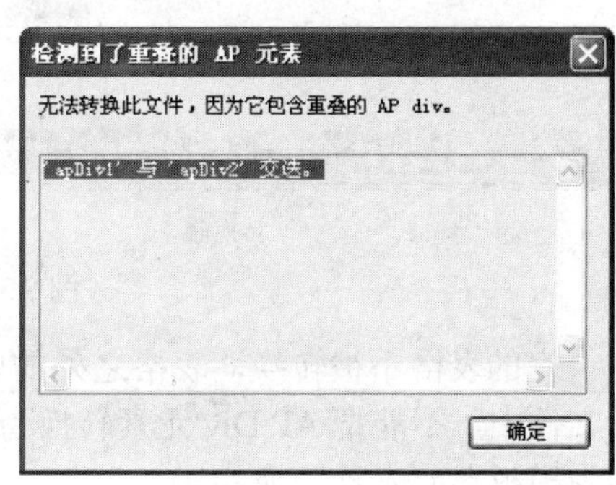

图 9.29 提示对话框

9.7.9 转换表格为 AP Div 元素

既然 Dreamweaver CS4 能够把 AP Div 元素转换为表格，相反它也能够将表格转换为 AP Div 元素。具体操作步骤如下：

步骤 1 打开要转换为 AP Div 元素的页面。

步骤 2 选择【修改】|【转换】|【表格到 AP Div】命令，打开【将表格转换为 AP Div】对话框，如图 9.30 所示。

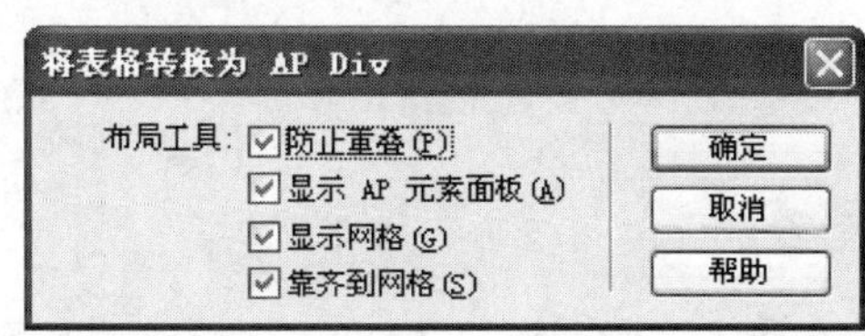

图 9.30 【转换表格为 AP Div】对话框对话框

（1）【防止重叠】复选框：选中该复选框可以在转换后的页面中激活防止 AP Div 重叠的功能。

（2）【显示 AP Div 元素面板】复选框：选中该复选框可以在转换后的页面中显示【AP 元素】面板。

（3）【显示网格】复选框：选中该复选框可以在转换后的页面中显示网格线。

（4）【靠齐到网格】复选框：选中该复选框可以在转换后的页面中将 AP Div 与网格线对齐。

步骤 3 在弹出的对话框中，选择想要的选项。

步骤 4 单击【确定】按钮，即可完成表格转换为 AP Div 元素，如图 9.31 所示。

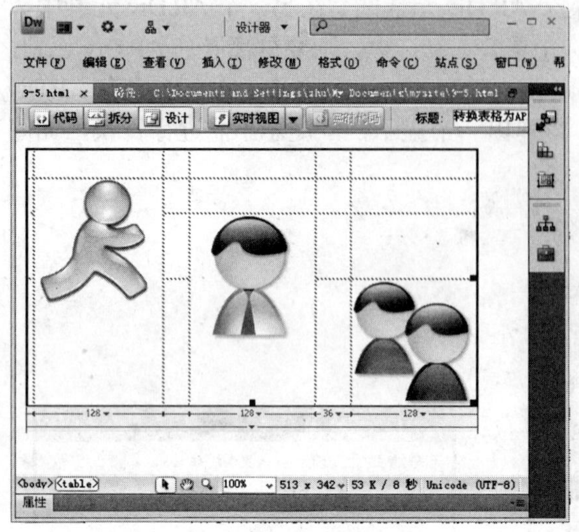

（a）转换前

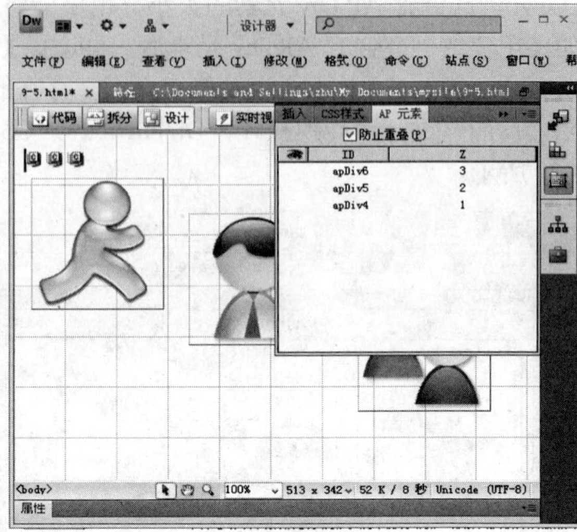

（b）转换后

图 9.31　转换表格到 AP Div 元素

空的表格不被转换，表格之外的内容也被置于 AP Div 元素中。在模板中或已经应用模板的文件中，不能把 AP Div 元素转换为表格或把表格转换为 AP Div 元素。如果确需转换，可在存为模板之前先行转换。

第 10 章

创建框架型网页

内容介绍

框架相当于一个窗口，其内部可以包含独立的网页。在网页设计中，框架是除了表格、层之外另一个非常重要的布局工具，表格和层是以对象为单位，而框架则以窗口为单位，它提供了一种较为固定的结构。本章将详细讲解如何使用 Dreamweaver CS4 创建框架页、保存框架页，以及如何设置框架页。使用框架可以非常方便地实现网页布局和导航，而且各个框架之间互不干扰，在传统网页设计中框架技术一直普遍地应用于页面导航中。

学习重点

- 框架集简介
- 创建框架集
- 使用框架面板
- 设置框架集属性
- 设置框架属性
- 在框架中插入网页
- 设置框架链接
- 设置无框架内容
- 保存框架集和框架文件
- 浮动框架

Dreamweaver　CS4

10.1 框架集简介

框架就是把浏览器窗口划分为若干个区域，每个区域可以分别显示不同的网页。使用框架可以非常方便地完成导航，且各框架之间互不干扰，同时使网站的结构更加清晰，保证网站风格统一，如图 10.1 所示。

每个网站的众多网页最好都有相同的地方，做到风格的统一。可以把这个相同的部分单独制作成一个页面，作为框架结构一个框架内容供整个站点公用。通过这种方法，达到网站整体风格的统一，如图 10.1（a）所示，该网页将一个浏览器窗口分割成 3 部分，分别是顶、左、右 3 个框架。这样，同一页面中就可以调用不同的 HTML 文件。这样的框架结构共有 4 个文件，一个是框架集设置文件（这里所说的框架集实际是一个页面，用于定义文件中框架的结构、数量、尺寸及装入框架的页面文件等），另外 3 个是内容网页文件。如图 10.1（b）所示，该网页内是一个浮动框架，浮动框架具有很大的灵活性，它犹如 AP 元素一样使用非常方便。

（a）普通框架

（b）浮动框架

图 10.1　框架结构页面

一般来讲，每隔一段时间，网站都会需要更新。对于相同部分的修改，如导航栏的增减和样式设置，如果使用框架技术布局，那么只需要修改框架中公用网页，网站就同时更新了。框架是一种使多个网页（两个或两个以上）通过多种类型区域的划分，最终显示一个窗口的网页结构。由两个主要部分：框架集和多个框架组成。

（1）框架（Frame）：框架是浏览器窗口中的一个区域，它可以显示与浏览器窗口其他部分中所显示内容无关的网页文件。

（2）框架集（Frameset）：框架集也是一个网页文件，它将一个窗口通过行和列的方式分割成多个框架，框架的多少根据具体有多少网页来决定，每个框架中要显示的就是不同的网页文件。

但使用结构也存在一些问题，如兼容性（早期的浏览器和一些特定的浏览器有可能不支持框架结构，但这一点不必太担心，因为目前使用的主流浏览器都能够很好的支持）；浏览使用了框架结构的网站可能会稍微影响网页的浏览速度；另外，对于不同框架中各页面元素的对齐要达到精确的程度有些困难。

Dreamweaver CS4

10.2 创建框架集

创建框架集的方法有两种：预定义框架集和自定义框架集。

10.2.1 插入预定义框架集

Dreamweaver CS4 预定义了 13 种框架集。使用预定义框架集，可以简单快速地创建基于框架的排版结构。具体操作步骤如下：

步骤 1 把光标置于要插入预定义框架集的编辑窗口中。

步骤 2 选择【插入】|【HTML】|【框架】命令，在【框架】子菜单中选择预定义的框架集，如图 10.2 所示。或者选择【窗口】|【插入】菜单项，打开【插入】面板，在该面板中选择【布局】选项卡。单击【框架】选项按钮，打开框架下拉列表，列表中列出了 13 种预定义的框架集，从中选择一种即可，如图 10.3 所示。

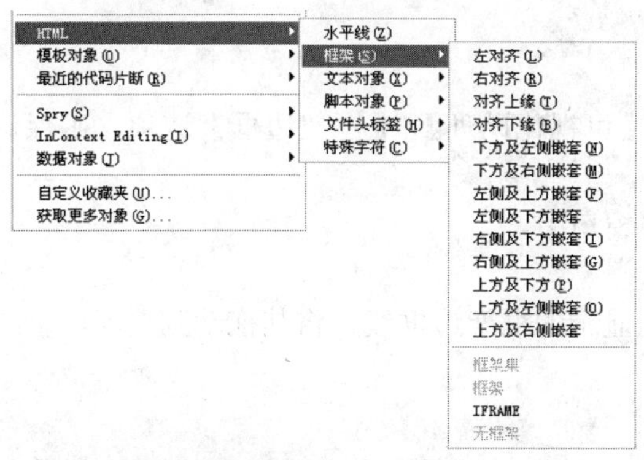

图 10.2 【框架】子菜单

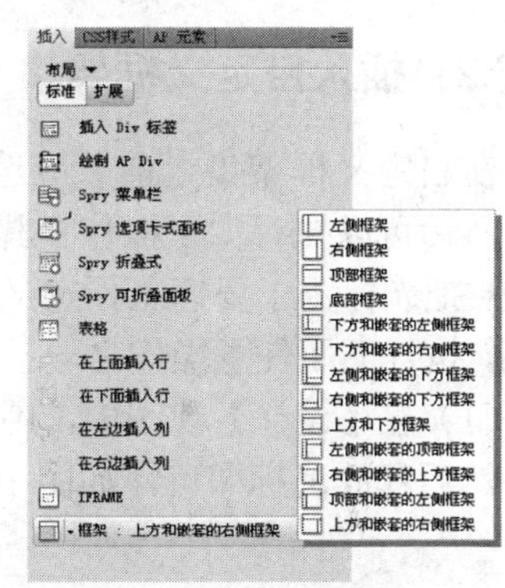

图 10.3 【框架】按钮下拉列表

框架集图标提供应用于当前文档的每个框架集的可视化表示形式。框架集图标的蓝色区域表示当前文档，而白色区域表示将显示其他文档的框架。

步骤 3 选择一种框架集之后，弹出【框架标签辅助功能属性】对话框，在该对话框中可以设置各个框架的标题，也可以保持默认设置，如图 10.4 所示。

步骤 4 单击【确定】按钮即可完成预定义框架集的创建。创建框架集后的编辑窗口如图 10.5 所示。

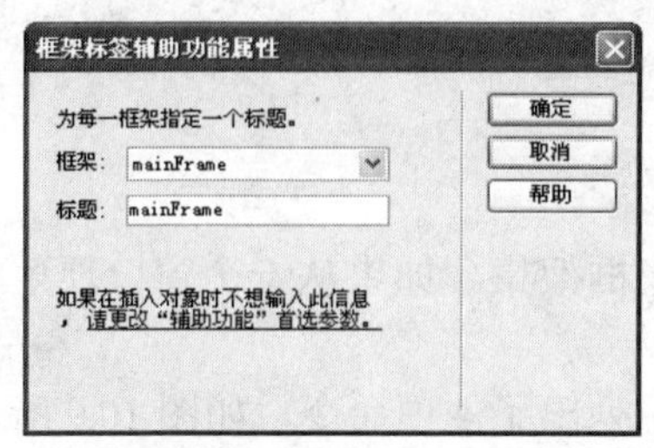

图 10.4 【框架标签辅助功能属性】对话框

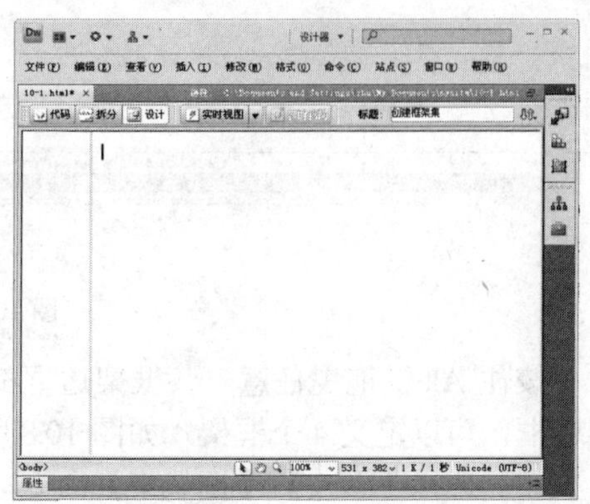

图 10.5 插入预定义框架集效果

在新建页面文档时，用户可以在【新建文档】对话框中直接选择【示例中的网页】选项卡中的【框架集】类别，然后在【框架集】列表中选择一种框架集，如图 10.6 所示。

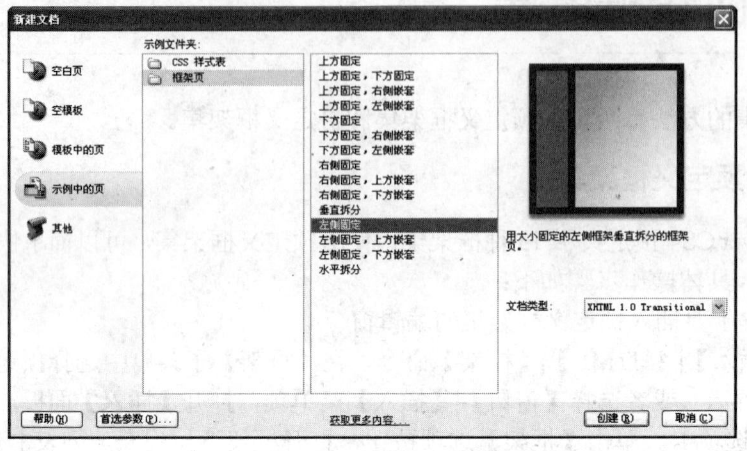

图 10.6　创建新的空预定义框架集

10.2.2　插入自定义框架集

在自定义框架集之前，应选择【查看】|【可视化助理】|【框架边框】选项，确保该项勾选，然后可以执行如下操作步骤：

步骤 1　把光标置于要插入预定义框架集的编辑窗口中。

步骤 2　执行下面任意操作之一：

（1）在【设计】视图中，用鼠标拖动四周显示的框架边框线，将其拖动到页面内合适的位置，然后释放鼠标即可，如图 10.7 所示。

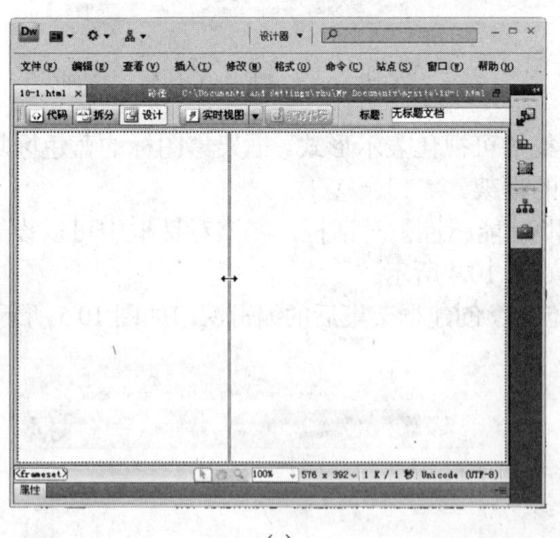

（a）

（b）

图 10.7　拖曳创建框架集

按住 Alt 键拖曳任意一条框架边框都可以快速创建框架集。如果从一个窗口顶角上拖动框架边框，可以定义 4 个框架，如图 10.8 所示。

（2）选择【修改】|【框架集】命令，在该子菜单中列出了 4 项命令，如图 10.9 所示。选择其中需要的一项即可拆分窗口，创建一个框架集，然后用鼠标调整框架窗口大小即可。

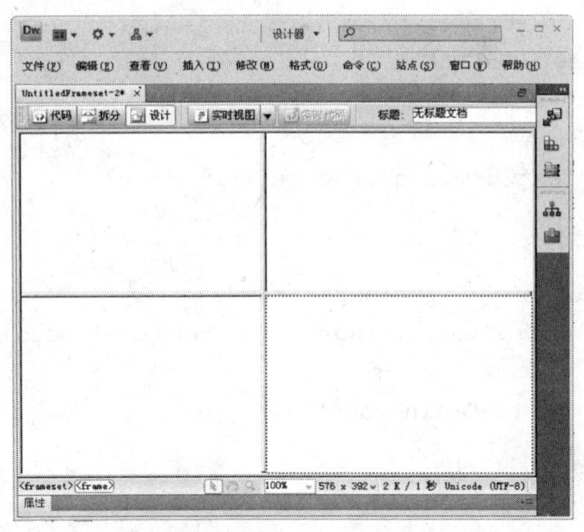

图 10.8 一次定义 4 个框架

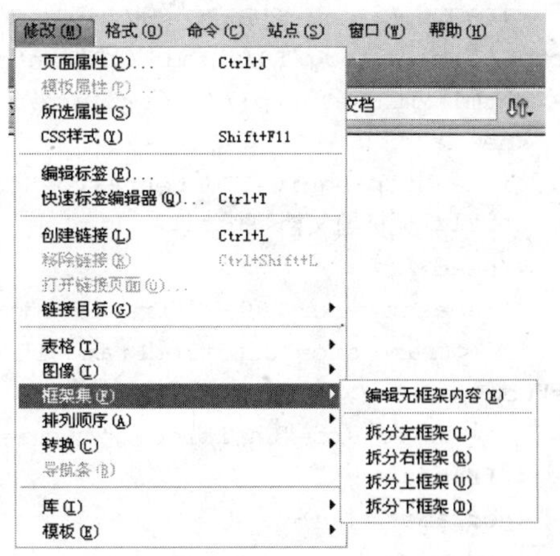

图 10.9 【框架集】子菜单

10.2.3 框架嵌套

嵌套框架集就是插入在一个框架集之内的框架集。一个框架集可以包含多个嵌套的框架集。大多数使用框架的网页实际上都使用嵌套框架。Dreamweaver CS4 中大多数预定义的框架集也使用嵌套框架集。如果在一个框架集内，不同行或不同列中有不同数目的框架，则要求使用嵌套的框架集。创建嵌套框架的操作步骤如下：

步骤 1 将光标定位在要插入嵌套框架集的框架中。

步骤 2 执行以下任一操作：

（1）选择【修改】|【框架集】命令，在该子菜单中列出了 4 项命令，如图 10.9 所示。选择其中需要的一项即可拆分窗口，创建一个框架集，然后用鼠标调整框架窗口大小即可。

（2）在【插入】面板的【布局】选项卡中，单击【框架】选项按钮，打开框架下拉列表，列表中列出了 13 种预定义的框架集，从中选择一种即可，如图 10.3 所示。

（3）选择【插入】|【HTML】|【框架】命令，在子菜单上选择一种框架集类型即可。

步骤 3 在框架集的右侧框架中嵌套了一个二分的嵌套集，如图 10.10 所示。

图 10.10 嵌套框架集

10.2.4 删除框架

删除框架比较简单，用户只需要将框架边框拖离编辑窗口即可。如果框架中有未保存的网页内容，Dreamweaver 会提示保存该文档。

10.2.5 在 HTML 中创建框架集

在【设计】视图中创建一个框架集，切换到【代码】视图，HTML 会自动生成一个框架集代码，当然读者也可以直接输入下面代码快速创建框架集。使用 HTML 代码创建框架集方便，容易控制和修改，所以建议适当学习 HTML 源代码能够加深对框架集和框架的认识。

```
<!DOCTYPE html PUBLIC "-//W3C//DTD XHTML 1.0 Frameset//EN"
"http://www.w3.org/TR/xhtml1/DTD/xhtml1-frameset.dtd">
<html xmlns="http://www.w3.org/1999/xhtml">
<head>
<meta http-equiv="Content-Type" content="text/html; charset=utf-8" />
<title>无标题文档</title>
</head>
<frameset rows="80,*" frameborder="no" border="0" framespacing="0">
  <frame src="UntitledFrame-1" name="topFrame" scrolling="No" noresize="noresize"
id="topFrame" />
  <frame src="Untitled-2" name="mainFrame" id="mainFrame" />
</frameset>
<noframes>
<body>
</body>
</noframes>
</html>
```

<frameset>和</frameset>标记表示一个框架集，其中的<frame>表示框架集中的一个框架，<frame>标记的 src 属性指定了该框架中要显示的网页文件的地址。

<noframes>和</noframes>标记中的HTML代码内容显示当浏览器不支持框架技术时预显示的内容。因此用户可以使用<noframes>标记，并且在其中加入一个普通版本的 HTML 文件，以便使用不支持框架浏览器的浏览者查看。框架集中的框架可以以横向方式或纵向方式来划分，同时也可以混合嵌套，主要通过 cols 和 rows 属性控制。

使用<frameset cols="80,*" ……>可以创建横向框架结构，n 可以是一个整数，也可以是一个百分数。整数表示框架宽度的绝对大小，单位默认为像素；百分数表示各框架宽度在框架集中所占比例。*表示右侧的宽度为相对值，所谓相对值就是该框架的宽度将根据浏览器的窗口宽度减去其他框架的固定宽度，相对值保证了框架集宽度和高度能够随浏览器窗口变化而灵活变化，因此相对值是一个非常关键的技术，它确保用户能够自由控制窗口的显示大小。同样，使用<frameset rows="80,*" ……>可以创建纵向框架结构。创建混合嵌套框架的代码如下：

```
<frameset rows="30%,*" frameborder="no" border="0" framespacing="0">
   <frame src=" UntitledFrame-13" scrolling="No" id="topFrame" title="topFrame" />
    <frameset cols="254,556">
        <frame src=" UntitledFrame-16">
        <frame src=" UntitledFrame-17" />
    </frameset>
</frameset>
```

框架集的边框用 border 属性来设置，相当于 Dreamweaver 框架集中的【边框宽度】，该属性位于<frameset>标记中，单位是像素。用 frameborder 设置框架边框，位于<frame>标记中。

Dreamweaver CS4

10.3 使用框架面板

创建完框架集之后，可以对框架进行编辑。但在编辑之前，首要任务就是选中框架集和框

架，由于框架集和框架分别是单独的 HTML 文档，在【设计】视图中直接选取往往会非常困难。不过使用【框架】面板进行控制会更准确、更快捷。选择【窗口】|【框架】命令，打开【框架】面板，如图 10.11 所示。

图 10.11 【框架】面板

10.3.1 选择框架集

在【框架】面板中，单击【框架】面板最外层的边框，使其变成黑边显示，即表示框架集已被选中，如图 10.12 所示。在编辑窗口中，一个框架集被选中后，框架集内的所有框架的边框都以虚线轮廓显示，如图 10.13 所示。

图 10.12 选中框架集

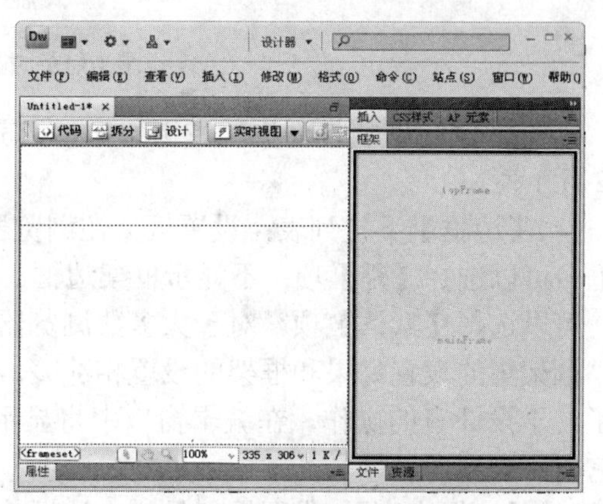

图 10.13 框架集被选中状态

10.3.2 选择框架

在【框架】面板中直接单击所要选取的框架，即可选中该框架，同时框架的四周以黑色显示，如图 10.14 所示。在编辑窗口中，框架边框将以虚线轮廓显示，如图 10.15 所示。

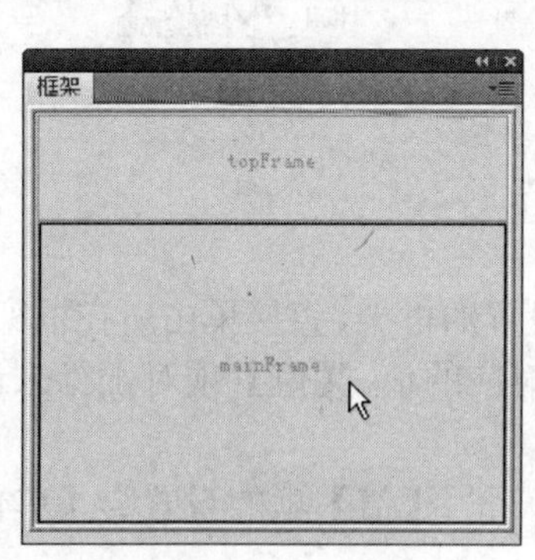

图 10.14 选中框架

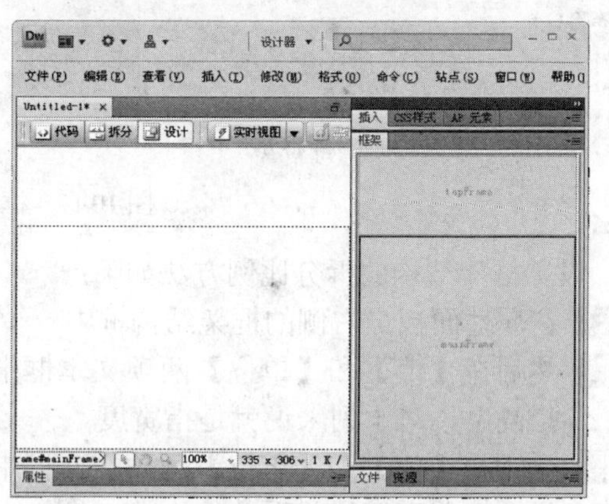

图 10.15 框架边框以虚线轮廓显示

在编辑窗口中单击某个框架边框，可选择该框架所属的框架集。按住 Alt 键，单击某个框架，可以选中该框架。若要将选择转移到另一框架，可以执行下面操作之一：按 Alt 键和左或右方向键，可以选择下一框架；按 Alt 键和向上方向键，可以选择父框架集；按 Alt 键和向下方向键，可以选择子框架。

Dreamweaver CS4

10.4 设置框架集属性

选中框架集后，可以在属性面板中设置其属性，如图 10.16 所示。下面详细介绍框架集的属性设置。

图 10.16　框架集属性面板

（1）预览框：在属性面板的左上角显示当前框架集的结构和该框架集中存在的行和列数据，如 2 行 1 列。

（2）【边框】下拉列表：设置框架在浏览器中是否显示边框。包括 3 个选项，要显示框架边框，可以选择【是】项；不显示框架边框，可以选择【否】项；要让浏览器确定如何显示边框，可以选择【默认】项。对于大多数浏览器而言，这一项都意味着有边框。

框架集的设置如果和框架的设置相冲突，将以框架属性的设置为优先。当设置为不显示时，为了便于设计者的操作，在编辑窗口中将显示框架边框（外形稍有不同），而在实际的浏览器中它将不会显示。

（3）【边框宽度】：设置框架结构中边框的宽度，单位是像素。

（4）【边框颜色】：设置边框的颜色，可以单击颜色框，打开颜色面板进行选择。

（5）设置框架结构的拆分比例：如果拆分的形式是上下拆分，则显示【行】项的数，如果拆分的形式是左右拆分，则显示【列】项的数，如图 10.17 所示。

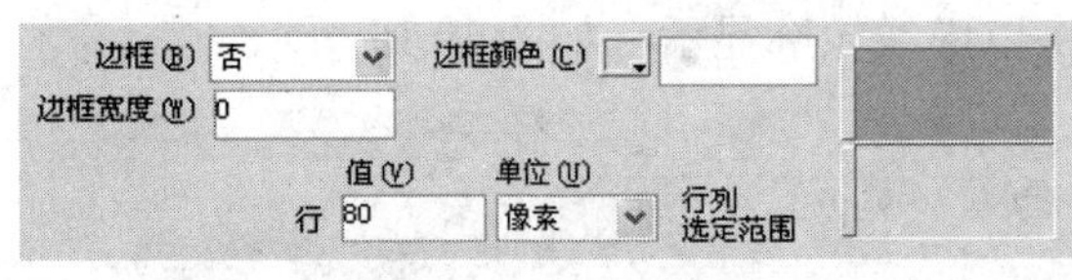

（a）上下拆分

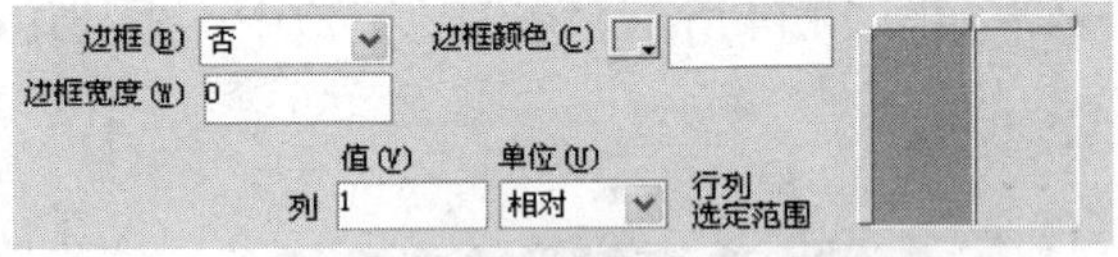

（b）左右拆分

图 10.17　框架结构拆分方式

设置框架结构的拆分比例方法如下：

步骤 1 在属性面板最右侧的框架结构框中，选择要进行设置的框架，直接单击所在框架即可。

步骤 2 然后在【值】和【单位】两项文本框中显示该框架对应的值。【值】项对于行来说就是指高度，对于列来说就是指宽度。

步骤 3 分别在【值】和【单位】两项文本框中进行相应的设置。【值】项的设置与【单位】的设置有着密切的关系。

步骤 4 在【单位】项中选择所用单位，包括有 3 个选项：

（1）【像素】：设置框架的高或宽绝对值。当用户不希望框架在浏览器窗口缩放时发生大小改变，例如，在框架中插入了网页的标题、导航条等，这时可采用给框架设置绝对值的办法。但是，网页中的各个框架不可能全部设置为像素值，有一个框架设置为像素值，通常会有其他框架的高宽设置为相对值。

（2）【百分比】：设置框架在所在框架结构中总高或总宽的百分比。

（3）【相对】：当其他框架设置了宽度或高度之后，剩余的宽度和宽度会分给单位设置为【相对】的框架。使用【相对】作为单位时，通常不需要设置【值】。但有时为保证浏览器的兼容性，可以设置【值】为 1。这样当个别浏览器不支持相对值时，可以用 1 来表示余下的宽度或高度值。

Dreamweaver CS4

10.5 设置框架属性

选中要设置的框架，在框架的属性面板中就可以轻松地控制框架的各个属性，如图 10.18 所示。

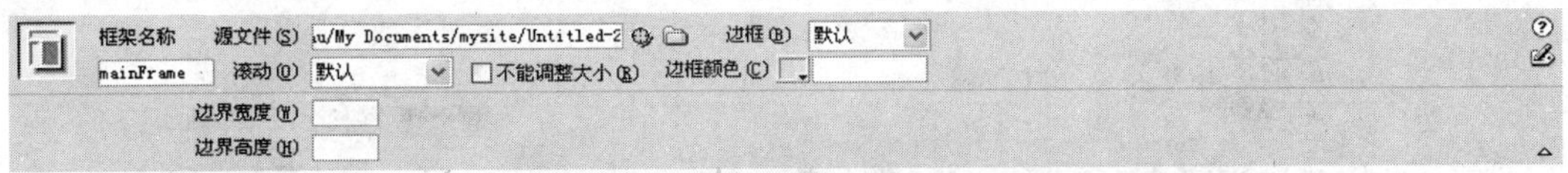

图 10.18　框架属性面板

（1）预览框：在属性面板的左上角以彩色显示当前被选中的框架。

（2）【框架名称】文本框：设置当前选中的框架名称。因为框架名称是链接的目标属性所要引用的值，也是脚本在引用该框架时所用的名称，建议用户要输入一个好记易懂的名称。例如，可以根据框架在整个框架网页中的位置，在上方的命名为 upFrame，在左侧的命名为 leftFrame，在右侧的命名为 rightFrame，也可以根据内容命名，如放置导航条的框架命名为 naviFrame，放置主要内容的命名为 mainFrame 等。

框架名称必须是单个单词，允许使用下划线（_），但不允许使用连字符（-）、句点（.）和空格。框架名称必须以字母开头，而不能以数字开头。框架名称区分大小写。不要使用 JavaScript 中的保留字，如 top 或 navigator 作为框架名称。

（3）【源文件】文本框：设置当前选中框架中要插入的框架网页的路径，在网页未被保存时使用绝对路径形式，保存之后使用相对路径形式。

（4）【滚动】下拉列表：设置框架是否显示滚动条。包括 4 项，选择【是】项表示在任何情况下都将显示滚动条，选择【否】项表示不使用滚动条，选择【自动】项表示只在内容超出框架范围的情况下才显示滚动条，选择【默认】项表示使用浏览器的默认值，在大部分浏览器中等同于【自动】选项。

（5）【不能调整大小】复选框：在默认状态下，浏览者使用浏览器观看框架网页时可以拖动框架网页的边框调整框架的大小。如果选择该项，则将不能够调整框架的边框。

（6）【边框】下拉列表：设置框架是否有边框。包括【是】、【否】和【默认】3 项。框架边框的设置优先于框架集属性中边框的设置。一般情况下，不设置框架网页显示边框。

（7）【边框颜色】：设置框架边框的颜色。对框架的边框颜色的设置要优先于对框架集的边框颜色的设置。框架颜色的设置会影响到相邻框架边框的颜色。

（8）【边界高度】和【边界宽度】：设置框架边框和框架内容之间的空白区域，其中：

1）【边界宽度】设置的是框架左侧和右侧边框与内容之间的空白区域。

2）【边界高度】设置的是上方和下方的边框与内容之间的空白区域。

Dreamweaver CS4

10.6 在框架中插入网页

当完成框架的创建之后，就可以在框架中插入网页了，插入的过程实质就是把外边的网页文件链接到相应的框架中。这些被插入的网页文件可以是空白的网页，也可以是事先准备好的网页文件，实际上当创建一个框架集文件时，就已经创建了所对应框架的空白网页文件，当保存框架集文件时，系统会提示是否保存各个对应框架的空白网页文件。下面结合一个实例进行说明，具体步骤如下：

步骤 1 首先制作好几个简单的框架页，分别命名为 menu.html、item1.html、item2.html 和 item3.html，如图 10.19 所示。

图 10.19 制作框架用网页

步骤 2 新建一个名称为 index.html 的网页，使用前面介绍过的创建框架集的方法，将页面分成上下两个框架，如图 10.20 所示。

步骤 3 选中上面顶部框架，然后在属性面板的【源文件】文本框中输入 menu.html。读者也可以将光标放入上面顶部框架中，在 Dreamweaver CS4 中选择【文件】|【在框架中打开】命令，在打开的【选择 HTML 文件】对话框中选择要插入到上面框架的网页 menu.html，如图 10.21 所示，单击【确定】按钮，网页即被插入到框架中，如图 10.22 所示。

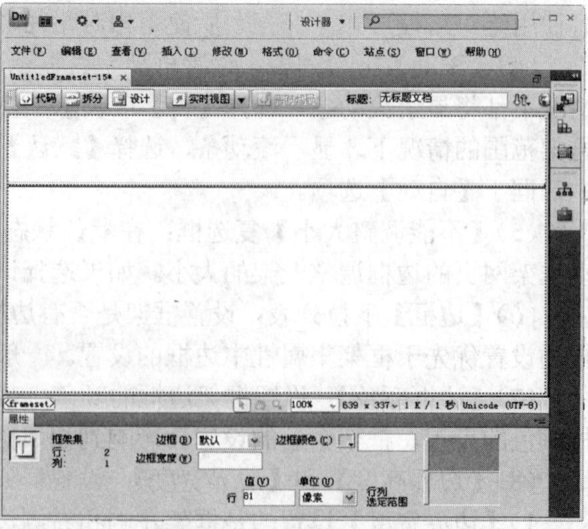

图 10.20 创建上下结构的框架集

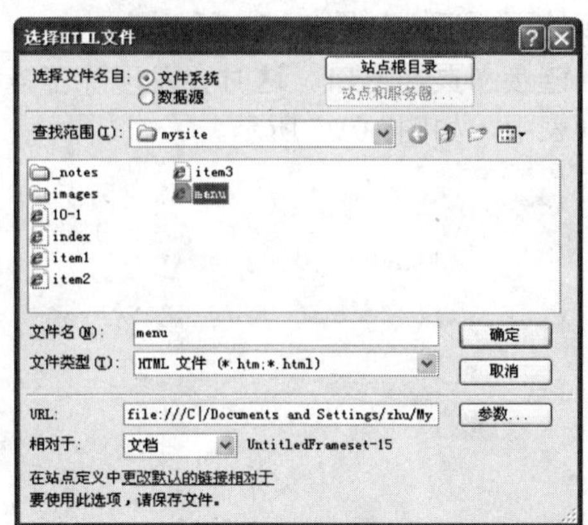

图 10.21　【选择 HTML 文件】对话框

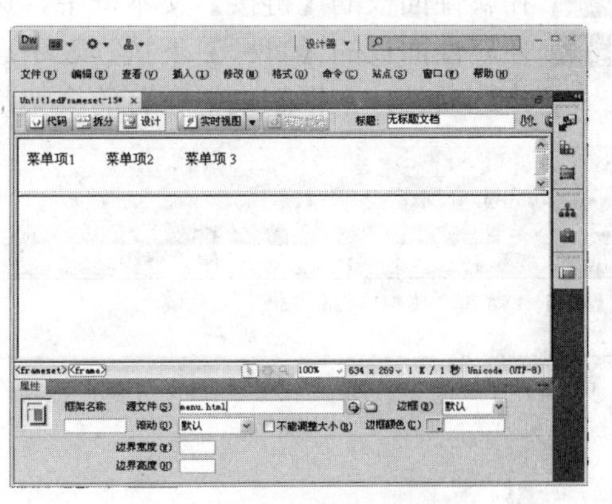

图 10.22　插入网页 top.html

步骤 4　插入的网页可能还需要进行适当调整。用鼠标调整大小，或者在属性面板中进行精确调整。

步骤 5　然后在下面框架中插入 mail.html 网页内容，方法和上面相同。插入的效果如图 10.23 所示。

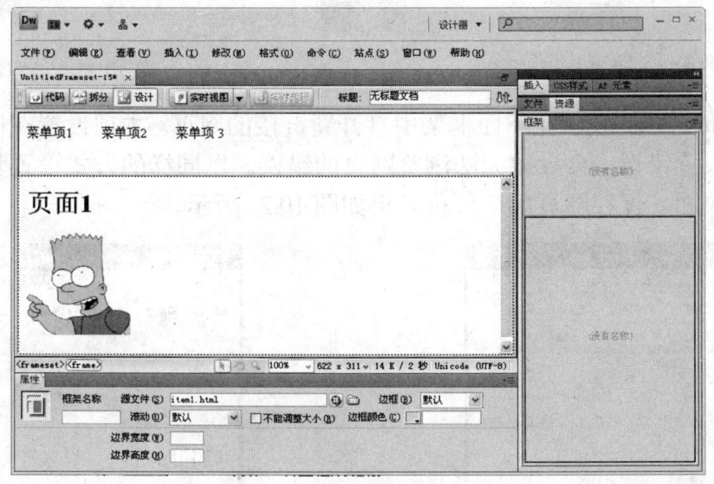

图 10.23　插入网页的框架集效果

步骤 6　至此，在整个框架集中插入网页的操作就全部完成了。保存整个框架集时，要选中整个框架集，然后选择【文件】|【保存框架页】或者【框架集另存为】命令，保存整个框架集。

Dreamweaver　CS4

10.7　设置框架链接

在框架之间可以通过超链接进行联系。方法是在<frame>标记中加入 name 属性，然后在其他框架中进行引用，引用的途径是通过<a>标记的 href（链接）属性定义将要打开的网页文件，用 target 属性指定该超链接文件将在哪个框架中打开，target 属性所引用的值正是在<frame>标记中定义的 name 属性值。使用 marginwidth 和 marginheight 属性设置框架与网页内容的间距，用 framespacing 设置边框宽度。结合上面实例介绍在框架中设置超链接的方法，操作步骤如下：

步骤 1　首先在框架集文件中，选择一个要建立超链接的网页以及网页内的文本或其他链接载体，如图 10.24 所示。

步骤 2 在属性面板的【链接】文本框中，选择要链接的页面后，如图 10.24 所示。

步骤 3 在属性面板的【目标】下拉列表中选择要打开链接网页的窗口。这时会发现除了 4 个基本选项外，本框架集中所有的框架都显示在列表中，如图 10.25 所示。

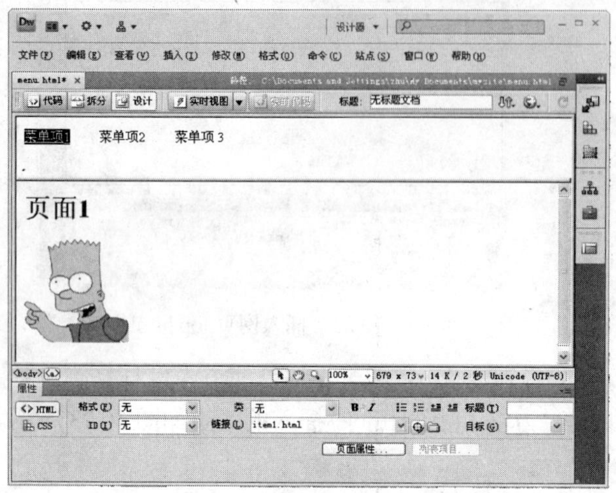

图 10.24 设置超级链接

图 10.25 设置链接目标

步骤 4 选择 content 选项，表示在下面框架中打开新链接的网页。本项设置在框架设置中非常重要，一旦设置错误，会导致无法浏览网页的错误。以同样的方式设置其他几个超链接所要打开的页面。保存网页后，预览效果如图 10.26 所示。

（a）单击链接

（b）跳转网页

图 10.26 框架链接效果

10.8 设置无框架内容

一些老版本的浏览器不支持框架，遇到有框架的网页就不能正确显示，Dreamweaver CS4 允许创建无框架内容，供不支持框架的浏览器显示，以防不测。使用<noframes>和</noframes>标记可以完成这一任务，当浏览器不能加载框架集文件时，会检索到<noframes>标记，并显示标签中的内容。

选择【修改】|【框架集】|【编辑无框架内容】命令，这时网页框架消失，出现完整的编辑窗口，窗口上方标注“无框架内容”，然后就可以在工作区中编写非框架的内容了，如图 11.27 所示。再次选择【修改】|【框架集】|【编辑无框架内容】命令可以返回到框架集文档的正常视图状态。

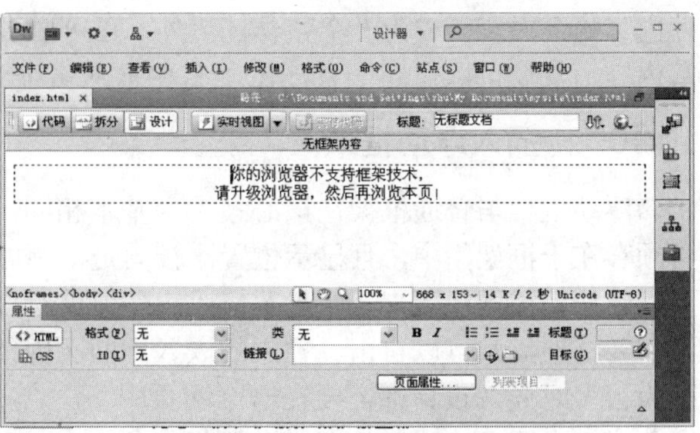

图 10.27 无框架内容编辑状态

如果用户切换到【代码】视图，会看到无框架内容所显示的源代码：

```
<noframes>
<body>
  <div align="center">你的浏览器不支持框架技术，<br />请升级浏览器，然后再浏览本页！</div>
</body>
</noframes>
```

其中<noframes>标记表示无框架的意思，其内部可以包含一个完整网页页面内容，最顶层为<body>标记，它相当于一个页面的主体框架。

Dreamweaver CS4 10.9 保存框架集和框架文件

框架集页面制作完毕，在预览或关闭包含有框架的文件时，必须先对框架集和框架文件进行保存。在【文件】菜单中提供了 3 个与框架有关的保存命令，分别是【保存框架页】、【框架集另存为】和【保存全部】。其中前两个命令是用于保存框架集文件的，后一个命令是将页面中包括的所有框架集、框架文件一同保存。当只保存某框架页面时，可以将光标放置于该框架中，选择【文件】|【保存框架】（或【框架另存为】）命令保存即可。

保存框架集和框架文件可以有 3 种选择方式：

（1）当向框架中插入已经制作好的网页文件时，只需要保存框架集文件。在【框架】面板中选择框架集，然后选择【文件】|【保存框架页】命令即可，或者选择【文件】|【框架集另存为】命令另存其他地方或重新命名。框架集默认名为 UntitledFrameset-1、UntitledFrameset-2……。

（2）当编辑或修改框架集中某个网页文件，这时只需要保存框架中显示的网页文件。选择【文件】|【保存框架】或者【框架另存为】命令保存即可。框架默认名为 UntitledFrame-1、UntitledFrame-2……。

（3）当新建框架页面时，需要保存所有的框架文件和框架集文件。选择【文件】|【保存全部】命令即可。

Dreamweaver CS4 10.10 浮动框架

浮动框架使用<iframe>标记来表示，它可以将一个 HTML 文件嵌入在另一个 HTML 网页中显示。<iframe>标记不同于<frame>标记最大的特征就是这个标记所引用的 HTML 文件不是与另外的 HTML 文件相互独立显示的，而是可以直接嵌入在一个 HTML 文件中，与这个 HTML 文件内容相互融合，成为一个整体。另外，还可以多次在一个页面内显示同一内容，而不必重复写内容，甚至可以在同一 HTML 文件中嵌入多个 HTML 文件。

10.10.1 插入浮动框架

浮动框架与普通框架在核心技术上基本相同，不过它们的显示形式有很大区别，普通框架必须存在于框架集中，且显示位置比较固定，例如，如果定义一个上下框架的页面，则整个网页的结构就被固定下来，如果要修改，必须重新打乱框架集，这样做势必很麻烦。而浮动框架不需要框架集，可以自由、独立的嵌入到网页内任何位置，这对于网页布局具有特殊的作用，因为很多时候，设计师需要在一个网页中嵌入另一个网页，但又不希望使用框架集进行死板的布局。Adobe Dreamweaver CS4 支持可视化操作插入浮动框架，具体方法如下。

把光标定位到要插入浮动框架的地方。选择【插入】|【HTML】|【框架】|【IFRAME】命令。或者在【插入】面板中选择【布局】选项卡，再单击其中的【IFRAME】选项按钮，系统自动在当前光标处插入一个<iframe></iframe>标记，并把视图切换到【拆分】视图状态下，如图 10.28 所示。

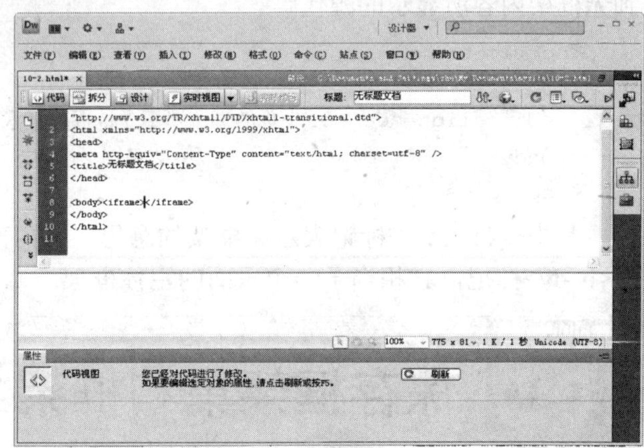

图 10.28 插入浮动框架

10.10.2 设置浮动框架的属性

仅插入<iframe>标记是无法显示网页的，用户还需要为<iframe>标记定义属性，这样就可以显示内容了，<iframe>标记包含的属性说明如表 10.1 所示。

表 10.1 浮动框架的属性列表

属性及取值	作 用	说 明
src=URL	定义浮动框架网页文件的位置	url 为嵌入的 HTML 文件的位置，可以是相对地址，也可以是绝对地址。例如，<iframe src="iframe.html">
name=#	定义对象名称	#为对象的名称。该属性给对象取名，以便其他对象利用。例如，<iframe src="iframe.html" name="iframe1">
id=#	定义 ID 选择符	指定<iframe>标记的唯一 ID 选择符。例如，<iframe src="iframe.html" id="iframe1">
height=# width=#	定义浮动框架的高度和宽度	取值为正整数（单位为像素）或百分数。Height 表示浮动框架的高度，width 表示浮动框架的宽度。例如，<iframe src="iframe.html" height=400 width=400>
noresize	定义浮动框架尺寸可以调整	IE 专有属性，指定浮动框架不可调整尺寸。例如，<iframe src="iframe.html" noresize>
frameborder=0、1	定义是否显示边框	该属性定义是否显示浮动框架边框。0 表示不显示浮动框架边框；1 表示显示浮动框架边框。例如，<iframe src="iframe.html" frameborder=0>、<iframe src="iframe.html" frameborder=1>
border=#	定义浮动框架的边框宽度	取值为正整数和 0，单位为像素。为了将浮动框架与页面无缝结合，border 一般定义为 0。例如，<iframe src="iframe.html" border=0>

续表

属性及取值	作　用	说　明
bordercolor=color	定义浮动框架的边框颜色	color 可以是 RGB 值（RRGGBB），也可以是颜色名。例如，<iframe src="iframe.html" bordercolor=red>
align=left、right、center	定义浮动框架与其他对象的对齐方式	例如，<iframe src="iframe.html" align=left>、<iframe src="iframe.html" align=right>、<iframe src="iframe.html" align=center>
framespacing=#	定义相邻浮动框架的间距	取值为正整数和 0，单位为像素。例如，<iframe src="iframe.html" framespacing=10>
hspace=# vspace=#	定义浮动框架的内边界大小	取值为正整数和 0，单位为像素。两个属性应同时应用。hspace 表示浮动框架内的左右边界大小，vspace 表示浮动框架内的上下边界大小。例如，<iframe src="iframe.html" hspace=1 vspace=1>
marginheight=# marginwidth=#	定义浮动框架的外边界大小	取值为正整数和 0，单位为像素。两个属性应同时应用。marginheight 表示浮动框架的右边界大小，marginwidth 表示浮动框架的上下边界大小。例如，<iframe src="iframe.html" marginheight=1 marginwidth=1>

例如，下面一组浮动框架的应用效果是网上最常用的形式（练习本例时，应保证计算机处于连网状态）。

输入下面代码，则会显示如图 10.29 所示的效果。

```
<iframe id='ifm2' width='189' height='190' align='center' marginwidth='0' marginheight ='0' hspace='0' vspace='0' frameborder='0' scrolling='no' src='http://weather.qq.com/inc/ss258.htm'></iframe>
```

输入下面代码，则会显示如图 10.30 所示的效果。

```
<iframe id='ifm1' width='405' height='332' align='center' marginwidth='0' marginheight='0' hspace='0' vspace='0' frameborder='0' scrolling='no' src="http://weather.qq.com/24.htm"></iframe>
```

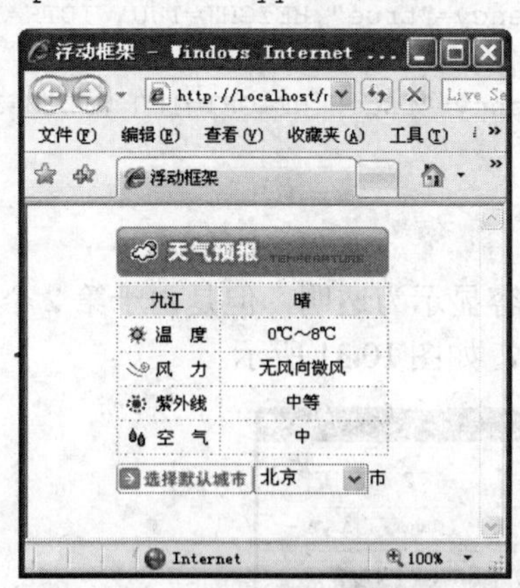

图 10.29　浮动框架效果 1

图 10.30　浮动框架效果 2

10.10.3　设置透明背景框架

Internet Explorer 5.5 和 Netscape 6 以上的浏览器支持 Frame 和 Iframe 对象的 allow Transparency 方法，如果网页的背景颜色设置为 Transparency，那么该网页将继承包含它容器（框架）的特性，用户可以通过这个特性实现透明背景框架的设置。例如，制作两个网页文档，其中一个为透明背景，另一个为红色背景网页。透明背景的网页文档为 a.html，具体代码如下：

```
<html>
<head>
<title>透明网页</title>
<meta http-equiv=content-type content="text/html; charset=gb2312">
</head>
<body style="background-color: transparent">
<h1>透明网页</h1>
</body>
</html>
```

红色背景的网页文档为 b.html，具体代码如下：

```
<html>
<head>
<title>不透明网页</title>
<meta http-equiv=content-type content="text/html; charset=gb2312">
</head>
<body style="background-color: #ff0000">
<h1>红色背景网页</h1>
</body>
</html>
```

下面，在新建网页中使用两个浮动框架包含上面两个网页，设置浮动框架允许透明，代码如下：

```
<html>
<head>
<meta http-equiv="Content-Type" content="text/html; charset=utf-8" />
<title>设置透明背景框架</title>
</head>
<BODY style="BACKGROUND-COLOR: #FFCCFF">
<IFRAME ID="frame1" SRC="a.html" allowTransparency="true" HEIGHT=180 WIDTH=300>
</IFRAME>
<IFRAME ID="frame2" SRC="b.html" allowTransparency="true" HEIGHT=180 WIDTH=300>
</IFRAME>
</body>
</html>
```

在浏览器中预览，你会发现，第一个浮动框架的内容显示为透明，但是由于第 2 个框架导入的网页不是透明网页，将显示为原来网页的红色背景，如图 10.31 所示。

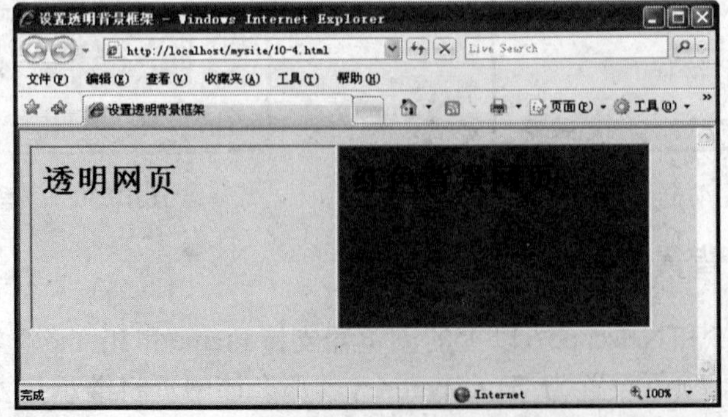

图 10.31 透明背景的浮动框架应用

第11章

应用网页多媒体

内容介绍

Dreamweaver CS4 具有强大的多媒体支持功能，可以在网页中轻松插入各种类型动画、视频、音频、控件和小程序等，并能利用属性面板或快捷菜单控制多媒体在网页中的显示。灵活插入各种多媒体可以使网页更加生动。本章将详细讲解如何使用 Dreamweaver CS4 在网页中插入各种多媒体的方法和属性设置。

学习重点

- 在网页中插入 SWF 动画
- 设置 SWF 动画属性
- 插入 FlashPaper
- 插入 FLV 视频
- 插入 Shockwave
- 插入 Java Applet
- 插入 ActiveX 控件
- 插入插件
- 插入声音
- 插入视频

11.1 在网页中插入 SWF 动画

SWF 动画以文件小巧、速度快、特效精美、支持流媒体和强大交互功能而成为网页最流行的动画格式，被大量应用于网页中。在 Dreamweaver CS4 中插入 SWF 动画的步骤如下：

步骤 1 在编辑窗口中，将光标定位在要插入 SWF 动画的位置。

步骤 2 选择【插入】|【媒体】|【SWF】命令，或者单击【插入】面板的【常用】选项卡中【媒体】下拉菜单中【SWF】选项，打开【选择文件】对话框。

步骤 3 在【选择文件】对话框中选择要插入的 SWF 动画文件（.swf），然后单击【确定】按钮，即可在当前位置插入一个 SWF 动画，此时编辑窗口中一个带有字母 F 的灰色区域，如图 11.1 所示，只有在预览状态下才可以观看到 SWF 动画效果。

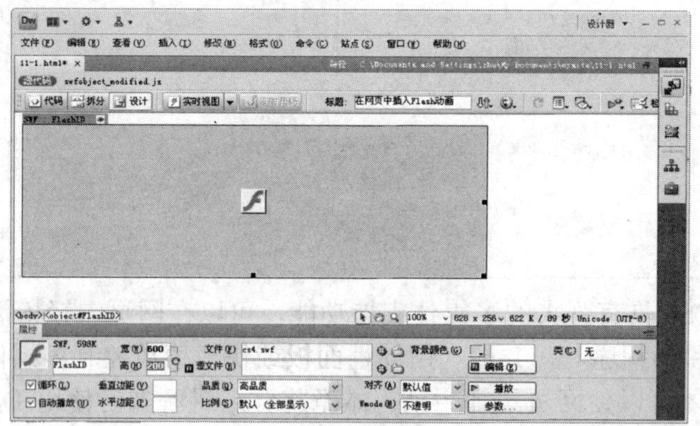

图 11.1　SWF 属性面板

在插入 SWF 动画时，Dreamweaver CS4 会提示把当前 SWF 动画保存到站点内和设置对象标签辅助功能属性。当在 Dreamweaver CS4 中插入 SWF 动画之后，切换到【代码】视图，可以看到新增加的代码：

```
<script src="Scripts/swfobject_modified.js" type="text/javascript"></script>
<object id="FlashID" classid="clsid:D27CDB6E-AE6D-11cf-96B8-444553540000" width=
"600" height="200">
    <param name="movie" value="cs4.swf" />
    <param name="quality" value="high" />
    <param name="wmode" value="opaque" />
    <param name="swfversion" value="9.0.45.0" />
    <!-- 此 param 标签提示使用 Flash Player 6.0 r65 和更高版本的用户下载最新版本的 Flash
Player。如果你不想让用户看到该提示，请将其删除。 -->
    <param name="expressinstall" value="Scripts/expressInstall.swf" />
    <!-- 下一个对象标签用于非 IE 浏览器。所以使用 IECC 将其从 IE 隐藏。 -->
    <!--[ if !IE]>-->
    <object type="application/x-shockwave-flash" data="cs4.swf" width="600" height ="200">
        <!--<![ endif] -->
        <param name="quality" value="high" />
        <param name="wmode" value="opaque" />
        <param name="swfversion" value="9.0.45.0" />
        <param name="expressinstall" value="Scripts/expressInstall.swf" />
```

```
        <!-- 浏览器将以下替代内容显示给使用 Flash Player 6.0 和更低版本的用户。 -->
        <div>
            <h4>此页面上的内容需要较新版本的 Adobe Flash Player。</h4>
            <p><a href="http://www.adobe.com/go/getflashplayer"><img src="http://
www.adobe.com/images/shared/download_buttons/get_flash_player.gif" alt="获取 Adobe Flash
Player" width="112" height="33" /></a></p>
        </div>
        <!--[ if !IE] >-->
    </object>
    <!--<![ endif] -->
</object>
<script type="text/javascript">
<!--
swfobject.registerObject("FlashID");
//-->
</script>
```

在 Dreamweaver CS4 中插入 SWF 动画时，源代码中可以分为两部分，第 1 部分为脚本部分，即使用 JavaScript 脚本导入外部 SWF 动画，第 2 部分是利用<object>标记来插入动画。当用户浏览器不支持 JavaScript 脚本时，可以使用<object>标记插入，这样就可以最大限度的保证 SWF 动画能够适应不同的操作系统和浏览器类型。

<embed>标记表示插入多媒体对象，与 Dreamweaver CS4 属性面板中的各种参数设置相同；classid 属性设置类 ID 编号，同 Dreamweaver CS4 属性面板中的【类 ID】相同；<param>标记设置类对象的各种参数，与 Dreamweaver CS4 属性面板中的【参数】按钮打开的【参数】对话框参数设置相同；codebase 属性与 Dreamweaver CS4 属性面板中的【基址】相同。当保存插入 SWF 动画的网页文档时，Dreamweaver CS4 会自动提示保存两个脚本文件，如图 11.2 所示。

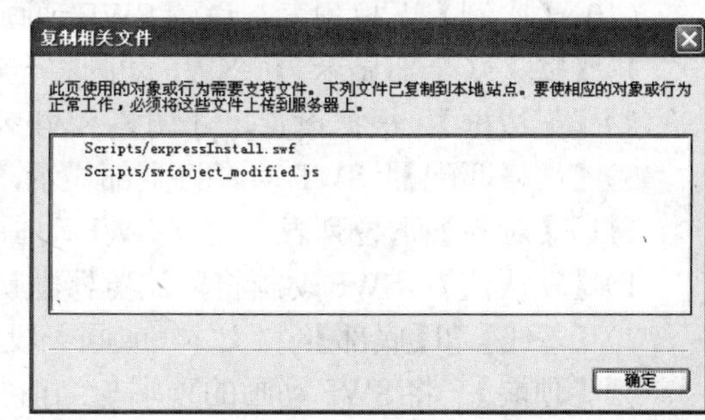

图 11.2　保存相关文件

Dreamweaver CS4

11.2 设置 SWF 动画属性

插入 SWF 动画后，选中动画就可以在属性面板中设置 SWF 动画属性了，如图 11.3 所示。

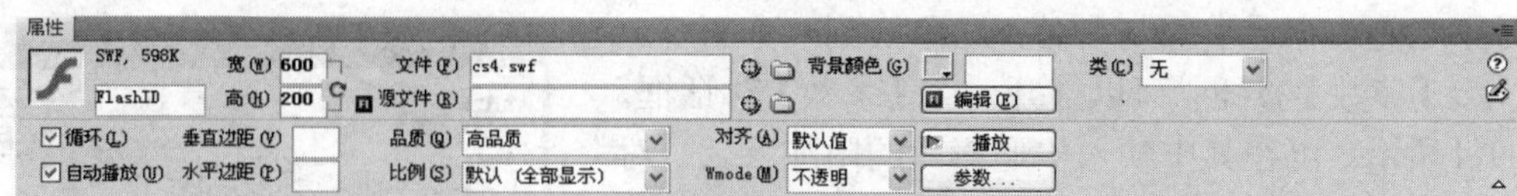

图 11.3　SWF 动画属性面板

(1)【FlashID】文本框：在“Flash”字母标识下面的文本框中设置 SWF 动画的名称，同时在旁边显示插入动画的大小。

(2)【宽】和【高】文本框：设置 SWF 动画的宽度和高度，默认单位是像素，也可以设置单位为 pc（十二点活字）、pt（点）、in（英寸）、mm（毫米）、cm（厘米）或%（相对于父对象大小的百分比）。输入时，数字和缩写必须紧连在一起，中间不留空格，如 2in。单击其中的【重设大小】图标 可以恢复动画的原始大小。

（3）【文件】文本框：设置 SWF 动画文件地址，单击【选择文件】图标可以浏览文件并选定。

（4）【编辑】按钮：如果安装了 Adobe Flash，可启动 Adobe Flash 以编辑和更新 fla 文件，如果没有安装 Adobe Flash，该按钮将无效。

（5）【背景颜色】：指定影片区域的背景颜色。在不播放影片时（在加载时和在播放后）也显示此颜色。

（6）【循环】复选框：设置 SWF 动画循环播放。

（7）【自动播放】复选框：设置网页打开后自动播放 SWF 动画。

（8）【垂直边距】和【水平边距】文本框：设置 SWF 动画的上下方和左右方与其他页面元素的距离。

（9）【品质】下拉列表：设置 SWF 动画的品质，包括【低品质】、【自动低品质】、【自动高品质】和【高品质】4 个选项。品质设置越高，影片的观看效果就越好，但对硬件的要求也高，以使影片在屏幕上正确显示，低品质能加快速度，但画面较糙。【自动低品质】设置一般先看速度，如有可能再考虑外观，【自动高品质】设置一般先看外观和速度这两种品质，但根据需要可能会因为速度而影响外观。

（10）【比例】下拉列表：设置 SWF 动画的显示比例，包括 3 项。

1）【默认（全部显示）】：SWF 动画将全部显示，并保证各部分的比例。

2）【无边框】：根据设置尺寸调整 SWF 动画显示。

3）【严格匹配】：SWF 动画将全部显示，但会根据设置尺寸调整显示比例。

（11）【对齐】下拉列表：设置 SWF 动画的对齐方式，包括 10 个选项。

1）【默认值】：SWF 动画将以浏览器默认的方式对齐（通常指基线对齐）。

2）【基线】和【底部】：将文本（或同一段落中的其他元素）的基线与 SWF 动画的底部对齐。

3）【顶端】：将 SWF 动画的顶端与当前行中最高项（图像或文本）的顶端对齐。

4）【居中】：将 SWF 动画的中部与当前行的基线对齐。

5）【文本上方】：将 SWF 动画的顶端与文本行中最高字符的顶端对齐。

6）【绝对居中】：将 SWF 动画的中部与当前行中文本的中部对齐。

7）【绝对底部】：将 SWF 动画的底部与文本行（这包括字母下部，例如在字母 g 中）的底部对齐。

8）【左对齐】：将 SWF 动画放置在左边，文本在图像的右侧换行。如果左对齐文本在行上处于对象之前，它通常强制左对齐对象换到一个新行。

9）【右对齐】：将 SWF 动画放置在右边，文本在对象的左侧换行。如果右对齐文本在行上处于对象之前，它通常强制右对齐对象换到一个新行。

（12）【参数】按钮：可以打开一个【参数】对话框，如图 11.4 所示。可在其中输入传递影片的附加参数，对动画进行初始化。影片必须先设计好，才可以接收这些附加参数。【参数】对话框中的参数由参数和值两部分组成，一般成对出现。单击【参数】对话框上的按钮，可增加一个新的参数，然后在【参数】列表框输入名称，在【值】下面输入参数值，单击按钮，可删除选定参数。在【参数】对话框上，选中一项参数，单击向上或向下的箭头按钮，可调整各项参数的排列顺序，最后单击【确

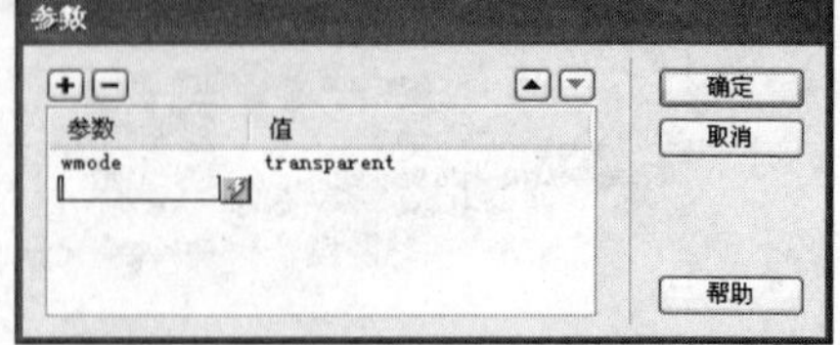

图 11.4 【参数】对话框

定】按钮即可。例如，设置 SWF 动画背景透明，可在【参数】列表中输入“wmode”，在【值】列表中输入“transparent”，即可实现动画背景透明播放。

Dreamweaver CS4

11.3 插入 FlashPaper

Adobe FlashPaper 是 Adobe 推出的一款电子文档类工具(读者可以在网上搜索下载试用版)，可以将任何类型的可打印文档转换为 SWF 或 PDF 文档。通过各种平台来查看生成的 FlashPaper 文档，包括文档的格式、文档中的图像、字体、特殊符号、源文档的颜色，而不管这个文档原来是由哪个平台、哪个应用程序创建的。例如，在 Windows XP 中创建一个 Excel 电子表格，然后使用 FlashPaper 将其转换为 SWF 文件，再将这个 SWF 文件传给其他用户。

FlashPaper 所生成的 SWF 文件与 Adobe Flash 所生成的 SWF 文件格式是相同的。FlashPaper SWF 文件通常比其他格式的文档要小得多，使用任何支持 Flash 的浏览器查看它们，或者可以直接使用 Adobe 的 Flash Player 来查看，还可以将 FlashPaper SWF 文件嵌入到一个网页中，这样就能够使得许多用户通过网格查看原来不容易查看的一些文件类型，如 Microsoft Project、Microsoft Visio、QuarkXPress、AutoCAD 文件。当用户打开这样的网页时，FlashPaper SWF 文件能够立即打开，用户不必离开网页就能查看文档内容。

插入 FlashPaper 的步骤如下（读者在练习之前，应该使用 FlashPaper 工具将相关打印文档保存为 SWF 文件，例如，在 Word 文档中选择打印输出到 FlashPaper，然后系统自动启动 FlashPaper，再在 FlashPaper 窗口中保存文档为 SWF 文件即可。你也可以使用本书光盘提供的练习素材进行练习）：

步骤 1 在编辑窗口中，将光标定位在要插入 FlashPaper 的位置。

步骤 2 选择【插入】|【媒体】|【FlashPaper】命令，或者单击【插入】工具栏中【媒体】下拉菜单中的第 4 项【FlashPaper】，然后打开【插入 FlashPaper】对话框，如图 11.5 所示。

步骤 3 单击【插入 FlashPaper】对话框中的【浏览】按钮，打开【选择文件】对话框，如图 11.14 所示。

步骤 4 在【插入 FlashPaper】对话框中设置 FlashPaper 的【高度】和【宽度】，单击【确定】按钮，Dreamweaver CS4 会提示设置其属性。

步骤 5 这时就在 Dreamweaver CS4 编辑窗口中插入一个 FlashPaper，选中 FlashPaper 后，可以在属性面板设置其属性（该面板内容和 SWF 动画属性相同）。

步骤 6 按 F12 键在浏览器中浏览，效果如图 11.6 所示。

图 11.5 【插入 FlashPaper】对话框

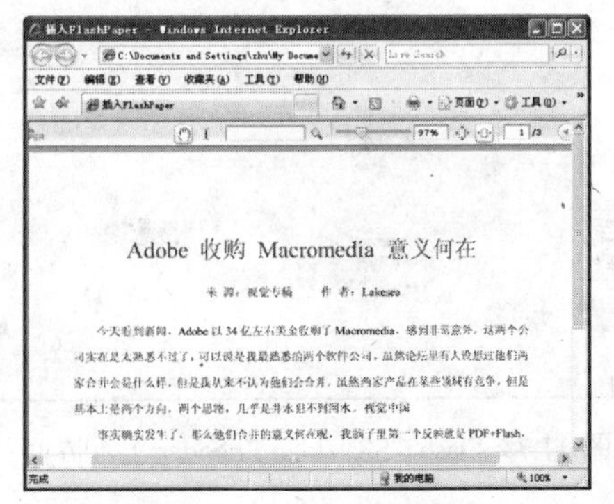

图 11.6 插入 FlashPaper 浏览效果

Dreamweaver CS4

11.4 插入 FLV 视频

在 Dreamweaver CS4 中插入视频无需任何 Flash 知识，只需要简单操作即可轻松地将 FLV 文件添加到网页中，并且可以自定义视频环境以匹配网站。

11.4.1 认识 FLV 文件

FLV 是 Flash Video 的简称，是一种全新的视频格式，由于该格式生成的视频文件极小、加载速度极快，使得网络观看视频文件成为可能，它的出现有效地解决了视频文件导入 Flash 后，使导出的 SWF 文件体积庞大，而不能在网络上很好的使用等缺点。

自从 YouTube 短视频分享网站（http://www.youtube.com/）火爆以后，FLV 格式及其技术也开始火爆，目前国内视频分享网站，如 5Show、56、优酷等都使用 FLV 技术来实现视频的制作、上传和播放。

11.4.2 转换视频为 FLV 格式

要在网页中插入 Flash 视频，用户应先把各种格式的视频转换为 FLV 格式文件。格式转换的方法很简单，利用 CS3 套件中提供的 Flash CS3 Video Encoder 工具可以很轻松地实现。具体操作步骤如下：

步骤 1 选择【开始】|【程序】|【Adobe Design Premium CS3】|【Adobe Flash CS3 Video Encoder】命令，启动 Flash CS3 Video Encoder，如图 11.7 所示。

我们可以看到这个工具的界面非常简单，功能也很单一，专门用来转化各种视频格式到 FLV 格式的文件。实际上使用这个工具转换普通视频为 FLV 视频很容易，只需几步即可完成。

步骤 2 单击【增加】按钮，将打开【打开】对话框，选择需要导入的视频即可。Flash CS3 Video Encoder 支持转换的视频格式相当广泛，例如，AVI、WMV、MPEG、ASF、MOV 等常见视频格式。视频添加进队列后，如果用户不需要做特殊修改，那么单击【开始队列】按钮，程序即可开始视频转换，如图 11.8 所示。

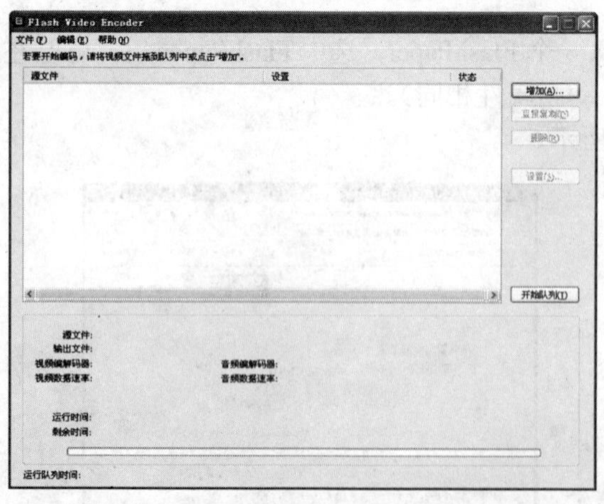

图 11.7 Flash CS3 Video Encoder 工具界面

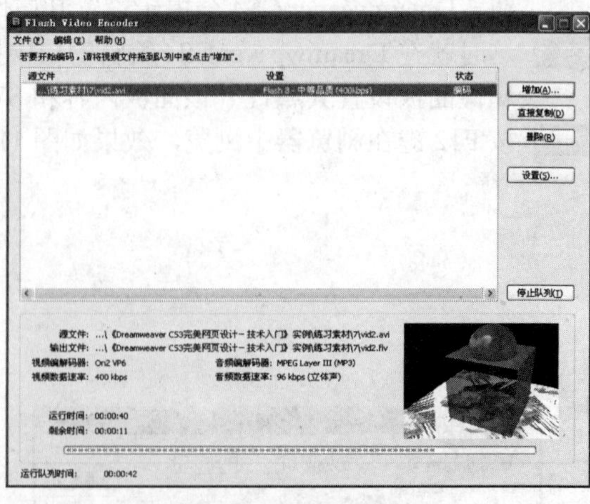

图 11.8 转换视频状态

步骤 3 Flash CS3 Video Encoder 转换视频的速度比较快，当然这与原始视频大小及设置的视频数据速率有关。整个转换过程，主窗口下方都有信息提示，并且还能看到实时的进度预览。转换结束后，在转换视频同一文件夹下，我们就能得到一个同名的 FLV 文件。

步骤 4 上面操作只是按照默认设置进行转换的情况，实际上，用户可以对于视频转换进行更多控制，单击主窗口中的【设置】按钮，打开【Flash 视频编码设置】对话框，如图 11.9 所示。

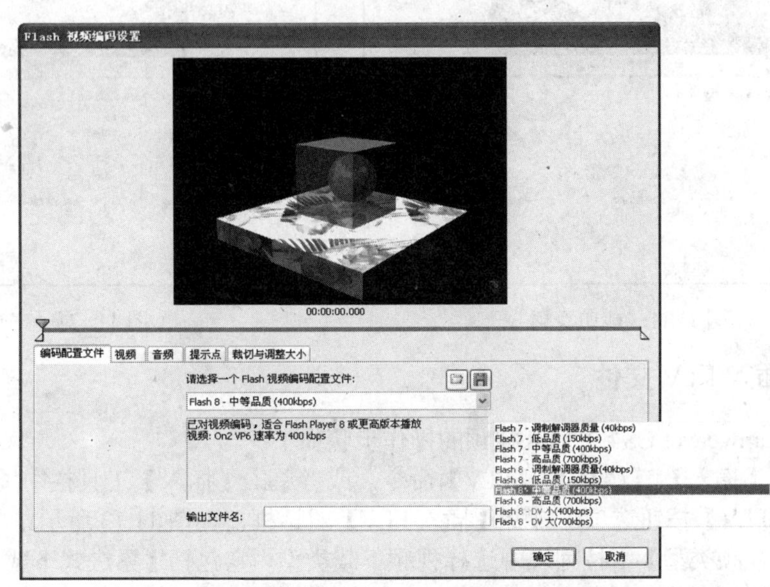

图 11.9 【Flash 视频编码设置】对话框

步骤 5 在【Flash 视频编码设置】对话框中，最显著的就是 FLV 视频品质设置，软件内置 10 种不同的编码设置组合。

步骤 6 Flash CS3 Video Encoder 提供了两种视频解码器供选择：On2 VP6（用于 Flash Player 8，支持 Alpha 通道）、Sorenson Spark（用于 Flash Player 7，适用于低配置用户），如图 11.10 所示。

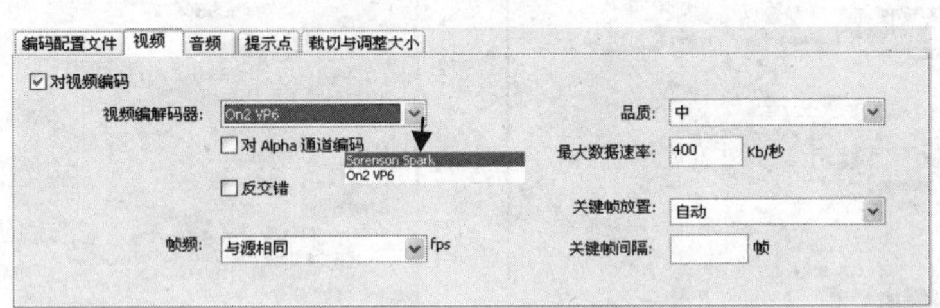

图 11.10 设置视频解码器

步骤 7 【裁切与调整视频大小】选项卡也非常有用，用户可以很容易生成特定尺寸的动画。裁切的方法很简单，软件提供了四个方向的控制，输入数值以裁切视频，或者单击三角按钮显示控制滑块，拖动滑块直观地调整视频尺寸，视频预览区会实时用虚线显示裁切范围，如图 11.11 所示。

步骤 8 视频修剪也不复杂，在视频预览区下方可以看到一个蓝色的视频进度指示条，拖动上方的“倒三角”按钮定位视频播放进度。进度指示条下方有两个按钮，它们就是“开始点”和“结束点”定位按钮，分别拖动按钮到所需位置，即完成简单的视频修剪，如图 11.12 所示。

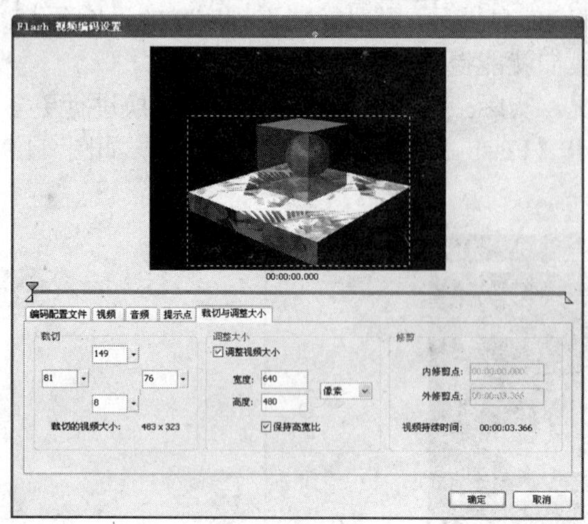

图 11.11　裁切视频

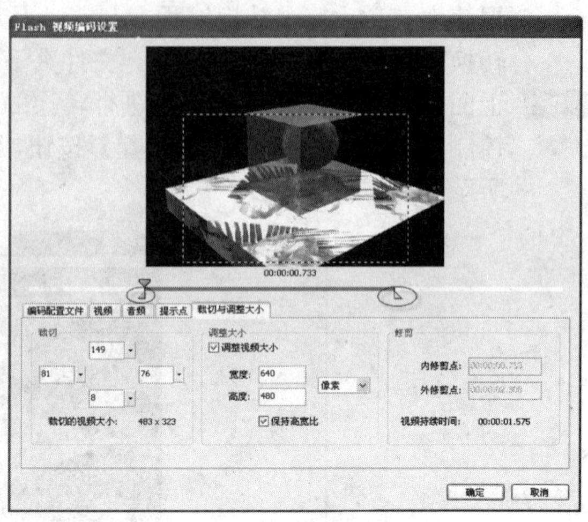

图 11.12　修剪视频

11.4.3　插入 FLV 文件

在 Dreamweaver CS4 中插入视频的操作步骤如下：

步骤 1 选择【插入】|【媒体】|【FLV】命令，或者单击【插入】工具栏中【媒体】下拉菜单中的【FLV】按钮选项。打开【插入 FLV】对话框，如图 11.13 所示。

步骤 2 在【视频类型】下拉列表中选择视频下载类型，它包括【累进式下载视频】和【流视频】两种类型。当选择【流视频】选项后，对话框会变成如图 11.14 所示。

图 11.13　【插入 FLV】对话框

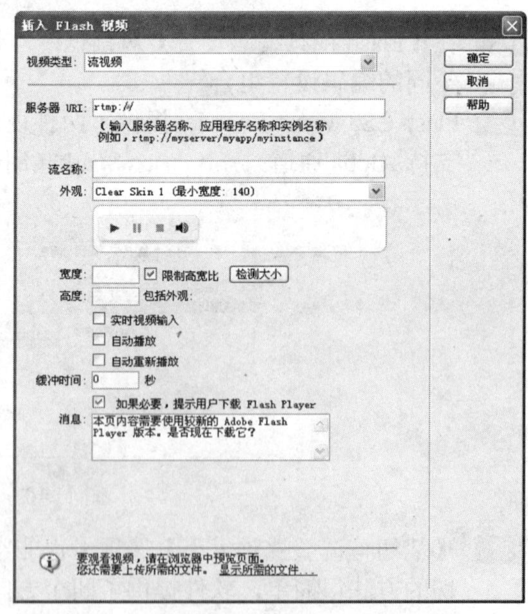

图 11.14　插入流视频

步骤 3 如果希望累进式下载浏览视频，则应该从【视频类型】下拉菜单中选择“累进式下载视频”。然后在如图 11.23 所示的对话框中设置以下选项：

（1）URL：指定 FLV 文件的相对或绝对路径。如果要指定相对路径，例如，mypath/myvideo.flv，用户可以单击【浏览】按钮，在打开的【选择文件】对话框中选择 FLV 文件。如果要指定绝对路径，可以直接输入 FLV 文件的 URL，例如，http://www.example.com/myvideo.flv。如果要指向 HTML 文件向上两层或更多层目录中的 FLV 文件，则必须使用绝对路径。

要使视频播放器正常工作，FLV 文件必须包含元数据。使用 Flash Communication Server 1.5.2、FLV Exporter 1.2 版和 Sorenson Squeeze 4.0，以及 Flash Video Encoder 创建的 FLV 文件自动包含元数据。

（2）外观：指定 FLV 视频组件的外观。所选外观的预览会出现在下面预览框中。

（3）宽度：以像素为单位指定 FLV 文件的宽度。若要让 Dreamweaver 确定 FLV 文件的准确宽度，可以单击【检测大小】按钮。如果 Dreamweaver 无法确定宽度，则必须键入宽度值。

（4）高度：以像素为单位指定 FLV 文件的高度。如果要让 Dreamweaver 确定 FLV 文件的准确高度，可以单击【检测大小】按钮。如果 Dreamweaver 无法确定高度，则必须键入宽度值。

FLV 文件的宽度和高度包括外观的宽度和高度。

（5）限制：保持 FLV 视频组件的宽度和高度之间的纵横比不变。默认情况下会选择此选项。

（6）自动播放：指定在 Web 页面打开时是否播放视频。

（7）自动重新播放：指定播放控件在视频播放完之后是否返回起始位置。

（8）必要时提示用户下载 Flash Player：可在页面中插入代码，该代码将检测查看 FLV 视频所需的 Flash Player 版本，并在用户没有所需的版本时提示他们下载 Flash Player 的最新版本。有关更多信息，请参见检测查看 Flash 视频所需的 Flash Player 版本。

（9）消息：指定将在用户需要下载查看 FLV 视频所需的 Flash Player 最新版本时显示的消息。

步骤 4 按图 11.13 所示设置完毕，单击【确定】关闭对话框，并将 FLV 视频内容添加到网页中。

步骤 5 插入 FLV 视频之后，系统会自动生成一个视频播放器 SWF 文件和一个外观 SWF 文件，它们用于在网页上显示 FLV 视频内容。这些文件与 FLV 视频内容所添加到的 HTML 文件存储在同一目录中。当用户上传包含 FLV 视频内容的网页时，Dreamweaver 将以相关文件的形式上传这些文件。插入 FLV 视频的网页效果如图 11.15 所示。

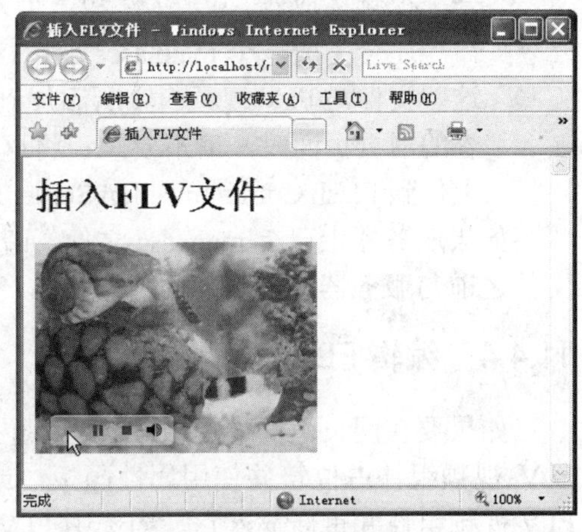

图 11.15 插入 FLV 视频效果

步骤 6 如果希望以流视频的方式浏览视频，可以在【视频类型】下拉菜单中选择“流视频”。然后设置以下选项：

（1）服务器 URL：以 rtmp://www.example.com/app_name/instance_name 的形式指定服务器名称、应用程序名称和实例名称。

（2）流名称：指定想要播放的 FLV 文件的名称，例如，myvideo.flv。其中，.flv 扩展名是可选的。

（3）外观：指定 FLV 视频组件的外观。所选外观的预览会出现在下面预览框中。

（4）宽度：以像素为单位指定 FLV 文件的宽度。如果要让 Dreamweaver 确定 FLV 文件的准确宽度，可以单击【检测大小】按钮。如果 Dreamweaver 无法确定宽度，必须键入宽度值。

（5）高度：以像素为单位指定 FLV 文件的高度。如果要让 Dreamweaver 确定 FLV 文件的准确高度，可以单击【检测大小】按钮。如果 Dreamweaver 无法确定高度，必须键入高度值。

（6）限制：保持 FLV 视频组件的宽度和高度之间的纵横比不变。默认情况下会选择此选项。

（7）实时视频输入：指定 FLV 视频内容是否是实时的。如果选定了【实时视频输入】，Flash

Player 将播放从 Flash Communication Server 流入的实时视频输入。实时视频输入的名称是在【流名称】文本框中指定的名称。

如果选择了【实时视频输出】，组件的外观上只会显示音量控件，因为用户无法操纵实时视频。此外，【自动播放】和【自动重新播放】选项也不起作用。

（8）自动播放：指定在网页页面打开时是否播放视频。

（9）自动重新播放：指定播放控件在视频播放完之后是否返回起始位置。

（10）缓冲时间：指定在视频开始播放之前进行缓冲处理所需的时间（以秒为单位）。默认的缓冲时间设置为 0，这样在单击了【播放】按钮后视频会立即开始播放。如果选择【自动播放】，视频将在建立与服务器的连接后立即开始播放。如果用户要发送的视频的比特率高于站点访问者的连接速度，或者网络通信可能会导致带宽或连接问题，则可能需要设置缓冲时间。例如，如果要在网页页面播放视频之前将 15 秒的视频发送到网页页面，可以将缓冲时间设置为 15。

（11）必要时提示用户下载 Flash Player：可在页面中插入代码，该代码将检测查看 Flash 视频所需的 Flash Player 版本，并在用户没有所需的版本时提示他们下载 Flash Player 的最新版本。

（12）消息：指定将在用户需要下载查看 FLV 视频所需的 Flash Player 最新版本时显示的消息。

步骤 7 单击【确定】按钮关闭对话框并将 Flash 视频内容添加到网页中。这时系统会自动生成一个视频播放器 SWF 文件和一个外观 SWF 文件，它们用于在网页上显示 FLV 视频。该命令还会生成一个 main.asc 文件，用户必须将该文件上传到 Flash Communication Server。这些文件与 FLV 视频内容所添加到的网页文件存储在同一目录中。上传包含 FLV 视频内容的网页页面时，请不要忘记将这些 SWF 文件上传到 Web 服务器，并将 main.asc 文件上传到 Flash Communication Server。

如果服务器上已有 main.asc 文件，请确保在上传由【插入 Flash 视频】命令生成的 main.asc 文件之前与服务器管理员核实。

11.4.4 编辑 FLV 视频

如果要在网页页面中更改 FLV 视频内容的设置，用户必须在 Dreamweaver 文档窗口中选择 FLV 视频组件占位符并使用属性面板，或者通过选择【插入】|【媒体】|【FLV】命令来删除 FLV 视频组件并重新插入它。当选中 FLV 视频组件占位符时，属性面板如图 11.16 所示。

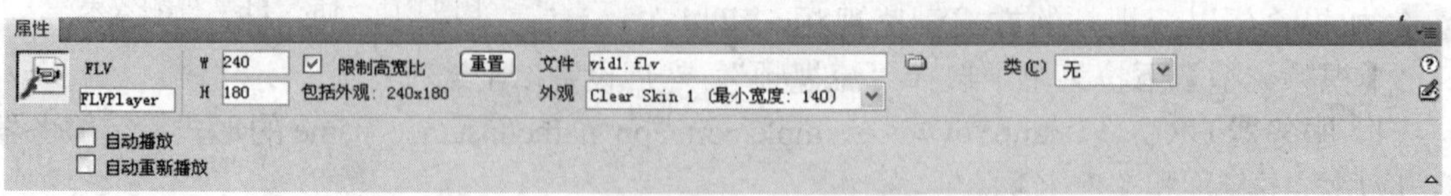

图 11.16 FLV 视频属性面板

在属性面板中可以设置 FLV 视频的宽和高、FLV 视频文件、视频外观等属性，由于与【插入 FLV】对话框中的选项类似。有关更多信息，用户可以参见设置【插入 FLV】对话框选项。但用户不能使用属性面板更改视频类型，例如，从“累进式下载”更改为“流式”。若要更改视频类型，必须删除 FLV 视频组件，然后通过选择【插入】|【媒体】|【FLV】命令来重新插入它。

如果要删除 FLV 视频组件，用户只需要在 Dreamweaver 的文档窗口中选择 FLV 视频组件占位符，然后按 Delete 键即可。

Dreamweaver CS4

11.5 插入 Shockwave

Shockwave 和 Flash 是 Adobe 公司提供的两种网上流媒体播放技术。Flash 是一种网上矢量动画技术并带有一定的交互编程功能。Shockwave 是一种更加复杂的播放技术，由于它提供了强大的、可扩展的脚本引擎，使得它可以制作聊天室、操作 HTML、解析 XML 文档、控制矢量图形，两者都是流媒体技术。但是 Flash 启动非常快，而 Shockwave 启动没有 Flash 快。SWF 动画是用 Flash 软件制作，文件扩展名是 swf（shockwave flash format），Shockwave 是用 Director 制作，文件扩展名是 dcr。二者的内部引擎不同，Shockwave 的帧速率通常在 30～60 之间，而 Flash 的帧速率在 7～12 之间。总之，Flash 是一个矢量动画软件，而 Director 制作的 Shockwave 更多是基于点阵的动画。

11.5.1 插入 Shockwave

播放 Shockwave 电影既可以作为 Netscape Navigator 插件，也可以作为 ActiveX 控件。Dreamweaver CS4 使用<object>标记和<embed>标记插入 Shockwave 电影，以便在所有的浏览器类型中都能获得最佳效果。当用户在属性面板中对电影作修改时，Dreamweaver CS4 将同时对<object>标记和<embed>标记中的属性作适当的修改。插入 Shockwave 影片步骤如下：

步骤 1 在编辑窗口中，将光标定位在要插入 Shockwave 电影的位置。

步骤 2 选择【插入】|【媒体】|【Shockwave】命令，或者单击【插入】工具栏中【媒体】下拉菜单中的第 6 项【Shockwave】，打开【选择文件】对话框。

步骤 3 在对话框里选择要插入的文件，单击【确定】按钮即可。这时 Dreamweaver 编辑窗口上会出现 Shockwave 的图标，如图 11.17 所示。

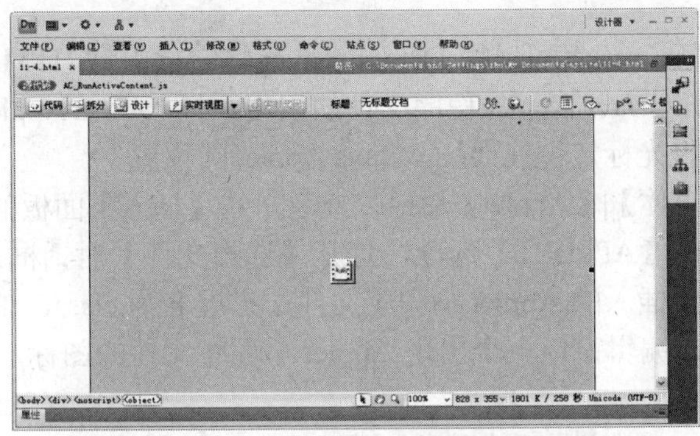

图 11.17 插入 Shockwave 影片

11.5.2 设置 Shockwave 属性

选中插入的 Shockwave 影片，可以在属性面板中详细设置其属性，如图 11.18 所示。

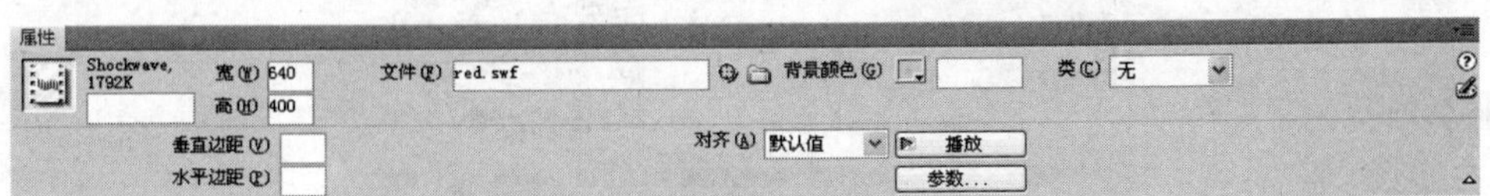

图 11.18 Shockwave 属性面板

（1）【Shockwave 名称】文本框：设置 Shockwave 电影的名称，以便在脚本中能够引用，文本框上面同时显示 Shockwave 电影大小。在属性面板最左边的无标记文本框中可以输入电影名称。

（2）【宽】和【高】文本框：设置电影在浏览器显示的宽度和高度，默认以像素为单位。也可以设置为 pc（十二点活字）、pt（点）、in（英寸）、mm（毫米）、cm（厘米）和这些单位的组合（如 2pc+4pt）。

（3）【文件】文本框：设置 Shockwave 电影文件地址。单击【选择文件】图标，可查找并选择源文件，或者直接输入文件地址。

（4）【播放】按钮：单击该按钮可以观察 Shockwave 电影的播放效果。同时【播放】按钮变成【停止】按钮，单击【停止】按钮，则停止 Shockwave 电影的预览。

（5）【参数】按钮：可打开【参数】对话框。在该对话框中可以输入其他参数以传递给电影。

（6）【垂直边距】和【水平边距】文本框：设置 Shockwave 电影的上、下、左、右与其他元素的距离。

（7）【背景颜色】：指定电影区域的背景颜色。该颜色也会出现在电影未播放时，如电影播放完之后或下载的过程中。

（8）【对齐】下拉列表：设置电影和页面的对齐方式。

Dreamweaver CS4

11.6 插入 Java Applet

Java Applet 表示 Java 小程序，它是 Java 语言的一个应用子集。Java 在 Web 编程中应用主要是 Java Applet。要运行一个 Java Applet，Web 浏览器需要使用和浏览器软件一致的 Java 虚拟机在用户的计算机上执行这些程序。由于 Java Applet 在客户端而不是在服务器上运行，所以能更好地利用计算机资源。

当创建 Java 小程序后，读者可以用 Dreamweaver 将它插入到 HTML 文档中，Dreamweaver 使用<applet>标记来标识对 Java Applet 程序文件的引用。插入 Java Applet 步骤如下：

步骤 1 在编辑窗口中，将光标定位在要插入 Java Applet 的位置。

步骤 2 选择【插入】|【媒体】|【Applet】命令，或者单击【插入】面板的【常用】选项卡中【媒体】下拉菜单中的【APPLET】选项，打开【选择文件】对话框。

步骤 3 在对话框里选择要插入的 Applet 小程序文件，扩展名为.class，单击【确定】按钮即可。这时 Dreamweaver 编辑窗口上会出现 Applet 小程序文件的图标，如图 11.19 所示。

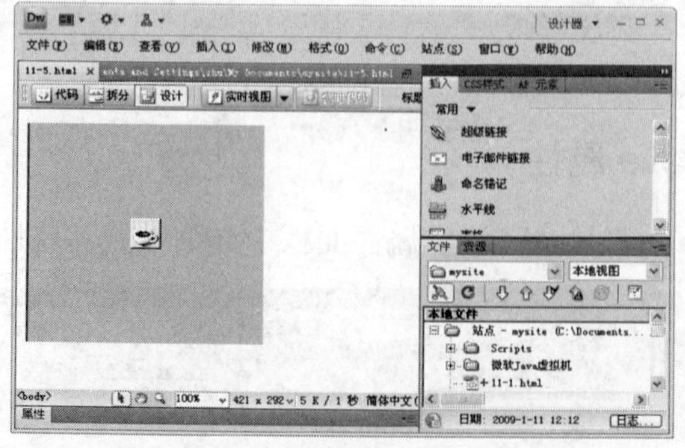

图 11.19 插入 Java Applet

步骤 4 选中插入的 Java Applet 小程序，可以在属性面板中详细设置其属性，如图 11.20 所示。

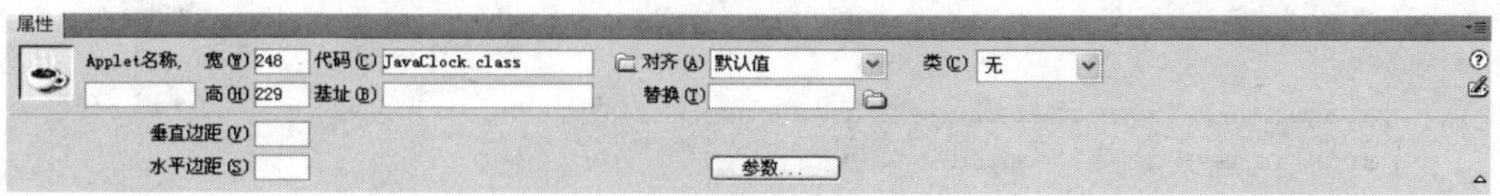

图 11.20　Applet 属性面板

（1）【Applet 名称】文本框：设置 Java Applet 小程序的名称，以便在脚本中能够引用。

（2）【宽】和【高】文本框：设置 Java Applet 小程序在浏览器中显示的宽度和高度，默认以像素为单位。也可以设置为 pc（十二点活字）、pt（点）、in（英寸）、mm（毫米）、cm（厘米）或者%（相对父对象的宽度或高度的百分比），缩写形式的单位和前面的数值之间不能有空格，如 6mm。

（3）【代码】文本框：设置 Java Applet 小程序地址。单击【选择文件】图标，可查找并选择源文件，或直接输入文件地址。

（4）【基址】文本框：显示选定 Java Applet 小程序的文件夹。当选择小程序后，该文本框会自动填充。

（5）【对齐】下拉列表：设置 Java Applet 小程序和页面的对齐方式。包括 10 个选项，详细介绍参见本章第 11.2 节。

（6）【替代】文本框：如果用户浏览器不支持 Java Applet 小程序或者 Java Applet 被禁止，该选项将指定一个代替显示的内容。如果输入文本，Dreamweaver CS4 将使用<Applet>标记的 alt 属性标识该文本；如果选择图像，Dreamweaver 将在首尾<Applet>标记中嵌入一个<img>标签。

（7）【垂直边距】和【水平边距】文本框：设置 Shockwave 电影的上、下、左、右与其他元素的距离。

（8）【参数】按钮：可打开【参数】对话框，如图 11.21 所示。在该对话框中可以输入参数设置 Java Applet 小程序属性。本例中参数详细设置如表 11.1 所示。

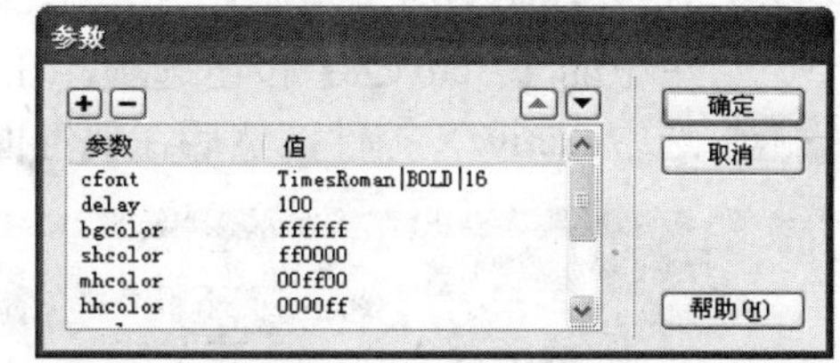

图 11.21　【参数】对话框

表 11.1　JavaClock.class 参数列表

名　称	值	含　义
Border	2	钟圆周边界宽度
Nradius	78	数字半径
Cfont	TimesRoman | BOLD | 16	字体、字型、字号
Delay	100	秒针跳动时间间隔
Bgcolor	ffffff	圆周外方框内颜色
Shcolor	ff0000	秒针颜色
Mhcolor	00ff00	分针颜色
Hhcolor	0000ff	时针颜色
Ccolor	eeeeee	钟面颜色
ncolor	000000	数字和圆周边框颜色

要运行 Java Applet 小程序，必须安装 Java 虚拟机，即一种运行 Java Applet 小程序的插件，读者可以在网上下载，有微软和 Sun 公司两种版本的 Java 虚拟机。在 HTML 代码中插入 APPLET

可使用<applet>标记，上面实例的具体代码如下：

```
<applet code="JavaClock.class" codebase = "Java小程序/clock/classes" width="248"
height="229">
    <param name="cfont" value="TimesRoman|BOLD|16" />
    <param name="delay" value="100" />
    <param name="bgcolor" value="ffffff" />
    <param name="shcolor" value="ff0000" />
    <param name="mhcolor" value="00ff00" />
    <param name="hhcolor" value="0000ff" />
    <param name="ccolor" value="eeeeee" />
    <param name="ncolor" value="000000" />
    <param name="nradius" value="78" />
    <param name="border" value="2" />
</applet>
```

11.7 插入 ActiveX 控件

ActiveX 控件是 ActiveX 技术的核心。ActiveX 控件的主要功能是用来增强软件的功能和提高代码的复用性。ActiveX 由微软开发，被 IE 浏览器支持，其他种类的浏览器对其支持度不太高。插入 ActiveX 控件步骤如下：

步骤1 在编辑窗口中，将光标定位在要插入 ActiveX 控件的位置。

步骤2 选择【插入】|【媒体】|【ActiveX】命令，或者单击【插入】工具栏中【媒体】下拉菜单中的【ActiveX】按钮选项，在编辑窗口中插入一个 ActiveX 控件。

步骤3 选中 ActiveX 控件，然后在属性面板中设置 ActiveX 控件属性，如图 11.22 所示。

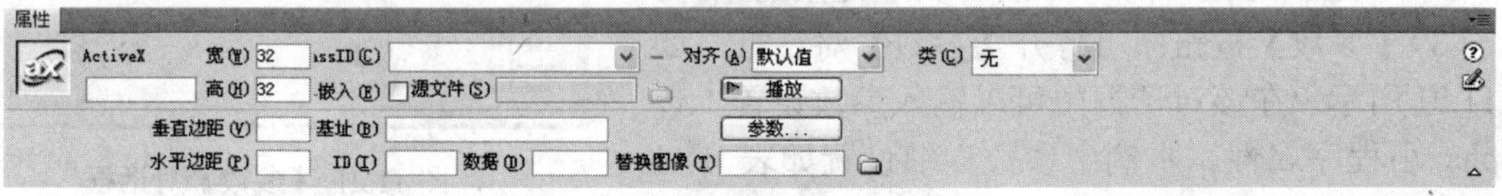

图 11.22 ActiveX 属性面板

（1）【ActiveX 名称】文本框：设置 ActiveX 控件的名称，以便在脚本中能够引用。

（2）【宽】和【高】文本框：设置 ActiveX 控件的宽度和高度，默认以像素为单位。也可以设置为 pc（十二点活字）、pt（点）、in（英寸）、mm（毫米）、cm（厘米）或者%（相对父对象的宽度或高度的百分比），缩写形式的单位和前面的数值之间不能有空格，如 6mm。

（3）【ClassID】下拉列表：为浏览器标识 ActiveX 控件，可输入或选择 1 个值。在加载页面时，浏览器使用该类 ID 来确定与该页面关联的 ActiveX 控件所需的 ActiveX 控件的位置。如果浏览器没有找到指定的 ActiveX 控件，它将尝试从【基址】指定的位置中下载。如果选择【ClassID】下拉列表中的【Shockwave for Director 6】，则 ActiveX 属性面板将变成 Shockwave 属性面板，可直接对 Shockwave 电影的属性进行设置。如果选择【ClassID】下拉列表中的【Shockwave for Flash】，则 ActiveX 属性面板变成 Flash 属性面板，可直接对 SWF 动画的属性进行设置。

（4）【对齐】下拉列表：设置 ActiveX 控件和页面的对齐方式。

（5）【嵌入】复选框：选中该复选框，则把 ActiveX 控件同时设置成插件，可以被 Netscape Communicator 浏览器所支持。Dreamweaver CS4 把用户给 ActiveX 控件属性输入的值同时分配给等效的 Netscape Communicator 插件。

(6)【源文件】文本框：设置用于插件的数据文件，如果没有设置，则 Dreamweaver CS4 将根据已输入的 ActiveX 属性确定该值。

(7)【垂直边距】和【水平边距】文本框：设置 ActiveX 控件的上、下、左、右与其他元素的距离。

(8)【基址】文本框：设置包含该 ActiveX 控件的地址。如果在浏览者的系统中未安装 ActiveX 控件，则浏览器从这个地址下载它。如果没有设置【基址】文本框，且浏览者未安装相应的 ActiveX 控件，则浏览器将无法显示 ActiveX 对象。

(9)【编号】文本框：设置 ActiveX 控件的编号。

(10)【数据】文本框：为 ActiveX 控件指定数据文件，很多类 ActiveX 控件不需设置数据文件。

(11)【替代图像】文本框：设置 ActiveX 控件的替代图像，当 ActiveX 控件无法显示时，将显示这个替代图像。

(12)【播放】按钮：单击该按钮可以在 Dreamweaver CS4 编辑窗口预览这个 ActiveX 控件效果，同时【播放】按钮变成【停止】按钮，单击【停止】按钮，则停止 ActiveX 控件的预览。

(13)【参数】按钮：单击该按钮可打开【参数】对话框，设置参数以对 ActiveX 控件进行初始化。

11.8 插入插件

插件是 Netscape Communicator 浏览器专用功能扩展模块，它增强了 Netscape Communicator 浏览器的对外接口能力，实现对多种媒体对象的播放支持。Netscape 公司允许第三方开发者根据插件标准将它们的产品融进网页，比较典型的如 RealPlayer 和 QuickTime 插件。插入插件的步骤如下：

步骤 1 在编辑窗口中，将光标定位在要插入插件的位置。

步骤 2 选择【插入】|【媒体】|【插件】命令，或者单击【插入】工具栏中【媒体】下拉菜单中的【插件】选项按钮，打开【选择文件】对话框。

步骤 3 在对话框里选择要插入的插件文件，单击【确定】按钮即可。这时 Dreamweaver 编辑窗口上会出现插件图标，如图 11.23 所示。

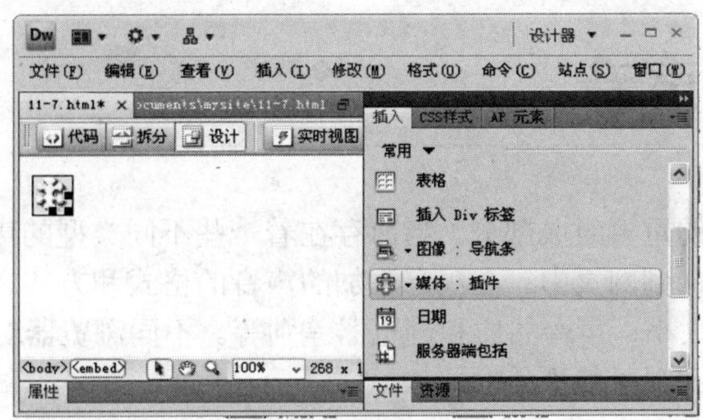

图 11.23 插入的插件图标

步骤 4 选中插入的插件图标，可以在属性面板中详细设置其属性，如图 11.24 所示。

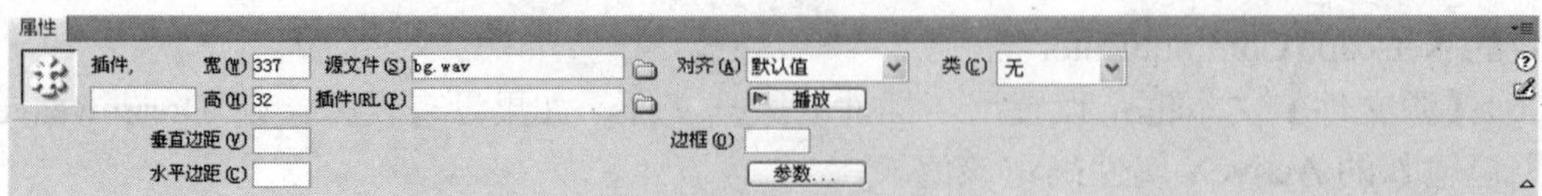

图 11.24　插件属性面板

（1）【插件名称】文本框：设置插件的名称，以便在脚本中能够引用。

（2）【宽】和【高】文本框：设置插件在浏览器中显示的宽度和高度，默认以像素为单位。也可以设置为 pc（十二点活字）、pt（点）、in（英寸）、mm（毫米）、cm（厘米）和这些单位的组合，如 4pt+3mm。

（3）【源文件】文本框：设置插件的数据文件。单击【选择文件】图标，可查找并选择源文件，或者直接输入文件地址。

（4）【对齐】下拉列表：设置插件和页面的对齐方式。包括 10 个选项，详细介绍参见本章第 11.2 节。

（5）【插件 URL】文本框：设置包含该插件的地址。如果在浏览者的系统中没有装该类型的插件，则浏览器从该地址下载它。如果没有设置【插件 URL】文本框，且又没有安装相应的插件，则浏览器将无法显示插件。

（6）【垂直边距】和【水平边距】文本框：设置插件的上、下、左、右与其他元素的距离。

（7）【边框】文本框：设置插件边框的宽度，可输入数值，单位是像素。

（8）【播放】按钮：单击该按钮，可在 Dreamweaver CS4 编辑窗口中预览这个插件的效果，单击【播放】按钮后，该按钮变成【停止】按钮，单击则停止插件的预览。

（9）【参数】按钮：单击可打开【参数】对话框，设置参数对 ActiveX 控件进行初始化。

步骤5 设置完毕属性，按 F12 键在浏览器中浏览，效果如图 11.25 所示。

图 11.25　嵌入音乐的插件播放效果

Dreamweaver　CS4

11.9 插入声音

声音是多媒体网页的重要组成部分。当前存在着一些不同类型的声音文件和格式，也有不同的方法将这些声音添加到网页中。在决定添加的声音的格式和方式之前，需要考虑的因素包括其用途、格式、文件大小、声音品质和浏览器差别等。不同浏览器对于声音文件的处理方法是非常不同的，彼此之间很可能不兼容。

11.9.1 音频格式简介

网络使用的音频格式非常多，常用的有 MIDI、WAV、AIF、MP3 和 RA 等。在使用这些格式的文件时，需要了解它们的差异性。很多浏览器不用插件也可以支持 MIDI、WAV 和 AIF 格式的文件，而 MP3 和 RM 格式的声音文件则需要专门插件支持浏览器才能播放。各种格式的声音文件介绍如下：

（1）MID（或 MIDI，Musical Instrument Digital Interface 的简称）是一种乐器声音格式，它能够被大多数浏览器支持，并且不需要插件。很小的 MIDI 文件也可以提供较长时间的声音剪辑。MIDI 文件不能被录制并且必须使用特殊的硬件和软件在计算机上合成。

（2）WAV（Waveform Extension）格式的文件具有较高的声音质量，能够被大多数浏览器支持，并且不需要插件。用户可以使用 CD、麦克风来录制声音，但文件通常较大，网上传播比较有限。

（3）AIF（或 AIFF，Audio Interchange File Format 的简称），也具有较高的质量，和 WAV 声音很相似。

（4）MP3（Motion Picture Experts Group Audio 或 MPEG-AudioLayer-3 的简写）是一种压缩格式的声音，文件大小比 WAV 格式明显缩小。其声音品质非常好，如果正确录制和压缩 MP3 文件质量甚至可以和 CD 质量相媲美。MP3 是网上比较流行的音乐格式，它支持流媒体技术方便用户边下载边听。

（5）RA（或 RAM）、RPM 和 RealAudio，这种格式具有非常高的压缩程度，文件大小小于 MP3。能够快速传播和下载，同时支持流媒体技术，是最有前途的一种格式，不过在听之前要先安装 RealPlayer 程序。

11.9.2　插入声音

插入声音的方法有两种，一种是链接声音文件，一种是嵌入声音文件。链接声音文件比较简单，使用比较快捷有效，同时可以使浏览者能够选择是否要收听该文件，并且使文件可应用于最广范围的观众中。

链接声音文件首先选择要用来指向声音文件链接的文本或图像，然后在属性面板的【链接】文本框中输入声音文件地址，或者单击后面【选择文件】图标直接选择文件，如图 11.26 所示。

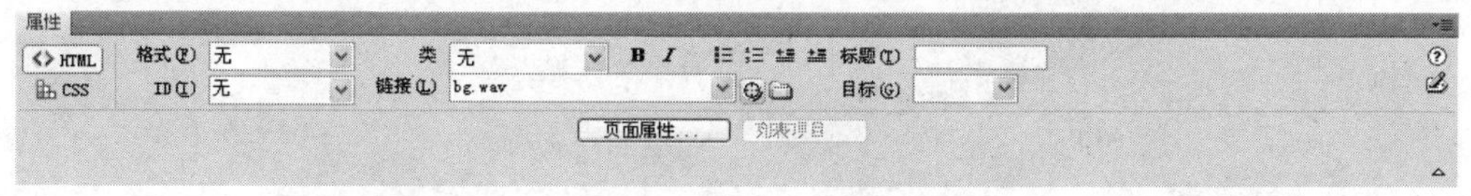

图 11.26　在属性面板中链接声音文件

嵌入声音文件是将声音直接插入页面中，但只有浏览器安装了适当插件后才可以播放声音。具体方法可以参阅上面章节讲解。

11.10　插入视频

Dreamweaver CS4

在上面章节中讲解如何在网页中插入 FLV 视频的方法。下面再来讲解常见视频格式的文件插入方法。如果借助各种插件，则在网页中插入视频文件的操作变得非常简单。

11.10.1　视频格式简介

视频文件的格式非常多，常见的有 MPEG、AVI、WMV、RM 和 MOV 等。各种格式的视频文件介绍如下：

（1）MPEG（或 MPG）是一种压缩比率较大的活动图像和声音的视频压缩标准，它也是 VCD 光盘所使用的标准。

（2）AVI 是一种 Microsoft Windows 操作系统所使用的多媒体文件格式。

（3）WMV 是一种 Windows 操作系统自带的媒体播放器 Windows Media Player 所使用的多媒体文件格式。

（4）RM 是 Real 公司推广的一种多媒体文件格式，具有非常好的压缩比率，是网上应用最广泛的格式之一。

（5）MOV 是 Apple 公司推广的一种多媒体文件格式。

11.10.2 插入视频

插入视频的方法也包括链接视频文件和嵌入视频文件两种，使用方法与插入声音的方法相同。

（1）链接到视频文件。在属性面板的【链接】文本框中键入视频文件地址，按下 F12 键打开浏览器浏览效果时，当把光标放在链接文字立即变成手形，单击将播放视频，或者右击在弹出的菜单中选择【目标另存为】选项，将视频文件下载至本地。

（2）嵌入视频文件。可以将视频直接插入页面中，但只有浏览器安装了所选视频文件的插件才能够正常播放。具体方法可以参阅上面章节讲解。

在 HTML 代码中，不管插入音频还是视频文件，使用的标记代码和设置方法相同，详细设置如下：

1）链接法代码：

```
<a href="透明2.avi">观看视频</a>
```

2）嵌入法代码：

```
<embed src="透明2.avi" width="339" height="339">
```

第 12 章

使用资源、模板和库

内容介绍

资源是建立页面和站点的物质基础。在 Dreamweaver CS4 中使用【资源】面板可以轻松管理和组织站点资源。这些资源主要包括图像、颜色、URLs、Flash、Shockwave、影片、脚本、模板和库 9 大类资源。利用【资源】面板可以重复调用站点资源，极大地提高资源的利用率。另外，为了提高网页制作效率和统一网站设计风格，Dreamweaver CS4 还提供了模板和库两个辅助功能。使用模板和库可以使网站维护变得很轻松，尤其是在对一个规模较大的网站进行维护时，更能体会到使用模板的好处。本章将详细讲解 Dreamweaver CS4 所提供的【资源】面板、模板和库功能。

学习重点

- 认识【资源】面板
- 利用【资源】面板调用资源
- 管理【资源】面板
- 模板
- 库

Dreamweaver CS4

12.1 认识【资源】面板

选择【窗口】|【资源】命令（或者按 F11 键），打开【资源】面板，如图 12.1 所示。在打开【资源】面板时，Dreamweaver 会自动搜索所选网站资源，并分类显示在【资源】面板中。使用【资源】面板之前，用户必须先设置好本地网站，并启用站点缓存（见图 12.2），这样【资源】面板才能显示资源分类中的内容，并且随时进行更新。

图 12.1 【资源】面板

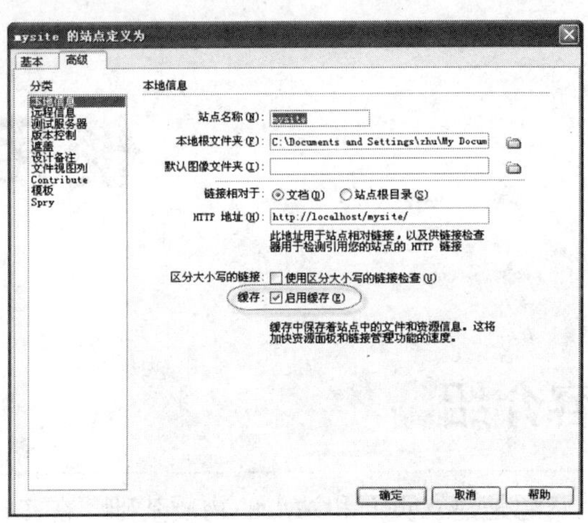

图 12.2 启用缓存

12.1.1 资源分类

在【资源】面板中左侧并列排着 9 个按钮图标，它们分别对应 Dreamweaver 站点中 9 类资源。

（1）【图像】按钮：单击该按钮，可以切换到图像视图，在面板右侧列表框中显示站点中所有的图像文件，包括 GIF、JPEG 或 PNG 等格式，如图 12.1 所示。

（2）【颜色】按钮：单击该按钮，可以切换到颜色视图，在面板右侧列表框中显示站点的网页文档和样式表中使用的颜色，包括文本颜色、背景颜色和链接颜色，如图 12.3 所示。

（3）【URLs】按钮：单击该按钮，可以切换到超链接视图，在面板右侧列表框中显示当前站点中所有使用的外部链接。此类别包括下列类型的链接：FTP、gopher、HTTP、HTTPS、JavaScript（脚本链接）、电子邮件（mailto）和本地文件（file://），如图 12.4 所示。

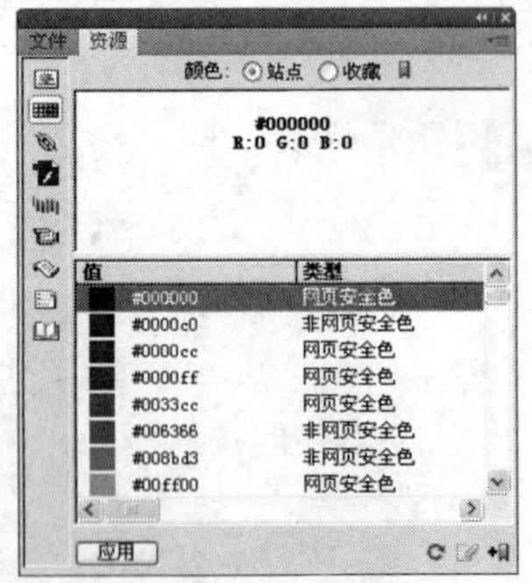

图 12.3 颜色视图

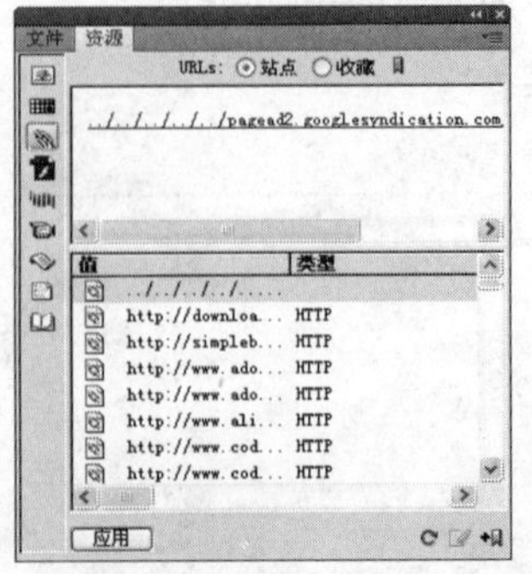

图 12.4 链接视图

（4）【Flash】按钮：单击该按钮，可以切换到 Flash 视图，在面板右侧列表框中显示当前站点中的 SWF 文件，但不显示 FLA 文件（Flash 源文件）。

（5）【Shockwave】按钮：单击该按钮，可以切换到 Shockwave 视图，在面板右侧列表框中显示当前站点中的 Macromedia Shockwave 格式文件。

（6）【影片】按钮：单击该按钮，可以切换到影片视图，在面板右侧列表框中显示当前站点中的 QuickTime 或 MPEG 格式文件。

（7）【脚本】按钮：单击该按钮，可以切换到脚本视图，在面板右侧列表框中显示当前站点中的 JavaScript 或 VBScript 文件。注意，在 HTML 文件中的脚本（不是独立的 JavaScript 或 VBScript 文件）将不会出现在该分类中。

（8）【模板】按钮：单击该按钮，可以切换到模板视图，在面板右侧列表框中显示当前站点中的模板。模板提供了一种方便的方法，用于在多个页面上重复使用同一页面布局以及在修改模板的同时修改附加到该模板的所有页面上的布局。

（9）【库】按钮：单击该按钮，可以切换到库视图，在面板右侧列表框中显示当前站点中的库。库就是多个页面中共同使用的元素。当修改一个库项目时，所有包含该项目的页面都将被更新。

当在站点中添加或删除资源后，【资源】面板中的内容并不会自动更新，单击【资源】面板底部的【刷新站点列表】按钮，Dreamweaver 会重新创建站点缓存或更新站点，【资源】面板也会同步进行更新，并且显示最新状态的站点资源，其按类排列在【资源】面板中。

12.1.2 资源类型

【资源】面板中的资源主要包括 9 类文件类型，但如果按使用方式可以分为三种类型。

（1）嵌入式资源。

嵌入式资源就是直接插入到网页中后，与【资源】面板没有任何关系，不管【资源】面板中的内容如何变化，对已经使用这个资源的网页不会产生任何影响。网页中大部分的资源都属于嵌入式资源，如图像、Flash、Shockwave、影片和脚本等，一旦我们把嵌入式资源插入到网页中，这些资源就不会受【资源】面板的影响。

（2）链接式资源。

链接式资源就是被插入到网页中后，与【资源】面板中的资源仍然保持链接关系，当【资源】面板中的资源修改后，使用了该资源的网页会随之被更新。在【资源】面板中的模板和库就是属于链接式资源。

（3）独立式资源。

独立式资源就是一种间接资源，在站点中只是起到一种协助管理的功能。它不是嵌入式的，也不是链接式的，既不会只将文件嵌入到文件中，也不会与应用的网页有链接关系。在【资源】面板中的颜色和 URLs 都是属于这种类型的资源。

Dreamweaver CS4

12.2 利用【资源】面板调用资源

充分利用 Dreamweaver CS4 提供的【资源】面板可以极大地方便操作。一般可以在【资源】面板中快速找到站点已有资源，并方便插入到网页中。下面介绍用【资源】面板插入资源的方法。

12.2.1 插入图像

网页图像主要包括 GIF、JEPG 和 PNG 这 3 种格式，在【资源】面板中对于这些格式图像都能支持。在网页中使用【资源】面板插入图像的操作步骤如下。

步骤 1 将光标置于在网页中要插入图像的位置。

步骤 2 在【资源】面板中单击【图像】按钮，切换到图像视图。在右边列表框中会列出所有本地站点内的图像文件，并且还包括文件大小、类型和完整路径等重要信息。

步骤 3 用鼠标单击任意一个图像文件，上面的预览框中还会显示出该图像的预览效果。

步骤 4 选择好要插入的图像，然后单击【资源】面板左下角的【插入】按钮，插入图像。

步骤 5 也可以通过使用鼠标拖动图像分类列表中要插入的图像，到网页编辑窗口光标所在的位置，如图 12.5 所示。

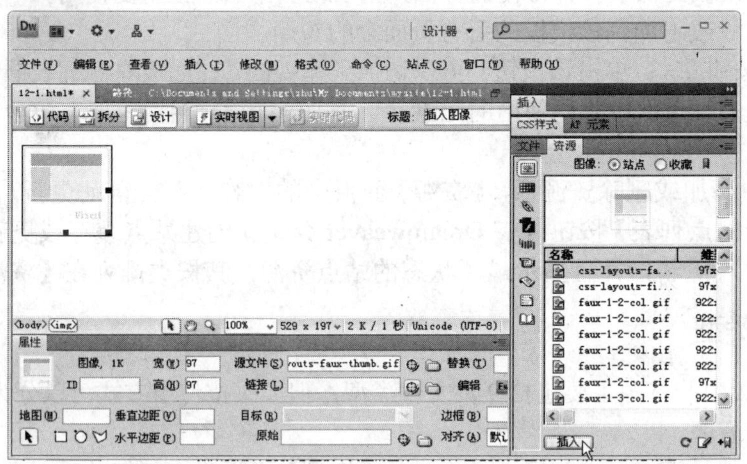

图 12.5 使用【资源】面板插入图像

使用【资源】面板插入图像，在常用工具栏中单击【图像】按钮或者选择【插入】|【图像】命令相同，不过使用【资源】面板会更方便快捷。如果要编辑【资源】面板中列出的图像，可以单击【资源】面板右下角的【编辑】按钮，Dreamweaver 即会启动外部图像编辑器来编辑它。

12.2.2 应用颜色

颜色视图中资源显示整个网站中所有使用过的颜色。利用【资源】面板可以快速改变网页中的文字颜色，保证整个网站颜色的统一。具体的操作步骤如下：

步骤 1 选中网页中要改变颜色的文字。

步骤 2 在【资源】面板中单击【颜色】按钮，切换到颜色视图。在右边列表框中选中某个颜色，预览框中便会显示出该颜色的十六进制代码以及 RGB 三原色代码。同时在【类型】栏中提示该颜色是否为网页安全色。

步骤 3 在【颜色】分类列表中单击选中一种要应用的颜色，接着单击【资源】面板左下角的【应用】按钮。Dreamweaver CS4 弹出【新建 CSS 规则】对话框，如图 12.6 所示，提示新建 CSS 样式，最后 Dreamweaver CS4 以 CSS 样式的形式把选中颜色应用到指定文本上，如图 12.7 所示。

使用鼠标将颜色直接拖动到页面编辑窗口中选中的文字上（拖动时从列表中和预览框中均可）的方法，同样也可以应用所选颜色。

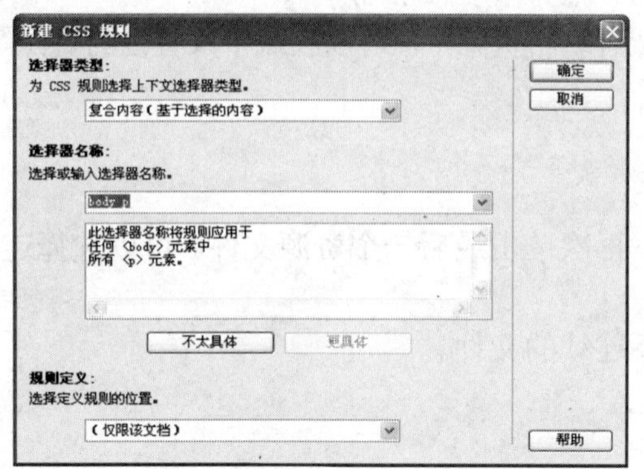

图 12.6　【新建 CSS 规则】对话框

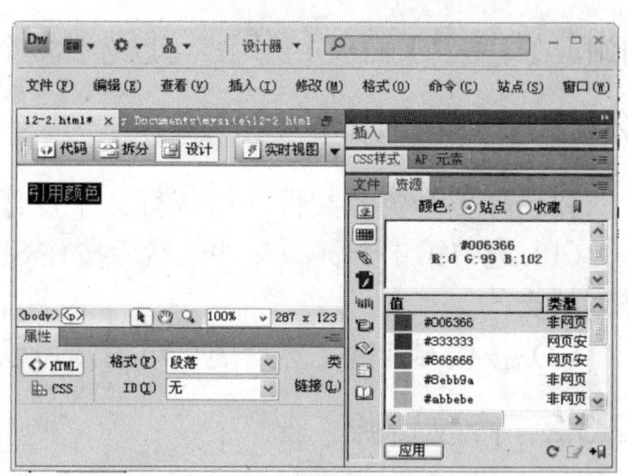

图 12.7　应用颜色效果

12.2.3　应用超链接

链接视图中记录了整个网站所有使用过的外部链接，包含 FTP、gopher、HTTP 以及 E-mail 链接等。用链接分类中的资源快速改变网页中文字或图像的链接，具体操作步骤如下：

步骤 1　选中网页中要作链接的文字或图像。

步骤 2　在【链接】分类列表中单击选择 google 网站的链接（http://www.google.com/intl/zh-CN/），接着单击【资源】面板左下角的【应用】按钮，插入链接。也可以使用鼠标将链接直接拖动到页面编辑窗口中选中的文字上，如图 12.8 所示。

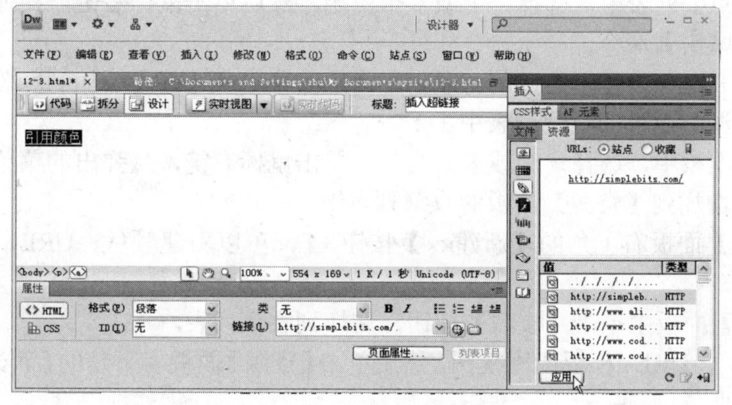

图 12.8　应用超链接

在【资源】面板中除了上面介绍的 4 种常用资源外，还包括以下 5 种分类：Shockwave、影片、脚本、模板和库。Shockwave 和影片插入的方法与插入 Flash 的方法是基本相同的，用户可以自己试一下。脚本主要是站点中使用过的独立的 JavaScript 或 VBScript 文件。如果想要在其他位置再次使用这些脚本，使用鼠标拖动的方法拖到合适的位置就可以了。模板和库是 Dreamweaver 中能够有效提高网站创建和更新效率的两大工具，它们在制作规模较大的网站时可以发挥相当重要的作用，下面章节中将详细介绍。

Dreamweaver　CS4

12.3　管理【资源】面板

【资源】面板充当网站的资源调配中心，把握这个中心的运转，能够帮助网站建设者高效开发网站。在【资源】面板中，用户可以选择多个资源或者编辑资源，也可以收藏个人喜爱的资源等。

12.3.1 选择资源

要选择多个资源文件，可执行如下操作：

（1）选中第 1 个资源文件，然后按住 Shift 键，再次单击最后一个资源文件，可以选择连续排列的文件。

（2）按住 Ctrl 键，然后逐个单击，可以选择不连续的文件。

12.3.2 修改资源

要修改资源文件，首先将该资源文件选中，接着单击【资源】面板右下角的【编辑】按钮，系统会启动该分类对应的外部编辑器，然后在外部编辑器中即可进行编辑资源文件的操作。

12.3.3 收藏资源

当站点比较庞大，资源非常丰富时，要查找一个资源是比较麻烦的，为了提高利用资源的效率，Dreamweaver CS4 在【资源】面板中提供了收藏功能，用户可以把经常使用的资源增加到【收藏】列表中，并进行归类排列，引用资源就方便多了。将资源添加到【收藏】列表的方法如下：

（1）在【站点】列表中，选择一个或多个资源，然后单击【资源】面板右下角的【添加到收藏夹】按钮。

（2）在【站点】列表中，选择一个或多个资源，然后单击鼠标右键，在弹出的快捷菜单中选择【添加到收藏夹】命令。

（3）用鼠标右键单击编辑窗口的对象，在弹出的菜单中选择【添加到××收藏】命令，即可快速增加到【资源】面板的收藏列表中。

（4）在文件面板中，选择一个或多个文件，单击鼠标右键，从弹出的菜单中选择【添加到收藏】命令也能增加到【资源】面板的收藏列表中。

单击【资源】面板右下角的【新建××】按钮，可以新建颜色、URL、模板和库资源。操作步骤如下：

步骤 1 在【资源】面板中单击【收藏】按钮，切换到收藏列表。

步骤 2 切换到颜色、URL、模板或库视图，然后单击【资源】面板右下角的【新建收藏】按钮，即可新建收藏。

步骤 3 例如，在颜色视图下，单击【新建颜色】按钮，会弹出一个颜色面板，让用户定义一个新颜色，如图 12.9 所示。在链接视图下，单击【新建链接】按钮，会弹出一个对话框，让用户输入新的路径，如图 12.10 所示。

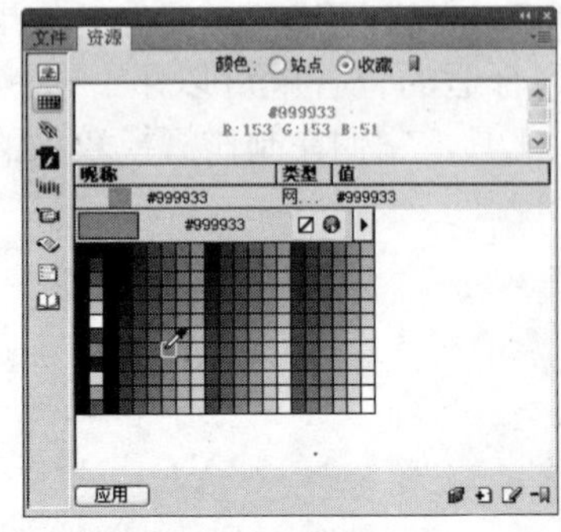

图 12.9 新建颜色收藏

图 12.10 新建链接收藏

要修改收藏资源的文件，首先要切换到【收藏】列表，选中该资源文件，然后单击【资源】面板右下角的【编辑】按钮，系统会启动该分类对应的外部编辑器，然后在外部编辑器中即可修改资源文件。

在【收藏】列表中删除资源的操作步骤如下：

步骤 1 在【资源】面板中选择一个或多个资源。

步骤 2 单击【资源】面板右下角的【从收藏中删除】按钮，即可从【收藏】列表中删除选中的资源。也可以按 Delete 键快速删除。

从【收藏】列表中删除资源时，该文件仍然会显示在【站点】列表中。

12.3.4 共享资源

【资源】面板中显示的资源只能在当前站点中利用，如果要在其他站点中引用该站点资源，必须先复制过去，复制时可以是一个单独的资源、一组单独的资源或整个收藏夹。操作步骤如下：

步骤 1 在【资源】面板中选择要复制的资源。

步骤 2 右键单击要复制的资源，在弹出的菜单中选择【拷贝到站点】命令，在该子菜单中列出了所有定义过的站点，从中选择目标站点即可。

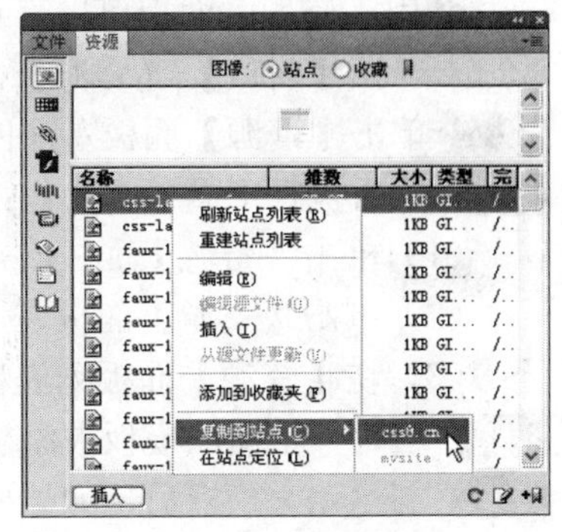

图 12.11 共享资源

Dreamweaver CS4

12.4 模板

网页设计不仅要追求艺术，同时也是一种模式化生产，在讲求艺术美的同时，还要注重制作的效率。在网站建设中，规划好网站结构后，应首先创建好各种模板，一方面能保证网站设计人员之间网页制作风格的统一；另一方面能加快网页制作的速度，为后期维护提供了便利条件。

12.4.1 认识模板

模板实质上就是一种特殊类型的文档，作为创建其他文档的基础，用于设计布局比较固定的页面结构或元素。在创建模板时，可以指定模板的可编辑区域，以便在应用到网页时可以进行编辑操作，同时也指定哪些元素可以编辑修改。这样当具体设计师创建基于模板的网页文件时，能自动继承所选模板的页面布局。

使用模板能给用户带来以下好处：

（1）风格一致，避免制作同一页面的麻烦。

（2）修改共同的页面时，不必一个一个修改，只要更改应用模板就可以了。

（3）免除了以前没有此功能时常常使用【另存为】命令，不小心会存在覆盖重要文件的危险。

模板和框架的原理有些相似，在网站设计时使用框架技术或者模板技术，最终的效果都是差不太多的。使用哪种技术来设计布局较固定的网站可以根据具体用户的习惯和爱好而定。模板和库的区别：模板本身是一个文件，而库则是网页中的一段 HTML 代码。Dreamweaver CS4 将所有的模板文件都存放在站点根目录的 Templates 子目录下，扩展名为.dwt。

模板也不是固定不变的，即使是在已经使用一个模板创建文档之后，也还可以对该模板进行修改。在更新使用该模板创建的文档时，那些文档中的锁定区就会被更新，并与模板的修改相匹配。

12.4.2 创建模板

在 Dreamweaver CS4 中，创建模板的方法有多种。创建模板后，Dreamweaver 会自动保存模板到站点本地根目录下的 Templates 文件夹中，如果没有该文件夹，Dreamweaver 会自动创建。

1. 直接创建模板

利用【资源】面板可以直接创建新模板，具体操作步骤如下：

步骤1 选择【窗口】|【资源】命令，打开【资源】面板。

步骤2 单击【资源】面板左侧的【模板】按钮，切换到模板视图。

步骤3 然后执行下面任一操作：

（1）单击【资源】面板底部的【新建模板】按钮。

（2）单击【资源】面板右上角的面板菜单按钮，在打开的菜单中选择【新建模板】命令。

（3）在【资源】面板列表框中右击，然后在弹出的快捷菜单中选择【新建模板】命令。

步骤4 这时一个新的模板被添加到模板列表中，并要求用户为该模板命名，如图 12.12 所示。

步骤5 创建完空模板后，如果要编辑该模板，单击面板底部的【编辑】按钮，Dreamweaver 会打开模板文档，如图 12.13 所示。此时，用户就可以像编辑普通网页那样来编辑该模板文档。

步骤6 如果重命名模板，可再次单击面板右上角菜单按钮，从中选择【重命名】命令，然后输入新名称。重命名模板时，Dreamweaver CS4 的模板参数会自动更新该模板的文档。

步骤7 保存模板，如果模板中没有定义任何可编辑区域，系统会弹出警告提示，单击【确定】按钮即可。

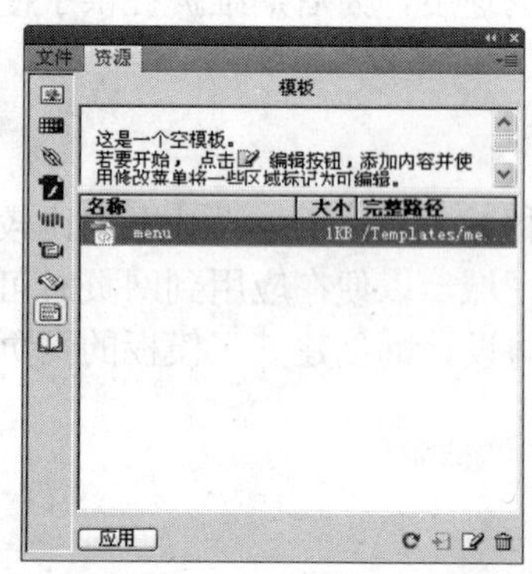

图 12.12 在【资源】面板中新建模板

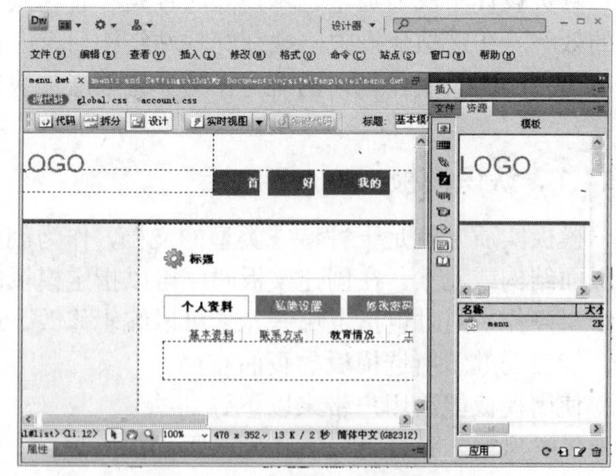

图 12.13 编辑模板页面

2. 将网页另存为模板

将网页另存为模板是一种比较快捷的途径，具体操作步骤如下：

步骤1 打开一个存在或已制作好的网页，删除其中不要的内容，选择【文件】|【另存为模板】命令，如图 12.14 所示。

步骤2 打开【另存为模板】对话框，如图 12.15 所示。在【站点】下拉列表中设置模板保存的站点，在【现存的模板】列表框中显示了当前站点中的所有模板。

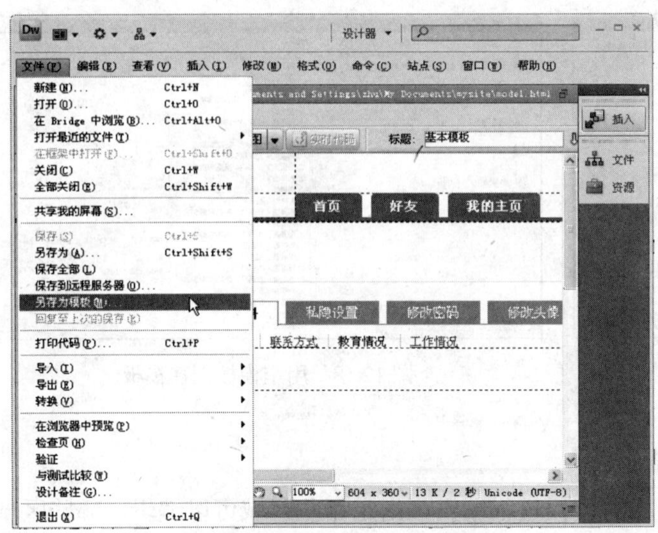

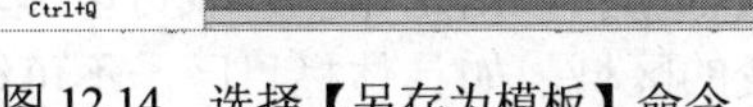
图 12.14 选择【另存为模板】命令

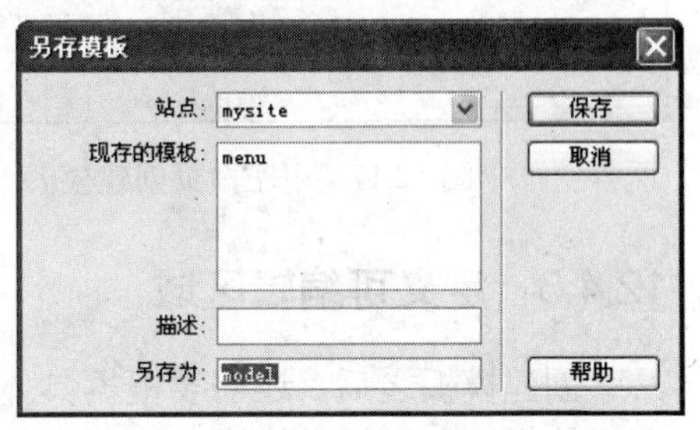

图 12.15 【另存为模板】对话框

步骤 3 在【另存为】文本框中设置模板的名称。单击【保存】按钮，即可把当前网页转换为模板，同时将模板另存到选择的站点中。

步骤 4 保存模板后，Dreamweaver CS4 将自动在根目录下 Template 文件夹保存模板文件，同时编辑窗口的左上角会出现模板的名称，如图 12.16 所示。

图 12.16 另存为模板后的页面

3. 在文件菜单中新建模板

选择【文件】|【新建】命令，打开【新建文档】对话框，如图 12.17 所示。然后在【类别】列表中选择【空白页】，并在【空白页】列表中选择【HTML 模板】选项。单击【创建】按钮即可。在【新建文档】对话框【类别】列表中选择【空模板】项，然后在【HTML 模板】列表中选择一种类型的模板也可以快速创建模板，如图 12.18 所示。

在 Dreamweaver CS4 中，不要将模板文件移动到 Templates 文件夹之外，也不要将其他非模板文件存放在 Templates 文件夹中，同样也不要将 Templates 文件夹移动到本地根目录外，因为这些操作都会引起模板路径错误。

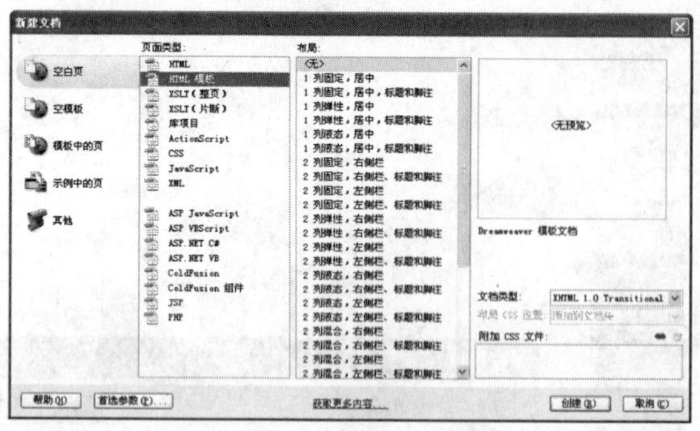

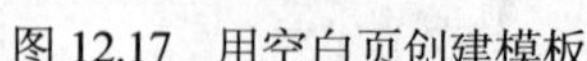

图 12.17　用空白页创建模板

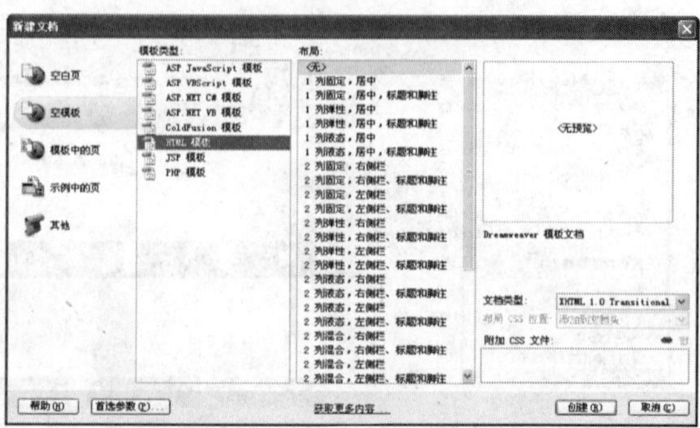

图 12.18　用空模板创建模板

12.4.3　定义可编辑区域

创建模板之后，还需要根据具体要求对模板进行编辑，指定哪些区域可以编辑，哪些区域不能编辑。在模板文档中，可编辑区是页面中可变的区域，如具体栏目区。不可编辑区是页面中不可变的区域，如导航栏和版权栏等。当创建一个新模板或把已有的文档另存为模板时，Dreamweaver CS4 默认所有区域为不可编辑区。因此应根据个人要求对模板进行编辑，标记出可编辑的区域。

在编辑模板时，可以修改可编辑区，也可以修改不可编辑区。但当该模板被应用于文档时，只能修改文档中的可编辑区，文档中的不可编辑区是不允许修改的。定义可编辑区的具体步骤如下：

步骤 1　打开新建的模板文件，在文档中选择要定义为可编辑区的区域，如图 12.19 所示。可以把图像、文本、表格、AP 元素、客户端行为等页面元素设置为可编辑区，可把整个表格及表格里的内容设置为一个可编辑区，也可以把某一个单元格及内容设置为一个可编辑区，但不能把几个不同的单元格及内容设置为同一个可编辑区。AP 元素和 AP 元素中的内容是分开的页面元素，把 AP 元素设置为可编辑区，则模板应用时 AP 元素可移动；把 AP 元素中的内容设置为可编辑区，模板应用时 AP 元素中的内容可以被编辑。

步骤 2　选择【插入】|【模板对象】|【可编辑区域】命令，在打开的【新建可编辑区域】对话框中给该可编辑区域命名，注意在命名可编辑区域时，不能使用某些特殊字符，如单引号（'）和双引号（"）等，如图 12.20 所示，然后单击【确定】按钮。定义可编辑区后，在新增的可编辑区域左上角可以显示蓝色标签，如图 12.21 所示。

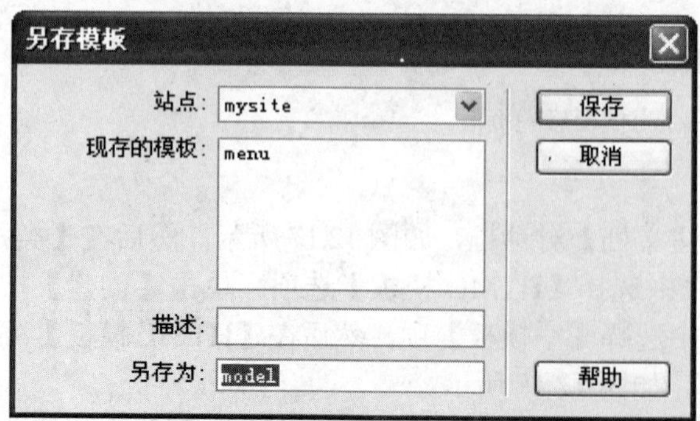

图 12.19　选择要定义为可编辑的区域

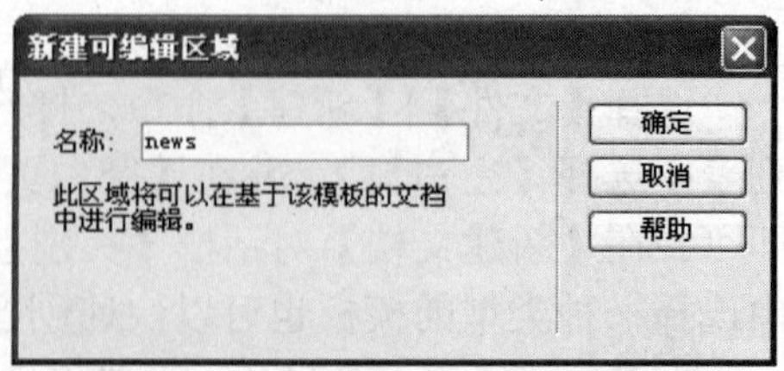

图 12.20　【新建可编辑区域】对话框

由模板新建网页后，在可编辑区域内可以插入文本、图片和表格等对象，对象的编辑也与正常网页没有任何差别。定义可编辑区域后，选中可编辑区域，在属性面板中可以更改名称，如图 12.21 所示。

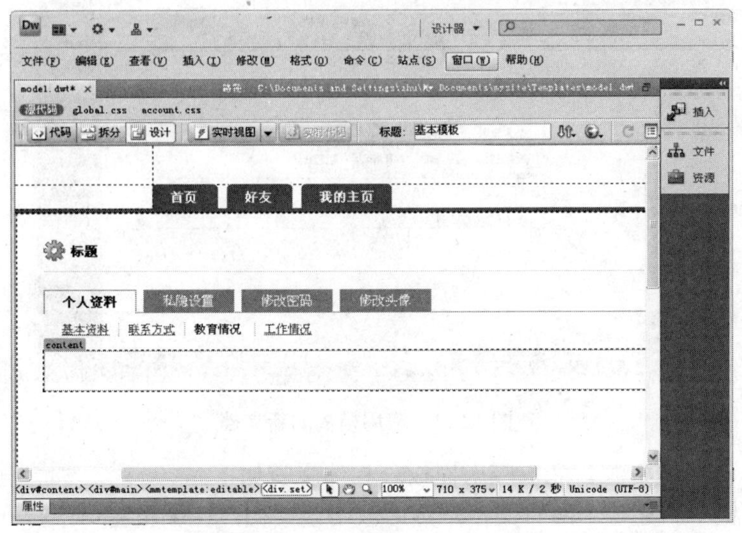

图 12.21 可编辑区域面板

在选中可编辑区域状态下，选择【修改】|【模板】|【删除模板标记】命令，可将可编辑区域删除。

12.4.4 应用模板

创建模板之后，就可以在网页中应用模板了。通过【新建】命令应用模板的具体步骤如下：

步骤 1 选择【文件】|【新建】命令，打开【新建文档】对话框，再选择【模板中的页】选项卡，如图 12.22 所示。

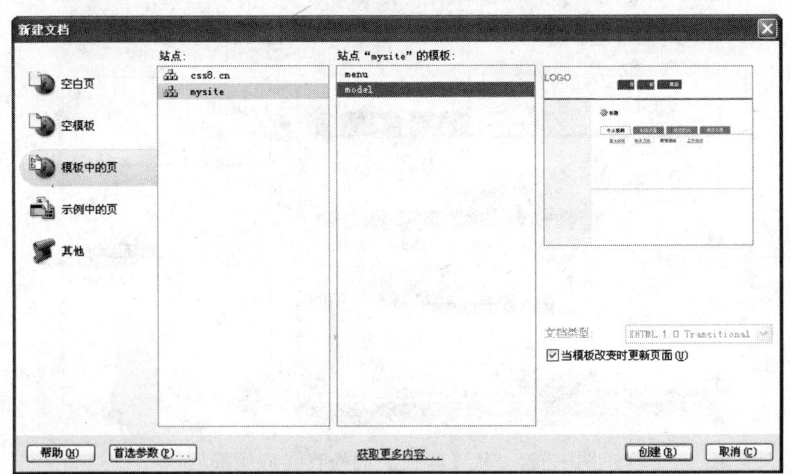

图 12.22 【新建文档】对话框

步骤 2 在模板列表中选择要应用的模板，在【预览】框中可以预览页面效果。如果选中【当模板改变时更新页面】复选框，可以动态跟踪模板情况，当模板改变时会自动更新页面。

步骤 3 单击【创建】按钮创建一个基于模板的网页文档，如图 12.23 所示。选择【文件】|【保存】命令，保存所建的文档。

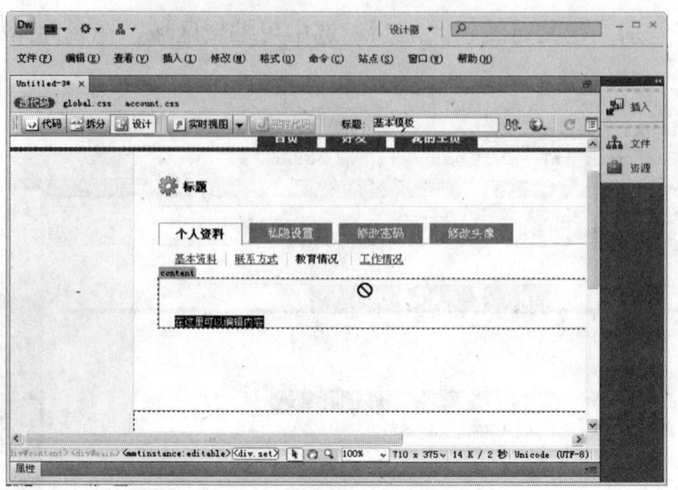

图 12.23　应用模板的新文档

当然也可以利用【资源】面板应用模板。具体步骤如下：

步骤 1 在文件面板中新建一个网页文档，然后双击该文档，在编辑窗口中打开，并使之处于可编辑状态。

步骤 2 选择【窗口】|【资源】命令，打开【资源】面板。

步骤 3 在【资源】面板中，单击左侧的【模板】按钮，切换到【模板】视图，在【模板】列表中可以在查看当前站点中的模板列表，如图 12.24 所示。

步骤 4 选中创建好的模板，然后将其拖到网页编辑窗口，松开鼠标，模板即被应用到网页中。

步骤 5 最后，只需分别向可编辑区域中插入各个位置相对应的内容即可。该操作属于最基本的网页操作，因此这里就不介绍了。

图 12.24　从【模板】面板直接应用模板

在网页编辑窗口中除了用标记来区分模板和基于模板的网页外，同时在页面的右上角位置显示一个黄色标签，说明该页面是一个基于模板的页面，并且后面还列出了基于的模板名称。在模板文件中任何位置都是可以编辑的，而在基于模板的页面中，却只有可编辑区域的位置才能够进行编辑。在可编辑区域中，光标将显示正常的状态，用户可以进行编辑操作；而当光标移动到不可编辑区域时，光标变为 ⊘ 状态，用户无法进行编辑操作。

12.4.5 更新模板

创建好模板以后，可以根据实际需要，随时修改模板以满足新的设计要求。当修改一个模板时，Dreamweaver CS4 会提示是否更新应用该模板的网页。当然也可以使用更新命令，手工更新当前网页或整个站点。

要修改用于创建当前文档的模板，可选择【修改】|【模板】|【打开附加模板】命令。打开模板之后，就可以根据需要修改模板的内容了。如果要修改模板的页面属性，就要选择【修改】|【页面属性】命令，然后按照修改页面属性的方法操作。模板修改完毕，Dreamweaver CS4 会自动更新站点内所有应用的模板。如果因为某些原因，修改模板后并没有选择自动更新基于模板的网页，可以以手动的方式来更新它们。

手动更新模板及网页的操作步骤如下：

步骤 1 在【资源】面板中，在模板列表中右击要更新的模板。

步骤 2 在弹出的快捷菜单中选择【更新站点】，打开【更新站点】对话框，如图 12.25 所示。

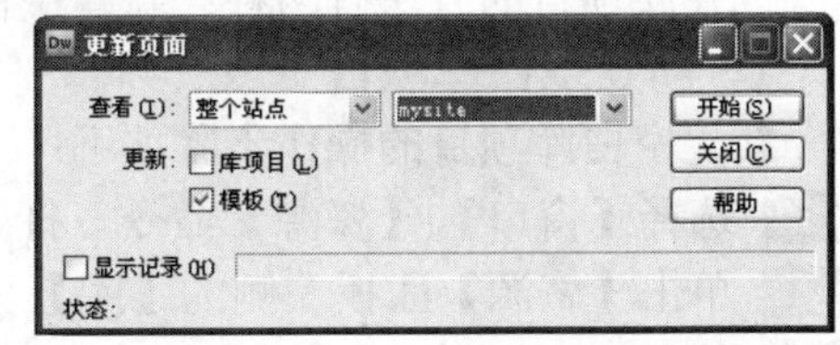

图 12.25 【更新站点】对话框

步骤 3 在【查看】下列列表中设置要更新的范围。选择【整个站点】选项，然后在右边弹出的快捷菜单中选择站点名。这种选择使用相应的模板更新选定站点的所有网页。选择【文件使用】选项，然后在右边弹出的快捷菜单中选择模板名。这种选择更新当前站点中应用选定模板的所有网页。这里选择【整个站点】选项。

步骤 4 在【更新】选项组中选择【模板】选项。

步骤 5 单击【开始】按钮，即可根据选择更新整个站点或某些网页。在更新完毕后 Dreamweaver CS4 会给出一个报告。

步骤 6 更新完毕后，单击【关闭】按钮关闭【更新页面】对话框。至此，更新的操作就全部完成了，用户打开任意一个基于该模板的网页，都会发现模板中修改的内容网页中也都全部更新了。

Dreamweaver 12.5 库 CS4

使用模板可以定制网页结构和布局，再使用库把将网页常用和常变的内容变为库项目，在以后的制作中只要简单地插入到网页即可。这样，网页制作会显得非常的轻松和愉快。在网站建设中，有时要把一些网页元素应用在多个页面内。当要修改这些重复使用的页面元素时，如果要逐页修改，就会相当费时。使用 Dreamweaver CS4 提供的库功能可以避免这个麻烦。

12.5.1 认识库

Dreamweaver CS4 允许用户把网站中需要重复使用或需要经常更新的页面元素（如图像、文本或其他对象）存入库中，被存入库中的元素称为库项目，使用时把库项目拖放到文档中。使用库项目并不是在网页中插入库项目，而是插入了一个指向库项目的链接。

库是一种特殊的 Dreamweaver 文件，库项目是可以在多个页面中重复使用的对象元素，每当更改某个库项目的内容时，都可以同时更新所有使用了该项目的页面。在库中，用户可以存储各种各样的页面元素，如图像、表格、声音和 Flash 影片等。例如，如果想让页面具有相同的标题或版权信息，可以把这些元素制作成库项目，使用时可以随时引用，更新时也比较方便，有利于统一管理。

库项目可以使用的对象元素包括很多，如文本、表格、表单、Java 程序、插件、ActiveX 控件、导航条以及图像等。对于诸如图像之类的链接项目，库中仅保存该项目的引用，原文件仍保存在指定位置。库项目中可以包含行为，但不能包含 CSS 样式表，因为库项目要求创建对象元素的代码必须位于 HTML 代码的<body>和</body>之间，而样式表代码位于<head>和</head>之间。

库项目的扩展名为.lbi，同时所有库项目都存储在站点根目录下的 Library 文件夹中，如果本地站点没有这个子文件夹，Dreamweaver CS4 将自动生成。

12.5.2 创建库项目

创建库项目的方法有两种：新建空白库项目和创建基于选定内容库项目。

1．新建空白库项目

新建空白库项目的操作步骤如下：

步骤 1 选择【窗口】|【资源】命令，打开【资源】面板。

步骤 2 单击【资源】面板左侧的【库】按钮，切换到【库】视图。

步骤 3 然后执行下面任一操作：

（1）单击【资源】面板底部的【新建库项目】按钮。

（2）单击【资源】面板右上角的面板菜单按钮，在打开的菜单中选择【新建库项】命令。

（3）在【资源】面板列表框中右击，然后在弹出的快捷菜单中选择【新建库项】命令。

步骤 4 这时一个新的库项目被添加到库列表中，并要求用户为该库项目命名，如图 12.26 所示。

步骤 5 双击新建的库项目，打开库项目编辑窗口，如图 12.27 所示。库项目实际上是要插入在网页中的一段代码，库项目的编辑窗口除不可以设置页面属性外，其他内容与普通网页的编辑方式相同。

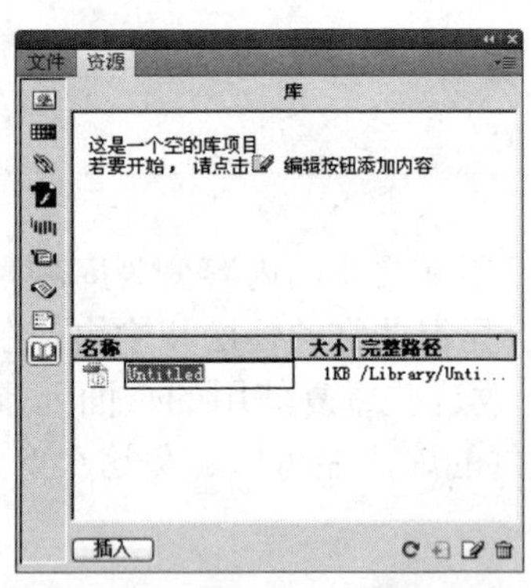

图 12.26 【资源】面板

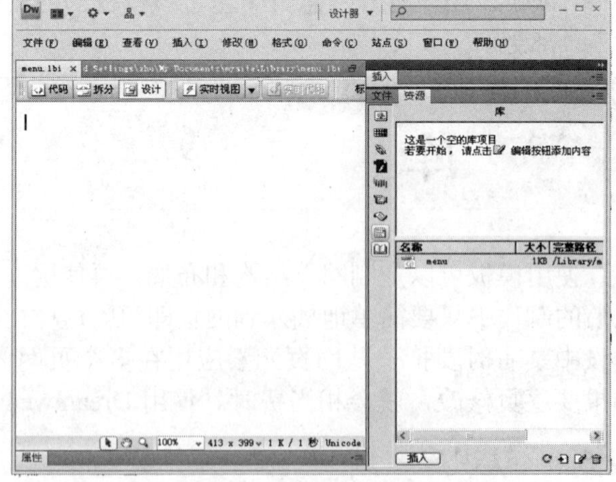

图 12.27 库项目编辑窗口

2．创建基于选定内容库项目

用户也可以直接将网页中现有的对象元素转换为库文件，具体方法如下：

步骤 1 选中要转换的内容，例如，在本例中选中右侧侧栏区域，如图 12.28 所示。

步骤 2 选择【修改】|【库】|【增加对象到库】命令，将选中的登录内容转化为库项目，库项目内容出现在【库】列表中，给新建的库文件命名，如图 12.29 所示。Dreamweaver 将每个

库项目作为一个单独的文件（文件扩展名为.lbi）保存在站点本地根文件夹下的 Library 文件夹中。

如果所选区域被放入其他文档时，效果可能不同，因为样式表信息没有被同时复制，这时用户应该手动调整图片、样式表等资源文件的路径。

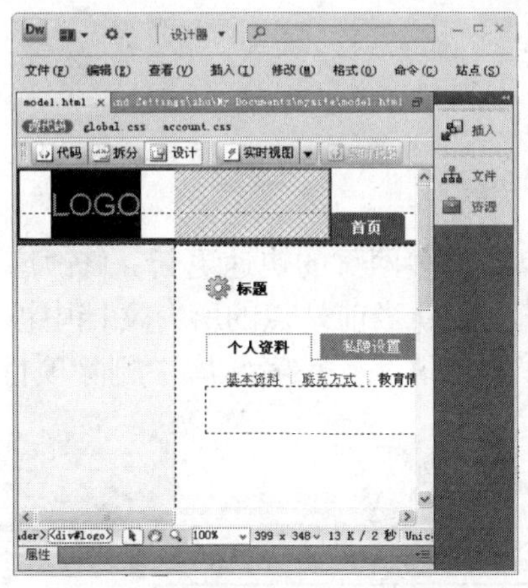

图 12.28 选定登录界面元素

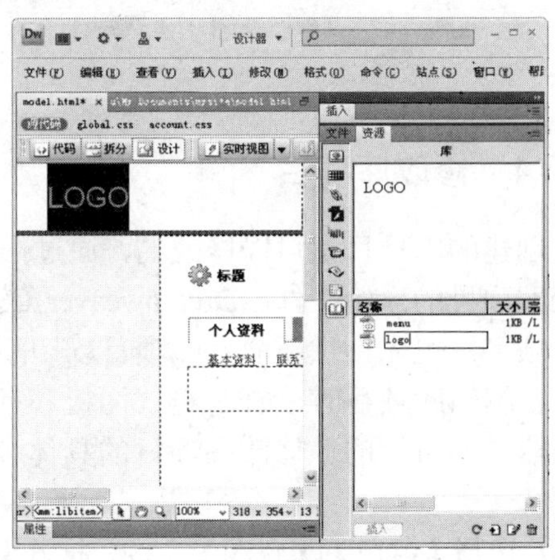

图 12.29 创建的库项目

12.5.3 插入库项目

创建好库项目后，就可在页面中插入了。对于转换成库文件的内容，背景会显示为淡黄色，不可编辑。插入库项目具体操作步骤如下：

步骤 1 把光标置入页面中要插入库项目的位置。

步骤 2 选择【窗口】|【资源】命令，打开【资源】面板。

步骤 3 单击【资源】面板左侧的【库】按钮，切换到库视图。

步骤 4 在库列表中选择要插入的库项目，如图 12.30 所示，然后单击【插入】按钮即可。

步骤 5 如果要插入库项目内容到页面中，但又不想在页面中创建该库项目的实例，可以按住 Ctrl 键把项目拖入即可。在插入库项目后，有些库项目的源代码中含有 CSS 样式表，同时由于 CSS 选择器构成不同，所以还需要调整应用库项目的页面结构，插入后还需要添加这些代码，把 CSS 样式表链接起来，效果如图 12.31 所示，否则，就会显示不出预想效果。

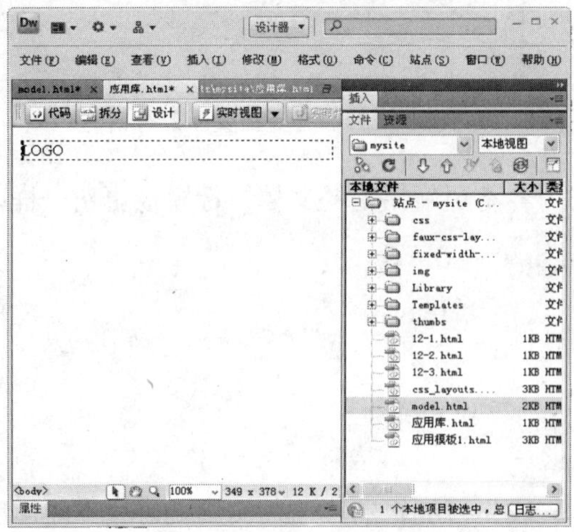

图 12.30 应用库项目

图 12.31 修改应用库项目的页面

```
<link href="css/global.css" rel="stylesheet" type="text/css" />
<link href="css/account.css" rel="stylesheet" type="text/css" />
<div id="layout">
    <div id="header"> <!-- #BeginLibraryItem "/Library/logo.lbi" -->
        <div id="logo">LOGO</div>
        <!-- #EndLibraryItem -->
    </div>
</div>
```

12.5.4 修改库项目

创建的库项目是可以修改的，通过修改库项目可以实现多网页的快速更新。修改库项目会改变库项目的原始文件。Dreamweaver CS4 允许用户选择更新当前站点的所有文档中被修改过的库项目，也允许重新命名库项目以切断它与文档或模板的联系，或者从库中删除项目。

在编辑库项目时，CSS 样式面板和行为检查器是不可用的。修改库项目的具体步骤如下：

步骤1 选择【窗口】|【资源】命令，打开【资源】面板，然后单击面板左侧的【库】按钮，切换到库视图。

步骤2 在库面板中选择要修改的库项目，单击面板底部的【编辑】按钮，或者双击库项目。

步骤3 Dreamweaver CS4 为编辑库项目打开一个新的窗口，如图 12.32 所示。修改项目，然后保存即可。

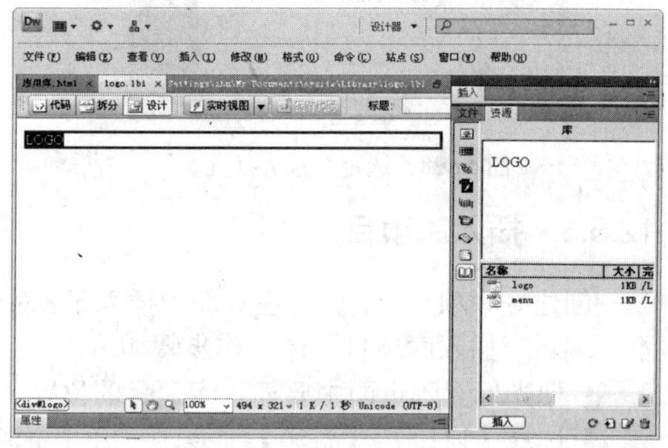

图 12.32 修改库项目

12.5.5 更新和分离库项目

更新修改过库项目的网页步骤如下：

步骤1 选择【修改】|【库】|【更新页面】命令。

步骤2 在打开的【更新页面】对话框中选择要更新的站点或文件，如图 12.33 所示。

步骤3 选择【整个站点】，更新指定站点上所有的文档，或者选择【文件使用】，更新所有使用了指定库项目的文档。

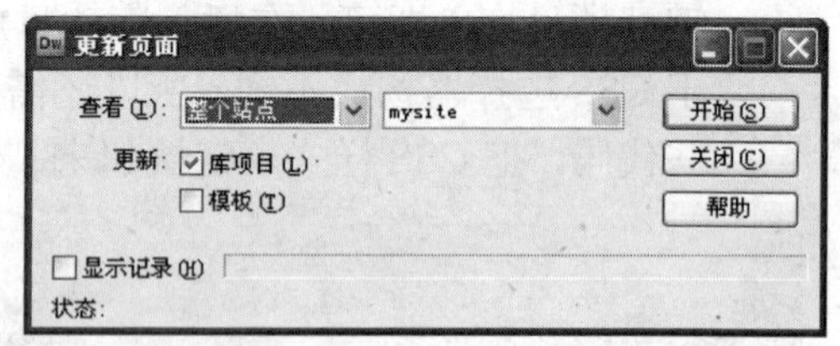

图 12.33 【更新页面】对话框

步骤4 单击【开始】按钮即可。修改过的库项目的内容将更新指定的文档，像模板更新一样，库的更新页会产生状态报告，告诉所更新的文件。

将库项目从库中分离出来的步骤如下：

步骤1 在当前文档中选择库项目。

步骤2 执行以下操作之一：

（1）单击属性面板上的【从源文件中分离】按钮。

（2）右击快捷菜单选择【从源文件中分离】命令。

步骤3 一旦使某个库项目的实例（页面上的库项目）成为可编辑的，这个实例就再也不能用库项目来更新了。

第13章

应用行为

内容介绍

行为（Behavior）就是在特定时间或者某个事件被触发时所产生的动作，如鼠标单击、网页加载完毕、浏览器解析出现错误等。本章将讲解 Dreamweaver CS4 所定义的一套行为功能，利用它可以完成很多复杂的 JavaScript 代码才能实现的动作。借助 Dreamweaver 的行为，读者只需要简单的可视化操作，即可快速设计超炫动态页面效果。

学习重点

- 认识 Dreamweaver CS4 的行为概念
- 使用【行为】面板
- 增加行为一般方法
- 浏览器事件讲解
- 使用 Dreamweaver CS4 预定义行为
- 管理行为
- 获取第三方行为

Dreamweaver CS4

13.1 认识 Dreamweaver CS4 的行为概念

准确讲，行为是事件和动作的组合。在 Dreamweaver CS4 中，行为实际上是插入到网页内的一段 JavaScript 代码，利用这些代码实现一些动态效果，允许浏览者与网页进行交互，以实现网页根据浏览者的操作而进行的智能响应。下面分辨一下对象、事件、动作和行为这 4 个概念之间的内在关系。

（1）对象：是产生行为的主体，大部分网页元素都可以成为对象，如图片、文本、多媒体等，甚至整个页面。

（2）事件：是触发动作的原因，它可以被附加到各种页面元素上，也可以被附加到 HTML 标记中。一个事件总是针对页面元素或标记而言的，例如：将鼠标指针移到图片上，把鼠标指针放在图片之外，单击鼠标左键。不同类型的浏览器可能支持的事件种类和数量是不一样的，通常高版本的浏览器支持更多的事件。

（3）动作：通过动作来完成动态效果，如交换图像、弹出信息、打开浏览器、播放声音等都是动作。动作通常就是一段 JaveScript 代码，在 Dreamweaver 中内置了很多系统行为，运用这些代码会自动往页面中添加 JaveScript 代码，免除用户编写代码的麻烦。

（4）行为：将事件和动作组合起来就构成了行为。例如，将 onClick 事件与一段 JaveScript 代码相关联，当在对象上单击时就可以执行这段关联代码。一个事件可以同多个动作相关联，即触发一个事件时可以执行多个动作。为了实现需要的效果，用户还可以指定和修改动作发生的顺序。动作的执行按照在【行为】面板列表中的顺序进行执行。

Dreamweaver CS4 预置了很多行为，除了这些内置行为之外，读者也可以链接到 Adobe 官方网站以获取更多的行为库，下载并在 Dreamweaver 中安装行为库中的文件，可以获得更多的行为。如果熟悉 JavaScript 语言，用户还可以自己编写更为个性灵活的代码，作为一种行为增加到网页中。

Dreamweaver CS4

13.2 使用【行为】面板

在 Dreamweaver CS4 中，向网页中添加行为和对行为进行控制主要是通过【行为】面板来实现的。要打开【行为】面板，选择【窗口】|【行为】命令，即可打开如图 13.1 所示的【行为】面板。如果打开的网页中已经附加了行为，那么这些行为将显示在列表框中。

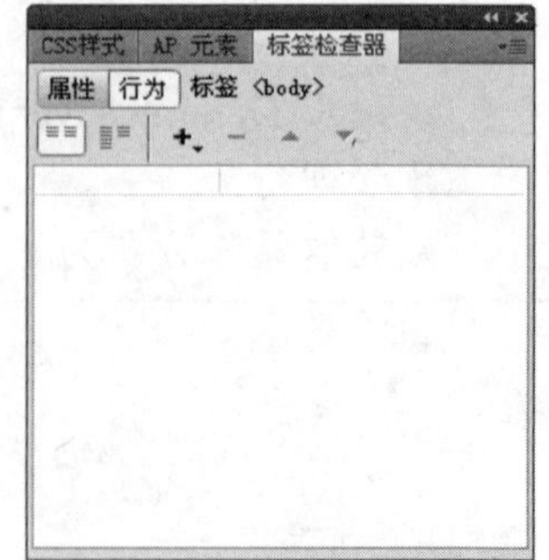

图 13.1 【行为】面板

在【行为】面板中，可以执行以下操作。

1．增加行为

要在网页中增加行为，单击【行为】面板列表框上面的 + 按钮，在打开的下拉菜单中选择系统内置的行为，如图 13.2 所示。

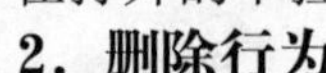

2．删除行为

要删除网页中正在使用的某个行为，在【行为】面板的列表框中选中该行为，然后单击列表框上面的 − 按钮即可。

3．调整行为顺序

要调整正在使用的行为的顺序，单击▲按钮可以向上移动行为，单击▼按钮可以向下移动行为，如图 13.3 所示。

调整行为顺序只能在同一事件的行为之间实现，也就是说调整同一事件下不同动作的执行顺序，如图 13.3 所示。

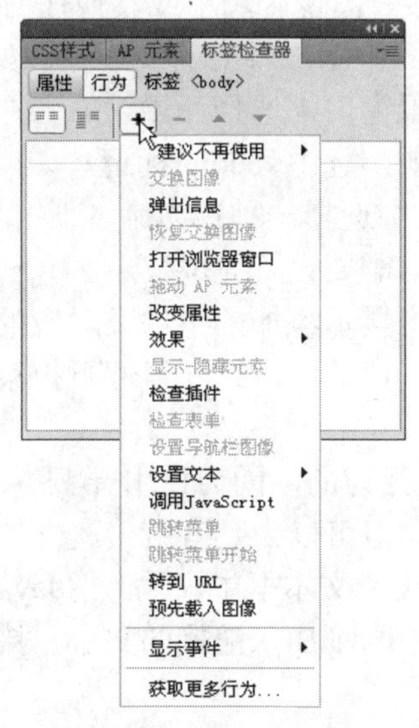

图 13.2　系统内置行为菜单

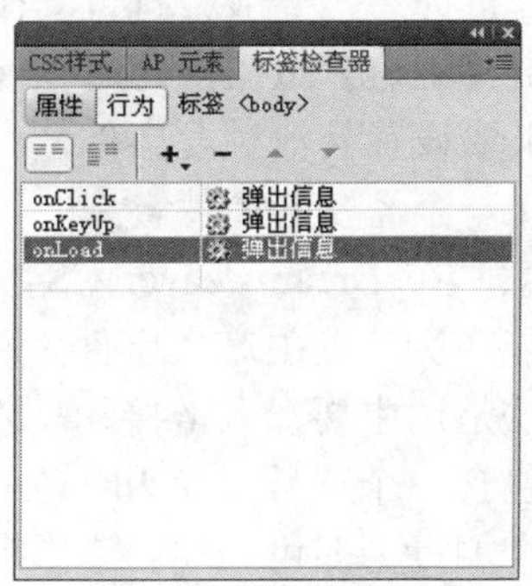

图 13.3　调整行为顺序

4．设置事件

在【行为】面板的行为列表中选择一个行为，单击该项左侧的事件名称栏，会显示一个下拉菜单箭头，单击箭头按钮，即可弹出下拉菜单，如图 13.4 所示，菜单中列出了该行为所有可以使用的事件，用户可以根据实际需要进行设置（有关各种事件的详细内容在本章第 13.4 节中进行介绍）。

5．切换面板视图

在【行为】面板中，用户还可以设置事件的显示方式。在面板的左上角有两个按钮，分别表示显示设置事件和显示所有事件，如图 13.5 所示。

（1）【显示设置事件】按钮：单击该按钮，仅显示当前网页中增加行为的事件，这种视图方便查看设置事件。

（2）【显示所有事件】按钮：单击该按钮，显示当前网页中能够使用的全部事件，这种视图能够快速浏览全部可使用事件。

图 13.4　设置事件

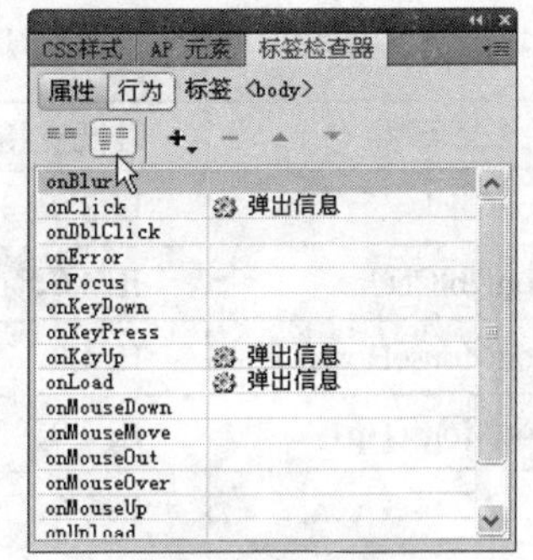

图 13.5　显示所有事件

Dreamweaver CS4

13.3 增加行为一般方法

在 Dreamweaver CS4 中，可以为整个页面、表格、链接、图像、表单或其他任何 HTML 元素增加行为，最后由浏览器决定是否执行这些行为。在页面中增加行为的一般步骤如下：

步骤 1 在编辑窗口中，选择要增加行为的对象元素。在编辑窗口中选择元素，或者在编辑窗口底部的标签选择器中单击相应的页面元素标签。例如，选中<body>标记。

步骤 2 单击【行为】面板中的 + 按钮，在打开的行为菜单中选择一种行为。

步骤 3 选择行为后，一般会打开一个参数设置对话框，根据需要设置完成。

步骤 4 单击【确定】按钮，这时在【行为】面板的列表中将显示添加的事件及对应的动作。

步骤 5 如果要设置其他触发事件，可单击事件列表右边的下拉箭头，打开事件下拉菜单，从中选择一个需要的事件。

请注意，在 Dreamweaver CS4 中纯文本是不能被增加行为的，因为使用<p>和<span>标记的文本不能在浏览器中产生事件，所以它们无法触发动作，但可以为具有链接属性的文本增加动作，方法是选中要加入链接的文本，在属性面板的【链接】文本框中，输入“Javascript:;”。这里必须包含一个冒号（:）和一个分号（;）。然后再次选中刚刚加入链接的文本，接着按照上面的步骤增加行为即可。

Dreamweaver CS4

13.4 浏览器事件讲解

事件是 DHTML 动态网页制作中一个非常重要的概念。当访问者与网页进行交互时，如单击=选中等，这些事件能触发客户端行为。没有用户交互也可以触发事件，例如，设置页面每 10 秒钟自动刷新一次，这也是一个事件。每个页面元素所能触发的事件不尽相同，例如，页面文件本身能触发 onLoad 和 onUnload 事件，onLoad 表示页面被打开的事件，onUnload 表示页面被关闭的事件，而超链接能触发 onMouseOver 事件，即被鼠标移动到其上的事件。

各类型的浏览器所支持的事件数量和种类并不相同，目前浏览器中主流是 IE6.0 及其以上版本，因此建议用户选择 Internet Explorer 6.0 为标准浏览器进行相应的设置。下面详细介绍各种事件，如表 13.1 所示。其中，IE 代表 Internet Explorer 浏览器，NS 代表 Netscape 浏览器，后面的数值为版本号。

表 13.1　事件列表

类别	事件	最低支持浏览器	说　明
一般事件	onClick	IE 3.0、NS 2.0	单击鼠标左键时触发此事件
	onDblClick	IE 4.0、NS 4.0	双击鼠标时触发此事件
	onMouseDown	IE 4.0、NS 4.0	按下鼠标左键时触发此事件
	onMouseUp	IE 4.0、NS 4.0	鼠标左键按下后松开时触发此事件
	onMouseOver	IE 3.0、NS 2.0	鼠标指针移动到某对象范围内时触发此事件
	onMouseMove	IE 4.0、NS 4.0	鼠标指针在某对象范围内移动时触发此事件

续表

类别	事件	最低支持浏览器	说明
一般事件	onMouseOut	IE 4.0、NS 3.0	鼠标指针离开某对象范围时触发此事件
	onKeyPress	IE 4.0、NS 4.0	键盘上的某个键被按下并且释放时触发此事件
	onKeyDown	IE 4.0、NS 4.0	键盘上某个按键被按下时触发此事件
	onKeyUp	IE 4.0、NS 4.0	键盘上某个按键被按下后放开时触发此事件
页面事件	onAbort	IE 4.0、NS 3.0	图片在下载时被用户中断
	onBeforeUnload	IE 4.0、NS	当前页面的内容将要被改变时触发此事件
	onError	IE 4.0、NS 3.0	出现错误时触发此事件
	onLoad	IE 3.0、NS 2.0	页面内容完成被载入时触发此事件
	onMove	IE 4.0、NS 4.0	浏览器窗口被移动时触发此事件
	onResize	IE 4.0、NS 4.0	浏览器的窗口大小被改变时触发此事件
	onScroll	IE 4.0、NS	浏览器的滚动条位置发生变化时触发此事件
	onStop	IE 5.0、NS	浏览器的【停止】按钮被按下时或者正在下载的文件被中断时触发此事件
	onUnload	IE 3.0、NS 2.0	当前页面被关闭时触发此事件
表单事件	onBlur	IE 3.0、NS 2.0	当前元素失去焦点时触发此事件
	onChange	IE 3.0、NS 2.0	当前元素失去焦点并且元素的内容发生改变而触发此事件
	onFocus	IE 3.0、NS 2.0	当某个元素获得焦点时触发此事件
	onReset	IE 4.0、NS 3.0	当表单中属性值被还原为默认值时触发此事件
	onSubmit	IE 3.0、NS 2.0	当表单中属性值被提交时触发此事件
滚动字幕事件	onBounce	IE 4.0、NS	在 Marquee 内的内容移动至 Marquee 显示范围之外时触发此事件
	onFinish	IE 4.0、NS	当 Marquee 元素完成需要显示的内容后触发此事件
	onStart	IE 4.0、NS 4.0	当 Marquee 元素开始显示内容时触发此事件
编辑事件	onBeforeCopy	IE 5.0、NS	页面当前被选择的内容将要复制到浏览者系统的剪贴板前触发此事件
	onBeforeCut	IE 5.0、NS	页面中的一部分或者全部的内容将被剪贴到浏览者的系统剪贴板时触发此事件
	onBeforEdditFocus	IE 5.0、NS	当前元素将要进入编辑状态触发此事件
	onBeforePaste	IE 5.0、NS	内容将要从浏览者的系统剪贴板粘贴到页面中时触发此事件
	onBeforeUpdate	IE 5.0、NS	当浏览者粘贴系统剪贴板中的内容时通知目标对象
	onContextMenu	IE 5.0、NS	当浏览者按下鼠标右键出现菜单时或者通过键盘的按键触发页面菜单时触发此事件
	OnCopy	IE 5.0、NS	当前被选择内容被复制后触发此事件
	onCut	IE 5.0、NS	当前被选择内容被剪切时触发此事件
	onDrag	IE 5.0、NS	当某个对象被拖动时触发此事件
	onDragDrop	IE 5.0、NS 4.0	当按住鼠标拖动对象到目标区域内，然后释放鼠标则会触发该事件
	onDragEnd	IE 5.0、NS	当鼠标拖动结束时触发此事件，即鼠标的按钮被释放了

续表

类别	事件	最低支持浏览器	说　明
编辑事件	onDragEnter	IE 5.0、NS	当对象被鼠标拖动时，对象进入其容器范围内时触发此事件
	onDragLeave	IE 5.0、NS	当对象被鼠标拖动时，对象离开其容器范围内时触发此事件
	onDragOver	IE 5.0、NS	当被拖动的对象在另一对象容器范围内拖动时触发此事件
	onDragStart	IE 4.0、NS	当某对象将被拖动时触发此事件
	OnDrop	IE 5.0、NS	在一个拖动过程中，释放鼠标键时触发此事件
	onLoseCapture	IE 5.0、NS	当元素失去鼠标移动所形成的选择焦点时触发此事件
	onPaste	IE 5.0、NS	当内容被粘贴时触发此事件
	onSelect	IE 4.0、NS	当文本内容被选择时触发此事件
	onSelectStart	IE 4.0、NS	当文本内容选择将开始发生时触发此事件
数据绑定事件	onAfierUpdate	IE 4.0、NS	当数据完成由数据源到对象的传送时触发此事件
	onCellChange	IE 5.0、NS	当数据来源发生变化时触发此事件
	onDataAvailable	IE 4.0、NS	当数据接收完成时触发此事件
	onDatasetChanged	IE 4.0、NS	当数据在数据源发生变化时触发此事件
	OnDatasetComplete	IE 4.0、NS	当来自数据源的全部有效数据读取完毕时触发此事件
	onErrorUpdate	IE 4.0、NS	当使用 onBeforeUpdate 事件触发取消了数据传送时，代替 onAfterUpdate 事件
	onRowEnter	IE 5.0、NS	当前数据源的数据发生变化并且有新的有效数据时触发此事件
	onRowExit	IE 5.0、NS	当前数据源的数据将要发生变化时触发此事件
	onRowsDelete	IE 5.0、NS	当前数据记录将被删除时触发此事件
	onRowsInserted	IE 5.0、NS	当前数据源将要插入新数据记录时触发此事件
其他事件	onAfterPrint	IE 5.0、NS	当文档即将被打印时触发此事件
	onBeforePrint	IE 5.0、NS	当文档即将打印时触发此事件
	onFilterChange	IE 4.0、NS	当某个对象的滤镜效果发生变化时触发此事件
	onHelp	IE 4.0、NS	当浏览者按下 F1 键或者浏览器的帮助被选择时触发此事件
	onPropertyChange	IE 5.0、NS	当对象的属性之一发生变化时触发此事件
	onReadyStateChange	IE 5.0、NS	当对象的初始化属性值发生变化时触发此事件

Dreamweaver　CS4

13.5 使用 Dreamweaver CS4 预定义行为

简单了解了【行为】面板的使用，以及与行为相关的概念之后，本节中将结合具体的实例详细讲解 Dreamweaver CS4 预定义行为。

13.5.1　交换图像和恢复交换图像

“交换图像”行为就是当某个鼠标事件发生后，例如，鼠标移到图像上方时，图像变为另外一幅图像。“恢复交换图像”行为可以将变换图像还原为初始状态的图像，一般“交换图像”行为和“恢复交换图像”行为是成对使用的，当“交换图像”行为附加到对象时，“恢复交换图像”行为将自动增加而无需人工选择。例如，在下面这个示例中，当鼠标移到图像上时，会交换显示为其他图像，如图 13.6 所示。该行为的效果与图像轮换功能相似。具体方法如下：

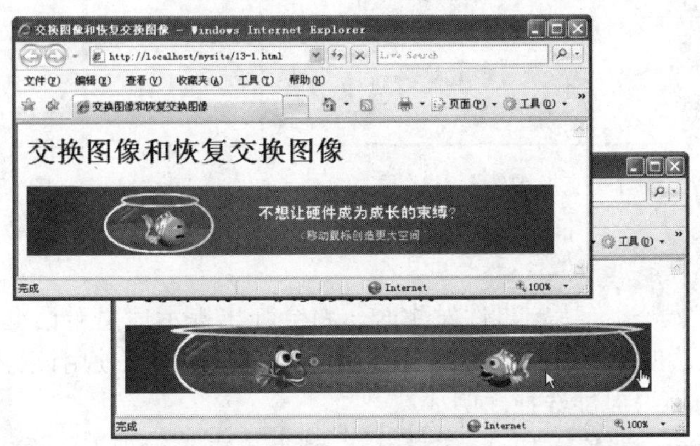

图 13.6 应用“交换图像”和“恢复交换图像”行为后的演示效果

步骤 1 使用图像处理软件制作交换图片。制作交换图片时，应注意尺寸相同，由于“交换图像”行为通过更改<img>标签的 src 属性将一幅图像和另一幅图像进行交换。使用此动作创建按钮鼠标经过图像和其他图像效果（包括一次交换多个图像）。插入鼠标经过图像会自动将一个“交换图像”添加到页中。因为只有 src 属性受此动作的影响，所以换入的图像应该与原图像具有相同的高度和宽度。否则，它将为了适应原图像的尺寸，在显示时会被拉伸或压缩。

步骤 2 将原始图片插入到页面中，选中图像后，单击【行为】面板上的 + 按钮，在弹出的快捷菜单中选择【交换图像】命令，打开【交换图像】对话框，如图 13.7 所示。

（1）【图像】列表框：列出了网页上的所有图像。选中的图像没有命名，显示为默认名 Image1。如果网页上图像很多，就必须命名来区分不同的图像。需要特别注意的是，图像的命名不能与网页上其他对象重名。

（2）【设置原始档为】文本框：设置替换图像的路径。单击【浏览】按钮，可以打开【选择图像源文件】对话框，从中寻找另外一张图像，作为鼠标放置于按钮上的替换图像。

（3）【预先载入图像】复选框：选中该复选框，设置预先载入图像，以便及时响应浏览者的鼠标动作。因为替换图像在正常状态下不显示，浏览器默认情况下不会下载该图像。

（4）【鼠标滑开时恢复图像】复选框：选中该复选框，设置鼠标离开按钮时恢复为原图像。如果不选择该项，要想恢复原始状态，用户还需要增加“恢复交换图像”行为恢复图像原始状态。

步骤 3 设置完毕，选中图像，在【行为】面板中会出现两个行为，如图 13.8 所示。【动作】栏显示一个为“恢复交换图像”，其事件为 onMouseOut（鼠标移出图像）。另一个为【交换图像】，事件为 onMouseOver（鼠标在图像上方）。

步骤 4 添加之后的行为还是可以编辑的，双击【交换图像】项，会打开【交换图像】对话框，可以对交换图像的效果进行重新设置。选中一个行为之后，可以单击面板上的 − 按钮删除行为。

步骤 5 到此，交换图像制作完成，按 F12 键预览效果。当鼠标放置在图像上时，会出现另一张图像，鼠标移开，恢复为原来的图像。

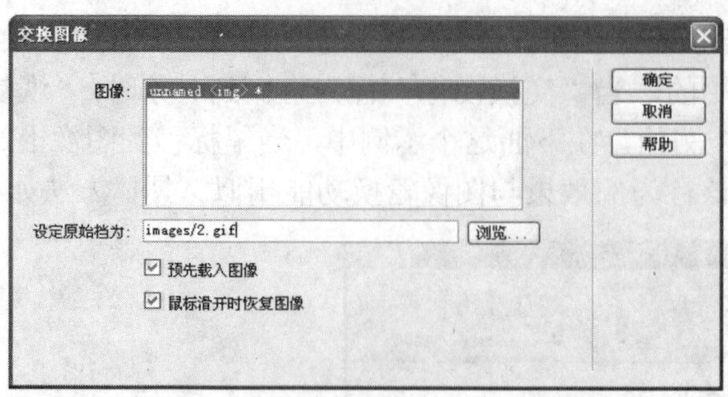

图 13.7 设置【交换图像】对话框

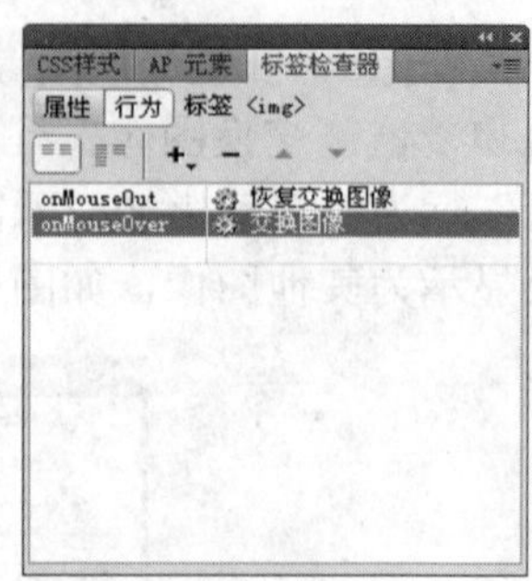

图 13.8 增加的行为

13.5.2 弹出信息

“弹出信息”行为表示当特定事件发生时，将会弹出提示信息对话框，实际上该对话框只是一个 JavaScript 默认的提示框，只有一个【确定】按钮，所以使用该行为时可以提供给用户一些信息，而不能为用户提供选择。例如：

步骤 1 在页面中选择一个对象，如<body>标记，然后单击【行为】面板中的 +. 按钮，从中选择【弹出信息】命令选项。

步骤 2 打开【弹出信息】对话框，输入要显示的信息。例如，输入“页面加载完毕!”，如图 13.9 所示。

步骤 3 单击【确定】按钮完成设置。在【行为】面板列表中会显示刚加入的动作，根据需要可以设置事件响应类型，这里设置页面加载完毕事件，如图 13.10 所示。

图 13.9 【弹出信息】对话框

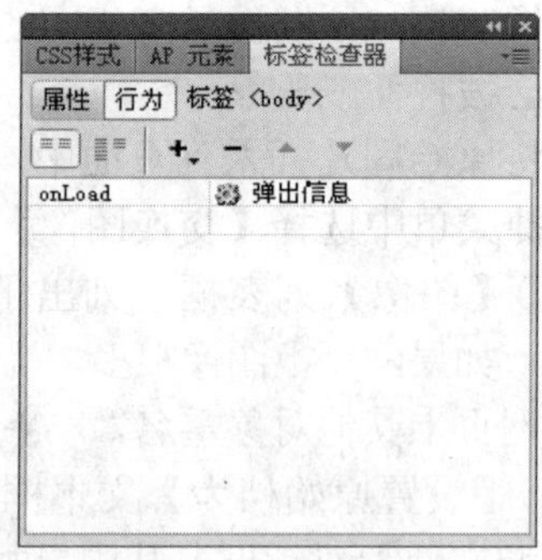

图 13.10 增加行为

步骤 4 保存并预览网页，当页面加载完毕则会自动弹出提示对话框，如图 13.11 所示。

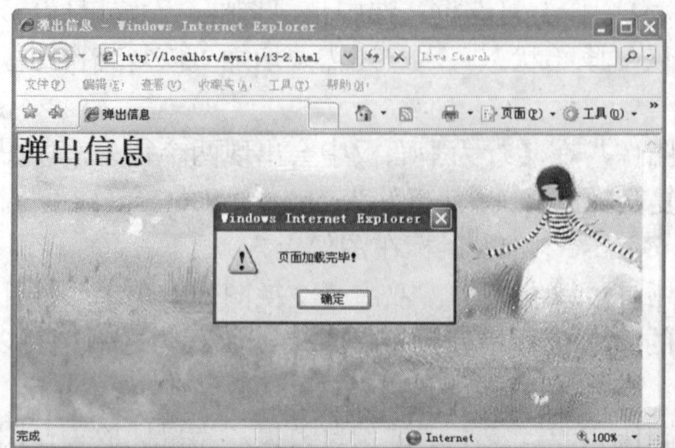

图 13.11 弹出提示信息演示效果

13.5.3 打开新浏览器窗口

使用“打开浏览器窗口”行为可以在新窗口中打开一个 URL。用户可以指定新窗口的属性(包括其大小)、特性(它是否可以调整大小、是否具有菜单栏等)和名称。例如，可以使用此行为在访问者单击缩略图时在一个单独的窗口中打开一个较大的图像。

步骤1 选择一个对象，打开【行为】面板。单击 + 按钮，从中选择【打开浏览器窗口】选项命令，打开【打开浏览器窗口】对话框，如图 13.12 所示。

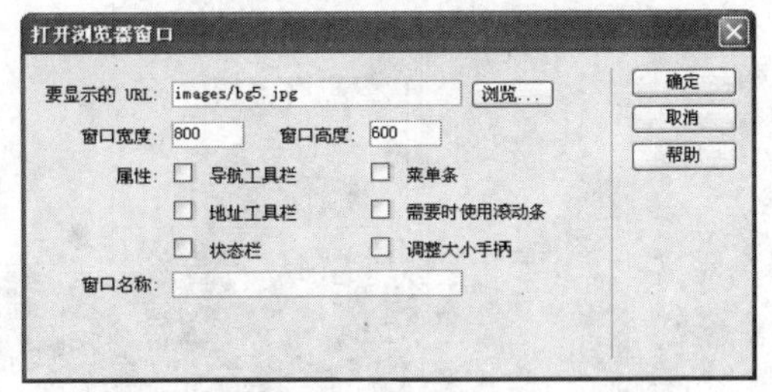

图 13.12 【打开浏览器窗口】对话框

(1)【要显示的 URL】文本框：设置在新窗口中载入目标 URL 地址(可以是网页也可以是图像)，或者单击【浏览】按钮，用浏览的方式选择。这里选择了一个图像 images/bg5.jpg。

(2)【窗口宽度】文本框：指定新窗口的宽度(以像素为单位)。

(3)【窗口高度】文本框：指定新窗口的高度(以像素为单位)。

(4)【导航工具栏】复选框：是一组浏览器按钮，包括【后退】、【前进】、【主页】和【重新载入】。

(5)【地址工具栏】复选框：是一组浏览器选项，包括地址文本框等。

(6)【状态栏】复选框：是位于浏览器窗口底部的区域，在该区域中显示消息，如剩余的载入时间以及与链接关联的 URL 等。

(7)【菜单条】复选框：是浏览器窗口上显示的菜单，如【文件】、【编辑】、【查看】、【转到】和【帮助】的区域。如果要让访问者能够从新窗口导航，用户应该显式设置此选项。如果不设置此选项，则在新窗口中，用户只能关闭或最小化窗口。

(8)【需要时使用滚动条】复选框：指定如果内容超出可视区域应该显示滚动条。如果不显式设置此选项，则不显示滚动条。如果【调整大小手柄】选项也关闭，则访问者将很难看到超出窗口原始大小以外的内容。

(9)【调整大小手柄】复选框：指定用户应该能够调整窗口的大小，方法是拖动窗口的右下角或单击右上角的最大化按钮。如果设置此选项，则调整大小控件将不可用，右下角也不能拖动。

(10)【窗口名称】文本框：设置新窗口的名称。如果用户要通过 JavaScript 使用链接指向新窗口或控制新窗口，则应该对新窗口进行命名。此名称不能包含空格和特殊字符。

步骤2 本例中设置窗口大小为 800×600 像素，其他选项不管，选择了图片地址后，单击【确定】按钮，则在【行为】面板中增加一个动作。

如果不指定浏览器窗口的任何属性，在打开时图像的大小与打开它的窗口相同。如果指定窗口的任何属性，都将自动关闭所有其他未设置属性。例如，如果不为窗口设置任何属性，它将以 640×480 像素大小打开并具有导航条、地址工具栏、状态栏和菜单栏。如果将宽度设置为 640、将高度设置为 480，并不设置其他属性，则该窗口将以 640×480 像素大小打开，并且不具有导航条、地址工具栏、状态栏、菜单栏、调整大小手柄和滚动条。

步骤3 在【行为】面板中调整事件为 onClick，表示单击时打开缩微图时有效，如图 13.13 所示。

图 13.13　设置行为事件

步骤 4 至此操作完毕，保存并预览网页，单击网页中的缩略图后打开刚好完整显示放大图的新窗口，如图 13.14 所示。

图 13.14　应用“打开浏览器窗口”行为效果

13.5.4　拖动 AP 元素

“拖动 AP 元素”行为就是在页面中应用拖放技术，该行为可以允许用户拖动 AP 元素。下面通过实例介绍“拖动 AP 元素”行为的具体应用。在本实例中，将制作一个简单的可拖动 AP 元素，在这个区域中按下鼠标并移动时，该 AP 元素将跟随鼠标指针移动。操作步骤如下：

步骤 1 在 Dreamweaver CS4 中，定义一个 AP Div 元素。在属性面板的【AP 元素编号】文本框中设置该 AP 元素的名字为 drag。同时，在 AP 元素中插入一个缩微图，如图 13.15 所示。

步骤 2 在编辑窗口底部的标签选择器中选择<body>标记，即选中整个页面内容。打开【行为】面板，单击 + 按钮，从中选择【拖动 AP 元素】选项命令，打开【拖动 AP 元素】对话框，如图 13.16 所示。

（1）【AP 元素】下拉列表：设置要拖动的 AP 元素。在该下拉列表中选择【div "drag"】选项。

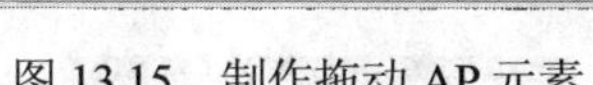

图 13.15 制作拖动 AP 元素

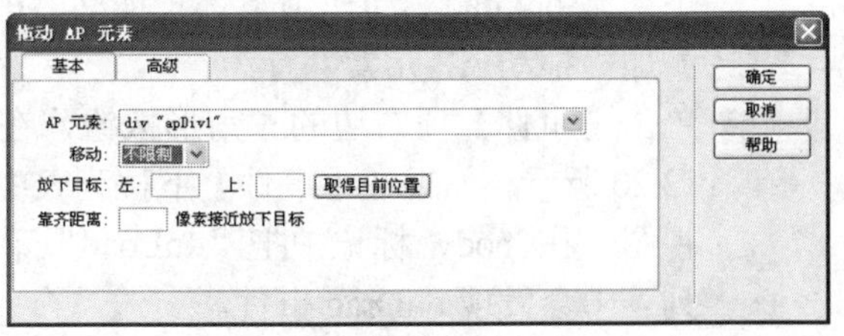

图 13.16 【拖动 AP 元素】对话框基本选项卡

（2）【移动】下拉列表：设置移动区域。从中选择【不限制】选项，允许浏览者在网页中自由拖动 AP 元素。如果选择了【限制】项，【拖动 AP 元素】对话框会多出设置限制区域大小的选项，如图 13.17 所示，这些设置用来选定拖动 AP 元素的区域，区域为矩形。计算方法是以 AP 元素当前所在的位置算起，向上、向下、向左、向右多少像素的距离。这里只需要填写数字，单位默认为像素。

（3）【放下目标】选项：设置拖动 AP 元素的目标，在【左】文本框中填写距离网页左边界的像素值，在【上】文本框中填写距离网页顶端的像素值。可以选择【查看】|【标尺】|【显示】命令，显示标尺来确定目标点的位置。

（4）【取得目前位置】按钮：单击该按钮可以将 AP 元素当前所在的点作为目标点，并自动将对应的值填写在【左】和【上】两个文本框之中。

（5）【靠齐距离】文本框：设置一旦 AP 元素距离目标点小于规定的像素值时，释放鼠标后 AP 元素会自动吸附到目标点。

步骤 3 如果想在被拖动的 AP 元素到达一个目标后，导致某种行为的产生，就需要设置【拖动 AP 元素】对话框中【高级】选项卡内容，如图 13.18 所示。

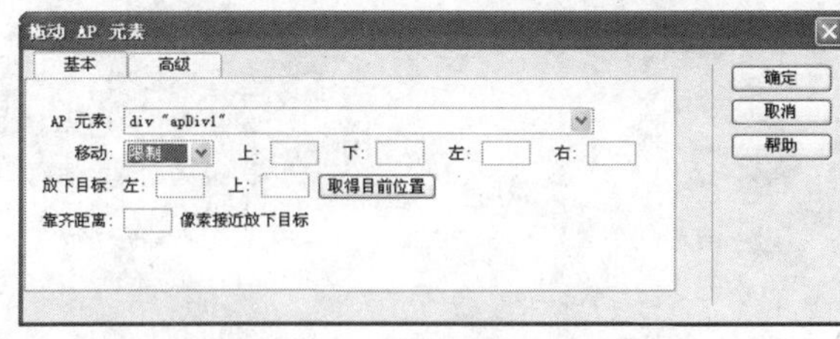

图 13.17 显示限制区域设置

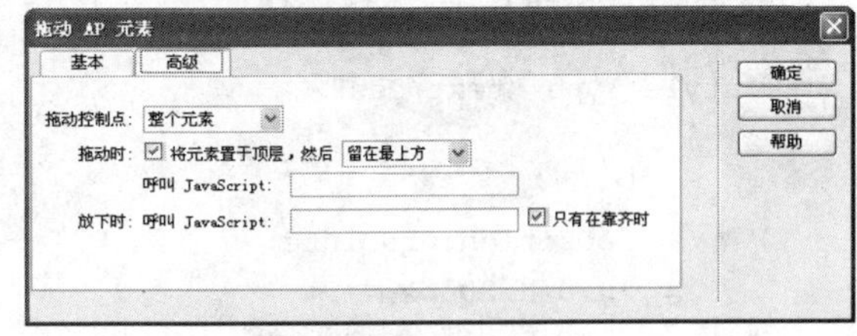

图 13.18 【拖动 AP 元素】对话框高级选项卡

（1）【拖曳控制点】下拉列表：设置 AP 元素上可拖动的区域。如果选择【整个 AP 元素】选项，则鼠标放在 AP 元素的任意位置都可以拖动 AP 元素；如果选择【AP 元素内区域】，则可以确定 AP 元素上的固定区域为拖动区域。本例选择【AP 元素内区域】项。在后面出现的左、上、宽、高文本框中分别输入为 0、0、120、120，它们是设置 AP 元素可作用区域到 AP 元素左边的距离、可作用区域到 AP 元素顶部的距离、用区域的宽度和高度。120 和 120 两个值正是前面定义的 AP 元素的宽度和单元格的高度。

（2）【拖拽时，将 AP 元素移至最前】：选中会使 AP 元素在被拖动的过程中，位于所有 AP 元素的最上方。

(3)【然后】下拉列表：设置拖动结束后 AP 元素是依旧留在各个 AP 元素的最上面还是恢复原来的 Z 轴位置。

(4)【呼叫 JavaScript】文本框：设置浏览者在拖动 AP 元素的过程中执行的 JavaScript 代码。

(5)【放下时，呼叫 JavaScript】文本框：设置浏览者释放鼠标后执行的 JavaScript 代码。

步骤 4 设置完成单击【确定】按钮。返回【行为】面板，在行为列表中多了一条行为。在事件项下是 onLoad，动作项下是“拖动 AP 元素”，如图 13.19 所示。这就是刚才为 AP 元素添加“拖动 AP 元素”行为。

步骤 5 单击【事件】项右边的三角形按钮，在弹出的事件列表中选择 onDrag 事件即可，如图 13.20 所示。如果在【事件】下拉列表中没有发现 onDrag 事件，用户可以切换到【代码】视图，在<body>标记中把“onLoad”手动更改为“onDrag”即可，这时在【事件】下拉列表中会发现 onDrag 事件。

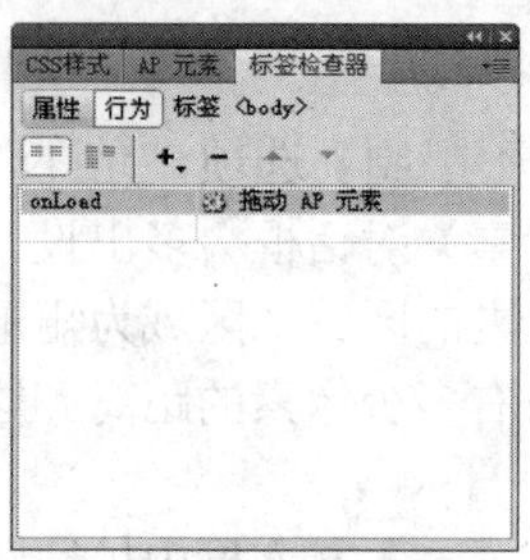

图 13.19 增加的动作

图 13.20 设置事件

步骤 6 至此操作完毕，保存并预览网页，在网页中可以任意地拖动插入的缩微图。

13.5.5 改变属性

使用“改变属性”行为可以动态改变对象的属性值。例如，当某个鼠标事件触发之后，可以改变表格的背景颜色或是改变图像的大小等，以获取相对动态的页面效果。这些改变实际上是改变对象对应标记的相应属性值。下面结合实例进行介绍：

步骤 1 首先在网页中合适位置插入一个 AP Div 元素，切换到【代码】视图更改其 CSS 样式表代码，代码如下：

```
<style type="text/css">
<!--
#apDiv1 {
        position:absolute;
        width:200px;
        height:115px;
        z-index:1;
        background-color: #BCE0F8;
}
-->
</style>
<h1>改变属性</h1>
<div id="apDiv1"></div>
```

步骤 2 选中该 AP Div 元素，单击【行为】面板中的 + 按钮，从弹出的行为菜单中选择【改变属性】选项命令，打开【改变属性】对话框，如图 13.21 所示。

(1)【对象类型】下拉列表：设置要更改其属性的对象的类型。实例中要改变 AP 元素的属性，因此选择 DIV。

（2）【命名对象】下拉列表：该下拉列表中显示网页中所有该类对象的名称，如图中会列出网页中所有的 AP 元素的名称。在其中选择要更改属性的 AP 元素的名称。

（3）【属性】选项：设置浏览器的版本，这里选择 IE4。然后选择要更改的属性，因为要设置背景，所以选择 style.backgroundColor。如果要更改的属性没有出现在下拉菜单中，可以在【输入】项手动输入属性。

（4）【新的值】文本框：设置选择属性新值。这里要改变 AP 元素的背景颜色，输入新颜色为 red。

步骤 3 设置完成后单击【确定】按钮。在【行为】面板中确认触发动作的事件是否正确，这里设置为 onMouseover，如果不正确，需要在事件菜单中选择正确的事件，如图 13.22 所示。

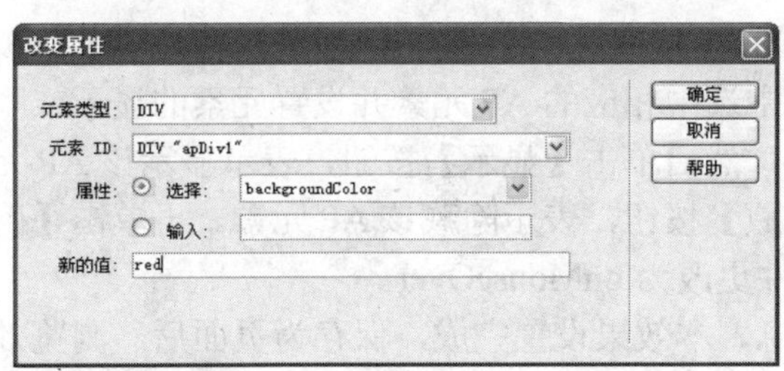

图 13.21 【改变属性】对话框

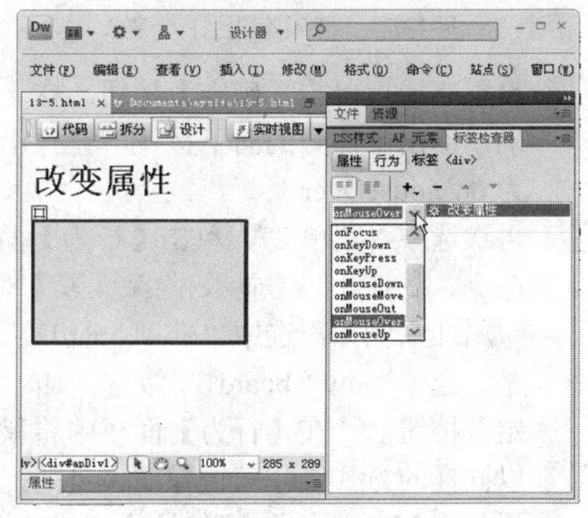

图 13.22 设置事件

步骤 4 保存并预览网页。当鼠标移到导航菜单上时，下面背景颜色会随导航颜色而变化。 由于增加行为的操作中会涉及大量的 HTML 和 JavaScript 代码，因此建议用户在熟悉这两种代码的基础上再使用这些行为。

13.5.6 显示-隐藏元素

使用“显示-隐藏元素”行为可以显示、隐藏或恢复一个或多个元素的可见性。例如，利用该行为可以制作 Tab 切换面板。

步骤 1 新建页面，设计一个如下的结构，然后使用“显示-隐藏元素”行为把这两个 div 元素隐藏起来，如图 13.23 所示。

```
<h1>显示-隐藏元素</h1>
<p id="tab1">菜单1</p>
<p id="tab2">菜单2</p>
<div id="board1"><img src="images/bg2.jpg" width="320" height="240" /></div>
<div id="board2"><img src="images/bg4.jpg" width="320" height="240" /></div>
```

步骤 2 选中“菜单 1”，然后在【行为】面板中单击 + 按钮，在弹出的下拉列表中选择【显示-隐藏元素】选项命令，打开【显示-隐藏元素】对话框，如图 13.24 所示。

步骤 3 选中相应的 AP 元素并设置元素的显示或隐藏属性，例如，选中“div "board2"”元素，然后单击【隐藏】按钮，表示隐藏该 AP 元素；选中“div "board1"”元素，单击【显示】按钮，表示显示该 AP 元素。而【默认】按钮表示使用属性面板上设置的 AP 元素的显示或隐藏属性。

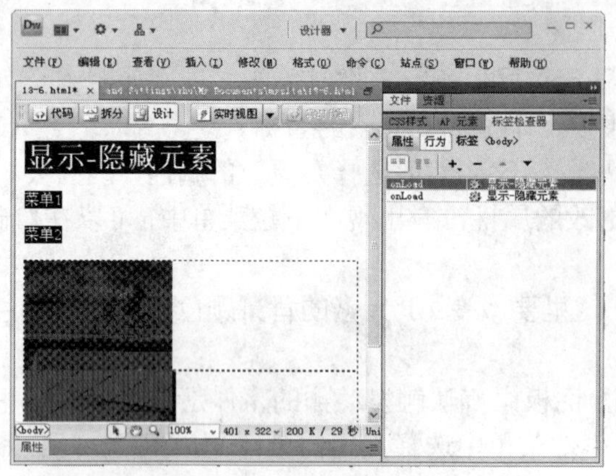

图 13.23　插入隐藏 AP 元素

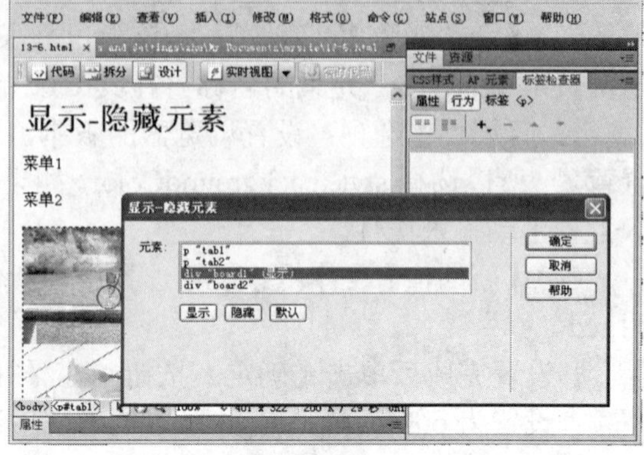

图 13.24　【显示-隐藏元素】对话框

步骤 4 设置完成后单击【确定】按钮。在【行为】面板上查看行为的事件是否正确。如果不正确，单击事件旁的向下按钮，在弹出的菜单中选择相应的事件。在本例中设置鼠标事件为 onMouseOver。

步骤 5 再次选中“菜单 2”，单击【行为】面板中的 + 按钮，从中选择【显示-隐藏元素】选项命令。在打开的【显示-隐藏元素】对话框中选中相应的 AP 元素并设置元素的显示或隐藏属性，例如，选中“div " board2"”元素，然后单击【显示】按钮，表示显示该 AP 元素；选中“div " board1"”元素，单击【隐藏】按钮，表示隐藏该 AP 元素。再单击【确定】按钮后，在【行为】面板中将鼠标事件更改为 onMouseOver。

步骤 6 以同样的方式制作其他导航栏目的提示信息。本效果设置完成，保存为页面后，浏览效果如图 13.25 所示。可能这个 Tab 切换效果不是很好，但是我们可以使用 CSS 进行美化，具体操作就不再细讲了。

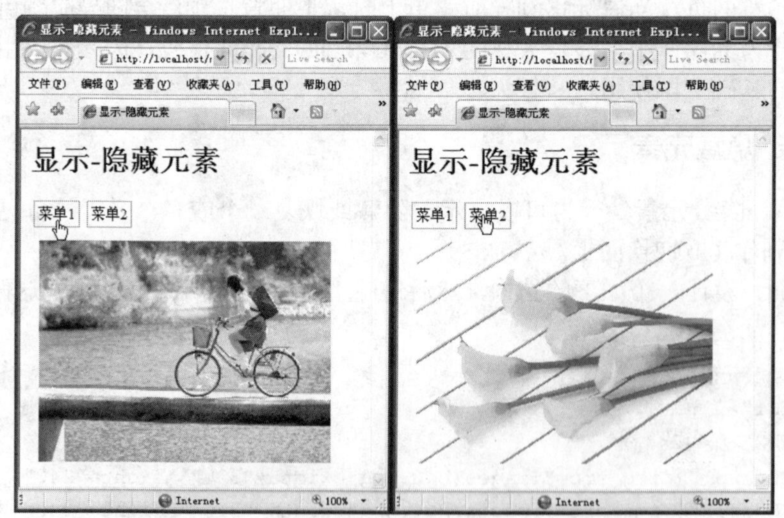

图 13.25　应用“显示-隐藏元素”行为效果

13.5.7　检查插件

当在页面中使用各种插件时，如 Flash、Shockwave 和 QuickTime 等，需要浏览器安装相应插件才能正常浏览。使用“检查插件”行为会自动检测浏览器是否已安装相应的插件，然后转到不同的页面中去。操作步骤如下：

步骤 1　在编辑窗口中选择要应用行为的对象。

步骤 2　打开【行为】面板，单击 + 按钮，在弹出的菜单中选择【检查插件】选项命令，打开【检查插件】对话框，如图 13.26 所示。

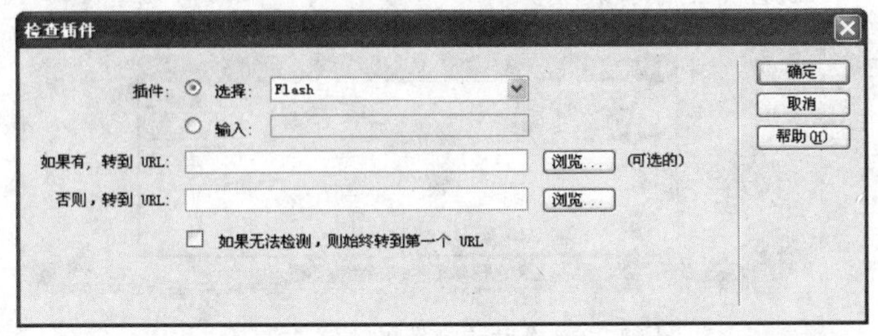

图 13.26　【检查插件】对话框

(1)【插件】下拉列表：设置需要检查的插件，也可以选择【输入】单选按钮，在后面的文本框中输入要检查的插件准确名称。

(2)【如果有，转到 URL】文本框：设置如果发现插件，跳转的网页地址。

(3)【否则，转到 URL】文本框：设置如果没有发现插件，跳转的网页地址。

(4)【如果无法检测，则始终转到第一个 URL】复选框：设置当该项功能无法在 Macintosh 系统中实现，或者可能因为其他原因无法实现检查插件的功能，在无法完成检查插件操作时，将网页引导到第一个 URL 地址。

步骤 3　设置完成后单击【确定】按钮，关闭对话框。然后在【行为】面板上检查触发动作的事件是否合适。如果不合适，可单击事件列表右边的下拉箭头，打开事件下拉菜单，从中选择一个需要的事件。

13.5.8　设置文本

设置文本就是动态改变指定标记包含的文本信息或 HTML 源代码。在“设置文本”行为组中包含了 4 项针对不同类型文本的动作，包括设置容器的文本、设置文本域文字、设置框架文本和设置状态栏文本。

1．设置容器的文本

使用“设置容器的文本”行为可以将指定网页容器内的内容替换为特定的内容，该内容可以包括任何有效的 HTML 源代码。例如：

步骤 1　新建一个页面，然后在文档中输入一个标题信息和一段文本，要注意为每个标记定义 ID 属性。代码如下：

```
<h1 id="h1">设置容器的文本</h1>
<p id="p1">请单击我看看发生什么</p>
```

步骤 2　在编辑窗口中选择要应用行为的段落，即“请单击我看看发生什么”文本。打开【行为】面板，单击 + 按钮，在弹出的菜单中选择【设置文本】|【设置容器的文本】选项命令，打开【设置容器的文本】对话框，如图 13.27 所示。

(1)【容器】下拉列表：该列表列出了页面中所有具备容器的对象，在其中选择要进行操作的层。实例中为 Layerl，如图 13.27 所示。

(2)【新建 HTML】文本框：输入要替换的内容的 HTML 代码，如“<img src="images/bg2.jpg" width="320" height="240" />”。

步骤 3　单击【确定】按钮。然后在【行为】面板中将事件设置为 onClick。

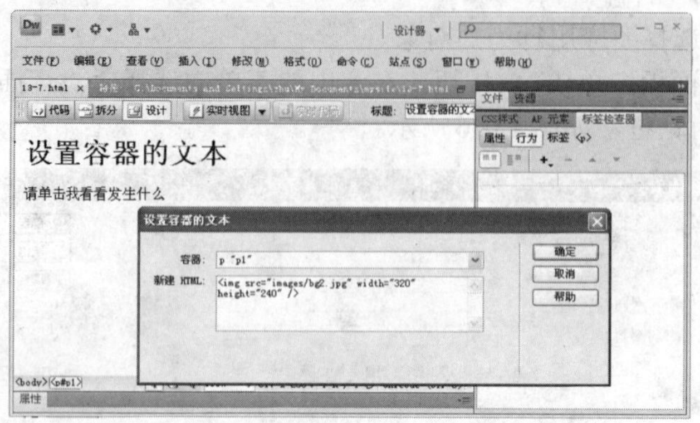

图 13.27 【设置容器的文本】对话框

步骤 4 保存并在浏览器中预览，效果如图 13.28 所示，单击段落文本，则该文本会自动替换为指定的图像。

图 13.28 应用“设置容器的文本”行为效果

2．设置文本域文字

使用“设置文本域文字”行为动态设置文本域内的输入文本信息。例如：

步骤 1 新建页面，插入一个简单的文本域，设置默认值为“请输入用户名”，以提示用户在此输入用户名，如图 13.29 所示。

步骤 2 选择文本域，然后单击【行为】面板中的 + 按钮，从中选择【设置文本】|【设置文本域文字】选项命令，打开【设置文本域文字】对话框，如图 13.30 所示。

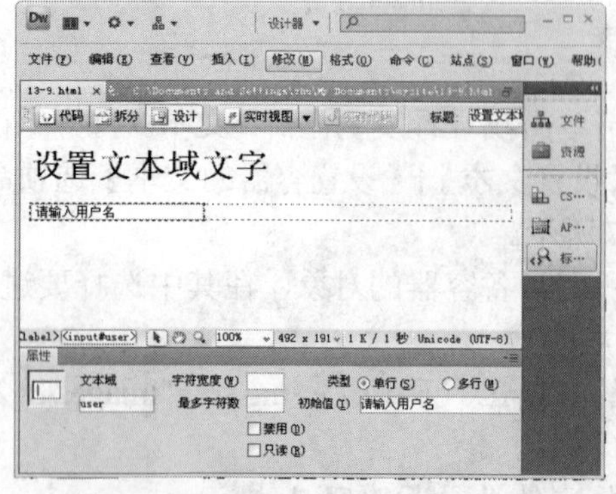

图 13.29 设置文本域的默认值

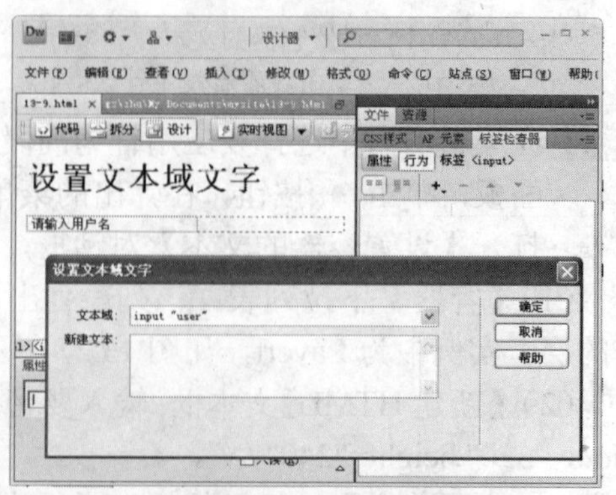

图 13.30 【设置文本域文字】对话框

步骤 3 在【文本域】中选择用户名文本域，然后在【新建文本】中不输入信息，表示清除用户名文本域内的默认值。

步骤 4 单击【确定】按钮后，在【行为】面板中将触发动作的事件改为 onFocus，表示当该文本域获得焦点时，显示上面设置的默认文本，避免浏览者反复输入相同的文本。

步骤 5 保存好页面，在浏览器中浏览时，如果单击文本域，则文本域中显示文本会立即消失。

13.5.9 调用 JavaScript

使用“调用 JavaScript”行为可以在触发某个事件时调用自定义函数或 JavaScript 代码。例如：

步骤 1 新建页面，输入并选中段落文本。然后单击【行为】面板中的+按钮，从中选择【调用 JavaScript】选项命令，打开【调用 JavaScript】对话框。

步骤 2 然后在打开的【调用 JavaScript】对话框中输入要执行的 JavaScript 函数或者要调用的函数名称，如图 13.31 所示。

步骤 3 单击【确定】按钮后，【行为】面板中就出现了所添加的动作，这时可以根据需要调整事件，例如，改为 onClick。

步骤 4 保存好页面，在浏览器中浏览时，当用鼠标单击“关闭窗口”文本时，会弹出一个提示对话框，如图 13.32 所示。

图 13.31 【调用 JavaScript】对话框

图 13.32 应用“调用 JavaScript”行为效果

13.5.10 跳转菜单

使用【行为】面板中【跳转菜单】动作，可以编辑和重新排列菜单项、更改要跳转到的文件以及编辑打开这些文件的窗口、设置触发事件等。实际上 Dreamweaver CS4 所提供的跳转菜单就是利用【跳转菜单】行为来实现的。例如：

步骤 1 如果页面中尚无跳转菜单对象，则要创建一个跳转菜单对象。方法是选择【插入】|【表单】|【跳转菜单】命令，插入跳转菜单，如图 13.33 所示。

步骤 2 选择该跳转菜单，单击【行为】面板中的【跳转菜单】选项命令，打开【跳转菜单】对话框，如图 13.34 所示，然后在该对话框中进行修改。

(1)【文本】文本框：设置项目的标题。

(2)【选择时，转到 URL】文本框：设置链接网页的地址，或者直接单击【浏览】按钮找到链接的网页。

(3)【打开 URL 于】下拉列表：设置打开链接的窗口。

(4)【更改 URL 后选择第一个项目】复选框：设置在跳转菜单链接文件的地址发生错误时，自动转到菜单中第一个项目的网址。

(5) 设置完成，单击面板上方的+按钮，可以添加新的链接项目。选择【菜单项】列表框中的项目，然后单击面板上方的−按钮，可以删除项目。

(6) 选择已经添加的项目，然后单击面板上方的【向上】▲或者【向下】▼按钮调整项目在跳转菜单中的位置。

步骤 3 设置完毕，这时你可以看到在【行为】中自动定义了“跳转菜单”行为。

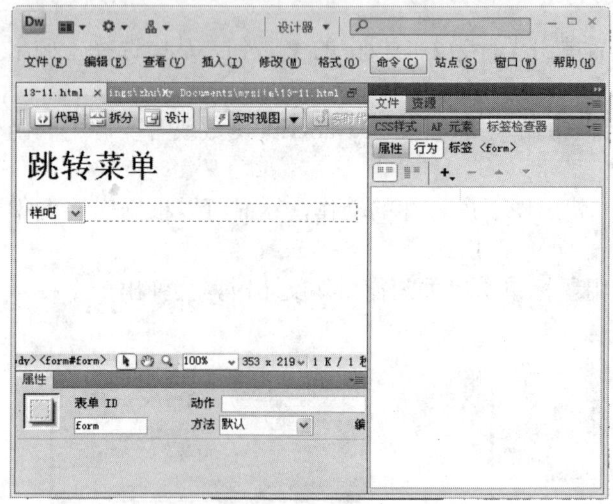

图 13.33 插入跳转菜单

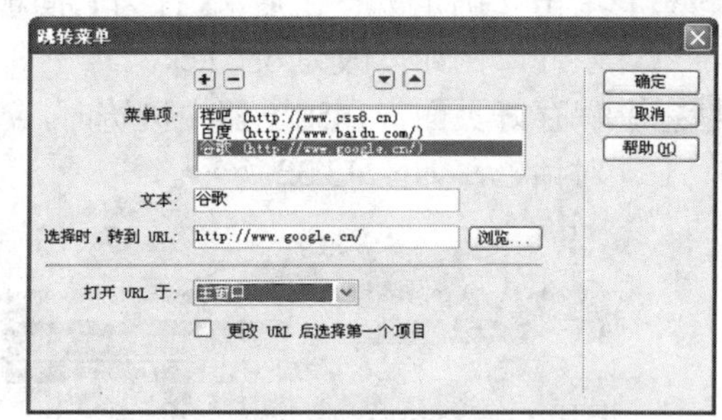

图 13.34 【跳转菜单】对话框

13.5.11 跳转菜单开始

“跳转菜单开始”行为和“跳转菜单”行为关系比较密切，“跳转菜单开始”用一个按钮和一个跳转菜单关联在一起，当然，这个按钮可以是各种形式，如图片等。在一般的商业网站中，这种技术被广泛使用。当单击这个按钮时则打开在跳转菜单中选择的链接。实际上在普通页面中跳转菜单不需要这样一个按钮，直接在跳转菜单中选择就可以载入 URL，不需要其他操作。但是如果跳转菜单位于一个框架中，而跳转菜单项链接到其他框架中的网页，则通常需要使用这种按钮，以方便浏览者重新选择已在跳转菜单中选择的项。

使用“跳转菜单开始”行为的一般步骤如下：

步骤 1 选中作为跳转按钮对象，如图片，然后单击【行为】面板中的+按钮，选择【跳转菜单开始】选项，打开【跳转菜单开始】对话框，如图 13.35 所示。

图 13.35 【跳转菜单开始】对话框

步骤 2 在【跳转菜单开始】对话框中，选定页面中存在的将被跳转按钮激活的下拉菜单。

步骤 3 单击【确定】按钮即可。

13.5.12 转到 URL

使用“转到 URL”行为可以从当前页面跳转到其他页面中去。操作步骤如下：

步骤 1 首先选择一个对象，然后单击【行为】面板中的+按钮，选择【跳转菜单开始】选项命令，打开【跳转菜单开始】对话框，如图 13.36 所示。

图 13.36 【跳转菜单开始】对话框

（1）【打开在】列表框：选择打开链接的窗口。如果是框架网页，选择打开链接的框架。

（2）【URL】文本框：设置链接的地址，单击【浏览】按钮在本地硬盘中查找链接的文件。

步骤 2 然后在【跳转菜单开始】对话框中进行设置。

步骤 3 设置完成后，单击【确定】按钮。如果想在同一对象上打开多个链接，可以重复上面的操作，添加新的“转到 URL”行为。

13.5.13 隐藏弹出式菜单

使用“隐藏弹出式菜单”行为，可以将弹出式菜单在鼠标移开触发器时变为隐藏。一般来说，在设置“显示弹出式菜单”行为时，会自动添加“隐藏弹出式菜单”行为，这样当鼠标离开触发器时就会自动隐藏弹出式菜单。

如果在设置“显示弹出式菜单”行为时，没有选中【显示弹出式菜单】对话框【位置】选项卡中的【在发生 onMouseOut 事件时隐藏菜单】复选框，则仅为对象附加了“显示弹出式菜单”行为，而没有附加“隐藏弹出式菜单”行为，这时可以手动为对象设置“隐藏弹出式菜单”行为。增加“隐藏弹出式菜单”行为的具体步骤如下：

步骤 1 选中页面中附加了“显示弹出式菜单”行为的对象。

步骤 2 单击【行为】面板中的+按钮，在弹出的快捷菜单中选择【隐藏弹出式菜单】选项，打开【隐藏弹出式菜单】对话框，如图 13.37 所示。

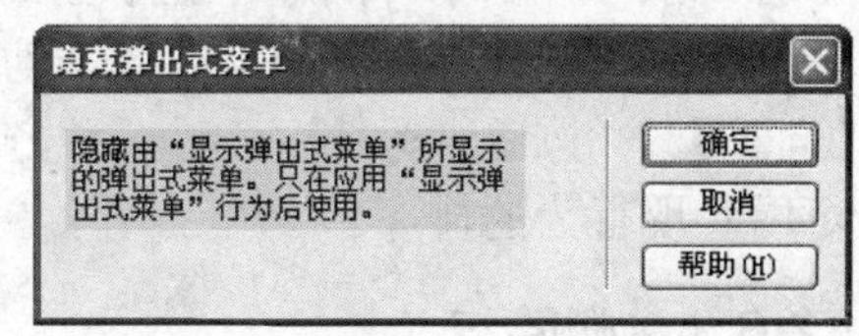

图 13.37 【隐藏弹出式菜单】对话框

步骤 3 该对话框不需要任何设置，单击【确定】按钮，即可为对象附加“隐藏弹出式菜单”行为。

步骤 4 最后在【行为】面板中设置需要的事件，如 onMouseOut。

13.5.14 预先载入图像

使用“预先载入图像”行为可以将网页中由于某种事件才能显示的图片预先载入到浏览器缓存中。这样就可以防止当图像显示时出现由于下载而导致的延迟，使图像显示平滑。具体操作步骤如下：

步骤 1 选择一个对象，然后单击【行为】面板中的+按钮，从中选择【预先载入图像】选项命令，打开【预先载入图像】对话框，如图 13.38 所示。

步骤 2 单击【浏览】按钮，选择预载入的图像文件，然后单击+按钮，增加到【预先载入图像】列表框中，以同样的方式增加其他图像。如果要删除增加的图像，单击-按钮。

图 13.38 【预先载入图像】对话框

步骤3 单击【确定】按钮后设置完成。最后，在【行为】面板中设置事件。

13.6 管理行为

不管是系统内置行为，还是用户自定义行为，都可以在【行为】面板中进行集中管理，它包括增加、删除和更新行为，以及对行为进行排序等。

13.6.1 更新行为

在【行为】面板中，用户可以更新触发动作的事件、添加或删除动作以及更改动作的参数。若要更新行为，操作步骤如下：

步骤1 选中一个附加有行为的对象，打开【行为】面板。

步骤2 双击要更改的动作，打开带有预先设置参数的对话框。

步骤3 在对话框中对已有的设置进行修改。

步骤4 设置完毕，单击【确定】按钮即可。

13.6.2 排序行为

如果在页面中有多个行为要设置到一个特定的事件上时，动作之间的次序往往很重要。多个行为按事件以字母的顺序显示在面板上。如果同一个事件有多个动作则以执行的顺序显示这些动作。若要更改给定事件的多个动作的顺序，用户可以选择某个动作后，单击【向上】▲或【向下】▼按钮进行排序。另一种方法是选择该动作后剪切并粘贴到其他动作中所需的位置也可以实现行为的排序。

13.6.3 删除行为

若要删除某个行为，先选中某个动作，然后单击 - 按钮或按 Delete 键即可实现删除操作。

13.7 获取第三方行为

Dreamweaver 最有用的功能之一就是它的扩展性，在【行为】面板中单击 + 按钮，并从弹出的快捷菜单中选择【获取更多行为】选项，随后打开一个浏览器窗口，如果连在网上可以进入 Exchange 站点，在该站点中可以浏览、搜索、下载并且安装更多更新的行为。如果用户需要更多的行为，还可以到第三方开发人员的站点上进行搜索并下载。

第 14 章

应用表单

内容介绍

表单是动态信息交互的灵魂，它主要负责采集用户信息，并完成数据在客户端与服务器端传输，有人把表单比喻为客户端与服务器之间实现沟通的桥梁，这个比喻比较恰当。如今任何类型的站点，表单都是不可或缺的组成元素。本章将介绍如何在页面中插入表单，并进行设置。如果要实现表单的数据传输功能，还需要服务器端的配合，关于这个话题我们将在后面章节中进行讲解。

学习重点

- 认识网页中的表单
- 表单的结构
- 表单域类型
- 使用 Dreamweaver CS4 可视化创建表单

Dreamweaver CS4

14.1 认识网页中的表单

一般情况下，访问者浏览网页是为了阅读文章、查找信息，他们所做的仅仅是在不同的链接之间进行简单的浏览和单击，因此这是一种单向信息交流。如果网站设计者想统计访问者信息，了解他们的意见和建议，则必须通过表单来实现，例如，一般的网站都有留言板或用户注册表单。

有了表单，网站不仅为用户提供信息，同时也可以收集用户信息，并根据收集的信息提供不同的信息服务。一个完整的表单功能主要包括两个部分：一是描述表单的 HTML 源代码，即表单界面；二是用于处理用户在表单域中输入的信息的服务器端应用程序和客户端脚本，用简单的示意图表示如图 14.1 所示。

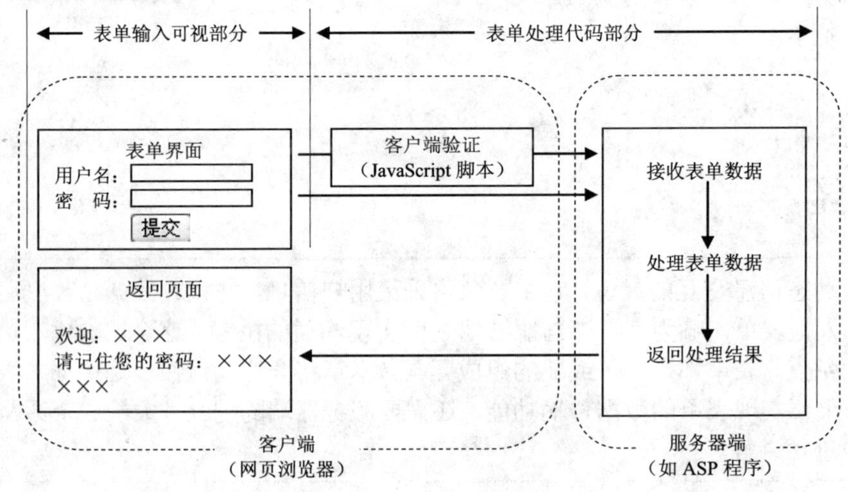

图 14.1　表单工作原理示意图

Dreamweaver CS4

14.2 表单的结构

读者在网上经常看见设计样式各异的表单界面，但如果查看它们的 HTML 源代码，会发现它们的组成元素基本相同。在 HTML 中，通过<form>标记来定义表单，其语法格式如下：

```
<form action=url method=get|post name=value onreset=function onsubmit=function
target=window enctype=cdata>
...
</form>
```

<form>标记中包含很多控件对象以实现整个表单的交互功能，另外，<form>标记还有很多的属性来协助完成该项功能，主要属性如表 14.1 所示。

使用<form>标记定义表单时，action 属性指定了表单数据被发送处理的程序位置，它可以是 Java 服务器的小程序或 ASP 程序等。这个文件通常是后台服务器应用程序文件；也可以是一个电子邮件地址，采用电子邮件方式时，用 action=mailto:邮件地址来表示，如

action="maito:zhuyinhong@css8.cn"。

表 14.1 <form>标记的属性列表

标记属性	描 述
action＝url	设定处理表单数据文件 URL 的地址
method=get|post	指定数据传送到服务器的方式。主要包括 get 和 post 两种方式
name＝value	设定表单的名称。用于在其他地方引用表单内的值
onrest 和 onsubmit	主要针对 Reset 按钮和 Submit 按钮分别设定了在按下相应的按钮之后要执行的子程序
target=window	指定输入数据结果显示在那个窗口，这需要与<frame>标签配合使用。它包括_ blank、_self、_parent 和_top 四个值
enctype=contenttype	指明用来把表单提交给服务器时（当 method 值为"post"）的互联网媒体形式，这个属性的缺省值是"application/x-www-form-urlencoded"

method 属性指定了发送表单数据的方法，取值包括 get（默认）和 post。表单中的 get 和 post 方法在数据传输过程中分别对应于 HTTP 协议中的 GET 和 POST 方法。这两种方法的区别如下。

（1）get 是将表单的输入信息作为字符串附加到 action 所设置的 URL 后面，中间用“?”符号隔开，每个表单域之间用“&”符号隔开，然后把整个字符串传送到服务器端，例如，http://www.baidu.com/s?wd=%B1%ED%B5%A5&cl=3。

需要注意的是由于系统环境变量的长度限制了输入字符串的长度，使得用 get 方法所得到的信息不能很多，一般在 4000 字符左右，而且不能含有非 ASCII 码字符，并且在浏览器的地址栏中将以显式的形式显示表单中的各个表单域值。在 ASP 程序中，必须用下面代码获得各个表单域的值。

```
<%value=Request.QueryString("FormField")%>
```

（2）post 是将表单输入信息进行加密，随 HTTP 数据流一同被发送，而不用附加在 action 属性的 URL 之后，其传送的信息数据量基本上没有什么限制，而且在浏览器的地址栏中也不会显示表单域的值。在 ASP 程序中，必须用下面代码获得各个表单域的值。

```
<%value=Request.Form("FormField")%>
```

在 target 属性中，当该值为_blank，表示在一个新浏览器窗口中打开指定文件；当该值为_self，表示在当前浏览器窗口中打开指定文件；当该值为_parent，表示在当前框架窗口的父框架窗口中打开指定文件，如果没有父框架，这个值等价于_self；当该值为_top，表示在顶部浏览器窗口中打开指定文件，如果没有框架，这个值等价于_self，它相当于取消所有其他框架。

enctype 属性是表单用来组织数据的方式，主要包含两种方式：

（1）application/x-www-form-urlencoded：它是默认内容类型（content type），它的编码方法是将空格使用“+”代替，非字母和数字字符是用以%HH 表示的该字符的 ASCII 编码代替（汉字就是这种形式），而变量和值使用“=”连接在一起，各个变量和值对之间使用“&”连接。

（2）multipart/form-data：它可以用来传输大量二进制数据或者非 ASCII 字符的文本，因此在上传文件需设置 enctype="multipart/form-data"，此时 method 必须为 post。它传输的消息包含了一系列的数据块，每一块都代表表单中的一个表单域变量，并且数据块的顺序和页面上的顺序一致，块与块之间使用特殊字符（boundary）分隔。如果表单中包含文件域控件，相应的数据块还会包含一个 Content-Type 头，用来指定 MIME，默认值为 text/plain。

14.3 表单域类型

使用<form>标记只能创建一个基本的表单框架，但是只使用这一个标记还不能完全实现表单提交功能，还需要其他具体的控件来接收用户信息，如文本框、复选框、单选按钮等。下面将介绍表单中各种形式的控制域。

14.3.1 单行输入域

单行输入域主要用来设计表单中提供给用户的输入类型，用<input>标记表示。

根据输入域的种类不同，<input>标记的使用属性也不同。此标记的主要属性如表 14.2 所示。在各种属性中，type 属性指明了输入域的类型，也决定了<input>标记的表现形式，它的取值可以为 text（单行文本框）、password（密码域）、checkbox（复选框）、radio（单选框）、submit（提交按钮）、reset（重置按钮）、file（文件域）、hidden（隐藏域）、image（图像按钮）和 button（普通按钮）。其他属性因 type 类型的不同，其具体使用方式和取值也不同。

表 14.2　<input>标记的属性列表

标记属性	描　述
type=inputtype	设置输入域的类型
name=cdata	设置表项的名称，在表单处理时起引用该属性的作用（适用于除 submit 和 reset 外的其他类型）
size=num	设置表单域的长度
value=cdata	设置输入域的值（适用于 radio 和 checkbox 类型）
checked	设置是否被选中（适用于 radio、button 和 checkbox 类型）

（1）text 类型：这是 type 的默认类型。如果输入类型设置为 text，则其他属性的含义如下（如果没有提到，则表示这种类型不支持该属性，后面的其他类型也一样）：

1）name：命名类型的名称，利用该名称可将该类型输入值传给服务器处理程序。

2）size：设置可输入内容的长度，默认值为 20，以字节为单位。

3）value：设置预先在窗口显示的信息。

4）maxlength：限制最多输入的字节数。

（2）password 类型：这种类型同 text 类型的使用相似，不同之处在于输入时不显示输入内容，而以“*”（星号）显示。password 的属性含义可参考 text 的属性含义。

（3）radio 类型：这种类型为用户提供单选按钮进行选择，即在多个选择之间只能选择其中一项。由于选择是唯一的，因此属性 name 取相同的值，但属性 value 的值各不相同。当 input 类型为 radio 时，其他属性的含义如下：

1）name：命名类型的名称，利用该名称可将该类型输入值传给服务器处理程序。

2）value：每个选项对应显示的值。

3）checked：设置预选项目。

（4）checkbox 类型：这种类型为用户提供多选按钮进行选择，即在多个选择之间可以选择其中一项或多项。由于每一项都可以被选择，属性 name 取相同的值，但属性 value 的值各不相同。当 input 类型为 checkbox 时，其他属性的含义如下：

1）name：命名类型的名称，利用该名称可将该类型输入值传给服务器处理程序。

2）value：每个选项对应显示的值。

3）checked：设置预选项目。

（5）submit 类型：这种类型在浏览器中产生一个提交按钮。用鼠标单击这个按钮后，用户的输入信息即被传送到服务器。对于一个完整的表单，提交按钮是必不可少的。使用 submit 时，只有 value、name 属性，不需要其他属性。如果不指定，则显示浏览器内部预定的值，不同的浏览器会有不同的值。

1）name：命名类型的名称，利用该名称可将该类型输入值传给服务器处理程序。

2）value：设置在窗口中显示的值。

（6）reset 类型：这种类型让浏览器产生一个重置按钮。用鼠标单击这个按钮后，用户输入信息会被全部清除，以便重新输入。同 submit 类型一样，reset 类型只有 value、name 属性，不需要其他属性。

（7）hidden 类型：这种类型将<input>标记的区域隐藏起来，使之不出现在屏幕中。它的作用主要是为了处理程序的方便，在发送表单时发送几个不需要用户填写但程序又需要的数据。

14.3.2 多行输入域

除了单行输入域<input>标记外，还有另一种多行输入域标记<textarea>。<textarea>标记可以定义多行文本输入域，主要属性如表 14.3 所示。许多浏览器限制文本域中的内容不得超过 32K 或 64K。

表 14.3 <textarea>标记的属性列表

标记属性	描 述
name=cdata	设置表项的名称，在表单处理时起引用该属性的作用（适用于除 submit 和 reset 外的其他类型）
rows=num	设置文本域的行数
cols=Hum	设置文本域的列数
tabindex=num	设置 Tab 键的次序

例如，输入下面代码，可以制作一个简单的信息收集表单。

```
<h2>简单的输入表单</h2>
<form id="form1" name="form1" method="post" action="">
   邮 箱：
   <input type="text" name="textfield1" />
   <br />
   密 码：
   <input type="password" name="textfield2" />
   <br />
   用户名：
   <input type="text" name="textfield2" />
   <br />
   性 别：
   <input type="radio" name="radiobutton" value="radiobutton1" />
   男
   <input type="radio" name="radiobutton" value="radiobutton2" />
   女<br />
   意见反馈：<br />
```

```
    <textarea name="textarea" cols="30" rows="6"></textarea>
    <br />
    <input type="submit" name="Submit1" value="确定" />
    <input type="reset" name="Submit2" value="重写" />
</form>
```

在浏览器中执行结果如图 14.2 所示。

在图 14.2 中，读者可以看到本实例使用了单行文本框、密码框、复选框、单选按钮、多行文本框、提交按钮，当在表单中填写完毕数据后，单击【确定】按钮，就会将表单内的数据提交到服务器中去处理，这只是一个简单的表单提交的例子，还没有增加控制程序。在制作动态网页的过程中，经常要使用这些标记，建议读者熟练掌握它们的代码格式。

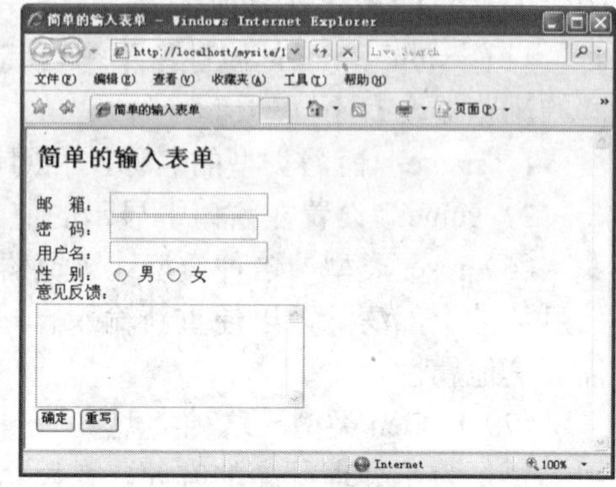

图 14.2 制作一个简单的输入表单

定义按钮时，除了可以使用<input>标记外，还可以使用<button>标记，此标记为非表单控件的行内标记。<button>标记主要属性如表 14.4 所示。

表 14.4 <button>标记的属性列表

标记属性	描 述
name=cdata	设置已发送表单的关键字
value=cdata	设置已发送表单的值
type=buttontype	设置按钮的类型
tabindex=num	设置 Tab 键的次序

14.3.3 选择域

当设计的表单需要选择的项目较多时，使用单选按钮或复选框会占用很多页面区域，这时可以使用<select>标记来定义下拉菜单或列表框供浏览者选择。

<select>标记主要属性如表 14.5 所示，<option>标记主要属性如表 14.6 所示。

其语法格式如下：

```
<select>
    <option>选项一
    <option>选项二
    ...
</select>
```

表 14.5 <select>标记的属性列表

标记属性	描 述
name=cdata	设置选择域的名字
size=num	设置在选择域中可以显示的选项个数
multiple	设置在选择域中选项是否支持多选

表 14.6 <option>标记的属性列表

标记属性	描 述
value=cdata	设置选项的初始值
selected	表示此选项为默认选择项

例如，输入下面的代码，可以制作一个邮箱下拉列表框。

```
<form method="post" name="mailForm">
<select name=mailSelect size=1 >
   <option selected>请选择你的邮局</option>
     <option value=URL >新浪sina.com</option>
     <option value= URL >163.net</option>
     <option value= URL >263.net </option>
     <option value= URL >网易Yeah.net </option>
     <option value= URL >搜狐sohu.com </option>
     <option value= URL >中文雅虎</option>
   </select>
   <input type="submit" value="登录" />
</form>
```

图 14.3　制作一个简单的下拉列表表单

在浏览器中执行结果如图 14.3 所示。

14.4 使用 Dreamweaver CS4 可视化创建表单

表单由一个表单域和若干个表单域对象组成。下面详细讲解如何使用 Dreamweaver CS4 快速插入和设置各种表单域对象及其属性。

14.4.1 定义表单结构

制作表单页面的第一步是要插入表单域。在 Dreamweaver CS4 中插入表单域的具体步骤如下：

步骤 1 将光标放置于要插入表单的位置。

步骤 2 执行下面操作之一：

（1）选择【插入】|【表单】|【表单】命令。

（2）在【插入】面板中选择【表单】选项卡，然后在面板中选择【表单】选项按钮，如图 14.4 所示。

步骤 3 这时在编辑窗口中显示表单框，如图 14.5 所示。其中，红色虚线界定的区域就是表单，它的大小随包含的内容多少而自动调整，虚线不会在浏览器中显示。

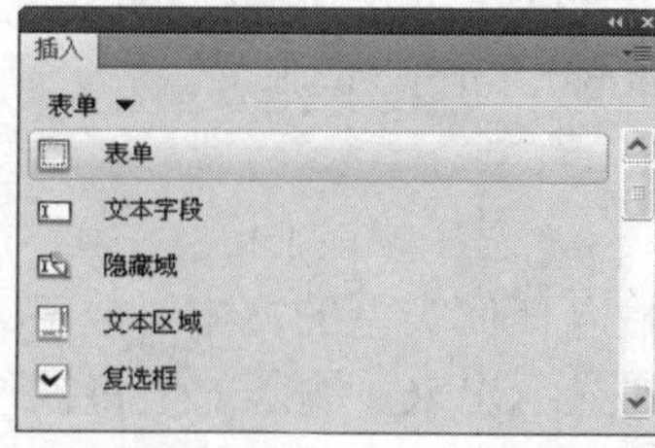

图 14.4　【插入-表单】工具栏

图 14.5　插入的表单域

如果没有看见红色的虚线，可以选择【查看】|【可视化助理】|【不可见元素】命令，显示虚线框。如果仍然看不见，就可以选择【编辑】|【首选参数】命令，在打开的【首选参数】对话框【不可见元素】分类中勾选【表单范围】复选框即可。

步骤 4 接下来设置表单域的属性。用鼠标单击虚线的边框，使虚线框内出现黑色，表示该表单域已被选中，此时属性面板如图 14.6 所示。

图 14.6　表单属性面板

（1）【表单名称】文本框：设置表单的唯一标识名称，用于在程序中传送表单值。默认为 form1，以此类推。

（2）【动作】文本框：用于指定处理该表单的动态页或脚本的路径。可以输入完整的路径，也可以单击【浏览文件】按钮指定到同一站点中包含该脚本或应用程序页的相应文件夹。如果没有相关程序支持的话，还可以使用 E-mail 的方式来传输表单信息，这种方式需要在【动作】文本框中输入“mailto:”和希望发到的 E-mail 地址。例如，mailto:zhuyinhong@263.net，表示把表单中的内容发到作者的电子邮箱中。

（3）【目标】下拉列表：设置表单被处理后，反馈网页打开的方式，包括_blank、_parent、_self 和_top 共 4 个选项，反馈网页默认的打开方式是在原窗口里打开。

1）_blank：表示反馈网页在新开窗口里打开。

2）_parent：表示反馈网页在父窗口里打开。

3）_self：表示反馈网页在原窗口里打开。

4）_top：表示反馈网页在顶层窗口里打开。

（4）【方法】下拉列表：设置将表单数据发送到服务器的方法，包括默认、POST、GET 这 3 个选项（更详细说明可以参见 14.1.1 小节内容）。

1）默认：使用浏览器的默认设置将表单数据发送到服务器。一般默认方法为 GET。

2）GET：设置将以 GET 方法发送表单数据，把表单数据附加到请求 URL 中发送。

3）POST：设置将以 POST 方法发送表单数据，把表单数据嵌入到 HTTP 请求中发送。

建议用户选择【POST】选项，因为 GET 方法有很多限制，如果使用 GET 方法，URL 的长度受到限制，一旦发送的数据量太大，数据将被截断，从而导致意外的或失败的处理结果，而且用 GET 方法发送信息很不安全。浏览者能在浏览器中看见传送的信息。

（5）【MIME 类型】下拉列表：设置发送数据的 MIME 编码类型，包括 application/x-www-form-urlencode 和 multipart/form-data 这 2 个选项，默认的 MIME 编码类型是 application/x-www-form-urlencode。application/x-www-form-urlencode 通常与 POST 方法协同使用，一般情况下应选择该项。如果表单中包含文件上传域，应该选择“multipart/form-data”。

14.4.2　插入单行文本域

在页面中插入文本域之后，浏览者就可以在其中输入任何类型的文本、数字或字母。输入的内容可以单行显示、多行显示，也可以以密码的形式显示出来。输入的值将被传送给服务器进行处理。

单行文本域可以接收用户输入的用户名、地址、电话、通信地址等短文本信息。插入单行文本域步骤如下：

步骤 1　将光标置于要插入单行文本域的位置。

步骤 2　选择【插入】|【表单】|【文本域】命令，打开【输入标签辅助功能属性】对话框，如图 14.7 所示。

当用户没有插入表单域的情况下，就直接插入表单对象，如文本域，Dreamweaver CS4 会弹出提示对话框，提示是否加入表单域，一般建议单击【是】按钮插入表单域，如图 14.8 所示。

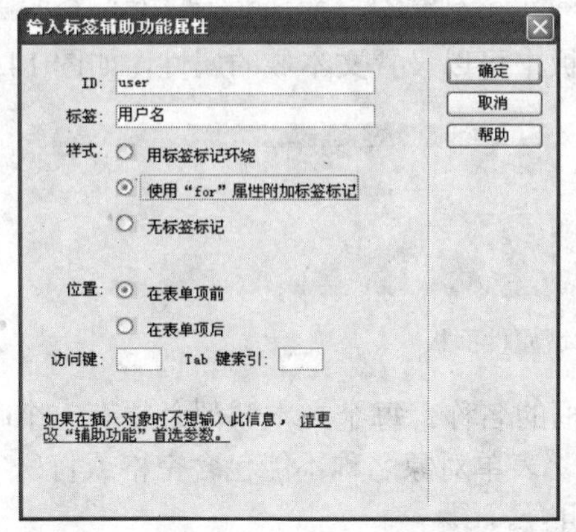

图 14.7 【输入标签辅助功能属性】对话框

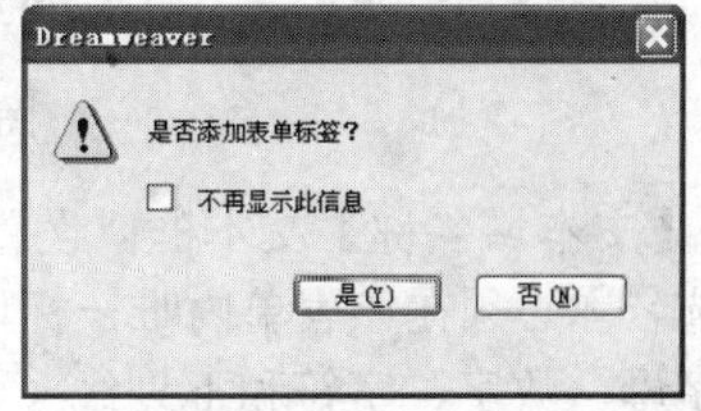

图 14.8 提示对话框

（1）【标签文字】文本框：设置文本域的标签文字。

（2）【用标签标记环绕】单选按钮：选中该项则标签标记<label>将包围文本域标记，代码如下：

```
<label>请输入文本：
    <input type="text" name="textfield1" />
</label>
```

（3）【使用“for”属性附加标签标记】单选按钮：选中该项则标签标记<label>使用 for 属性来附加标签文字，代码如下：

```
<label for="label">请输入文本：</label>
<input type="text" name="textfield1" id="label" />
```

（4）【无标签标记】单选按钮：选中该项则没有标签标记，标签文字直接附加在文本域标记前后，代码如下：

```
请输入文本：
<input type="text" name="textfield1" />
```

（5）【在表单项前】单选按钮：选中该项则把标签文字放在文本域标记前边。上述的代码都是设置标签文字放在文本域前边。

（6）【在表单项后】单选按钮：选中该项则把标签文字放在文本域标记后边，效果如图 14.9 所示，其代码如下：

```
<label for="label">请输入文本</label>
<input type="text" name="textfield1" id="label" /><br />
<label>
    <input type="text" name="textfield1" />
    请输入文本 </label>
```

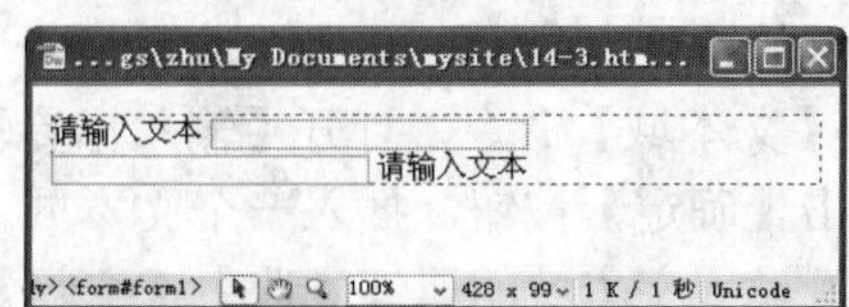

图 14.9 “在表单项前”和“在表单项后”选项效果比较

（7）【访问键】和【Tab 键索引】文本框：设置文本域的访问热键和按 Tab 键的访问顺序，代码属性如下：

```
<input type="text" name="textfield1" accesskey="键名" tabindex="数值" />
```

步骤 3 插入文本域之后，选中文本域，在属性面板中可以设置文本域的属性，如图 14.10 所示。

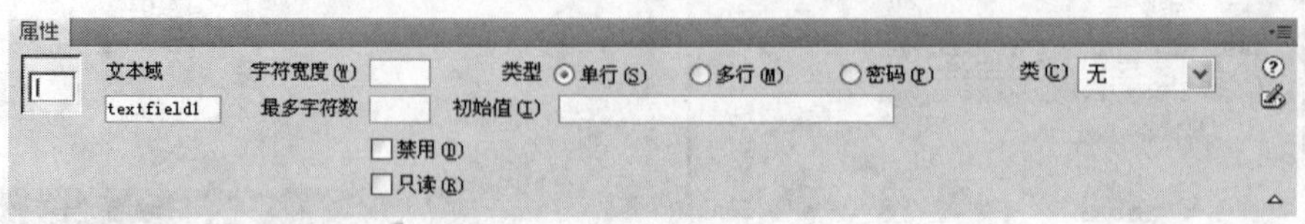

图 14.10　文本域属性面板

（1）【文本域名称】文本框：设置所选文本框的名称。每个文本域都必须有一个唯一的名称，所选名称必须在该表单内唯一标识该文本域。表单对象名称不能包含空格或特殊字符，可以使用字母、数字、字符和下划线（_）的任意组合。

为文本域指定名称最好便于理解和记忆，它将为后台程序对这个栏目内容进行整理与辨识提供方便，如用户名文本框可以命名为 username，系统默认名称为 textfield。

（2）【字符宽度】文本框：设置文本域中最多可显示的字符数。如果输入的字符数超过了字符宽度，在文本域中将无法看到这些字符，但文本域仍然可以识别它们，并将它们全部发送到服务器端进行处理。

（3）【最多字符数】文本框：设置文本域中最多可输入的字符数。如果设置为空，则可以输入任意数量的文本。建议用户对文本域输入字符进行限制，防止浏览者无限输入大量数据，影响系统的稳定性。例如，设置户名最多为 20 个字符，密码最多为 20 个字符，邮政编码最多为 6 个字符，身份证号最多为 18 个字符。

（4）【初始值】文本框：设置文本域默认输入的值，一般可以输入一些提示性的文本提示用户输入什么信息，帮助浏览者填写该文本域信息。当浏览者输入资料时初始文本将被输入的内容替代。

（5）【类型】区域：设置文本域的类型，包括单行、多行和密码。

（6）【类】下拉列表：设置文本域的 CSS 类样式。

步骤 4 本例选择【单行】单选按钮，此为文本域默认项，表示只显示一行文本。插入的单行文本如图 14.11 所示。

图 14.11　插入的单行文本域

14.4.3　插入密码域

密码域是特殊类型的文本域。当用户在密码域中输入密码时，所输入的文本被转换为星号“*”或项目符号“●”，以隐藏该文本，保护这些信息不被看到。当文本域被设置为密码类型时，产生一个 type 属性为 password 的 input 标签。【字符宽度】和【最多字符数】设置与单行文本域中的属性设置相同。【最多字符数】将限制密码字符。插入密码域步骤如下：

步骤 1 将光标置于要插入密码域的位置。

步骤 2 选择【插入】|【表单】|【文本域】命令，打开【输入标签辅助功能属性】对话框，设置完辅助功能属性后，单击【确定】按钮，插入一个文本域。

步骤 3 选中文本域，在属性面板设置文本域的属性，选中【密码】单选按钮，如图 14.12 所示。按 F12 键，在浏览器中浏览的效果如图 14.13 所示。

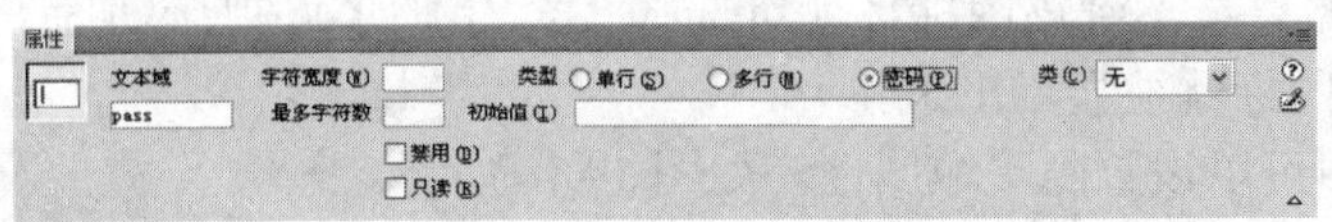

图 14.12 密码域属性面板

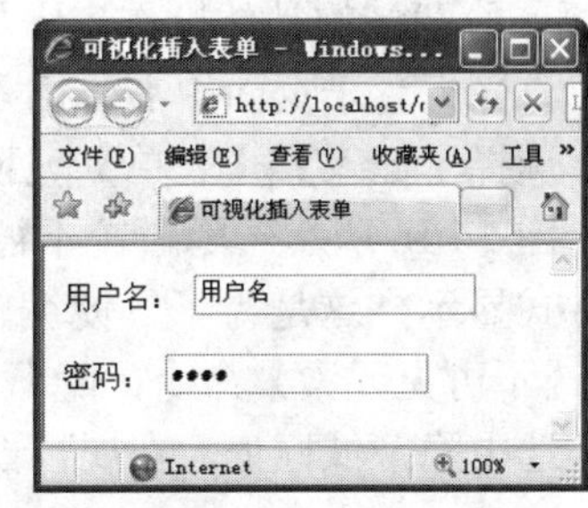

图 14.13 浏览单行文本域和密码域效果

14.4.4 插入多行文本域

多行文本域可以提供一个较大的区域，供浏览者输入响应。用户可以设置访问者最多输入的行数以及文本区域的字符宽度。在文本域的属性面板中的【类型】后选择【多行】单选框，则文本框转变成多行文本域，如图 14.14 所示。设成多行文本域后，属性面板会显示如图 14.15 所示的样子，这时可以设置以下不同的项目：

图 14.14 转化为多行文本域域效果

图 14.15 多行文本域域面板

（1）【行数】文本框：设置所选文本域显示的行数，可输入数值。可用于输入较多内容的栏目，如反馈表、留言簿等。

（2）【换行】下拉列表：设置文本框中输入文本的换行方式，包括 4 个选项。

1）【默认】项：设置自动换行。当浏览者输入的内容超过文本区域的右边界时，文本换到下一行。当提交数据进行处理时，不设置这些数据自动换行，即不提交这些临时换行符信息，数据作为一个数据字符串进行提交，该项与【虚拟】项功能相同。

2）【关】项：防止文本换行到下一行。当浏览者输入的内容超过多行文本域的右边界时，文本将向左侧滚动。按 Enter 键才能将插入点移动到文本区域的下一行。

3）【虚拟】项：设置自动换行。当浏览者输入的内容超过文本区域的右边界时，文本换到下一行。当提交数据进行处理时，不设置这些数据自动换行。数据作为一个数据字符串进行提交。

4）【实体】项：设置自动换行。当提交数据进行处理时，也设置这些数据自动换行，即提交这些临时换行符信息。

14.4.5 插入隐藏域

隐藏域主要用于存储并提交非浏览者输入的信息，这些信息浏览者是看不到的，但可以在源代码中看到。使用隐藏域的主要目的是向服务器提交更多更详细的参数，以便于服务器准确的进行数据处理，有时用户也用隐藏域向服务器提交一些固定的、非重要的用户数据信息。

插入隐藏域的具体操作步骤如下：

步骤1 将光标置于页面中需要插入隐藏域的位置。

步骤2 选择【插入】|【表单】|【隐藏域】命令，在光标位置插入了一个隐藏域的标记图标，如图 14.16 所示。隐藏域不被浏览器所显示，但在 Dreamweaver CS4 主窗口中以标记的形式显示，这是为了方便编辑。如果看不到该图标，就可选择【查看】|【可视化助理】|【不可见元素】命令，隐藏域的图标就被显示出来。

步骤3 选中隐藏域标记，在属性面板中可以设置隐藏域属性，如图 14.16 所示。

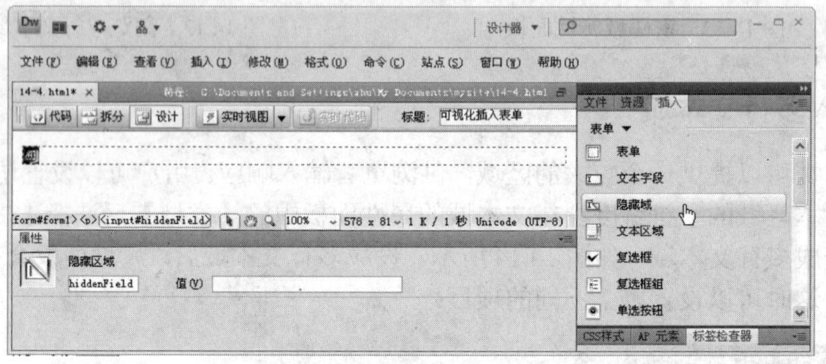

图 14.16 插入隐藏域

(1)【隐藏区域】文本框：设置隐藏域的名称，默认为 hiddenField。

(2)【值】文本框：设置隐藏域的值，该值将在提交表单时传递给服务器。

14.4.6 插入按钮

按钮主要功能是实现对用户单击操作的响应。例如，单击按钮后会提交数据，把用户输入的数据提交到服务器进行处理。按钮形式多样，有提交表单按钮、重置表单按钮等。一般在网上表单设计中最后都少不了使用按钮进行提交。插入按钮的具体操作步骤如下：

步骤1 将光标置于页面中需要插入按钮的位置，选择【插入】|【表单】|【按钮】命令，在光标位置插入了一个按钮，按钮默认状态下显示为“提交”样式。

步骤2 然后选中按钮，就可以在属性面板中设置按钮的属性，如图 14.17 所示。

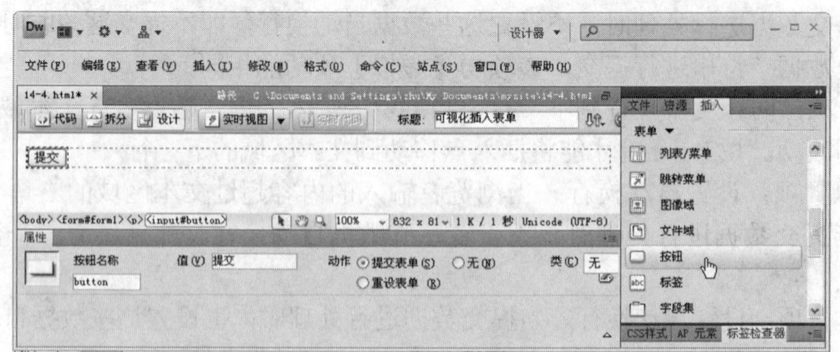

图 14.17 插入按钮

(1)【按钮名称】文本框：设置按钮名称，默认为 button。

(2)【值】文本框：设置按钮在窗口中显示的文本。

(3)【动作】选项：设置单击该按钮时发生的操作，包括 3 种选项。

1)【提交表单】：表示单击按钮将提交表单数据内容到表单域【动作】属性中指定的页面

或脚本，一般都位于服务器端。

2)【重设表单】：表示单击该按钮将清除表单中的所有内容。

3)【无】：表示指定单击该按钮时要执行的特殊操作，例如，添加一个 JavaScript 脚本，设置单击该按钮时可以打印页面等。

14.4.7 插入图像域

图像域实质上就是一个按钮，在表单中插入图像域之后，图像域将起到提交表单的作用。使用图像域可以自由选择喜欢的图片进行替换，达到美化表单和页面的目的。插入图像域的具体操作步骤如下：

步骤 1 将光标置于页面中需要插入图像域的位置。

步骤 2 选择【插入】|【表单】|【图像域】命令，打开【选择图像源文件】对话框。在对话框中选择一幅要作为按钮的图像。单击【确定】即可将其插入到网页中。

步骤 3 接下来设置图像按钮的属性。使用鼠标选中该图像按钮，此时属性面板如图 14.18 所示。

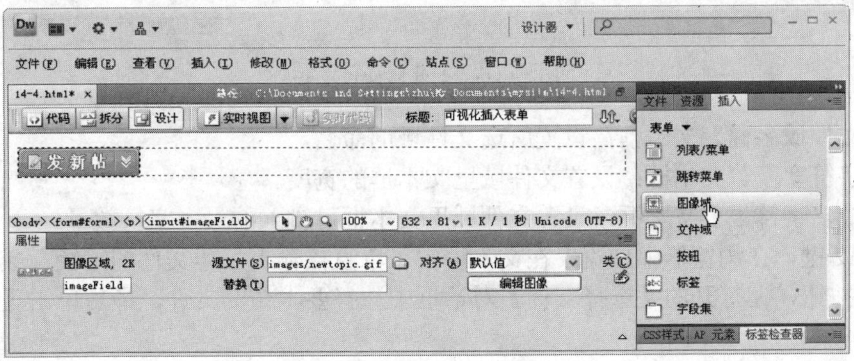

图 14.18 图像域属性面板

(1)【图像区域】文本框：设置图像按钮一个名称，默认为 imageField。

(2)【宽】和【高】文本框：设置用于显示该图像的高度和宽度，单位为像素。

(3)【源文件】文本框：设置显示该按钮使用的图像的地址。此时可以重新设置一个新的图像文件来替换当前图像。

(4)【替代】文本框：设置图像域的替代文本，当访问者的浏览器无法显示图像域图像时，可以显示这个替代文本。

(5)【对齐】下拉列表：设置图像域的对齐方式，包括 6 个选项：

1)【默认值】：图像域将采用默认的对齐方式。

2)【顶部】：图像域将采用顶部对齐方式。

3)【居中】：图像域将采用中间对齐方式。

4)【底部】：图像域将采用底部对齐方式。

5)【左对齐】：图像域将采用左对齐的对齐方式。

6)【右对齐】：图像域将采用右对齐的对齐方式。

14.4.8 插入文件域

文件域可以允许用户在域的内部输入本地硬盘中的文件，如 Word 文档、图片和程序等，然后通过表单将这些文件上传到服务器。文件域由一个文本框和一个【浏览】按钮组成。访问者可以通过表单的文件域来上传指定的文件。访问者可以在文件域的文本框中输入一个文件的路径，也可以单击文件域的【浏览】按钮来选择一个文件，当访问者提交表单时，这个文件就被上传。插入文件域的具体操作步骤如下：

步骤1 将光标置于页面中需要插入文件域的位置。

步骤2 选择【插入】|【表单】|【文件域】命令，即在当前位置中插入一个文本域和一个【浏览】按钮。

步骤3 选中文件域，在打开的属性面板中设置文件域的属性，如图 14.19 所示。

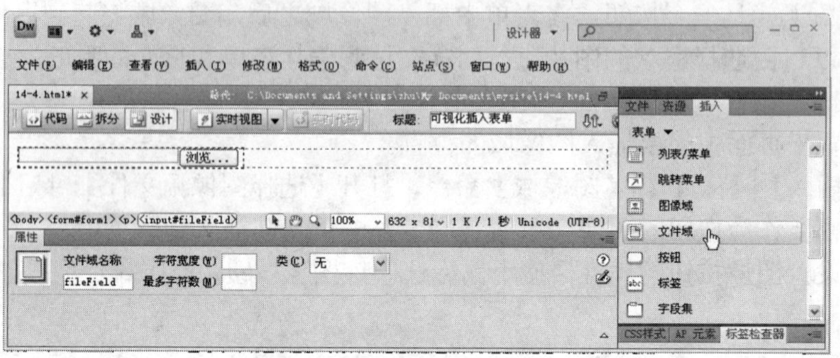

图 14.19 文件域属性面板

（1）【文件域名称】文本框：设置所选文件域的命名。

（2）【字符宽度】文本框：设置文件域里文本框的宽度。

（3）【最多字符数】文本框：设置文件域里文本框可输入的最多字符数量。

步骤4 按 F12 键，在浏览器中预览。在文本框中可以直接输入上传文件的路径，或者单击【浏览】按钮，在打开的【选择文件】对话框中选择要上传的文件，最后单击【打开】按钮即可。

14.4.9 插入单选按钮

如果要求浏览者只能从一组选项中选择一个选项时，可以使用单选按钮。插入单选按钮的具体操作步骤如下：

步骤1 将光标置于页面中需要插入单选按钮的位置。

步骤2 选择【插入】|【表单】|【单选按钮】命令，即在网页当前位置中插入一个单选按钮。

步骤3 单击圆形的小按钮将选中单选按钮，单选按钮属性面板如图 14.20 所示。

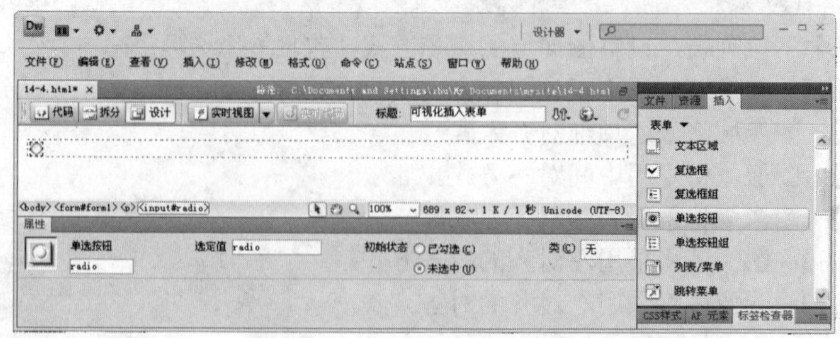

图 14.20 单选按钮属性面板

（1）【单选按钮】文本框：设置单选按钮名称。一个实际的表单中会拥有多个单选按钮，它们被称之为“单选按钮组”，组中的所有单选按钮必须具有相同的名称，并且名称中不能包含空格或特殊字符。系统默认名称为 radio。

（2）【选定值】文本框：设置在该单选按钮被选中时发送给服务器的值。为了便于理解，一般将该值设置为与栏目内容意思相近。

（3）【初始状态】选项：设置在浏览器中载入表单时，该单选按钮是否被选中。

例如，制作拥有 2 项选择的单选按钮实例，设置好的第 1 个单选按钮的属性面板如图 14.30 所示，在编辑窗口中的效果如图 14.21 所示，浏览器中显示效果如图 14.22 所示。

图 14.21　插入两个单选按钮

图 14.22　浏览器中的单选按钮组

14.4.10　插入单选按钮组

单选按钮组相当于多个名称相同的单选按钮，两者之间没有任何区别，只是插入方法不同。插入单选按钮组的具体操作步骤如下：

步骤 1　将光标置于页面中需要插入单选按钮组的位置。

步骤 2　选择【插入】|【表单】|【单选按钮组】命令，打开【单选按钮组】对话框，如图 14.23 所示。

（1）【名称】文本框：设置该单选按钮组的名称，默认为 RadioGroup1。

（2）【单选按钮】列表区域：可以单击【添加】+、【移除】−、【上移】▲和【下移】▼来操作列表中的单选按钮。

1）单击【添加】+按钮向单选按钮组添加一个单选按钮，然后为新增加的按钮输入 Lable（标签）和 Value（值）。标签就是按钮后的说明文字，值相当于属性面板中的【选定值】。单击【移除】−按钮可以从组中删除一个单选按钮。

2）单击【上移】▲和【下移】▼按钮可以对这些按钮进行上移或下移操作，进行排序。

（3）【布局，使用】区域：设置单选按钮组中的布局。

1）如果选择【表格】项，则 Dreamweaver CS4 会创建一个单列的表格，并将单选按钮放在左侧，将标签放在右侧。

2）如果选择【换行符】项，则 Dreamweaver CS4 会将单选按钮在网页中直接换行。

步骤 3　设置完毕，可以单击【确定】按钮完成插入单选按钮组的操作。然后保存并在浏览器中预览，则效果如图 14.24 所示。

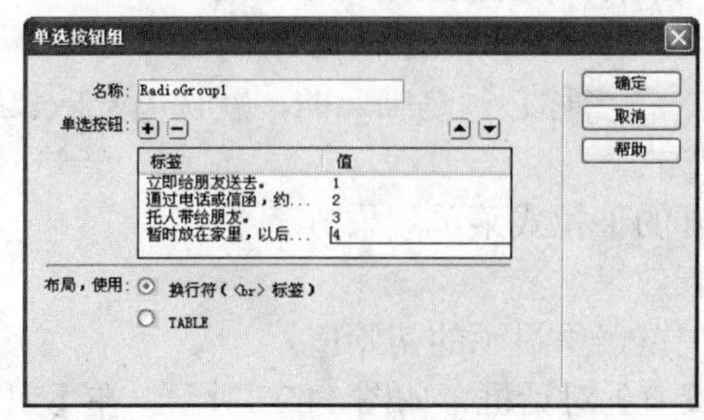

图 14.23　【单选按钮组】对话框

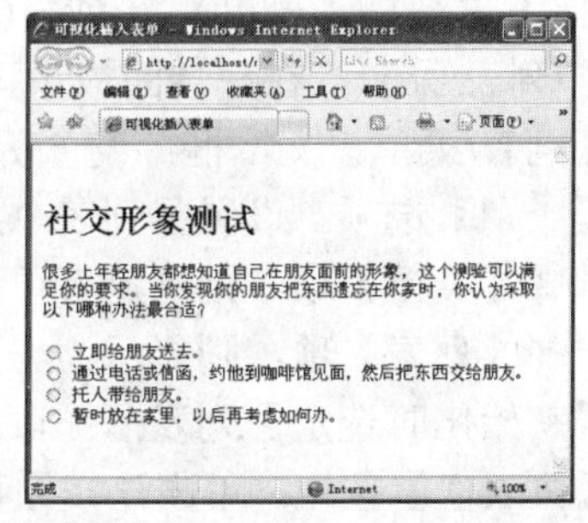

图 14.24　插入的单选按钮组效果

14.4.11 插入复选框

复选框与单选按钮在功能上有点相似，都可以允许用户进行选择，但复选框可以一次多选。复选框对每个单独的响应都可以进行“关闭”和“打开”状态切换，因此，用户可以从复选框组中选择多个选项。插入复选框的具体操作步骤如下：

步骤1 将光标置于页面中需要插入复选框的位置。

步骤2 选择【插入】|【表单】|【复选框】命令，在光标所在位置插入复选框。

步骤3 选中复选框，在属性面板中可以设置复选框的属性，如图 14.25 所示。

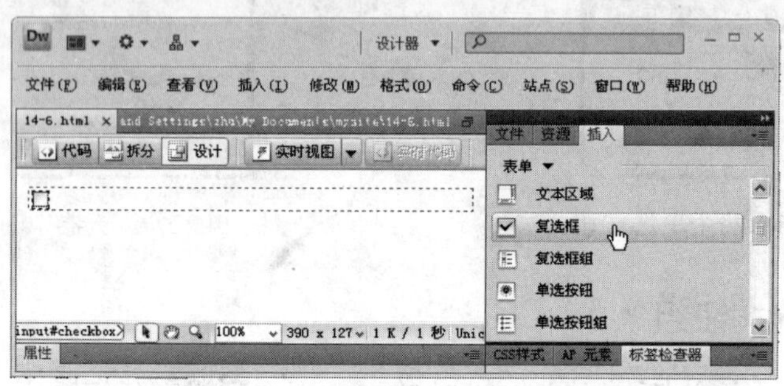

图 14.25 复选框属性面板

（1）【复选框名称】文本框：设置所选复选框的名称。实际上每个表单中会拥有多个复选框，每个复选框都必须有一个唯一的名称，所选名称必须在该表单内唯一标识该复选框，并且名称中不能包含空格或特殊字符。系统默认名称为 checkbox。

（2）【选定值】文本框：设置复选框的值。该值将被发送给服务器。

（3）【初始状态】选项：设置复选框的初始状态，包括 2 个选项。

1）【已勾选】：复选框初始处于选中状态。

2）【未选中】：复选框初始处于未选状态。

14.4.12 插入列表/菜单

列表/菜单的功能与复选框和单选框的功能相似，都可以列举很多选项供浏览者选择。但列表/菜单最大优点就是可以在有限的空间内为用户提供更多选项，节省页面空间。

（1）列表提供一个滚动条，通过拖动滚动条可以浏览很多项，并允许多重选择。

（2）下拉式菜单默认仅显示一项，该项为活动选项，用户单击打开菜单但只能选择其中的一项。

插入列表/菜单的具体操作步骤如下：

步骤1 将光标置于页面中需要插入列表/菜单的位置。

步骤2 选择【插入】|【表单】|【列表/菜单】命令，在光标所在位置插入列表/菜单。

步骤3 选中列表/菜单，在属性面板中可以设置列表/菜单的属性，如图 14.26 所示。

（1）【列表/菜单】文本框：设置所选列表的名称。该名称必须是唯一的，默认为 select。

（2）【类别】选项：设置是列表，还是菜单显示形式。

1）选择【菜单】项，则浏览者单击时会产生展开的下拉式菜单效果。

2）选择【列表】项，则显示为一列可滚动的列表效果。

（3）【初始化时选定】列表框：可以选择列表在浏览器里显示的初始值。

（4）【列表值】按钮：单击该按钮可以打开【列表值】对话框，如图 14.27 所示。在【列表值】对话框中，中间列表框中列有这个列表/菜单中所包含的所有选项，每一行代表一个选项。

使用方法与【单选按钮组】对话框相同。

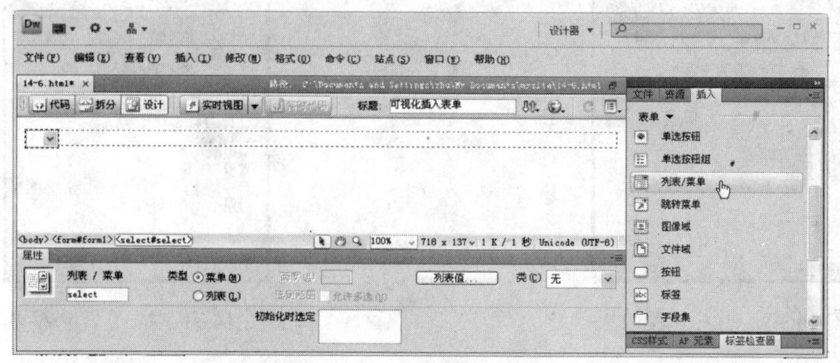

图 14.26　列表/菜单效果属性面板

1）【项目标签】：设置每个选项所显示的文本。

2）【值】：设置选项的值。

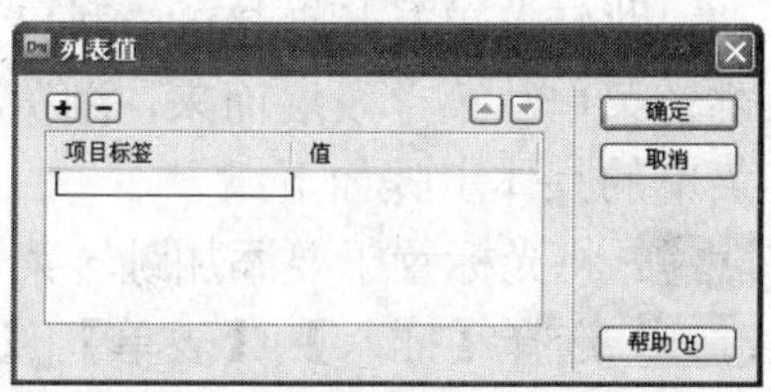

图 14.27　【列表值】对话框

3）单击【加号】按钮+，可以为列表添加一个新的选项。

4）单击【减号】按钮-，可以删除在列表框里选中的选项。

5）单击【向上】▲或【向下】▼按钮，可以为列表的选项进行排序。

如果用户选择【列表】类型，则在属性面板中还可以设置下面两项。

（1）【高度】文本框：设置列表的高度，如输入 4，则列表框在浏览器中显示为 4 个选项的高度。如果实际的项目数目多于【高度】中的项目数，那么列表菜单中的右侧将显示滚动条，通过滚动显示。

（2）【选定范围】复选框：如果选中【选定范围】后边的复选框，则这个列表允许被多选，选择时要结合 Shift 和 Ctrl 键进行操作。如果取消对【选定范围】后边复选框的选择，则这个列表只允许单选。

例如，在【列表值】对话框中输入 5 个项目，如图 14.28 所示。在列表/菜单属性面板中设置【类型】为【列表】，【高度】为 4，选中【允许多选】复选框，在【初始化时选定】列表框中选择“中国”，属性面板如图 14.29 所示，则在浏览器中显示的效果如图 14.30 所示。如果在属性面板中选择【菜单】类型，则效果如图 14.31 所示。

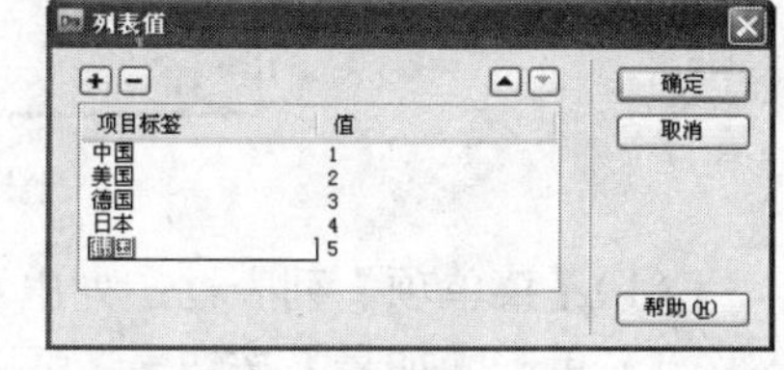

图 14.28　设置【列表值】对话框

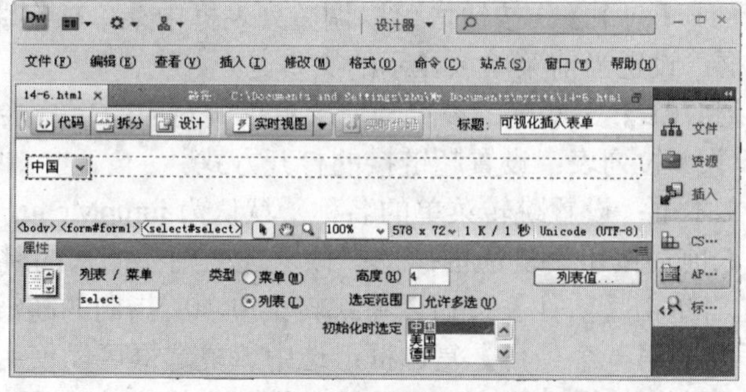

图 14.29　设置列表/菜单属性面板

图 14.30　插入列表效果

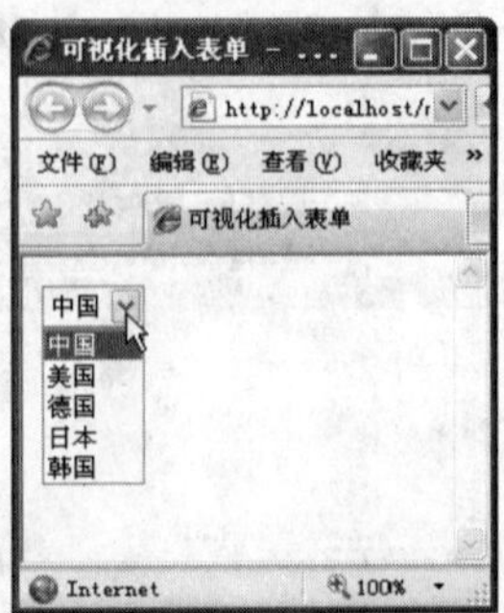

图 14.31　插入菜单效果

14.4.13　插入跳转菜单

跳转菜单是超链接的一种特殊形式，使用跳转菜单要比其他形式链接节省更多页面空间。跳转菜单从菜单发展而来，浏览者单击并选择下拉菜单项时会自动跳转到目标网页。插入跳转菜单的具体步骤如下：

步骤1 将光标置于要添加跳转菜单的位置。

步骤2 选择【插入】|【表单】|【跳转菜单】命令，打开【插入跳转菜单】对话框，如图 14.32 所示。

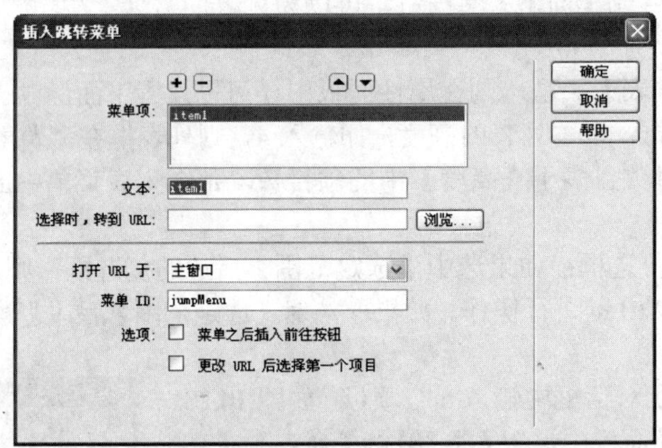

图 14.32　【插入跳转菜单】对话框

(1)【菜单项】列表框：列出了跳转菜单的所有菜单项。

1）单击【加号】按钮+，可以增加 1 个菜单选项。

2）单击【减号】按钮−，可以删除列表框中被选中的菜单项。

3）单击【向上】▲或【向下】▼按钮，可以调整列表框中菜单项在跳转菜单中排列位置。

(2)【文本】文本框：设置当前菜单项显示的文本。

(3)【选择时，转到 URL】文本框：设置当前菜单项所对应的超链接地址。

(4)【打开 URL 于】下拉列表：设置超链接的打开方式。

(5)【菜单名称】文本框：设置跳转菜单的名称，默认为 jumpMenu。

(6)【菜单之后插入前往按钮】复选框：选中该复选框则在插入的跳转菜单后同时插入一个【前往】按钮。浏览者单击【前往】按钮，将跳转菜单项所指向的超链接。

(7)【更改 URL 后选择第一个项目】复选框：选中该复选框可以使用菜单选择提示。

步骤3 设置完毕单击【确定】按钮，即可完成【插入跳转菜单】对话框的设置。

例如，在【插入跳转菜单】对话框进行如图 14.33 所示的设置，则在页面中插入一个跳转菜单效果如图 14.34 所示。

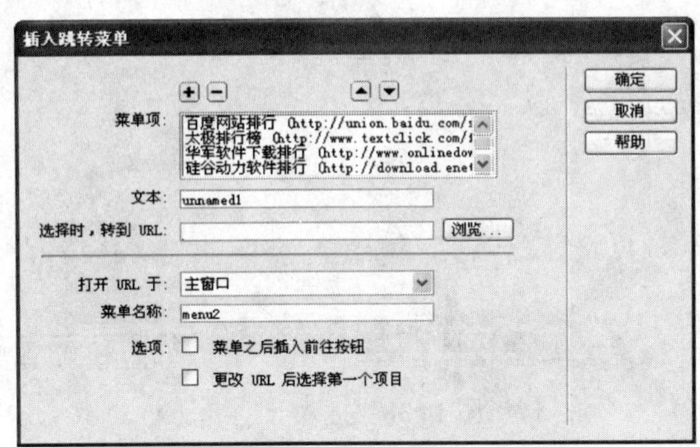

图 14.33　设置【插入跳转菜单】对话框

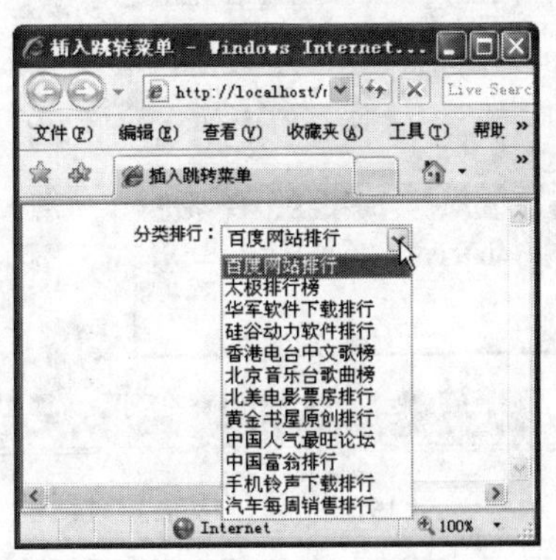

图 14.34　插入跳转菜单效果

14.4.14　插入标签和字段集

标签和字段集不是真正的表单域，它们仅作为表单结构的辅助功能，其主要目的是实现在页面中显示提示或组织信息的作用。标签作为表单域对象的提示信息容器而存在，字段集被用作组织和管理表单域对象，相当于一个表单域容器。插入标签和字段集的具体步骤如下：

步骤 1　将光标置于要添加标签和字段集的位置。

步骤 2　选择【插入】|【表单】|【标签】或【字段集】命令。

步骤 3　如果准备插入标签，则 Dreamweaver CS4 会把编辑窗口切换成拆分视图状态，在<label>和</label>标记之间输入要说明的文字，如图 14.35 所示。切换到【设计】视图状态，则效果如图 14.36 所示。

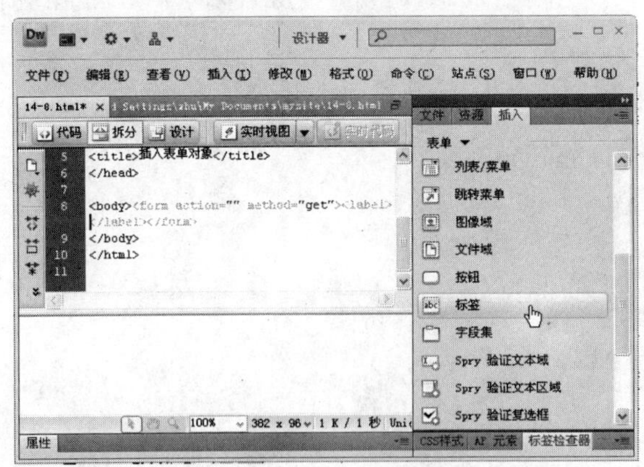

图 14.35　输入标签文字

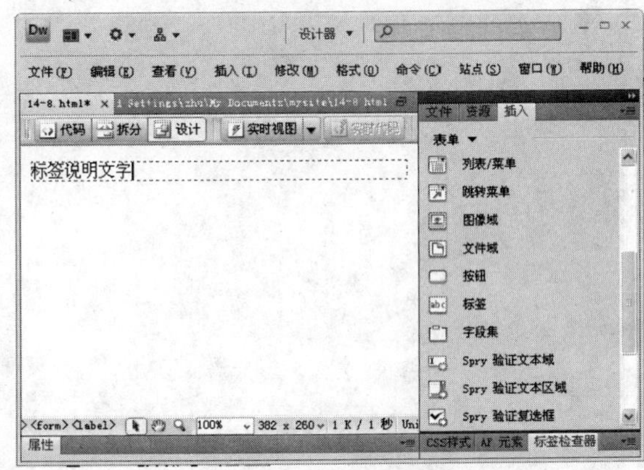

图 14.36　显示标签效果

步骤 4　如果插入字段集，Dreamweaver CS4 会弹出一个【字段集】对话框，如图 14.37 所示。输入字段集的名称，则会在编辑窗口中插入一个如表单类似的灰色线框，如图 14.38 所示。

步骤 5　然后在字段集线框中插入任何对象，随着内容的增多，字段集标题就显示在边线框上，如图 14.39 所示。最后在浏览器中浏览，效果如图 14.40 所示。

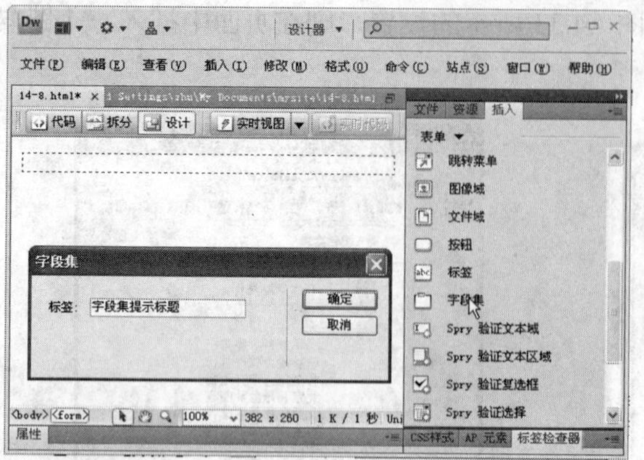

图 14.37 【字段集】对话框

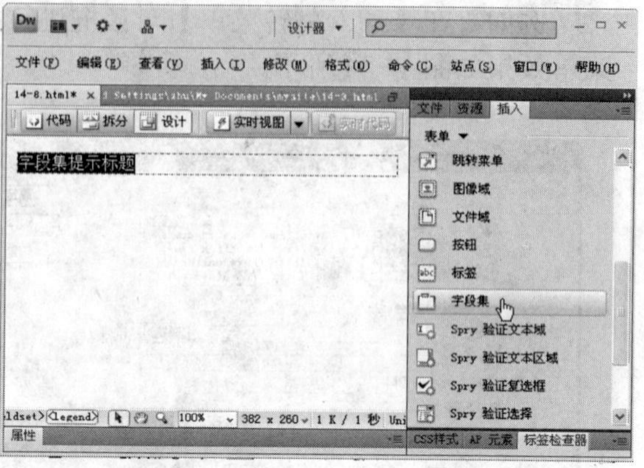

图 14.38 插入一个字段集

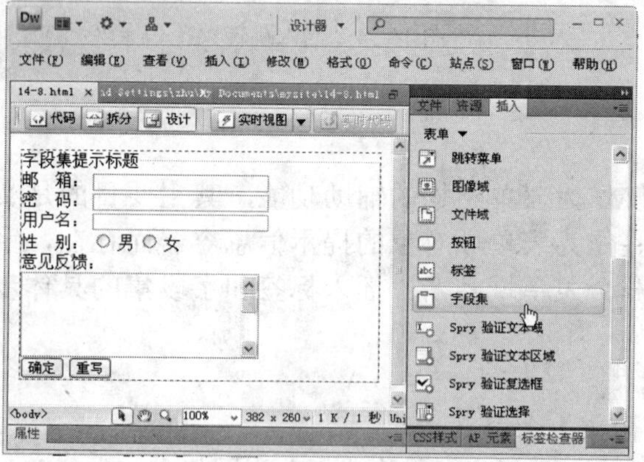

图 14.39 在字段集线框中插入对象

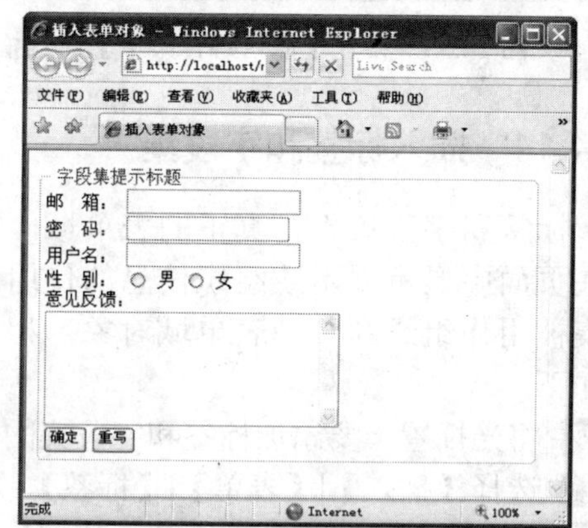

图 14.40 字段集预览效果

第 15 章

应用 Spry 技术

内容介绍

Spry 技术框架是 Ajax 技术框架的一种应用形式，它适合网页设计师进行 Web 动态设计和开发。Adobe 公司把 Spry 技术集成到 Dreamweaver CS4 中后，这样用户就可以使用可视化方式来使用 Spry 技术。当然它也很容易在代码中进行部署，在 Spry 下载包中 Adobe 提供了大量的样例。本章将详细讲解 Dreamweaver CS4 中包含的 Spry 技术框架可视化操作及其应用。

学习重点

- Ajax 和 Spry 技术简介
- 使用 Spry 技术动态显示数据
- 使用 Spry 构件
- Spry 效果

Dreamweaver CS4

15.1 Ajax 和 Spry 技术简介

在前面的章节中我们曾经介绍了如何使用表单向服务器发送信息，通过服务器响应又把新的页面信息返回到客户端。但是提交表单需要等待服务器的响应，如果页面很大或者网络速度很慢时，这种等待是漫长的。为了提高用户交互体验，有人提出了 Ajax 技术概念，使用它可以构建更为动态和响应更灵敏的 Web 应用程序。

15.1.1 什么是 Ajax 技术

Ajax（Asynchronous JavaScript And XML，中文翻译为异步 JavaScript 和 XML）不是一项新技术，它是多种流行技术的集合，具体说包括如下内容：

（1）网页显示技术：使用 XHTML 和 CSS 实现网页框架和布局。

（2）网页交互技术：利用 DOM（Document Object Mode1，文档对象模型）标准实现对网页元素的引用和操作。

（3）数据交换和处理技术：利用 XML 和 XSLT 数据格式实现数据的交换。

（4）异步通讯技术：使用 XMLHttpRequest 组件实现浏览器与服务器之间的请求与响应。

（5）逻辑控制技术：使用 JavaScript 脚本整合以上所有的技术。

Ajax 提供了与服务器异步通信的能力，从而使用户从请求/响应的循环中解脱出来。借助于 Ajax 技术，可以在用户单击按钮时，使用 JavaScript 和 DHTML 立即更新页面部分或全部显示信息，并向服务器发出异步请求，以执行更新或查询数据库。当请求返回时，就可以使用 JavaScript 和 CSS 来相应地更新，而不是刷新整个页面。最重要的是，用户甚至不知道浏览器正在与服务器通信，Web 站点看起来是即时响应的。

事实上在 Ajax 被命名之前，已经有人综合使用这些技术，不过实现起来非常复杂。另外，一些工具也提供了相似的功能，如 Macromedia Flash 插件，Java Applets 或.NET 等，在应用上已经有了一段时间。

把一种可与服务器通话的脚本组件引入到浏览器中的思想早在 IE 5.0 中就已经存在。Firefox 和其他流行的浏览器也加入到浏览器大军中并以一种内置对象形式支持 XMLHTTPRequest。随着跨平台浏览器的出现，这些技术得到了认可，并在 2004 年 3 月一家称为 Adaptive Path 的公司正式提出了 Ajax。

通过 Ajax，可以使得客户端得到丰富的应用体验及交换操作，而用户不会感觉到有网页提交或刷新的过程，页面也不需要被重新加载，原来是利用 Ajax 技术把浏览器与服务器之间的数据交换都隐藏起来。在创建 Web 站点时，在客户端执行屏幕更新为用户提供了很大的灵活性。下面是使用 Ajax 可以完成的功能：

（1）在购物网站中，无需用户单击更新按钮，并等待服务器重新发送整个页面，浏览器会动态更新购物车的物品总数，这样用户能够及时、准确的查看自己选购的物品。

（2）提升站点的性能，这是通过减少从服务器下载的数据量而实现的。例如，在 Amazon 的购物车页面，当更新篮子中的一项物品的数量时，会重新载入整个页面，这必须下载 32K 的数据。如果使用 Ajax 计算新的总量，服务器只会返回新的总量值，因此所需的带宽仅为原来的百分之一。

（3）消除了每次用户输入时的页面刷新。例如，在 Ajax 中，如果用户在分页列表上单击下一页超链接，则服务器数据只刷新列表而不是整个页面。

（4）直接编辑表格数据，而不是要求用户导航到新的页面来编辑数据。应用 Ajax 技术，当用户单击【编辑】按钮时，可以将静态表格刷新为内容可编辑的表格。用户单击【执行】按钮之后，就可以发出一个 Ajax 请求来更新服务器，并刷新表格，使其包含静态、只读的数据。

Ajax 最典型的应用应算是 Google 的 Maps（http://maps.google.com/），是它把 Ajax 技术完美地展现在世人面前，并迅速轰动全球。Google 的 Maps 能够时时监视用户的操作，并提供实时页面更新，用户可以用鼠标任意拖动地图，快速找到希望查看的区域，也可以双击放大或缩小地图。另外国内的百度地图（http://map.baidu.com/#）也具有相同的功能，而且功能更为人性和完善，甚至还提供丰富的出行引导功能。读者不妨按提示地址亲身体验一下 Ajax 技术所带来的全新感觉。目前支持 Ajax 技术的浏览器包括：Mozilla、Firefox、Internet Explorer、Opera、Konqueror 及 Safari。但是 Opera 不支持 XSL 格式对象，也不支持 XSLT。

15.1.2 Ajax 技术原理

Ajax 的核心是 JavaScript 对象 XmlHttpRequest。该对象在 Internet Explorer 5 中首次引入，它是一种支持异步请求的技术。简而言之，XmlHttpRequest 能够使用户可以使用 JavaScript 向服务器提出请求并处理响应，而不阻碍用户的其他操作。

传统的 Web 应用允许用户填写表单（form），当提交表单时就向 Web 服务器发送一个请求。服务器接收并处理传来的表单，然后返回一个新的网页。这个做法会浪费很多带宽，因为在前后两个页面中的大部分 HTML 代码往往是相同的。由于每次应用的交互都需要向服务器发送请求，应用的响应时间就得依赖于服务器的响应时间。这就导致了用户界面的响应比本地应用慢得多。传统 Web 应用同步交互模式如图 15.1 所示。

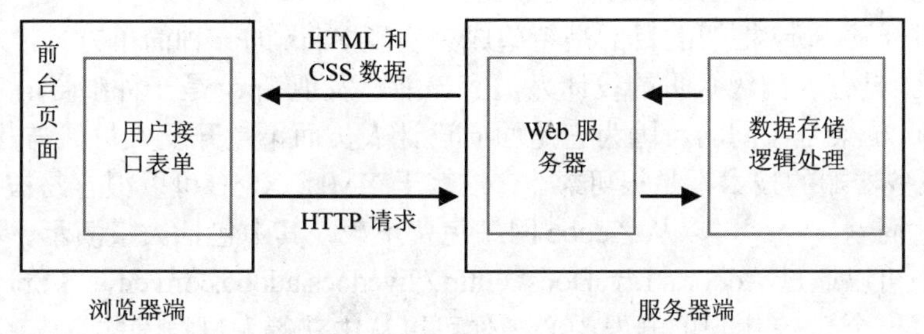

图 15.1 传统 Web 应用同步交互模式

一个任务所需的步骤越多，用户需要等待的次数也越多。但这种方式并没有给予用户很好的应用体验，当服务器在处理数据的时候，用户处于等待的状态，每一步操作都需要等待，太多的等待会使用户越来越没有耐心。

Ajax 则大不相同，它通过 Ajax 引擎，仅向服务器发送并取回必需的数据，并在客户端采用 JavaScript 处理来自服务器的响应。因此，在服务器和浏览器之间交换的数据大量减少，结果我们就能看到响应更快的应用。同时很多的处理工作可以在发出请求的客户端机器上完成，所以 Web 服务器的处理时间也减少了。

Ajax 应用利用了一种中间的媒介（Ajax 引擎）消除了用户和服务器交互间的等待。这就像在传统的 Web 模型中间加入了一层，可以降低响应时间。替代页面下载的是在 Session 刚开始时，浏览器下载一个用 JavaScript 编写的 Ajax 引擎，通常放在一个隐藏的框架里。这个引擎代替用户和服务器进行通讯。Ajax 允许用户交互和服务器响应是异步的，如图 15.2 所示。

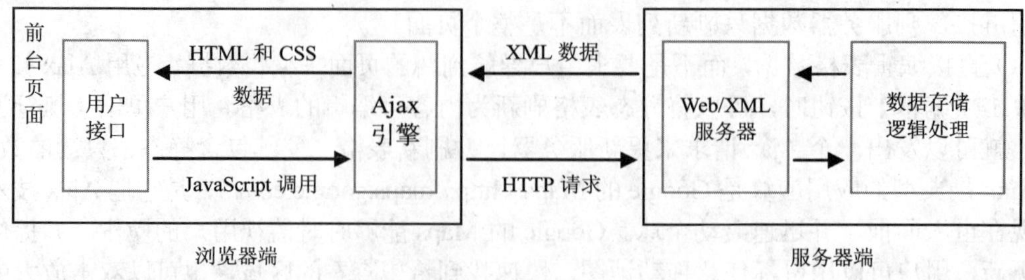

图 15.2 Ajax 应用异步交互模式

15.1.3 什么是 Spry 技术

Spry是Adobe公司为了适应Web 2.0浪潮对Ajax应用概念需求而提出的一项具体实施技术。Spry 中文翻译为敏捷的意思，Adobe 公司希望用这个名称来体现新技术的特点。

Spry 技术框架实际上就是一套包含 JavaScript、CSS 和一些图片文件的客户端 JavaScript 库。它支持 XML 数据集、动态区域、组件和动画效果。虽然这些文件存放在服务器上，实际上是被加载到浏览器中运行的。框架的用户将所有需要的文件链接到 HTML 文档中，以使用不同的组件，来获得更丰富的用户体验。Spry 框架是和设计人员紧密相关的，因此框架中的每个元素都要遵循以下原则：

（1）保持轻便。

（2）保持简洁。

（3）使用标准的技术，如 HTML、CSS 和 JavaScript。

（4）保持私有属性和语法最少化。

（5）尽可能减少脚本编程，降低使用门槛。

Adobe 公司开发 Spry 框架的目的是希望成为实现 Ajax 的一种简单方式，对 HTML、CSS 和 JavaScript 体验具有入门级水平的设计人员应该能够发现 Spry 是一种整合内容的简单方法。

Spry 与 Ajax 框架是不同的，因为它是面向设计人员而不是开发人员。与其他一些 Ajax 框架相比，它的服务器端的技术不是很可靠。它依赖于 XML，XML 可以很容易被 Spry 组件接受，几乎没有什么大问题。Spry 可以从 Adobe 网站免费下载，其中包括大量演示、示例、技术文章和文档。文档还可以通过 Adobe's LiveDocs（http://livedocs.adobe.com/en_US/Spry/1.4/help.html）下载，这里还有一个 Spry 用户的开发中心，你可以从中获得大量技术文章。

15.2 使用 Spry 技术动态显示数据

使用 Spry 技术框架可以插入数据对象，允许用户从浏览器窗口中以动态方式与页面快速交互。例如，插入一个可排序的表格之后，用户无需执行页面刷新，就可以重新排列该表格，或在表格中包括 Spry 动态表格对象来触发页面上其他位置的数据更新。

15.2.1 定义 Spry XML 数据集

要使用 Spry 技术框架显示数据，必须先定义数据源（如 XML 数据、网页数据），当定义数据源之后，就可以在 HTML 页面中添加 Spry 区域、表格或列表，从而实现动态数据的显示。定义 Spry XML 数据集的具体操作步骤如下：

步骤1 准备 XML 数据源。为了学习方便，读者不妨使用 Dreamweaver CS4 快速新建一个简单的.xml 文件，xml 数据可以只有输入。例如：

```
<?xml version="1.0" encoding="utf-8"?>
<dw>
    <ver>
        <date>1997</date>
        <name>Dreamweaver 1.0</name>
    </ver>
    ...
    <ver>
        <date>2007</date>
        <name>Dreamweaver CS4</name>
    </ver>
    <ver>
        <date>2008</date>
        <name>Dreamweaver CS4</name>
    </ver>
</dw>
```

Dreamweaver CS4 的 Spry 技术框架对于中文 XML 节点的数据源支持不是很好。因此当你在定义 XML 数据源时需要使用拼音或英文字母代替节点中的名称，即在转换数据表格时，表格的标题不能够使用中文。

步骤2 新建 HTML 网页文件（可以不定义站点，所建立的文档也不必保存为 ASP 文件）。然后保存文件，否则无法执行后面操作。

步骤3 执行下面任意操作之一，打开【Spry XML 数据集】对话框。

（1）选择【插入】|【Spry】|【Spry XML 数据集】命令。

（2）在【插入】面板的【Spry】选项卡中单击【Spry XML 数据集】选项按钮。

（3）在【插入】面板的【数据】选项卡中单击【Spry XML 数据集】选项按钮。

（4）如果打开的文件位于站点内，则可以在【绑定】面板中单击⊞按钮，在打开的下拉菜单中选择【Spry XML 数据集】选项。

步骤4 打开【Spry XML 数据集】设置向导，按向导说明逐步进行设置，如图 15.4 所示。

【Spry 数据集】向导分为 3 步，第一步定义数据源，如图 15.4 所示。

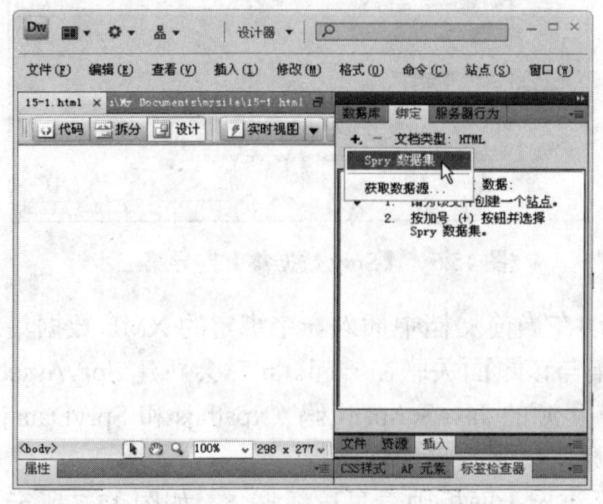

图 15.3 【绑定】面板

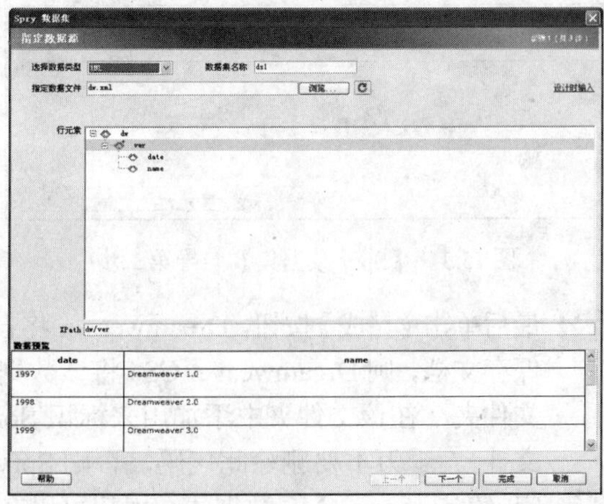

图 15.4 【Spry 数据集】向导第一步

（1）在【选择数据类型】下拉列表中可以选择数据源的格式，即指定要导入的文档类型，包括 HTML 和 XML。

（2）在【数据集名称】文本框中可以自定义数据集名称，该名称将在引用数据集时调用。

（3）在【检测】下拉列表中可以指定数据容器的标签，如表格、Div、列表和自定义。在【数据选择】列表框将显示文档中所有的表格，从中选择需要的数据表格，此时在【数据容器】下拉列表中会显示当前表格的 ID 值（该值必须明确指定，否则脚本就无法定位数据位置）。

（4）【行元素】列表框：在该列表框中，选择包含要显示的数据的元素。这通常是一个具有几个从属字段（如<code>、<name>、<province>、<class>、<date>、<price_u>等）的重复节点（如<publication>）。

（5）【XPath】文本框：自动显示一个表达式，指示所选节点在 XML 源文件中的位置。例如，如果用户使用的数据集具有图 15.7 所示的架构，那么，当选择<publication>重复节点时，【XPath】文本框中将显示“dataroot/publication”，以指示应当显示在<publication>数据集内的<publication>重复节点中找到的数据。

Xpath（XML 路径语言）是一种语法，用于确定 XML 文档各部分的位置。大多数情况下，Xpath 用作 XML 数据的查询语言，这与 SQL 语言用于查询数据库一样。有关 XPath 的详细信息，请参阅 W3C 网站上的 XPath 语言规范（www.w3.org/TR/xpath）。

（6）【预览】：可以查看 XML 数据在浏览器中的外观，一般将显示 XML 数据文件中的前二十行，每一列对应一个元素。

步骤 5 单击【下一步】按钮，进入第 2 步，在此设置数据的显示格式，如每列数据类型、数据排序、行列设置、重复行处理和是否禁止数据缓存等选项设置，如图 15.5 所示。

步骤 6 单击【下一步】按钮，进入向导第 3 步，在此可以设置数据集的显示样式，例如，这里选择【插入主/详细布局】选项，然后单击【设置】按钮可以设置主列数据和详细列数据分别是什么的。

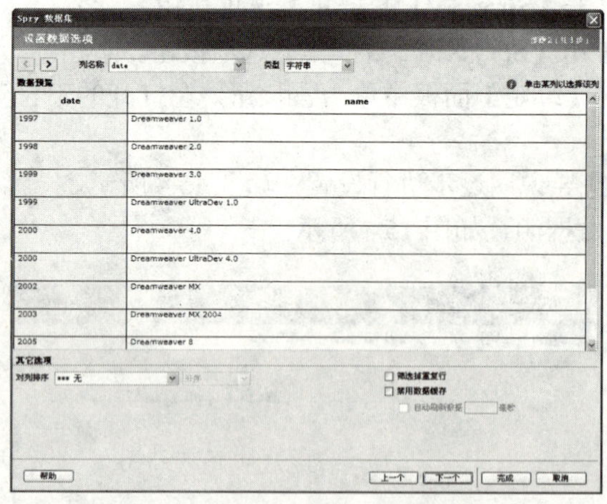

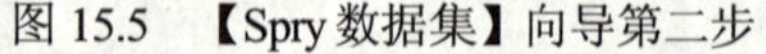

图 15.5 【Spry 数据集】向导第二步

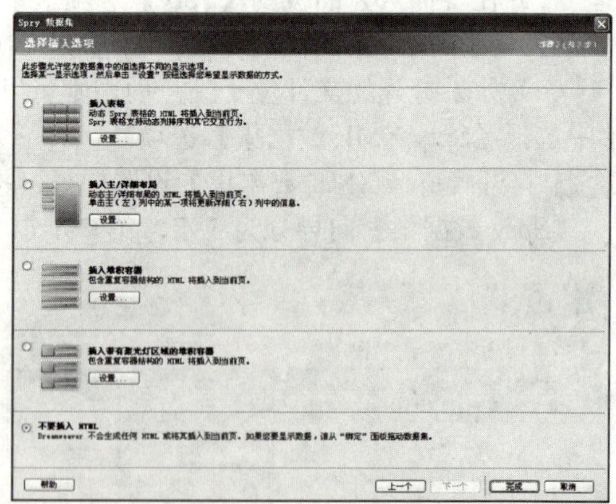

图 15.6 【Spry 数据集】向导第三步

步骤 7 最后单击【完成】按钮，Dreamweaver 将自动在当前文档中插入一个绑定的 XML 数据集。保存文档，则 Dreamweaver CS4 将该数据集与该页面关联在一起。同时会新建 SpryAssets 文件夹，在该文件夹中添加用来标识 Spry 资源的 JavaScript 代码（xpath.js 和 SpryData.js 文件）。千万不要删除此代码，否则 Spry 数据集函数将无法运行。

步骤 8 定义完毕 Spry XML 数据集，用户可以在【绑定】面板中看见该数据集，如图 15.7 所示。双击数据集名称（如 ds1），会自动打开【Spry XML 数据集】对话框，重新编辑该数据集。这与数据库中的记录集操作很相似。

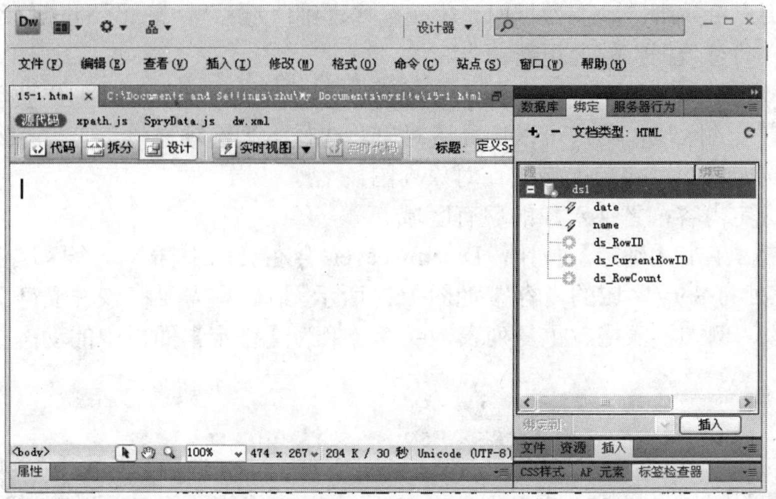

图 15.7　在【绑定】面板中查看数据集

15.2.2　创建 Spry 区域

与记录集一样，定义的 Spry 数据集必须绑定到具体的 Spry 数据对象中才能够被人浏览。所有的 Spry 数据对象都必须括在 Spry 区域中，这与建立表单要先插入表单域<form>标记相同。如果用户在添加 Spry 区域之前向页面中添加 Spry 数据对象，Dreamweaver 将提示添加 Spry 区域。

在默认情况下，Spry 区域位于<div>标记容器中。用户可以在添加表格之前添加 Spry 区域，在插入表格或重复列表时由系统自动添加 Spry 区域，或者在现有的表格对象或重复列表对象周围环绕 Spry 区域。创建 Spry 区域的具体操作步骤如下：

步骤 1　新建一个网页文件，并参考上一节讲解方法定义一个 Spry XML 数据集。

步骤 2　执行下面任意操作之一，打开【插入 Spry 区域】对话框，如图 15.8 所示。

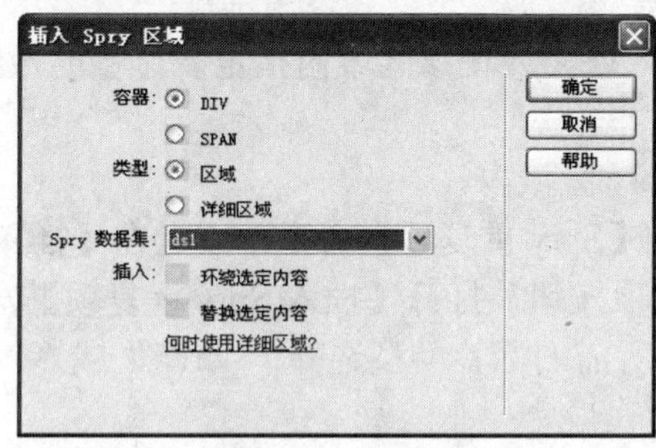

图 15.8　【Spry XML 数据集】对话框

（1）选择【插入】|【Spry】|【Spry 区域】命令。

（2）在【插入】面板的【Spry】选项卡中单击【Spry 区域】选项按钮。

（3）在【插入】面板的【数据】选项卡中单击【Spry 区域】选项按钮。

步骤 3　在【容器】选项中指定容器所使用的标记，包括“<div>”和“<span>”选项。默认值是使用<div>容器。

步骤 4　在【类型】选项中指定数据集的类型。如果要创建 Spry 区域，可以选择“区域”（这是默认值）作为要插入的区域类型；如果创建 Spry 详细区域，可以选择【详细区域】选项。只有当用户希望绑定动态数据时，才应选择详细区域，当另一个 Spry 区域中的数据发生变化时，动态数据将随之更新。

步骤 5 在【Spry 数据集】下拉列表中选择在页面中定义的 Spry 数据集。如果要创建或更改为某个对象定义的区域，用户可以选择该对象并选择下列选项之一。

（1）环绕选定内容：将新区域放在对象周围。

（2）替换选定内容：替换对象的现有区域。

步骤 6 设置完毕，单击【确定】按钮，Dreamweaver 会在页面中插入一个区域占位符，并显示文本"此处为 Spry 区域的内容"，如图 15.9 所示。最后只需要将该占位符文本替换为 Spry 数据对象，例如，表格、重复列表，或者替换为【绑定】面板中的动态数据即可。

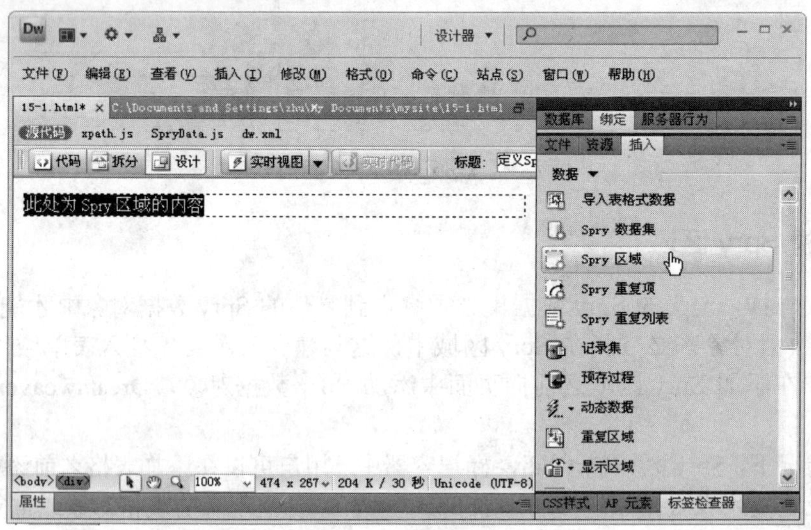

图 15.9 创建 Spry 区域

15.2.3 创建 Spry 重复项

当创建了 Spry 区域之后，还需要在该区域内指定要显示的数据项，即数据列。创建 Spry 重复项的具体操作步骤如下：

步骤 1 把光标置于已创建的 Spry 区域内。

步骤 2 选择【插入】|【Spry】|【Spry 重复项】命令，或者在【插入】面板的【Spry】选项卡中单击【Spry 重复项】选项按钮，打开【插入 Spry 重复项】对话框，如图 15.10 所示。

步骤 3 在【容器】选项区根据所需的标签类型选择"<div>"或"<span>"选项。默认值是使用<div>容器。

步骤 4 在【类型】选项区选择【重复】单选按钮（默认选项）。如果用户希望提高灵活性，可以选择【重复子项】项，这将对子级别列表中的每一行执行数据验证。例如，如果有一个<ul>列表，系统将在<li>级别检查数据。如果选择【重复】项，系统将在<ul>级别检查数据。如果在代码中使用条件表达式，【重复子项】项可能会非常有用。

步骤 5 在【Spry 数据集】下拉列表中选择 Spry 数据集，例如，选择定义的 Spry 数据集 ds1。

步骤 6 单击【确定】按钮，即可在页面上显示重复项，此时 Dreamweaver 会在页面中插入一个区域占位符，并显示文本"此处为 Spry 区域的内容"。如图 15.11 所示。如果在文档中已经选择了文本或元素，插入的 Spry 重复项标签会环绕或替换它们。

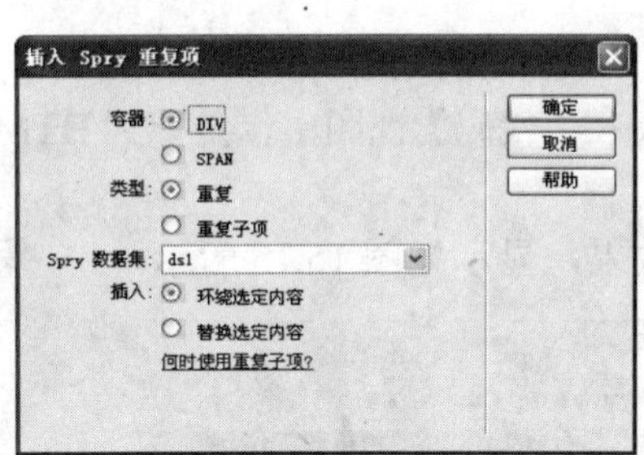
图 15.10 【插入 Spry 重复项】对话框

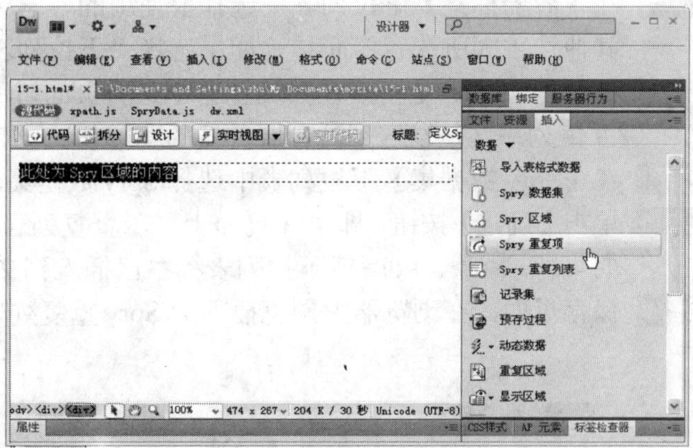
图 15.11 插入的 Spry 重复项

步骤 7 然后用户可以将该占位符文本替换为 Spry 数据对象，直接可以在【绑定】面板中选择一个动态数据，拖动或插入到该区域，如图 15.12 所示。

步骤 8 保存页面，在浏览器中预览插入的 Spry 重复项的效果，显示如图 15.13 所示。

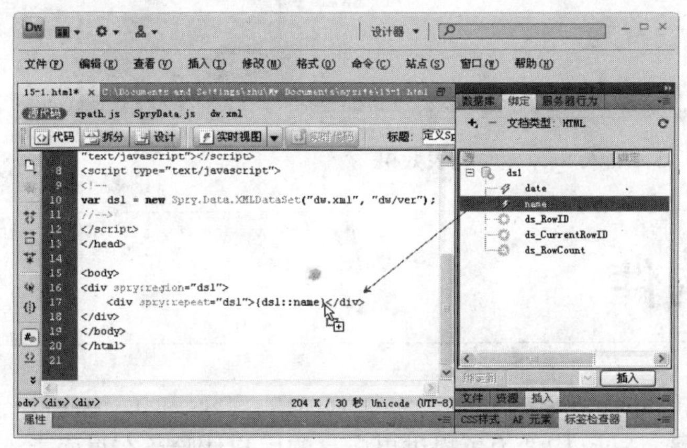
图 15.12 绑定 Spry 数据对象

图 15.13 Spry 重复项效果

15.2.4 创建 Spry 重复列表

Spry 重复列表与 Spry 重复项具有相同的功能，但它们的显示效果略有不同。Spry 重复列表可以将数据显示为经过排序的列表、未经排序的（项目符号）列表、定义列表或下拉列表。创建 Spry 重复列表的具体操作步骤如下：

步骤 1 新建网页文件，并进行保存。根据前面章节讲解方法，先定义 Spry XML 数据集，然后创建一个 Spry 区域。

步骤 2 选择【插入】|【Spry】|【Spry 重复列表】命令，或者在【插入】面板的【Spry】选项卡中单击【Spry 重复列表】选项按钮，打开【插入 Spry 重复列表】对话框，如图 15.14 所示。

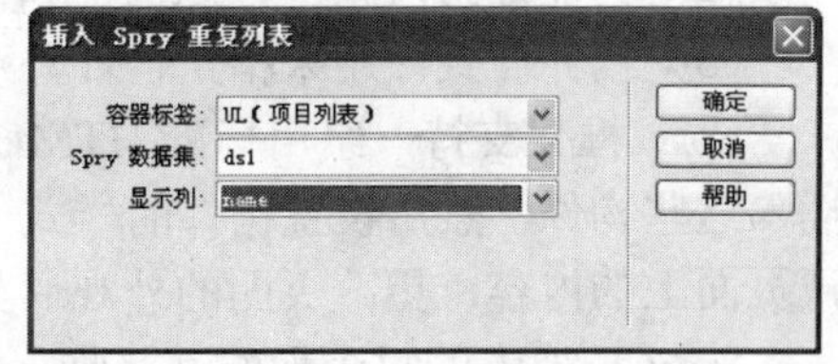
图 15.14 【插入 Spry 重复列表】对话框

如果用户在插入重复列表区域之前，尚未创建 Spry 区域，Dreamweaver 会提示在插入重复列表区域之前添加一个区域。所有的 Spry 数据对象都必须包含在 Spry 区域中。

步骤 3 在【容器标签】下拉列表中选择要使用的容器标签，例如，UL、OL、DL 或 SELECT。其他选项因所选容器而异。如果选择“下拉列表”项，则必须定义下列域。

（1）显示列：这是用户在其浏览器中查看页面时所看到的内容。

（2）值列：这是发送到后台服务器的实际值。

步骤 4 在【Spry 数据集】下拉列表中选择 Spry 数据集，例如，选择定义的 Spry 数据集 ds1。

步骤 5 单击【确定】按钮，即可在页面上显示重复列表区域。在【代码】视图中，会看到 HTML 的<ul>、<ol>、<dl> 或下拉列表标签已插入到文件中。

步骤 6 保存页面，在浏览器中预览插入的 Spry 重复列表的效果，显示如图 15.15 所示。

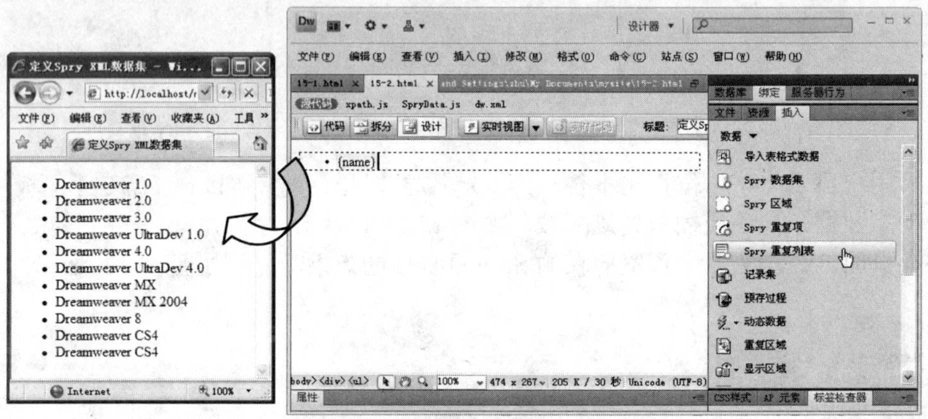

图 15.15　插入 Spry 重复列表效果

15.3 使用 Spry 构件

Spry 技术框架中另一个重要组成部分就是 Spry 构件，它是 HTML、CSS 和 JavaScript 代码结合在一起并添加到页面中的可视元素。Spry 构件为了提供更丰富的用户体验还在页面上添加了用户交互接口。大部分 Spry 构件都是 HTML 元素的增强版，同时还为一些额外的可视化元素提供了显示内容的菜单和其他替代方式。

15.3.1　认识 Spry 构件

Spry 构件是一个页面元素，通过启用用户交互来提供更丰富的用户体验。Spry 构件由以下几个部分组成。

（1）构件结构：用来定义构件结构组成的 HTML 代码块。

（2）构件行为：用来控制构件如何响应用户启动事件的 JavaScript。

（3）构件样式：用来指定构件外观的 CSS。

Spry 框架支持一组用标准 HTML、CSS 和 JavaScript 编写的可重用构件。用户可以方便地插入这些构件，然后设置构件的样式。框架行为包括允许用户执行下列操作的功能：显示或隐藏页面上的内容、更改页面的外观（如颜色）与菜单项交互等。

Spry 框架中的每个构件都与唯一的 CSS 和 JavaScript 文件相关联。CSS 文件中包含设置构件样式所需的全部信息，而 JavaScript 文件则赋予构件功能。当使用 Dreamweaver 界面插入构件时，Dreamweaver 会自动将这些文件链接到页面，以便构件中包含该页面的功能和样式。

与给定构件相关联的 CSS 和 JavaScript 文件根据该构件命名，因此，用户很容易判断哪些文件对应于哪些构件。当在已保存的页面中插入构件时，Dreamweaver 会在站点中创建一个 SpryAssets 目录，并将相应的 JavaScript 和 CSS 文件保存到其中。

Spry 构件能够扩展 HTML 元素，包括复选框、单选按钮、选择、文本区、文本域。

这些构件通过添加验证和用户反馈信息包括入口提示和错误消息扩展了普通表单功能。反馈信息通过使用 CSS 来改变窗体元素的背景色显示，或显示一个错误消息。大多数构件提供了大量事件，所以在用户交互期间的不同时刻都可以进行验证，例如，键入一个值，选择另外一个表单元素或提交表单。

还有大量的其他应用程序并非专用于表单元素：Accordion、移动面板、菜单条、滑动面板、标签面板。

我们可以将菜单条放在一端，因为它直接就是一个多结点导航对象；其它的应用提供了各种各样的方式在屏幕上显示额外数据而不用重新加载页面。还有同样操作方式的其他典型 Ajax 框架。他们的行为更像桌面应用用户控制而不像 HTML 提供的标准接口控制。在 Adobe 试验网站上下载的 Spry 中包含了这些应用如何工作的示例。

15.3.2 创建 Spry 菜单栏

Spry 菜单栏构件是一组可导航的菜单按钮，通俗地说就是导航条。当用户将鼠标移到其中的某个按钮上时，将显示相应的子菜单。使用菜单栏可以在有限的空间显示大量导航信息，并使浏览者无需深入浏览站点即可了解站点的结构和提供的内容。Spry 菜单栏构件包括垂直构件和水平构件。使用 Spry 菜单栏的操作步骤如下：

步骤 1 新建并保存文件。

步骤 2 选择【插入】|【Spry】|【Spry 菜单栏】命令，或者在【插入】面板的【Spry】选项卡中单击【Spry 菜单栏】选项按钮。

步骤 3 打开【Spry 菜单栏】对话框，如图 15.16 所示。从中选择【水平】或者【垂直】选项，并单击【确定】按钮。

步骤 4 插入的水平 Spry 菜单栏效果如图 15.17 所示。

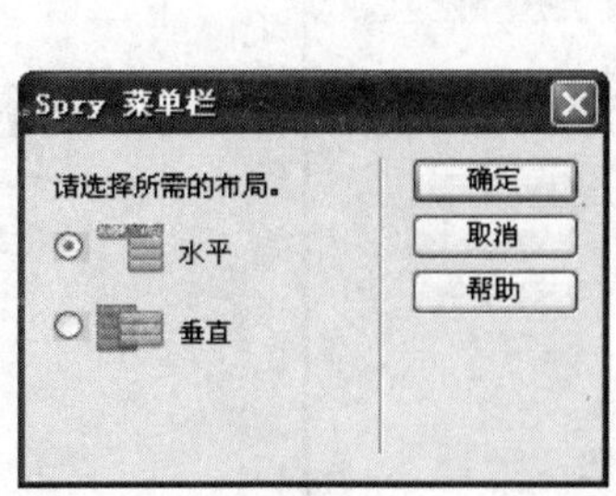

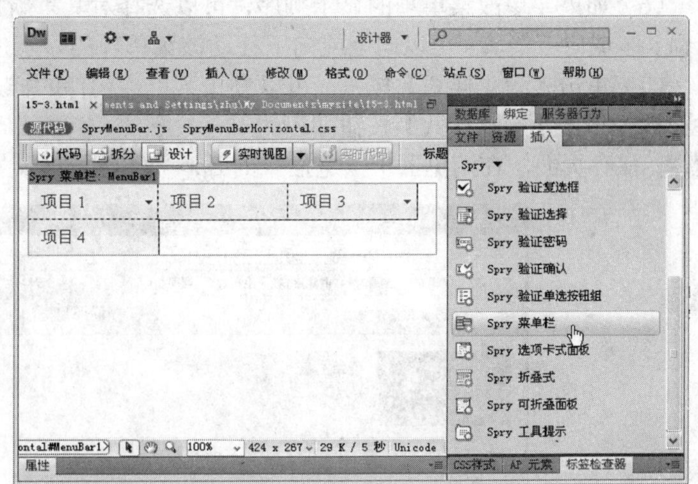

图 15.16 【Spry 菜单栏】对话框

图 15.17 【Spry 菜单栏】对话框

Spry 菜单栏构件使用 DHTML 层技术。如果页面中包含 Flash 内容，因为 Flash 影片总是显示在所有其他 DHTML 层的上方，因此，Flash 内容可能会显示在子菜单的上方。为了避免此类问题的发生，可以更改 Flash 影片的参数，设置 wmode="transparent"。

步骤 5 下面就可以利用属性面板来添加或删除菜单和子菜单。选中 Spry 菜单栏，此时的属性面板会详细显示当前构件的设置，如图 15.18 所示。

图 15.18　Spry 菜单栏属性面板

（1）如果要添加主菜单项，单击第一列上方的加号按钮+，系统会自动增加一个主菜单项。

（2）如果要重命名新菜单项，可以选中菜单项，然后在【文本】框中输入新名称。同时在【链接】文本框中输入该菜单项要链接的 URL 地址，或者单击【浏览】图标快速浏览相应的文件；在【标题】文本框中设置菜单项提示信息；在【目标】文本框中设置打开页面的位置，可以包括 4 个选项值。

1）_blank：在新浏览器窗口中打开所链接的页面。

2）_self：在同一个浏览器窗口中加载所链接的页面。这是默认选项。如果页面位于框架或框架集中，该页面将在该框架中加载。

3）_parent：在文档的直接父框架集中加载所链接的文档。

4）_top：在框架集的顶层窗口中加载所链接的页面。

（3）如果要增加子菜单的主菜单项的名称，可以单击第二列上方的加号按钮+。设计子菜单项的属性与设置主菜单项方法相同。

（4）如果要向子菜单中添加子菜单，可以选择向其中添加另一个子菜单项的子菜单项的名称，然后单击第三列上方的加号按钮+，增加下一级菜单项。Dreamweaver 在【设计】视图中仅支持 3 级子菜单，但是在【代码】视图中可以添加任意多个子菜单。

（5）如果要删除某级菜单项，可以先选中要删除的主菜单项或子菜单项的名称，然后单击减号按钮即可−。

（6）如果要更改菜单项的显示顺序，可以选择对其重新排序的菜单项的名称，然后单击向上箭头▲或向下箭头▼可以向上或向下移动该菜单项的显示位置。

（7）单击【禁止样式】按钮，可以禁止菜单栏构件的样式。如果要启动样式，只需要在属性面板中单击【启动样式】按钮即可。

步骤 6 保存页面，在浏览器中预览插入的 Spry 菜单栏效果，显示如图 15.19 所示。

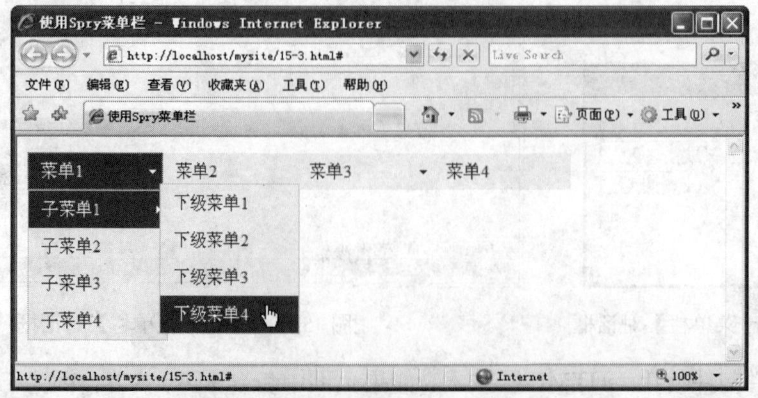

图 15.19　Spry 菜单栏属性面板

15.3.3 创建 Spry 选项卡式面板

Spry 选项卡式面板构件就是 Tab 面板组，用于将内容分类存储在不同的子面板中，通过单击面板选项卡可以隐藏或显示存储在选项卡式面板中的内容。当单击不同的选项卡时，构件的面板会相应地打开，选项卡式面板构件中只有一个内容面板处于被打开状态。创建 Spry 选项卡式面板的操作步骤如下：

步骤 1 新建并保存文件。

步骤 2 选择【插入】|【Spry】|【Spry 选项卡式面板】命令，或者在【插入】面板的【Spry】选项卡中单击【Spry 选项卡式面板】选项按钮。在当前窗口中插入一个 Spry 选项卡式面板，如图 15.20 所示。

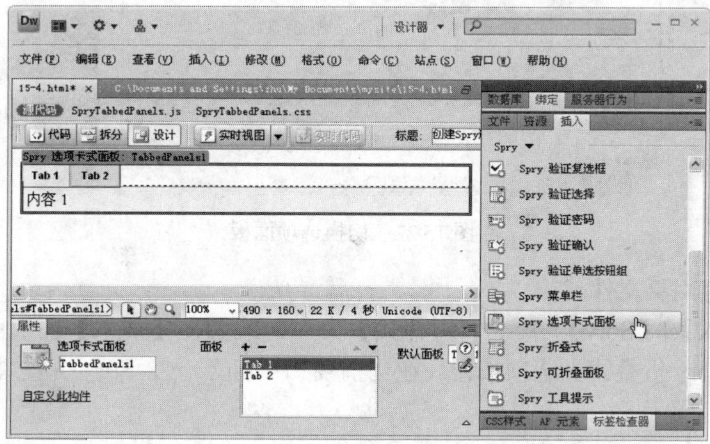

图 15.20 插入的 Spry 选项卡式面板

步骤 3 插入 Spry 选项卡式面板后，选中该构件，此时的属性面板会详细显示当前构件的设置，如图 15.21 所示。

图 15.21 Spry 选项卡式面板的属性面板

（1）与 Spry 菜单栏操作相似，单击加号按钮+，系统会自动增加一个选项卡，在【面板】列表框中选中某个选项卡名称，然后单击减号按钮−，可以删除当前选中的选项卡。

（2）在【默认面板】下拉列表中可以定义默认显示的选项卡面板。

（3）如果要更改选项卡的显示顺序，可以选择要对其重新排序的选项卡的名称，然后单击向上箭头▲或向下箭头▼可以向上或向下移动该选项卡的显示位置。

步骤 4 用户可以在编辑窗口中的“内容”区域插入任意元素和内容，在“标签”区域修改选项卡的名称。当移动鼠标指针到某个选项卡标签上时，系统会自动显示一个眼睛图标，单击该图标可以显示当前选项卡面板，如图 15.22 所示。

15.3.4 创建 Spry 折叠式

Spry 折叠式构件类似于 QQ 的控制窗口，它是一组可折叠的面板，可以将大量内容存储在一个紧凑的空间中。通过单击该面板上的选项卡来隐藏或显示存储在折叠构件中的内容，当单击不同的选项卡时，折叠构件的面板会相应地展开或收缩。在折叠构件中，每次只能有一个内容面板处于打开且可见的状态。创建 Spry 折叠式构件的操作步骤如下：

图 15.22　切换选项面板

步骤 1　新建并保存网页文件。

步骤 2　选择【插入】|【Spry】|【Spry 折叠式】命令，或者在【插入】面板的【Spry】选项卡中单击【Spry 折叠式】选项按钮。在当前窗口中插入一个 Spry 折叠式构件，如图 15.23 所示。

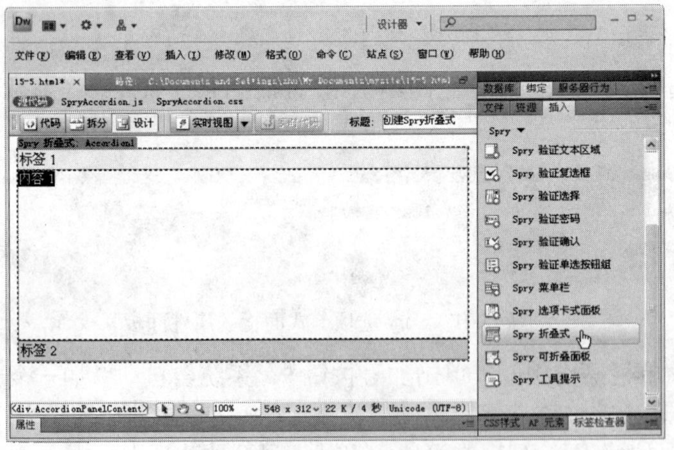

图 15.23　插入的 Spry 折叠式

步骤 3　插入 Spry 折叠式构件后，选中该构件，此时的属性面板会详细显示当前构件的设置，如图 15.24 所示。

图 15.24　Spry 折叠式的属性面板

步骤 4　单击“+”按钮，系统会自动增加一个折叠面板，在【面板】列表框中选中一个面板名称，然后单击“-”按钮，可以删除当前选中的折叠面板。

步骤 5 如果要更改面板的名称，可以在【设计】视图中选择面板的标签文本并对其进行修改。在“内容”区域插入任意元素和内容。当移动鼠标到某个标签上时，系统会自动显示一个眼睛图标，单击该图标可以显示当前折叠面板，如图 15.25 所示。

图 15.25　折叠式面板

15.3.5　创建 Spry 可折叠面板

Spry 可折叠面板与 Spry 折叠式构件类似，但它不是一组折叠面板的组合，而只是一个单一的折叠面板，类似网页中的一个可收缩栏目，单击折叠面板的标题栏可以折叠面板。创建 Spry 可折叠面板的操作步骤如下：

步骤 1 新建并保存网页文件。

步骤 2 选择【插入】|【Spry】|【Spry 可折叠面板】命令，或者在【插入】面板的【Spry】选项卡中单击【Spry 可折叠面板】选项按钮，在当前窗口中插入一个 Spry 可折叠面板，如图 15.26 所示。

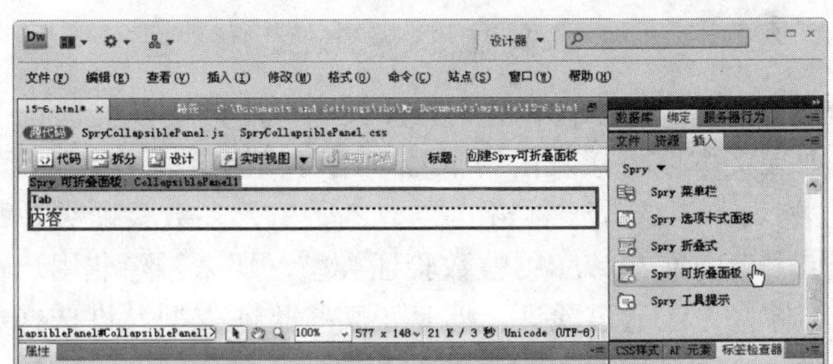

图 15.26　插入的 Spry 可折叠面板

步骤 3 插入 Spry 可折叠式面板之后，选中该构件，在属性面板中可以设置面板的默认状态，如图 15.27 所示。

图 15.27　Spry 可折叠面板的属性面板

步骤4 如果要更改折叠面板的栏目名称，可以在【设计】视图中选择面板的标签文本并对其进行修改。在“内容”区域插入任意元素和内容。当移动鼠标到折叠面板标题栏上时，系统会自动显示一个眼睛图标，单击该图标可以显示或隐藏当前折叠面板。

15.3.6 使用 Spry 验证文本域

Spry 验证文本域构件实际就是一个文本框，但它增加了 JavaScript 行为用来验证用户输入文本时显示文本的状态（有效或无效）。例如，定义一个验证文本域要求输入电子邮件地址，如果访问者输入非法的电子邮件格式（缺少“@”符号和句点），验证文本域构件会返回一条消息，提示用户输入的信息无效。使用 Spry 验证文本域的方法如下：

步骤1 新建并保存网页文档。

步骤2 选择【插入】|【Spry】|【Spry 验证文本域】命令，或者在【插入】面板的【Spry】选项卡中单击【Spry 验证文本域】选项按钮。

步骤3 Dreamweaver CS4 会打开【输入标签辅助功能属性】对话框，要求为验证文本域定义 ID 属性和添加标签文字。如果在插入 Spry 验证文本域之前，没有插入表单域，则系统会提示是否添加表单域（<form>标记）。这与插入表单域的操作过程有点类似。

步骤4 插入 Spry 验证文本域之后，选中该构件，可以在属性面板中详细设置验证文本域的相关验证设置，如图 15.28 所示。

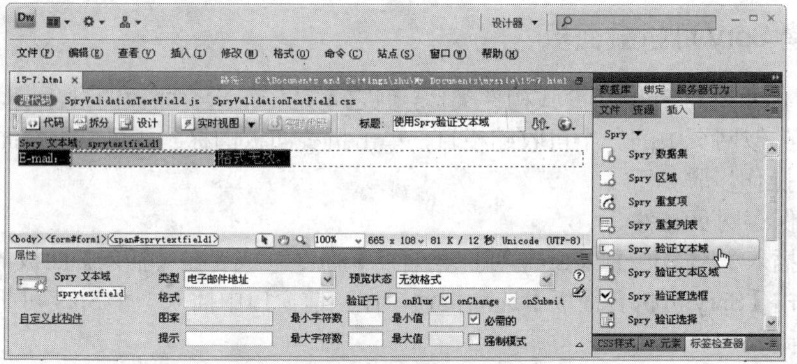

图 15.28 插入 Spry 验证文本域

（1）【类型】下拉列表：在该菜单中指定验证类型，用户可以为验证文本域构件指定不同的验证类型。例如，如果文本域将接收信用卡号，则可以指定信用卡验证类型。

（2）【格式】下拉列表：当选择一种格式类型之后，大多数验证类型都会要求文本域采用标准格式。例如，如果用户向文本域应用整数验证类型，那么，除非用户在该文本域中输入数字，否则，该文本域构件将无法通过验证。但是，某些验证类型允许选择文本域将接受的格式种类。下面详细说明验证文本域使用的验证类型和格式。

1）无：无需特殊格式。

2）整数：文本域仅接受数字。

3）电子邮件：验证文本域接受包含@和句点(.)的电子邮件地址，而且@和句点的前面和后面都必须至少有一个字母。

4）日期：格式可变。从【格式】下拉菜单中选择日期的格式。

5）时间：格式可变。从【格式】下拉菜单中进行选择，其中“tt”表示 am/pm 格式，“t”表示 a/p 格式。

6）信用卡：格式可变。从【格式】下拉菜单中进行选择。可以选择接受所有信用卡，或者指定特定种类的信用卡，文本域不接受包含空格的信用卡号，例如，4321 3456 4567 4567。

7）邮政编码：格式可变。从【格式】下拉菜单中进行选择。

8）电话号码：文本域接受美国和加拿大格式，例如，(000)000-0000 或自定义格式的电话号码。

9）社会安全号码：文本域接受 000-00-0000 格式的社会安全号码。

10）货币：文本域接受 1000000.00 或 1.000.000,00 格式的货币。

11）实数/科学记数法：验证各种数字，例如，数字（如 3）、浮点值（如 12.123）、以科学记数法表示的浮点值（如 1.212e+12，其中 e 用作 10 的幂）。

12）IP 地址：格式可变。可以从【格式】下拉菜单中进行选择。

13）URL：文本域接受 http://xxx.xxx.xxx 或 ftp://xxx.xxx.xxx 格式的 URL。

14）自定义：可用于指定自定义验证类型和格式。

（3）【预览状态】下拉列表框：设置要查看的状态。例如，如果要查看处于“有效”状态的构件，请选择“有效”。

（4）【验证于】选项：设置验证何时发生。可以选择所有选项，也可以都不选。

1）onBlur：当用户在文本域的外部单击时验证。

2）onChange：当用户更改文本域中的文本时验证。

3）onSubmit：当用户提交表单时验证。

（5）【提示】文本框：设置验证文本域的提示信息。由于文本域有很多不同格式，因此，提示信息可以帮助用户输入正确格式。例如，验证类型设置为“电话号码”的文本域将只接受 (000) 00-0000 形式的电话号码。可以输入这些示例号码作为提示，以便用户在浏览器中加载页面时，文本域中将显示正确的格式。

（6）【最小字符数】和【最大字符数】文本框：该选项仅适用于“无”、“整数”、“电子邮件地址”和“URL”验证类型。例如，如果用户在【最小字符数】文本框中输入 5，那么，只有当用户输入 5 个或更多个字符时，该构件才通过验证。

（7）【最小值】和【最大值】文本框：该选项仅适用于“整数”、“时间”、“货币”和“实数/科学记数法”验证类型。例如，如果用户在【最小值】文本框中输入 5，那么，只有当用户在文本域中输入 5 或者更大的值时，该构件才能够通过验证。

（8）【必需】复选框：选中该复选框，可以要求用户必须输入信息。默认情况下 Dreamweaver 插入的所有验证文本域构件都要求用户在将构件发布到 Web 页之前输入内容。

（9）【强制模式】复选框：选中该复选框，可以禁止用户在验证文本域构件中输入无效字符。例如，如果对具有“整数”验证类型的构件集选择此选项，那么，当用户尝试键入字母时，文本域中将不显示任何内容。

步骤 5 插入 Spry 验证文本域，然后在属性面板中定义验证类型和其他属性，例如，在页面中输入一个 Spry 验证文本域，设置为 E-mail 类型，则预览效果如图 15.29 所示。

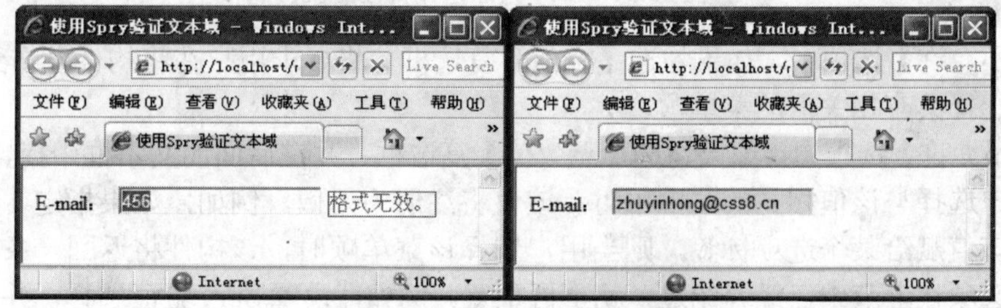

图 15.29 Spry 验证文本域效果

15.3.7 使用 Spry 验证选择

Spry 验证选择构件是一个下拉菜单，该菜单在用户进行选择时会显示构件的状态（有效或无效）。使 Spry 验证文本域的方法如下：

步骤 1 新建并保存网页文档。

步骤 2 选择【插入】|【Spry】|【Spry 验证选择】命令，或者在【插入】面板的【Spry】选项卡中单击【Spry 验证选择】选项按钮。

步骤 3 Dreamweaver CS4 会打开【输入标签辅助功能属性】对话框，要求为验证选择构件定义 ID 属性和添加标签文字，如果在插入 Spry 验证文本域之前，没有插入表单域，则系统会提示是否添加表单域（<form>标记）。

步骤 4 插入 Spry 验证选择之后，选中下拉列表框，在属性面板中设置选项，如图 15.30 所示。然后选中该构件，在属性面板中可以详细设置验证选择的相关验证设置，如图 15.31 所示。

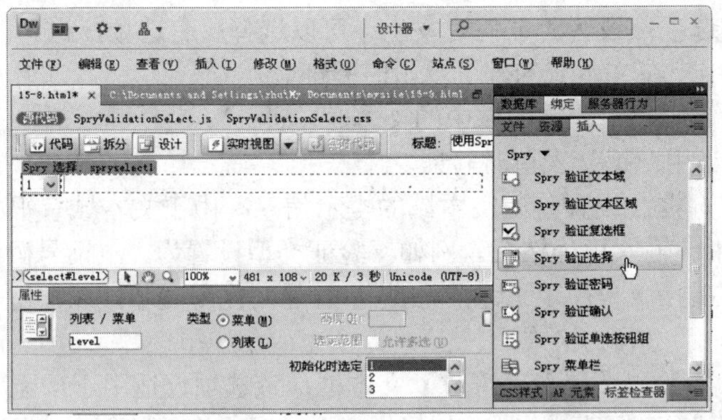

图 15.30 设置列表项

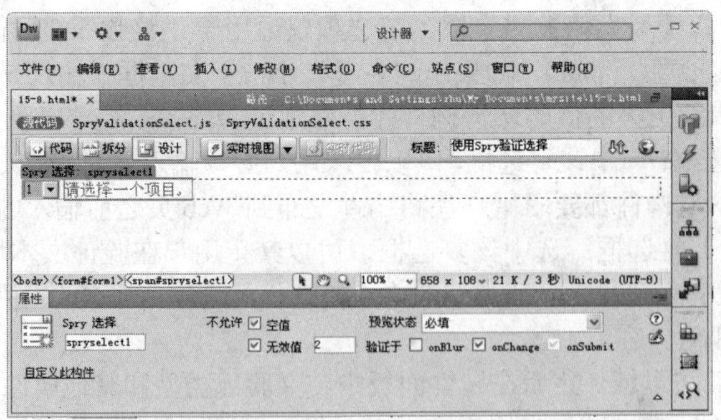

图 15.31 Spry 验证选择属性面板

步骤 5 在【不允许】选项中，如果勾选【空值】复选框，将要求用户在将构件发布到 Web 页之前，选择具有相关值的菜单项。

步骤 6 在【不允许】选项中，如果勾选【无效值】复选框，并在后面的文本框中指定无效的值，当用户选择与该值相关的菜单项时，该值将注册为无效。例如，如果指定-1 是无效值，并将该值赋给某个选项标签，则当用户选择该菜单项时，该构件将返回一条错误消息。

步骤 7 其他选项在上节中已经介绍过，就不再重复。例如，设置 Spry 验证选择，并定义下拉列表框的显示值，预览如图 15.32 所示。

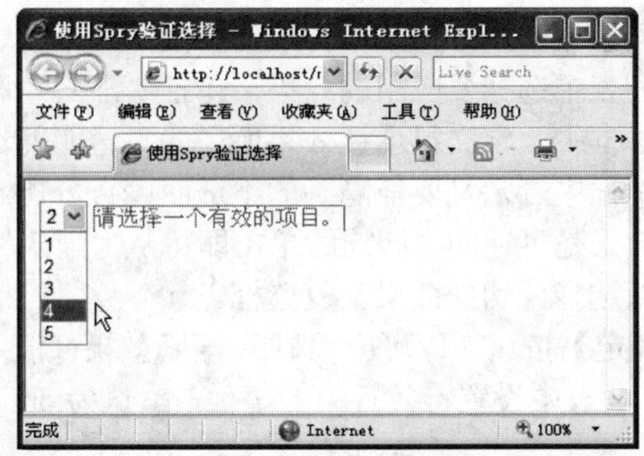

图 15.32　Spry 验证选择效果

另外，Dreamweaver CS4 还提供了验证复选框、验证文本区域、验证密码、验证确认和验证单选按钮组，由于这些构件的用法基本相同，本章就不再详细讲解了，读者可以参照上面构件的操作的方法进行应用。

15.4 Spry 效果

Dreamweaver CS4 在 Spry 技术框架中还提供了 Spry 效果，Spry 效果可以对 HTML 页中的可视元素添加可视效果。这些效果包括动态过渡和内容的高亮显示。虽然 Spry 效果不及 Flash 动画效果，但是有时可以使用它指示应用状态。为了给用户较好的反馈，从一个状态到另一个状态的过渡可以巧妙地使用动态效果。

Spry 包括下列效果：

（1）显示/渐隐：使元素显示或渐隐。

（2）高亮颜色：更改元素的背景颜色。

（3）向上遮帘/向下遮帘：模拟百叶窗，向上或向下滚动百叶窗来隐藏或显示元素。

（4）上滑/下滑：上下移动元素。

（5）增大/收缩：使元素变大或变小。

（6）晃动：模拟从左向右晃动元素。

（7）挤压：使元素从页面的左上角消失。

当用户增加 Spry 效果时，系统会在【代码】视图中将 JavaScript 代码添加到文件中。其中的一行代码用来标识 SpryEffects.js 文件，该文件是包括这些效果所必需的，因此不要从代码中删除该行，否则这些效果将不起作用。

15.4.1　显示/渐隐效果

应用显示/渐隐效果的操作步骤如下：

步骤 1 选择要应用效果的内容或布局元素（也可以不选，在打开的对话框中进行选择）。

步骤 2 选择【窗口】|【行为】命令，打开【行为】面板，单击面板中的加号按钮 +，从弹出的下拉菜单中选择【效果】|【显示/渐隐】选项，打开【显示/渐隐】对话框，如图 15.33 所示。

（1）从【目标元素】下拉菜单中选择某个对象的 ID。如果已经选择了一个对象，则会显示“<当前选定内容>”项。

（2）在【效果持续时间】框中，定义效果持续的时间，用毫秒表示。

（3）在【效果】下拉列表中选择要应用的效果，包括“渐隐”和“显示”。

（4）在【渐隐自】文本框中，定义显示该效果所需的不透明度百分比。

（5）在【渐隐到】文本框中，定义要渐隐到的不透明度百分比。

（6）如果用户希望该效果是可逆的（即连续单击即可从“渐隐”转换为“显示”或从“显示”转换为“渐隐”），可以选择【切换效果】复选框。

步骤3 设置完毕，单击【确定】按钮，即可应用显示/渐隐效果，演示效果如图 15.34 所示。用户还可以在【行为】面板中设置特效行为的事件，默认为 onClick，即当鼠标单击对象时触发演示效果。

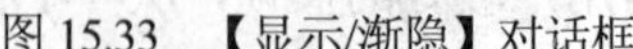

图 15.33 【显示/渐隐】对话框

图 15.34 显示/渐隐效果

该效果适用于除 applet、body、iframe、object、tr、tbody 或 th 以外的所有 HTML 对象。

15.4.2 遮帘效果

选择【窗口】|【行为】命令，打开【行为】面板，单击面板中的加号按钮 +，从弹出的下拉菜单中选择【效果】|【遮帘】项，打开【遮帘】对话框，如图 15.35 所示。

（1）在【效果持续时间】文本框中，定义此效果持续的时间，用毫秒表示。

（2）在【效果】下拉列表中选择要应用的效果，包括“向上遮帘”或“向下遮帘”。

（3）在【向上遮帘自】或【向下遮帘自】文本框中，以百分比或像素值形式定义遮帘的起始滚动点。这些值是从对象的顶部开始计算的。

（4）如果希望该效果是可逆的（即连续单击即可上下滚动），可以选择【切换效果】复选框。

该效果仅适用于 address、dd、div、dl、dt、form、h1、h2、h3、h4、h5、h6、p、ol、ul、li、applet、center、dir、menu 或 pre 这些 HTML 对象。

15.4.3 增大/收缩效果

选择【窗口】|【行为】命令，打开【行为】面板，单击面板中的加号按钮 +，从弹出的下拉菜单中选择【效果】|【增大/收缩】项，打开【增大/收缩】对话框，如图 15.36 所示。

（1）从【目标元素】下拉菜单中选择某个对象的 ID。如果已经选择了一个对象，可以选择“<当前选定内容>”。

（2）在【效果持续时间】文本框中，定义出现此效果所需的时间，用毫秒表示。

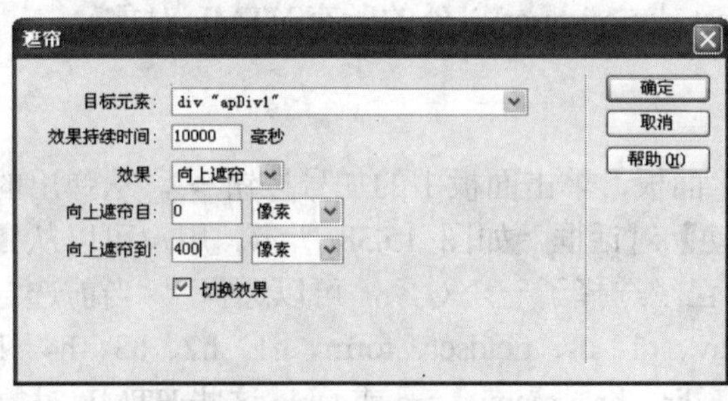

图 15.35 【遮帘】对话框

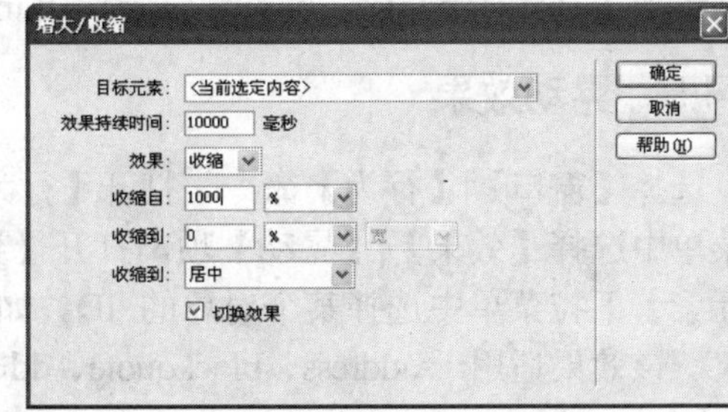

图 15.36 【增大/收缩】对话框

（3）在【效果】下拉列表中选择要应用的效果，包括“增大”或“收缩”。

（4）在【增大自/收缩自】文本框中，设置对象在效果开始时的大小。该值为百分比大小或像素值。

（5）在【增大到/收缩到】文本框中，定义对象在效果结束时的大小。该值为百分比大小或像素值。

（6）如果为【增大自/收缩自】或【增大到/收缩到】文本框选择像素值，【宽/高】文本框就会可见。元素将根据用户选择的选项相应地增大或收缩。

（7）在【增大到/收缩到】下拉列表中选择希望元素增大或收缩到页面的左上角还是页面的中心。

（8）如果希望该效果是可逆的，可以选择【切换效果】复选框。

该效果仅适用于 address、dd、div、dl、dt、form、p、ol、ul、applet、center、dir、menu 或 pre 这些 HTML 对象。

15.4.4 高亮颜色效果

选择【窗口】|【行为】命令，打开【行为】面板，单击面板中的加号按钮 +，从弹出的下拉菜单中选择【效果】|【高亮颜色】项，打开【高亮颜色】对话框，如图 15.37 所示。

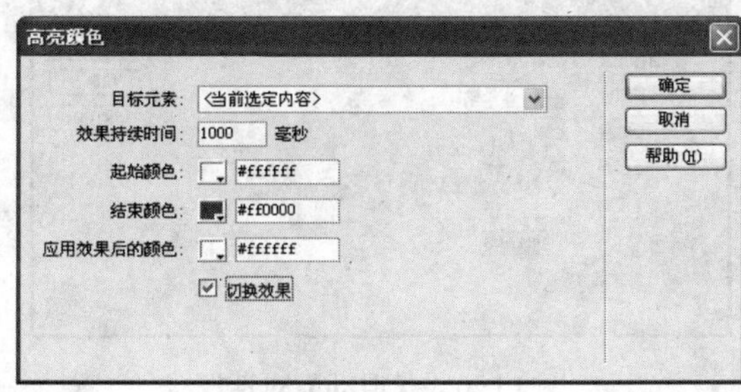

图 15.37 【高亮颜色】对话框

（1）从【目标元素】下拉菜单中选择某个对象的 ID。如果已经选择了一个对象，可以选择“<当前选定内容>”。

（2）在【效果持续时间】文本框中，定义出现此效果所需的时间，用毫秒表示。

（3）在【起始颜色】中选择希望以哪种颜色开始高亮显示。

（4）在【结束颜色】中选择希望以哪种颜色结束高亮显示。此效果将持续的时间为在【效果持续时间】中定义的时间。

（5）在【应用效果后的颜色】中选择该对象在完成高亮显示之后的颜色。

（6）如果希望该效果是可逆的，可以选择【切换效果】复选框。

该效果适用于 applet、body、frame、frameset 或 noframes 以外的所有 HTML 对象。

15.4.5 晃动效果

选择【窗口】|【行为】命令，打开【行为】面板，单击面板中的加号按钮+，从弹出的下拉菜单中选择【效果】|【晃动】项，打开【晃动】对话框，如图 15.38 所示。用户可以从【目标元素】下拉菜单中选择某个对象的 ID。如果已经选择了一个对象，可以选择“<当前选定内容>”。该效果适用于 address、blockquote、dd、div、dl、dt、fieldset、form、h1、h2、h3、h4、h5、h6、iframe、img、object、p、ol、ul、li、applet、dir、hr、menu、pre 或 table 这些 HTML 对象。

15.4.6 挤压效果

选择【窗口】|【行为】命令，打开【行为】面板，单击面板中的加号按钮+，从弹出的下拉菜单中选择【效果】|【挤压】项，打开【挤压】对话框，如图 15.39 所示。用户可以从【目标元素】下拉菜单中选择某个对象的 ID。如果已经选择了一个对象，可以选择“<当前选定内容>”。该效果适用于 address、dd、div、dl、dt、form、img、p、ol、ul、applet、center、dir、menu 或 pre 这些 HTML 对象。

图 15.38 【晃动】对话框

图 15.39 【挤压】对话框

15.4.7 滑动效果

选择【窗口】|【行为】命令，打开【行为】面板，单击面板中的加号按钮+，从弹出的下拉菜单中选择【效果】|【滑动】项，打开【滑动】对话框，如图 15.40 所示。

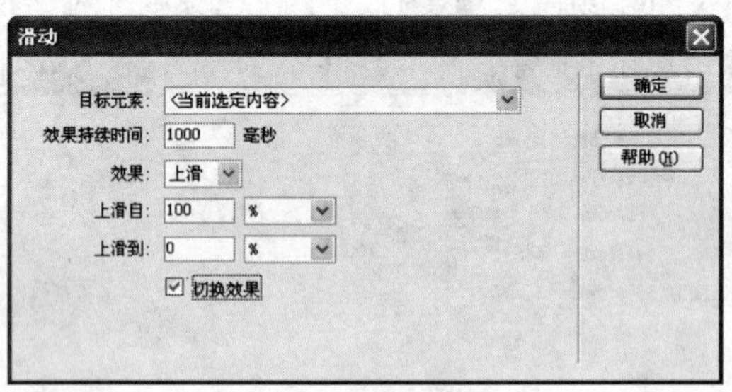

图 15.40 【滑动】对话框

（1）从【目标元素】下拉菜单中选择某个对象的 ID。如果已经选择了一个对象，可以选择“<当前选定内容>”。

（2）在【效果持续时间】文本框中，定义出现此效果所需的时间，用毫秒表示。

（3）在【效果】下拉列表中选择要应用的效果，包括“上滑”或“下滑”。

（4）在【上滑自/下滑自】文本框中，以百分比或像素值形式定义起始滑动点。

（5）在【上滑到/下滑到】文本框中，以百分比或正像素值定义结束滑动点。

（6）如果希望该效果是可逆的，可以选择【切换效果】复选框。

该效果适用于 blockquote、dd、div、form 或 center 这些 HTML 对象。

第 16 章

筹备动态网站运行环境

内容介绍

动态网页包含两层含义：一是表示动态效果的网页，二是表示动态数据的网页。动态效果主要依靠 JavaScript 等客户端脚本语言来设计，而动态数据需要客户端与服务器端数据交互来实现。从本章开始将讲解动态数据网站的完整实现过程。

要制作动态网页，在计算机上仅安装 Dreamweaver CS4 是远远不够的。Dreamweaver 仅是一个网页设计和编辑工具，用户还需要安装构建服务器运行环境的各种软件和插件，以及数据库管理系统等。本书将以 ASP（Active Server Pages）服务器技术为基础介绍如何使用 Dreamweaver CS4 作为工具来实现动态网页，并对用于构建动态网页应用程序的整体开发环境进行描述，以帮助用户了解什么才是真正的动态网页应用程序开发环境，本章将重点介绍 ASP 服务器环境的设置。

学习重点

- 认识动态网页
- 动态网页制作过程
- 服务器技术简介
- 配置 ASP 服务器运行环境
- 建立动态网站

Dreamweaver CS4

16.1 认识动态网页

网页可分为静态网页和动态网页两种类型。除了扩展名不同外（静态网页扩展名一般为.htm或.html，而动态网页的扩展名可以为.asp 或.aspx 等），动态网页与静态网页没有什么两样。它们都使用简单的 ASCII 字符进行编码，能够用记事本打开和编辑，并且都可以放在服务器上，等待提交给网页浏览器。此外，这两种网页都可以使用 VBScript 或 JavaScript 脚本语言进行控制。不过，动态网页的脚本必须在服务器上被执行，而静态网页的脚本不能在服务器上被执行，而是在客户端浏览器中被执行。

严格地说，静态网页也可能动起来，在网页中插入脚本，并依靠客户端浏览器来执行这些脚本使静态网页动起来，这些客户端被执行的脚本被 Dreamweaver 称为行为。但是，本书所指的动态网页脚本是指必须在服务器上被执行的代码。动态网页执行原理示意图如图 16.1 所示。

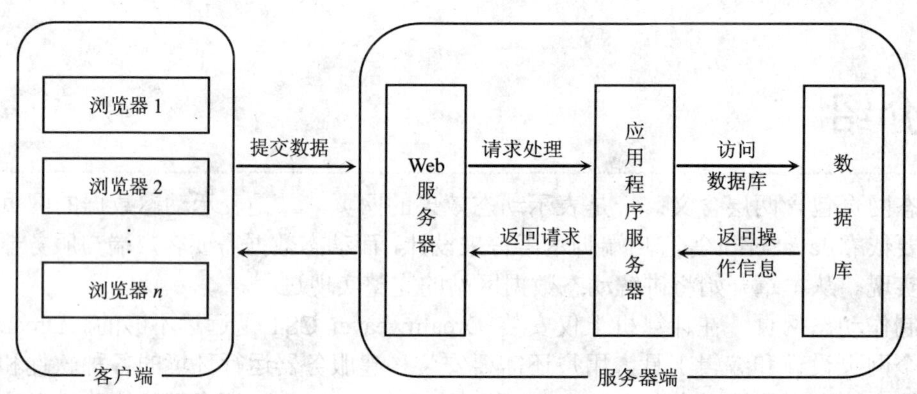

图 16.1　动态网页工作原理示意图

在上图动态网页工作原理示意图中，客户端浏览器首先应向服务器提交表单或 URL 地址参数，提出服务请求。Web 服务器接到用户请求后，会把该请求交给具体处理该任务的应用程序服务器进行分析处理。至于对提交的信息如何处理，则由网站开发人员编写的网页应用程序来决定。

应用程序服务器接到任务后，便进行处理，如果需要访问数据库，查询数据，则需要提交查询语句给 DBMS 处理。如果需要对数据库进行访问，开发人员还可以利用应用程序服务器所提供的接口对其进行访问，然后从数据库中获取查询记录或操作信息。应用程序服务器把处理的结果生成静态网页源代码返回到 Web 服务器。最后由 Web 服务器将生成的结果网页反馈给客户端浏览器。

一般来说，在 Web 服务器上可以通过多种技术途径来实现动态网站，最常见的技术包括 CGI、JSP、ASP 和 PHP 等。能在服务器上运行的代码被称为服务器端脚本，服务器端脚本能够操作数据库，调用各种服务器端资源。例如，在一个网页提交给浏览器之前，服务器端的脚本可以发出指令给服务器，让它提取数据库中的数据，并把这些数据插入返回到客户端的网页中。在 Dreamweaver CS4 中，服务器端的脚本被称作服务器行为。

Dreamweaver CS4

16.2 动态网页制作过程

在 Dreamweaver 中用可视化方法创建的所有动态网页都要以静态网页框架为基础。创建一个动态网页，首先要创建一个静态网页框架结构，然后把数据库中的数据绑定到静态网页面内的元素上，实现数据的动态连接。在 Dreamweaver 中用可视化方法创建动态网页的大致思路如下。

1．第一步，制作网页结构

制作动态网页的第一步就是创建静态网页页面结构，而静态网页页面的设计方法和技巧在前面已经详细介绍过了，这里就不再赘述。

2．第二步，定义记录集

如果要在动态网页中调用数据库中的数据，就要建立数据库连接，定义记录集，以便从数据库中读取数据。网页本身不能直接调用数据库内数据，它必须利用 ADO 控件来实现数据库读写。在 ADO 组件中，记录集是一个最重要、最基本的对象，它能够实现对数据库中的数据进行各种操作，例如，添加、删除或更新数据，排序、筛选和计算数据。

在 Dreamweaver 中用可视化方法定义的记录集都被添加到【绑定】面板的【数据绑定】列表框中。利用【绑定】面板可以向网页中绑定数据。

3．第三步，绑定数据

定义了记录集或其他数据源之后，就可以向网页中添加动态内容，而不必考虑插入到网页页中的服务器端脚本。用 Dreamweaver CS4 绑定数据时，仅仅需要指明数据绑定的位置和字段，具体代码由 Dreamweaver 自动实现。

在 Dreamweaver CS4 中，可以把动态内容插入在网页中任意位置，这些位置可能是放置在网页中某个插入点、替换字符串或者作为 HTML 元素的属性值等。例如，动态内容可以被绑定到图片 img 元素的 src 属性或表单 form 的 value 属性中。

4．第四步，增加服务器行为

当绑定数据后，读者还可以向网页中添加服务器行为，例如，重复显示、条件显示等。所谓服务器行为就是用 VBScript、JavaScript 等脚本语言编写的运行在服务器上的能够实现特定功能的代码。

5．第五步，调试动态网页

制作动态网页的最后一步就是根据需要调试网页。Dreamweaver CS4 提供了 3 种编辑环境：可视化编辑环境、活动数据编辑环境和源代码编辑环境。在添加动态内容之前，Dreamweaver CS4 默认处于可视化编辑环境中，即【设计】视图文档窗口，显示的页面和在浏览器中显示的是一样的。这是一种理想的编辑静态内容的工作环境。

但是，在浏览动态网页时，其显示的内容是动态的，在可视编辑环境中是一个样子，在浏览器中浏览时是另一种样子。为了便于查看与浏览器中相同效果的页面，可以切换到活动数据编辑环境中，即在【文档】工具栏中单击【活动数据视图】按钮，切换到活动数据编辑环境中查看动态网页的实际显示效果。也可以按 F12 键直接在浏览器中查看动态网页效果。

Dreamweaver CS4

16.3 服务器技术简介

利用 Dreamweaver CS4 开发动态网站，首先需要为网站指定一种服务器端技术，如 ASP、

ASP.NET、JSP、PHP 等。只有指定了服务器技术，才能利用 Dreamweaver CS4 向网页页面定义记录集，添加服务器行为，Dreamweaver CS4 生成哪种语言的程序代码，取决于指定的服务器技术。

在 Dreamweaver CS4 中指定服务器技术可以在定义站点时指定，如图 16.2 所示，在【定义站点】对话框的【高级】选项卡中选择【测试服务器】分类选项，在右侧的【服务器模型】下拉列表中选择服务器技术。

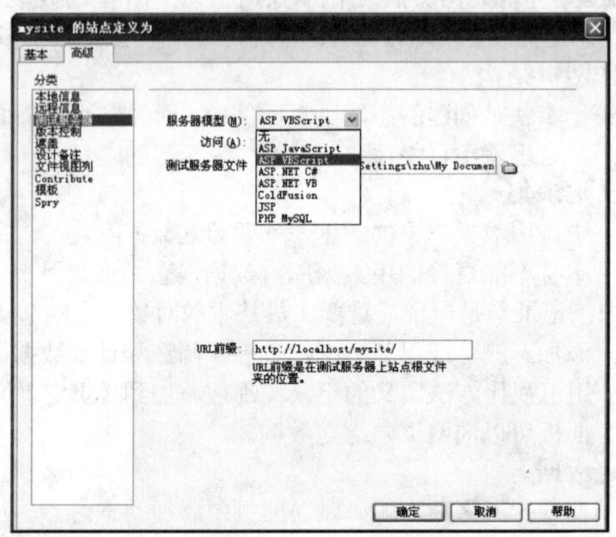

图 16.2　设置服务器技术

目前实现动态网页的服务器技术主要有 CGI、ASP、ASP.NET、PHP 和 JSP 等。

1．CGI

CGI（Common Gateway Interface）是一种通用的网关接口，是外部程序与网页服务器之间的标准编程接口。用户可以使用不同的语言编写 CGI 程序，例如，Visual Basic、Delphi 或 C/C++等。可以将已经写好的 CGI 代码放在网页服务器的计算机上运行，再将其运行结果通过网页服务器传输到客户端的网页浏览器上。事实上，由于 CGI 技术比较低级，普通用户在编写代码时会比较困难而且效率低，而且每一次修改程序都必须将 CGI 程序编译成可执行文件，因此现在很少再有用户使用。

2．ASP

ASP（Active Server Pages）是在 CGI 技术基础上由微软公司开发的一种快速、简便的服务器技术，由于它的学习门槛比较低，初学者很容易学习，且功能强大，一经推出就受到了众多专业人士的好评，凭借微软公司强有力的技术支持，可以说是时下网站建设中最为流行的技术之一。

ASP 是一种类似 HTML、Script 与 CGI 的混合体，但是其运行效率却要比 CGI 高。ASP 与 CGI 最大的不同在于对象和组件的使用。ASP 除了内置的 Request 对象、Response 对象、Server 对象、Session 对象、Application 对象及 ObjectContext 对象等基本对象外，还允许用户以外挂的方式使用 ActiveX 控件。当然，ASP 本身也提供了多个 ActiveX 控件供使用，这些组件包括广告回转组件、文件存取组件、文件连接组件及数据库存取组件等，这些大量扩充且重复使用的组件使得 ASP 的功能远远强于 CGI。

3．ASP.NET

ASP.NET 是微软公司新推出的一种服务器技术，它是在 ASP 技术基础上进行全新的技术改造，全面采用效率较高的、面向对象的方法来创建动态 Web 应用程序。在原来的 ASP 技术中，服务器端代码和客户端 HTML 混合、交织在一起，常常导致页面的代码冗长而复杂，程序的逻辑难以理解，而 ASP.NET 就能很好地解决这个问题，而且能与浏览器独立，且可以支持 VB.NET、C#、VC++.NET、JS.NET 等 4 种编程语言。

4．PHP

PHP（Hypertext Preprocessor，超文本预处理器）是一种 HTML 内嵌式的语言，PHP 与微软的 ASP 很相似，都是一种在服务器端执行的嵌入 HTML 文档的脚本语言，语言的风格类似于 C 语言，现在被很多的网站编程人员广泛的运用。PHP 独特的语法混合了 C、Java、Perl 以及 PHP 自创新的语法。它可以比 CGI 或者 Perl 更快速的执行动态网页。PHP 具有非常强大的功能，所有的 CGI 或者 JavaScript 的功能 PHP 都能实现，而且支持几乎所有流行的数据库以及操作系统。

由于 PHP 源代码是开放的，所有的 PHP 源代码事实上都可以得到。同时 PHP 技术又是免费的，因此深受一些用户欢迎。

5．JSP

JSP（Java Server Pages）是 Sun 公司推出的网站开发技术，是将纯 Java 代码嵌入 HTML 中实现动态功能的一项技术。目前，JSP 已经成为 ASP 的有力竞争者。

JSP 与 ASP 技术非常相似，两者都是在 HTML 代码中嵌入某种脚本并由语言引擎解释执行程序代码，它们都是面向服务器的技术，客户端浏览器不需要任何附加软件的支持。两者最明显的区别在于 ASP 使用的编程语言是 VBScript 之类的脚本程序，而 JSP 使用的是 Java。此外，ASP 中的 VBScript 代码被 ASP 引擎解释执行，而 JSP 中的脚本在第一次执行时被编译成 Servlet 并由 Java 虚拟机执行，这是 ASP 与 JSP 本质的区别。

Dreamweaver CS4

16.4 配置 ASP 服务器运行环境

一般来说，ASP 程序可以在 Windows 95/98/NT/2000/XP 等操作系统内运行，因此计算机的硬件配备至少要符合操作系统的需求，除了硬件之外，还必须正确安装和设置 TCP/IP 网络通信协议、网页服务器以及 ASP 组件。

在网络组件正确安装后，需要安装网页服务器。ASP 所需要的网页服务器版本至少要在 PWS（Personal Web Server）for Windows 95 或 IIS 3.0 以上。在 Windows NT/2000 操作系统中可以利用 Microsoft 公司提供的 IIS 安装和设置服务器环境，支持 ASP 的运行。在 Windows 98 中，Microsoft 公司提供了功能相对简单的 PWS（存放在系统安装盘内）安装和设置网页站点，也支持 ASP 的运行。

16.4.1 ASP 服务器技术概述

ASP（Active Server Pages，活动服务器网页）是服务器端脚本编写环境，可以创建和运行动态、交互的网页服务器应用程序。使用 ASP 可以组合 HTML 标记、脚本命令和 ActiveX 组件以创建动态网页和基于网页的功能强大的应用程序。HTML 由于自身的限制，无法直接存取数据库中的数据，因此也就无法实现动态网页功能。脚本（Script）是由一组可以在网页服务器端或客户浏览器端运行的命令组成，目前在网页编制上比较流行的脚本语言包括 VBScript 与 JavaScript。

ASP 是用服务器端脚本、对象和组件扩展了的标准 HTML 页，使用 ASP 可以用动态内容创建网站。ASP 具有以下几个重要特性：

（1）ASP可以包含服务器端脚本。将服务器端脚本包含在ASP中就可以用动态内容创建网页。

（2）ASP 提供了几种内置对象。在 ASP 中使用内置对象可以使脚本功能更强。另外，利用这些对象还可以从客户端浏览器中获得信息或者向客户端浏览器发送信息。

（3）使用附加组件可以扩展 ASP。ASP 可以同几个标准的服务器端 ActiveX 组件捆绑在一起，使用这些组件可以方便地处理数据库。

（4）ASP 可以与数据库（如 SQL Server、Microsoft Access 等）建立连接，通过对数据库的操作建立功能强大的动态网页应用程序。

总之，ASP 是目前网页开发技术中最容易学习、灵活性最大的开发工具之一。最重要的是 ASP 拥有非常好的可扩充性。ASP 是用附加特性扩展了的标准的 HTML 文件，像标准的 HTML 文件一样，ASP 包含可被网页浏览器显示并解释的 HTML 标记。通常放入 HTML 文件的 Java 小程序、用户端脚本、用户端 ActiveX 控件都可以放入 ASP 中。

ASP 采用 B/S 模型，但其工作原理与 HTML 网页有所不同。其执行过程如下：

（1）用户在浏览器的地址栏中键入 ASP 文件，并回车触发这个 ASP 的申请。

（2）浏览器将这个 ASP 的请求发送给网页服务器。

（3）网页服务器接收这些申请并根据.ASP 的后缀名判断这是 ASP 要求。网页服务器从硬盘或内存中读取正确的 ASP 文件。

（4）网页服务器将这个文件发送到名为 ASP.DLL 的特定文件中。

（5）ASP 文件将会从头至尾执行并根据命令要求生成相应的 HTML 文件。

（6）HTML 文件被送回浏览器。

（7）用户浏览器接受并解释这些 HTML 文件，然后将结果显示出来。

上述过程是一个简化的过程，但从中可以看出 ASP 与 HTML 有着本质的区别。对于网页服务器来说，HTML 不经过任何处理就被送到了客户端浏览器，而 ASP 中的每一个命令都首先要在服务器端执行并根据执行结果生成相应的 HTML 页面，再将 HTML 页面送给客户端浏览器。利用 ASP 的这种特性可以根据实际情况定制网页，在用户浏览器中显示不同的内容，即 ASP 可以根据需要动态地向客户端浏览器显示内容（如用户登录、网络搜索引擎等），因此，ASP 称作动态网页开发技术。

16.4.2 安装 IIS 5.0

IIS（Internet Information Server，Internet 信息服务）5.0 是 Microsoft 公司推出的基于 Windows 2000/XP 平台下提供网页站点服务的组件。与以前的版本相比，IIS 5.0 在安全性、可管理性、可编程性以及支持 Internet 标准等方面都得到了提高和加强，使用 IIS 5.0 可以方便地设置和管理网页站点。下面以 Windows XP 操作系统为例讲解 IIS 5.0 的安装步骤。

步骤1 单击【开始】|【控制面板】命令，在【控制面板】窗口中单击【添加/删除程序】图标，如图 16.3 所示。

步骤2 打开【添加或删除程序】对话框，在【添加或删除程序】对话框的左侧项目栏中单击【添加或删除 Windows 组件】图标，如图 16.4 所示。

步骤3 打开【Windows 组件向导】对话框，选中【Internet 信息服务（IIS）】项，单击【详细信息】按钮，如图 16.5 所示。

步骤4 选择所需安装的组件（建议把所有组件都选中），如图 16.6 所示。然后按照向导提示操作即可，中间还会需要 Windows XP 安装盘。

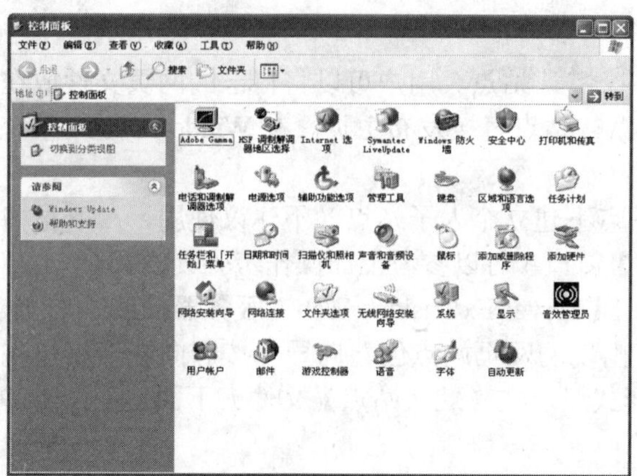

图 16.3 【控制面板】窗口

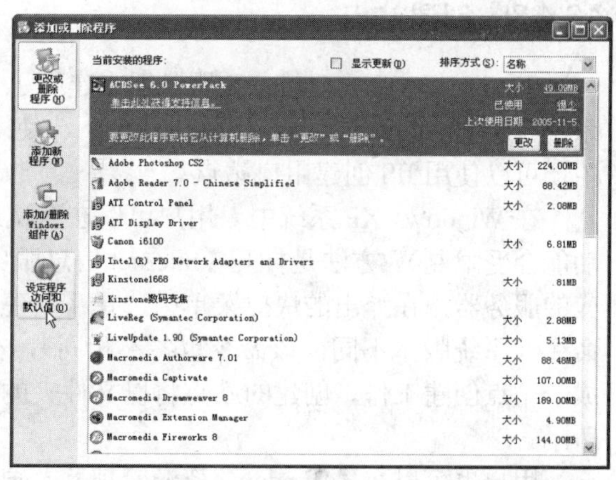

图 16.4 【添加或删除程序】对话框

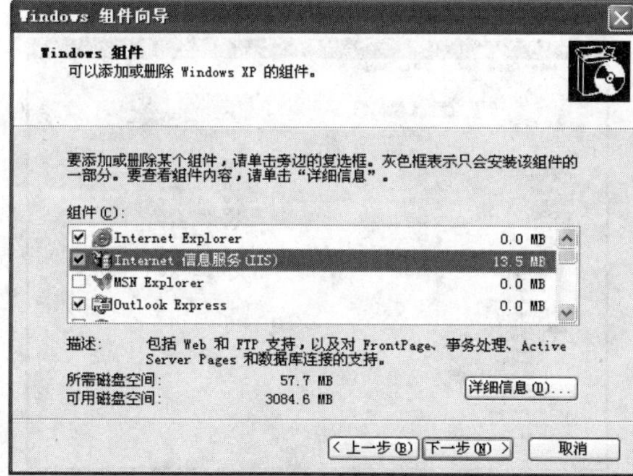

图 16.5 【Windows 组件向导】对话框

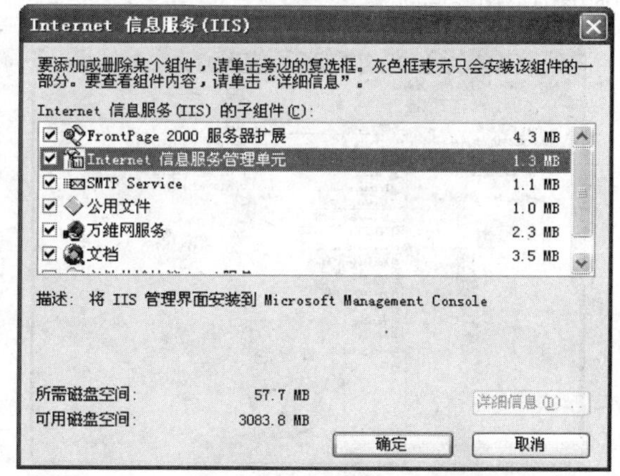

图 16.6 【Internet 信息服务（IIS）】对话框

步骤 5 安装完成后，选择【开始】|【控制面板】命令，在打开的【控制面板】窗口中双击【管理工具】图标，打开【管理工具】面板，如图 16.7 所示。

步骤 6 然后双击【Internet 服务管理器】图标，启动【Internet 信息服务】窗口，如图 16.8 所示。在【Internet 信息服务】窗口中可以建立站点和管理 IIS 5.0。

图 16.7 【管理工具】面板

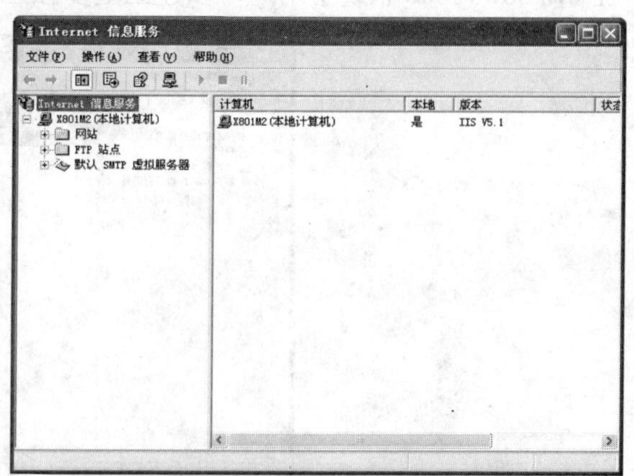

图 16.8 【Internet 信息服务】窗口

16.4.3 创建站点

IIS 5.0 安装后自动在 IIS 服务器上建立了一个默认站点。用户可以将自己的网页文件放在系统默认的 C:\inetpub\wwwroot 文件夹下，使用默认站点直接发布主页。在 Windows 2000 系统中还可以使用 IIS 创建用户站点.。

在 Windows XP 系统中，用户可以在默认站点下建立个人子站点（不建议使用，ASP 很多功能会受限制）。方法是打开【Internet 信息服务】窗口（可以参考上面操作步骤）。右键单击相应的服务器，在弹出的快捷菜单中选择【新建】|【Server Extensions Web（服务器扩展站点）】命令（系统版本不同，该命令也各不相同），在出现的网页站点创建向导中按照向导一步步完成子站点创建工作。创建的站点将以文件夹的形式显示在【默认站点】文件夹下面，如图 16.9 所示。

用户也可以在【Windows 资源管理器】窗口中直接找到 C:\Inetpub\wwwroot 文件夹下，在该文件夹中建立一个文件夹，即可创建一个子站点（不建议使用，ASP 很多功能会受限制），如图 16.10 所示。

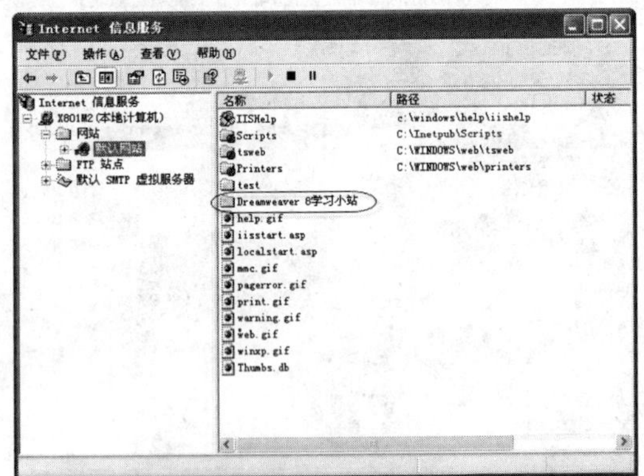

图 16.9 新建站点

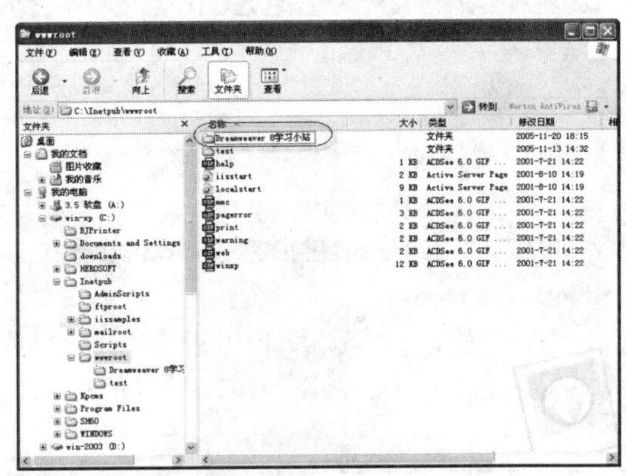

图 16.10 在资源管理器中建立站点

16.4.4 启动、停止站点

当定义一个网站后，其默认的状态是正在运行，由于 Windows XP 只有一个系统默认站点，当用户单击主机名的【站点】时，便可在右边的窗口中看到站点的状态，如图 16.11 所示。如果在 Windows 2000 系统下用户可以建立更多独立站点，在右边的窗口中会看到更多的站点状态。

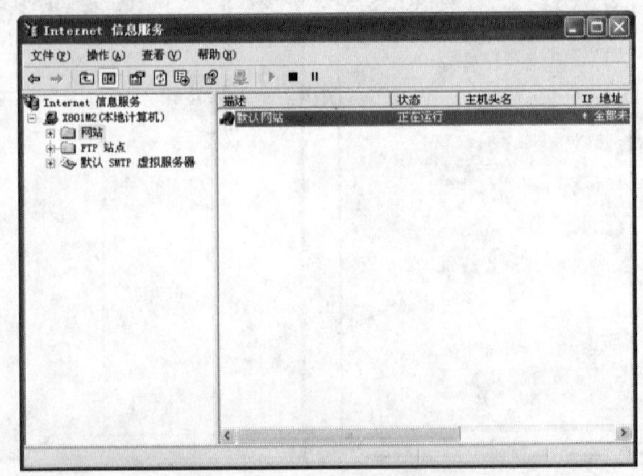

图 16.11 查看站点状态

在【Internet 信息服务】窗口中用鼠标右键单击相应默认站点，在弹出的快捷菜单中选择【停止】或【暂停】命令，可以停止或暂停网页站点，也可以选中相应的网页站点，单击工具栏中的【启动】按钮▶、【停止】按钮■或【暂停】按钮‖启动、停止或暂停该默认站点。

16.4.5　设置站点属性

在【Internet 信息服务】窗口中用鼠标右键单击默认站点，在弹出的快捷菜单中选择【属性】命令，打开【默认站点属性】对话框，在该对话框中可以设置默认站点属性，如图 16.12 所示。

1．站点设置

在【站点】选项卡中，主要设置网站必要的数据，如站点说明、IP 地址和连接端口等，如图 16.12 所示。在【连接超时】文本框中设置当客户端浏览器在发出一个需求之后，超过这个时间还无法接收到完整的网页数据，便发出【等待超时】信息，该项默认时间值是 900 秒。

2．主目录设置

在【主目录】选项卡中的属性便是该网站所对应的目录路径，也就是所有网页文件或动态网页程序所存储的地方。在【本地路径】文本框中输入本地路径或是单击【浏览】按钮打开【浏览文件夹】对话框，从中选取文件目录，另外，也可在此设置选项卡中修改客户端浏览器对网站的使用权限，即读取、写入及浏览目录等，如图 16.13 所示。

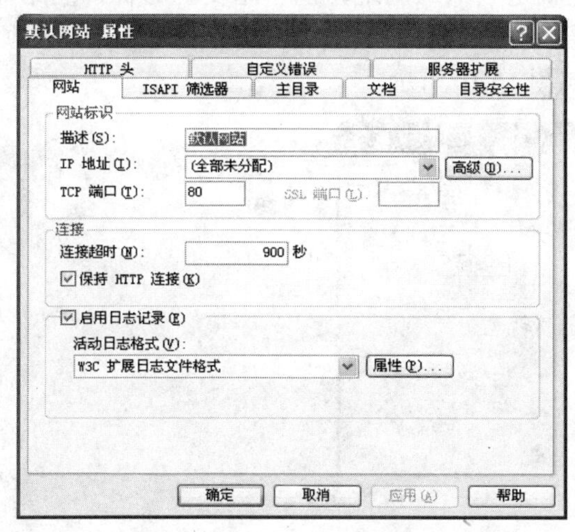

图 16.12　默认站点

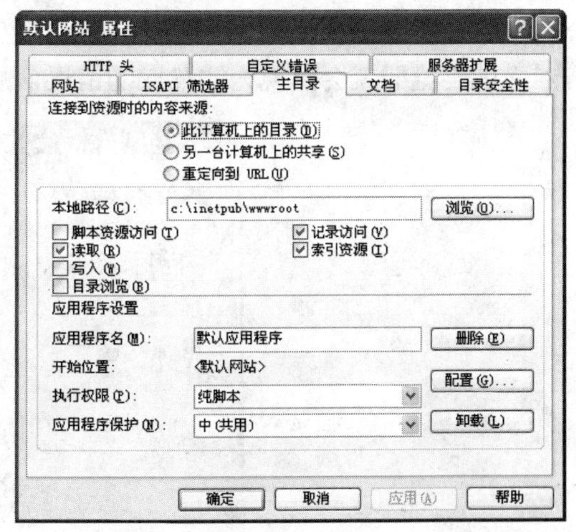

图 16.13　【主目录】选项卡

除了可以让连接至本网站的用户读取本机目录外，也可读取域中其他计算机中的目录，只要从【连接到资源的内容来源】3 个选项中选择第二个【另一台计算机上的共享】单选按钮，此设置选项卡便会如图 16.14 所示。

原本的【本地路径】选项变成了【网络目录】，即表示管理者可以将用户要浏览的目录，导向同一个域中的其他计算机中的目录，而不是读取本地目录中的文件。

如果从【连接到资源的内容来源】选项中选择【重定向到 URL】项，还可以将此网站导向另外一个网站，也就是说，用户在连接至本网站时，会自动转向其他网站，如图 16.15 所示。

在图 16.15 中可以看到【主目录】选项卡发生了很大的改变，原本要输入目录路径选项变成了要输入 URL 地址空白栏，用户只要在【重定向到】文本框中输入一个存在的网址，例如，输入“http://www.sohu.com”，用户连接至本网站时，网页的链接就会自动指向搜狐首页，所以用户在浏览器上看到的网页即是搜狐首页。

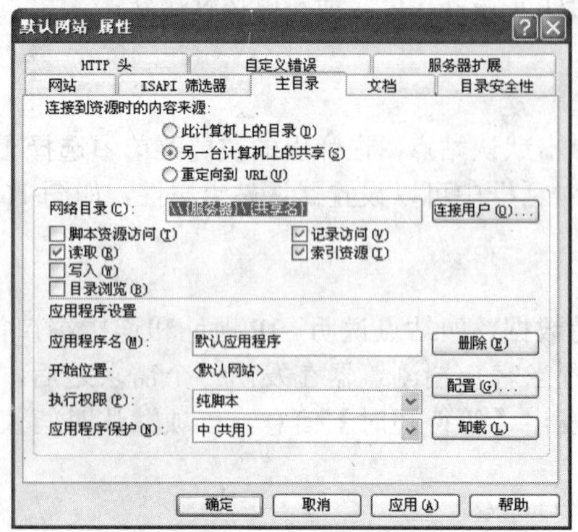

图 16.14　设置网络目录

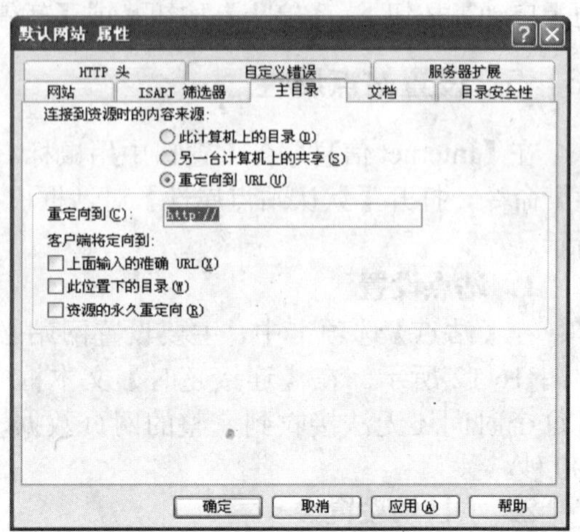

图 16.15　设置重定向到 URL

3. 文档设置

在【文档】选项卡选中【启用默认文档】复选框，当客户端的浏览器在对服务器发出请求（Request）后，若没有特别指定一个文件名称，也就是只输入网址，而省略文件名称，网站便会自动依次寻找列表中的文件在主机目录中是否存在，如果存在就将此文件送给客户端，否则客户端的浏览器就会出现无法读取的错误信息，如图 16.16 所示。

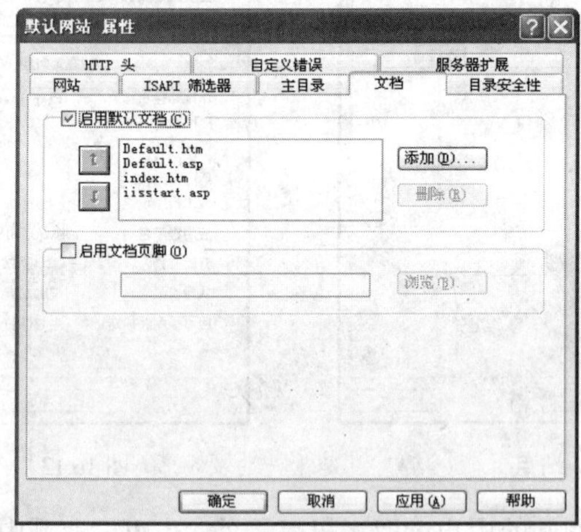

图 16.16　设置文档

在列表框中可以看到有 4 个文件名称，分别是 Default.htm、Default.asp、index.htm 和 issstart.asp，若要在列表新建一个文件名称，就单击列表右边的【新建】按钮，在打开的【增加默认文档】对话框中输入一个文件名称，再按下【确定】按钮，一个新的默认文件便新建完成。若要从列表中删除任一个文件名称，只要先选择列表中的文件名称，再按下【删除】按钮即可。不过建议用户尽量设置此默认文件列表的使用，避免错误发生。

4. 目录安全性设置

一般来说，网站应该是允许所有人的连接请求，但是，也有可能在某些特殊情况下，需要将用户的连接来源作一个限制。在【目录安全性】选项卡中所要设置的信息便是此种浏览权限上的限制，而且是对客户端来源加以限制，如图 16.17 所示。

由于在大多数情况下允许所有用户的连接，不需要作身份上的确认，所以每个连接至网站的客户端用户都是以匿名的方式登录的。在【匿名访问与验证控制】选项中，可以激活匿名存取权限，但匿名所代表的名称也可加以设置，单击【编辑】按钮，打开【身份验证方法】对话框，如图 16.18 所示。

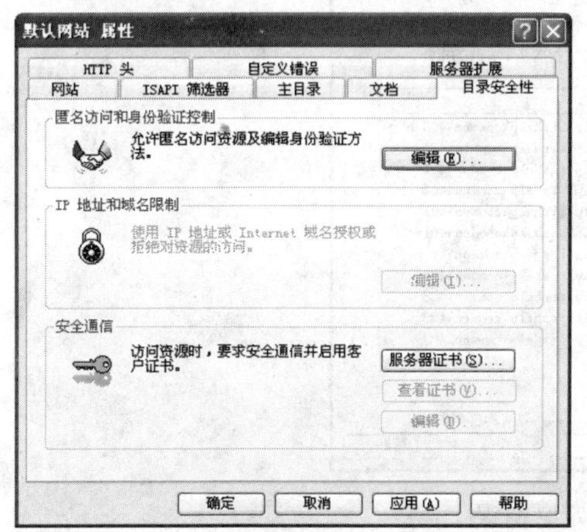

图 16.17 设置目录安全性

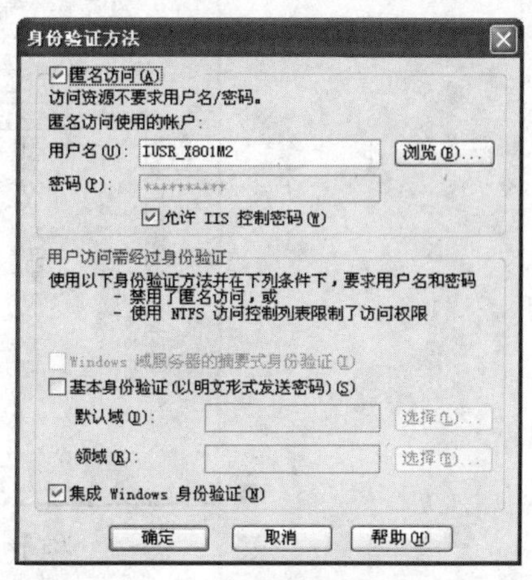

图 16.18 【身份验证方法】对话框

从图 16.18 中可以看到这里的默认值是一个名称为"IUSR_X801M2"的用户名称，这是一个系统自动产生的用户名称，若要更改为其他用户作为所有【匿名访问者的账户】的代表名称，即可直接在【用户名】文本框中输入，或者是按下【浏览】按钮在打开的【选择用户】对话框中的列表中选出一个用户名称作为匿名存取者的代表名称。由于 Windows XP 是一个多用户的操作系统，每个用户都拥有各自不同的权限，而连接进此网站的用户便拥有此用户名称的权限，因此，使用匿名登陆的用户都是给予最低的读取权限。

5．其他属性设置

在【ISAPI 筛选器】选项卡中设置一个筛选器程序来编译网站中的某些程序，如 ASP 便是一种 ISAPI，如图 16.19 所示。

在【HTTP 头】选项卡中设置一个"HTPP 头"，当用户在浏览此网站时，便会将此标题加在每一页面的标题之后，如图 16.20 所示。

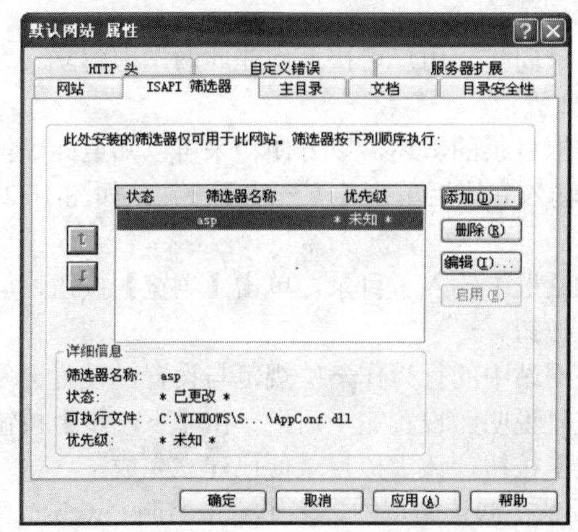

图 16.19 设置 ISAPI 筛选器

图 16.20 设置 HTTP 头

当浏览网页时，常常会因为某些原因导致无法浏览某一网站，这时可以在【自定义错误】选项卡中设置错误信息，其实这些错误信息也是一个网页，当网站在浏览器发生错误时会发送给用户，如图 16.21 所示。

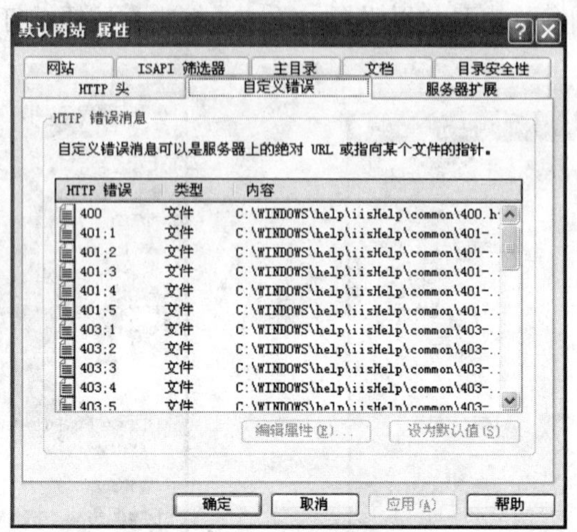

图 16.21 设置自定义错误

不管是哪个选项卡中的设置，在设置完毕后，都必须单击【确定】按钮或者【应用】按钮，该设置才会有效。

16.4.6 创建站点虚拟目录

虚拟目录并不是真实存在的网页目录，但虚拟目录与实际站点文件的目录之间存在一种映射关系。用户通过浏览器访问虚拟目录的名称称为别名。从用户的角度看不出虚拟目录与实际子目录的区别，但是虚拟目录的实际存储位置可能在本地计算机的其他目录之中，也可能是在其他计算机的目录上，或者是网络上的 URL 地址。利用虚拟目录，可以将数据分散保存在多个目录或计算机上，方便站点的管理和维护。此外，因为用户不知道文件在服务器中的实际位置，不能用此信息修改文件，也在一定程度上保证了站点的安全。创建站点虚拟目录的操作步骤如下：

步骤1 在【Internet 信息服务】窗口中，右键单击要添加虚拟目录的默认站点。

步骤2 在弹出的快捷菜单中选取【新建】|【虚拟目录】命令。

步骤3 打开【新建虚拟目录】向导，利用该虚拟目录向导，用户可快速地在此网站中建立一个虚拟目录，单击【下一步】按钮，如图 16.22 所示。

步骤4 设置别名。在【别名】文本框中输入对此虚拟目录的叙述，以方便将来可以知道此虚拟目录的用途是什么，就如同建立新网站时，输入完毕后单击【下一步】按钮，如图 16.23 所示。

步骤5 设置虚拟目录路径。在如图 16.24 所示的对话框中输入了目录，单击【浏览】按钮，可以选择目录，输入完毕后，单击【下一步】按钮。

步骤6 在如图 16.25 所示对话框中，用户可以对该网站中的行为作一些规范与设置，设置选项的意义与网站属性设置相同，在此就不再重复说明，设置完毕后，单击【下一步】按钮显示操作完毕提示对话框，最后单击【完成】按钮，该虚拟目录便已建立完成。

步骤7 返回【Internet 信息服务】窗口中，就可以看到在默认站点中，多了一个名叫“website”的虚拟目录，如图 16.26 所示。

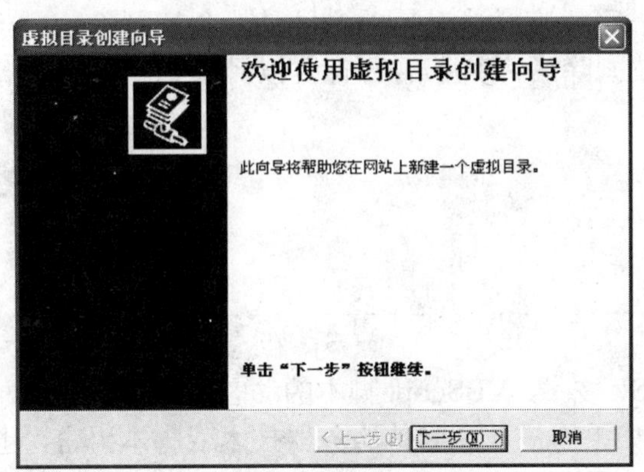

图 16.22 启动【新建虚拟目录】向导

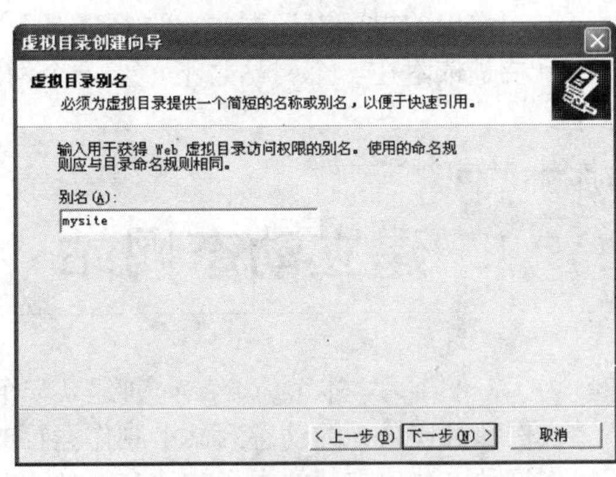

图 16.23 命名别名

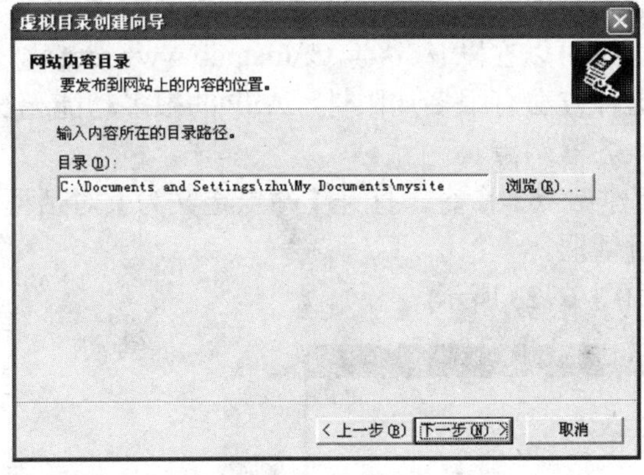

图 16.24 设置路径

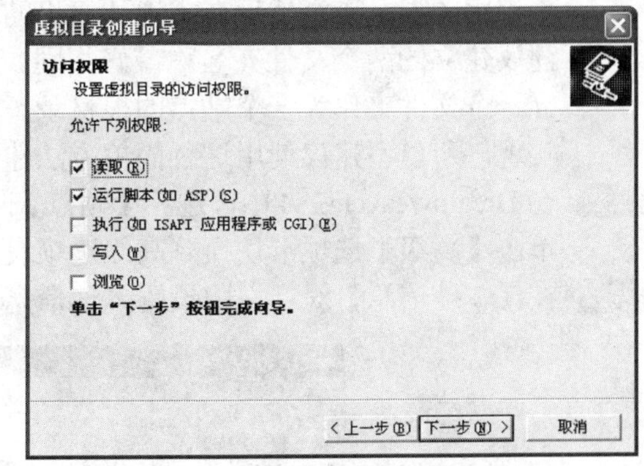

图 16.25 设置行为规范

虚拟目录建立完成后，就可以通过前面介绍的方法，浏览其对应目录中的网页属性，虚拟目录与网站相同，在建立完成之后，右键单击该虚拟目录的名称，在弹出的菜单中选择【属性】命令，打开【website 属性设置】对话框，如图 16.27 所示。从该对话框中也可看到多个可设置的选项卡，但项目没有新建网站时属性多，每个选项卡中的设置功能与方式，皆与在网站中的设置相同，就不再重复介绍了。

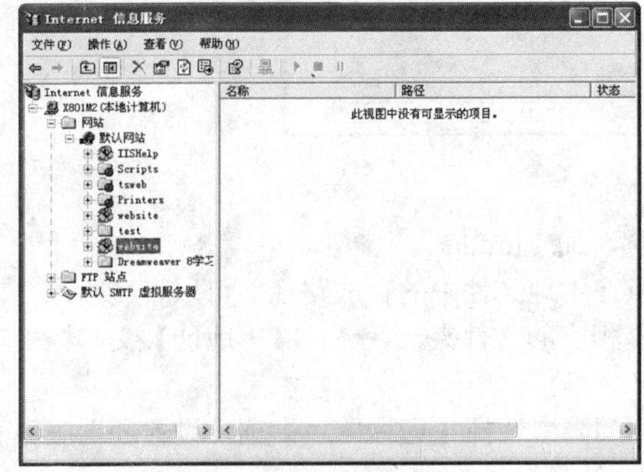

图 16.26 显示虚拟目录

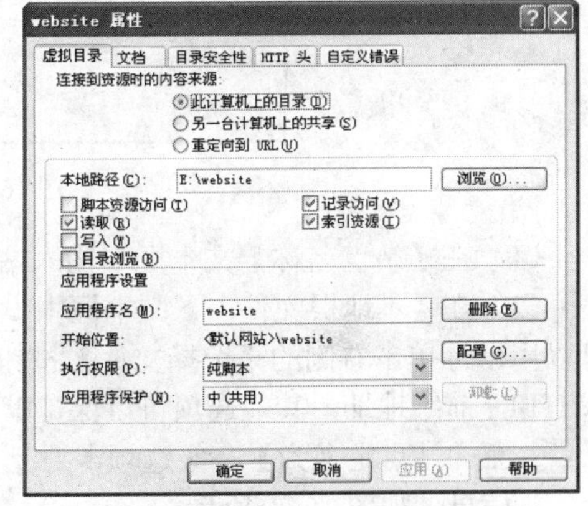

图 16.27 设置 website 虚拟目录属性

如果要删除虚拟目录，右键单击虚拟目录文件夹名，从弹出的菜单中选择【删除】命令即可。在弹出的提示对话框中，选择【是】按钮后，该网站或是虚拟目录就会被删除。由于虚拟目录是依附在一个网站之下，当一个网站被删除后，其下的所有虚拟目录也就跟着被删除了。

Dreamweaver CS4

16.5 建立动态网站

为了方便学习，本节将介绍如何建立一个 ASP 技术、VBScript 脚本的动态网站，本书后面章节实例都是在这样的动态网站上制作运行的。如果用户熟悉其他服务器技术或脚本语言，也可以按这种方法建立其他类型的动态网站。操作步骤如下：

步骤 1 首先，用户应该根据前面章节介绍的方法建立一个站点虚拟目录，用来作为服务器端应用程序的根目录，然后在本地计算机的其他硬盘中建立一个文件夹作为本地站点目录。建议建立的两个文件夹名称最好相同。用户也可以在默认站点 C:\Inetpub\wwwroot\内建立一个文件夹作为一个站点的根目录，但这种方法有很多局限性，ASP 的很多功能无法实现，所以不建议使用这种简单方法建立服务器站点。

步骤 2 在 Dreamweaver CS4 中，选择【站点】|【新建站点】命令，打开【站点定义为】对话框，单击【高级】选项卡切换到高级选项设置对话框。

步骤 3 在【本地信息】对话框中设置本地信息，如图 16.28 所示。

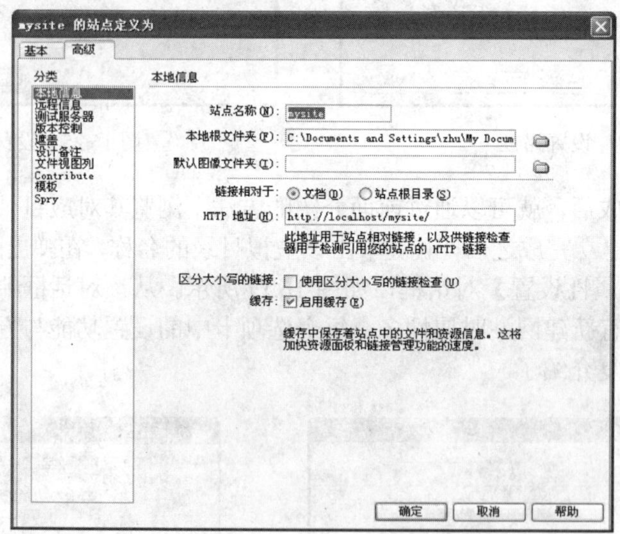

图 16.28 定义本地信息

（1）在【站点名称】文本框中输入站点名称，如“mysite”。

（2）在【本地根文件夹】文本框中设置站点在本地文件中的存放路径，可以直接输入，也可以用鼠标单击右侧的【选择文件】按钮选择相应的文件夹，在【HTTP 地址】文本框中输入 HTTP 前缀地址，其他选项可以保持默认值。

步骤 4 在【站点定义为】高级选项卡对话框左侧列表中选择【远程信息】项，设置远端服务器信息，如图 16.29 所示。

（1）在【访问】下拉列表中选择【本地/网络】项，设置远程服务器类型为在本地计算机上运行网页服务器。

（2）然后在出现的详细设置选项中设置【远程文件夹】为默认站点下的已建立的一个文件夹。其他选项暂时保持默认，当需要时再进行设置。

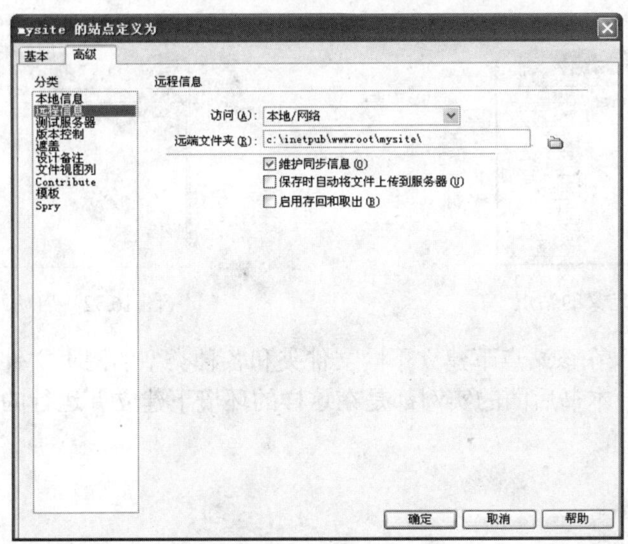

图 16.29 定义远程信息

步骤 5 在【站点定义为】高级选项卡对话框左侧列表中选择【测试服务器】项，设置测试服务器的模式，如图 16.30 所示。

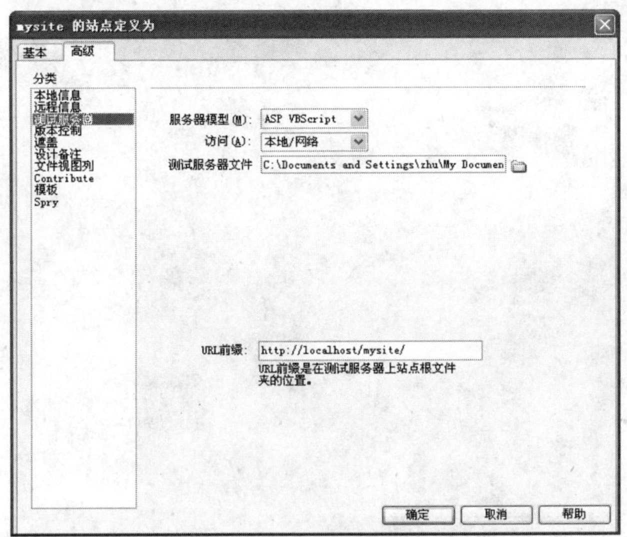

图 16.30 定义测试服务器信息

（1）在【服务器类型】下拉列表选择【ASP VBScript】脚本模式项。

（2）在【访问】下拉列表中选择【本地/网络】服务器类型项。其他选项 Dreamweaver CS4 会自动设置，当然用户也可以把【测试服务器文件夹】设置为其他位置。

步骤 6 设置完毕，单击【确定】按钮关闭对话框，这样就可建立一个动态网站。选择【站点】|【管理站点】命令，打开【管理站点】对话框，用户就可以看见刚刚建立的动态站点，如图 16.31 所示。

步骤 7 选择【窗口】|【文件】命令，或者按 F8 键，打开【文件】面板。单击【文件】下拉列

表右侧的向下三角按钮，在打开的下拉列表中选择刚建立的 mysite 动态网站，这时就可以打开 mysite 站点，如图 16.32 所示。

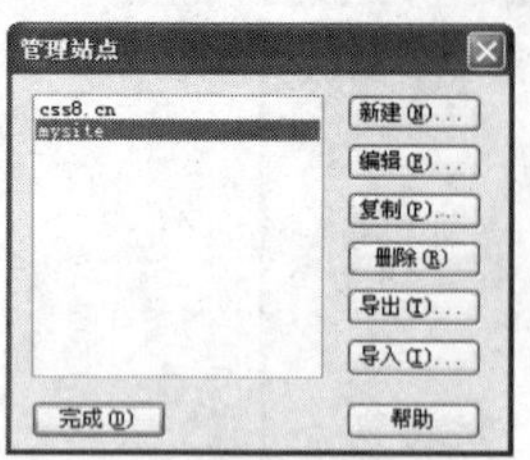

图 16.31　定义的站点

图 16.32　启动站点

这样，用户就可以在该站点下建立不同文件夹和各种类型的网页文件了。要注意 ASP 动态网页的扩展名为.asp。本书后面的实例都是在这样的环境下建立并运行的，否则网页浏览器不能识别和显示。

第 17 章

创建动态网站的数据源

内容介绍

动态网站一般需要数据库的支持，数据库常用来存储和管理网站所有动态信息。目前比较流行的大型数据库包括：微软公司的 SQL Server、IBM 公司的 DB2 和 Oracle 公司的 Oracle 等，这些数据库都是大型数据库，对硬件和软件的要求都比较高，且购买数据库的价格昂贵。除此之外，还有一些免费的数据库，如 MySQL 等。上述数据库主要适合商业网站使用，具有较高的性能，需要专门管理，对用户的操作要求也比较高。简单的网站可使用简单、易用的 Access 数据库。Access 虽不适合作为大型数据库使用，但是对个人网站和学习来说已经足够了。

本章将详细讲解如何借助 Dreamweaver CS4 可视化操作连接到数据库，并从数据库中查询需要的数据。同时了解 ASP 服务器环境中几种变量。

学习重点

- 初识 ASP 访问数据库的方法
- 使用 Dreamweaver CS4 建立数据库连接
- 查看数据库连接源代码
- 记录集（查询）
- 命令（预存过程）
- 请求变量
- 阶段变量
- 应用程序变量
- 操作数据源
- 设置数据源格式

Dreamweaver CS4

17.1 初识 ASP 访问数据库的方法

ASP 程序通常是通过 ADO（ActiveX Data Objects）组件或者 ODBC（Open Data Base Connectivity，开放式数据库连接）接口来访问数据库的。这两种方法各有利弊、各有千秋，但是程序员更喜欢使用 ADO 组件来访问数据库，不过 ODBC 技术是一种更低级的数据库访问技术，所以我们先来认识 ODBC 接口。

17.1.1 认识 ODBC 和 ADO

ODBC（Open Database Connectivity，开放式数据库连接）是数据库服务器的一个标准协议，它是由微软主导的数据库连接标准，应用环境也以微软的操作系统最成熟。在 UNIX 系统中，通常要使用其他厂商提供的 ODBC 驱动程序，有些 UNIX 厂商会自己提供 ODBC 驱动程序（例如，SUN 为 Solaris 数据库提供的 ODBC）。ODBC 向访问网络数据库的应用程序提供一种通用的语言。应用程序通过 ODBC 定义的接口与驱动程序管理器通信，驱动程序管理器选择相应的驱动程序与指定的数据库进行通信。只要系统中有相应的 ODBC 驱动程序，任何程序都可以通过 ODBC 操纵驱动程序的数据库。

可以对多种数据库安装 ODBC 驱动程序，用来连接数据库并访问它们的数据。ODBC 数据源是整个 ODBC 设计的一个重要组成部分，该部分含有允许 ODBC 驱动程序管理器及驱动程序链接到指定信息库的信息，其中包括该数据库的类型及位置、缓冲区大小、登录名及口令、超时值以及用于控制链接操作的其他标志。

ADO 是在 Microsoft 的 OLE DB（数据库应用开发接口）技术基础上实现的，这些技术都是基于 ODBC 驱动程序。随着 OLE DB 版本的升级，它将具备支持指定数据库（如 SQL Server）的专用接口的能力，这样就不需要通过 ODBC 驱动程序就可以直接访问数据库了。

17.1.2 认识 DSN

每个 ODBC 数据源都被指定一个名字，即 DSN（Data Source Name）。ODBC 数据源分为机器数据源和文件数据源两种。

（1）机器数据源把信息存储在登录信息中，因而只能被该计算机访问。机器数据源包括系统数据源和用户数据源。本地计算机的所有用户都是可见系统数据源的，而用户数据源是针对某个用户的，它只对当前用户可见。

（2）文件数据源把信息存储在后缀名为.dsn 的文件中，如果文件放在网络共享的驱动器中，就可以被所有安装了相同驱动程序的用户共享。

DSN（数据源名称）表示将应用程序和某个数据库建立连接的信息集合。ODBC 数据源管理器就是利用该信息来创建管理指向的数据库连接。通常 DSN 可以保存在文件或注册表中。建立 ODBC 连接，实际就是创建同数据源的连接，也就是创建 DSN。一旦建立了一个数据库的 ODBC 连接，那么同该数据库的连接信息将被保存在 DSN 中，程序的运行必须通过 DSN 来进行。

DSN 主要包含下列信息：

（1）数据库名称：在 ODBC 数据源管理器中，DSN 的名称不能出现重名。

（2）驱动信息：关于数据库驱动程序的信息。

（3）数据库的存放位置：对于文件型的数据库（如 Access）来说，数据库的存放位置是数据库文件的路径，但对于非文件型的数据库（SQL Server）来说，数据库的存放位置是服务器的名称。

17.1.3 启动 ODBC 数据源管理器

要在动态网页中使用 ADO 对象来操作数据库，首先要创建一个指向该数据库的连接。在 Windows 系统中，ODBC 的连接主要是通过 ODBC 数据库资源管理器来完成。在控制面板中，就可以看到【ODBC】、【32 位 ODBC】或【数据源 ODBC】的图标（不同的 Windows 版本系统名称不同），如图 17.1 所示。双击该图标便可启动 ODBC 数据源管理器。在该管理器中包含了许多选项卡，允许对该管理器进行多项 ODBC 操作。在默认状态下，ODBC 已经内置了多种数据驱动程序。可以单击【驱动程序】选项卡，查看当前要连接的数据类型是否位于其中。如果没有，需要下载并安装相应的驱动程序，如图 17.2 所示。

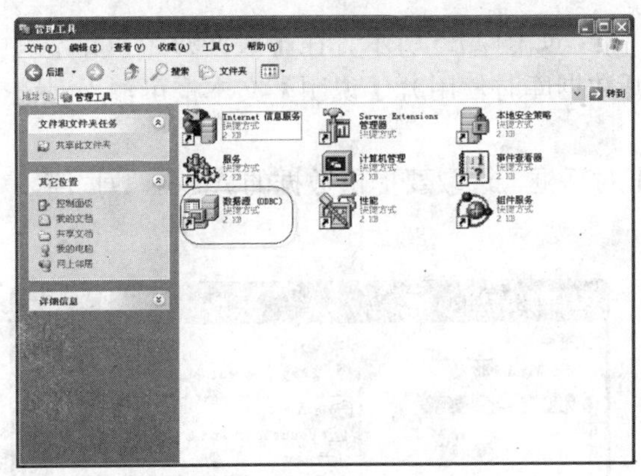

图 17.1 【管理工具】面板

图 17.2 ODBC 数据源管理器

在【ODBC 数据源管理器】中可以看到【用户 DSN】、【系统 DSN】和【文件 DSN】，表明可通过【ODBC 数据源管理器】创建 3 种类型的 DSN。

（1）用户 DSN：是被用户使用的 DSN，ASP 是不能使用的。用户 DSN 通常保存在注册表中。

（2）系统 DSN：是由系统进程所使用的 DSN，系统 DSN 信息同用户 DSN 一样被存储在注册表中。

（3）文件 DSN：与系统 DSN 有所区别，是保存在文件中，而不是注册表中。

17.1.4 创建 ODBC 连接过程

建立系统 DSN 具体操作步骤如下：

步骤 1 在 Windows XP 操作系统中，启动 Windows 控制面板（不同系统的启动方法有所不同，本书主要针对 Windows XP 进行介绍），然后切换到经典视图，如图 17.3 所示。双击【管理工具】图标，将会打开【管理工具】面板。再双击【数据源（ODBC）】图标，将打开【ODBC 数据源管理器】对话框。

步骤 2 在【ODBC 数据源管理器】对话框中，单击【系统 DSN】选项卡，切换到【系统 DSN】对话框，如图 17.4 所示。

步骤 3 单击【添加】按钮，打开【创建新数据源】对话框，选择数据源类型。如果使用 Access 2007 版本以前的数据库软件，应在列表中选择 Microsoft Access Driver（*.mdb）；如果使用 Access 2007 版本，应在列表中选择 Microsoft Access Driver（*.mdb, *.accdb），然后单击【完成】按钮。

图 17.3　控制面板

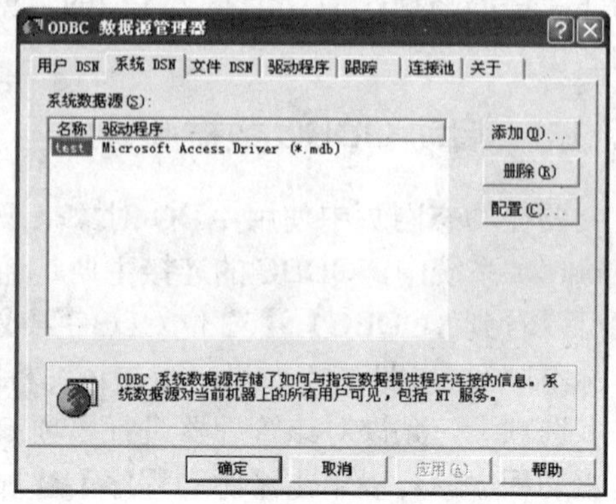

图 17.4　【系统 DSN】选项卡

步骤 4　打开【ODBC Microsoft Access 安装】对话框，如图 17.5 所示。在【数据源名】文本框中输入数据源的名称（此名称用于调用打开数据库时使用），【说明】文本框可输入对该数据库的描述性文字来注释。

步骤 5　单击【选择】按钮，打开【选择数据库】对话框，选取要提供数据的 Access 数据库，如图 17.6 所示。

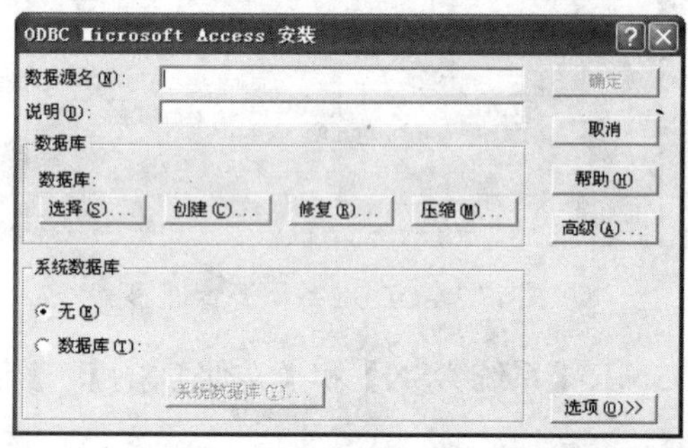

图 17.5　【ODBC Microsoft Access 安装】对话框

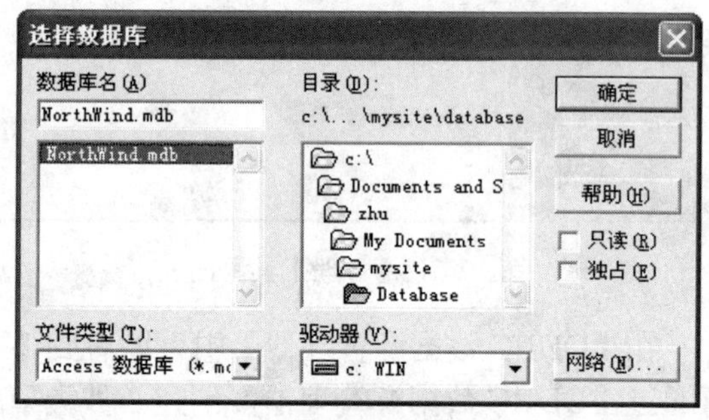

图 17.6　【选择数据库】对话框

步骤 6　选取数据库的路径和数据库的名称后，单击【确定】按钮确定操作，返回到【ODBC Microsoft Access 安装】对话框时，将可以看到新增了一个 ODBC 数据源，如图 17.7 所示。

步骤 7　单击【确定】按钮，返回到【ODBC 数据源管理器】对话框，在【系统 DSN】选项卡中可以看见刚建立的数据库连接，如图 17.8 所示。至此与数据库的连接就建立好了。

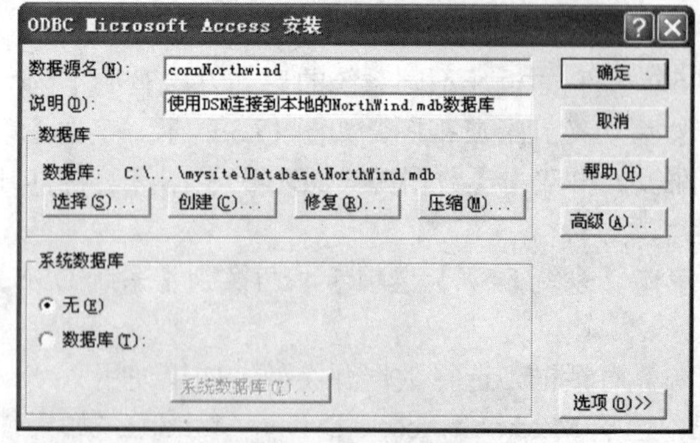

图 17.7　安装 ODBC Microsoft Access

图 17.8　显示安装完毕的数据源

Dreamweaver CS4

17.2 使用 Dreamweaver CS4 建立数据库连接

ASP 服务器必须通过开放式数据库连接（ODBC）驱动程序或嵌入式数据库（OLE DB）提供程序连接到数据库。下面我们将讲解如何使用 Dreamweaver CS4 建立数据库连接的多种方法。

本书所有相关数据库操作示例都以 Access 2000 以上版本数据库为主进行介绍，同时还会介绍 Access 2007 数据库的连接技巧。学习本章之前需要用户先建立一个简单的 Access 数据库或者借用已建立好的数据库，为了方便读者快速学习，我们借助 Access 自带的示例数据库 NorthWind.mdb 为数据操作对象进行介绍，Access 2007 的示例数据库为"罗斯文_2007.accdb"。

17.2.1 使用 DSN 创建数据库连接

在建立数据库连接之前，读者应该先建立一个拥有动态服务器技术的站点，并打开站点内要运用数据库的网页文件，否则⊞按钮显示无效，如图 17.9 所示。当然也可以按照列表框中提示的步骤新建站点，设置服务器文档类型，即该文档使用什么服务器技术和脚本语言支持。同时还要设置测试服务器。当【数据库】面板中各项列表条件前边显示一个对号✔，说明可以建立数据库连接，⊞按钮显示有效，如图 17.10 所示。

建立连接时必须选择一种合适的连接类型，如 ADO、ODBC 或 ColdFusion 等。如果 Web 服务器和 Dreamweaver CS4 都运行在同一个 Windows 系统上，也就是说用户的服务器和 Dreamweaver CS4 都工作在同一台计算机中，那么就可以使用系统 DSN（Data Source Name，数据源名称）来创建数据库连接，DSN 是指向系统内数据库的一个快捷方式。否则就应该使用自定义连接字符串（Connection string）建立一个连接。在 Dreamweaver CS4 中建立一个 DSN 连接的方法如下：

步骤 1 在 Dreamweaver CS4 中，选择【窗口】|【数据库】命令，打开【数据库】面板，然后单击⊞按钮，弹出下拉菜单，如图 17.10 所示。

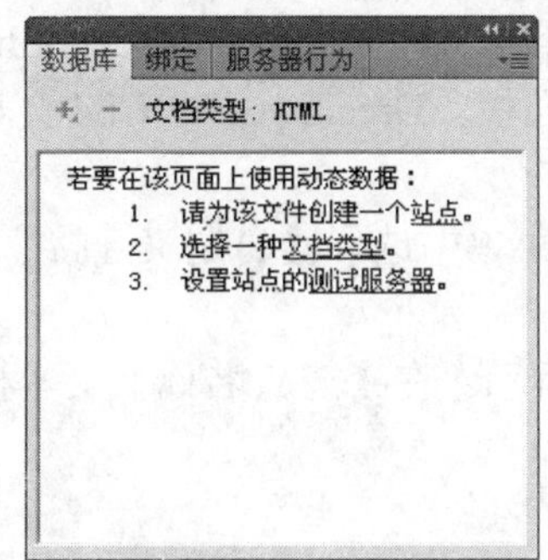

图 17.9 无效状态

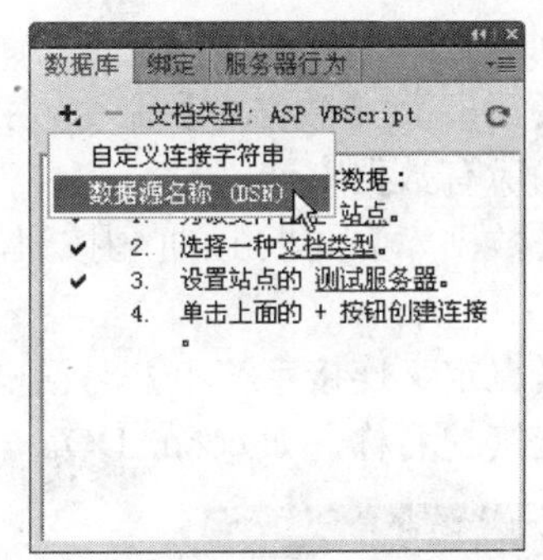

图 17.10 选择连接定义的方式

步骤 2 在下拉菜单中选择【数据源名称（DSN）】项，打开【数据源名称（DSN）】对话框，如图 17.11 所示。

步骤 3 在【连接名称】文本框处输入一个字符串作为连接名，添加 corn 前缀是一个很好的习惯，主要是为了和代码中的其他对象名称区分开来，这也是命名规范，遵守这个规范能使程序更容易读懂。

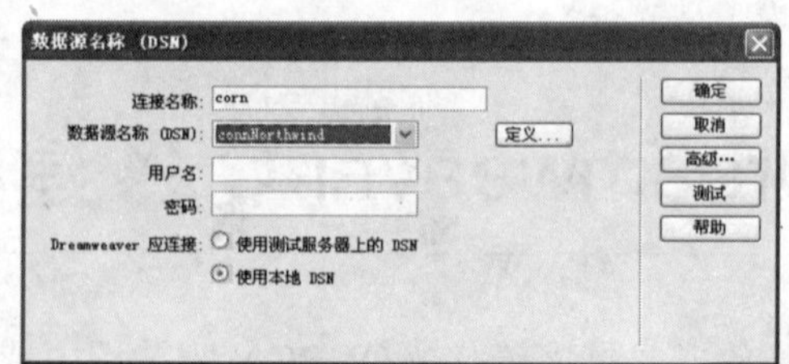

图 17.11 【数据源名称（DSN）】对话框

步骤 4 在【数据源名称（DSN）】下拉列表中选择所需的 DSN，如果没有定义 DSN，用户可以单击后面的【定义】按钮，会打开【ODBC 数据源管理器】对话框，这时你可以模仿上一节介绍方法定义一个 DSN。其余项目保持默认值即可。如果设置了数据库的用户名和密码，还需要设置【用户名】和【密码】文本框。

步骤 5 单击【测试】按钮，稍等一会，如果看到如图 17.12 所示的对话框，说明已经成功地建立了与数据库的连接。单击【确定】按钮关闭【数据源名称（DSN）】对话框。此时新建的连接出现在【数据源】面板中，如图 17.13 所示。

图 17.12 提示对话框

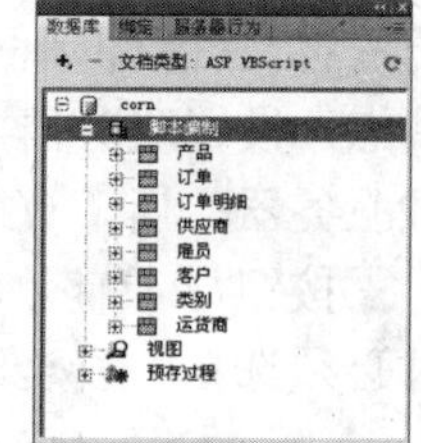

图 17.13 【数据库】面板

17.2.2 使用自定义连接字符串创建数据库连接

使用自定义连接字符串创建数据库连接，可以保证用户在本地计算机中定义的数据库连接上传到服务器上后依然可以继续使用，具有更大的灵活性和实用性，因此被更多用户喜欢选用。具体操作步骤如下：

步骤 1 将数据库文件上传到远程服务器。记下它的虚拟路径，例如，/Database/NorthWind.mdb。

步骤 2 选择【窗口】|【数据库】命令，打开【数据库】面板。Dreamweaver CS4 会显示站点内定义的所有数据库连接。

步骤 3 单击【数据库】面板上的 + 按钮，从弹出的下拉菜单中选择【自定义连接字符串】项，如图 17.14 所示。

步骤 4 打开【自定义连接字符串】对话框，如图 17.15 所示。在【连接名称】文本框中输入数据库连接的名称，如 connADO。

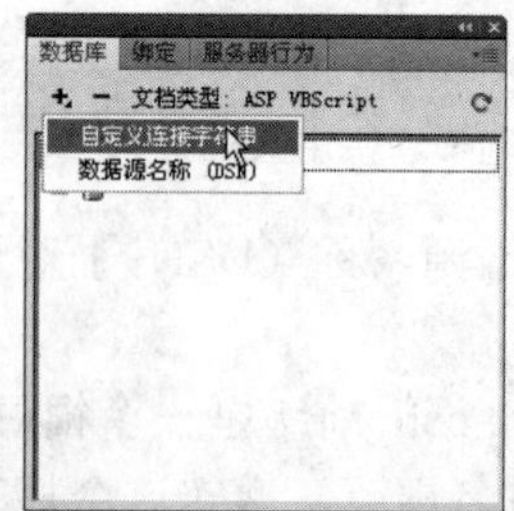

图 17.14 选择【自定义连接字符串】项

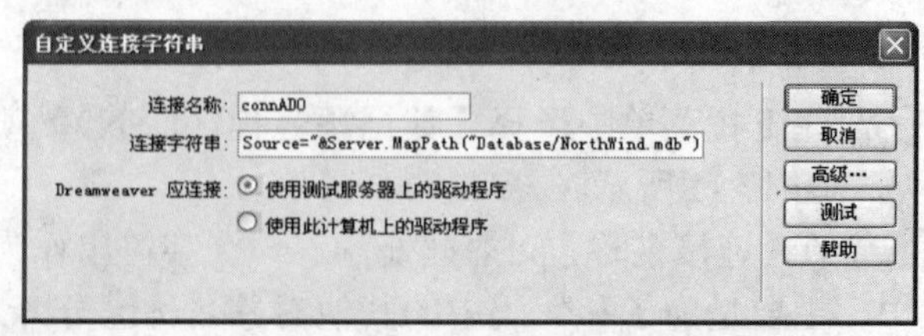

图 17.15 【自定义连接字符串】对话框

步骤 5 在【连接字符串】文本框中输入连接字符串，由于在本地计算机中无法确定站点在服务器上的物理路径，而服务器连接到数据库需要程序提供系统物理路径，因此一般都使用 MapPath()函数来获取数据库的准确物理路径。如果 Microsoft Access 数据库的虚拟路径为/data/NorthWind.mdb。用 VBScript 作为脚本撰写语言，连接字符串可表示如下。

```
    "Driver={ Microsoft Access
Driver(*.mdb)};DBQ="&Server.MapPath("Database/NorthWind.mdb")
```

或者

```
    "Provider=Microsoft.Jet.OLEDB.4.0;Data
Source="&Server.MapPath("Database/NorthWind.mdb ")
```

如果要连接到 Access 2007 数据库，则自定义连接字符串为：

```
    "Provider=Microsoft.ACE.OLEDB.12.0;Data Source="&Server.MapPath("罗斯文_2007.accdb")
```

Server.MapPath(path)方法是 ASP 中 Server 对象的一个方法，该方法能够返回与 Web 服务器上的指定文件的虚拟路径相对应的物理路径。例如，Server.MapPath("/")可以返回应用程序根目录所在的位置，如 C:\Inetpub\wwwroot\；Server.MapPath("./")可以返回所在页面的当前目录，与 Server.MapPath("") 相同都可以所在页面的物理文件路径，Server.MapPath("../")表示上一级目录，Server.MapPath("~/")表示当前应用级程序的目录，如果是根目录，就是根目录，如果是虚拟目录，就是虚拟目录所在的位置，如 C:\Inetpub\wwwroot\mysite\。

步骤 6 选择【使用测试服务器上驱动程序】单选按钮，单击【测试】按钮，Dreamweaver CS4 尝试连接到数据库。如果连接失败，请复查连接字符串；如果连接成功，则会显示连接成功的提示对话框。

如果连接仍然失败，请与用户的 ISP 联系，确保远程服务器上已经安装用户在连接字符串中指定的数据库驱动程序。另外还需要检查 ISP 是否具有驱动程序的最新版本。例如，在 Microsoft Access 2002 中创建的数据库将无法与 Microsoft Access Driver 3.5 一起工作，需要使用 IE 4.0 以上版本。

对于初次使用自定义字符串连接数据库时，Dreamweaver CS4 会提示如下的错误信息（如图 17.16 所示）。这是因为 Dreamweaver 在建立数据库连接时，会在站点根目录下自动生成_mmServerScripts 目录，该下有 3 个文件 adojavas.inc、MMHTTPDB.asp 和 MMHTTPDB.js。这些文件主要用来调试程序使用，但是如果用自定义连接字符串连接数据库时，使用上面方法系统会提示在_mmServerScripts 目录下找不数据库。对于这个 Bug，目前还没有很好的解决方法，不过用户可以把数据库按着已存在的相对路径复制一份放在_mmServerScripts 目录下，这样就可以测试连接成功了，等到程序开发完成后再把_mmServerScripts 目录下的数据库删除即可。

图 17.16 错误提示信息

此外，Dreamweaver 和 Windows XP SP2 操作系统存在细小的兼容问题，可能会影响用户的数据库连接，具体信息可以参阅 http://www.adobe.com/cn/support/dreamweaver/ts/documents/dw_xp_sp2.htm#aspnet_db。

17.2.3 使用 ASP 代码直接创建数据库连接

从 ADO 存取数据源的步骤来看，数据库访问操作的第一步应该是建立数据库的连接。在前面几节中介绍了数据库连接的 2 种可视化操作方法，但都存在着兼容性差，容易出错的问题。如果用户熟悉 ASP 语言及其对象，建议使用下面代码建立连接，这些方法比较简洁高效。

如果使用 ASP 代码直接创建数据库连接，站点内所有与数据库的操作和管理工作都只能用代码来实现，不能使用【绑定】面板绑定记录集到页面，也不能使用【服务器行为】面板中提供的各种行为。

假设要与 NorthWind.mdb 数据库建立连接，主要有下面几种方法：

（1）在 Connection 对象中设置 ConnectionString 参数时，可以通过设置系统数据源（System DSN），即通过设置 ODBC 的方法连接数据库。在 ASP 中利用 DSN 连接数据库的代码如下：

```
Set conn=Server.CreateObject("ADODB.Connection")
conn.Open "DSN=data;UID=sa;PWD=;Database=data"
```

Server 就是服务器对象，它管理所有的服务器工作。Connection 是服务器对象中的一个连接对象，用它来建立与数据库的连接。该段代码意思是先定义一个连接实例，然后用该实例打开事先定义好的数据源。

（2）如果不采用 DSN 连接数据库，在设置 ConnectionString 参数时，可以采用直接指定 ODBC 驱动程序来连接数据库，程序代码如下：

```
Set conn=Server.CreateObject("ADODB.Connection")
strProvider="Driver={ Microsoft Access Drier (*.mdb)};DBQ="&Server.MapPath
("\")&"\NorthWind.mdb;UID=sa;PWD;"
conn.Open strProvider
```

首先定义一个连接实例，然后设置 Access 驱动程序打开数据库。

（3）在 Connection 对象中可以通过设置 Connection 对象的 Provider 属性来设置连接信息，程序代码如下：

```
Set conn=Server.CreateObject("ADODB.Connection")
conn.Provider="Microsoft.Jet.OLEDB.4.0"
conn.Open Server.MapPath("NorthWind.mdb")
```

首先定义一个连接实例，然后用 OLE DB 技术打开数据库。

（4）在其他对象中，也可以通过设置 ActiveConnection 参数完成对数据源连接的设置。以常用的 RecordSet 对象为例，可以使用该对象的 Open 方法，利用设置好的 ActiveConnection 参数完成对数据库的连接，程序代码如下：

```
Set conn=Server.CreateObject("ADODB.Connection")
DbPath=Server.MapPath("NorthWind.mdb")
conn.Open "Driver={ Microsoft Access Driver (*.mdb)};DBQ="&DbPath
Set rs=Server.CreateObject("ADODB.RecordSet")
rs.Open "data",conn,3
```

首先定义一个连接实例，然后用 RecordSet 对象技术打开数据库。

Dreamweaver CS4

17.3 查看数据库连接源代码

使用 Dreamweaver CS4 可视化工具建立的数据库连接，系统会自动在站点根目录下生成一个 Connections 目录，在该目录中存放着用户定义的数据库连接文件，数据库连接文件的名称就是数据库连接时定义的名称，例如，conn.asp，如果打开该文件可以看到数据库连接代码：

```
<%
' FileName="Connection_ado_conn_string.htm"
' Type="ADO"
' DesigntimeType="ADO"
' HTTP="true"
' Catalog=""
' Schema=""
Dim MM_conn_STRING
MM_conn_STRING = "Provider=Microsoft.Jet.OLEDB.4.0;Data Source
            ="&Server.MapPath("Database /NorthWind.mdb")
%>
```

如果是连接到 Access 2007 数据库，最后一行代码为：

```
MM_conn2007_STRING = "Provider=Microsoft.ACE.OLEDB.12.0;Data Source
            ="&Server.MapPath("Database/罗斯文_2007.accdb")
```

通过源代码，我们会发现数据库连接其实非常简单，就是为数据库连接变量提供数据库驱动程序和数据库路径即可。因此读者完全可以在此基础进行修改，以实现更灵活的数据库连接操作。

Dreamweaver CS4

17.4 记录集（查询）

在 Dreamweaver CS4 中制作动态页面一般需要 3 步：第 1 步是定义数据源，为具体的网页提供动态显示的数据；第 2 步是把动态数据绑定到页面中特定位置。在 Dreamweaver CS4 中，页面任何位置都可以绑定数据源，也可以为任何元素的属性绑定数据源；第 3 步是利用 Dreamweaver CS4 在网页中插入服务器脚本，实现数据的多样化显示。

下面几节将重点介绍记录集、命令、请求变量、阶段变量、应用程序变量以及数据源的编辑和格式的设置等操作。通过学习读者能够建立应用程序所需要的数据源连接，为构建动态网站所需要的动态数据打好基础。创建记录集是动态网页操作中最基本的操作。对于定义命令和变量同样非常重要，它们是建立并实现信息交流的桥梁，虽然理解起来较困难，读者可结合下一章进行学习，以加深理解。

17.4.1 认识记录集

记录集（Recordset）在 ASP 中就是一个数据库操作对象，它实际上是通过数据库查询从数据库中提取的一个数据子集，通俗说就是一个临时的数据表，保存在服务器所在计算机的内存中。

查询结果可以包括数据库中一个数据表，或者多个数据表，以及表中部分数据，例如，仅查询数据表中某些字段，或者不包括某些记录。记录集也可以包含数据表中所有记录和字段。如果网页页面只需要数据库表的某几个字段或符合某个条件的记录。

记录集由查询来定义，查询由搜索条件组成，用来从数据库中查找和提取信息。Dreamweaver

CS4 使用结构化查询语言（SQL）构建数据库查询。服务器暂时将记录存在内存中，当它不再使用时就会丢弃这些临时数据。因此那些小的记录集比大的记录集使用内存更少，这样就会减少数据占用内存资源，从而可使服务器的性能得到提高。定义记录集的基本思路是仅仅包括页面应用程序所需要的数据。

17.4.2 定义简单记录集

定义简单记录集（查询）一般不需要编写 SQL 语句，只需要用鼠标简单操作几下即可。在执行下面操作之前应先建立数据库连接，否则后面将无法继续学习，下面操作都是在上面讲解的数据库连接示例基础上进行介绍的。定义简单记录集的操作步骤如下：

步骤 1 首先打开需要插入动态数据的页面，该页面必须是已经指定了某种服务器技术，并且该页面所在站点已经建立了数据库连接，即在数据库面板中可以看见已经建立好的数据库连接名称。

步骤 2 选择【窗口】|【绑定】命令，打开【绑定】面板。单击该面板下的⊞按钮，在弹出的菜单中选择【记录集（查询）】项，如图 17.17 所示。

步骤 3 打开【记录集】对话框，如图 17.18 所示。如果在【记录集】对话框的右边有一个【简单】按钮，那么当前【记录集】对话框处在高级状态，单击【简单】按钮切换到简单的【记录集】对话框。

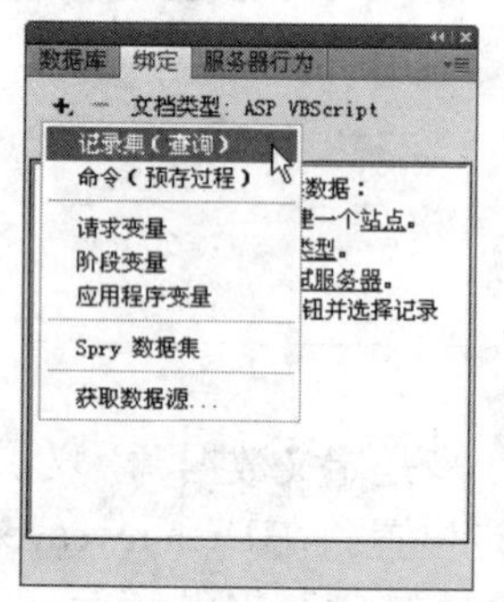

图 17.17 选择【记录集（查询）】项

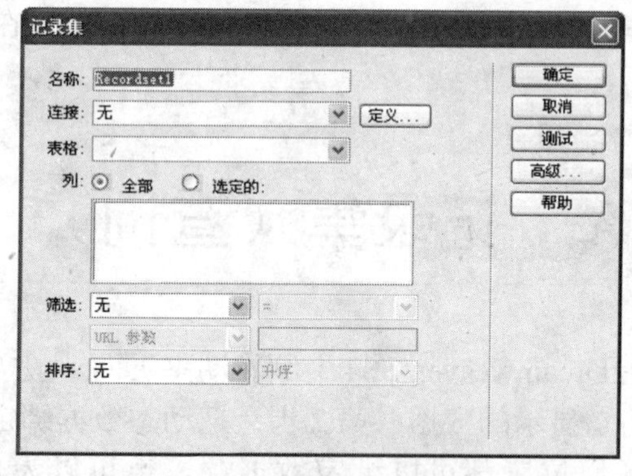

图 17.18 【记录集】对话框

（1）【名称】文本框：输入记录集（查询）的名称。对于记录集（查询）的名称，一般约定名称前面加前缀 rs，以便与其他对象名称区别开来。记录集（查询）的名称不能使用空格或者特殊字符。

（2）【连接】下拉列表：设置指定一个已经建立好的数据库连接名称。如果在下拉列表中没有出现可用的连接，说明还没有建立。可以单击【定义】按钮重复前面章节介绍的方法建立一个新的连接。实际上如果用户没有定义连接，【绑定】面板中的⊞按钮会处于无效状态。

（3）【表格】下拉列表：选择所需要的表。该列表框已显示建立连接的数据库中的所有表。该表列出的是选择的数据库连接中的表。如果用户在设计和运行时指定了不同的数据库连接，那么这时显示的就是在设计时的数据库中的表。

（4）【列】选项：如果用户要使用表中的所有字段作为一个记录集（查询），可以选中【全部】单选按钮，否则选中【选定的】单选按钮。然后在下面的列表框中选择所需要的字段。在窗口中，如果选中多个不连续的字段，则需要按住 Ctrl 键然后进行选择；如果选中多个连续字段，则先选中第一个字段，再按下 Shift 键，用鼠标单击最后一个字段即可。

（5）【筛选】选项：用于设置所需字段筛选。如果仅包括表中的部分记录，可完成如下筛选设置。只有符合过滤条件的指定的记录值才会出现在记录集中。

1）从第一个下拉列表中，在字段列表中选择用于过滤记录的条件字段。

2）从第二个下拉列表中选择一个条件表达式符号。用来使每条记录的值与后边指定的值进行比较。

3）从第三个下拉表框中选择一个参数类型，可以是 URL 参数、窗体变量、Cookie、会话变量、应用程序变量或者输入的值。关于这些名词的详细解释，我们会在后面不断介绍。

4）在第四个文本框中输入值。

（6）【排序】下拉列表：如果要想设置记录的显示顺序，可以在该下拉列表中选择按哪个字段排序，并设置是升序或者降序。

步骤 4 按照如图 17.19 所示设置好【记录集】对话框，然后单击【测试】按钮测试记录集定义是否正确性，如果定义正确则会显示如图 17.20 所示记录集。

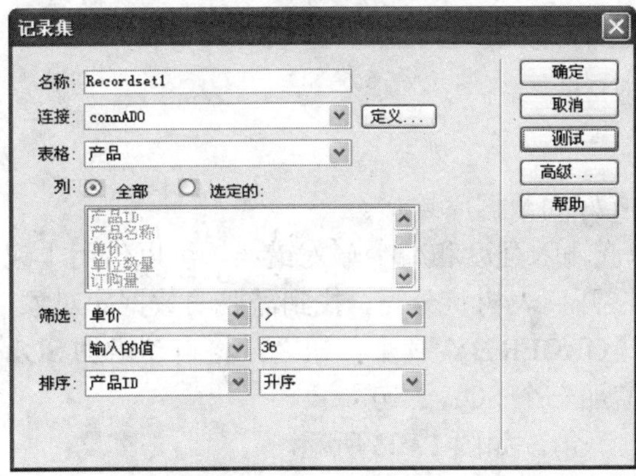

图 17.19 设置好的【记录集】对话框

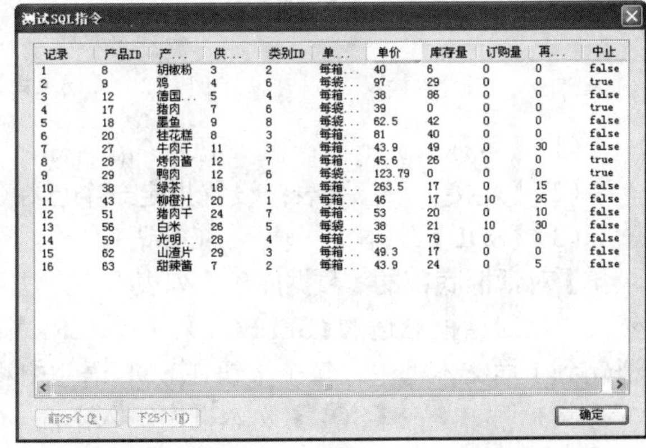

记录	产品ID	产...	供...	类别ID	单...	单价	库存量	订购量	再...	中止
1	8	胡椒粉	3	2	每箱...	40	6	0	0	false
2	9	鸡	4	6	每袋...	97	29	0	0	true
3	12	德国...	5	4	每箱...	38	86	0	0	false
4	17	猪肉	7	6	每袋...	39	0	0	0	true
5	18	墨鱼	9	8	每袋...	62.5	42	0	0	false
6	20	桂花糕	8	3	每箱...	81	40	0	0	false
7	27	牛肉干	11	3	每箱...	43.9	49	0	30	false
8	28	烤肉酱	12	7	每箱...	45.6	26	0	0	true
9	29	鸭肉	12	6	每袋...	123.79	0	0	0	true
10	38	绿茶	18	1	每箱...	263.5	17	0	15	false
11	43	柳橙汁	20	1	每箱...	46	17	10	25	false
12	51	猪肉干	24	7	每箱...	53	20	0	10	false
13	56	白米	26	5	每袋...	38	21	10	30	false
14	59	光明...	28	4	每箱...	55	79	0	0	false
15	62	山渣片	29	3	每箱...	49.3	17	0	0	false
16	63	甜辣酱	7	2	每箱...	43.9	24	0	5	false

图 17.20 显示定义的记录集

步骤 5 最后单击【确定】按钮。Dreamweaver CS4 就会把记录集增加到【绑定】面板中的可用数据源列表中。单击记录集最左边的加号可以展开记录集，查看定义的字段，如图 17.21 所示。这时就可以使用其中的任何字段作为网页的动态数据源了。

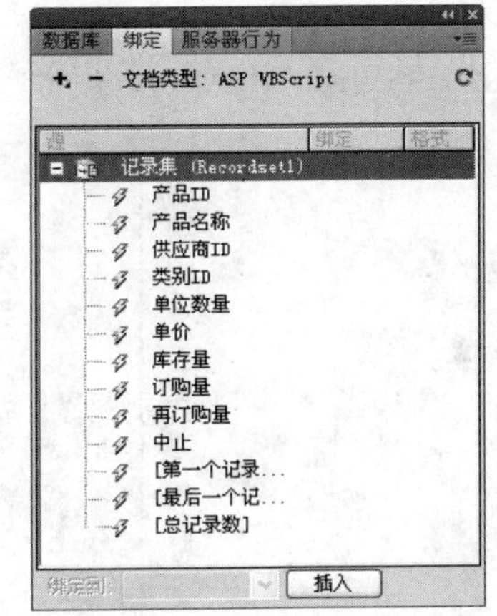

图 17.21 【绑定】面板中的记录集

17.4.3 定义高级记录集

在【记录集】对话框中单击右边的【高级】按钮可以切换到【记录集】对话框的高级状态，如图 17.22 所示。在高级【记录集】对话框中定义记录集，需要用手编写 SQL 语句，因此要求用户了解 SQL 查询语言，对于初级用户难度可能大些，但使用高级【记录集】对话框可以定义一些复杂的查询条件，定义记录集也比较灵活。使用高级记录集的具体操作步骤如下：

步骤 1 首先打开需要插入动态数据的页面，该页面必须是已经指定了某种服务器技术，并且该页面所在站点已经建立了数据库连接。

步骤 2 选择【窗口】|【绑定】命令，打开【绑定】面板。再单击该面板下的⊞按钮，在弹出的菜单中选择【记录集（查询）】项。

步骤 3 打开【记录集】对话框，然后单击【高级】按钮可以切换到【记录集】对话框的高级状态，如图 17.22 所示。

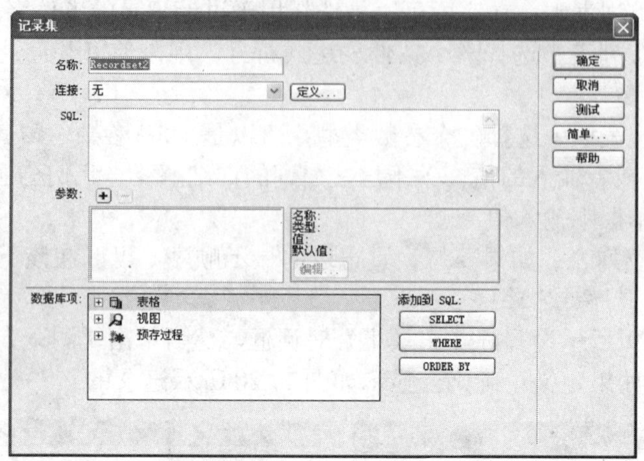

图 17.22 【记录集】对话框高级状态

（1）【名称】文本框：输入记录集的名称。

（2）【连接】下拉列表：设置指定一个已经建立好的数据库连接。

（3）【SQL】文本框：输入 SQL 语句。为了降低输入强度和减少输入错误，可以借用【记录集】对话框底部的【数据库项】列表框。方法是展开列表树状分支，找到需要的数据库对象，然后单击对话框右边的【SELECT】、【WHERE】和【ORDER BY】3 个按钮之一将自动增加 SQL 语句到上面文本框中。每个按钮在 SQL 语句中将增加一个 SQL 子句。

（4）例如，在【SQL】文本框中输入下面 SQL 语句，如图 17.23 所示。

```
SELECT DISTINCT 客户.客户ID, 客户.公司名称, 客户.城市, 客户.国家
FROM 客户 RIGHT JOIN 订单 ON 客户.客户ID = 订单.客户ID
WHERE (((订单.订购日期)
Between #1/1/1997# And #12/31/1997#));
```

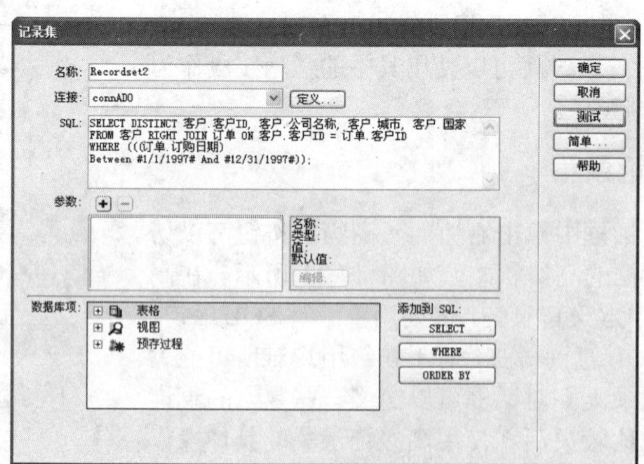

图 17.23 自动输入 SQL 子句

这是一个多表联合查询，查询季度订单的数据。

（5）【变量】列表：如果在 SQL 语句中使用了变量，单击【变量】列表框上面的+按钮，在下面列表框中输入变量的名称、默认值（如果没有运行值返回时变量应取的值）和运行值（通常由服务器对象获取浏览器发送过来的值，如使用 ASP 的 Response 对象获取）。

步骤 4 按照如图 17.23 所示输入 SQL 语句，单击【测试】按钮，测试高级记录集（查询）的查询结果，如图 17.24 所示。

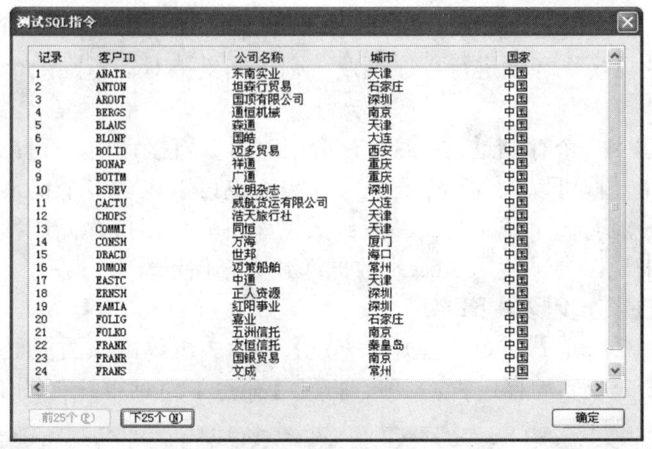

图 17.24 用高级对话框查询的一个记录集

17.4.4 设置记录集属性

记录集（Recordset）本质上也是一个对象，当定义好一个记录集后，在【服务器行为】面板中选择定义好的记录集，如图 17.25 所示，就可以在属性面板中设置其属性，如图 17.26 所示。

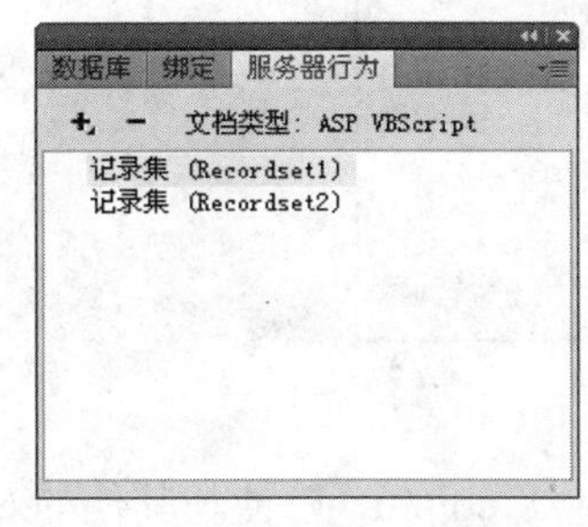

图 17.25 选择定义好的记录集

图 17.26 记录集属性面板

（1）【记录集】文本框：在该文本框中可以定义记录集的名称。

（2）【SQL】文本框：在该文本框中可以编辑已生成记录集的 SQL 语句。

（3）【编辑】按钮：单击该按钮，可以打开【记录集】对话框，重新设置查询记录集的条件。

Dreamweaver CS4

17.5 命令（预存过程）

创建记录集也可以使用存储过程，存储过程是另一种在数据库中保存 SQL 语句的方法。存储过程是 SQL 语句和可选的控制流语句的预编译集合，具有一个名称，并且作为一个单元来运行。命令一般都保存在一个 SQL 数据库中，如 Microsoft SQL Server。它通常位于服务器上，可以通过在一个应用程序中调用来运行，具有允许用户定义变量、条件执行和其他强大的编程功能。

17.5.1 建立一个存储过程

存储过程的特点是在其中可以保存多条 SQL 语句，而不像 Access 的查询对象那样只能保存一条语句。而且，存储过程不仅可以返回记录集，还可以返回多个记录集。不过利用 Dreamweaver CS4 的可视化环境进行程序开发，则只能支持对仅返回一个记录集或不返回记录集的存储过程调用。

读者可以预先建立一个存储过程，然后在应用时可以直接调用。存储过程对象在 ASP 中被称为命令。一个存储过程可以包含一个记录集对象，也可以包含多个记录集。不过通过存储过程所定义的记录集只能有一个记录集。Access 数据库不完全支持存储过程，SQL Server 可以支持，这对于初学者来说，尝试使用 Access 数据库建立存储过程会存在一定的门槛。

建立存储过程的操作步骤如下：

步骤 1 选择【窗口】|【绑定】命令，打开【绑定】面板。再单击该面板上的⊞按钮，在弹出的菜单中选择【命令（预存过程）】项。打开【命令】对话框，如图 17.27 所示。

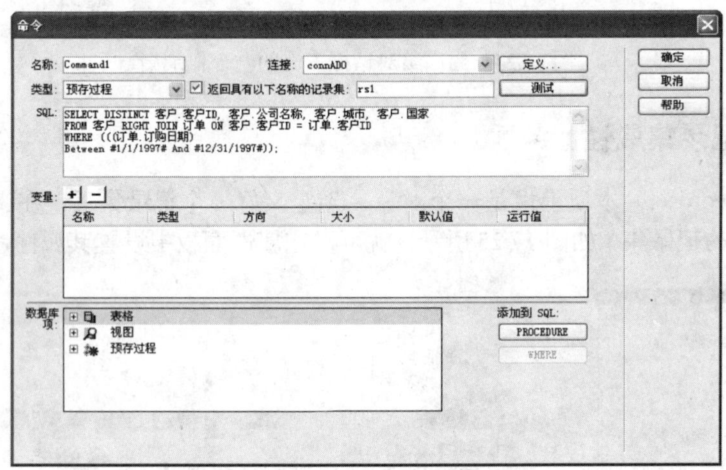

图 17.27 【命令】对话框

（1）【名称】文本框：命名命令的名称，一般在命名前加一个前缀 comm，以便与其他的对象名称区别开来。

（2）【连接】下拉列表：用来连接一个已经建立好的数据库连接。如果在【连接】下拉列表中没有连接出现，则可单击其右侧的【定义】按钮新建一个连接。

（3）【类型】下拉列表：在 Access 数据库中，只能选择插入、更新和删除 3 种类型。可供选择的类型有无、预存过程、插入、更新和删除。

（4）【返回具有以下名称的记录集】文本框：【预存过程】的结果是一个记录集，为了能引用它，必须在该文本框中给它取个名字。

（5）【SQL】文本框：输入 SQL 语句。为了避免输入错误和键入的字符数量，可使用对话框底部的【数据库项】对象树。使用方法和【记录集】对话框一样。

（6）【变量】文本框：如果在 SQL 语句中使用了变量，则可以给变量赋值。

（7）【数据库项】列表框：是数据库项目列表，Dreamweaver CS4 把所有的数据库项目都列在了这个表中，用可视化的形式和自动生成 SQL 语句的方法让用户在做动态网页时会感到方便和轻松。

步骤 2 在【连接】下拉列表中选择一个包含存储过程的数据库连接，如果使用 ASP，则在【类型】下拉列表中选择【预存过程】项。

步骤3 单击【返回具有以下名称的记录集】复选框，然后在后边的文本框中为返回的记录集输入一个名称。

步骤4 单击【确定】按钮，即可建立一个存储过程，该存储过程对象将被增加到【绑定】面板列表框中。

17.5.2 调用一个存储过程

建立一个存储过程之后，就可以在记录集中调用。调用存储过程的操作步骤如下：

步骤1 首先打开需要插入动态数据的页面。

步骤2 选择【窗口】|【绑定】命令，打开【绑定】面板。再单击该面板下的⊞按钮，在弹出的菜单中选择【记录集（查询）】项。

步骤3 打开【记录集】对话框，然后单击【高级】按钮可以切换到【记录集】对话框的高级状态。

步骤4 在对话框中输入记录集的名称，并选择包含和的数据库连接。

步骤5 在对话框底部的【数据库项】列表框中打开存储过程分支，选择已建立的存储过程，然后单击【PROCEDURE】按钮。

步骤6 如果存储过程含有参数，则在【变量】区域中定义它们的【默认值】和【运行值】。

17.5.3 设置命令属性

当定义好一个命令后，在【服务器行为】面板中选择命令，就可以在属性面板中设置其属性，如图 17.28 所示。

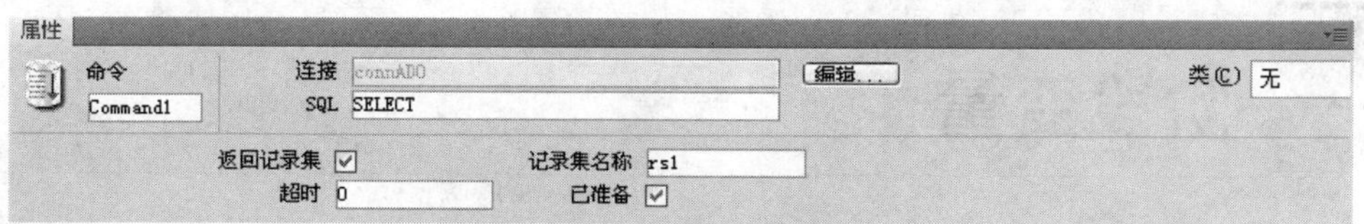

图 17.28 命令属性面板

（1）【命令】文本框：用以设置命令对象名称。
（2）【连接】文本框：显示已建立的数据库连接。
（3）【SQL】文本框：设置一条 SQL 语句。
（4）【返回记录集】复选框：设置是否返回记录集。
（5）【记录集名称】文本框：设置返回的记录集名。
（6）【超时】文本框：设置当前命令对象的时限。

Dreamweaver CS4

17.6 请求变量

请求变量是用来接收并存储客户端传递给服务器端中的各类信息，使用请求变量可以访问任何基于 HTTP 请求传递的所有信息，包括从 HTML 表单用 POST 方法或 GET 方法传递的信息、Cookie 和用户认证信息等。请求对象使用户能够访问客户端发送给服务器的二进制数据。

在【绑定】面板中单击⊞按钮，从弹出的菜单中选择【请求变量】选项，打开【请求变量】

对话框，单击【类型】右边的下拉列表按钮，可看到请求对象包括的类型，如图 17.29 所示。

（1）【请求】：用于超链接地址后所附带的变量参数，也就是 URL 中“?”字符以后部分的信息。例如，在http://localhost/test/Index.asp?TestID=15这个 URL 中的“TestID=15”。

（2）Request.QueryString：用于取得在客户端通过超文本链接所传递的数据。其实该选项等同于【请求】选项。因为 QueryString 是请求对象的默认选项。

（3）Request.Cookie：用于取得保存在客户端的 Cookies 数据。

（4）Request.Form：用于取得页面中表单对象或元素所传递的数据。但表单对象的 method 属性必须是 post。

（5）Request.ServerVariables：用于取得服务器上的环境变量信息。

（6）ClientCertificate：用于取得客户端的身份权限数据。

如图 17.30 所示就是使用 Dreamweaver CS4 建立的请求变量。

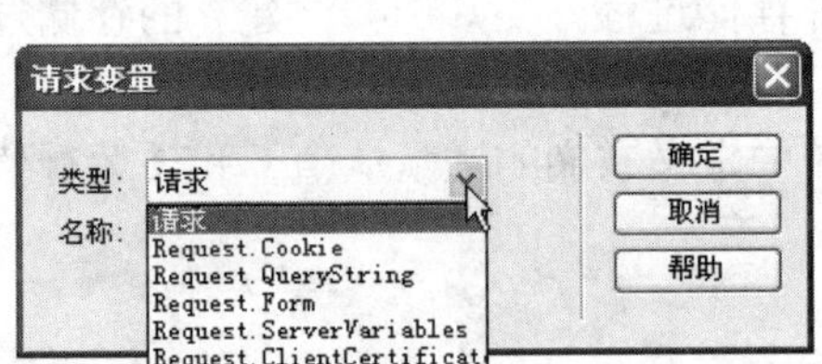

图 17.29 【请求变量】对话框

图 17.30 建立请求变量

17.7 阶段变量

由于 HTTP 是一种无状态协议，无法跟踪用户的访问状态。不过在 ASP 中通过 Session 对象可以跟踪用户的操作，并记录用户私有的数据，以作为用户再次访问站点，或者向服务器提出要求时做确认，用户在程序的 Web 页面之间跳转时，存在 Session 对象中的变量将不会消失。

当使用者利用浏览器浏览某个 ASP 网页，并执行网页应用程序时，在网页站点上将会产生代表该联机的会话对象。每个会话对象都有用于识别的 SessionID，供网页应用程序识别该对象。这个 SessionID 在会话对象产生时，将会写入到客户端计算机的 Cookies 中。

在【绑定】面板中单击⊞按钮，从弹出的菜单中选择【阶段变量】选项，打开【阶段变量】对话框，如图 17.31 所示。

图 17.31 【阶段变量】对话框

在【名称】文本框中输入阶段变量。定义了会话变量后，就可以像其他数据源一样拖放到页面上。如果该变量有值，则在页面上显示其值，如果该会话变量值为空，则不显示任何内容。初始化一个会话变量的语法如下：

```
Session("变量名称")=值
```

获取会话变量的语法如下：

```
变量=Session("变量名称")
```

使用 Session 对象存储特定的用户会话所需的信息。当用户在应用程序页面之间跳转时，存储在 Session 对象中的变量不会被清除，而用户在应用程序中访问页面时这些变量始终存在。当用户请求来自应用程序的页时，该用户还没有会话，服务器将自动创建一个 Session 对象。当会话过期或放弃后，服务器将终止该会话。

Dreamweaver CS4

17.8 应用程序变量

在 Web 应用程序中，当一个用户访问该应用程序时，阶段变量（Session 变量）可以供这个用户在该 Web 应用的所有页面中共享私有数据。如果另一个用户也同时访问该 Web 应用程序，他也拥有自己的 Session 变量，但两个用户之间无法通过 Session 变量共享信息，而应用程序变量（Application 变量）则可以实现站点内多个用户之间在所有页面中共享信息。用户可以把 Session 变量作为私有变量来理解，而把 Application 变量看作公共变量来使用。

在 ASP 中，Application（应用程序）对象用于代表一个网页应用程序，且不管连接到同网页应用程序的使用者有多少，Application 对象都只有一个。Session 对象所代表的是每个登录进入的用户。假设有 10 个用户同时登录进入某个网页应用程序时，便会有 10 个 Session 对象。在 ASP 中，每个 Session 对象预设的有效时间为 20 分钟，因此若某个用户在 20 分钟内没有再次浏览网页，服务器便会认为该用户下线，从而销毁该 Session 对象。

应用程序对象是利用应用程序对象构建的应用程序作用域变量，应用程序变量可以被所有访问站点的人所共有。利用应用程序对象创建的变量可以帮助计算机访问站点的人数、追踪用户操作，或是为所有用户提供特定的信息。

在【绑定】面板中单击⊞按钮，从弹出的菜单中选择【应用程序变量】选项，打开【应用程序变量】对话框，如图 17.32 所示。在【名称】文本框中输入应用程序变量的名称。要定义应用程序变量，可以采用如下语法：

```
Application ("变量名称") =值
```

取得应用程序变量的语法如下：

```
变量= Application ("变量名称")
```

在同一虚拟目录及其子目录下的所有.asp 文件构成了 ASP 应用程序。用户可以使用 Application 对象，在给定的应用程序的所有用户之间共享信息，并在服务器运行期间持久地保存数据，而且 Application 对象还有控制访问应用层数据的方法和可用于在应用程序启动、停止时触发过程的事件。最后在【绑定】面板中定义的各种类型变量如图 17.33 所示。引用这些变量时，直接选中它们，然后单击【绑定】面板底部的【插入】按钮直接插入到页面中。

图 17.32　【应用程序变量】对话框

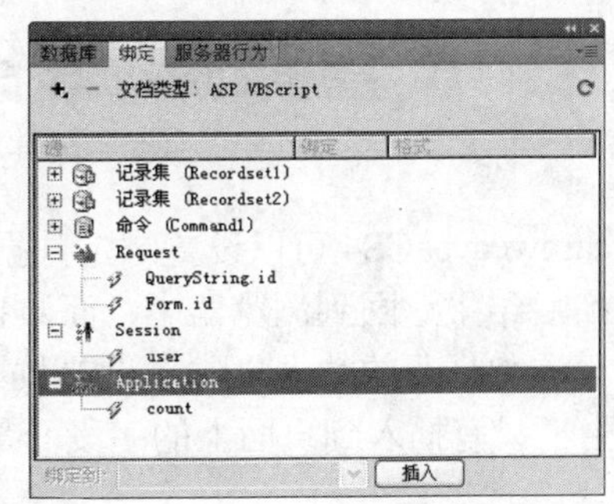

图 17.33　定义的各种类型变量

Dreamweaver CS4

17.9 操作数据源

对已经建立好的数据源，可以进行编辑、删除和复制等操作，具体介绍如下。

17.9.1 编辑数据源

以编辑记录集为例进行介绍，具体步骤如下：

步骤1 选择【服务器行为】面板，双击要编辑的记录集名称。

步骤2 在打开的【记录集】对话框中修改记录集设置，然后单击【确定】按钮即可。

步骤3 也可以使用属性面板来编辑记录集。打开属性面板，选择【服务器行为】面板的记录集，然后在属性面板中进行编辑即可。

步骤4 其他对象的编辑方式与记录集操作相同。

17.9.2 复制记录集

记录集是依附于某个页面的。在一个页面中可以定义一个记录集，也可以定义多个记录集，但不能定义一个属于多个页面的记录集。如果多个页面都使了相同的记录集，则可以复制记录集。具体步骤如下：

步骤1 在【服务器行为】面板中选择记录集。

步骤2 单击面板右上角的菜单按钮，然后从弹出的菜单中选择【拷贝】命令。

步骤3 也可以右键单击记录集名称，在弹出的快捷菜单中选择【拷贝】命令，如图 17.34 所示。

步骤4 然后打开另一页，单击右上角的菜单按钮，然后从弹出的菜单中选择【粘贴】命令，这样就可以把另外一个网页上的记录集复制过来。

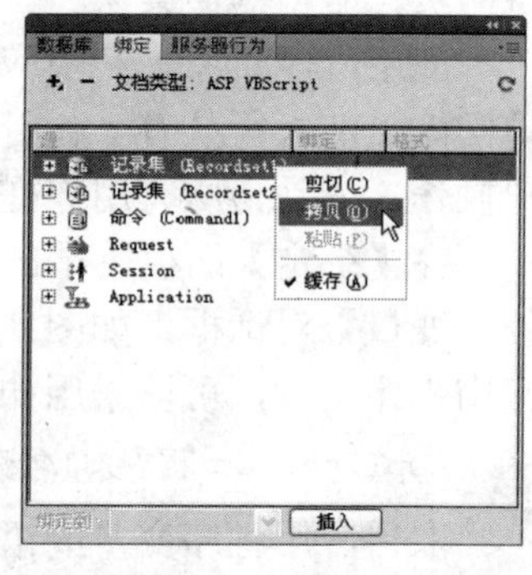

图 17.34 复制记录集

17.9.3 删除数据源

在【服务器行为】面板中选择数据源，单击【绑定】面板或【服务器行为】面板上的⊟按钮，即可删除选中数据源，也可以使用菜单中【剪切】命令删除数据源。

Dreamweaver CS4

17.10 设置数据源格式

Dreamweaver CS4 可以设置绑定数据源的格式。这些格式一般只是对动态内容进行了转换，并把转换后结果返回到浏览器中，而数据库中的数据并没有改变。只要数据绑定在了页面上，就可以设置数据源的数据格式。设置数据源格式的具体操作步骤如下：

步骤1 由于只有插入到页面上的字段变量才可以进行数据源的数据格式设置，首先需要插入字段变量。

步骤2 在编辑窗口选中要改变数据源数据格式的字段变量。

步骤 3 在【绑定】面板中，单击选中字段右面的小三角按钮，打开数据源格式下拉菜单，如图 17.35 所示。

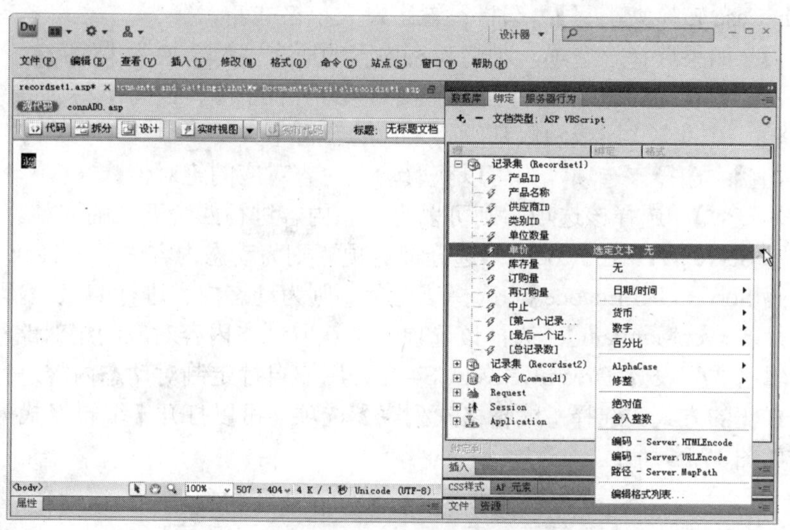

图 17.35 数据源格式下拉菜单

步骤 4 从中选择适当的选项格式即可完成对绑定数据格式的设置。

（1）【日期/时间】：设置的日期和时间格式，其中的【常规格式】、【长日期格式】、【短日期格式】显示方式和服务器上运行 Windows NT 本身设置相关的。

（2）【货币】：选择设置货币格式。

1）【默认值】：将采用 Windows 的【区域设置属性】对话框的【货币】选项卡中的设置。

2）【2 个小数位】：选择该选项，则以 2 位十进制小数的方式显示货币。

3）【舍入为整数】：选择该选项，则将数值的货币值四舍五入。这种取整并不影响数据库中的真实数据，它仅仅是显示发生了变化而已。

4）【若为分数则有前导 0】：选择该选项，如果数值小于 1 则在小数点显示前置 0。

5）【若为分数则无前导 0】：选择该选项，如果数值小于 1 则不在小数点显示前置 0。

6）【若为负数则使用 0】：选择该选项，如果货币值为负则将数值放在圆括号内。

7）【若为负数则使用减号】：选择该选项，如果货币值为负则将在数值前添加负号。

8）【将位分组】：选择该选项，则采用分隔符分隔数字。默认时使用逗号形式的千位分隔符。

9）【不将位分组】：选择该选项，则不采用分隔符分隔数字。

（3）【数字】：选择设置数字格式。

1）【默认值】：十进制实数，取 2 位有效数字。

2）【2 个小数位】：十进制实数，取 2 位有效数字。

3）【舍入为整数】：四舍五入取整。

4）【若为分数则有前导 0】：选择该选项，如果数值小于 1 则在小数点前置 0。

5）【若为分数则无前导 0】：选择该选项，如果数值小于 1 则不在小数点前置 0。

6）【若为负数则使用 0】：选择该选项，如果数值为负则将数值放在圆括号内。

7）【若为负数则使用减号】：选择该选项，如果数值为负则将在数值前添加负号。

8）【将位分组】：选择该选项，则采用分隔符分隔数字。默认时使用逗号形式的千位分隔符。

9）【不将位分组】：选择该选项，则不采用分隔符分隔数字。

（4）【百分比】：选择设置百分比格式。

（5）【AlphaCase 转换大小写】：选择设置字母大小格式。

（6）【大写】：如果选择该选项，则将动态内容的所有字母转换为大写。

（7）【小写】：如果选择该选项，则将动态内容的所有字母转换为小写。

（8）【修整】：返回头、尾或两侧都没有空白的字符串。

（9）【绝对值】：选择该选项，则可以获取动态内容对应的绝对值。

（10）【舍入整数】：选择该选项，则可以为动态内容进行四舍五入的取整。

（11）【编码-Server.HTMLEncode】：选择该选项，则为动态内容进行 HTML 编码。

（12）【编码-Server.URLEncode】：选择该选项，则为动态内容进行 URL 编码。

（13）【路径-Server.MapPath】：选择该选项，则获取动态内容对应的绝对路径。

（14）【编辑格式列表】：Dreamweaver CS4 允许用户自行定制对动态内容进行数字、货币和百分比类型格式化的方式。选择【编辑格式列表】选项，可以打开【编辑格式列表】对话框进行格式定制，如图 17.36 所示。

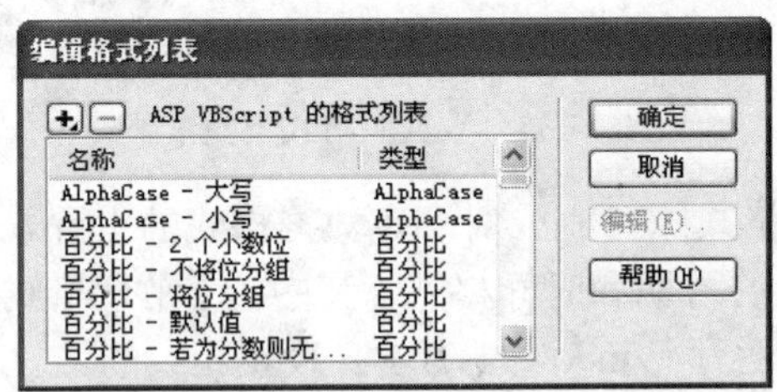

图 17.36 【编辑格式列表】对话框

第 18 章

在网页中显示动态数据

内容介绍

在 Dreamweaver CS4 中制作动态网页的第 2 步就是把定义好的数据源绑定到页面上。绑定位置可以是页面的任何位置，也可以为元素的属性绑定记录集，实现动态控制和显示。用户可以利用【绑定】面板快速绑定记录集。

绑定记录集能够实现网页内容的动态显示，但如何更好地控制这些动态页面，还需要增加服务器行为，服务器行为是在设计时插入到动态页中的控制脚本（如 VBScript、JavaScript、Java 或者是 ColdFusion 脚本），这些脚本运行时在服务器上执行，它与 Dreamweaver CS4 定义的行为是两个不同的概念，行为代码主要在浏览器中被执行。常用服务器行为包括重复显示多条数据记录、实现数据分页显示、操作数据库等。本章将重点讲解动态数据的绑定方法，以及服务器行为常规使用。

学习重点

- 动态文本
- 动态图像
- 动态下拉列表
- 动态文本框
- 动态复选框
- 动态单选按钮
- 动态 HTML 属性
- 认识服务器行为面板
- 重复区域
- 记录集分页
- 显示区域
- 转到详细页面
- 转到相关页面
- 操作记录
- 用户身份验证

Dreamweaver CS4

18.1 动态文本

动态文本就是在段落文本中动态显示的数据。读者可以将网页中现有的文本替换为动态文本，也可把动态文本插入网页内某一位置，动态文本将沿用已存在的文本或插入点的格式。例如，如果选择的文本被定义为 CSS 样式，替换它的动态内容也会根据 CSS 样式进行显示。当然，也可以使用 Dreamweaver CS4 提供的各种格式化工具增加或者改变动态内容的文本格式。

18.1.1 绑定动态文本

所谓绑定就是把动态数据插入或附加到 HTML 源代码中。绑定数据源的方法有很多，可绑定的对象和属性也非常多。利用 Dreamweaver CS4 提供的各种动态属性和服务器行为，读者完全可以把页面里大部分内容变为动态数据显示。当然，如果能熟悉 ASP 环境及编程语言，使用 Dreamweaver CS4 制作动态网页更加方便和自如。Dreamweaver CS4 所有数据源绑定的可视化操作实质上就是在网页里插入 ASP 源代码，用户可以在代码视图下查看并修改，不过不是非常精通 ASP 的用户建议不要轻易改动源代码。

绑定动态文本的操作步骤如下：

步骤 1 首先打开要插入动态文本的页面，请确保页面类型为 ASP 文件（扩展名为.asp）。

步骤 2 在绑定动态文本之前，应先搭建好服务器运行环境，并建立一个站点（本例以前面介绍的实例站点为基础进行介绍），然后定义站点与数据库之间的连接，再定义一个记录集。

步骤 3 在页面或者活动的数据窗口中选择网页中的文本，或者把光标置于需要增加动态文本的位置。打开【绑定】面板，在【绑定】面板中选择需要绑定的记录集字段，如图 18.1 所示。

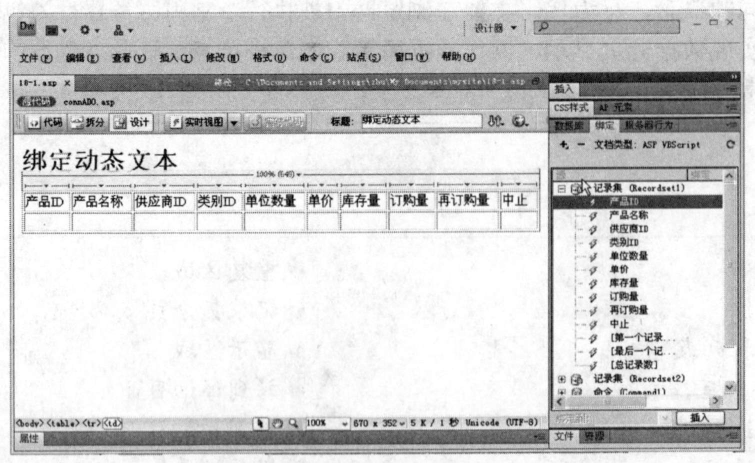

图 18.1　打开要绑定动态数据的文件

步骤 4 单击【绑定】面板底部的【插入】按钮把选中的动态数据插入到指定的位置，也可通过鼠标拖放操作向页面添加动态文本。

步骤 5 这时在编辑窗口中会出现占位符。记录集数据源的占位符，如图 18.2 所示。

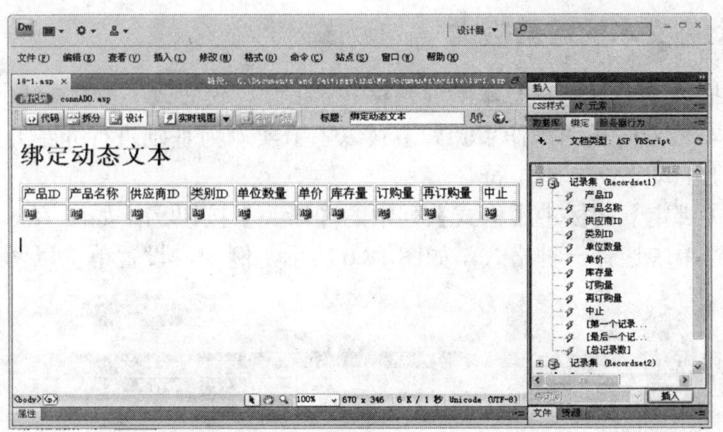

图 18.2　绑定动态文本

步骤 6 如果单击【文档】工具栏中的【实时视图】按钮，可以立即看到动态数据显示效果，如图 18.3 所示。读者也可以按 F12 键在系统默认浏览器中预览效果。

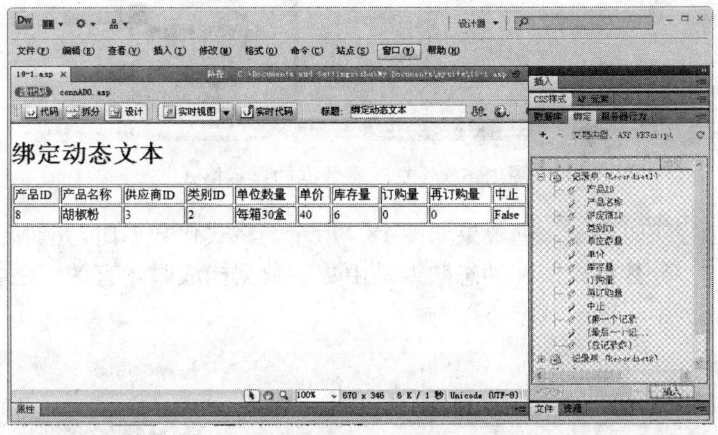

图 18.3　显示动态数据

选择【窗口】|【服务器行为】命令，打开【服务器行为】面板，单击【服务器行为】面板中的按钮，在打开的下拉菜单中选择【动态文本】选项，如图 18.4 所示。或者选择【插入】|【数据对象】|【动态数据】|【动态文本】命令，打开【动态文本】对话框，如图 18.5 所示。在该对话框中选择要插入的动态文本数据源记录，设置好显示格式，单击【确定】按钮即可在当前光标处插入动态数据。

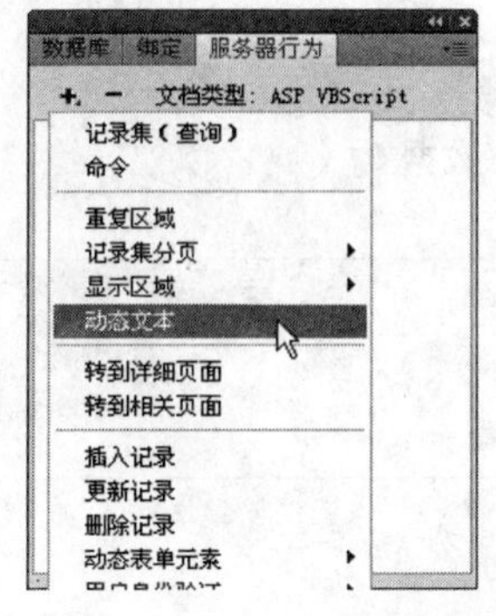

图 18.4　【服务器行为】面板

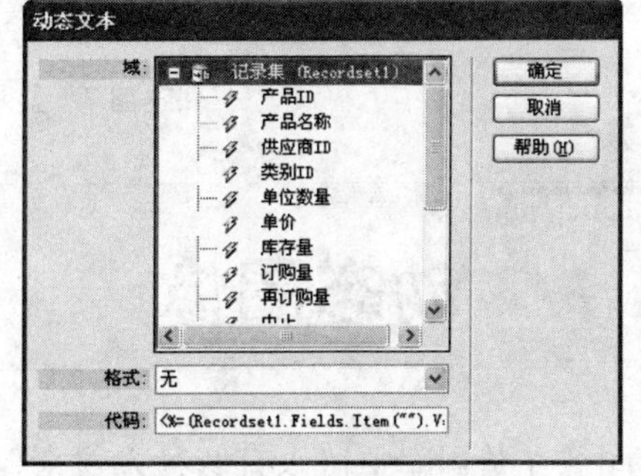

图 18.5　【动态文本】对话框

18.1.2 设置动态文本的数据格式

读者可以根据需要设置动态文本的显示格式。例如，设置动态文本字母全部以大写形式显示。设置动态文本数据格式的操作步骤如下（以上节实例为基础进行介绍）：

步骤 1 选择网页上的动态文本占位符。

步骤 2 然后单击【绑定】面板中【格式】列中的【箭头】按钮，如图 18.6 所示。

步骤 3 从弹出的菜单中选择一种格式，如图 18.6 所示，例如，设置单价以两个小数位显示。

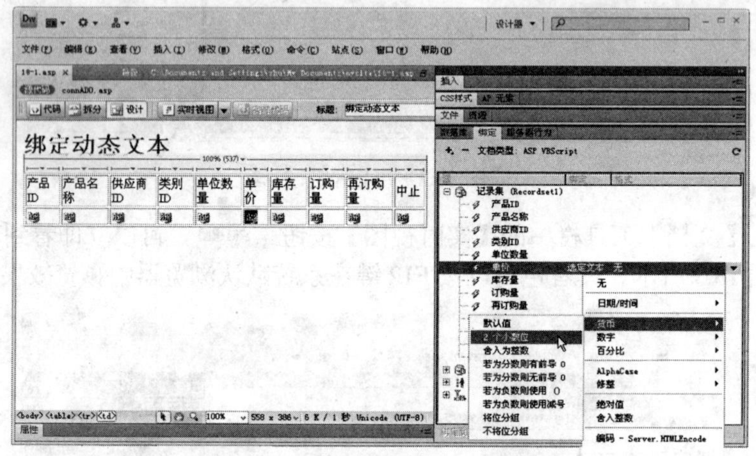

图 18.6 设置动态数据的显示格式

步骤 4 此时如果进行实时预览，则效果如图 18.7 所示。格式化数据时，应确保数据格式适合于数据。例如，分数格式仅在动态数据是由数字数据构成时才有效。还要注意，不能将多种数据格式运用于同一数据。

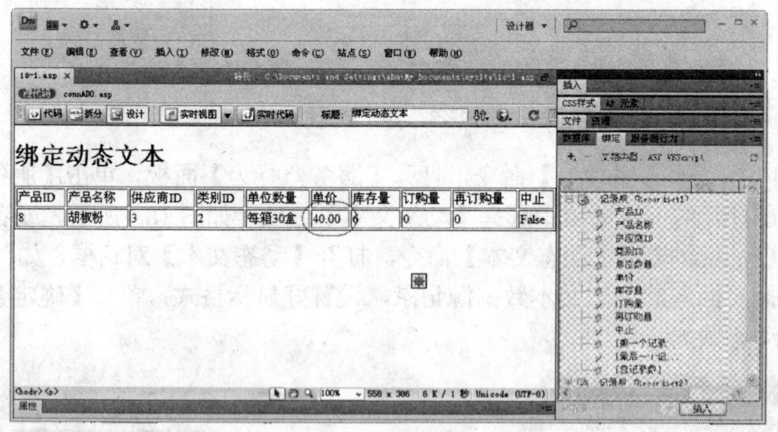

图 18.7 显示设置了格式化的动态数据

18.2 动态图像

图像在数据库中可以有两种方式来保存：

第一种方式是将图像直接作为 OLE 对象保存在数据库中的表内，即以二进制数据流的形式保存在数据表中；

第二种方式就是将图像保存在服务器上的指定目录中，然后在数据表中保存图像文件的URL 字符串。目前使用最为广泛的是第二种方式。

所谓动态图像就是把图像作为动态数据绑定到页面中，或者替换现有的图像为动态图像。实际上图像在 HTML 代码中只是插入一个<img>标记，并由 src 属性指定该图像的 URL 地址。绑定动态图像的操作步骤如下：

步骤 1 打开要绑定动态图像的页面，首先定义一个记录集，本例选择使用 NorthWind.mdb 数据库，在该数据库中查询“雇员”表中所有数据，该表中有一个“照片”字段，我们将要利用该字段数据动态显示照片图像。然后选择要插入的位置，如图 18.8 所示。为了方便操作这里修改了数据库中的数据，以确保与 pic 文件夹中保存图像名称相一致。

步骤 2 选择【插入】|【图像】命令，打开【选择图像源文件】对话框，在对话框上部选择【数据源】单选按钮，如图 18.9 所示。

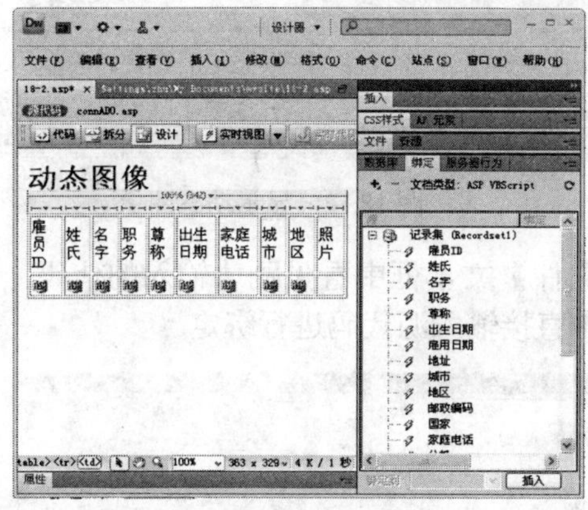

图 18.8　打开网页文件

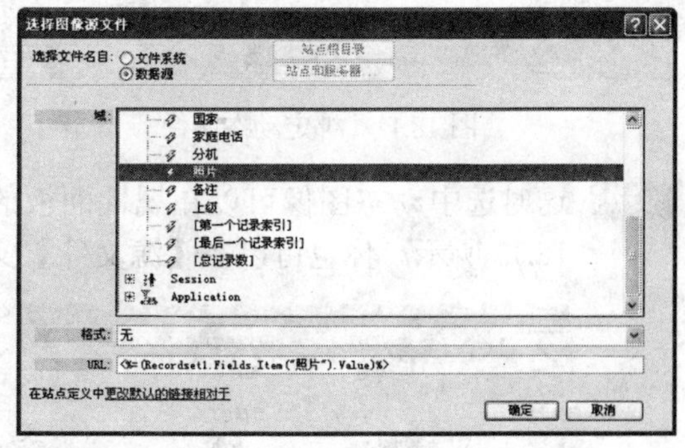

图 18.9　【选择图像源文件】对话框

步骤 3 从对话框列表中选择数据源，数据源应该是包含图像文件的路径字符串，本例选择“雇员”表的“照片”字段。图像路径可以是绝对路径，也可以是相对路径，这主要看数据表的数据设置。如果记录集不是一个完整的 URL 字符串，读者应该根据需要在【URL】文本框中补充完整的路径信息。

步骤 4 例如，在“雇员”表的“照片”字段中仅提供照片的文件名称，没有提供具体的 URL 信息，在本例中所有大图像保存在 pic 文件夹中，所以我们在【URL】文本框中补充的信息为“pic/<%=(rs.Fields.Item("照片").Value)%>”，指明具体路径，如图 18.10 所示。如果用户在数据库表中包含了前边的路径字符串就不需要再加入了。

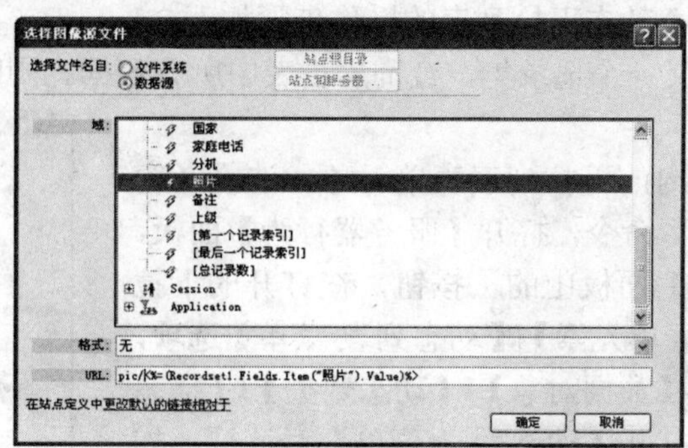

图 18.10　设置动态图像的 URL 路径

步骤5 单击【确定】按钮，即可插入动态图像，如图 18.11 所示。如果单击【文档】工具栏中的【实时视图】按钮，可以立即看到动态数据显示效果，也可以按 F12 键在浏览器中预览效果，如图 18.12 所示。

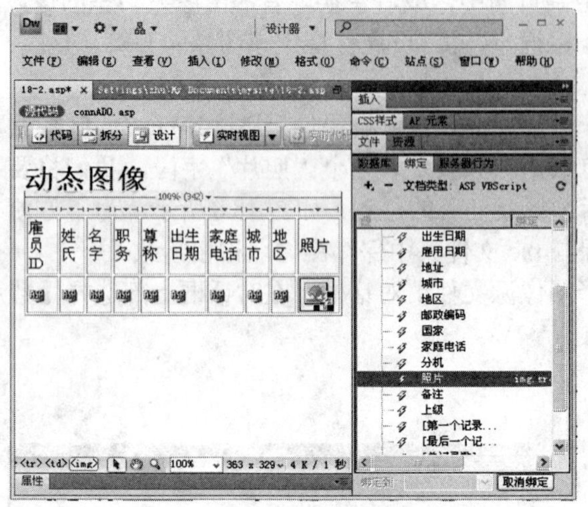

图 18.11 绑定动态图像

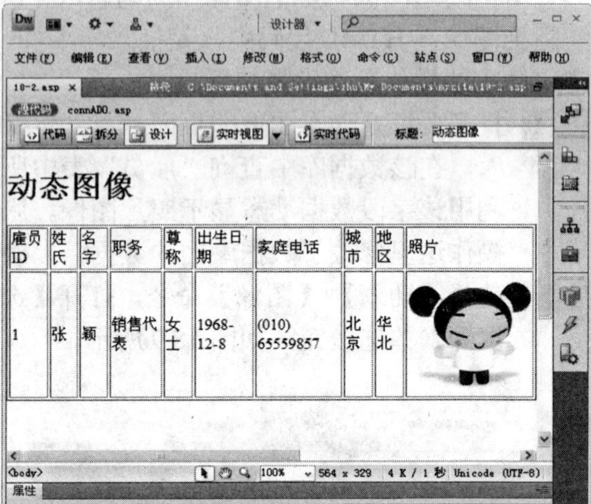

图 18.12 显示动态图像

步骤6 这时选中动态图像可以在属性面板的【源文件】文本框中看见刚才输入的代码，如图 18.13 所示。你也可以在【源文件】文本框中直接输入源代码进行绑定。

图 18.13 动态图像属性面板

Dreamweaver 18.3 动态下拉列表 CS4

从本节开始，将介绍动态表单的制作，即如何把动态数据绑定在表单对象上，实现表单与服务器数据的动态联系。首先，介绍下拉列表，下拉列表作为一个表单对象，它具有表单对象的一般特征。动态下拉列表可以用来组织一系列的数据，而组织和管理数据之间的复杂关系正是数据库的强项。插入一个动态下拉列表的操作步骤如下：

步骤1 新建动态页面，定义一个记录集，查询雇员表中所有数据。同时在页面中插入一个空的下拉列表框。

步骤2 然后，选中该页面内的下拉列表表单对象，选择【窗口】|【服务器行为】命令，打开【服务器行为】面板，单击【服务器行为】面板中的⊞按钮，在打开的下拉菜单中选择【动态表单元素】|【动态列表/菜单】选项，或者选择【插入】|【数据对象】|【动态数据】|【动态选择列表】命令，打开【动态列表/菜单】对话框，如图 18.14 所示。

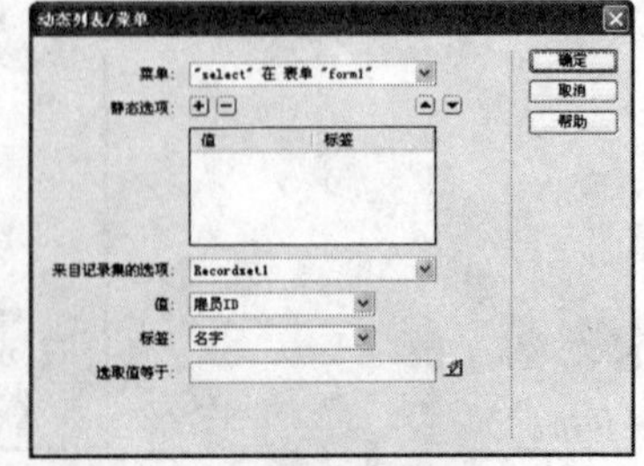

图 18.14 绑定动态列表数据

步骤 3　在【动态列表/菜单】对话框的【来自记录集的选项】下拉列表中选择一个记录集，如果没有事先定义记录集，用户应首先定义记录集。

步骤 4　在【标签】下拉列表中选择下拉列表中显示的项目的内容。然后在【值】下拉列表中选择要提交的内容。

步骤 5　如果想设置下拉列表的默认显示项目，则可以在【选取值等于】文本框中输入一个静态值，或者单击按钮，然后在打开的【动态数据】对话框中指定一个变量。

步骤 6　设置完成后单击【确定】按钮关闭对话框并保存网页，按 F12 键在浏览器中预览效果，如图 18.15 所示。

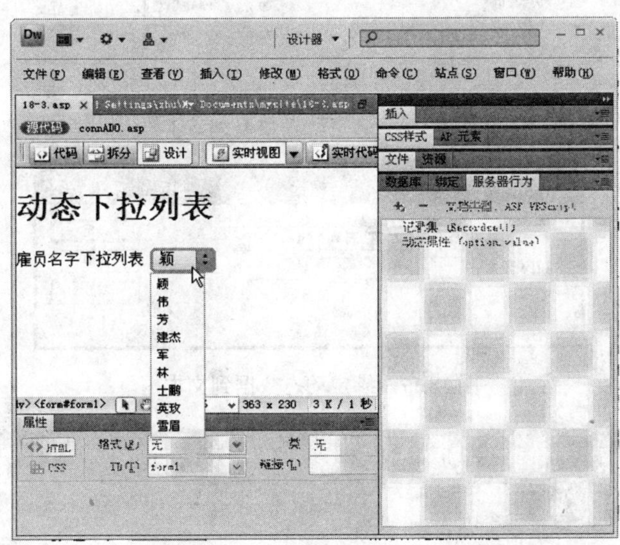

图 18.15　显示动态下拉列表数据

18.4 动态文本框

动态文本框就是把记录集中的动态项目绑定到文本框中，从而实现在文本框中显示动态数据，这样可以对动态数据进行编辑，然后可以把这些数据再写入到数据库，从而实现数据更新的目的，有关数据更新的操作请参阅下面章节讲解。插入动态文本框的操作步骤如下：

步骤 1　新建动态页面，定义记录集查询所有雇员信息，然后在页面中插入一个文本框，并在文本框前面插入雇员姓氏和名字字段的动态数据。

步骤 2　选中文本框，单击属性面板中【初始值】文本框右侧的【绑定到动态源】按钮，打开【动态数据】对话框，在对话框中选择记录集中的“地址”字段，如图 18.16 所示。当然，读者也可以在【服务器行为】面板中单击【服务器行为】面板中的按钮，在打开的下拉菜单中选择【动态表单元素】|【动态文本字段】选项，或者选择【插入】|【数据对象】|【动态数据】|【动态文本字段】命令，打开【动态文本字段】对话框进行设置，如图 18.17 所示。

步骤 3　最后在属性面板的【初始值】文本框中插入下面代码：<%=(Recordset1.Fields.Item("地址").Value)%>，如图 18.18 所示。

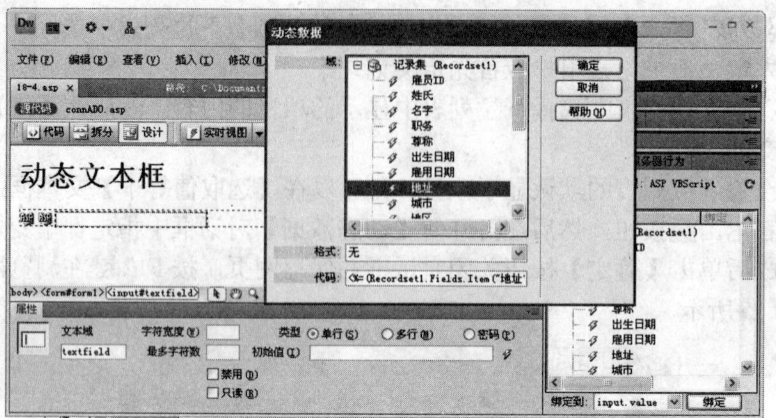

图 18.16　绑定动态数据到文本框

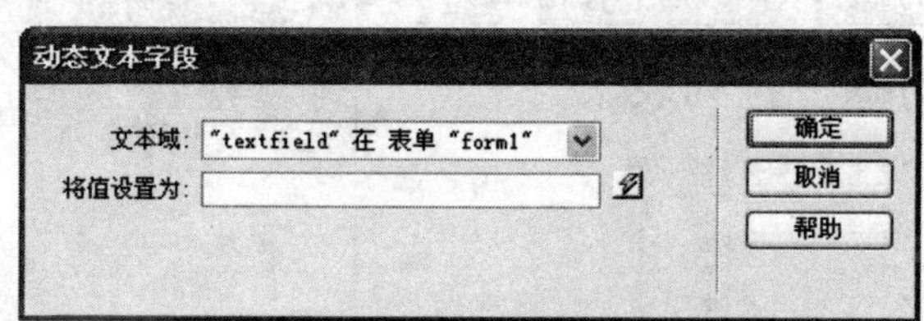

图 18.17　绑定动态数据到文本框

图 18.18　为文本框初始值绑定数据源

步骤 4　保存文件，按 F12 键在浏览器中浏览，则效果如图 18.19 所示。

图 18.19　绑定动态数据的文本框

18.5 动态复选框

复选框的主要用途可以实现多选，以获取多种准确信息。所谓动态复选框，就是把数据库中的信息通过绑定到复选框上，以实现信息的动态显示。

在页面中选中一个复选框。选择【窗口】|【服务器行为】命令，打开【服务器行为】面板，单击【服务器行为】面板中的+按钮，在弹出的下拉菜单中选择【动态表单元素】|【动态复选

框】选项，或者选择【插入】|【数据对象】|【动态数据】|【动态复选框】命令，打开【动态复选框】对话框，如图 18.20 所示。

图 18.20 【动态复选框】对话框

当记录中的一个域等于某一个值时，如果想让复选框被选中，可按如下步骤操作：

步骤 1 单击【选取，如果】文本框右侧的按钮，然后从打开的【动态数据】对话框的数据源列表中选择一个字段或一个变量。一般来说，数据源都是布尔型的数据，例如，YES 或 NO、TRUE 或 FALSE、1 或 0 等。

步骤 2 在【等于】文本框中，输入复选框被选中时所选数据源必须具备的值。例如，想让记录中的所选数据源等于 YES，那么应在【等于】文本框中输入“YES”。

步骤 3 设置完毕，单击【确定】按钮即可。

步骤 4 当在浏览器中浏览表单时，复选框既可以被选中也可以不被选中，这取决于绑定复选框的动态数据源取值。如果用户单击表单中的【提交】按钮，这个值也将被提交至服务器，演示效果如图 18.21 所示。

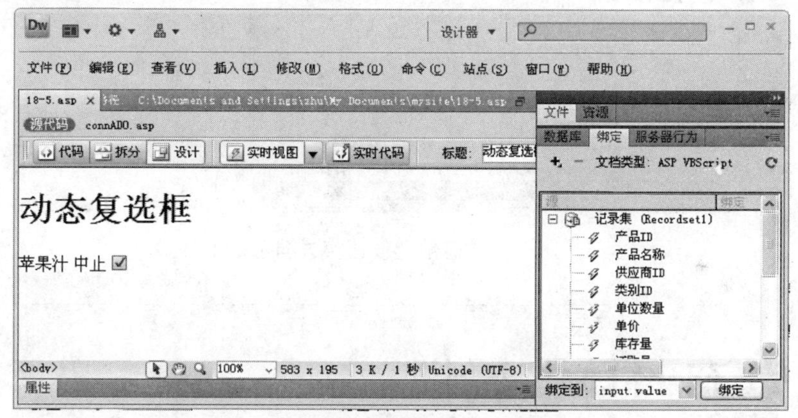

图 18.21 动态复选框的实时演示效果

18.6 动态单选按钮

动态单选按钮的动态主要是指其提交的值（是 value 属性内容的动态化）以及其中的一个是否被选中（也就是是否 checked 属性）。插入动态单选按钮的操作步骤如下：

步骤 1 在网页上插入一组单选按钮。如果是几个独立的单选按钮，可为几个单选按钮取相同的名称，使它们成为一组。

步骤 2 选择【窗口】|【服务器行为】命令，打开【服务器行为】面板，单击【服务器行为】面板中的按钮，在打开的下拉菜单中选择【动态表单元素】|【动态单选按钮】选项，或者选择【插入】|【数据对象】|【动态数据】|【动态单选按钮】命令，打开【动态单选按钮】对话框，如图 18.22 所示。

步骤 3 在【单选按钮组】下拉列表中选择网页中的一组单选按钮。

步骤 4 可以指定单选按钮组中每一个单选按钮的值。首先在【单选按钮值】列表框中选择一个单选按钮，然后在【值】文本框中输入单选按钮的值。

步骤 5 如果想在记录中某一域的值等于单选按钮的值时让单选按钮被选中，则单击【选取值等于】文本框右侧的按钮，然后从打开的【动态数据】对话框的数据源列表中选择一个域。被选中的域应该包含与单选按钮的值相匹配的数据，即包含出现在单选值列表中的数据。

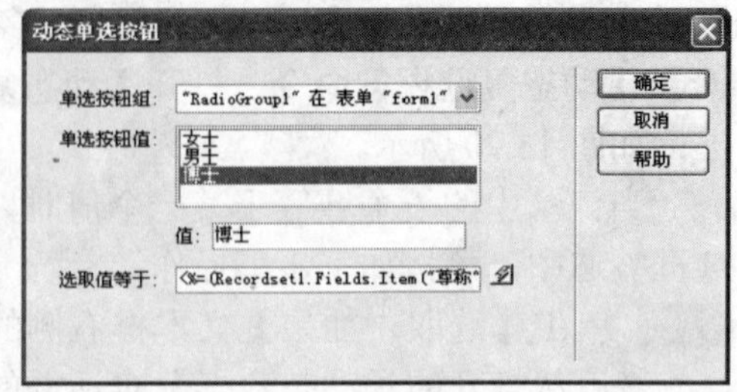

图 18.22 【动态单选按钮】对话框

步骤 6 设置完毕，单击【确定】按钮即可，演示效果如图 18.23 所示。

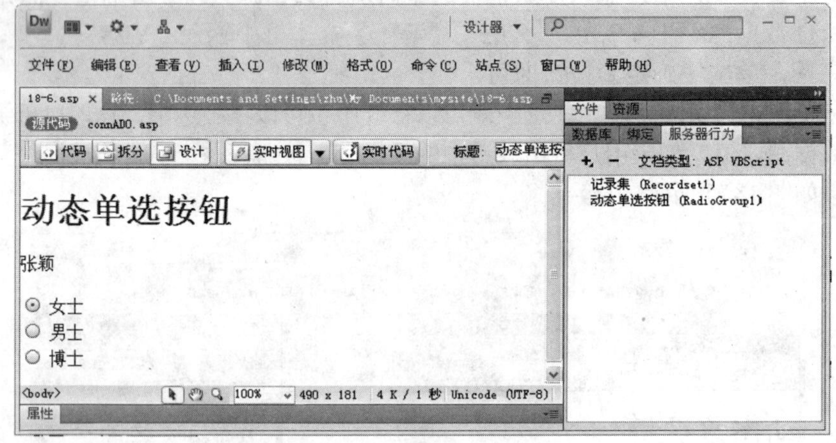

图 18.23 动态单选按钮实时演示效果

18.7 动态 HTML 属性

动态 HTML 属性与动态表单对象有着很大的区别。表单对象的动态化是让服务器应用程序动态生成表单对象信息，而动态 HTML 属性则主要是动态地生成网页的外部特征，例如，背景颜色以及宽高等。建立 HTML 属性和数据源的关联后，就可以动态地修改页面的样式了。例如，把记录集的某个字段绑定到表格的 width 属性上，就可以动态改变表格宽度。建立动态 HTML 属性共有 3 种方法，下面分别介绍。

1. 在属性面板中绑定动态数据

在属性面板中绑定动态数据的操作步骤如下：

步骤 1 在文档窗口中选定一个 HTML 对象，打开属性面板。

步骤 2 单击属性面板中属性设置框旁边的【选择文件】图标按钮，在打开的【选择文件】对话框中选择【数据源】单选按钮（选中不同的对象，以及对象的不同属性，该对话框的名称也略有区别），然后在【域】列表框中选择记录集数据源，如图 18.24 所示。

步骤 3 也可以单击属性面板中设置属性右侧的图标，打开【动态数据】对话框，在该对话框中列出本页中所有定义的数据源，可以从中选择一个数据源进行绑定，如图 18.25 所示。

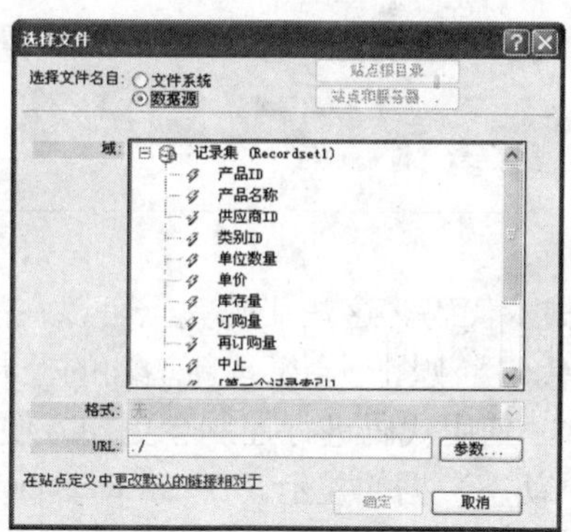

图 18.24 【选择文件】对话框

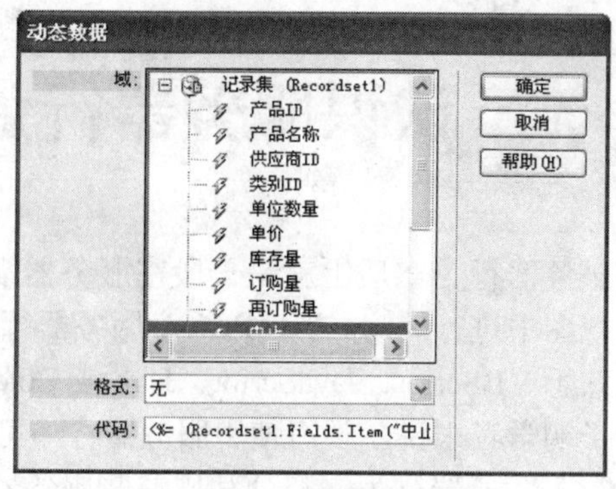

图 18.25 【动态数据】对话框

2. 在【绑定】面板中绑定动态数据

在【绑定】面板中绑定动态数据的操作步骤如下:

步骤1 在文档窗口中选定一个 HTML 对象,打开【绑定】面板。

步骤2 在【绑定】面板中选择要绑定的数据源,然后单击【绑定】面板底部的【绑定到】下拉列表右边的箭头▼。

步骤3 在弹出的下拉列表中选择 HTML 对象的属性,如图 18.26 所示。

步骤4 选定 HTML 对象的属性后,单击【绑定】按钮即可。

3. 在【标签检查器】面板中绑定动态数据

在标签检查器属性面板中绑定动态数据的操作步骤如下:

步骤1 在文档窗口中选定一个 HTML 对象,打开【标签检查器】面板。

步骤2 单击【属性】选项卡,切换到属性面板,在属性列表中选择某个属性,在右边将出现一个⚡图标,如图 18.27 所示。

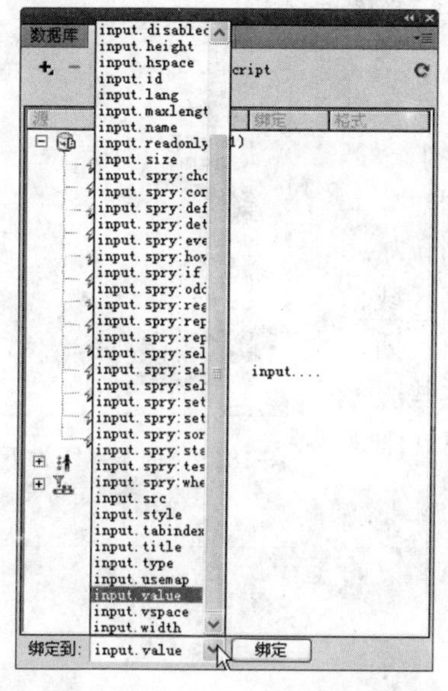

图 18.26 选择 HTML 对象的属性

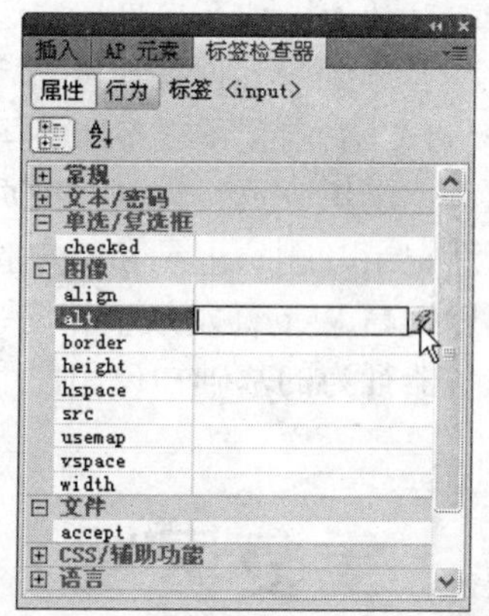

图 18.27 标签检查器属性面板

步骤3 单击该图标,可以打开【动态数据】对话框,从【动态数据】对话框中选择一个适合的标签属性的动态数据。

步骤4 利用该方法可以设置 HTML 标签的几乎所有属性的动态数据。

Dreamweaver CS4

18.8 认识服务器行为面板

服务器行为实质上就是一段在服务器端控运行的脚本代码。这些代码完全可以在 HTML 代码视图中进行编写。当插入一个服务器行为后，在【代码】视图下会发现新增加的控制代码。如果熟悉 VBScript、JavaScript、Java 或 ColdFusion 脚本，使用代码进行控制会更加方便快捷，但对于初学者来说，学习使用服务器行为可以快速控制动态数据的显示。Dreamweaver CS4 内置了很多服务器行为，充分利用这些服务器行为可以完成动态网页中的常用动态数据显示和控制，当然对于高手来说也可以自己编写服务器行为代码。下面几节我们将重点学习 Dreamweaver CS4 内置服务器行为的使用。

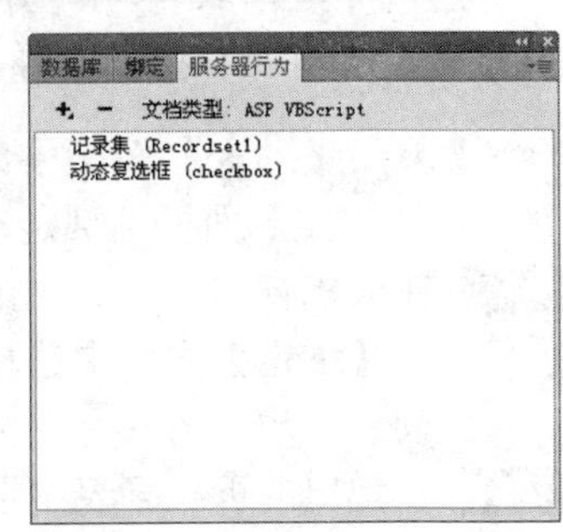

图 18.28 【服务器行为】面板

选择【窗口】|【服务器行为】命令，打开【服务器行为】面板，如图 18.28 所示。在【服务器行为】面板中显示并控制所有创建、绑定的数据源以及各种特定功能的服务器行为。在【服务器行为】面板中可以执行增加、删除、修改服务器行为等操作。

（1）增加服务器行为：单击【服务器行为】面板中的⊞按钮，在打开的下拉菜单中可以选择增加服务器行为，如图 18.29 所示。

（2）删除服务器行为：在【服务器行为】面板中选择一个服务器行为，单击⊟按钮可以删除选中的服务器行为。

（3）修改服务器参数：选中某个服务器行为，然后双击该行为可以在打开的服务器行为对话框中修改服务器行为的参数。

（4）编辑服务器行为：右键单击某个服务器行为，在弹出的下拉菜单中选择一种命令可以实现对该行为的编辑操作。

新建或打开一个动态网页后，选择【插入】|【数据对象】命令，在打开的子菜单中可以选择更多服务器行为。Dreamweaver CS4 内置了很多服务器行为，例如，重复区域、显示区域、记录集分页、转到详细页面、转到相关页面、插入记录、更新记录、删除记录和用户验证等，灵活使用这些服务器行为可以提高 Web 开发效率和增强网页功能。下面将详细讲解各种服务器行为的基础知识和使用技巧。

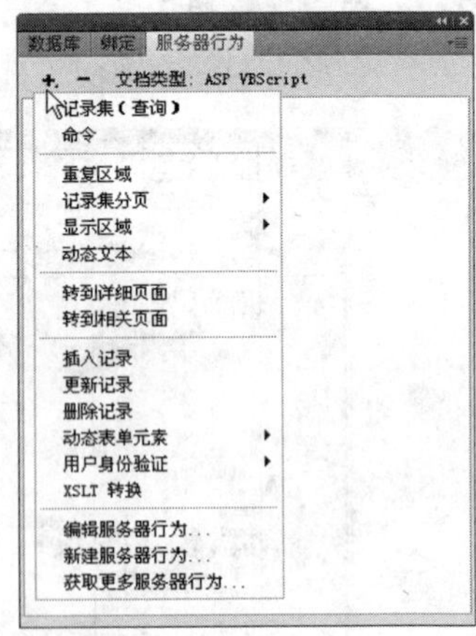

图 18.29 服务器行为下拉菜单

Dreamweaver CS4

18.9 重复区域

重复区域，顾名思义就是重复显示一个区域内容，如果一个页面内绑定了动态数据源，并且显示多条或者全部记录，那么就应该使用该服务器行为。“重复区域”服务器行为可以定义在页面中显示记录集中的多条记录。任何被选择的动态数据及各种对象都可以转变成重复的区域。最常见的区域是表格、表格行或一系列表格行。添加“重复区域”服务器行为之前，用户需要选中需要重复显示的动态数据区，然后再增加“重复区域”服务器行为。定义重复区域的操作步骤如下：

步骤 1 假设我们以前面小节中介绍的“绑定动态文本”实例为基础展开介绍，打开该页面。

步骤 2 选中要重复的数据源行，如图 18.30 所示。可以选定任意内容，包括表格、表格行甚至一段文本。若要精确选择页面上的区域，则可以使用状态栏中的标签选择器。例如，如果重复区域为表格的一行，那么在页面上的该行内单击，然后单击标签选择器最右侧的<tr>标签以选择该完整的行。

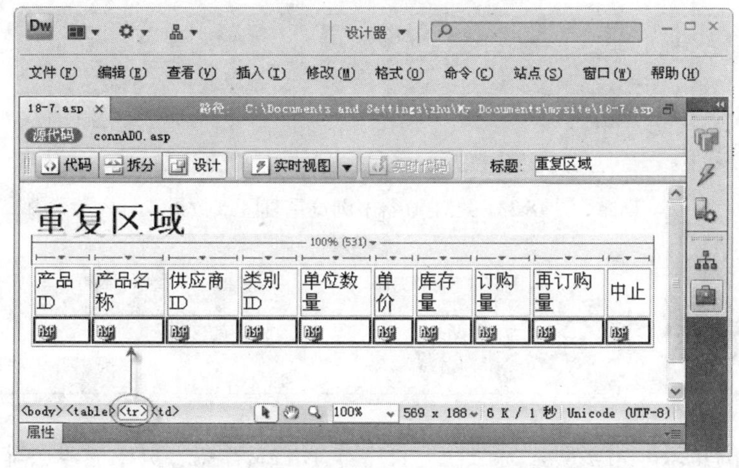

图 18.30 选中要重复的区域

步骤 3 选择【窗口】|【服务器行为】命令，打开【服务器行为】面板，单击⊞按钮，在下拉菜单中选择【重复区域】选项。打开【重复区域】对话框，如图 18.31 所示。

步骤 4 单击【记录集】下拉列表，选中要使用的记录集（该记录集应该与重复区域内的数据源的记录集对应）。在【显示】选项中设置每页要显示的记录数，在【显示】文本框中可以输入每页要显示的记录数，默认值为 10，也可以选择【所有记录】单选按钮显示全部记录，本例设置如图 18.31 所示。

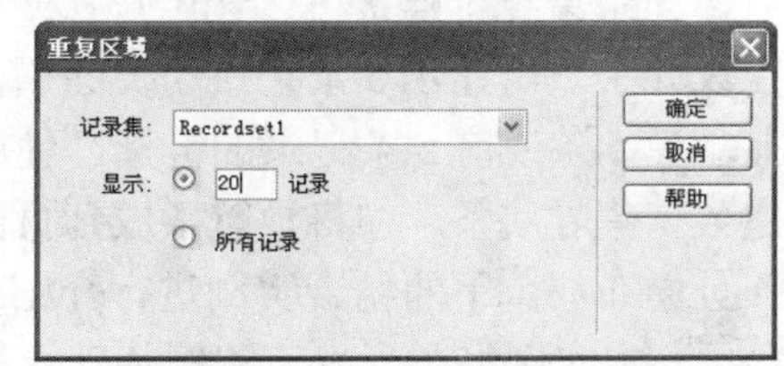

图 18.31 【重复区域】对话框

步骤 5 单击【确定】按钮，在编辑窗口中，重复区域周围会显示灰色细轮廓，如图 18.32 所示。

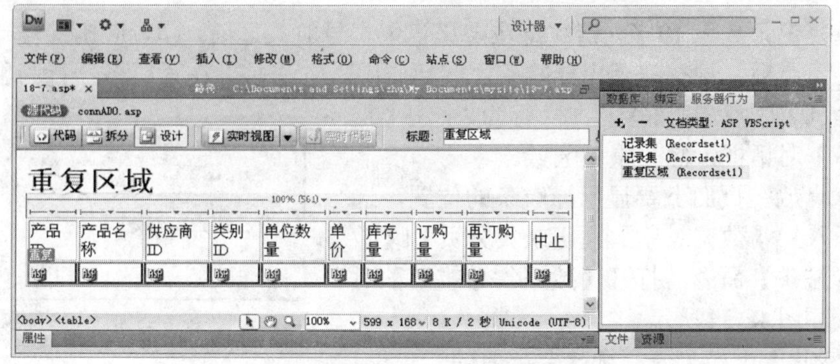

图 18.32 定义重复区域效果

步骤6 保存页面，按 F12 键在浏览器预览，显示效果如图 18.33 所示。

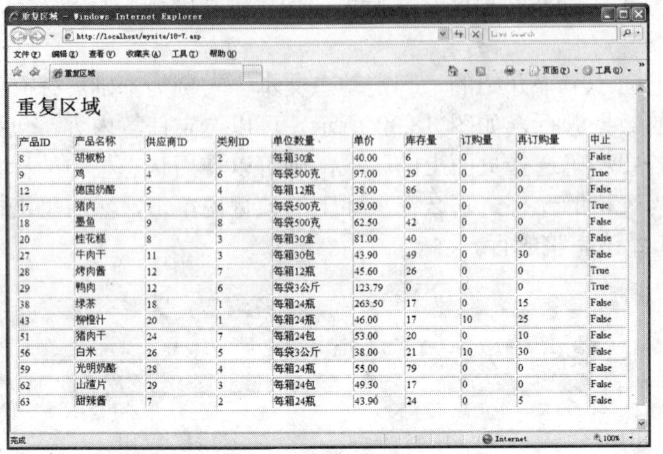

重复区域

产品ID	产品名称	供应商ID	类别ID	单位数量	单价	库存量	订购量	再订购量	中止
8	胡椒粉	3	2	每箱30盒	40.00	6	0	0	False
9	鸡	4	6	每袋500克	97.00	29	0	0	True
12	德国奶酪	5	4	每箱12瓶	38.00	86	0	0	False
17	猪肉	7	6	每袋500克	39.00	0	0	0	True
18	墨鱼	9	8	每袋500克	62.50	42	0	0	False
20	桂花糕	8	3	每箱30盒	81.00	40	0	0	False
27	牛肉干	11	3	每箱30包	43.90	49	0	30	False
28	烤肉酱	12	7	每箱12瓶	45.60	26	0	0	True
29	鸭肉	12	6	每袋3公斤	123.79	0	0	0	True
38	绿茶	18	1	每箱24瓶	263.50	17	0	15	False
43	柳橙汁	20	1	每箱24瓶	46.00	17	10	25	False
51	猪肉干	24	7	每箱24包	53.00	20	0	10	False
56	白米	26	5	每袋3公斤	38.00	21	10	30	False
59	光明奶酪	28	4	每箱24瓶	55.00	79	0	0	False
62	山渣片	29	3	每箱24包	49.30	17	0	0	False
63	甜辣酱	7	2	每箱24瓶	43.90	24	0	5	False

图 18.33 在浏览器中浏览重复区域效果

Dreamweaver CS4

18.10 记录集分页

当数据源中的记录非常多时，无法在一页中显示，或者在一页中显示会非常长，不利于浏览，这时就需要进行分页显示。利用【记录集分页】子菜单可以建立多种形式的分页显示。

18.10.1 定义记录集导航条

记录集导航链接可以让用户从一个记录移到下一个，或者从一组记录移到下一组。例如，在设计了每次显示 5 条记录的页面后，用户可能想要添加如【下一页】或【上一页】这类可以显示后 5 条或前 5 条记录的链接。使用“数据集导航条”服务器行为，只需一次操作就可以创建数据集导航条。在将导航条放到页面上之前，确保页面包含要导航的记录集和用于显示记录的页面布局。下面结合实例进行介绍：

步骤1 本实例将在上一节实例基础上进一步延伸，请打开重复区域的实例，在浏览器中浏览效果如图 18.33 所示。可以看到由于数据记录比较多，在一页显示会非常长，这不利于信息的快速浏览，且会占用更多的内存资源，这时可以使用记录集分页服务器行为进行分页显示。

步骤2 修改重复记录数为 10 条。请注意在定义记录集导航条之前，读者应确保修改重复区域为有限显示个数，这样记录集导航条才会起作用。方法是，在【服务器行为】面板的服务器行为列表中双击“重复区域”行为，打开【重复区域】对话框，修改重复区域。

步骤3 将插入点放在页面上要显示导航条的位置，选择【插入】|【数据对象】|【记录集分页】|【数据集导航条】命令，打开【数据集导航条】对话框，如图 18.34 所示。

图 18.34 【数据集导航条】对话框

（1）【记录集】下拉列表：选择要导航的记录集。

（2）【显示方式】选项：选择用以在页面上显示导航链接的格式。选中【文本】单选按钮则可以在页面上插入文本链接，选中【图像】单选按钮则可以使用图形图像作为链接。

步骤4 单击【确定】按钮，则在编辑窗口中插入导航条如图 18.35 所示。

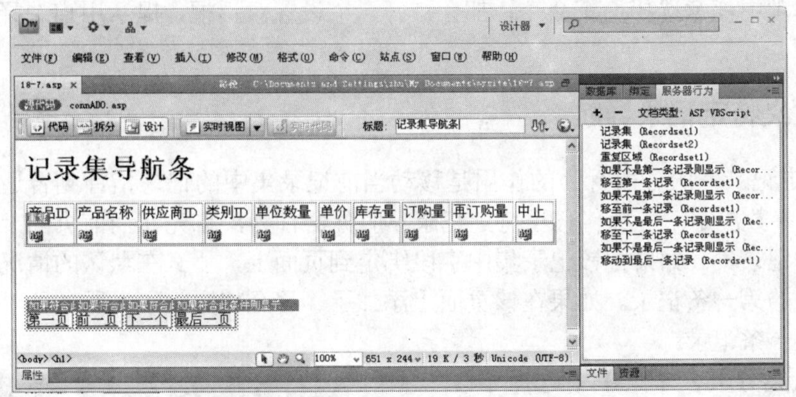

图 18.35 插入导航条的效果

步骤5 保存页面，按 F12 键在浏览器中预览，则显示效果如图 18.36 所示。

定义记录集导航条

产品ID	产品名称	供应商ID	类别ID	单位数量	单价	库存量	订购量	再订购量	中止
43	柳橙汁	20	1	每箱24瓶	46.00	17	10	25	False
51	猪肉干	24	7	每箱24包	53.00	20	0	10	False
56	白米	26	5	每袋3公斤	38.00	21	10	30	False
59	光明奶酪	28	4	每箱24瓶	55.00	79	0	0	False
62	山渣片	29	3	每箱24包	49.30	17	0	0	False
63	甜辣酱	7	2	每箱24瓶	43.90	24	0	5	False

第一页 前一页

图 18.36 导航条浏览效果

将导航条增加到页面上之后，可以按照个人喜好使用 Dreamweaver CS4 的设计工具进行自定义导航条。还可以编辑“移到”和“显示区域”服务器行为，方法是在【服务器行为】面板中双击这些服务器行为，在打开的对话框中可以进行修改。

18.10.2 定义普通导航

除了使用上面的“记录集导航条”服务器行为外，用户也可以增加普通导航。在【服务器行为】面板中单击[+]按钮，在下拉菜单中选择【记录集分页】选项，从打开的子菜单中进行选择，如图 18.37 所示。

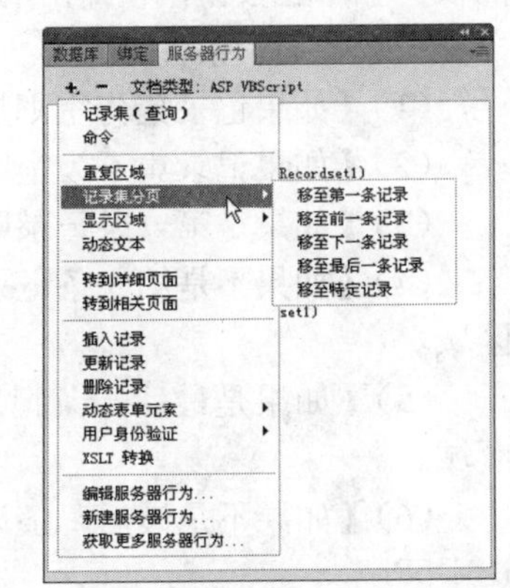

图 18.37 【记录集分页】子菜单

(1)【移至第一条记录】：在页面中可以创建跳转到第一条记录页面上的链接。

(2)【移至前一条记录】：在页面中可以创建跳转到前一条记录页面上的链接。

(3)【移至下一条记录】：在页面中可以创建跳转到下一条记录页面上的链接。

(4)【移至最后一条记录】：在页面中可以创建跳转到最后

一条记录页面上的链接。

(5)【移至特定记录】：在详细页中可以创建直接跳转到特定记录页面上的链接。

在该菜单项中任意选择一个命令，都会打开一个设置对话框，提示用户选择链接的目标和记录集。

18.10.3 定义特定记录导航

“移至特定记录”服务器行为的作用是移动当前记录集中的记录指针到合适的位置，具体位置由 URL 参数决定。应用“移至特定记录”服务器行为，首先在当前页面上应存在一个包含多条记录的记录集。如果把该记录集中字段绑定到页面上，那么在默认的情况下应该显示的是该记录集中的第一条记录。如果在该页面上添加了“移至特定记录”服务器行为，则显示的有可能不是第一条记录。

在【记录集分页】子菜单中选择【移至特定记录】命令，打开【移至特定记录】对话框，如图 18.38 所示。

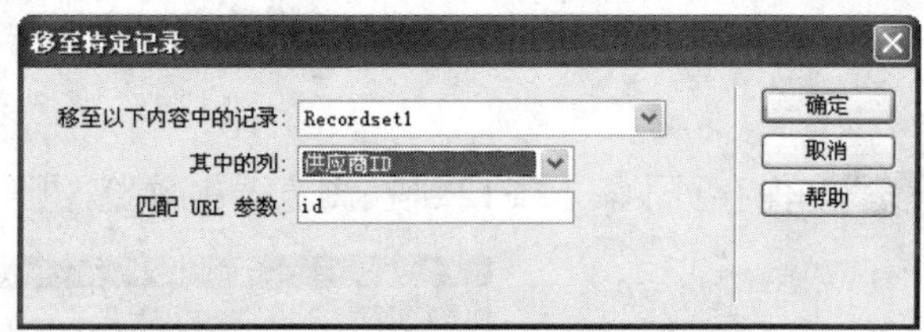

图 18.38 【移至特定记录】对话框

(1)【移至以下内容中的记录】：选择当前使用的记录集。

(2)【其中的列】：选择包含 URL 参数的字段。

(3)【匹配 URL 参数】：设置所传递的 URL 参数。

Dreamweaver 18.11 显示区域 CS4

所谓显示区域就是通过脚本控制页面中部分区域是否显示，以及在什么条件下隐藏或显示。例如，当插入记录集导航条后，当页面显示为第一页时，“第一页”和“前一页”超链接就被隐藏起来，而当页面显示为最后一页时，则“下一页”和“最后一页”超链接就被隐藏起来。当然我们也可以在其他环境中利用 Dreamweaver CS4 提供的显示区域服务器行为来控制特定内容的显示或隐藏条件。

首先选择需要显示的区域，然后选择【窗口】|【服务器行为】命令，打开【服务器行为】面板。单击⊞按钮，在弹出的菜单中选择【显示区域】，如图 18.39 所示。在【显示区域】的子菜单中选择显示条件。

(1)【如果记录集为空则显示区域】：当记录集为空时，显示选中区域。

(2)【如果记录集不为空则显示区域】：当记录集中包含记录时，显示选中区域。

(3)【如果是第一条记录则显示区域】：当处于记录集中的第一条记录时，显示选中区域。

(4)【如果不是第一条记录则显示区域】：当没有处于记录集中的第一条记录时，显示选中区域。

(5)【如果是最后一条记录则显示区域】：当处于记录集中的最后一条记录时，显示选中区域。

(6)【如果不是最后一条记录则显示区域】：当没有处于记录集中的最后一条记录时，显示选中区域。

在定义记录集导航条时，在【服务器行为】面板中自动增加“显示区域”服务器行为，如

图 18.40 所示。

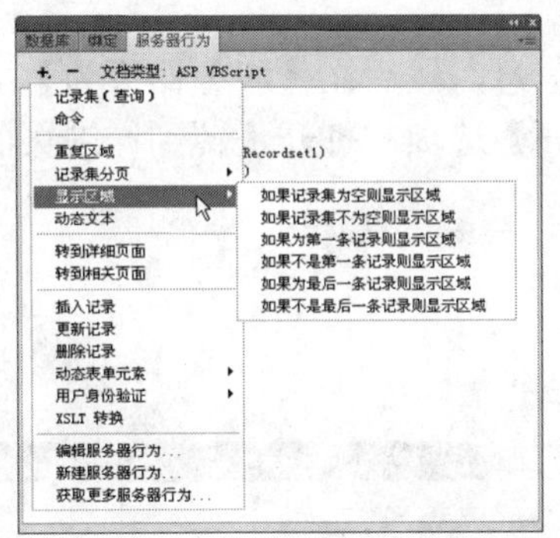

图 18.39 【显示区域】子菜单

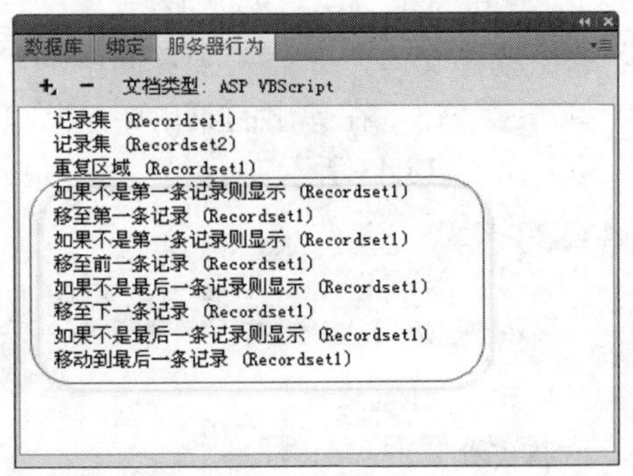

图 18.40 “显示区域”服务器行为

Dreamweaver CS4

18.12 转到详细页面

详细页面是与列表页面相对而言，如果在列表页面中单击某条列表项后，将会打开详细页显示该列表项对应的详细信息。“转到详细页面”服务器行为能够帮助完成这个任务，Dreamweaver 在所选文本周围放置一个特殊链接。当用户单击该链接时，“转到详细页面”服务器行为将一个包含记录 ID 的 URL 参数传递到详细页。例如，如果 URL 参数的名称为 id，详细页的名称为 detail.asp，则当用户单击该链接时，URL 看起来应该像下面这样：

http://www.mysite.com/detail.asp?id=3

URL 的第一部分“http://www.mysite.com/detail.asp ”用于打开详细页。第二部分“?id=3”是 URL 参数。它告诉详细页要查找和显示哪个记录。其中 id 是 URL 参数的名称，3 是它的值。在本例中，URL 参数包含记录的 ID 编号，即 3。下面结合一个实例进行详细介绍。该实例在列表页面中显示雇员名称列表，当单击某个雇员名称时，会自动跳转到详细页面，并显示该雇员的详细信息，演示如图 18.41 所示。

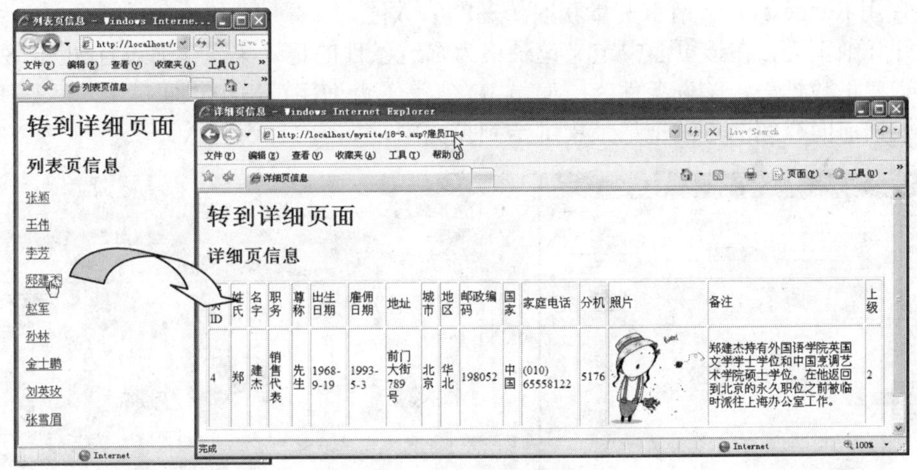

图 18.41 转到详细页面

步骤 1 首先，设计一个列表页，该页面将显示所有雇员名称列表。先定义一个记录集，查询雇员数据表中所有记录，并把雇员名称绑定到页面中，同时利用重复区域服务器行为重复显示所有记录，如图 18.42 所示。

步骤 2 选中动态文本，即插入到页面中的雇员名称动态信息，然后在【服务器行为】面板中，单击⊞按钮，在弹出的菜单中选择【转到详细页面】选项，打开【转到详细页面】对话框，如图 18.43 所示。

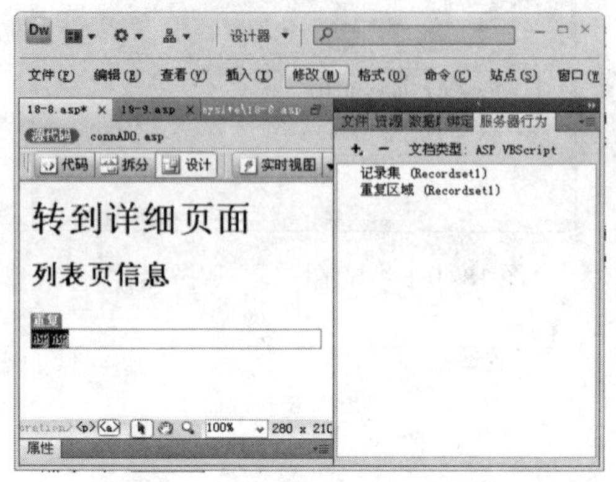

图 18.42 绑定雇员列表信息

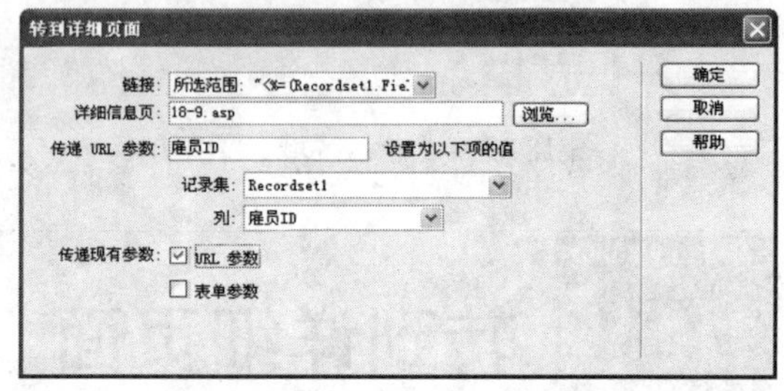

图 18.43 【转到详细页面】对话框

（1）【链接】下拉列表：可以选择要把行为应用到哪个链接上，如果在页面中选择了动态文本，则会自动选择该内容。

（2）【详细信息页】文本框：输入详细页文件的 URL 地址，也可以单击【浏览】按钮进行选择。

（3）【传递 URL 参数】文本框：输入要通过 URL 传递到详细页中的参数名称。

（4）【记录集】下拉列表：设置通过 URL 传递参数所属的记录集。

（5）【列】下拉列表：选择通过 URL 传递参数所属记录集中的字段名称，即设置 URL 传递参数的值的来源。

（6）【URL 参数】复选框：选中该复选框表示将通过 URL 参数传递信息到详细页。在详细页上需要使用 Request.QueryString 请求变量获取传递的参数值。

（7）【表单参数】复选框：选中该复选框表示将表单值的方式传递信息到详细页。在详细页上需要使用 Request.Form 请求变量获取传递的参数值。

步骤 3 打开详细页面，在该页面中定义记录集为筛选条件的记录集，详细设置如图 18.44 所示。查询雇员数据表，筛选条件为：雇员 ID 值等于查询字符串中“雇员 ID”变量的值。然后根据前面介绍的方法把记录集绑定到页面中，如图 18.45 所示。

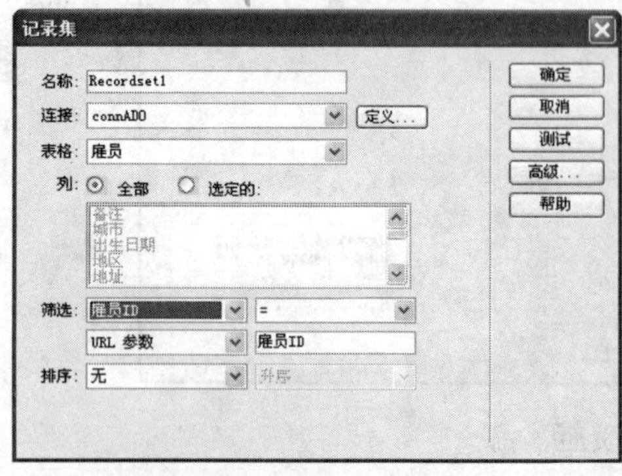

图 18.44 定义记录集

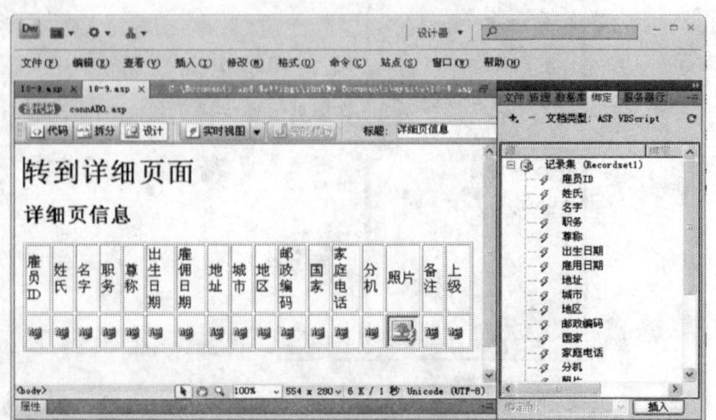

图 18.45 绑定记录集

步骤 4 保存文件，按 F12 键运行首页文件，显示效果如图 18.41 所示。如果分别单击“雇员 ID”为 6 和 7 的链接会打开不同的页面显示。

Dreamweaver CS4

18.13 转到相关页面

利用“转到相关页面”服务器行为可以建立一个链接，打开另一个页面而不是它的详细页面，并且传递信息到相关页面中。例如，从一个页面传递登录信息到另一页面，避免用户重复输入。建立“转到相关页面”服务器行为操作步骤如下：

步骤 1 在一个页面中，选择文本或者图像充当转到相关页面的链接。不必为文本串或者图像建立普通的链接，Dreamweaver CS4 将自动地建立一个。

步骤 2 在【服务器行为】面板中，单击⊞按钮，在弹出的菜单中选择【转到相关页面】选项，打开【转到相关页面】对话框，如图 18.46 所示。

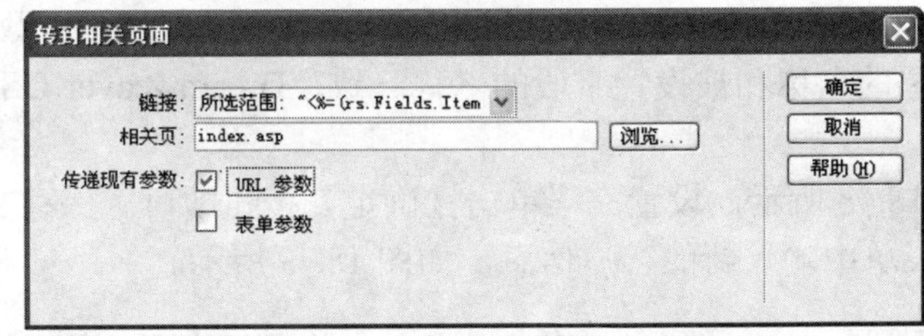

图 18.46 【转到相关页面】对话框

步骤 3 在【链接】下拉列表中选择某个链接，“转到相关页面”服务器行为将被应用到该链接上，如果在页面上选中了某些文字，在该行为将把选中文字设置为链接。如果没有选中任何内容，Dreamweaver CS4 会创建一个名称为“相关”的超文本链接。

步骤 4 在【相关页】文本框中输入文件名，或者单击【浏览】按钮定位文件。

步骤 5 在【传递现有参数】选项中，选中相应的复选框，可以设置往相关页传递参数的方法。

（1）【URL 参数】复选框：选中该复选框表示将当前页面中的 URL 参数传递到相关页中。

（2）【表单参数】复选框：选中该复选框表示将当前页面中的表单值传递到相关页中。如果该页面包含使用 POST 方式提交数据的 HTML 表单，只要保证【表单参数】复选框被选中，就能把表单数据传递到相关页面中。

步骤 6 设置完毕，单击【确定】按钮即可。

Dreamweaver CS4

18.14 操作记录

Dreamweaver CS4 提供了 3 个有关操作数据表中记录的服务器行为，分别用来向数据库中插入记录、修改和删除数据库中指定的记录。对应的 3 个服务器行为分别为“插入记录”、“更新记录”和“删除记录”。

18.14.1 插入记录

使用“插入记录”服务器行为可以将记录插入到数据库表中，具体步骤如下：

步骤1 新建动态页面，在页面中设计一个简单的表单，该表单包含两个文本框，用来允许用户输入姓氏和名字，如图 18.47 所示。

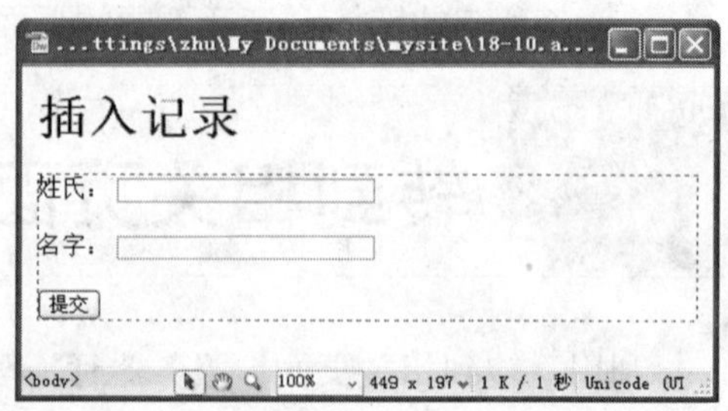

图 18.47 设计表单

步骤2 在【服务器行为】面板中，单击 按钮，在弹出的菜单中选择【插入】选项，打开【插入】对话框，如图 18.48 所示。

（1）【连接】下拉列表：选择指定连接的数据库，如果没有指定连接，可以单击右侧的【定义】按钮定义数据库连接。

（2）【插入到表格】下拉列表：选择要插入的表的名称。

（3）【插入后，转到】文本框：输入一个文件名，或者单击其右侧的按钮指定，以便做完插入操作后跳转到该页面。

（4）【获取值自】下拉列表：指定 HTML 表单以便提交输入数据。

（5）【表单元素】列表框：设置指定数据库中要更新的表单域对象。用户应先选择表单域对象，然后从【列】下拉列表中选择数据表中的字段。如果字段仅仅接受数字值，那么选择【数据】项。如果表单对象的名称和被设置字段的名称一致，Dreamweaver CS4 则会自动地为之建立对应关系。

步骤3 本例设置如图 18.48 所示，设置完毕单击【确定】按钮即可。保存文件，按 F12 键运行文件，在页面表单中输入新的客户信息，如图 18.49 所示。

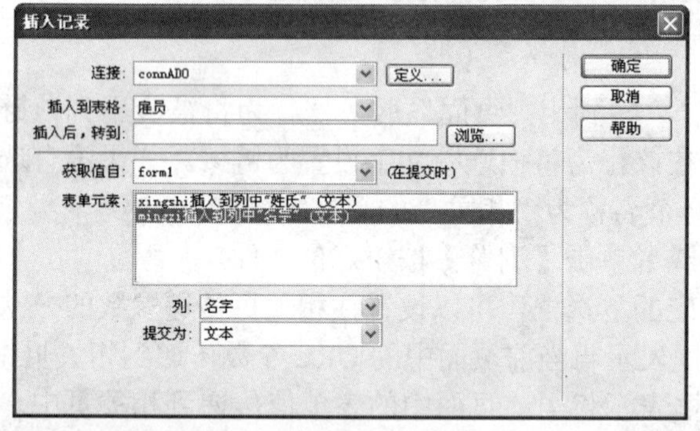

图 18.48 【插入记录】对话框

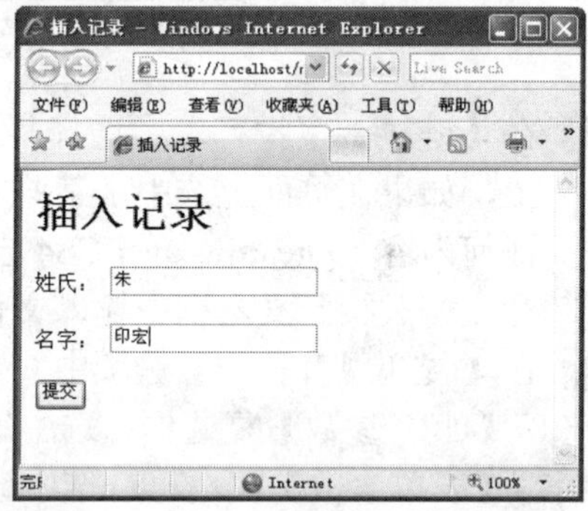

图 18.49 输入表单信息

步骤4 单击【提交】按钮，输入的信息会自动被插入到数据库中，此时如果用户在远程文件夹中打开数据库 NorthWind.mdb，在“雇员”表中可以看到刚输入的记录，如图 18.50 所示。

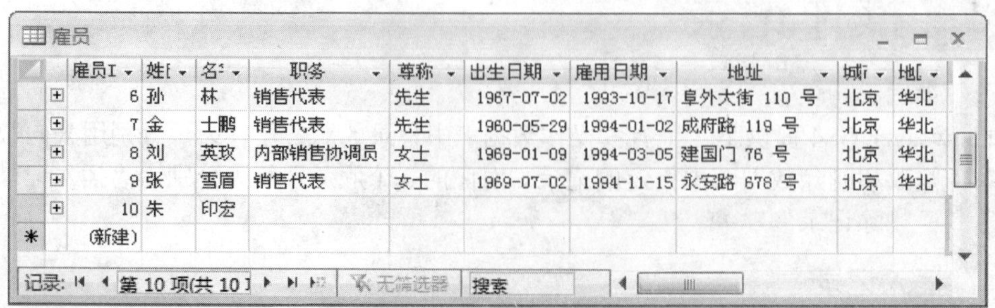

雇员

雇员I	姓	名	职务	尊称	出生日期	雇用日期	地址	城市	地区
6	孙	林	销售代表	先生	1967-07-02	1993-10-17	阜外大街 110 号	北京	华北
7	金	士鹏	销售代表	先生	1960-05-29	1994-01-02	成府路 119 号	北京	华北
8	刘	英玫	内部销售协调员	女士	1969-01-09	1994-03-05	建国门 76 号	北京	华北
9	张	雪眉	销售代表	女士	1969-07-02	1994-11-15	永安路 678 号	北京	华北
10	朱	印宏							
(新建)									

记录: 第 10 项(共 10 项) 无筛选器 搜索

图 18.50 插入到数据库中的数据

18.14.2　更新记录

更新记录是对数据库中指定的记录进行修改，然后将其修改后的数据重新写入数据库的过程。动态网页应用中有时包含让用户在数据库中更新记录的页面，一般利用“更新记录”服务器行为可以完成此类任务。这类更新记录的操作通常需要主页面和详细页面。在主页面中选择要更新的记录，然后在详细页面中更新记录，并把更新保存到数据库中。使用“更新记录”服务器行为的具体步骤如下：

步骤 1　以上节实例的表单为基础，在页面中定义一个简单的记录集，如图 18.51 所示。该记录集将作为数据更新的对象，然后切换到【高级】状态，利用 SQL 的 TOP 关键字指定记录集仅查询第 1 条记录。

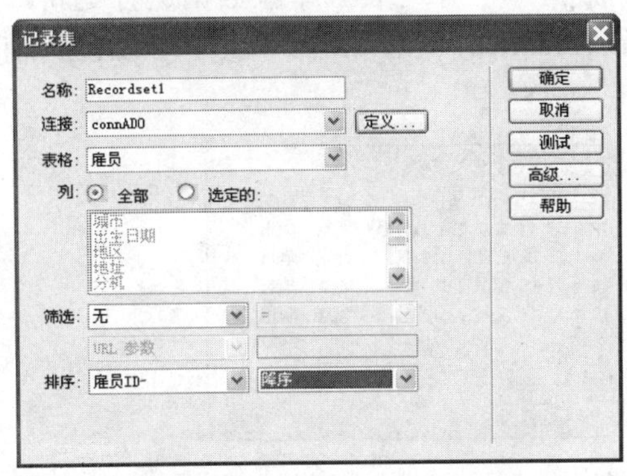

图 18.51　【记录集】对话框

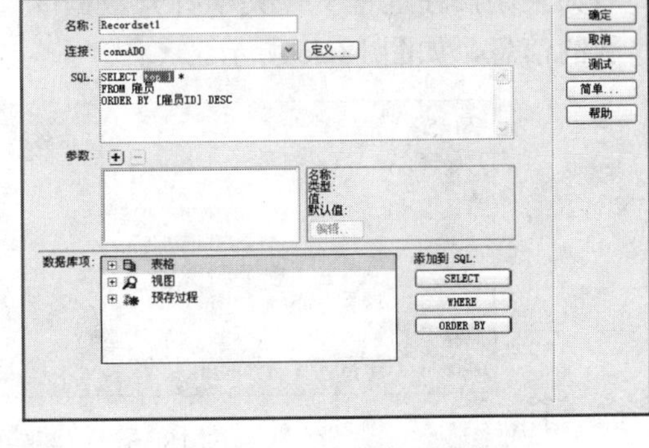

图 18.52　设置高级查询

步骤 2　在【服务器行为】面板中，单击+按钮，在弹出的菜单中选择【更新记录】选项，打开【更新记录】对话框，如图 18.53 所示。要注意实现一个更新记录服务器行为就应该相应地提供一个供用户修改数据的界面，这个界面通常由包含着记录内容的文本域组成。该对话框的操作与【插入】对话框的操作基本相同，这里就不再重复说明。

步骤 3　本例的【更新记录】对话框设置如图 18.53 所示，设置完毕单击【确定】按钮，这时用户会发现表单区域内对象显示为浅绿色，如图 18.54 所示。

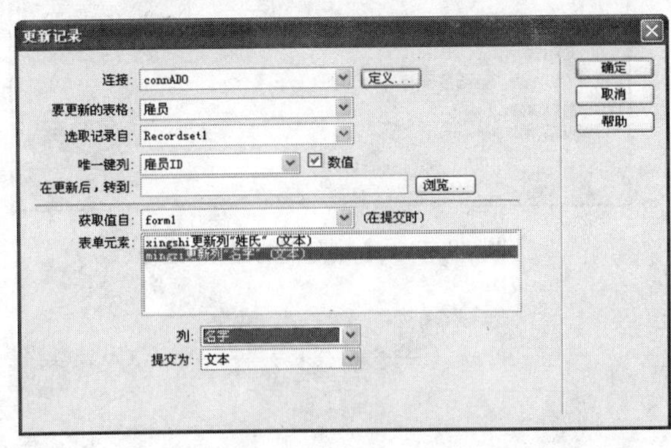

图 18.53　【更新记录】对话框

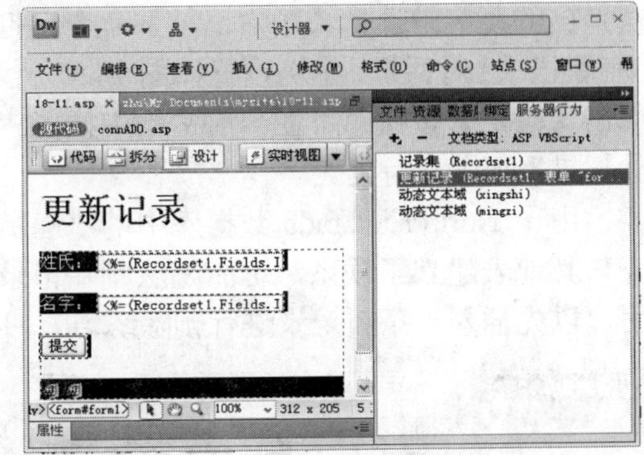

图 18.54　插入“更新记录”服务器行为后的效果

步骤 4　保存文件，按 F12 键运行实例，然后在文本框中修改记录显示的数据，如图 18.55 所示。

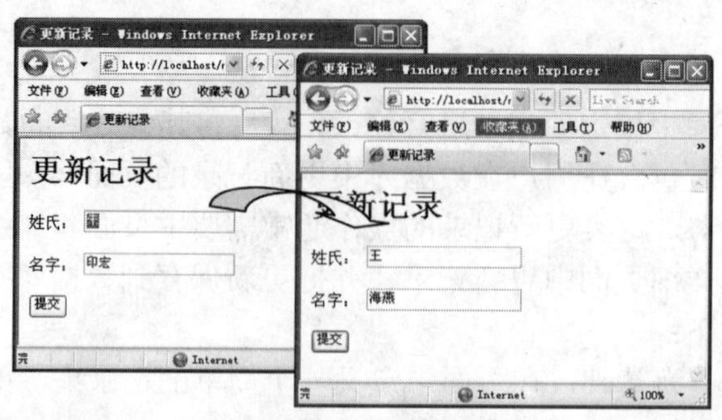

图 18.55　更新页面记录

步骤 5　单击提交按钮，修改后的信息会自动被提交到数据库中并对数据库原数据进行更新，此时如果用户在远程文件夹中打开数据库 NorthWind.mdb，在“雇员”表中可以看到刚更新的信息，如图 18.56 所示。

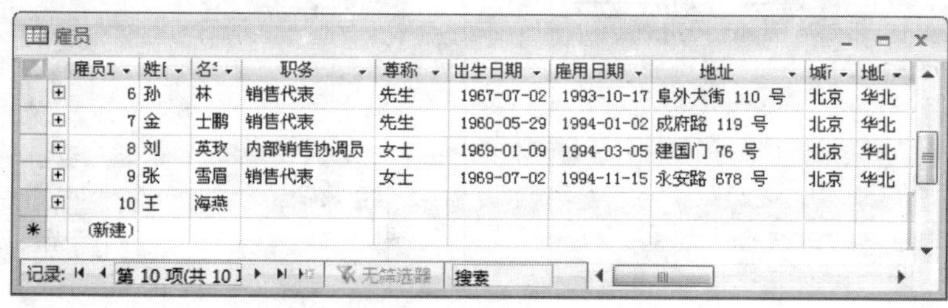

雇员

雇员I	姓[	名	职务	尊称	出生日期	雇用日期	地址	城i	地[
6	孙	林	销售代表	先生	1967-07-02	1993-10-17	阜外大街 110 号	北京	华北
7	金	士鹏	销售代表	先生	1960-05-29	1994-01-02	成府路 119 号	北京	华北
8	刘	英玫	内部销售协调员	女士	1969-01-09	1994-03-05	建国门 76 号	北京	华北
9	张	雪眉	销售代表	女士	1969-07-02	1994-11-15	永安路 678 号	北京	华北
10	王	海燕							
(新建)									

记录：第 10 项(共 10 项)　无筛选器　搜索

图 18.56　更新后的数据库中记录

18.14.3　删除记录

在后台数据库的管理中，网站经常需要管理员或者允许用户从浏览器中操作删除数据库中的记录。这种删除记录行为与更新记录行为一样需要主页面和详细页面。主页面允许用户选择要删除的记录，然后把选择删除的 ID 信息传递给详细页面，由详细页面执行删除操作。

利用“删除记录”服务器行为可以轻松删除指定的记录。但是用户在使用“删除记录”服务器行为之前，必须建立一个表单。

在【服务器行为】面板中，单击按钮，在弹出的菜单中选择【删除记录】命令，打开【删除记录】对话框，本例设置如图 18.57 所示。单击【确定】按钮即可在当前文档中插入“删除记录”服务器行为。

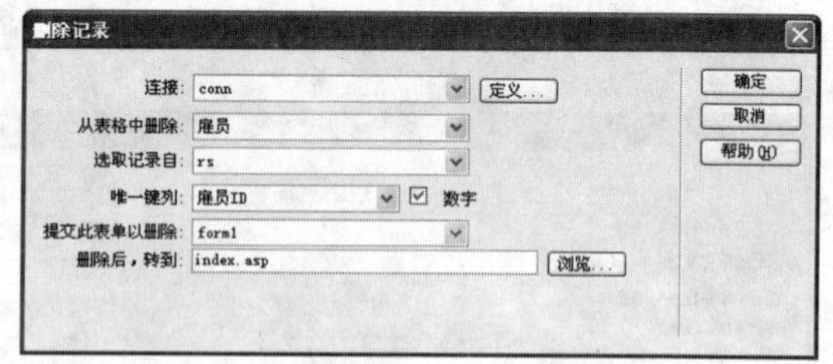

图 18.57　【删除记录】对话框

由于 NorthWind.mdb 数据库中的“雇员”表与其他表建立了联系，可能无法删除记录。用户以先插入一条新记录进行删除练习。

18.15　用户身份验证

为了有效管理访问共享资源的用户，需要规范化访问共享资源的行为。一般采用注册（新用户取得访问权）—登录（验证用户是否合法并分配资源）—访问（授权的资源）—退出（释放资源）这一行为模式来实施管理。Dreamweaver CS4 提供一组与用户身份验证有关的服务器行为，来实现这些功能设置。

18.15.1 检查新用户名

“检查新用户名”服务器行为是限制“插入记录”服务器行为的行为，它用来验证欲插入记录的指定字段的值在记录集中是否唯一。一般用来验证注册用户名是否已存在。

单击【服务器行为】面板上的⊞按钮，在弹出的菜单中选择【用户身份验证】|【检查新用户名】选项命令，打开【检查新用户名】对话框，如图 18.58 所示。

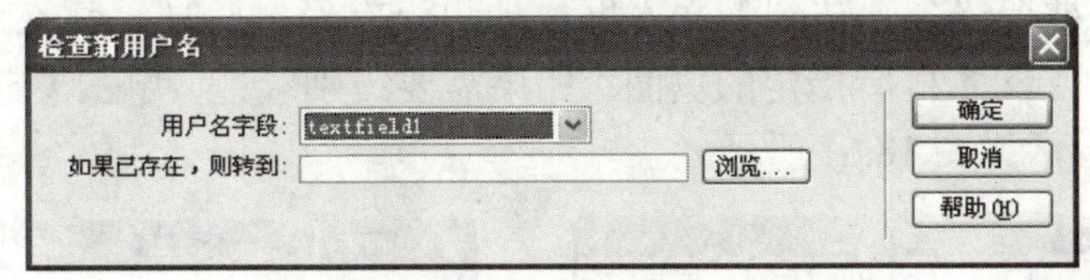

图 18.58 【检查新用户名】对话框

使用“检查新用户名”服务器行为之前，用户插入了“插入记录”服务器行为。

(1)【用户名字段】下拉列表：选择需要验证的记录字段，验证该字段在记录集中是否唯一。

(2)【如果已存在，则转到】文本框：如果用户名字段的值已经存在，那么可以在该文本框中指定引导用户所去的页面。

18.15.2 登录用户

单击【服务器行为】面板上的⊞按钮，在弹出的菜单中选择【用户身份验证】|【登录用户】选项命令，打开【登录用户】对话框，如图 18.59 所示。在【登录用户】对话框中可以完整地定义用户登录行为。

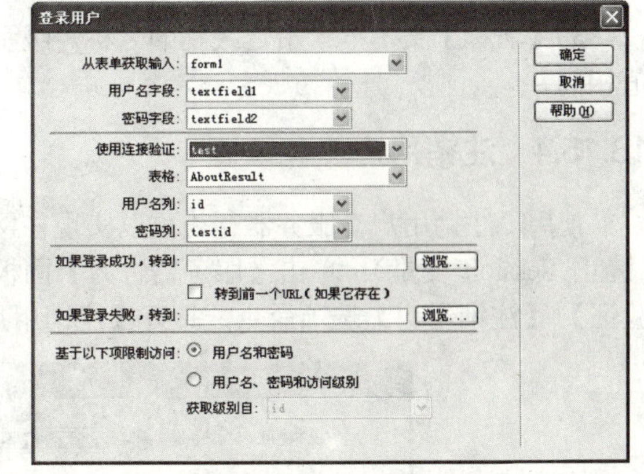

图 18.59 【登录用户】对话框

(1)【从表单获取输入】下拉列表：选择接受哪一个表单的提交。

(2)【用户名字段】下拉列表：选择用户名所对应的文本框。

(3)【密码字段】下拉列表：选择用户密码所对应的文本框。

(4)【使用连接验证】下拉列表：设置使用哪一个数据库链接。

(5)【表格】下拉列表：设置使用数据库中的哪一个表格。

(6)【用户名列】下拉列表：选择用户名对应的字段。

(7)【密码列】下拉列表：选择用户密码对应的字段。

(8)【如果登录成功，转到】文本框：设置如果登录成功（验证通过），那么就将用户引导至该文本框所指定的页面。

(9)【转到前一个 URL】复选框：设置如果存在一个需要通过当前定义的登录行为验证才能访问页面。

(10)【如果登录失败，转到】文本框：设置如果登录不成功（验证没有通过），那么就将用户引导至文本框所指定的页面。

（11）【基于以下项限制访问】选项：设置选择是否包含级别验证。

18.15.3 限制对页的访问

“限制对页的访问”服务器行为可以设置某一页面需要通过登录验证才能被访问。单击【服务器行为】面板上的按钮，在弹出的菜单中选择【用户身份验证】|【限制对页的访问】选项命令，打开【限制对页的访问】对话框，如图 18.60 所示。在该对话框中可以定义当前页面的访问限制。

（1）【基于以下内容进行限制】选项：在该单选按钮组中，选择是否包含级别验证。

（2）【如果访问被拒绝，则转到】文本框：如果没有经过验证，那么就将用户引至【如果访问被拒绝，则转到】文本框所指定的页面。如果需要级别验证，单击【定义】按钮，打开【定义访问级别】对话框，如图 18.61 所示。

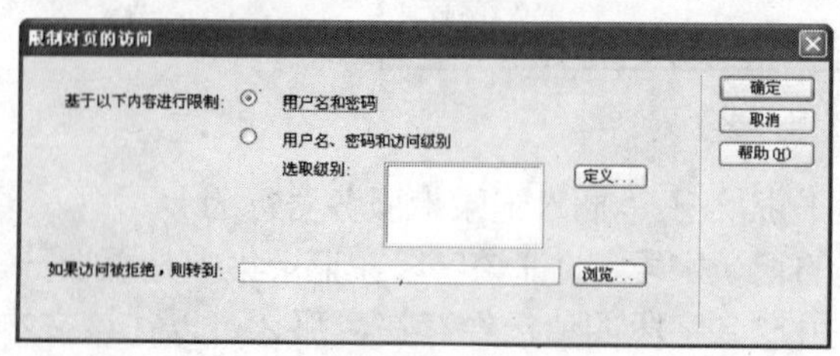

图 18.60 【限制对页的访问】对话框

图 18.61 【定义访问级别】对话框

1）【加号】按钮：用来添加级别。

2）【减号】按钮：用来删除级别。

3）【名称】文本框：指定级别的名称。级别的名称应该与数据库中相关记录集对应字段的值相同。

18.15.4 注销用户

使用“注销用户”服务器行为可以实现在网页应用服务中用户退出行为，即结束会话行为（终止 Session 变量）。单击【服务器行为】面板上的按钮，在弹出的菜单中选择【用户身份验证】|【注销用户】选项命令，打开【注销用户】对话框，如图 18.62 所示。

图 18.62 【注销用户】对话框

（1）【在以下情况下注销】选项：选择何时运行退出行为。其中：

1）【单击链接】：指的是当用户单击指定的链接时运行。指定链接可以在右面的下拉列表框中进行选择。其中的选项包括定义本行为之前，在编辑窗口选中的对象（不包括表单对象）。

2）【页面载入】：指的是加载本页面时运行。

（2）【在完成后，转到】文本框：设置如果完成注销用户，那么就将用户引导至文本框所指定的页面。